水利行业职业技能培训教材

水工监测工

主编　王士军

黄河水利出版社
·郑州·

内 容 提 要

本书依据人力资源和社会保障部、水利部制定的《水工监测工国家职业技能标准(2019年版)》的内容要求编写。全书分为水利职业道德、基础知识和操作技能及相关知识三大部分。基础知识部分包括水工建筑物监测等基本知识和相关法律、法规等。操作技能及相关知识部分按初级工、中级工、高级工、技师和高级技师职业技能标准要求分章节编写,包括水工建筑物巡视检查、环境量监测、变形监测、渗流监测、应力应变及温度监测、监测资料整理、技术指导与培训等内容。

本书和《水工监测工题库》构成水工监测工较完整、配套的学习(资料)体系,可供水工监测工职业技能培训、职业技能竞赛和职业技能鉴定(职业技能等级认定)使用,也可供大中专院校及技校学生学习参考。

图书在版编目(CIP)数据

水工监测工/王士军主编. —郑州:黄河水利出版社,2020.12

水利行业职业技能培训教材

ISBN 978-7-5509-2872-5

Ⅰ.①水… Ⅱ.①王… Ⅲ.①水工建筑物-监测-技术培训-教材 Ⅳ.①TV698.1

中国版本图书馆CIP数据核字(2020)第239614号

出 版 社:黄河水利出版社　　网址:www.yrcp.com

地址:河南省郑州市顺河路黄委会综合楼14层　　邮政编码:450003

发行单位:黄河水利出版社

发行部电话:0371-66026940、66020550、66028024、66022620(传真)

E-mail:hhslcbs@126.com

承印单位:河南承创印务有限公司

开本:787 mm×1 092 mm　1/16

印张:36.75

字数:850千字　　印数:1—2 000

版次:2020年12月第1版　　印次:2020年12月第1次印刷

定价:126.00元

水利行业职业技能培训教材及题库编审委员会

主　任　侯京民　水利部人事司司长

副主任　王新跃　水利部人事司副司长

陈　楚　水利部人才资源开发中心主任

成　员　司毅军　水利部运行管理司副巡视员

魏新平　水利部水文司副司长

唐晓虎　水利部人事司处长

水利行业职业技能培训教材及题库编审委员会办公室

主　任　陈　楚(兼)

副主任　孙　斐　水利部人才资源开发中心副主任

唐晓虎(兼)

成　员　郭健玮　水利部运行管理司副处长

刘　岩　水利部运行管理司处长

余达征　水利部水文司处长

朱　玮　水利部人才资源开发中心处长

崔　洁　水利部人才资源开发中心高级经济师

范连志　水利部建设管理与质量安全中心副处长

张留柱　黄河水利委员会水文局副总工程师

岳瑜素　黄河水利科学研究院防汛所总工程师

王士军　南京水利科学研究院副所长

《水工监测工》编写和审查人员

主　　编	王士军	水利部 交通运输部 国家能源局南京水利科学研究院
副 主 编	荆茂涛	水利部大坝安全管理中心
	王　健	水利部运行管理司
编写人员	王　宏	水利部 交通运输部 国家能源局南京水利科学研究院
	游荣强	汉江水利水电(集团)有限责任公司丹江口水力发电厂
	钟汉华	湖北水利水电职业技术学院
	郭建玮	水利部运行管理司
	崔　洁	水利部人才资源开发中心
	杨　兵	汉江水利水电(集团)有限责任公司丹江口水力发电厂
	冯龙海	水利部 交通运输部 国家能源局南京水利科学研究院
	黄海兵	水利部 交通运输部 国家能源局南京水利科学研究院
	庞　琼	水利部 交通运输部 国家能源局南京水利科学研究院
	吴云星	水利部 交通运输部 国家能源局南京水利科学研究院
主　　审	徐元明	水利部运行管理司

前　言

为适应新时代水利改革发展需要，进一步提高水利行业从业人员的技能水平，根据2019年人力资源和社会保障部、水利部颁布的水工闸门运行工等水利国家职业技能标准，水利部组织编写了相应职业的技能培训教材及题库。

各职业技能培训教材主要内容包括水利职业道德、基础知识和操作技能，以及职业技能鉴定理论知识模拟试卷。

本套教材及题库具有专业性、权威性、科学性、整体性、实用性和稳定性，可供水利行业相关职业从业人员进行职业技能培训和评价使用，也可作为相关职业技能竞赛的重要参考。

本次教材编写的技术规范或规定均采用最新颁布的标准，涉及的个别计量单位虽不属法定计量单位，但考虑到这些计量单位与有关规定、标准的一致性和实际使用的现状，本次出版时暂行保留，在今后修订时再予以改正。

编写全国水利行业职业技能培训教材及题库，是水利人才培养的一项重要举措。由于时间紧，任务重，不足之处在所难免，希望大家在使用过程中多提宝贵意见，使其日臻完善，并发挥重要作用。

水利行业职业技能培训教材及题库
编审委员会
2020年8月

前　言

编写说明

水工监测工职业技能培训教材是依据人力资源和社会保障部、水利部制定的《水工监测工国家职业技能标准(2019年版)》的内容要求编写的。按照该标准体系和水工监测工职业技能的特点,本书以水利职业道德,基础知识,初级工、中级工、高级工、技师、高级技师的操作技能为篇级,操作技能以职业功能为章级,以工作内容为节级,涵盖操作技能要求和相关知识。各技术等级之间的内容从初级工的具体、简单操作,逐步向高级技师的检查维护、指导培训发展,依次递进,高级别涵盖低级别的要求。编写工作力求做到深入浅出、循序渐进、内容精炼、重点突出、注重理论知识与实践操作的有机结合。

水工监测工是依托水工建筑物监测、水文和气象、力学、测量学、电工学、安全生产与环境保护、计算机与互联网应用、相关法律法规及技术标准等相关基础知识和技能,按照技术规程,从事水工建筑物巡视检查、环境量监测、变形监测、渗流监测、应力应变及温度监测、监测资料整理等工作的人员。水工监测工职业涉及的专业知识范围广,水工建筑物结构形式不尽相同,监测设备种类及型式多,因此本书编写强调技术发展的先进性,兼顾设备的普遍性和通用性,同时考虑到职工岗位的专一性,对每项工作和设备操作尽量详细,以便于职工根据所在工程的实际情况进行掌握和操作。

本书编写严格遵守了国家和水利部有关水工建筑物监测的最新标准及规范;全面涵盖了当前从事水工建筑物监测职业活动所需要的最新知识与技能要求,较好地体现了科学性、先进性;突出了适应职业技能培训和技能鉴定(技能等级认定)的特色,按技术等级及知识模块单元编写,有助于职工的培训学习和系统自学,不仅能够有助于通过职业技能鉴定(职业技能等级认定)考核,更能做到水工建筑物监测的实用技术与操作技能得以巩固和提高。

与本书配套的《水工监测工题库》由黄河水利出版社同时出版发行。《水工监测工国家职业技能标准(2019年版)》、《水工监测工》、《水工监测工题库》三者构成水工监测工职业技能培训和职业技能鉴定(职业技能等级认定)完整配套的学习(资料)体系。其中,《水工监测工国家职业技能标准(2019年版)》起着统领指导和依据作用,也是本书编写的提纲。本书是实施培训学习和技能鉴定(技能等级认定)的支撑;题库与本书配套使用,可加深理解本教材的内容,增强培训效果,支持选题组卷考试与职业技能鉴定(职业技能等级认定)。

水工监测工职业技能培训教材主要介绍成熟的相关知识和操作技能,编写中参考引用了2014年版《水工监测工》培训教材以及新颁布的相关标准、规范、规程的内容,还参阅了大量文献资料,在此谨向原作者致谢!

本书编写得到了人力资源和社会保障部职业技能鉴定中心、水利部人事司、水利部运行管理司、水利部人才资源开发中心、水利部大坝安全管理中心、汉江集团丹江口水力发电厂、湖北水利水电职业技术学院、黄河水利出版社等单位的大力支持。本书编写修订历经多稿，先后指导编写和审查书稿的人员还有侯京民、王新跃、陈楚、司毅军、唐晓虎、孙斐、段敬玉、匡少涛、肖向红、曲璐、陈铁、邢佃兵、江桦、樊世明、姚春生、张玉卓、侯健、卢正超、方卫华、李战备、罗琛、王卫国、吕洪予等。在此表示诚挚的感谢！

限于编者水平，疏漏之处在所难免，敬请读者批评指正。

编　者

2020 年 8 月

目　录

前　言
编写说明

第1篇　水利职业道德

1　**基本知识** …………………………………………… (3)
　1.1　水利职业道德的概念 …………………………… (3)
　1.2　水利职业道德的主要特点 ……………………… (4)
　1.3　水利职业道德建设的紧迫性 …………………… (4)
　1.4　水利职业道德建设的基本原则 ………………… (5)
2　**职业守则** …………………………………………… (6)
　2.1　爱岗敬业、忠于职守 …………………………… (6)
　2.2　谦虚谨慎、团结协作 …………………………… (7)
　2.3　依法守规、严谨求实 …………………………… (7)
　2.4　精益求精、工匠精神 …………………………… (8)
　2.5　安全作业、保护环境 …………………………… (8)
　2.6　服从指挥、坚守岗位 …………………………… (9)
3　**水利职业道德培养的主要途径** …………………… (9)
　3.1　积极参加水利职业道德教育 …………………… (9)
　3.2　自觉进行水利职业道德修养 …………………… (10)
　3.3　广泛参与水利职业道德实践 …………………… (10)

第2篇　基础知识

第1章　水工建筑物监测基本知识 ………………… (15)
　1.1　水工建筑物分类及主要特征 …………………… (15)
　1.2　水工建筑物基本结构 …………………………… (18)
　1.3　水工建筑物检查部位 …………………………… (64)
　1.4　水工建筑物险情分类及特征 …………………… (66)
　1.5　水工建筑物监测项目及其作用 ………………… (68)
第2章　水文和气象基本知识 ……………………… (74)
　2.1　水位、降水量 …………………………………… (74)
　2.2　坝前水温、气温、气压、湿度 …………………… (75)
第3章　力学基本知识 ……………………………… (76)
　3.1　变形、接缝、裂缝 ……………………………… (76)

3.2 水压力、渗流压力、渗流量 …………………………………………………………… (78)
3.3 应力、应变及温度 ……………………………………………………………………… (79)
第4章 测量学基本知识 ……………………………………………………………………… (81)
4.1 高程、角度、长度、坐标 ……………………………………………………………… (81)
4.2 测量高程、角度、长度、坐标 ………………………………………………………… (83)
第5章 电工学基本知识 ……………………………………………………………………… (101)
5.1 交流电、直流电 ………………………………………………………………………… (101)
5.2 万用表、兆欧表的使用方法 …………………………………………………………… (104)
第6章 安全生产与环境保护知识 …………………………………………………………… (109)
6.1 安全生产技术规程和安全防护 ………………………………………………………… (109)
6.2 环境保护 ………………………………………………………………………………… (111)
第7章 计算机与互联网应用知识 …………………………………………………………… (112)
7.1 计算机基本应用 ………………………………………………………………………… (112)
7.2 互联网基本应用 ………………………………………………………………………… (138)
第8章 相关法律、法规知识 ………………………………………………………………… (140)
8.1 《中华人民共和国劳动法》相关知识 ………………………………………………… (140)
8.2 《中华人民共和国劳动合同法》相关知识 …………………………………………… (140)
8.3 《中华人民共和国水法》相关知识 …………………………………………………… (142)
8.4 《中华人民共和国防洪法》相关知识 ………………………………………………… (143)
8.5 《中华人民共和国安全生产法》相关知识 …………………………………………… (145)
8.6 《中华人民共和国环境保护法》相关知识 …………………………………………… (146)
8.7 《中华人民共和国水污染防治法》相关知识 ………………………………………… (147)
8.8 《水库大坝安全管理条例》相关知识 ………………………………………………… (147)
8.9 《中华人民共和国河道管理条例》相关知识 ………………………………………… (148)
8.10 《中华人民共和国防汛条例》相关知识 …………………………………………… (149)
第9章 相关技术标准知识 …………………………………………………………………… (150)
9.1 《土石坝安全监测技术规范》(SL 551)相关知识 …………………………………… (150)
9.2 《混凝土坝安全监测技术规范》(SL 601)相关知识 ………………………………… (151)
9.3 《水闸技术管理规程》(SL 75)相关知识 …………………………………………… (153)
9.4 《堤防工程养护修理规程》(SL 595)相关知识 ……………………………………… (155)

第3篇 操作技能——初级工

第1章 环境量监测 …………………………………………………………………………… (159)
1.1 水位观测 ………………………………………………………………………………… (159)
1.2 降水量观测 ……………………………………………………………………………… (164)
1.3 坝前水温观测 …………………………………………………………………………… (166)
1.4 气温观测 ………………………………………………………………………………… (170)

第2章　变形监测 ……(172)
2.1　垂直位移观测 ……(172)
2.2　水平位移观测 ……(177)
2.3　接缝与表面裂缝观测 ……(182)
第3章　渗流监测 ……(186)
3.1　渗流压力观测 ……(186)
3.2　渗流量观测 ……(189)

第4篇　操作技能——中级工

第1章　巡视检查 ……(203)
1.1　土(石)工建筑物检查与记录 ……(203)
1.2　混凝土建筑物检查与记录 ……(218)
第2章　环境量监测 ……(227)
2.1　水位观测数据统计 ……(227)
2.2　降水量观测数据统计 ……(232)
2.3　坝前水温数据统计 ……(239)
2.4　气温数据统计 ……(242)
第3章　变形监测 ……(246)
3.1　垂直位移观测 ……(246)
3.2　水平位移观测 ……(254)
3.3　接缝与表面裂缝观测 ……(268)
第4章　渗流监测 ……(277)
4.1　渗流压力换算 ……(277)
4.2　渗流量换算 ……(285)
第5章　应力应变及温度监测 ……(288)
5.1　应力应变观测 ……(288)
5.2　温度观测 ……(295)

第5篇　操作技能——高级工

第1章　巡视检查 ……(301)
1.1　土(石)工建筑物检查 ……(301)
1.2　混凝土建筑物检查 ……(305)
第2章　环境量监测 ……(306)
2.1　水位监测设施检查与维护 ……(306)
2.2　降水量监测设施检查与维护 ……(317)
2.3　水温监测设施检查与维护 ……(321)
2.4　气温监测设施检查与维护 ……(326)

第 3 章 变形监测 …… (332)
3.1 垂直位移观测与监测设施维护 …… (332)
3.2 水平位移观测与监测设施维护 …… (351)
3.3 接缝与表面裂缝观测与监测设施维护 …… (374)
第 4 章 渗流监测 …… (377)
4.1 渗流压力观测与监测设施维护 …… (377)
4.2 渗流量观测与监测设施维护 …… (386)
第 5 章 应力应变及温度监测 …… (388)
5.1 应力应变监测设施维护与测值换算 …… (388)
5.2 温度监测设施维护与测值换算 …… (400)

第 6 篇 操作技能——技师

第 1 章 巡视检查 …… (407)
1.1 土(石)工建筑物检查方案与报告编写 …… (407)
1.2 混凝土建筑物检查方案与报告编写 …… (415)
第 2 章 环境量监测 …… (424)
2.1 水位观测数据整理、甄别 …… (424)
2.2 降水量观测数据整理、甄别 …… (425)
2.3 坝前水温观测数据整理、甄别 …… (426)
2.4 气温观测数据整理、甄别 …… (428)
第 3 章 变形监测 …… (429)
3.1 垂直位移监测设施状态判断 …… (429)
3.2 水平位移监测设施状态判断 …… (432)
3.3 接缝与表面裂缝监测设施状态判断 …… (436)
第 4 章 渗流监测 …… (439)
4.1 渗流压力监测设施状态判断 …… (439)
4.2 渗流量监测设施状态判断 …… (446)
第 5 章 应力应变及温度监测 …… (448)
5.1 应力应变监测设施状态判断 …… (448)
5.2 温度监测设施状态判断 …… (462)
第 6 章 技术指导与培训 …… (465)
6.1 技术指导 …… (465)
6.2 培 训 …… (467)

第 7 篇 操作技能——高级技师

第 1 章 变形监测 …… (473)
1.1 垂直位移校测与监测自动化设备检查维护 …… (473)
1.2 水平位移观测、校测与监测自动化设备检查维护 …… (482)

1.3　接缝与表面裂缝监测自动化设备检查维护 …… (490)
第2章　渗流监测 …… (497)
2.1　渗流压力监测自动化设备检查维护 …… (497)
2.2　渗流量监测自动化设备检查维护 …… (511)
第3章　应力应变及温度监测 …… (516)
3.1　应力应变监测自动化设备检查维护 …… (516)
3.2　温度监测自动化设备检查维护 …… (526)
第4章　监测资料整理 …… (527)
4.1　数据处理方法 …… (527)
4.2　监测资料复核 …… (528)
4.3　监测资料整编与备份 …… (530)
第5章　技术指导与培训 …… (538)
5.1　技术指导 …… (538)
5.2　培　训 …… (551)
参考文献 …… (553)
附录1　水工监测工国家职业技能鉴定理论知识模拟试卷(高级工) …… (555)
附录2　水工监测工国家职业技能鉴定理论知识模拟试卷(技师) …… (562)
附录3　水工监测工题库(扫描本书封底二维码)

第 1 篇　水利职业道德

习近平总书记指出,“一个国家、一个民族不能没有灵魂”“精神是一个民族赖以长久生存的灵魂”。国家和民族要有精神,行业同样也要有精神。行业精神如行业之灵魂,代表行业形象,彰显行业特色,引领行业未来。水利行业是一个具有悠久历史的古老行业,自大禹开始的历代治水人,不仅传承发展了丰富的治水经验和先进的治水技术,还孕育形成了独具特色的水利精神。培养和树立良好的水利精神,也是水利职业道德建设的重要任务。行业精神是一个行业进行长期职业道德教育和思想政治工作的结果,是行业职业道德的结晶。我国正处在水利改革发展的关键时期,水利作为国民经济的基础,更需要有本行业的具有新时期特征的水利精神。这对水利事业的发展有着重要意义。

为加强部风行风建设,水利部党组在全行业开展了新时代水利精神总结凝练工作,并在 2019 年 1 月召开的全国水利工作会议上,确定了“忠诚、干净、担当,科学、求实、创新”的新时代水利精神。“忠诚、干净、担当”是做人层面的倡导,水利人以忠诚为政治品格,以干净为道德底线,以担当为职责所在。“科学、求实、创新”是做事层面的倡导,水利事业以科学为本质特征,以求实为作风要求,以创新为动力源泉。

本教材职业道德部分以新时代水利精神为引领,对水利行业从业人员应掌握的职业道德理论知识、应遵守的职业守则以及如何提高职业道德修养等内容,进行深入浅出、简洁明了的阐述,旨在引导广大水利工作者如何在水利职业活动中弘扬和践行新时代水利精神。

水利职业道德列为水利行业职业技能培训教材的重要内容,对于大力加强水利职业道德建设、培育高素质水利干部职工队伍、树立行业良好形象、深入贯彻落实水利改革发展总基调具有十分重要的意义。

1　基本知识

1.1　水利职业道德的概念

道德是由社会政治关系所决定并符合时代特征的,用善恶标准进行评价的,依靠社会舆论、风俗习惯和内心信念来维系和调节个人与社会之间利益关系的社会意识和行为活动的总和。

职业道德,是从业者在职业活动中应该遵循的符合自身职业特点的职业行为规范,是人们通过学习与实践养成的优良职业品质,它涉及从业人员与服务对象、职业与职工、职业与职业之间的关系。

水利职业道德是水利工作者在自己特定的职业活动中应当自觉遵守的行为规范的总和,是社会主义道德在水利职业活动中的体现。水利工作者在履行职责过程中必然产生相应的人际关系、利益分配、规章制度和思想行为。水利职业道德就是水利工作者从事职业活动时,调整和处理与他人、与社会、与集体、与工作关系的行为规范或行为准则。水利职业道德作为意识形态,是世界观、人生观、价值观的集中体现,是水利人共同的理想信念、精神支柱和内在力量,表现为价值判断、价值选择、价值实现的共同追求,直接支配和约束人们的思想行为。具体界定着每个水利人什么是对的,什么是错的,什么是应该做的,什么是不应该做的。

1.2 水利职业道德的主要特点

(1)贯彻了社会主义职业道德的普遍性要求。水利职业道德是体现水利行业职业责任、职业特点的道德。水利职业道德作为一个行业的职业道德,是社会主义职业道德体系中的组成部分,从属和服务于社会主义职业道德。社会主义职业道德对全社会劳动者有着共同的普遍性要求,如全心全意为人民服务、热爱本职、刻苦钻研业务、团结协作等,都是水利职业道德必须贯彻和遵循的基本要求。水利职业道德是社会主义职业道德基本要求在水利行业的具体化。社会主义职业道德基本要求与水利职业道德的关系是共性和个性、一般和特殊的关系。

(2)紧紧扣住了水利行业自身的基本特点。水利行业与其他行业相比有着显著的特点,这决定了水利职业道德具有很强的行业特色。这些行业特色主要有:一是水利工程建设量大、投资多、工期长,要求水利工作者必须热爱水利,具有很强的大局意识和责任意识。二是水利工程具有长期使用价值,要求水利工作者必须树立"百年大计、质量第一"的职业道德观念。三是工作流动性大、条件艰苦,要求水利工作者必须把艰苦奋斗、奉献社会作为自己的职业道德信念和行为准则。四是水利是一门复杂的、综合性很强的自然科学,要求水利工作者必须尊重科学、尊重事实、尊重客观规律、树立科学求实的精神。五是水利工作是一项需要很多部门和单位互相配合、密切协作才能完成的系统工程,要求水利工作者必须具有良好的组织性、纪律性和自觉遵纪守法的道德品质。

(3)继承了传统水利职业道德的精华。水利职业道德是在治水斗争实践中产生,随着治水斗争的发展而发展的。古往今来,治水兴水艰苦卓绝,古有大禹治水"三过家门而不入",李冰父子"利济斯民""利济全川",今有杨贵带领林县人民修建红旗渠自力更生、艰苦创业,中华民族抗击1998年特大洪涝灾害坚韧不拔、顽强拼搏。水利人的事业是奉献的事业,水利人的精神是实干的精神,这种真抓实干的精神在新的历史时期应继续发扬光大。中华人民共和国成立以来,随着水利事业的飞速发展,水利职业道德也进入了一个崭新的发展阶段。在三峡水利枢纽工程、南水北调工程、小浪底水利枢纽工程等具有代表性的水利工程建设中,中华人民共和国水利工作者以国家主人翁的姿态自觉为民造福,发扬求真务实的科学精神,顽强拼搏、勇于创新、团结协作,成功解决了工程量和技术上的一系列世界性难题,并涌现出许多英雄模范人物,创造出无数感人的事迹,表现出中华人民共和国水利工作者高尚的职业道德情操,极大地丰富和发展了中国传统水利职业道德的内容。

1.3 水利职业道德建设的紧迫性

(1)推进社会主义精神文明建设的迫切需要。党的十九大报告指出:"加强思想道德建设。"人民有信仰,国家有力量,民族有希望。近年来,各地区各部门广泛开展中国特色社会主义和中国梦宣传教育,相继推出一大批时代楷模、道德模范、最美人物、身边好人,社会主义精神文明建设呈现出积极向上的良好态势,公民思想道德建设迈出了新的步伐。但与此同时,也存在不少问题。正如中共中央、国务院印发的《新时代公民道德建设实施纲要》中所指出的:"一些地方、一些领域不同程度存在道德失范现象,拜金主义、享乐主义、极端个人主义仍然比较突出;一些社会成员道德观念模糊甚至缺失,是非、善恶、美丑不分,见利忘义、唯利是图,损人利己、损公肥私;造假欺诈、不讲信用的现象久治不绝,突破公序良俗底线、妨害人民幸福生活、伤害国家尊严和民族感情的事件时有发生。”思想道德是精神文明的重要组成部分，职业道德建设又是思想道德建设的重要内容之一。因此，推动水利事业发展、社会和谐进步，推进社会主义精神文明建设必须加强水利职业道德建设。

(2)加强水利干部职工队伍建设的迫切需要。党的十八大以来，习近平总书记就国情、水情，水利地位作用，水安全形势，全面推行河长制、湖长制，水旱灾害防治，水利工程建设，长江经济带发展，黄河流域生态保护和高质量发展，生态环境保护等工作发表了一系列重要论述，提出了“节水优先、空间均衡、系统治理、两手发力”的治水思路，吹响了加快水利改革发展新跨越的进军号角。全面贯彻落实中央关于水利的决策部署，抓住这一重大历史机遇，探索中国特色水利现代化道路，掀起治水兴水新高潮，迫切要求水利工作要为社会经济发展和人民生活提供可靠的水资源保障和优质服务。这就对水利职工队伍的素质提出了新的更高的要求。水利职业道德作为水利思想政治建设的重要组成部分和有效途径，必须深入贯彻落实党的十九大精神和习近平总书记关于水利工作的重要讲话精神，紧紧围绕水利中心工作，以促进水利职工的全面发展为目标，充分发挥职业道德在提高广大职工的思想政治素质上的导向、判断、约束、鞭策和激励功能，为水利改革发展实现新跨越提供强有力的精神动力和思想保障。

(3)树行业新风、促进社会风气好转的迫切需要。随着现代社会分工的发展和专业化程度的提高，市场竞争越来越激烈，整个社会对从业人员的职业观念、职业态度、职业纪律、职业责任、职业义务和职业作风等要求也越来越高。如果说企业是社会的细胞，那么行业就是社会的重要组成部分。职工的职业道德水平如何，直接关系到各行各业的行风建设。如果每个水利工作者都能注重自己的职业道德品质修养，就有利于在全行业形成健康和谐的水利新风，在全社会树立起水利行业的良好形象。同时，高尚的水利职业道德情怀能外化为职业行为，传递感染水利工作的服务对象和其他人员，有助于形成良好的社会氛围，带动全社会道德风气的好转。

1.4　水利职业道德建设的基本原则

(1)必须以习近平新时代中国特色社会主义思想为指导。习近平总书记强调，提高干部素质第一位的任务是坚定理想信念，练就“金刚不坏之身”；根本途径是用科学理论武装头脑，解决好世界观、人生观、价值观这个“总开关”问题；衡量理想信念是否坚定的标准是“六个是否”，即是否能在重大政治考验面前有政治定力，是否能树立牢固的宗旨意识，是否能对工作极端负责，是否能做到吃苦在前、享受在后，是否能在急难险重任务面前勇挑重担，是否能经得起权力、金钱、美色的诱惑。通过水利职业道德进一步加强职业观念、职业态度、职业技能、职业纪律、职业作风、职业责任、职业操守等方面的教育和实践，引导广大干部职工树立为人民服务的职业道德宗旨、筑牢全面发展的职业道德理念、遵循诚实守信的职业道德操守，形成修身立德、建功立业的行为准则，全面提升水利职业道德建设的水平。

(2)必须大力培育和弘扬社会主义核心价值观。坚持不懈地用习近平新时代中国特色社会主义思想的最新理论成果武装水利干部职工头脑，用中国特色社会主义共同理想凝聚力量，用以爱国主义为核心的民族精神和以改革创新为核心的时代精神鼓舞斗志，培育社会主义核心价值观。把社会主义核心价值观贯穿于社会生活方方面面,贯彻到水利职业道德中,使广大水利干部职工自觉奉行。通过教育引导、舆论宣传、文化熏陶、实践养成、制度保障等,使社会主义核心价值观内化为精神追求,外化为自觉行动。

(3)必须坚持加强思想道德建设与加强制度建设相结合。要充分发挥制度保障对加强职业道德建设的促进作用。历史和现实反复说明,道德的问题单凭道德自身来解决,往往是靠不住的。道德需要制度的保障,才能得以约束;伦理需要机制的干预,才能得以规范。二者相结合,是充分发挥其作用的结合,既要把制度的理念渗透到思想道德建设之中,又要将人的行为准则、价值观念、道德标准,通过适当的程序上升为制度,形成二者之间的良性互动。要把道德导向贯穿于水法治建设全过程,落实到水利立法、执法、普法各环节。在水利建设、水资源管理、河湖管控、水生态保护等立法工作中体现道德要求。严格水行政执法,加大涉水领域的执法力度,以法治的力量维护道德。推进水利普法工作,营造讲法治、重道德的良好环境,引导广大水利干部职工增强法治意识、坚守道德底线。

(4)必须把"四德"建设作为着力点。职业道德、社会公德、家庭美德、个人品德是公民道德的四个重要组成部分。人的活动,从时空上讲,或者在职业岗位,或者在公共场所;既不在职业岗位,又不在公共场所,就在家庭之中。在职业岗位上要遵守职业道德,在公共场所要遵守社会公德,在家庭之中要遵守家庭美德,在日常生活之中养成好品行。开展以职业道德为重点的"四德"教育,积极践行以爱岗敬业、诚实守信、办事公道、热情服务、奉献社会为主要内容的职业道德,推动岗位规范建设,鼓励人们在工作中做一个好的建设者。持续强化教育引导、实践养成、制度保障,不断提升水利干部职工道德素质。

(5)必须弘扬和践行新时代水利精神。"忠诚、干净、担当,科学、求实、创新"的水利精神,是新时期推进现代水利、可持续发展水利宝贵的精神财富。水利职业道德要成为弘扬和践行水利行业精神的有效途径和载体,进一步增强广大干部职工的价值判断力、思想凝聚力和改革攻坚力,鼓舞和激励广大水利干部职工献身水利、勤奋工作、求实创新,为水利事业又好又快发展提供强大的精神动力和力量源泉,涵养水利新风正气。以新时代水利精神引领行业新风正气,动员引导水利干部职工从身边做起、从小事做起,自觉践行新时代水利精神。

2 职业守则

2.1 爱岗敬业、忠于职守

爱岗敬业就是要热爱本职工作,在工作中兢兢业业、忠于职守、持之以恒地完成工作任务,认真负责地履行全部岗位职责。

忠于职守是对每个从业人员提出的认真履行职业责任、遵守职业纪律的基本要求。忠于职守也是一种职业态度,它要求每一个从业者勤勤恳恳地工作,对工作一丝不苟,不得有失职行为,并持之以恒,尽职尽责,甚至不惜牺牲自己的一切。

爱岗与敬业是相互联系、相辅相成的,只有做到将个人的好恶放在一边,干一行,爱一行,专一行,才能真正做到爱岗敬业。忠于职守是爱岗敬业的具体体现,也是对爱岗敬业的进一步升华。忠于职守就是要负责地干好本职工作,以勤恳踏实的态度面对工作,不互相推诿。

爱岗敬业、忠于职守是水利职业道德的基本规范,是对所有从业人员的基本要求。爱岗敬业、忠于职守也是践行新时代水利精神的具体体现。鄂竟平部长明确提出:水利人要以忠诚为政治品格。水利干部的忠诚,是一种更为无私、更为可贵的忠诚,是对党的信仰忠诚,对党组织忠诚,对党的路线方针政策忠诚,对党和国家事业忠诚,对人民忠诚。水利职工将忠诚作为首要政治原则、首要政治本色、首要政治品质,增强"四个意识"、坚定"四个自信"、做到"两个维护",时刻对标对表,经常校正偏差,真正做到信赖党中央、拥护党中央、紧跟党中央,不折不扣地贯彻好、执行好、落实好党中央的决策部署,确保水利事业始终沿着正确的政治方向前进。

水利是一项社会性很强的公益事业,与生产生活乃至人民生命财产安全息息相关。一个水利工作者必须做到爱岗敬业,忠于职守,才能在急、难、险、重的工作任务面前,淡泊名利,顽强拼搏,先公后私,先人后己,以致在关键时刻,能够牺牲个人的利益去维护人民和国家的利益。

2.2　谦虚谨慎、团结协作

谦虚谨慎、团结协作是水利工作者处理各种工作关系的行为准则和基本要求,是确保水利工作者做好各项工作、始终保持昂扬向上的精神状态和创造一流工作业绩的重要前提。

谦虚的态度是一切求知行为的保障。谦虚谨慎是中华民族的传统美德,也是水利工作者磨炼和培养出来的优良作风。水利工作者要孜孜不倦地钻研业务知识,以谦虚谨慎的态度向任何对象学习。谦虚也是团结协作的基础,在工作中还要讲团结协作,要团结周围的人,发挥集体的伟大力量,促进人与人之间的感情,使大家能融洽和睦相处,营造出良好的工作氛围。

团结协作,就是把各种力量组织起来,心往一处想,劲往一处使,拧成一股绳,把意志和力量都统一到实现党和国家对水利工作的总体要求和工作部署上来,战胜各种困难,齐心协力搞水利建设。

现代水利已经分化出众多的学科,现代水利工作的开展已经离不开各学科之间的精诚合作,团结才能凝聚智慧,唯有合作才能促进水利事业的可持续发展。

2.3　依法守规、严谨求实

依法守规,不仅要严格依照国家制定的各项法律法规,还要遵守与职业活动相关的劳动纪律、安全操作规程等。依法守规是安全、优质、高效工作的保证,只有做到依法守规,工作才能有序地进行。

在社会主义民主政治的前提下,依法守规是每个公民应尽的社会责任和道德义务,是保持社会和谐安宁的重要条件。从国家的根本大法到水利行业的规章制度,都是为维护人民的共同利益而制定的。

严谨求实就是要求水利工作者要树立科学治水的思想,尊重客观规律,老老实实按客观规律办事。水利工作是改造江河,造福人民,功在当代,利在千秋的伟大事业。水利工作的科学性、复杂性、系统性和公益性决定了水利工作者必须坚持科学认真、严谨求实的态度。水是重要资源,有其自身运动的自然规律、生态规律。当前,水资源短缺、水生态损害、水环境污染的问题不断累积、日益突出,成为常态问题。解决这些问题,必须以践行

“科学、求实、创新”的新时代水利精神为价值取向，必须坚持实事求是、科学治水，坚持一切从客观实际出发，深入实际调查研究，为认识当下、规划未来、制定政策找到客观基点，不断提高水利工作的科学性。

在职业活动中，严谨求实主要体现在水利工作者明确目标任务要求，对工作步骤、环节、细节牢牢把握，杜绝失误和差错，确保操作结果符合标准甚至高于标准，没有瑕疵；依法守规更多体现为自觉地遵守职业纪律，严格按照职业活动的各项规章制度办事。职业纪律具有法规强制性和道德自控性。一个水利工作者依法守规主要靠国家法律法规约束及个人的道德约束来实现。

2.4　精益求精、工匠精神

精益求精是指已经很好了，还要求更好，是从业者对每件产品、每道工序都凝神聚力，追求极致的职业品质。作为一种精神，精益求精是优秀的水利工作者共同具有的思想特征和行为准则。

工匠精神，从本质上讲是一种职业精神，是职业道德、职业能力、职业品质的体现，是从业者的一种职业价值取向和行为表现。

党的十九大报告强调，“要建设知识型、技能型、创新型劳动者大军，弘扬劳模精神和工匠精神，营造劳动光荣的社会风尚和精益求精的敬业风气”。工匠精神作为一种优秀的职业道德文化，它的传承和发展契合了时代发展需要，具有重要的时代价值和广泛的社会意义。

现代水利建设和发展，不仅需要大批科学技术专家，同时需要千千万万的具有工匠精神的技能人才。“十三五”水利人才规划提出：要在全行业培育“执着专注、作风严谨、精益求精、敬业守信、推陈出新”的水利工匠精神。水利工匠精神体现了一个水利工作者对水利职业的热爱和执着追求，在工作中一丝不苟、耐心专注、严谨求实、精益求精。这就是水利工作者不断完善职业能力和技术技能的职业道德体现。

2.5　安全作业、保护环境

安全作业是指水利工作者必须提高认识，增强安全防范意识。树立“安全第一，预防为主”思想，做到警钟长鸣，居安思危，常备不懈，确保江河度汛、设施设备和人员自身的安全。

安全作业对水利安全具有特别重要的意义。水利工程是我国国民经济发展的基础设施和战略重点，国家每年都要出巨资用于水利建设。大中型水利工程的安全问题直接关系到能否为社会经济发展提供可靠的水资源保障，直接关系千百万人的生产、生活甚至生命财产安全。水利工作者要坚持安全发展理念，牢固树立“红线”意识，始终把人民群众生命安全放在第一位，把安全生产工作贯穿于水利工程建设和管理的全过程，正确处理好进度、效益与安全的关系。

环境保护是我国的一项基本国策，保护环境是可持续发展的基础，保护环境的实质就是保护生产力。水资源是有限的，也是非常宝贵的，随着经济社会发展，我国的水资源形势依然严峻，水资源短缺、水生态损害、水环境污染问题十分突出，治水主要矛盾已经从人民群众对除水害兴水利的需求与水利工程能力不足之间的矛盾，转变为人民群众对水资源水生态水环境的需求与水利行业监管能力不足之间的矛盾。水利部在深入学习习近平总书记治水重要论述精神,深刻分析我国治水矛盾变化的基础上,提出了“水利工程补短板、水利行业强监管”的改革发展总基调。

保护水资源要按照习近平总书记提出的“节水优先、空间均衡、系统治理、两手发力”的治水思路,采取有效措施促进水资源合理开发、利用和保护。

保护水资源要贯彻落实习近平总书记在黄河流域生态保护和高质量发展座谈会上的重要讲话精神,在水资源管理方面重点把握三个要点:一是“让黄河成为造福人民的幸福河”;二是“重在保护,要在治理”;三是“把水资源作为最大的刚性约束”。

2.6　服从指挥、坚守岗位

服从指挥是指作业过程中,服从现场的统一指挥和调度,并严格遵守作业方案、操作规程和安全防范措施。

水利工作者在生产运行管理过程中一要严格遵守各项规章制度和劳动纪律,在指定的作业范围内工作,对自己在工作中的行为负责。二要服从工作分配,服从领导或项目负责人的指挥,高质量、高效率地完成岗位职责所赋予的各项任务。

坚守岗位是职工对自己工作岗位的责任和担当、履行职责的态度,是敬业精神的高度体现。一个水利工作者只有爱岗敬业,才能建立起高度的职业责任心,切实担负起职业岗位赋予的责任和义务,做到坚守岗位,履职尽责。

新时代水利精神倡导担当为要。当前,水利改革发展面临的新情况、新问题、新挑战层出不穷。从改变自然、征服自然转向调整人的行为、纠正人的错误行为。特别是纠正人的错误行为,是非常困难且有风险的,不可能轻轻松松实现,是要啃硬骨头、破坚冰的。水利职工要以滚石上山、攻城拔寨的拼劲,履职尽责、勇于担当,攻坚克难、锐意进取,特别是在关键时刻豁得出来、顶得上去,全力推进水利改革发展迈上新台阶。

水利改革发展任重道远,新形势下,防汛抗旱压力依然存在,水生态治理与保护任务依然艰巨,水资源供需矛盾依然突出。一个水利工作者必须树立全心全意为人民服务、为社会服务的思想,才能服从大局、服从指挥,坚守岗位,以致在关键时刻,能够舍小家顾大家,无私奉献。

3　水利职业道德培养的主要途径

3.1　积极参加水利职业道德教育

水利职业道德教育是为培养水利改革和发展事业需要的职业道德人格,依据水利职业道德规范,有目的、有计划、有组织地对水利工作者施加道德影响的活动。

任何一个人的职业道德品质,都不是生来就有的,而是通过职业道德教育,不断提高对职业道德的认识后逐渐形成的。一个从业者走上水利工作岗位后,他对水利职业道德的认识是模糊的,只有经过系统的职业道德教育,并通过工作实践,对职业道德有了一个比较深层次的认识后,才能将职业道德意识转化为自己的行为习惯,自觉地按照职业道德规范的要求进行职业活动。

水利职业道德教育,要以为人民服务,树立正确的世界观、人生观、价值观教育为核心,大力弘扬艰苦奋斗的光荣传统;以实施水利职业道德规范,明确本职岗位对社会应尽的责任和义务为切入点,抓住人民群众对水利工作的期盼和关心的热点、难点问题;以与群众的切身利益密切相关,接触群众最多的服务性部门和单位为窗口,把职业道德教育与遵纪守法教育结合起来,与科学文化和职业技能教育结合起来,采取丰富多彩、灵活多样、群众喜闻乐见的形式开展教育活动。

每个水利工作者要积极参加职业道德教育,才能不断深化对水利职业道德的认识,增强职业道德修养和职业道德实践的自觉性,不断提高自身的职业道德水平。

3.2 自觉进行水利职业道德修养

水利职业道德修养是指水利工作者在职业活动中,自觉根据水利职业道德规范的要求,进行自我教育、自我陶冶、自我改造和自我锻炼,提高自己道德情操的活动,以及由此形成的道德境界,是水利工作者提高自身职业道德水平的重要途径。

职业道德修养不同于职业道德教育,具有主体和对象的统一性,即水利工作者个体就是这个主体和对象的统一体。这就决定了职业道德修养是主观自觉的道德活动,决定了职业道德修养是一个从认识到实践,再认识到再实践,不断追求、不断完善的过程。这一过程将外在的道德要求转化为内在的道德信念,又将内在的道德信念转化为实际的职业行为,是每个水利工作者培养和提高自己职业道德境界、实现自我完善的必由之路。

水利职业道德修养不是单纯的内心体验,而是水利工作者在改造客观世界的斗争中改造自己的主观世界。职业道德修养作为一种理智的自觉活动,一是需要科学的世界观做指导。马克思主义中国化的最新理论成果是科学世界观和方法论的集中体现,是我们改造世界的强大思想武器。每个水利工作者都要认真学习,深刻领会马克思主义哲学关于一切从实际出发,实事求是、矛盾分析、归纳与演绎等科学理论,为加强职业道德修养提供根本的思想路线和思维方法。二是需要科学文化知识和道德理论做基础。科学文化知识是关于自然、社会和思维发展规律的概括和总结。学习科学文化知识,有助于提高职业道德选择和评价能力,提高职业道德修养的自觉性;有助于形成科学的道德观、人生观和价值观,全面、科学、深刻地认识社会,正确处理社会主义职业道德关系。三是理论联系实际,知行统一为根本途径。要按照水利职业道德规范的要求,勇于实践和反复实践,在职业活动中不断学习、深入体会水利职业道德的理论和知识。要在职业工作中努力改造自己的主观世界,培养和锻炼自己的水利职业道德观。要以职业岗位为舞台,自觉地在工作和社会实践中检查和发现自己职业道德认识和品质上的不足,并加以改正。四是要认识职业道德修养是一个长期、反复、曲折的过程,不是一朝一夕就可以做到的,一定要坚持不懈、持之以恒地进行自我锻炼和自我改造。

3.3 广泛参与水利职业道德实践

水利职业道德实践是一种有目的的社会活动,是组织水利工作者履行职业道德规范、取得道德实践经验、逐步养成职业行为习惯的过程;是水利工作者职业道德观念形成、丰富和发展的一个重要环节;是水利职业道德理想、道德准则转化为个人道德品质的必要途径,在道德建设中具有不可替代的重要作用。

组织道德实践活动,内容可以涉及水利工作者的职业工作、社会活动以及日常生活等各方面。但在一定时期内,须有明确的目标和口号,具有教育意义的内容和丰富多彩的形式,要讲明活动的意义、行为方式和要求,并注意检查督促,肯定成绩,找出差距,表扬先进,激励后进。如在全行业开展“践行核心价值观,争做最美水利人”活动;在各单位开展

"文明科室""文明窗口""文明工地""文明站所""最美家庭""星级文明户"等创建活动,激发干部职工参与热情;组织志愿者开展"关爱山川河流·保护湖泊"活动等。通过这些活动,进行社会主义高尚道德情操和理念的实践。

每一个水利工作者都要积极参加单位及社会组织的各种道德实践活动。在生动、具体的道德实践活动中,亲身体验和感悟做好人好事、向往真善美所焕发的高尚道德情操和观念的伟大力量,加深对高尚道德情操和观念的理解,不断用道德规范熏陶自己,改进和提高自己,逐步把道德认识、道德观念升华为相对稳定的道德行为,做水利职业道德的模范执行者。

第 2 篇　基础知识

第 1 章　水工建筑物监测基本知识

1.1　水工建筑物分类及主要特征

1.1.1　水工建筑物的分类

控制和调节水流，防治水害，开发利用水资源和保护环境，实现水利工程目标的建筑物称为水工建筑物。

1.1.1.1　按建筑物的用途分类

(1)挡水建筑物。指拦截水流、抬高水位、调蓄水量以及阻挡河水泛滥或海水入侵的水工建筑物，如各种坝和闸，以及为抗御洪水或挡潮，沿江河海岸修建的堤防、海塘等。

(2)泄水建筑物。指宣泄水库、湖泊、涝区、河道、渠道等的多余水量或排放泥沙、冰凌，以免漫顶危及水工建筑物和下游安全的水工建筑物，如溢流坝、溢洪道、泄洪洞等。

(3)输水建筑物。指为灌溉、发电和供水等用途需要从上游向下游输送水的水工建筑物，如输水洞、引水管、渠道、渡槽等。

(4)提水建筑物。利用机电动力或水力、风力、太阳能等自然能源，带动提水机具(水泵、水车等)，从水源取水，将水提升到要求的高度，进行灌溉或者供水的建筑物。

(5)取水建筑物。指从水库或河流引水、提水的各种水工建筑物，是输水建筑物的首部结构，如坝身输水孔或引水隧洞的进口段(包括进水口、进水塔)、灌溉渠首、进水闸、扬水站等。

(6)水电站建筑物。是水电站中拦蓄河水，抬高水头，装设机电设备以及将水引经水轮发电机组发电的一系列建筑物的总称。

(7)河道整治建筑物。指用来改善河道的水流条件，调整水流对河床及河岸的作用，改善或减少水流的冲刷和淘刷而修建的建筑物，如丁坝、顺坝、导流堤、护坡、护岸等。

(8)渠系建筑物。指在灌溉或排水渠(沟)道系统上为了控制、分配、测量水流，通过天然或人工障碍，保证渠道安全运用而修建的建筑物的总称。

(9)通航建筑物。指修建在河道上或水位集中落差处，使船只上下安全通过的建筑物。专门用于航运，如航闸、升船机、码头、防波堤等。

(10)过鱼建筑物。指为使鱼类通过闸、坝而修建的建筑物。

(11)其他建筑物。主要有水力发电专用建筑物，如前池、调压室、压力水管、水电站厂房；过坝专用建筑物及设施，如船闸、升船机、筏道等。

1.1.1.2　按建筑物使用时间分类

(1)永久性建筑物。指为保障工程效益的发挥，工程运用期间使用的水工建筑物。

永久性建筑物在运用期长期使用，根据其在整体工程中的重要性又分为主要建筑物和次要建筑物。主要建筑物是指在工程中起主要作用,失事后将造成严重灾害或严重影响工程效益的永久性水工建筑物,如闸、坝、泄水建筑物、输水建筑物及水电站厂房等;次要建筑物是指在工程中作用相对较小,失事后影响不大的永久性水工建筑物,如挡土墙、导流墙、工作桥及护岸等。

(2)临时性建筑物。指为修建或维修永久性水工建筑物服务,在施工期间临时使用的水工建筑物。这种建筑物仅在工程施工期间使用,如围堰、导流建筑物等。

有些水工建筑物在枢纽中的作用并不是单一的,如溢流坝既能挡水,又能泄水;水闸既可挡水,又能泄水,还可作取水之用。

1.1.2　水工建筑物的特征

土(石)工建筑物一般指各种类型的土石坝、堤防、围堰等,主要由土颗粒及堆石构成,这类建筑物要求有足够的断面维持坝坡的稳定,设置良好的防渗和排水设施以控制渗流在允许范围内。泄洪建筑物要具有足够的泄洪能力,且要求选择好筑坝土石料的种类、形式以及各种土石料的配置。

混凝土建筑物分两类:一类是各类挡水建筑物,如混凝土重力坝、水闸、拱坝等,其主要特征是建筑物整体或局部体积大,属于大体积混凝土结构,特别是施工期混凝土的水化热和硬化收缩,将产生不利的温度应力和收缩应力,需要较严格的温度控制措施;建筑物由混凝土构成,用量大、体积大也会导致扬压力增加,对稳定不利。另一类是各类泄水或输水建筑物,如溢流坝、溢洪道、输水洞等,高速水流可能引起这类建筑物的空蚀、振动以及对下游河床和两岸的冲刷。

1.1.3　水工建筑物的等级划分及防洪标准

1.1.3.1　水利水电工程等别

依据《水利水电工程等级划分及洪水标准》(SL 252—2017),水利水电工程的等别,应根据其工程规模、效益和在经济社会中的重要性,按表 2-1-1 确定。

表 2-1-1　水利水电工程分等指标

工程等别	工程规模	水库总库容($\times10^8$ m^3)	防洪			治涝	灌溉	供水		发电
			保护人口($\times10^4$人)	保护农田面积($\times10^4$亩)	保护区当量经济规模($\times10^4$人)	治涝面积($\times10^4$亩)	灌溉面积($\times10^4$亩)	供水对象重要性	年引水量($\times10^8$ m^3)	发电装机容量(MW)
Ⅰ	大(1)型	≥10	≥150	≥500	≥300	≥200	≥150	特别重要	≥10	≥1 200
Ⅱ	大(2)型	<10,≥1.0	<150,≥50	<500,≥100	<300,≥100	<200,≥60	<150,≥50	重要	<10,≥3	<1 200,≥300

续表 2-1-1

工程等别	工程规模	水库总库容（$\times10^8$ m^3）	防洪			治涝	灌溉	供水		发电
			保护人口（$\times10^4$人）	保护农田面积（$\times10^4$亩）	保护区当量经济规模（$\times10^4$人）	治涝面积（$\times10^4$亩）	灌溉面积（$\times10^4$亩）	供水对象重要性	年引水量（$\times10^8$ m^3）	发电装机容量（MW）
Ⅲ	中型	<1.0，≥0.1	<50，≥20	<100，≥30	<100，≥40	<60，≥15	<50，≥5	比较重要	<3，≥1	<300，≥50
Ⅳ	小(1)型	<0.1，≥0.01	<20，≥5	<30，≥5	<40，≥10	<15，≥3	<5，≥0.5	一般	<1，≥0.3	<50，≥10
Ⅴ	小(2)型	<0.01，≥0.001	<5	<5	<10	<3	<0.5		<0.3	<10

注：1. 水库总库容指水库最高水位以下的静库容；治涝面积指设计治涝面积；灌溉面积指设计灌溉面积；年引水量指供水工程渠首设计年均引(取)水量。

2. 保护区当量经济规模指标仅限于城市保护区；防洪、供水中的多项指标满足 1 项即可。

3. 按供水对象的重要性确定工程等别时，该工程应为供水对象的主要水源。

4. 1 亩 = 1/15 hm^2，后同。

1.1.3.2　水工建筑物的级别

水利枢纽中的不同建筑物通常按其所属工程的等别和重要性进行分级。级别高的建筑物，对设计及施工的要求也高；级别低的建筑物则可以适当降低。单项用途的永久性水工建筑物，应根据其用途相应的等别和其本身的重要性按表 2-1-2 确定级别。多用途的水工建筑物，应根据其各用途相应的等别中最高者和其本身的重要性按表 2-1-2 确定级别。对于 2 级建筑物，土石坝坝高超过 90 m，混凝土坝或浆砌石坝坝高超过 130 m，其级别可提高至 1 级；对于 3 级建筑物，土石坝坝高超过 70 m，混凝土坝或浆砌石坝坝高超过 100 m，其级别可提高至 2 级。

表 2-1-2　永久性建筑物级别

工程等别	主要建筑物	次要建筑物
Ⅰ	1	3
Ⅱ	2	3
Ⅲ	3	4
Ⅳ	4	5
Ⅴ	5	5

1.1.3.3　洪水标准

洪水标准指为维护水工建筑物自身安全所要防御的洪水大小，一般用某一频率或重现期洪水表示，分为设计洪水标准和校核洪水标准。

水利水电工程永久性水工建筑物的洪水标准,应按山区、丘陵区和平原、滨海区分别确定。当山区、丘陵区水库工程永久性挡水建筑物的挡水高度低于 15 m,且上下游最大水头差小于 10 m 时,其洪水标准宜按平原、滨海区标准确定;当平原、滨海区水库工程永久性挡水建筑物的挡水高度高于 15 m,且上下游最大水头差大于 10 m 时,其洪水标准宜按山区、丘陵区标准确定,其消能防冲洪水标准不低于平原、滨海区标准。

江河采取梯级开发方式,在确定各梯级水库工程的永久性水工建筑物的设计洪水与校核洪水标准时,还应结合江河治理和开发利用规划,统筹研究,相互协调。在梯级水库中起控制作用的水库,经专题论证并报主管部门批准,其洪水标准可适当提高。

堤防和渠道上的闸、涵、泵站及其他建筑物的洪水标准不应低于堤防和渠道的防洪标准,并应留有安全裕度。

1.2 水工建筑物基本结构

1.2.1 重力坝的基本结构

重力坝是主要依靠坝体自重所产生的抗滑力来满足稳定要求的挡水建筑物,如图 2-1-1 所示。重力坝坝轴线一般为直线,垂直坝轴线方向设横缝,将坝体分成若干个独立工作的坝段,以免因坝基发生不均匀沉陷和温度变化而引起坝体开裂。为了防止渗漏水,在缝内设多道止水。垂直坝轴线的横剖面基本上是呈三角形的,结构受力形式为固接于坝基上的悬臂梁。坝基要求布置防渗排水设施。

图 2-1-1 重力坝

1.2.1.1 重力坝的剖面

1. 非溢流重力坝的基本剖面

重力坝承受的主要荷载是静水压力,控制剖面尺寸的主要指标是稳定和强度要求。

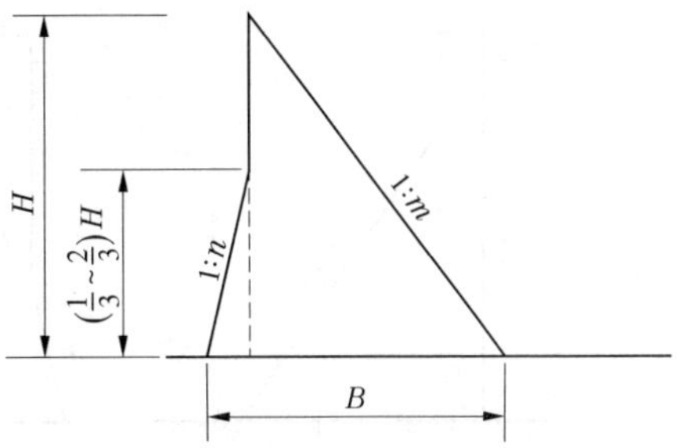

图 2-1-2　非溢流重力坝的基本剖面

作用于上游面的水平水压力呈三角形分布，而且三角形剖面外形简单，底面和基础接触面积大，稳定性好，重力坝的基本剖面是上游近于垂直的三角形，如图 2-1-2 所示。

理论分析和工程实践证明，混凝土重力坝上游面可做成折坡，折坡点一般位于 1/3～2/3 坝高处，以便利用上游坝面水重增加坝体的稳定性；上游坝坡系数 n 常采用 0～0.2，下游坝坡系数 m 常采用 0.6～0.8；坝底宽 B 为(0.7～0.9)H(H 为坝高或最大挡水深度)。基本剖面的拟定，采用工程类比法，确定具体尺寸，简便合理，成功率高。

2. 非溢流重力坝的实用剖面

基本剖面拟定后，要进一步根据作用在坝体上的全部荷载以及运用条件，考虑坝顶交通、设备和防浪墙布置、施工和检修等综合需要，把基本剖面修改成实用剖面。

1) 坝顶宽度

为了满足运用、施工和交通的需要，坝顶必须有一定的宽度。当有交通要求时，应按交通要求布置。一般情况，坝顶宽度可采用坝高的 8%～10%，且不小于 3 m；碾压混凝土坝坝顶宽不小于 5 m；当坝顶布置移动式启闭机时，坝顶宽度要满足安装门机轨道的要求。

2) 坝顶高程

为了交通和运用管理的安全，非溢流重力坝的坝顶应高于校核洪水位。当坝顶设防浪墙时，坝顶高程不得低于相应的静水位，防浪墙顶高程不得低于波浪顶高程。

3) 坝顶布置

坝顶部分伸向上游；坝顶部分伸向下游，并做成拱桥或桥梁结构形式；坝顶建成矩形实体结构，必要时为移动式闸门启闭机铺设隐形轨道。坝顶设排水，一般都排向上游。坝顶防浪墙高度一般为 1.2 m，厚度应能抵抗波浪及漂浮物的冲击，与坝体牢固地连在一起，防浪墙在坝体分缝处也留伸缩缝，缝内设止水。

4) 实用剖面形式

混凝土重力坝实用剖面形式如图 2-1-3 所示。

(1) 垂直坝面，上游坝面为垂直面，便于施工，利于布置进水口、闸门和拦污设备，但是可能会使下游坝面产生拉应力，此时可修改下游坝坡系数 m 值。

(2) 斜坡坝面，当坝基条件较差时，可利用斜面上的水重，提高坝体的稳定性。

(3) 折坡坝面，是最常用的实用剖面。既可利用上游坝面的水重增加稳定，又可利用折坡点以上的垂直面布置进水口，还可以避免空库时下游坝面产生拉应力，折坡点(1/3～2/3 坝前水深)处应进行强度和稳定验算。

坝底一般应按规定置于坚硬新鲜岩基上，100 m 以下重力坝坝基灌浆廊道距岩基和上游坝面应不小于 5 m。

实用剖面应该以剖面的基本参数为依据，以强度和稳定为约束条件，建立坝体工程量

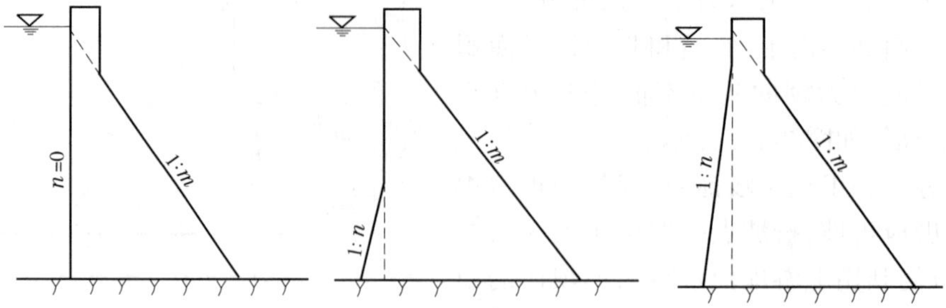

(a)垂直坝面　(b)折坡坝面　(c)斜坡坝面

图 2-1-3　非溢流重力坝的实用剖面

最小的目标函数,进行优化设计,确定最终的设计方案和相关尺寸。

3. 溢流重力坝的剖面

溢流重力坝简称溢流坝,既是挡水建筑物,又是泄水建筑物。因此,坝体剖面设计除要满足稳定和强度要求外,还要满足泄水的要求,同时要考虑下游的消能问题。

1) 溢流重力坝的泄水方式

溢流重力坝的泄水方式有坝顶溢流式和孔口溢流式两种类型,如图 2-1-4 所示。

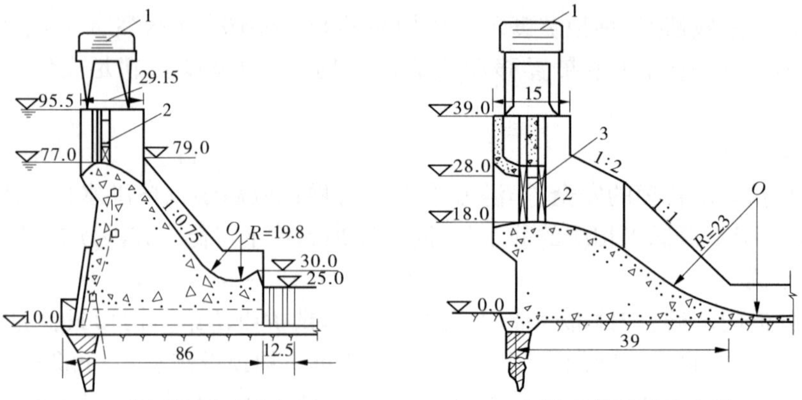

(a)坝顶溢流式重力坝　(b)孔口溢流式重力坝

1—移动式启闭机;2—工作闸门;3—检修闸门

图 2-1-4　溢流重力坝的泄水方式　(单位:m)

坝顶溢流式重力坝,当不设闸门时,堰顶高程等于水库的正常蓄水位,泄水时,靠壅高库内水位增加下泄量,这种情况增加了库内的淹没损失和非溢流坝的坝顶高程和坝体工程量。坝顶溢流不仅可以用于排泄洪水,还可以用于排泄其他漂浮物。它结构简单,可自动泄洪,管理方便。适用于洪水流量较小、淹没损失不大的中、小型水库。

当堰顶设有闸门时,闸门顶高程虽高于水库正常蓄水位,但堰顶高程较低,可利用闸门不同开启度调节库内水位和下泄流量,减少上游淹没损失和非溢流坝的高度及坝体的工程量。与深孔闸门比较,堰顶闸门承受的水头较小,其孔口尺寸较大,由于闸门安装在堰顶,操作、检修均比深孔闸门方便。当闸门全开时,下泄流量与堰上水头 H_0 的 3/2 次方成正比。随着库水位的升高,下泄流量增加较快,具有较大的超泄能力。在大、中型水库工程中得到广泛的应用。

对孔口溢流式重力坝，在闸墩上部设置胸墙，有固定胸墙和活动胸墙两种，既可利用胸墙挡水，又可减少闸门的高度和降低堰顶高程。它可以根据洪水预报提前放水，腾出较大的防洪库容，提高水库的调洪能力。当库水位低于胸墙下缘时，下泄水流流态与堰顶开敞溢流式相同；当库水位高于孔口一定高度时，呈大孔口出流。胸墙多为钢筋混凝土结构，常固接在闸墩上，也有做成活动式的。当遇特大洪水时可将胸墙吊起，以加大泄洪能力，利于排放漂浮物。

2）溢流坝的基本剖面

溢流坝的基本剖面呈三角形，如图 2-1-5 所示。上游坝面可以做成垂直面，也可以做成折坡面。溢流面由顶部曲线段、中间直线段和底部反弧段三部分组成。顶部曲线段常采用非真空剖面曲线。采用较广泛的非真空剖面曲线有克-奥曲线和幂曲线（或称 WES 曲线）两种。中间直线段上端与堰顶曲线相切，下端与反弧段相切，坡度与非溢流坝段的下游坡相同。底部反弧段是使沿溢流面下泄水流平顺转向的工程设施，通常采用圆弧曲线，$R=(4\sim10)h$，h 为校核洪水闸门全开时反弧最低点的水深。反弧最低点的流速愈大，要求反弧半径愈大。当流速小于 16 m/s 时，取下限；流速大时，宜采用较大值。当采用底流消能，反弧段与护坦相连时，宜采用上限值。

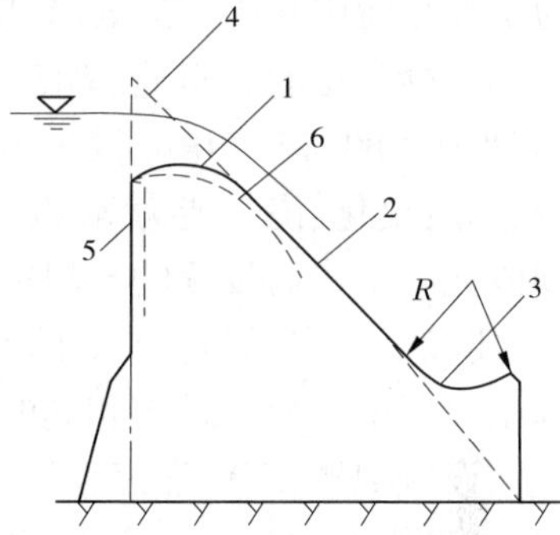

1—顶部溢流段；2—直线段；3—反弧段；4—基本剖面；5—薄壁堰；6—薄壁堰溢流水舌

图 2-1-5　溢流坝剖面

1.2.1.2　重力坝坝体的防渗与排水设施

在混凝土重力坝坝体上游面和下游面最高水位以下部分，多采用一层具有防渗、抗冻、抗侵蚀的混凝土作为坝体防渗设施，如图 2-1-6 所示。

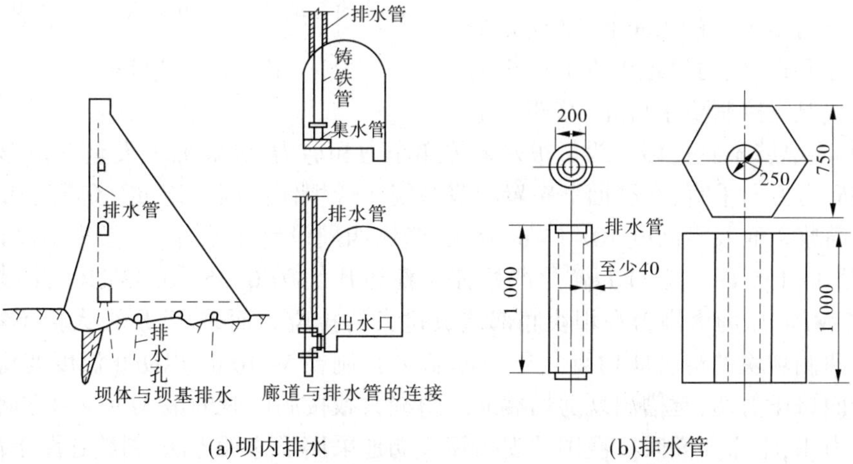

图 2-1-6　重力坝内部排水构造（单位：mm）

靠近上游坝面设置排水管幕,以减小坝体渗透压力。排水管幕距上游坝面的距离一般为作用水头的1/15~1/25,且不小于2.0 m。排水管间距为2~3 m,管径为15~20 cm。排水管幕沿坝轴线一字排列,管孔垂直,与纵向排水、检查廊道相通,上下端与坝顶和廊道直通,便于清洗、检查和排水。

排水管一般用无砂混凝土管,可预制成圆筒形和空心多棱柱形,在浇筑坝体混凝土时,应保护好排水管,防止水泥浆漏入排水管内,阻塞排水管道。

1.2.1.3 重力坝的分缝与止水

为了满足运用和施工的要求,防止温度变化和地基不均匀沉降导致坝体开裂,需要合理分缝。分缝常见的有横缝、纵缝、施工缝。垂直于坝轴线,将坝体分成若干个坝段的缝为横缝,沿坝轴线15~20 m设一道横缝,缝宽的大小主要取决于河谷地形、地基特性、结构布置、温度变化、浇筑能力等,缝宽一般为1~2 cm。横缝分永久性和临时性两种。为了使各坝段独立工作而设置的与坝轴线垂直的垂直缝面称为永久性横缝,缝内不设缝槽、不灌浆,但要设置止水,缝宽应大于该地区最大温差引起膨胀的极限值1 cm。夏季施工和冬季施工时所留的缝宽是不相同的。在温度最高时,不允许缝间产生挤压力。临时性横缝在缝面设置键槽,埋设灌浆系统,施工后灌浆连接成整体。临时性横缝主要用于以下几种情况:①对横缝的防渗要求很高时;②陡坡上的重力坝段,即岸坡较陡,将各坝段连成整体,改善岸坡坝段的稳定性;③不良坝基上的重力坝,即软弱破碎带上的各坝段,横缝灌浆后连成了整体,增加坝体刚度;④强地震区(设计烈度在Ⅷ度以上)的坝体,即强地震区将坝段连成整体,可提高坝体的抗震性。当岸坡坝基开挖成台阶状,坡度陡于1:1时,应按临时性横缝处理。

平行于坝轴线的缝称为纵缝,设置纵缝的目的在于适应混凝土的浇筑能力和减少施工期的温度应力,待温度正常之后进行接缝灌浆。纵缝按结构布置形式分为垂直纵缝、斜缝、错缝,如图2-1-7所示。

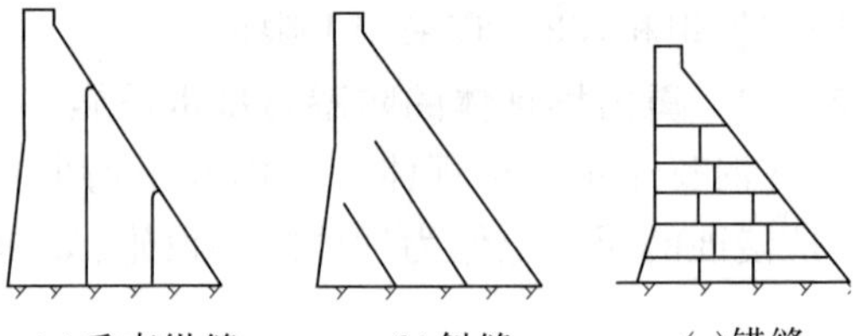
(a)垂直纵缝　(b)斜缝　(c)错缝

图2-1-7　纵缝形式

纵缝方向是垂直的为垂直纵缝,是最常用的一种形式,缝的间距根据混凝土的浇筑能力和温度控制要求确定,缝距一般为15~30 m,纵缝不宜过多。为了很好地传递压力和剪力,纵缝面上设呈三角形的键槽,槽面与主应力方向垂直,在缝面上布置灌浆系统。待坝体温度稳定,缝张开到0.5 mm以上时进行灌浆。灌浆沿高度10~15 m分区,缝体四周设置止浆片,止浆片用镀锌铁片或塑料片(厚1~1.5 cm,宽24 cm)。严格控制灌浆压力为0.35~0.45 MPa,回浆压力为0.2~0.25 MPa,压力太高会在坝块底部造成过大的拉应力而破坏,压力太低不能保证质量。纵缝两侧坝块的浇筑应均衡上升,一般高差控制在5~10 m,以防止温度变化、干缩变形造成缝面挤压剪切,键槽出现剪切裂缝。斜缝大致按满库时的最大主应力方向布置,因缝面剪应力小,不需要灌浆。我国的安砂坝成功地采用了这种方法,斜缝在距上游坝面一定距离处终止,并采取并缝措施,如布置垂直缝面的钢筋、并缝廊道等。斜缝的缺点是:施工干扰大,相邻坝块的浇筑间歇时间及温度控制均有较严格的限制,故目前中高坝中较少采用。浇筑块之间像砌砖一样把缝错开的为错峰,每块厚度 3~4 m(基岩面附近减至 1.5~2 m),错缝间距为 10~15 m,缝位错距为 1/3~1/2 浇筑块的厚度。错缝不需要灌浆,施工简便,整体性差,可用于中小型重力坝中。近年来,世界坝工由于温度控制和施工水平的不断提高,发展趋势是不设纵缝,通仓浇筑,施工进度快,坝体整体性好。但规范要求高坝利用通仓浇筑必须有专门论证。

坝体上下层浇筑块之间的结合面称水平施工缝。一般浇筑块厚度为 1.5~4.0 m,靠近基岩面用 0.75~1.0 m 的薄层浇筑,利于散热、减少温升,防止开裂。纵缝两侧相邻坝块水平施工缝不宜设在同一高程,以增强水平截面的抗剪强度。上、下层浇筑间歇 3~7 d,上层混凝土浇筑前,必须对下层混凝土凿毛,冲洗干净,铺 2~3 cm 强度较高的水泥砂浆后浇筑。水平施工缝的处理应高度重视,施工质量关系到大坝的强度、整体性和防渗性,否则将成为坝体的薄弱层面。

1.2.1.4　重力坝的坝内廊道系统

重力坝的坝体内部,为了满足灌浆、排水、观测、检查和交通等要求,在坝体内设置了不同用途的廊道,这些廊道相互连通,构成了重力坝坝体内部廊道系统,如图 2-1-8 所示。

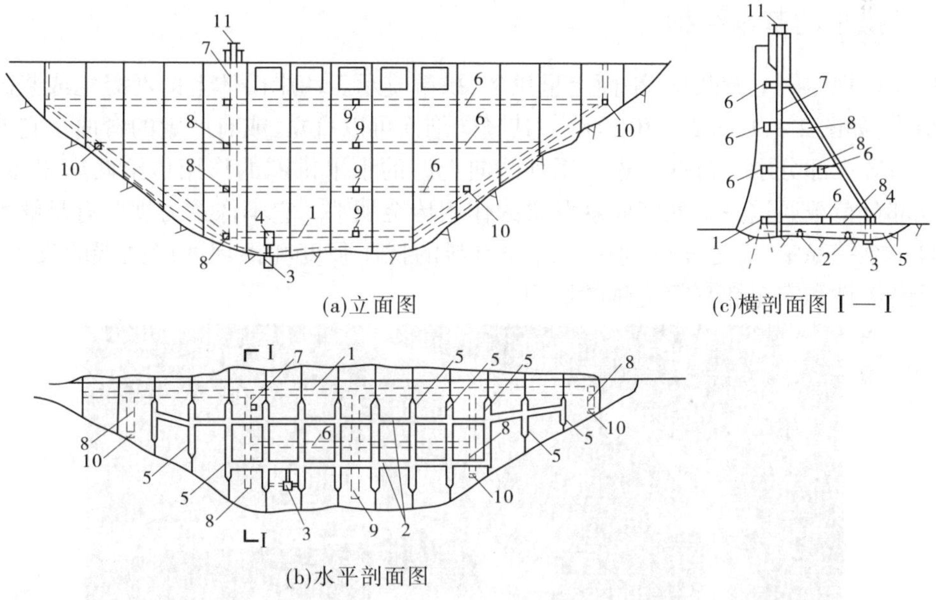

(a)立面图　(c)横剖面图 Ⅰ—Ⅰ　(b)水平剖面图

1—坝基灌浆排水廊道;2—基面排水廊道;3—集水井;4—水泵室;5—横向排水廊道;6—检查廊道;7—电梯井;8—交通廊道;9—观测廊道;10—进出口;11—电梯塔

图 2-1-8　坝内廊道系统图

1. 基础灌浆廊道

在坝内靠近上游坝踵部位设基础(帷幕)灌浆廊道。为了保证灌浆质量,提高灌浆压力,要求距上游面应有 1/20~1/10 的作用水头,且不小于 4~5 m;距基岩面不小于 1.5 倍廊道宽度,一般取 5 m 以上。廊道断面为城门洞形,宽度为 2.5~3 m,高度 3~3.5 m,以便满足灌浆作业的要求。廊道上游侧设排水沟,下游侧设排水孔及扬压力观测孔,在廊道最低处设集水井，以便自流或抽排坝体渗水。

灌浆廊道随坝基面由河床向两岸逐渐升高，坡度不宜陡于 45°，以便钻孔、灌浆及其设备的搬运。当两岸坡度陡于 45°时，基础灌浆廊道可分层布置，并用竖井连接。当岸坡较长时，每隔适当的距离设一段平洞，为了灌浆施工方便，每隔 50～100 m 宜设置横向灌浆机室。

2. 检查和坝体排水廊道

为检查、观测和坝体排水的方便，需要沿坝高每隔 30 m 设置检查和排水廊道一层。断面形式采用城门洞形，最小宽度 1.2 m，最小高度 2.2 m，廊道上游壁至上游坝面的距离应满足防渗要求，且不小于 3 m。对设引张线的廊道宜在同一高程上呈直线布置。廊道与泄水孔、导流底孔净距宜小于 3～5 m。廊道内的上游侧设排水沟。

为了检查、观测的方便，坝内廊道要相互连通，各层廊道左右岸各有一个出口，要求与竖井、电梯井连通。

对于坝体断面尺寸较大的高坝，为了检查、观测和交通的方便，尚需另设纵向和横向的廊道。此外，还可根据需要设专门性廊道。

1.2.2　拱坝的基本结构

拱坝是坝体向上游凸出，平面上呈拱形，拱端支承于两岸山体上的混凝土或浆砌石的整体结构，如图 2-1-9、图 2-1-10 所示。其竖向剖面可以直立，或有一定的弯曲。它能把上游水压力等大部分水平荷载通过一系列凸向上游的水平拱圈的作用传给两岸岩体，而将其余少部分荷载通过一系列竖向悬臂梁的作用传至坝基。它不像重力坝要有足够大的体积靠自重维持稳定，而是充分利用了筑坝材料的抗压强度和拱坝两岸拱端的反力作用。拱坝是经济性和安全性都很优越的坝型。

图 2-1-9　拱坝

1.2.2.1　拱坝的形式

拱坝按厚高比特征可分为薄拱坝、一般拱坝、厚拱坝（或称重力拱坝）。拱坝按曲率

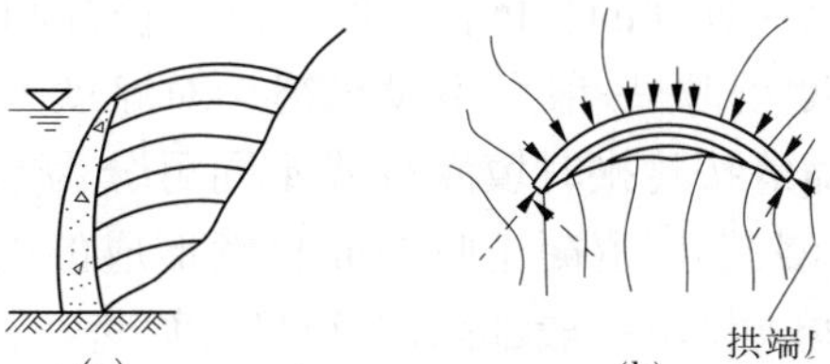

图 2-1-10　拱坝示意图

可分为单曲拱坝和双曲拱坝,如图 2-1-11 所示。拱坝按水平拱圈形式可分为圆弧拱坝[见图 2-1-12(a)]、多心拱坝[见图 2-1-12(b)、(c)]、变曲率拱坝[见图 2-1-12(d)]、椭圆拱坝[见图 2-1-12(e)]和抛物线拱坝[见图 2-1-12(f)]等。

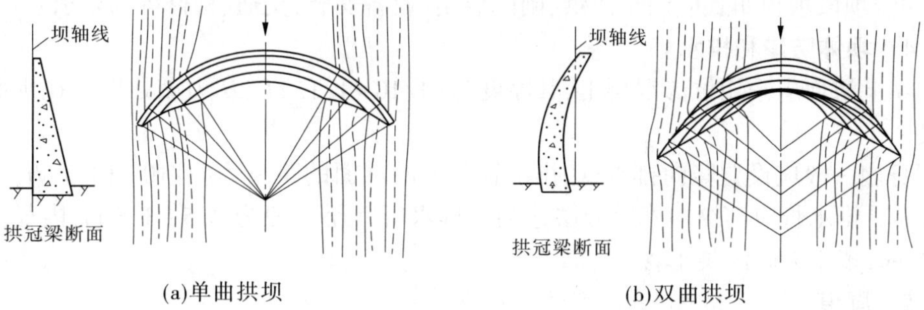

图 2-1-11　单双曲拱坝示意图

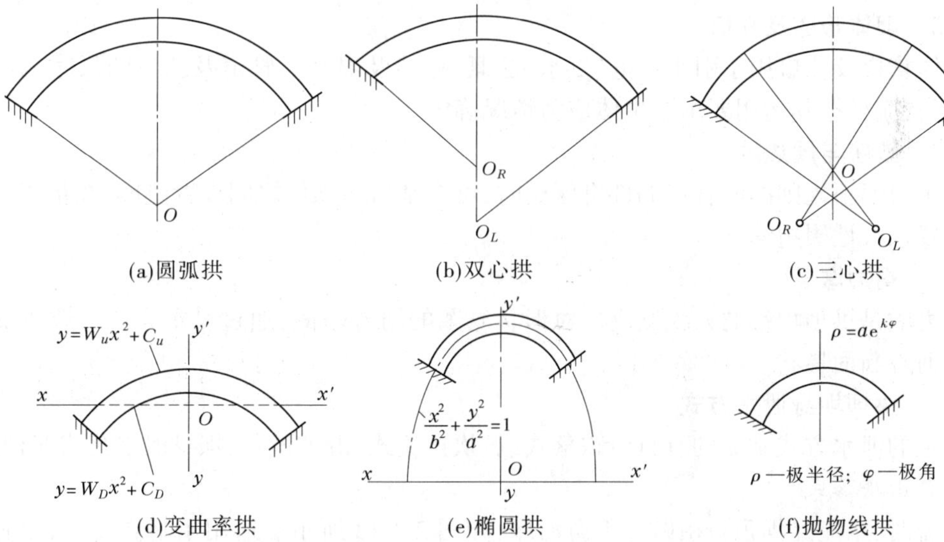

图 2-1-12　拱坝的各种水平拱圈形式

1.2.2.2　坝体分缝、接缝处理

拱坝是整体结构,不设置永久性横缝。为便于施工期间混凝土散热和降低收缩应力,需要分段浇筑,各段之间设有收缩缝,在坝体混凝土冷却到年平均气温左右,混凝土充分

收缩后再用水泥浆封堵,以保证坝的整体性。收缩缝有横缝和纵缝两类,横缝一般沿径向或接近径向布置,拱坝厚度较薄,一般可不设纵缝。对厚度大于 40 m 的拱坝,经分析论证,可考虑设置纵缝。收缩缝按封拱时填灌方式不同可分为窄缝和宽缝两种。窄缝是两个相邻的坝段相互紧靠着浇筑,因混凝土收缩而自然形成的缝,缝中预埋灌浆系统,坝体冷却后进行接缝灌浆,混凝土拱坝一般都采用这种窄缝。

宽缝又称回填缝,是在坝段之间留 0.7~1.2 m 的宽度,缝面设键槽,上游面设钢筋混凝土塞,然后用密实的混凝土填塞。宽缝散热条件好,坝体冷却快,但回填混凝土冷却后又会产生新的收缩缝。

1.2.2.3 坝顶

坝顶宽度应根据交通要求确定。当无交通要求时,非溢流坝的坝顶宽度一般不小于 3 m。溢流坝段坝顶布置应满足泄洪、闸门启闭、设备安装、交通、检修等的要求。

1.2.2.4 坝体防渗和排水

拱坝上游面应采用抗渗混凝土,其厚度为(1/10~1/15)H,H 为该处坝面在水面以下的深度。

坝身内一般应设置竖向排水管,排水管与上游坝面的距离为(1/10~1/15)H,一般不少于 3 m。排水管应与纵向廊道分层连接。排水管间距一般为 2.5~3.5 m,内径一般为 15~20 cm,多用无砂混凝土管。

1.2.2.5 廊道

为满足检查、观测、灌浆、排水和坝内交通等要求,需要在坝体内设置廊道与竖井。廊道的断面尺寸、布置和配筋基本上和重力坝相同。

1.2.2.6 坝体管道及孔口

坝体管道及孔口用于引水发电、供水、灌溉、排沙及泄水。管道及孔口的尺寸、数目、位置、形状应根据其运用要求和坝体应力情况确定。

1.2.2.7 垫座与周边缝

对于地形不规则的河谷或局部有深槽时,可在基岩与坝体之间设置垫座,在垫座与坝体间设置永久性周边缝。

1.2.2.8 重力墩

重力墩是拱坝坝端的人工支座。对形状复杂的河谷断面,通过设重力墩可改善支承坝体的河谷断面形状。

1.2.2.9 拱坝坝身泄水方式

拱坝的泄水方式常见的有自由跌落式、鼻坎挑流式、滑雪道式、坝身泄水孔式四种。

1. 自由跌落式

泄流时,水流经坝顶自由跌入下游河床,如图 2-1-13 所示。适用于基岩良好,单宽泄洪量较小的小型拱坝。由于落水点距坝趾较近,坝下必须有防护设施。

2. 鼻坎挑流式

为了使泄水跌落点远离坝脚,常在溢流堰顶曲线末端以反弧段连接成为挑流鼻坎,如图 2-1-14,堰顶至鼻坎之间的高差一般不大于 6~8 m,大致为设计水头的 1.5 倍,反弧半径约等于堰上设计水头,鼻坎挑射角一般为 15°~25°。由于落水点距坝趾较远,可适用于

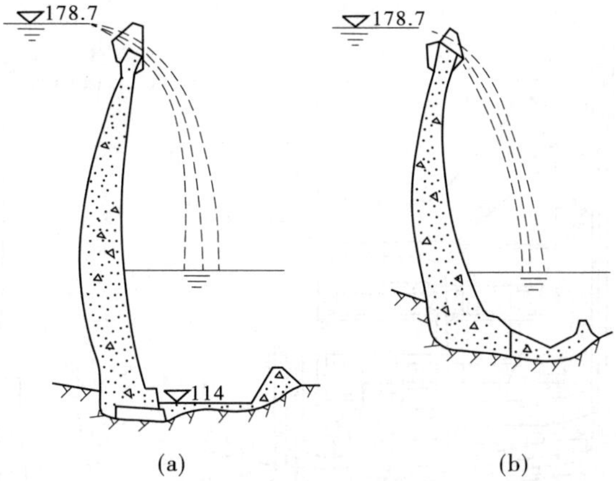

图 2-1-13　自由跌落式

泄流量较大的轻薄拱坝。

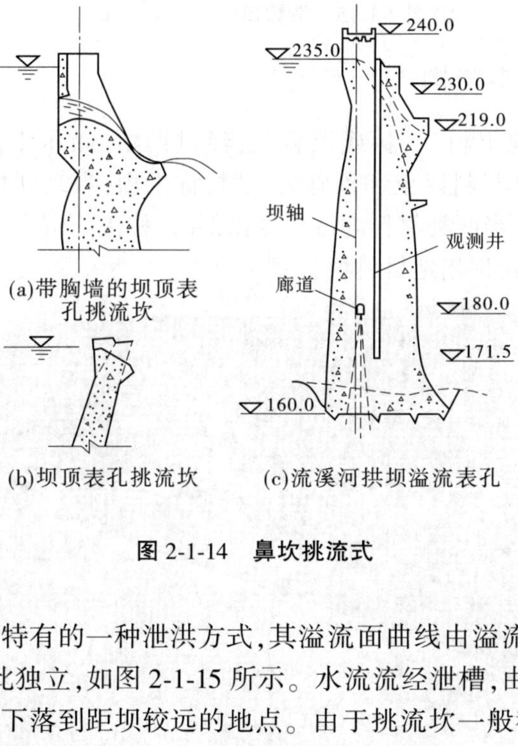

图 2-1-14　鼻坎挑流式

3. 滑雪道式

滑雪道泄洪是拱坝特有的一种泄洪方式,其溢流面曲线由溢流坝顶和紧接其后的泄槽组成,泄槽与坝体彼此独立,如图 2-1-15 所示。水流流经泄槽,由槽末端的挑流鼻坎挑出,使水流在空中扩散,下落到距坝较远的地点。由于挑流坎一般都比堰顶低很多,落差较大,因而挑距较远,适用于泄洪量较大、较薄的拱坝。

4. 坝身泄水孔式

在水面以下一定深度处,拱坝坝身可开设孔口。位于拱坝 1/2 坝高处或坝体上半部的泄水孔称作中孔;位于坝体下半部的称作底孔。拱坝泄流孔口在平面上多居中或对称于河床中线布置,孔口泄流一般是压力流,比堰顶溢流流速大,挑射距离远。

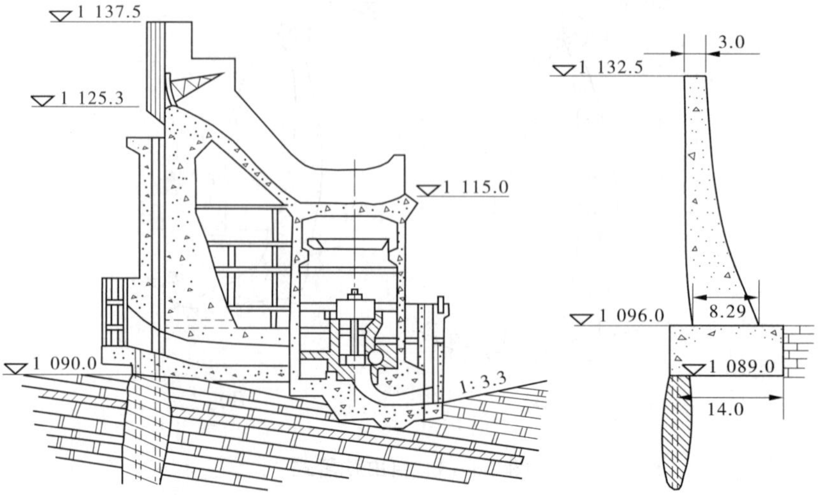

图 2-1-15　滑雪道式　（单位:m）

1.2.3　土石坝的基本结构

土石坝是指由当地土料、石料或混合料,经过抛填、碾压方法堆筑成的挡水坝,如图 2-1-16 所示。当坝体材料以土和砂砾为主时,称土坝;当筑坝材料以石渣、卵石、爆破石料为主时,称堆石坝;当两类材料均占相当比例时,称土石混合坝。土石坝由于筑坝材料主要来自坝区,因而也称当地材料坝。

图 2-1-16　土石坝

1.2.3.1　土石坝的类型

土石坝按坝高可以分为低坝、中坝、高坝。高度在 30 m 以下的为低坝,高度 30~70 m 的为中坝,高度超过 70 m 的为高坝。按施工方法不同,土石坝可分为碾压式土石坝、水力冲填坝、水坠坝、水中填土坝或水中倒土坝、土中灌水坝、定向爆破堆石坝。按坝体材料的组合和防渗体的相对位置不同,土石坝可分为:土坝,主要有均质坝、黏土心墙坝和黏土斜墙坝、人工材料心墙和斜墙坝、多种土质坝几种形式;土石混合坝,上述多种土质坝中,粗粒土改用砂砾石料筑成的坝,或用土石混合在一起的材料筑成的坝;堆石坝,除防渗体外,坝体的绝大部分或全部由石料堆筑起来的坝。土石坝的类型如图 2-1-17 所示。

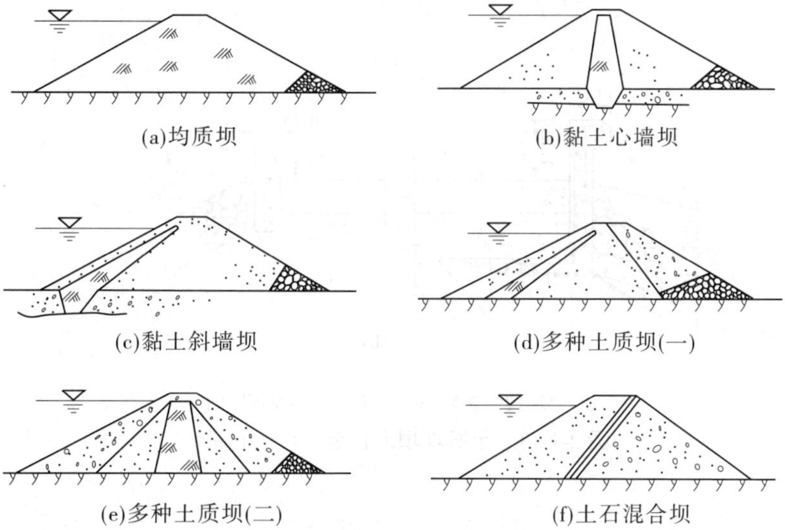

(a)均质坝　(b)黏土心墙坝

(c)黏土斜墙坝　(d)多种土质坝(一)

(e)多种土质坝(二)　(f)土石混合坝

图 2-1-17　土石坝的类型

1.2.3.2　**坝顶**

坝顶指坝顶面上的工程结构及相关设施,包括坝的顶面、防浪墙、边石、栏杆、排水沟、照明设备等。

坝顶一般都做护面。坝顶上游侧常设防浪墙,防浪墙可用混凝土或浆砌石修建。防浪墙的高度一般为 1.0~1.2 m,下游侧宜设路缘石。土石坝坝顶无交通要求时,坝顶宽度通常按照构造和施工要求确定,并应考虑汛期防汛抢险的要求,一般不小于 3 m。坝顶路面可采用单层砌石或铺一层密实的碎石、砾石。有交通要求时,坝顶宽度和路面,按交通要求设计,路面向两侧或一侧做成 2%~3%的横坡,以便排除雨水。有防浪墙时,坡向下游,并在坝顶下游侧设纵向排水沟,汇集雨水,经坡面排水沟排至下游,如图 2-1-18 所示。

1.2.3.3　**防渗体**

1. 黏性土心墙

心墙一般布置在坝体中部,有时稍偏上游并稍为倾斜。心墙坝顶部厚度一般不小于 3 m。心墙厚度常根据土壤的允许渗透坡降而定。《碾压式土石坝设计规范》(SL 274—2001)规定,心墙底部厚度不宜小于作用水头的 1/4。黏土心墙两侧边坡多在 1:0.15~1:0.3。心墙的顶部应高出设计洪水位 0.3~0.6 m,且不低于校核水位,当有可靠的防浪墙时,心墙顶部高程也不应低于设计洪水位。心墙顶与坝顶之间应设有保护层,厚度不小于该地区的冰结或干燥深度,同时按结构要求不宜小于 1 m。心墙与坝壳之间应设置过渡层,岩石地基上的心墙,一般还要设混凝土垫座,或修建 1~3 道混凝土齿墙。齿墙的高度 1.5~2.0 m,切入岩基的深度常为 0.2~0.5 m,有时还要在下部进行帷幕灌浆,如

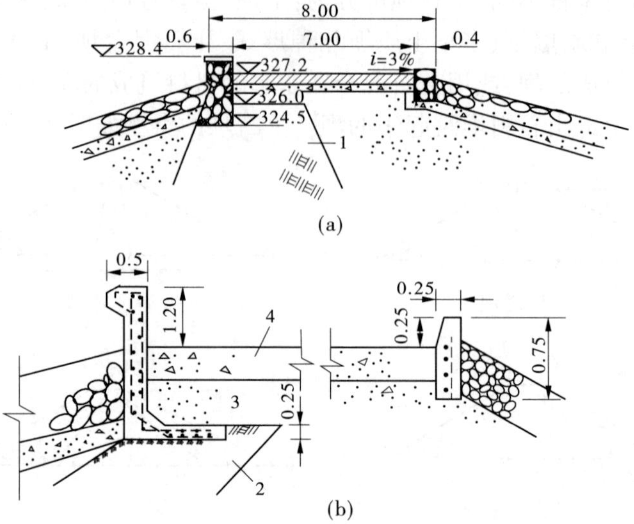

1—心墙;2—斜墙;3—回填土;4—坝顶路面

图 2-1-18　土石坝坝顶构造　(单位:m)

图 2-1-19 所示。

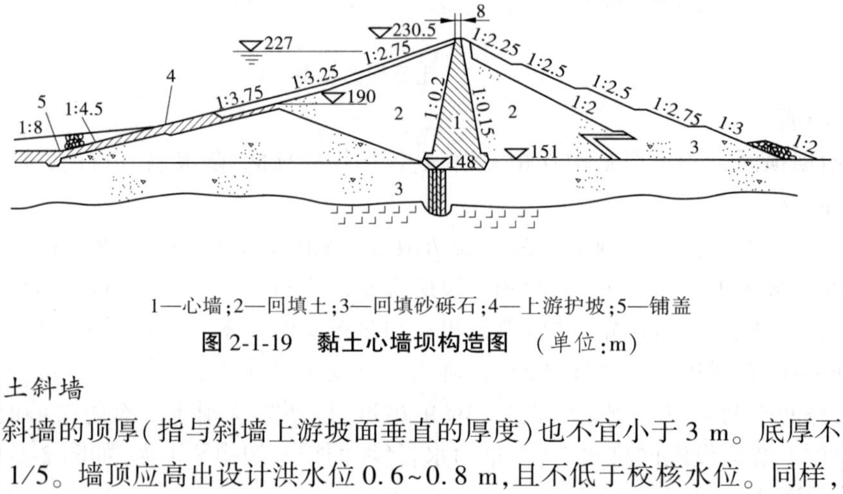

1—心墙;2—回填土;3—回填砂砾石;4—上游护坡;5—铺盖

图 2-1-19　黏土心墙坝构造图　(单位:m)

2. 黏土斜墙

黏土斜墙的顶厚(指与斜墙上游坡面垂直的厚度)也不宜小于 3 m。底厚不宜小于作用水头的 1/5。墙顶应高出设计洪水位 0.6~0.8 m,且不低于校核水位。同样,如有可靠的防浪墙,斜墙顶部也不应低于设计洪水位。斜墙顶部和上游坡都必须设保护层,厚度不得小于冰冻和干燥深度,一般为 2~3 m。一般内坡不宜陡于 1∶2.0,外坡常在 1∶2.5 以上。斜墙与保护层以及下游坝体之间,应根据需要分别设置过渡层,如图 2-1-20 所示。

3. 非土料防渗体

非土料防渗体常见的有钢筋混凝土面板(斜墙)和沥青混凝土防渗体。

1.2.3.4　排水设施

1. 贴坡排水

贴坡排水构造图如图 2-1-21 所示。顶部应高于坝体浸润线的逸出点,贴坡排水构造简单、节省材料、便于维修,但不能降低浸润线。多用于浸润线很低和下游无水的情况。

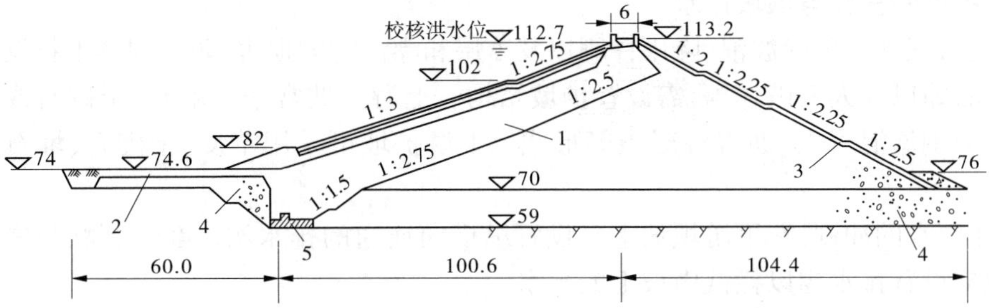

1—斜墙；2—铺盖；3—下游护坡；4—砂砾石；5—混凝土盖板齿墙

图 2-1-20　黏土斜墙坝构造图　（单位：m）

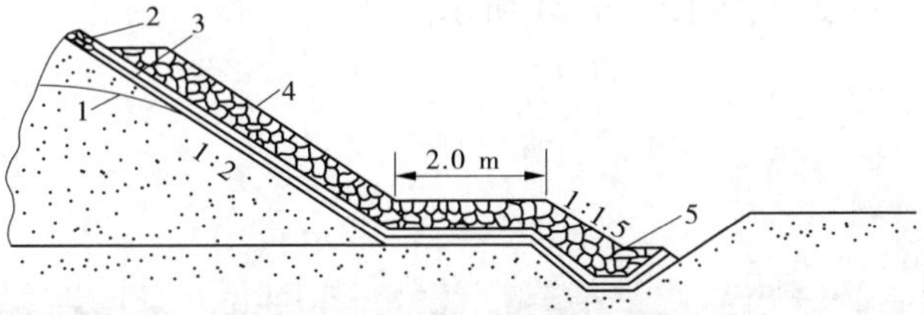

1—浸润线；2—护坡；3—反滤层；4—排水体；5—排水沟

图 2-1-21　贴坡排水构造图

2. 棱体排水

棱体排水构造图如图 2-1-22 所示。在下游坝脚处用块石堆成棱体，顶部高程应超出下游最高水位，超出高度应大于波浪沿坡面的爬高。棱体排水可降低浸润线，防止渗透变形，保护下游坝脚不受尾水淘刷，且有支承坝体增加稳定的作用。但石料用量较大、费用较高，与坝体施工有干扰，检修也较困难。

3. 褥垫排水

褥垫排水为伸展到坝体内的排水设施，在坝基面上平铺一层厚 0.4~0.5 m 的块石，并用反滤层包裹。褥垫伸入坝体内的长度应根据渗流计算确定，对黏性土均质坝不大于坝底宽的 1/2，对砂性土均质坝不大于坝底宽的 1/3，如图 2-1-23 所示。当下游水位低于排水设施时，降低浸润线的效果显著，还有助于坝基排水固结。

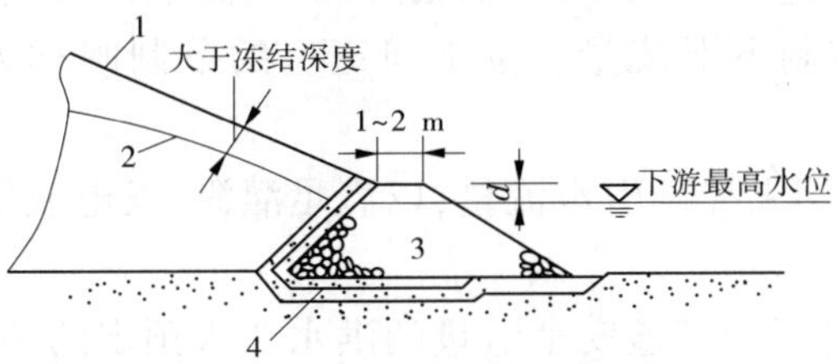

1—下游坝坡；2—浸润线；3—棱体排水；4—反滤层

图 2-1-22　棱体排水构造图

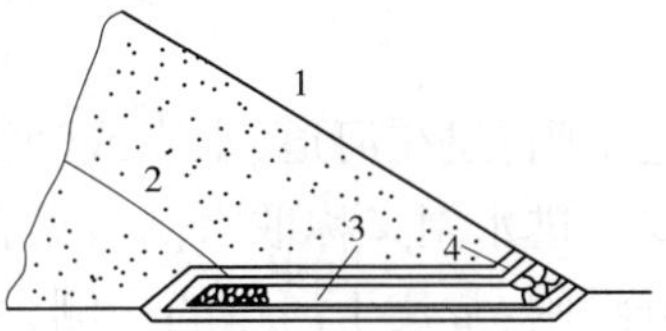

1—护坡；2—浸润线；3—排水体；4—反滤层

图 2-1-23　褥垫排水构造图

1.2.3.5　土石坝的护坡与坝坡排水

为保护土石坝坝坡免受波浪、降雨冲刷以及冰层和漂浮物的损害，防止坝体土料发生冻结、膨胀和收缩以及人畜破坏等，需设置护坡结构。上游护坡常采用堆石、干砌石或浆砌石、混凝土或钢筋混凝土、沥青混凝土等形式。下游护坡可采用草皮、干砌石、堆石等形式。

为了防止雨水的冲刷，在下游坝坡上常设置纵横向连通的排水沟。在土石坝与岸坡的结合处，也应设置排水沟以拦截山坡上的雨水。

1.2.4　水闸的基本结构

水闸是一种低水头的水工建筑物，兼有挡水和泄水的作用，用以调节水位、控制流量，以满足水利事业的各种要求，如图 2-1-24 所示。

图 2-1-24　水闸

1.2.4.1　水闸的种类

1. 按水闸所承担的任务分类

水闸按所承担的任务可分为节制闸、进水闸、分洪闸、排水闸、挡潮闸、排沙闸、排冰闸、排污闸等，如图 2-1-25 所示。

节制闸(或拦河闸)：在河道或渠道上建造，枯水期用以拦截河道，抬高水位，以利上游取水或航运要求；洪水期则开闸泄洪，控制下泄流量。位于河道上的节制闸称为拦河闸。

进水闸：建在河道、水库或湖泊的岸边，用来控制引水流量，以满足灌溉、发电或供水的需要。进水闸又称取水闸或渠首闸。

分洪闸：常建于河道的一侧，用来将超过下游河道安全泄量的洪水泄入预定的湖泊、洼地，及时削减洪峰，保证下游河道的安全。

排水闸：常建于江河沿岸，外河水位上涨时关闸以防外水倒灌，外河水位下降时开闸排水，排除两岸低洼地区的涝渍。该闸具有双向挡水，有时双向过流的特点。

挡潮闸：建在入海河口附近，涨潮时关闸不使海水沿河上溯，退潮时开闸泄水。挡潮

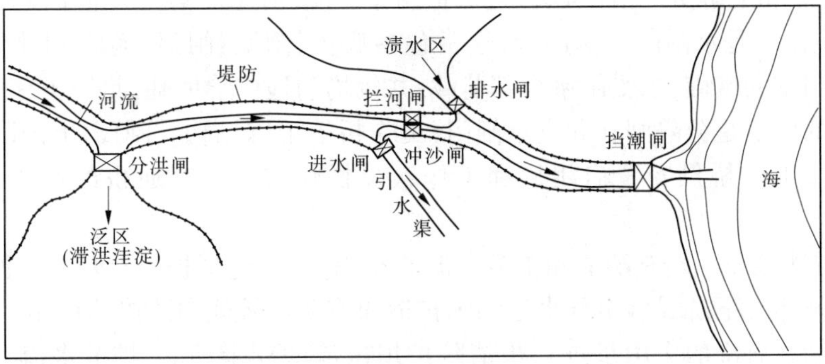

图 2-1-25 水闸的类型及位置示意图

闸具有双向挡水的特点。

排沙闸、排冰闸、排污闸:为排除泥沙、冰块、漂浮物等而设置。

2. 按闸室结构形式分类

(1)开敞式水闸:闸室上面不填土封闭的水闸。一般有泄洪、排水、过木等要求时,多采用不带胸墙的开敞式水闸,多用于拦河闸、排冰闸等;当上游水位变幅大,而下泄流量又有限制时,为避免闸门过高,常采用带胸墙的开敞式水闸,如进水闸、排水闸、挡潮闸多用这种形式。

(2)涵洞式水闸:闸(洞)身上面填土封闭的水闸,又称封闭式水闸。涵洞式水闸常用于穿堤取水或排水的水闸。洞内水流可以是有压的或者是无压的。

1.2.4.2 水闸的组成

水闸由上游连接段、闸室段和下游连接段三部分组成,如图 2-1-26 所示。

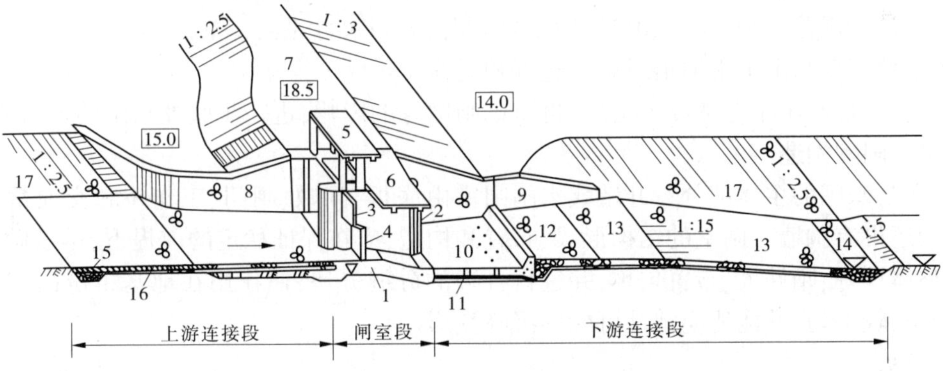

1—闸室底板; 2—闸墩;3—胸墙;4—闸门; 5—工作桥;6—交通桥;7—堤顶;
8—上游翼墙; 9—下游翼墙;10—护坦;11—排水孔;12—消力坎;13—海漫;
14—下游防冲槽;15—上游防冲槽;16—上游护底;17—上、下游护坡

图 2-1-26 水闸的组成

(1)上游连接段。主要作用是引导水流平稳地进入闸室,同时起防冲、防渗、挡土等作用。一般包括上游翼墙、铺盖、护底、两岸护坡及上游防冲槽等。上游翼墙的作用是引导水流平顺地进入闸孔并起侧向防渗作用。铺盖主要起防渗作用,其表面应满足抗冲要

求。护坡、护底和上游防冲槽(齿墙)是保护两岸土质、河床及铺盖头部不受冲刷。

(2)闸室段。是水闸的主体部分,通常包括底板、闸墩、闸门、胸墙、工作桥及交通桥等。底板是闸室的基础,承受闸室全部荷载,并较均匀地传给地基,此外还有防冲、防渗等作用。闸墩的作用是分隔闸孔并支承闸门、工作桥等上部结构。闸门的作用是挡水和控制下泄水流。工作桥供安置启闭机和工作人员操作之用。交通桥的作用是连接两岸交通。

(3)下游连接段。具有消能和扩散水流的作用,一般包括护坦、海漫、下游防冲槽、下游翼墙及护坡等。下游翼墙引导水流均匀扩散兼有防冲及侧向防渗等作用。护坦具有消能防冲的作用。海漫的作用是进一步消除护坦出流的剩余动能、扩散水流、调整流速分布、防止河床受冲。下游防冲槽是海漫末端的防护设施,避免冲刷向上游扩展。

1.2.4.3　水闸整体布置

底板高程与水闸承担的任务、泄流或引水流量、上下游水位、泥沙及河床地质条件等因素有关。

闸孔总净宽根据泄流特点、下游河床地质条件和安全泄流的要求,结合闸孔孔径和孔数选用,经技术经济比较后确定。计算时分别对不同的水流情况,根据给定的设计流量、上下游水位和初拟的底板高程及堰型来确定。

水闸的过闸水位差根据上游淹没影响、允许的过闸单宽流量和水闸工程造价等因素综合比较确定。

水闸的过水能力与上下游水位、底板高程和闸孔总净宽等是相互关联的,设计时,需要通过对不同方案进行技术经济比较后最终确定。

闸孔孔径根据闸的地基条件、运用要求、闸门结构形式、启闭机容量,以及闸门的制作、运输、安装等因素,进行综合分析确定。选用的闸孔孔径应符合现行的《水利水电工程钢闸门设计规范》(SL 74—2013)所规定的闸门孔口尺寸系列标准。

闸室总宽度与上下游河道或渠道宽度相适应。

孔宽、孔数和闸室总宽度拟定后,再考虑闸墩等的影响,进一步验算水闸的过水能力。

1.2.4.4　闸室构造

闸室是水闸的主体部分。开敞式水闸闸室由底板、闸墩、闸门、工作桥和交通桥等组成,有的还设有胸墙。闸室的结构形式、布置和构造,应在保证稳定的前提下,尽量做到轻型化、整体性好、刚性大、布置匀称,并进行合理的分缝分块,使作用在地基单位面积上的荷载较小,较均匀,并能适应地基可能的沉降变形。

1. 底板

闸底板形式有平底板、钻孔灌注桩底板、低堰底板、箱式底板、斜底板、反拱底板等。平底板又分为整体式和分离式,如图 2-1-27、图 2-1-28 所示。

2. 闸墩

闸墩为闸室中用于支承闸门、分隔闸孔、连接两岸的墩式部件,如图 2-1-29 所示。连接两岸的称边墩,中间部位的称中墩。

在一般情况下,闸墩既支承闸门,又支承胸墙和桥梁;为了减小弧形闸门的跨度,也可在闸孔中间另设门墩,但对过流及排放漂浮物十分不利,工程实践中很少采用。对平面闸

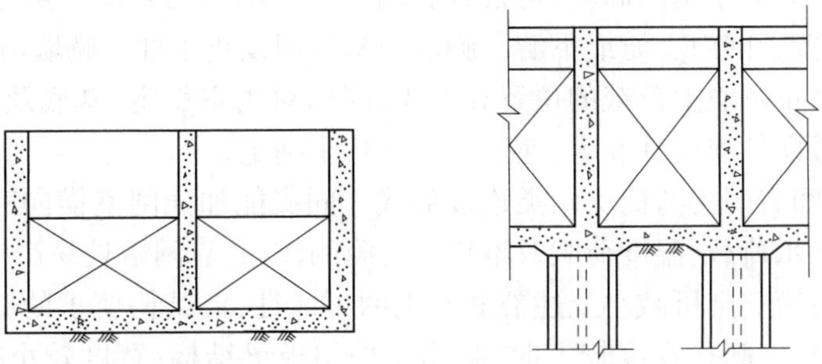

(a)墩中分缝底板　　(b)跨中分缝底板

图 2-1-27　整体式底板

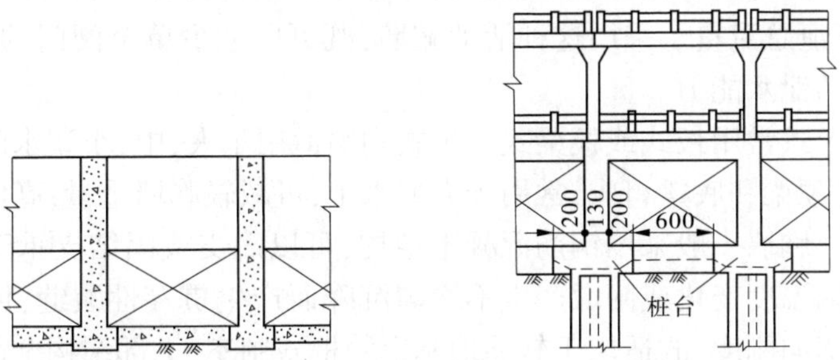

(a)墩侧分缝底板　　(b)桩台分缝底板

图 2-1-28　分离式底板　(单位:m)

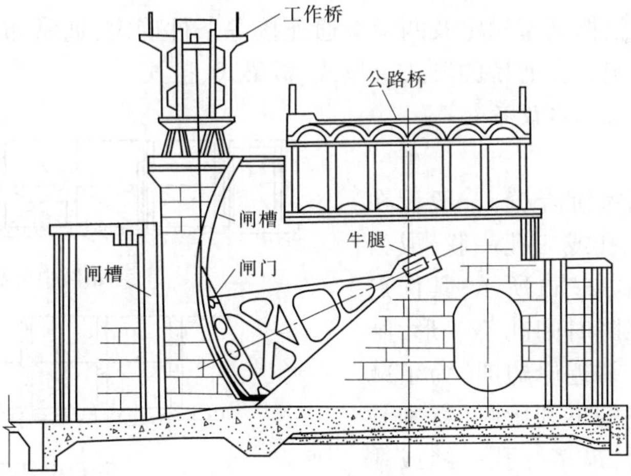

图 2-1-29　闸墩

门,墩侧设门槽；对弧形闸门,墩侧设牛腿,以支承闸门。闸墩的外形轮廓需使过闸水流平顺,侧向收缩小,过流能力大,故闸墩迎水面常做成弧线形或半圆形,下游端常做成鱼尾形。

3. 胸墙

胸墙位于闸孔上部,是处于闸室胸位的挡水墙。当水闸设计挡水位高于泄流控制水位且差值较大时,为减小闸门高度,可设置胸墙。弧形闸门的胸墙一般置于闸门上游;平面闸门的胸墙可置于闸门上游或下游。胸墙与闸门间设止水件。胸墙与闸门在闸室中的位置,决定闸前水重及墩上荷载的位置和大小,因而对闸室稳定、基底及闸墩应力分布都有影响,应综合考虑各项设计要求,通过分析计算来确定。

胸墙与闸墩间有固支与简支两类连接形式。固支能加强闸室横向刚度,使闸室成为整体结构,但由于水荷载、温度荷载及不均匀沉降的作用,靠闸墩处易产生裂缝,甚至产生贯穿性竖向裂缝;简支则可减小上述裂缝发生的可能性,但结构要求的厚度较大,连接处止水处理比较复杂。闸孔宽度较大时,胸墙宜采用板梁结构;宽度较小时可采用板式结构。为了使闸孔过流平顺,迎水面的底缘一般做成弧形轮廓。有些水闸设置双层闸门,上层闸门可起胸墙作用。葛洲坝水利枢纽二江泄水闸,闸室底孔为弧形闸门,并在其上设平面闸门,两门间设止水。只开启弧形闸门时,上部平面闸门即作为胸墙挡水;当两扇闸门全开时,则可以下泄总流量。采用这种活动胸墙,既可以减少单个闸门的高度和启闭力,又不致减小水闸的泄水能力。

胸墙的结构形式常用板式或板梁式。板式胸墙适用于大、中、小型水闸,上薄下厚;板梁式胸墙由板墙、顶梁和底梁组成,常用于大型水闸,可减轻胸墙重量;高的胸墙还可增设中间横梁和竖梁。胸墙一般采用钢筋混凝土结构,可以简支或固结支承于闸墩上。固结于闸墩的胸墙易因温度变化或闸墩产生不均匀沉降而产生贯穿性裂缝,但这种形式能有效地加强闸室的横向刚度,故适用于软弱地基上箱框式闸室,上部结构全部刚性连接于闸墩的水闸。

4. 工作桥、交通桥

工作桥也称启闭机台,支承启闭机,与启闭机的类型有关。

交通桥的位置根据闸室稳定及两岸交通连接等条件确定,通常布置在闸室下游。宽度根据交通要求确定。交通桥的形式有板式、板梁式、拱式。

5. 闸室的分缝及止水设备

1)分缝

整体式底板闸室沉降缝,一般设在闸墩中间,一孔、二孔或三孔一联,成为独立单元,如图 2-1-30(a)所示,其优点是保证在不均匀沉降时闸孔不变形,闸门仍然正常工作。靠近岸边时,为了减轻墙后填土对闸室的不利影响,特别是在地质条件较差时,最多一孔一缝或两孔一缝,而后再接二孔或三孔的闸室。如果地基条件较好,也可以将缝设在底板中间,这样不仅减小闸墩厚度和水闸总宽,如图 2-1-30(b)所示,而且底板受力条件也可改善,但地基不均匀沉降可能影响闸门工作。

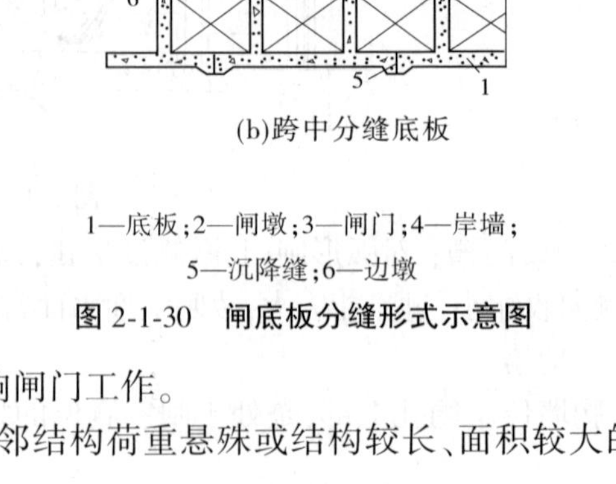

1—底板;2—闸墩;3—闸门;4—岸墙;
5—沉降缝;6—边墩

图 2-1-30　闸底板分缝形式示意图

土基上的水闸,不仅闸室本身分缝,凡相邻结构荷重悬殊或结构较长、面积较大的地方，都要设缝分开。例如，铺盖、护坦与底板、翼墙连接处都应设缝；翼墙、混凝土铺盖及消力池底板本身也需分段、分块，如图 2-1-31 所示。

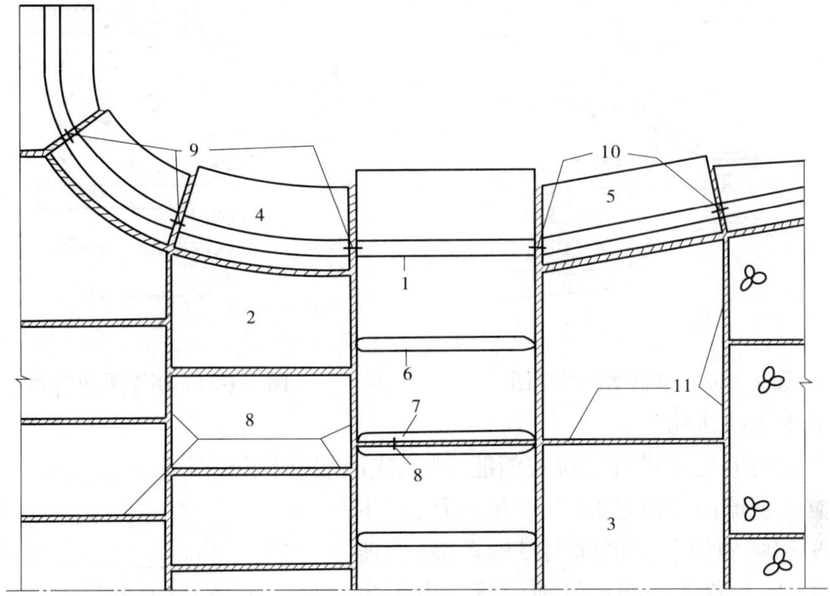

1—边墩；2—混凝土铺盖；3—消力池；4—上游翼墙；5—下游翼墙；
6—中墩；7—缝墩；8—止水填料嵌紫铜片；9—垂直止水甲；
10—垂直止水乙；11—止水填料止水

图 2-1-31　水闸分缝布置图

2）止水

凡具有防渗要求的缝，都应设止水设施。垂直止水设在闸墩中墩、边墩与翼墙间以及上游翼墙本身；水平止水设在铺盖、消力池与底板和翼墙、底板与闸墩间，以及混凝土铺盖及消力池本身的温度沉降缝内。

1.2.4.5　水闸的消能防冲

水闸泄水时，部分势能转为动能，流速增大，具有较强的冲刷能力，而土质河床一般抗冲能力较低。因此，为了保证水闸的安全运行，必须采取适当的消能防冲措施。

1. 过闸水流的特点

水闸初始泄流时，闸下水深较浅，随着闸门开度的增大而逐渐加深，闸下出流由孔流到堰流，由自由出流到淹没出流都会发生，水流形态比较复杂。因此，消能设施应在任意工作情况下，均能满足消能的要求并与下游水流很好地衔接。

（1）波状水跃。上下游水位差较小，出闸水流的弗劳德数较低，容易发生波状水跃，特别是在平底板的情况下更是如此。此时无强烈的水跃漩滚，水面波动，消能效果差，具有较大的冲刷能力。另外，水流处于急流状态，不易向两侧扩散，致使两侧产生回流，缩小河槽过水有效宽度，局部单宽流量增大，严重地冲刷下游河道，如图 2-1-32 所示。

（2）折冲水流。一般水闸的宽度较上下游河道窄，水流过闸时先收缩而后扩散。如工程布置或操作运行不当，出闸水流不能均匀扩散，使主流集中，蜿蜒蛇行，左冲右撞，形成折冲水流,冲毁消能防冲设施和下游河道,如图 2-1-33 所示。

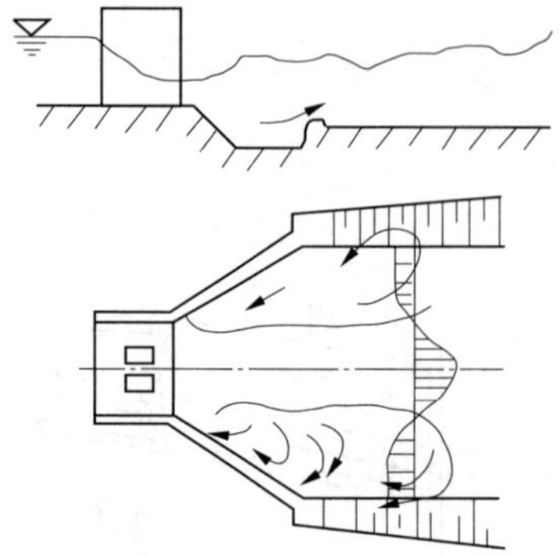

图 2-1-32　波状水跃示意图

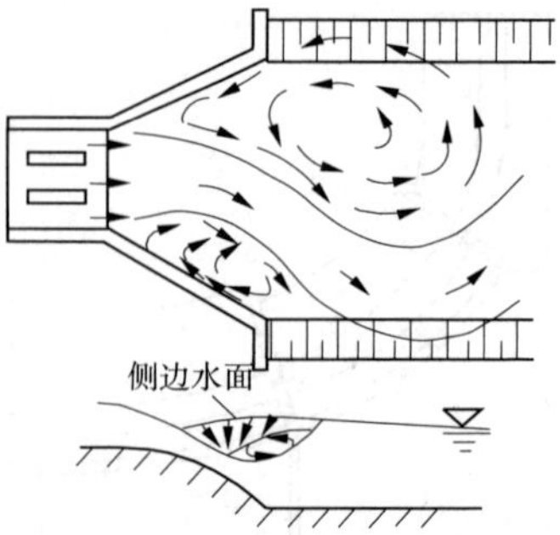

图 2-1-33　闸下折冲水流

2. 闸下水流的消能

闸下水流的消能方式有底流式消能、挑流式消能、面流式消能。

当水流从急流向缓流过渡时,产生水跃,产生的表面漩滚和强烈的紊动消除大量的余能,使速度急剧下降,与下游水流能良好地衔接。由于主流在底部,称为底流式消能,如图 2-1-34 所示。

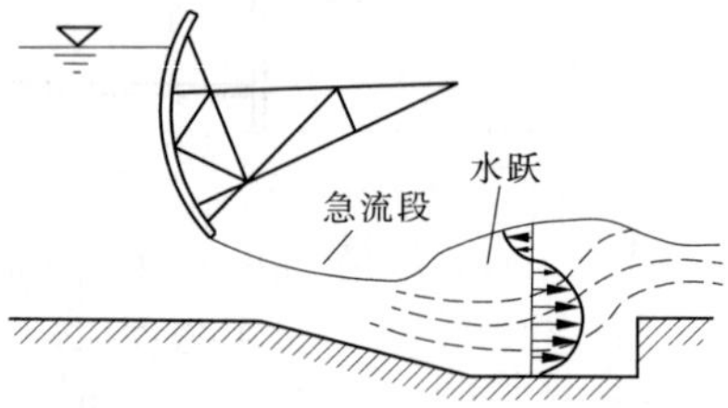

图 2-1-34　底流式消能

挑流式消能采用建筑物末端的挑流鼻坎,利用高速下泄水流的动能,将水流挑射到远离建筑物的下游河床中,与下游水流衔接,如图 2-1-35 所示。消能分为三个部分,坝面摩擦—空中扩散—水垫。适用于中高水头、流量大、下游基岩完整坚硬的情况。

面流式消能利用建筑物末端的导流坎,将高速水流送入下游河道的水流表层,坎后形成尺度很大的底部漩滚,将主流与河床隔开,如图 2-1-36 所示。

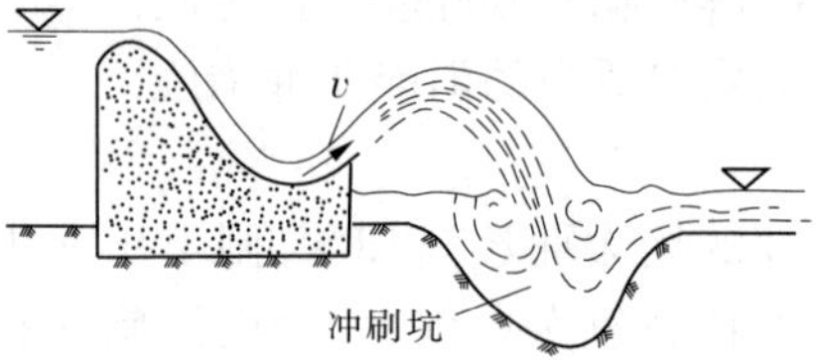

图 2-1-35　挑流式消能

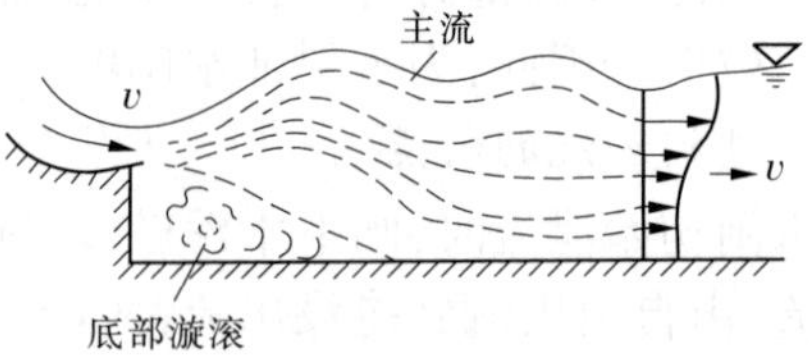

图 2-1-36　面流式消能

水闸多采用底流式消能。底流式消能多采用消力池消能。

1) 消力池

底流式消能设施有下挖式、突槛式和综合式等三种形式,如图 2-1-37 所示。

(1) 下挖式消能。当闸下尾水深度小于跃后水深时,可采用下挖式消力池消能。消

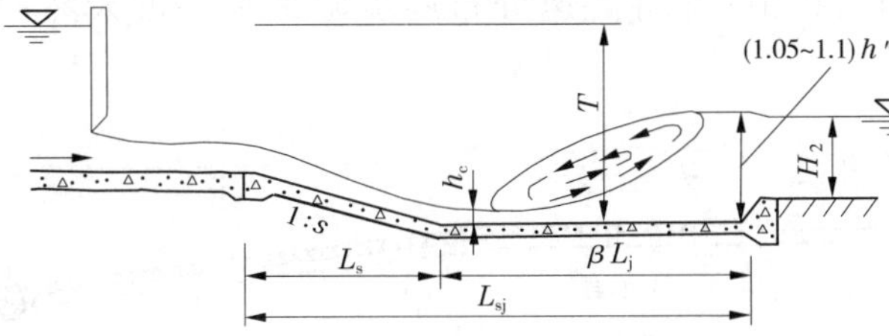

(a)下挖式

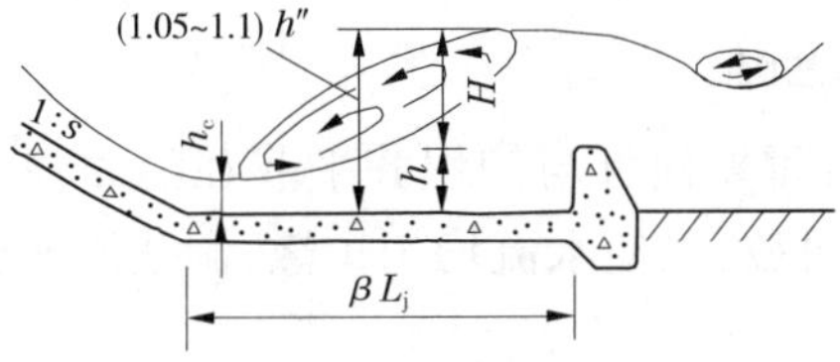

(b)突槛式

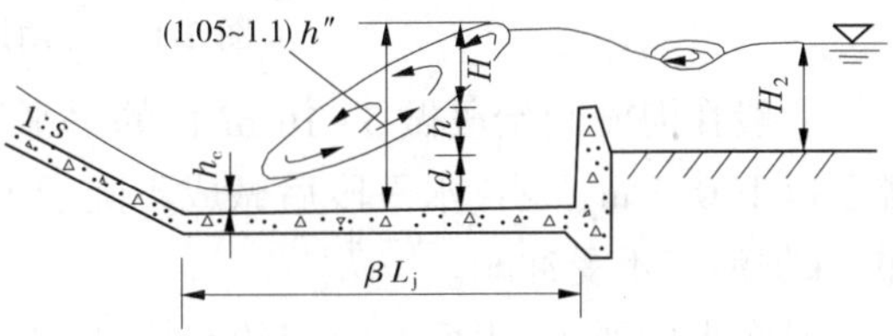

(c)综合式

图 2-1-37　消力池示意图

力池可采用斜坡面与闸底板相连接,斜坡面的坡度不宜陡于 1∶4。

(2)突槛式消能。当闸下尾水深度略小于跃后水深时,可采用突槛式消力池消能。

(3)综合式消能。当闸下尾水深度远小于跃后水深,且计算消力池深度又较深时,可采用下挖式消力池与突槛式消力池相结合的综合式消力池消能。

当水闸上、下游水位差较大,且尾水深度较浅时,宜采用二级或多级消力池消能。

消力池的深度是在某一给定的流量和相应的下游水深条件下确定的。设计时,应当选取最不利情况对应的流量作为确定消力池深度的设计流量。要求水跃的起点位于消力池的上游端或斜坡段的坡脚附近。

消力池底板(护坦),承受水流的冲击力、水流脉动压力和底部扬压力等作用,应具有足够的重量、强度和抗冲耐磨的能力。护坦一般是等厚的,但也可采用不同的厚度,始端厚度大,向下游逐渐减小。护坦厚度可根据抗冲和抗浮要求,分别计算,并取其最大值。为了降低护坦底部的渗透压力,可在水平护坦的后半部设置排水孔,孔下铺设反滤层,排水孔孔径一般为 5~10 cm,间距为 1.0~3.0 m,呈梅花形布置。护坦与闸室、岸墙及翼墙之间,以及其本身沿水流方向均应用缝分开,以适应不均匀沉陷和温度变形。护坦自身的缝距可取 10~20 m,靠近翼墙的消力池缝距应取得小一些。护坦在垂直水流方向通常不设缝,以保证其稳定性,缝宽为 2.0~2.5 cm。缝的位置如在闸基防渗范围内,缝中应设止水设备;但一般都铺贴止水填料。为增强护坦的抗滑稳定性,常在消力池的末端设置齿墙,墙深一般为 0.8~1.5 m,宽为 0.6~0.8 m。

为了提高消力池的消能效果,可设置尾槛、消力墩、消力齿等辅助消能工,以加强紊动扩散,减小跃后水深,缩短水跃长度,稳定水跃和达到提高水跃消能效果的目的。

2)海漫

水流经过消力池,虽已消除了大部分多余能量,但仍留有一定的剩余动能,特别是流速分布不均,脉动仍较剧烈,具有一定的冲刷能力。因此,护坦后仍需设置海漫等防冲加固设施,以使水流均匀扩散,并将流速分布逐步调整到接近天然河道的水流形态,如图 2-1-38 所示。

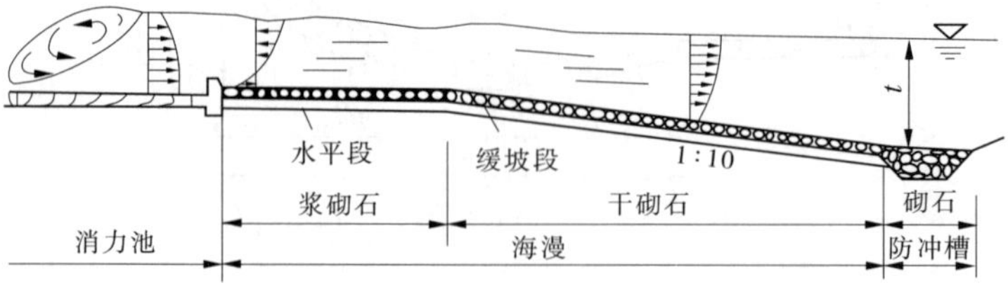

图 2-1-38 海漫布置示意图

一般在海漫起始段做 5~10 m 长的水平段,其顶面高程可与护坦齐平或在消力池尾槛顶以下 0.5 m 左右,水平段后做成不陡于 1:10 的斜坡,以使水流均匀扩散,调整流速分布,保护河床不受冲刷。

对海漫的要求:表面有一定的粗糙度,以利进一步消除余能;具有一定的透水性,以便使渗水自由排出,降低扬压力;具有一定的柔性,以适应下游河床可能的冲刷变形。常用的海漫结构有以下几种:

(1)干砌石海漫。一般由粒径大于 30 cm 的块石砌成,厚度 0.4~0.6 m,下面铺设碎石、粗砂垫层,厚 10~15 cm。干砌石海漫的抗冲流速为 2.5~4.0 m/s。为了加大其抗冲能力,可每隔 6~10 m 设一浆砌石埂。干砌石常用在海漫后段。

(2)浆砌石海漫。采用强度等级为 M5 或 M8 的水泥砂浆,砌石粒径大于 30 cm,厚度 0.4~0.6 m,砌石内设排水孔,下面铺设反滤层或垫层。浆砌石海漫的抗冲流速可达 3~6 m/s,但柔性和透水性较差,一般用于海漫的前部约 10 m 范围内。

(3)混凝土板海漫。整个海漫由板块拼铺而成,每块板的边长 2~5 m,厚度 0.1~0.3 m,板中有排水孔,下面铺设垫层。混凝土板海漫的抗冲流速可达 6~10 m/s,但造价较高。有时为增加表面糙率,可采用斜面式或城垛式混凝土块体。铺设时应注意顺水流流向不宜有通缝。

(4)钢筋混凝土板海漫。当出池水流的剩余能量较大时,可在尾槛下游 5~10 m 范围内采用钢筋混凝土板海漫,板中有排水孔,下面铺设反滤层或垫层。

(5)其他形式海漫,如铅丝石笼海漫。

3)防冲槽

水流经过海漫后,尽管多余能量得到了进一步消除,流速分布接近河床水流的正常状态,但在海漫末端仍有冲刷现象。为保证安全和节省工程量,常在海漫末端设置防冲槽或采取其他加固措施,如图 2-1-39 所示。

在海漫末端挖槽抛石预留足够的石块,当水流冲刷河床形成冲坑时,预留在槽内的石块沿斜坡陆续滚下,铺在冲坑的上游斜坡上,防止冲刷坑向上游扩展,以保护海漫安全。

防冲槽大多采用宽浅式的,其深度 t''一般取 1.5~2.5 m,底宽 b 取 2~3 倍的深度,上游坡率 $m_1=2\sim3$,下游坡率 $m_2=3$。防冲槽的单宽抛石量 V 应满足护盖冲坑上游坡面的需要估算。

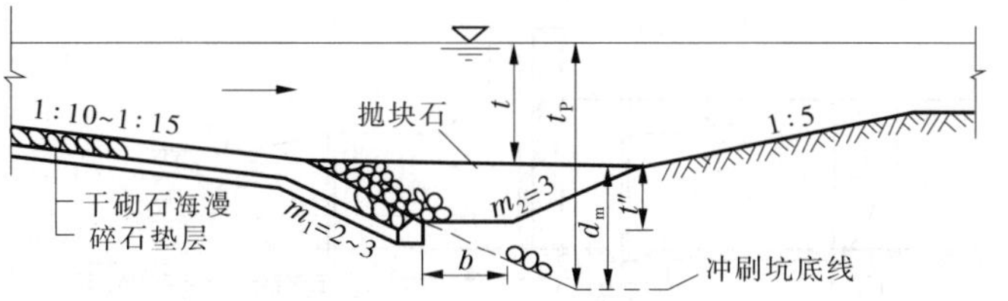

图 2-1-39　防冲槽构造图

3. 浪状水跃、折冲水流的防止措施

(1)波状水跃的防止措施。对于平底板水闸,可在消力池斜坡段的顶部上游预留一段 0.5~1.0 m 宽的平台,其上设置一道小槛,使水流越槛入池,促成底流式水跃。槛的高度 c 约为 h_c 的 1/4,h_c 为闸孔出流的第一共轭水深。小槛迎水面做成斜坡,以减弱水流的冲击作用,槛底设排水孔。如将小槛改成齿形槛分水墩,效果会更好。若水闸底板采用低实用堰型,则有助于消除波状水跃。

(2)折冲水流的防止措施。消除折冲水流首先应从平面布置上入手,尽量使上游引河具有较长的直线段,并能在上游两岸对称布置翼墙,出闸水流与原河床主流的位置和方向一致;其次是控制下游翼墙扩散角,每侧宜采用 7°~12°,且不宜采用弧形翼墙(大型水闸如采用弧形翼墙,其半径不小于 30 m),墙顶应高于下游最高水位,以免回流由墙顶漫向消力池;另外,要制订合理的闸门开启程序,低泄量时隔孔开启,使水流均匀出闸,或开闸时先开中间孔,继而开两侧邻孔至同一高度,直至全部开至所需高度,闭门与之相反,由两边孔向中间孔依次对称地操作。

1.2.4.6　水闸的防渗排水

1. 地下轮廓的布置

1)地下轮廓线

水流在上下游水位差 H 的作用下,经地基向下游渗透,并从护坦的排水孔等处排出。

地下轮廓线是上游铺盖、板桩及水闸底板等不透水部分与地基的接触线,即图 2-1-40 中折线 0、1、2、…、15、16 是闸基渗流的第一条流线,其长度称为闸基防渗长度。

2)不同地基地下轮廓线的布置

闸基防渗长度初步确定后,可根据地基特性进行闸基地下轮廓线布置。防渗设计原则是高防低排,即在高水位侧采用铺盖、板桩、齿墙等防渗设施,用以延长渗径,减小渗透坡降和闸底板下的渗透压力;在低水位侧设置排水设施,如面层排水、排水孔或减压井与下游连通,使地基渗水尽快排出,以减小渗透压力,并防止在渗流出口附近发生渗透变形。

(1)黏性土地基。黏性土具有凝聚力,不易产生管涌,但摩擦系数较小。因此,布置地下轮廓时,排水设施可前移到闸底板下,以降低底板下的渗透压力并有利于黏土加速固结,提高闸室稳定性。防渗措施常采用水平铺盖,而不用板桩,以免破坏黏土的天然结构,在板桩与地基间造成集中渗流通道,如图 2-1-41 所示。黏性土地基内夹有承压透水层时,应考虑设置垂直排水,以便将承压水引出。

(2)砂性土地基。砂性土粒间无黏着力,易产生管涌,要求防止渗透变形是其考虑主要因素;砂性土摩擦系数较大,对减小渗透压力要求相对较小。当砂层很厚时,可采用铺

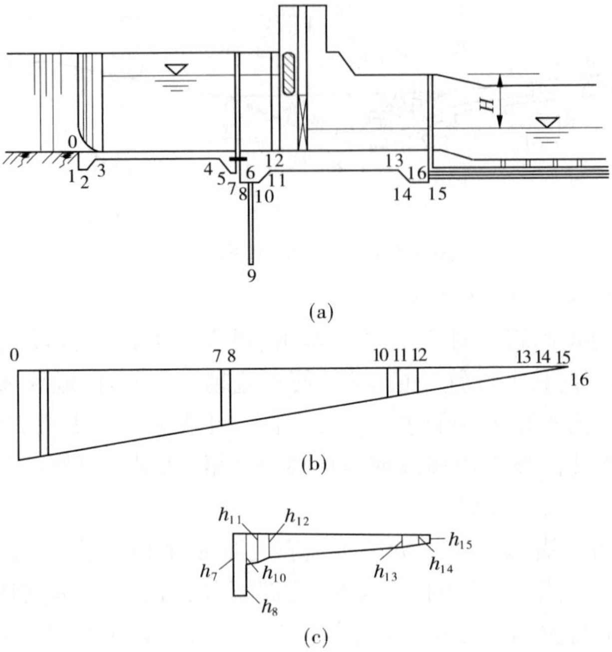

图 2-1-40　闸基渗流图

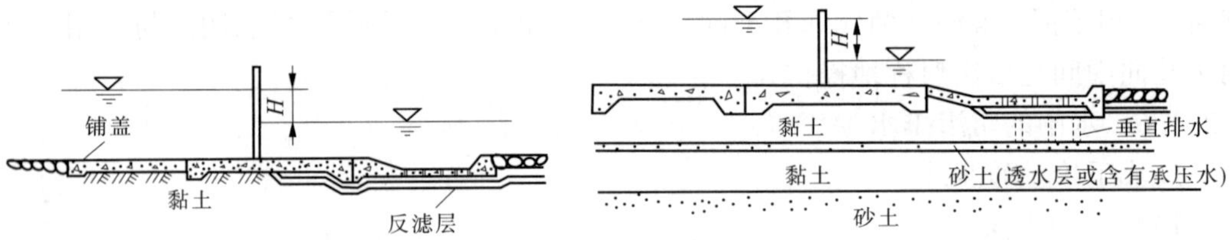

(a)黏性土地基　　(b)黏性土地基夹有透水砂层

图 2-1-41　黏性土地基上地下轮廓布置图

盖与板桩相结合的形式,排水设施布置在护坦上。必要时,在铺盖前端再加设一道短板桩,以加长渗径;当砂层较薄,下面有不透水层时,可将板桩插入不透水层,当地基为粉细砂土基时,为了防止地基液化,常将闸基四周用板桩封闭起来,因其受双向水头作用,故水闸上下游均设有排水设施,而防渗设施无法加长,如图 2-1-42 所示。设计时应以水头差较大的一边为主,另一边为辅,并采取除降低渗压外的其他措施,提高闸室的稳定性。

2. 防渗及排水设施

防渗设施是指构成地下轮廓的铺盖、板桩及齿墙,而排水设施则是指铺设在护坦、浆砌石海漫底部或闸底板下游段起导渗作用的砂砾石层。排水常与反滤层结合使用。

1)铺盖

铺盖主要用来延长渗径,应具有相对的不透水性;为适应地基变形,也要有一定的柔性。铺盖常用黏土、黏壤土或沥青混凝土做成,有时也可用钢筋混凝土作为铺盖材料。

铺盖的渗透系数应比地基土的渗透系数小 100 倍以上。铺盖的长度应由闸基防渗需

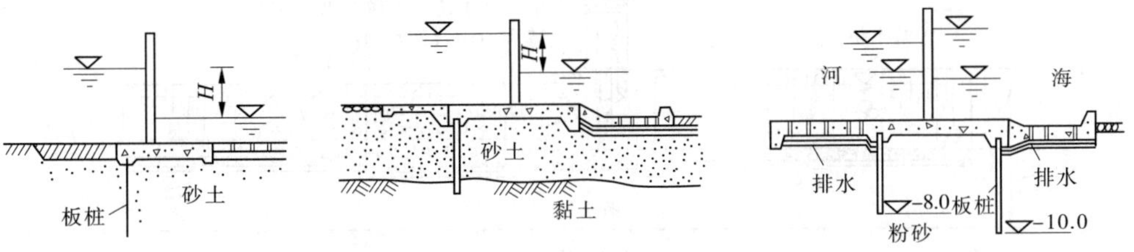

(a)砂层厚度较深时　(b)砂层厚度较浅时　(c)易液化粉细砂土地基

图 2-1-42　砂性土地基上地下轮廓布置图

要确定。铺盖的厚度 δ 应根据铺盖土料的允许水力坡降值计算确定。

如当地缺乏黏性土料，或以铺盖兼作阻滑板增加闸室稳定时，可采用混凝土或钢筋混凝土铺盖。铺盖与底板、翼墙之间用沉降缝分开。铺盖本身亦应设温度沉降缝，靠近翼墙的缝距应小一些，缝中均应设止水，也有采用沥青混凝土和浆砌块石铺盖。

2）板桩

板桩的作用随其位置不同而不同。一般设在闸底板上游端或铺盖前端，主要用以降低渗透压力，有时也设在底板下游端，以减小出口段坡降或出逸坡降。

3）齿墙

闸底板的上、下游端一般都设有齿墙，它有利于抗滑稳定，并可延长渗径。

4）排水设施

排水的位置直接影响渗压的大小和分布，应根据闸基土质情况和水闸的工作条件，做到既减小渗压又避免渗透变形，并在排水与地基接触处做好反滤层。

3. 水闸的侧向绕渗

水闸建成挡水后，除闸基渗流外，渗流还从上游高水位绕过翼墙、岸墙和刺墙等流向下游。绕渗对翼墙、岸墙施加水压力，影响其稳定性；在渗流出口处，以及填土与岸墙、翼墙的接触面上可能产生渗透变形。此外，它还会影响闸和地基的安全，因此应做好侧向防渗排水设施。

侧向绕渗具有自由水面，属于三维无压渗流。当河岸土质均一，在其下面有水平不透水层时，可将三维问题简化成二维问题，按与闸基有压渗流相似的方法或流网法或改进阻力系数法求解绕渗要素。如果墙后土层的渗透系数小于地基渗透系数，侧向绕渗压力可以近似地采用相对应部位的闸基扬压力计算值，如图 2-1-43 所示。

侧向防渗排水布置（包括刺墙、板桩、排水井等）应根据上、下游水位、墙体材料和墙后土质以及地下水位变化等情况综合考虑，并应与闸基的防渗排水布置相适应，使在空间上形成防渗整体。

1.2.4.7　闸门与启闭机

闸门是水闸的关键部分，用它来封闭和开启孔口，以达到控制水位和调节流量的目的。

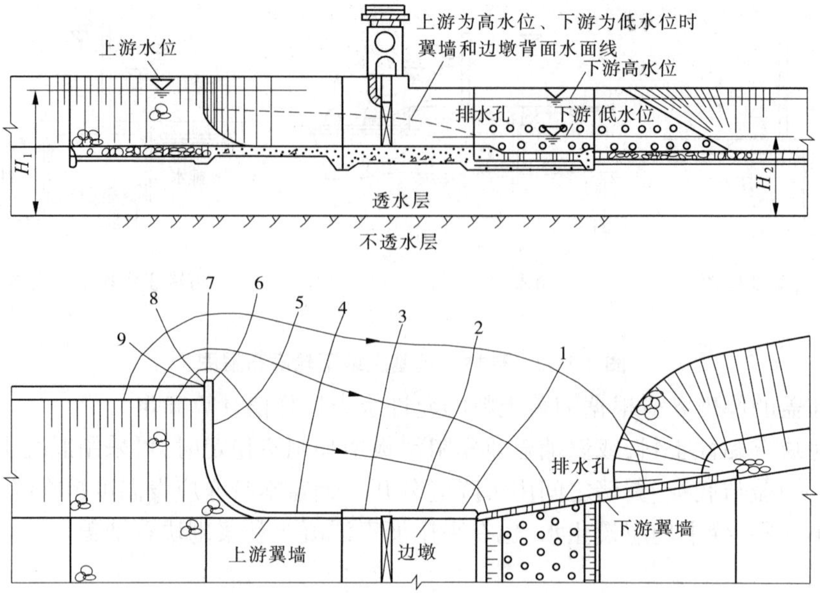

图 2-1-43　侧向绕渗示意图

1. 闸门

1) 闸门的类型

(1) 按工作性质分类。

闸门按其工作性质的不同,可分为工作闸门、事故闸门和检修闸门等。工作闸门又称主闸门,是水工建筑物正常运行情况下使用的闸门。事故闸门是在水工建筑物或机械设备出现事故时,在动水中快速关闭孔口的闸门,又称快速闸门。事故排除后充水平压,在静水中开启。检修闸门用以临时挡水,一般在静水中启闭。

(2) 按门体的材料分类。

闸门按门体的材料的不同,可分为钢闸门、钢筋混凝土或钢丝网水泥闸门及铸铁闸门等。钢闸门门体较轻,一般用于大、中型水闸。钢筋混凝土或钢丝网水泥闸门可以节省钢材,不需除锈,但前者较笨重,启闭设备容量大;后者容易剥蚀,耐久性差,一般用于渠系小型水闸。铸铁闸门抗锈蚀、抗磨性能好,止水效果也好,但由于材料抗弯强度较低,性能又脆,故仅在低水头、小孔径水闸中使用。

(3) 按结构形式分类。

闸门按其结构形式的不同,可分为平面闸门、弧形闸门等。弧形闸门与平面闸门比较,其主要优点是启门力小,可以封闭相当大面积的孔口;无影响水流态的门槽,闸墩厚度较薄,机架桥的高度较低,埋件少。它的缺点是需要的闸墩较长;不能提出孔口以外进行检修维护,也不能在孔口之间互换;总水压力集中于支铰处,闸墩受力复杂。

2) 平面闸门的构造

平面闸门由活动部分(门叶)、埋固部分和启闭设备三部分组成。其中,门叶由承重结构[包括面板、梁格、竖向联结系或隔板、门背(纵向)联结系和支承边梁等]、支承行走部件、止水装置和吊耳等组成。埋固部分一般包括行走埋固件和止水埋固体等。启闭设备一般由动力装置、传动和制动装置以及连接装置等组成。

平面闸门的基本尺寸根据孔口尺寸确定。孔口尺寸应优先采用钢闸门设计规范中推荐的系列尺寸。

露顶式闸门顶部应在可能出现的最高挡水位以上有 0.3~0.5 m 的超高。

2. 启闭机

闸门启闭机可分为固定式和移动式两种。启闭机形式可根据门型、尺寸及其运用条件等因素选定。选用启闭机的启闭力应等于或大于计算启闭力，同时应符合国家现行的《水利水电工程启闭机设计规范》(SL 41—2018)所规定的启闭机系列标准。

当多孔闸门启闭频繁或要求短时间内全部均匀开启时，每孔应设一台固定式启闭机。常用的固定式启闭机有卷扬式、螺杆式、液压式。

1) 卷扬式启闭机

卷扬式启闭机主要由电动机、减速箱、传动轴和绳鼓组成。绳鼓固定在传动轴上，围绕钢丝绳，钢丝绳连接在闸门吊耳上。启闭闸门时，通过电动机、减速箱和传动轴使绳鼓转动，带动闸门升降。为了防备停电或电气设备发生故障，可同时使用人工操作，通过手摇箱进行人力启闭。卷扬式启闭机启闭能力较大，操作灵便，启闭速度快，但造价较高，适用于弧形闸门。某些平面闸门能靠自重(或加重)关闭，且启闭力较大时，也可采用卷扬式启闭机。

2) 螺杆式启闭机

当闸门尺寸和启闭力都很小时，常用简便、廉价的单吊点螺杆式启闭机。螺杆与闸门连接，用机械或人力转动主机，迫使螺杆连同闸门上下移动。当水压力较大、门重不足时，为使闸门关闭到底，可通过螺杆对闸门施加压力。当螺杆长度较大(如大于 3 m)时，可在胸墙上每隔一定距离设支承套环，以防止螺杆受压失稳。其启闭重量一般为 3~100 kN。

3) 液压式启闭机

液压式启闭机的主体为油缸和活塞。活塞经活塞杆或连杆和闸门连接。改变油管中的压力即可使活塞带动闸门升降。利用油泵产生的液压传动，可用较小的动力获得很大的启闭力；液压传动比较平稳和安全；较易实行遥控和自动化等。

1.2.4.8　水闸两岸连接建筑物

水闸与河岸或堤、坝等连接时，必须设置连接建筑物。水闸多建在软土地基上，由于基础压缩性大，承载力低，故沉陷量较大，轻则影响使用，重则危及水闸安全；且由于水闸水头变幅大，过闸水流往往消能不充分，加上土基抗冲能力低，所以下游冲刷较普遍；此外，闸基和两岸渗流对水闸的稳定不利，容易引起渗透变形。

1. 连接建筑物的作用

连接建筑物包括上、下游翼墙和边墩(或边墩和岸墙)，有时设防渗刺墙，其作用如下：

(1) 挡住两侧填土，维持土坝及两岸的稳定。

(2) 当水闸泄水或引水时，上游翼墙主要用于引导水流平顺进闸，下游翼墙使出闸水流均匀扩散，减少冲刷。

(3)保持两岸或土坝边坡不受过闸水流的冲刷。

(4)控制通过闸身两侧的渗流,防止与其相连的岸坡或土坝产生渗透变形。

(5)在软弱地基上设有独立岸墙时,可以减少地基沉降对闸身应力的影响。

2. 连接建筑物的形式和布置

1)闸室与河岸的连接形式

水闸闸室与两岸(或堤、坝等)的连接形式主要与地基及闸身高度有关。当地基较好,闸身高度不大时,可用边墩直接与河岸连接。

在闸身较高、地基软弱的条件下,可在边墩外侧设置轻型岸墙,边墩只起支承闸门及上部结构的作用,而土压力全由岸墙承担。这种连接形式可以减少边墩和底板的内力,同时还可使作用在闸室上的荷载比较均衡,可减少不均匀沉降。当地基承载力过低时,可采用护坡岸墙的结构形式,如图 2-1-44 所示。

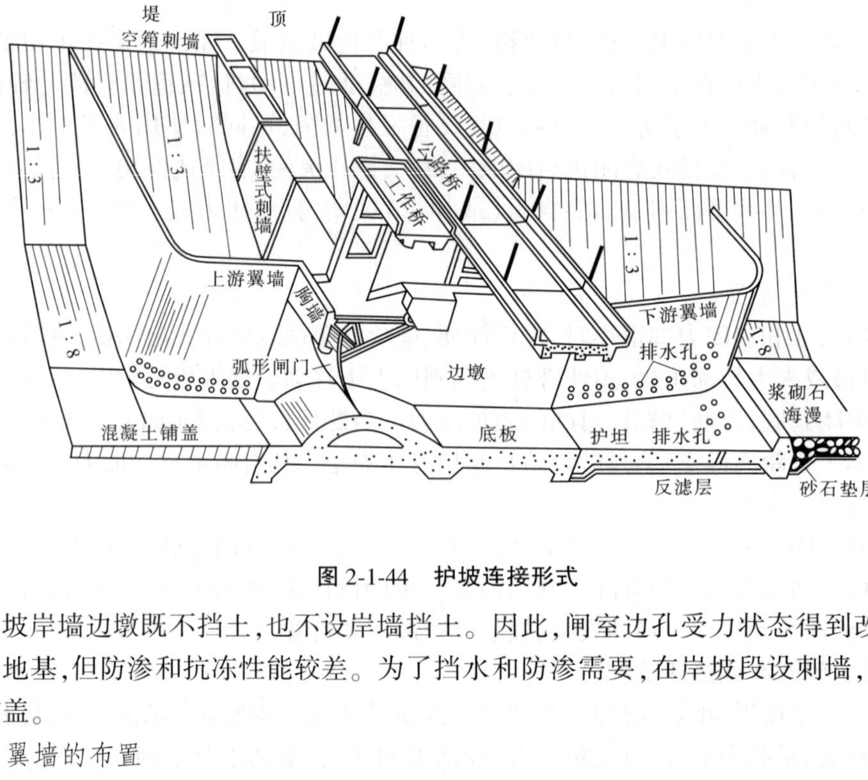

图 2-1-44　护坡连接形式

护坡岸墙边墩既不挡土,也不设岸墙挡土。因此,闸室边孔受力状态得到改善,适用于软弱地基,但防渗和抗冻性能较差。为了挡水和防渗需要,在岸坡段设刺墙,其上游设防渗铺盖。

2)翼墙的布置

上游翼墙应与闸室两端平顺连接,其顺水流方向的投影长度应大于或等于铺盖长度。

下游翼墙的平均扩散角每侧宜采用 7°~12°,其顺水流方向的投影长度大于或等于消力池长度。

上、下游翼墙的墙顶高程应分别高于上、下游最不利的运用水位。翼墙分段长度应根据结构和地基条件确定,可采用 15~20 m。建筑在软弱地基或回填土上的翼墙分段长度可适当缩短。

(1)刺墙。翼墙自闸室向上、下游延伸一段距离,然后转弯 90°插入堤岸,墙面铅直,转弯半径 2~5 m。这种布置形式的防渗效果和水流条件均较好,但工程量较大,一般适用于大中型水闸。对于渠系小型水闸,为节省工程量可采用一字形布置形式,即翼墙自闸室边墩上、下游端即垂直插入堤岸。这种布置形式进出水流条件较差。

(2)圆弧式翼墙。这种布置是从边墩开始,向上、下游用圆弧形的铅直翼墙与河岸连接。上游圆弧半径为15~30 m,下游圆弧半径为30~40 m。其优点是水流条件好,但模板用量大,施工复杂。适用于上、下游水位差及单宽流量较大、闸室较高、地基承载力较低的大中型水闸。

(3)扭曲面翼墙。翼墙迎水面是由与闸墩连接处的铅直面,向上、下游延伸而逐渐变为倾斜面,直至与其连接的河岸(或渠道)的坡度相同为止。翼墙在闸室端为重力式挡土墙断面形式,另一端为护坡形式。这种布置形式的水流条件好,且工程量小,但施工较为复杂,应保证墙后填土的夯实质量,否则容易断裂。这种布置形式在渠系工程中应用较广。

(4)斜降翼墙。在平面上呈八字形,随着翼墙向上、下游延伸,其高度逐渐降低,至末端与河底齐平。这种布置的优点是工程量省,施工简单,但防渗条件差,泄流时闸孔附近易产生立轴漩涡,冲刷河岸或坝坡,一般用于较小水头的小型水闸。

3. 两岸连接建筑物的结构形式

两岸连接建筑物从结构观点分析,是挡土墙。常用的形式有重力式、悬臂式、扶壁式、空箱式及连拱空箱式等。

1)重力式挡土墙

重力式挡土墙主要依靠自身的重力维持稳定,常用混凝土和浆砌石建造。由于挡土墙的断面尺寸大,材料用量多,建在土基上时,其墙高一般不宜超过5~6 m。

重力式挡土墙顶宽一般为0.4~0.8 m,边坡系数 m 为0.25~0.5,混凝土底板厚0.5~0.8 m,两端悬出0.3~0.5 m,前趾常需配置钢筋。

为了提高挡土墙的稳定性,墙顶填土面应设防渗墙;墙内设排水设施,以减少墙背面的水压力。排水设施可采用排水孔或排水暗管。

重力式翼墙结构计算同挡土墙。

2)悬臂式挡土墙

悬臂式挡土墙是由直墙和底板组成的一种钢筋混凝土轻型挡土结构,其适宜高度为6~10 m。用作翼墙时,断面为倒T形,用作岸墙时,则为L形。这种翼墙具有厚度小、自重轻等优点。它主要是利用底板上的填土维持稳定。

底板宽度由挡土墙稳定条件和基底压力分布条件确定。调整后踵长度,可以改善稳定条件;调整前趾长度,可以改善基底压力分布。直径和底板近似按悬臂板计算。

3)扶壁式挡土墙

当墙的高度超过9~10 m以后,采用钢筋混凝土扶壁式挡土墙较为经济。扶壁式挡土墙由直墙、底板及扶壁三部分组成。利用扶壁和直墙共同挡土,并可利用底板上的填土维持稳定,当改变底板长度时,可以调整合力作用点位置,使地基反力趋于均匀。

钢筋混凝土扶壁间距一般为3~4.5 m,扶壁厚度0.3~0.4 m;底板用钢筋混凝土建造,其厚度由计算确定,一般不小于0.4 m;直墙顶端厚度不小于0.2 m,下端由计算确定。悬臂段长度 b 为(1/3~1/5) B。直墙高度在6.5 m以内时,直墙和扶壁可采用浆砌石结构,直墙顶厚 0.4~0.6 m,临土面可做成 1:0.1 的坡度;扶壁间距 2.5 m,厚 0.5~0.6 m。

4)空箱式挡土墙

空箱式挡土墙由底板、前墙、后墙、扶壁、顶板和隔板等组成。利用前后墙之间形成的空箱充水或填土可以调整地基应力。因此,它具有重力小和地基应力分布均匀的优点,但其结构复杂,仅在某些地基松软的大中型水闸中使用。

5)连拱空箱式挡土墙

连拱空箱式挡土墙也是空箱式挡土墙的一种形式,它由底板、前墙、隔墙和拱圈组成。前墙和隔墙多采用浆砌石结构,底板和拱圈一般为混凝土结构。拱圈净跨一般为 2~3 m,矢跨比常为 0.2~0.3,厚度为 0.1~0.2 m。拱圈的强度计算可选取单宽拱条,按支承在隔墙(扶壁)上的两铰拱进行计算。

1.2.5 溢洪道的基本结构

溢洪道是用来宣泄水库中容纳不下的多余洪水,保证大坝及工程安全的建筑物,如图 2-1-45 所示。溢洪道按结构形式主要分为开敞式溢洪道和封闭式溢洪道;河岸溢洪道按使用概率分为正常溢洪道和非常溢洪道。

图 2-1-45　溢洪道

1.2.5.1 正槽溢洪道

开敞式溢洪道正面进流、泄槽与溢流堰轴线正交,过堰水流与泄槽方向一致。正槽溢洪道适用于各种水头和流量,并且水流条件好,运用管理方便。因此,在实际工程中,大多数以土石坝为主坝的水利枢纽都采用这种溢洪道。正槽溢洪道由进水渠、控制段、泄槽、消能防冲设施、出水渠五个部分组成。溢洪道如图 2-1-46 所示。

1.进水渠

进水渠是水库与控制段之间的连接段,作用是使水流平顺地进入控制段,改善堰身及泄槽的流态。当控制段邻近水库时,进水渠可用一喇叭形进水口代替,具体布置应从三个方面考虑:

(1)平面布置。进水渠在平面上最好按直线布置,且前缘不得有阻碍进流的山头或建筑物,以便水流均匀平顺入渠。受地形、地质条件及上游河势的影响需设置弯道时,弯

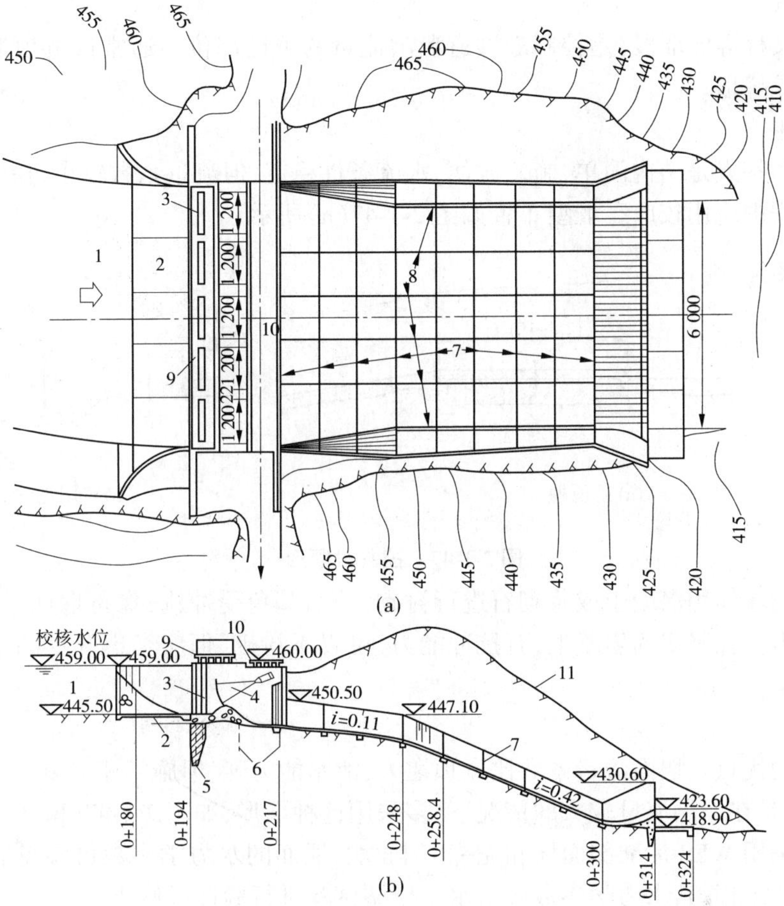

1—引水渠；2—混凝土护底；3—检修门槽；4—工作闸门；5—帷幕；6—排水孔；
7—横缝；8—纵缝；9—工作桥；10—公路桥；11—开挖线

图 2-1-46　正槽溢洪道示意图　（单位：cm）

道轴线的转弯半径不宜小于 4 倍渠底宽度。弯道与控制段之间应布置直线段过渡。

(2)横断面布置。进水渠一般按梯形断面，在控制段前缘过渡成矩形断面。进水渠应有足够的断面尺寸。一般可先拟订流速，由流速控制断面尺寸。进水渠流速，应以大于库水悬移质的不淤流速和小于渠底不冲流速，一般不应大于 4 m/s；在山势陡峭、开挖量较大的情况下，也可达 5～7 m/s。

进水渠一般可不衬护，当为了减小水头损失或满足抗冲要求时，也可用混凝土、浆砌石衬护。

(3)纵断面布置。进水渠的纵断面应布置成平坡或不大的反坡（倾向水库）。当控制段采用实用堰时，堰前渠底高程宜比控制段堰顶高程低 $0.5H_s$（H_s 为堰面设计水头），以保持良好的入流条件和增大堰的流量系数。当控制段采用宽顶堰时，渠底高程可与堰顶齐平或略为降低。

2. 控制段

控制段又称溢流堰段，是控制溢洪道泄洪流量的关键部位。通常选宽顶堰、实用堰，有时也采用驼峰堰。

1) 宽顶堰

宽顶堰的特点是结构简单，施工方便，水流条件稳定，但流量系数较小，在泄洪量不大的中小型工程中应用较广。堰型布置如图 2-1-47(a)所示。

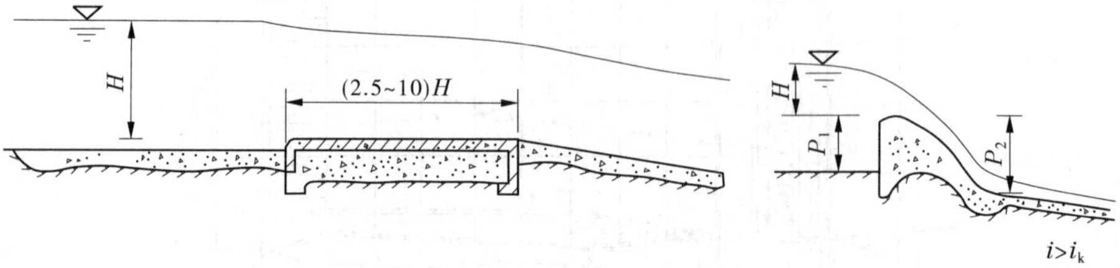

图 2-1-47　控制段堰形

宽顶堰的堰体用混凝土或浆砌石进行衬砌，使堰基免受冲刷，保持堰面平整光滑，以增加泄水能力。在坚实的岩基上，有抗冲能力，可以不衬砌，但应考虑开挖的平整度对流量系数的影响。

2) 实用堰

实用堰的优点是堰面流量系数比宽顶堰大，泄水能力强，但施工相对复杂。在大中型工程中，特别是在泄洪流量较大的情况下，多采用这种堰形，如图 2-1-47(b)所示。

我国多采用 WES 标准剖面堰和克-奥剖面堰，堰面的水力学参数可参见有关设计手册。对于重要工程，其水力学参数应由水工模型试验进行验证或修正。

3) 驼峰堰

驼峰堰是一种复合圆弧低堰，如图 2-1-48 所示。它的特点是堰体较低，流量系数较大，设计与施工难度介于 WES 堰与宽顶堰之间，对地基要求相对较低，适用于软弱岩性地基。

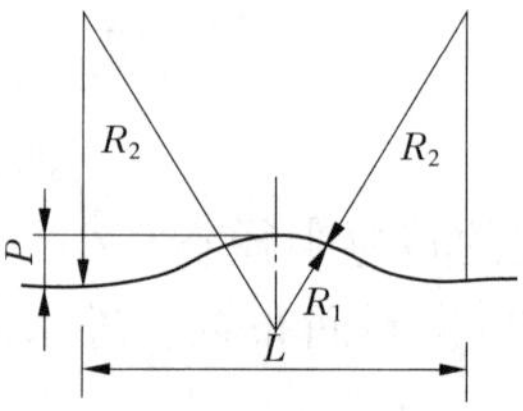

图 2-1-48　驼峰堰常见的剖面图

3. 泄槽

泄槽的水流特点是高速、紊乱、掺气、惯性大，对边界变化非常敏感。当边墙有转折时，就会产生缓冲击波，对下游消能产生不利影响；当水流的弗劳德数 $Fr>2$ 时，将会产生波动和掺气现象；若流速超过 15 m/s，可能产生空蚀问题。

1) 泄槽的衬砌

为了保护槽基不受冲刷和风化，泄槽一般都要进行衬砌，并且要求衬砌表面平整光滑，避免槽面产生负压和空蚀；接缝处止水可靠，防止高速水流钻入缝内将衬砌掀动；排水畅通，有效降低衬砌底面的扬压力而增加衬砌的稳定性。

泄槽一般采用混凝土衬砌，流速不大的中小型工程也可以采用水泥砂浆或细石混凝土砌石衬砌，但应适当控制砌体表面的平整度。

衬砌厚度视工程规模、流速和地质条件决定。衬砌厚度采用工程类比法确定:一般取 0.4~0.5 m,不应小于 0.3 m。当单宽流量或流速较大时,适当加厚达 0.8 m。

为了防止温变应力引起温度裂缝,重要的工程常在衬砌临水面配置适量的钢筋网,纵横布置。

岩基上必要的情况下可布置锚筋,锚筋插入新鲜岩层,锚筋的直径在 25 mm 以上,间距 1.5~3.0 m,插入岩基 1.0~1.5 m。

土基可增加衬砌厚度或增设上下游齿墙。

2)衬砌的分缝、止水和排水

为控制温度裂缝,除配置温度钢筋外,泄槽衬砌还需要在纵、横方向分缝。一般采用 10~15 m,衬砌较薄时取小值。衬砌的接缝分平接、搭接和键槽接等。

如图 2-1-49 所示,垂直于流向的横缝比纵缝要求高,宜采用搭接式;岩基较坚硬且衬砌较厚时也可采用键槽缝;纵缝可采用平接缝。

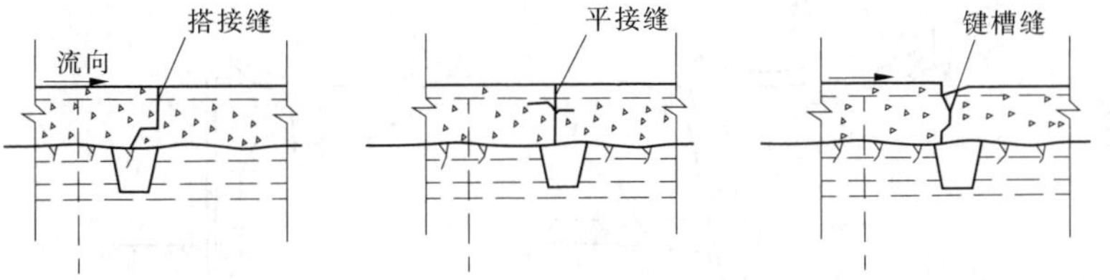

图 2-1-49　衬砌的接缝形式

为防止高速水流通过缝口钻入衬砌底面,将衬砌掀动,所有的伸缩缝都应布置止水,其布置要求与水闸底板基本相同。

衬砌的排水设施在纵、横伸缩缝下面布置,纵、横贯通。

岩基上的横向排水,通常在岩基开挖沟槽并回填碎石形成。沟槽尺寸一般取 0.3 m×0.3 m,顶面盖上木板或沥青油毛毡,防止浇筑衬砌时砂浆进入而影响排水效果。

纵向排水一般在沟内放置透水的混凝土管,直径 10~20 cm,视渗水多少而定。

施工时纵、横排水沟应注意开挖成一定的坡度,保证横向排水汇集的渗水尽快地汇集到纵向排水管,并顺畅地排往下游。

土基平铺式排水一般由 30 cm 厚度的碎石层构成。

黏性土地基应先铺一层厚 0.2~0.5 m 的砂砾垫层,再铺碎石,或直接在砂砾垫层中布置透水混凝土管形成排水层。对于细砂地基,则应先铺一层厚 0.2~0.4 m 的粗砂,再做碎石排水层。

泄槽两侧的边墙墙顶高程可由泄槽的水面曲线高程并考虑水流波动和掺气高度及安全超高确定。

边墙的结构如基岩良好,可做成衬砌式,其结构与底板衬砌相同,厚度一般不小于 30 cm,且用钢筋与岩坡锚固。边墙本身无须设置纵缝,但多在与边墙接近的底板设置纵缝(见水闸分离式底板布置);横缝应与底板贯通。

较差岩基将边墙做成重力式挡土墙。

边墙止水和排水:排水应与底板下面横向排水连通。

4. 消能防冲设施

溢洪道泄水单宽流量大、流速高,能量集中,如果消能设施考虑不当,出槽的高速水流与下游河道的正常水流不能妥善衔接,易造成下游河床和岸坡冲刷,甚至会危及溢洪道的安全。

河岸溢洪道消能设施一般采用挑流消能或底流消能,有时也可采用其他形式的消能设施。

挑能消能一般适用于岩石地基的高中水头枢纽,消能设施的平面形式有等宽式、扩散式和收缩式(包括窄缝式),挑流鼻坎有连续式、差动式等。采用挑流消能时,应考虑挑射水流的雾化对枢纽其他建筑物运行的影响。

挑流鼻坎的结构形式如图 2-1-50 所示,图 2-1-50(a)为重力式,图 2-1-50(b)为衬砌式,前者适用于较软弱岩基或土基,后者适用于坚实完整岩基。

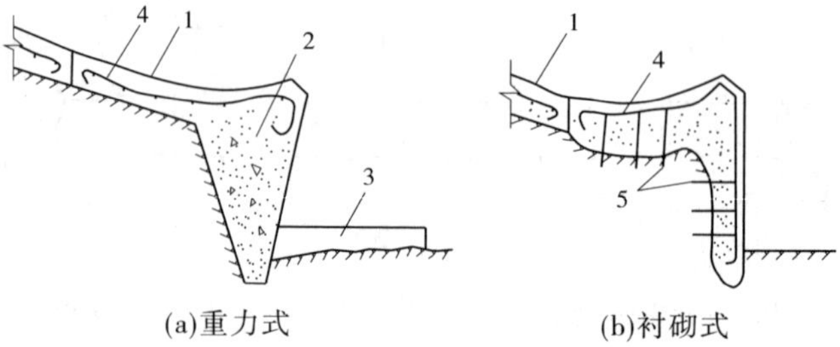

1—面板;2—齿墙;3—护坦;4—钢筋;5—锚筋

图 2-1-50　挑流鼻坎的结构形式

挑流鼻坎上还常设置通气孔和排水孔,如图 2-1-51 所示。通气孔的作用是从边墙顶部孔口向水舌补充空气,以免形成真空影响挑距或造成结构空蚀。坎上排水孔用来排除反弧段积水;坎底排水孔则用来排放地基渗水,降低扬压力。底流消能适用于土基或软弱岩基,其消能原理和布置与水闸相应内容基本相同。

5. 出水渠

出水渠的作用是使溢洪道下泄的洪水顺畅地流入下游河床。当消能防冲设施直接与河床连接时,可不另设出水渠。此时,必须通过水文计算和洪水调查等方法确定下游河床水位,同时还应考虑建库后可能发生的水位变化。

出水渠的布置优先考虑利用天然沟谷,并采取必要的工程措施,如明挖或布置成小型跌水,以较小的投资,保证沟谷受到冲刷或坍塌时不影响泄洪和危及当地民房及其他建筑物的安全,使出流平顺归入原河道。

1.2.5.2　侧槽溢洪道

侧槽溢洪道溢流堰与泄槽的轴线接近平行,过堰水流在较短距离内转弯约 90°,再经泄槽泄入下游,如图 2-1-52 所示。它适宜坝肩山体高、岸坡较陡的情况。

侧槽溢流堰在侧槽的侧边,进槽水流从侧向进流,纵向泄流,溢流堰既是低堰也是侧槽的一边槽壁。其主要优点是溢流堰可大致沿地形等高线布置,并沿河岸向上游延伸,以减少开挖量。其主要缺点是进堰水流首先冲向对面的槽壁,再向上翻腾,产生漩涡,逐渐

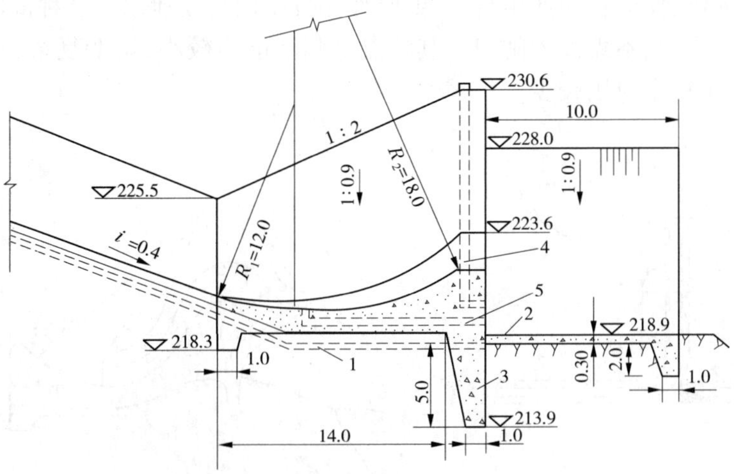

1—纵向排水；2—护坦；3—混凝土齿墙；4—Φ 50 cm 通气孔；5—Φ 10 cm 排水管

图 2-1-51　挑流鼻坎构造　（单位：m）

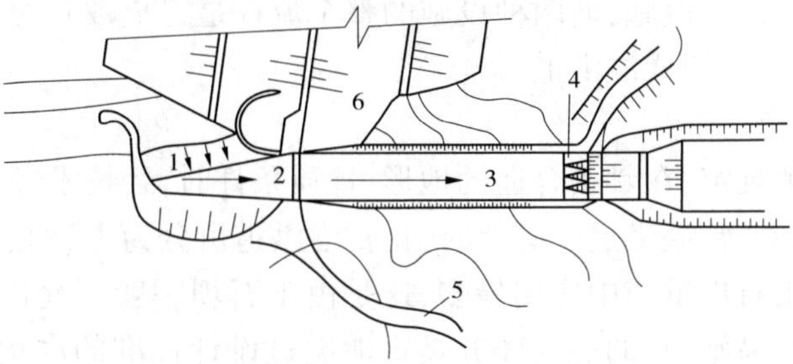

1—溢流堰；2—侧槽；3—泄水槽；4—出口消能段；5—上坝公路；6—土石坝

图 2-1-52　侧槽式溢洪道布置图

转向再泄经下游，形成一种不规则的复杂流态，与下游水面衔接难以控制，给侧槽的布置造成困难。

由于岸坡较陡，侧槽的横断面宜按窄深式布置。这样，有利于增加槽内水深，稳定流态。在陡峭的山坡上，窄深断面要比宽浅断面节省开挖量。

侧槽溢洪道的溢流堰可采用实用堰、宽顶堰和梯形堰，但采用实用堰较多。

1.2.5.3　井式溢洪道

井式溢洪道由溢流喇叭口段、竖井段和泄洪隧洞段组成，图 2-1-53 所示。水流进入环行溢流堰后，经竖井和泄水隧洞段流入下游。这种泄水设施的主要建筑物是泄水隧洞。

井式溢洪道水流条件复杂，超泄能力小，容易产生空蚀和振动。在工程实践中，布置这种泄洪设施往往与导流隧洞相结合，施工期采用隧洞导流，竣工后废洞利用。专门布置竖井式溢洪道泄洪在我国应用较少。

1.2.5.4　虹吸式溢洪道

虹吸式溢洪道是一种封闭式溢洪道，其工作原理是利用虹吸作用泄水，如图 2-1-54 所示。当库水位达到一定的高程时，淹没了通气孔，水流经过堰顶并与空气混合，逐渐将曲管内的空气带出,使曲管内产生真空,虹吸作用发生而自动泄水。这种溢洪道的优点是能自动调节上游水位,不需设置闸门。其缺点是超泄能力较小,构造复杂,且工作可靠性较差,在大中型工程中应用较少。

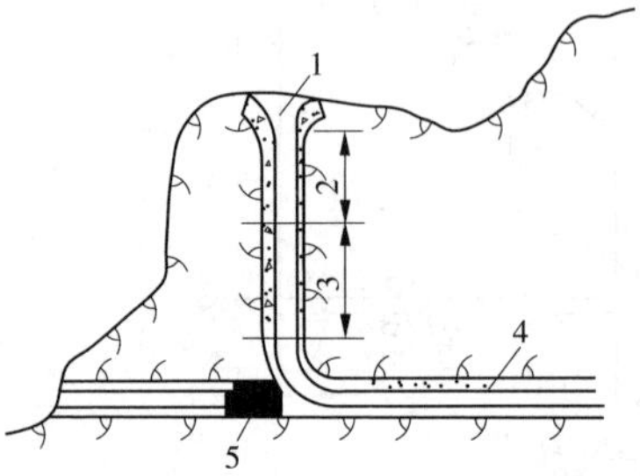

1—环形喇叭口;2—渐变段;3—竖井段;
4—隧洞;5—混凝土塞

图 2-1-53　井式溢洪道示意图

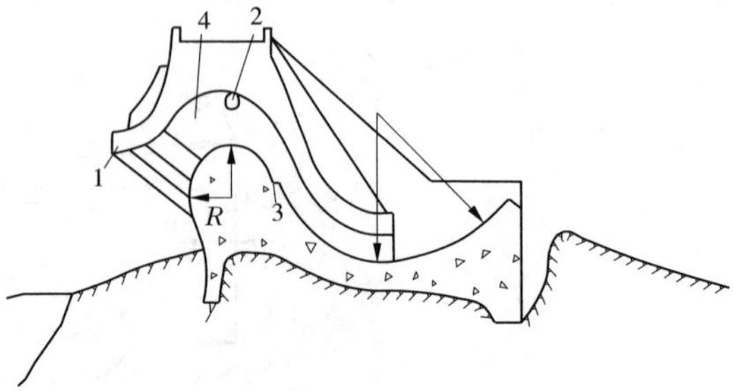

1—遮檐;2—通气孔;3—挑流坎;4—曲管

图 2-1-54　虹吸式溢洪道示意图

以上四种类型的泄洪设施,前两种设施的整个流程是完全敞开的,故又称为开敞式溢洪道,而后两种又称为封闭式溢洪道。

1.2.5.5　非常溢洪道

溢洪道设计规范规定,在具备合适的地形、地质条件时,经技术经济比较后,溢洪道可布置为正常溢洪道和非常溢洪道。必要时,正常溢洪道可分为主、副溢洪道。

非常溢洪道在土石坝枢纽中应用最多,这是由土石坝一般不允许洪水漫过坝顶的特点决定的。作为保坝措施,它的运用任务是宣泄超过设计标准的洪量。超设计标准的洪量既包括校核洪水位与设计洪水位之间的洪量,也包括坝址出现超过校核洪水位的特大洪量。

非常泄洪道的启用标准:一般情况下,当库水位达到设计洪水位后即应启用。由于超设计标准的洪水是稀遇的,故非常溢洪道启用机会很少,为此非常溢洪道的结构布置可以简化些。

除控制段和泄洪能力不能降低标准外,其余部分都可以简化布置。如泄槽可不衬砌,消能防冲设施可不布置,以获得全面综合的经济效益。

非常溢洪道的位置应与大坝保持一定的距离,以泄洪时不影响其他建筑物为控制条件。为了防止泄洪造成下游的严重破坏,当非常泄洪道启用时,水库最大总下泄流量不应超过坝址相同频率的天然洪水量。

非常溢洪道一般分为漫流式、自溃式和爆破引溃式。

1. 漫流式非常溢洪道

漫流式非常溢洪道的布置与正槽溢洪道类似,堰顶高程应选用与非常溢洪道启用标准相应的水位。控制段(溢流堰)通常采用混凝土或浆砌石衬砌,设计标准应与正槽溢洪道控制段相同,以保证泄洪安全,如图 2-1-55 所示。控制段下游的泄槽和消能防冲设施,如行洪过后修复费用不高可简化布置,甚至可以不做消能设施。控制段可不设闸门控制,任凭水流自由宣泄。溢流堰过水断面通常做成宽浅式，故溢流前缘长度一般较长。因此，这种溢洪道一般布置在高程适宜、地势平坦的山坳处，以减少土石方开挖量。

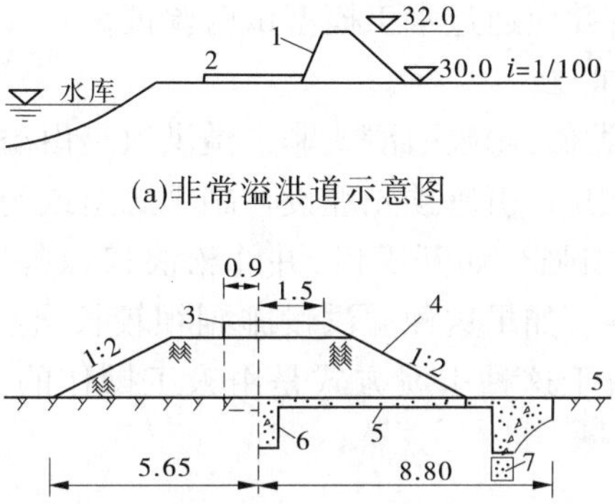

(a)非常溢洪道示意图

(b)漫顶自溃堤断面图

1—土堤；2—公路；3—自溃堤各段间隔墙；4—草皮护面；5—0.3 m 厚混凝土护面；6—0.6 m 厚 1.5 m 深的混凝土截水墙；7—0.6 m 厚 3.0 m 深混凝土截水面

图 2-1-55　漫顶自溃式非常溢洪道进水口断面图　（单位：m）

2. 自溃式非常溢洪道

自溃式非常溢洪道有漫顶溢流自溃式和引冲自溃式两种形式。

漫顶溢流自溃式非常溢洪道由自溃坝（或堤）、溢流堰和泄槽组成。自溃坝布置在溢流堰顶面，坝体自溃后露出溢流堰，由溢流堰控制泄流量，如图 2-1-56 所示。自溃坝平时可起挡水作用，但当库水位达到一定的高程时应能迅速自溃行洪。为此，坝体材料宜选择无黏性细砂土，压实标准不高，易被水流漫顶冲溃。当溢流前缘较长时，可设隔墙将自溃坝分隔为若干段，各段坝顶高程应有差异，形成分级分段启用的布置方式，以满足库区出现不同频率稀遇洪水的泄洪要求。浙江南山水库自溃式非常溢洪道，采用 2 m 宽的混凝土隔墙将自溃坝分为三段。

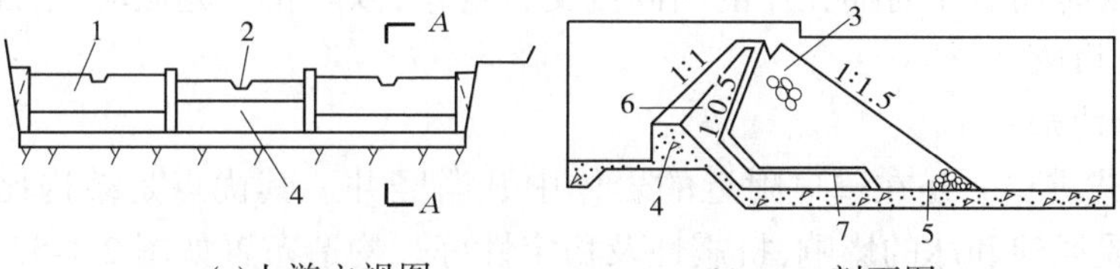

(a)上游立视图　　(b) A—A剖面图

1—自溃堤；2—引冲槽；3—引冲槽底；4—混凝土堰；5—卵石；6—黏土斜墙；7—反滤层

图 2-1-56　自溃式非常溢洪道

各段坝顶高程均不同，形成三级启用形式，除遇特大洪水时需三级都投入使用外，其他稀遇洪水情况只需启用一级或两级，则行洪后的修复工程量亦可减少。

自溃式非常溢洪道结构简单，施工方便，造价低廉；但运用的灵活性较差，溃坝时具有偶然性，可能造成自溃时间的提前或滞后。国内已建工程一般在 6 m 以下。

应当指出，自溃式非常溢洪道在溃坝泄洪后，需在水位降落后才能修复，如果堰顶高程较低,还会影响水库当年的蓄水量。但是,非常溢洪道的启用机遇是很小的,故这种影响一般不大。关键的问题是保证自溃土坝在启用时必须能按设计要求被冲溃,为此应参照已建工程经验进行布置,并应通过水工模型试验验证。

3. 爆破引溃式非常溢洪道

与自溃式非常溢洪道类似,爆破引溃式非常溢洪道是由溢洪道进口的副坝、溢流堰和泄槽组成的。当溢洪道启用时,引爆预先埋设在副坝廊道或药室的炸药,利用爆破的能量把布置在溢洪道进口的副坝强行炸开决口,并炸松决口以外的坝体,通过快速水流的冲刷,使副坝迅速溃决而泄洪。如果这种溢洪设施副坝较长,也可分段爆破。爆破的方式、时间可灵活、主动掌握。由于这种引溃方式是由人工操作的,因而使坝体溃决有可靠的保证。

1.2.6 水工隧洞与坝下埋管

1.2.6.1 **水工隧洞**

水工隧洞是在水利枢纽中为满足泄洪、灌溉、发电等各项任务在岩层中开凿而成的建筑物。

水工隧洞按用途可分为泄洪洞、引水洞、排沙洞、放空洞、导流洞等。泄洪洞配合溢洪道宣泄洪水,保证安全;引水洞引水发电、灌溉或供水;排沙洞排放水库泥沙,延长水库的使用年限,有利于水电站的正常运行;放空洞在必要的情况下放空水库;导流洞在施工期用来施工导流。在设计水工隧洞时,应根据枢纽的规划任务,尽量考虑一洞多用,以降低工程造价。如施工导流洞与永久隧洞相结合,枢纽中的泄洪、排沙、放空洞的结合等。

水工隧洞按洞内水流状态可分为有压洞和无压洞。有压洞工作闸门布置在隧洞出口,洞身全断面被水流充满,隧洞内壁承受较大的内水压力;无压洞工作闸门布置在隧洞的进口,水流没有充满全断面,有自由水面。一般说来,隧洞可以设计成有压的,也可以设计成无压的,也可以设计成前段是有压的而后段是无压的。但应注意的是,在同一洞段内,应避免出现时而有压时而无压的明满流交替现象,以防止引起振动、空蚀等不利流态。

1. 进口段构造

1)进口段的形式

(1)竖井式进口。是在进口附近的岩体中开凿竖井。其优点是结构比较简单,不需要工作桥,不受风浪和冰的影响,抗震性及稳定性好。构造布置如图 2-1-57 所示。

(2)塔式进口。是独立于隧洞的进口处而不依靠山坡的塔,用工作桥与岸坡相连。其缺点是,受风浪、冰、地震的影响大,稳定性相对较差,需要较长的工作桥。常用于岸坡岩石较差、覆盖层较薄、不宜修建靠岸进口建筑物的情况。构造布置如图 2-1-58 所示。

(3)岸塔式进口。是靠在开挖后洞脸岩坡上的进水塔。塔身可以是直立的或倾斜的。岸塔式的稳定性较塔式的好,不需要工作桥。适用于岸坡较陡、岩体比较坚固稳定的情况。构造布置如图 2-1-59 所示。

(4)斜坡式进口。是在较完整的岩坡上进行平整、开挖、护砌而修建的一种进水口。其优点是,结构简单,施工、安装方便,稳定性好,工程量小;缺点是,由于闸门倾斜,闸门不易依靠自重下降。斜坡式进口一般只用于中、小型工程。构造布置如图 2-1-60 所示。

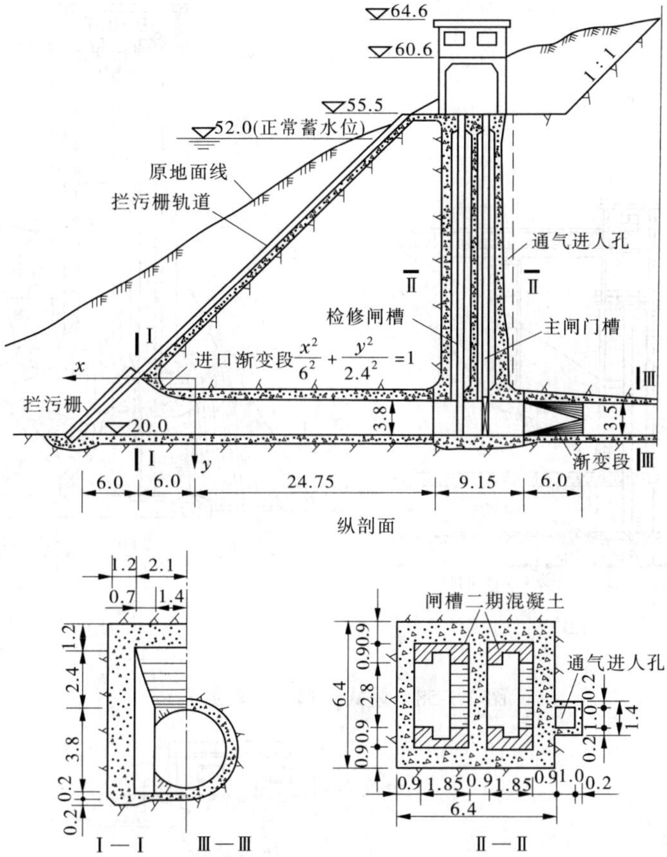

图 2-1-57　竖井式进口　(单位:m)

(5)组合式。在实际工程中常根据地形、地质、施工等具体条件采用组合式进口。如半竖井半塔式进水口、下部靠岸的塔式进水口等。具体布置如图 2-1-61 所示。

2)进口段组成

进口段的组成包括进水喇叭口、通气孔、平压管、拦污栅和渐变段、闸门室等。

(1)进水喇叭口。隧洞进口为顶板和边墙顺水流方向三向逐渐收缩的平底矩形断面,形成喇叭口。收缩曲线常采用 1/4 椭圆曲线。

(2)通气孔。在泄水隧洞进口或中部的闸门之后应设通气孔,其作用有:在工作闸门各级开度下承担补气任务;检修时,在下放检修闸门后,放空洞内水流时补气;检修完成后,向检修闸门和工作闸门之间充水时,通气孔用以排气。

通气孔的上部进口必须与闸门启闭机室分开设置。通气孔风速保持在 20 m/s 左右为好。

(3)平压管。为了减小启门力,往往要求检修门在静水中开启,为此,常设置绕过检修门槽的平压管,如图 2-1-62 所示。

(4)拦污栅。进口处的拦污栅是为了防止水库中的漂浮物进入隧洞。

(5)渐变段、闸门室。渐变段是进口段向闸门室及闸门室向洞身段的过渡段,闸门室

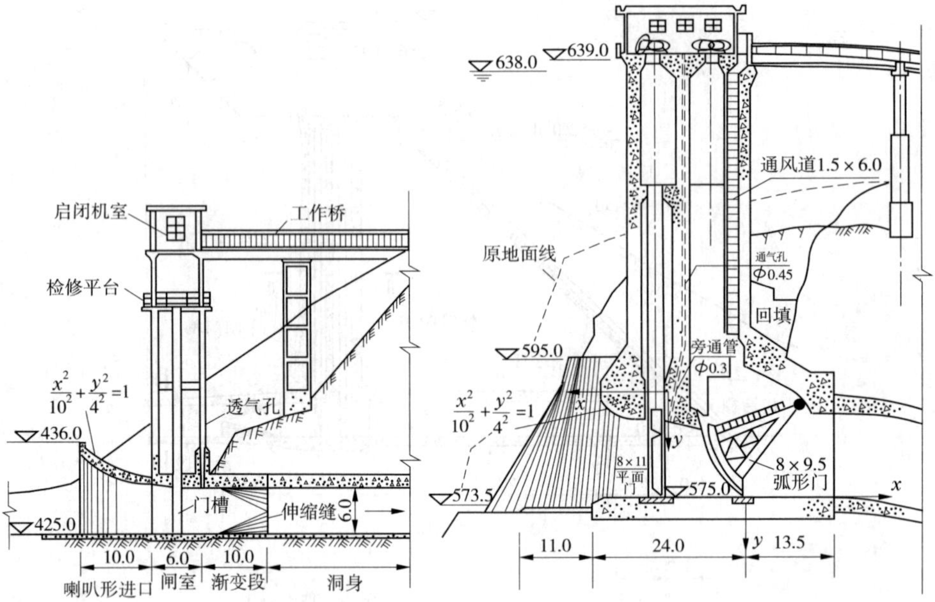

(a)　　　　(b)

图 2-1-58　**塔式进口**　（单位：m）

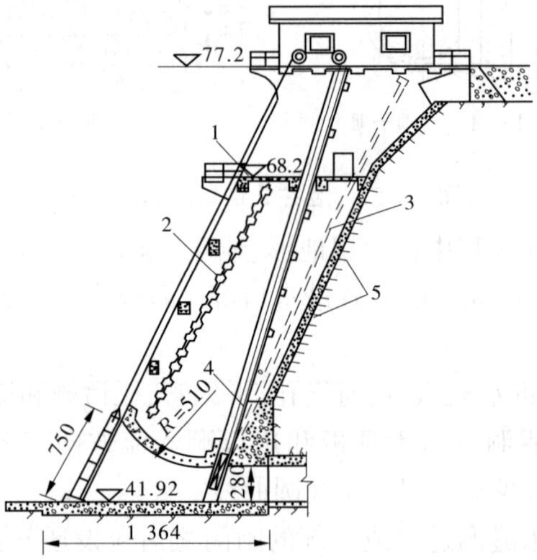

1—检修平台；2—排水管路；3—通气孔；4—门槽；5—锚筋

图 2-1-59　**岸塔式进口**　（单位：cm）

是闸门升降的通道。

2. 洞身段构造

1) 洞身断面形式

(1) 无压隧洞。多采用圆拱直墙形（城门洞）断面。如围岩条件较差还可以采用马蹄形断面。

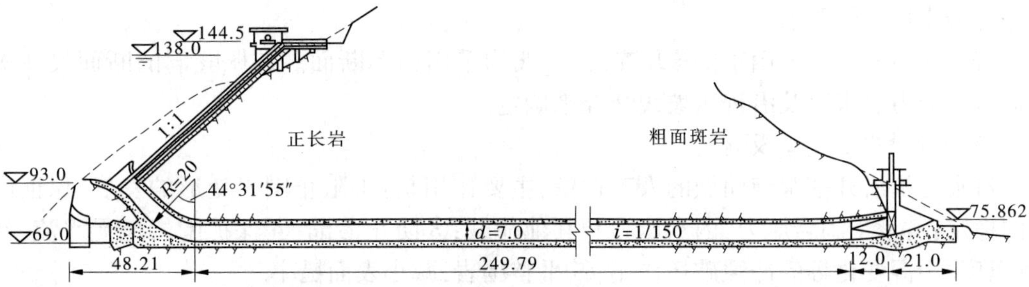

图 2-1-60　斜坡式进口　（单位：m）

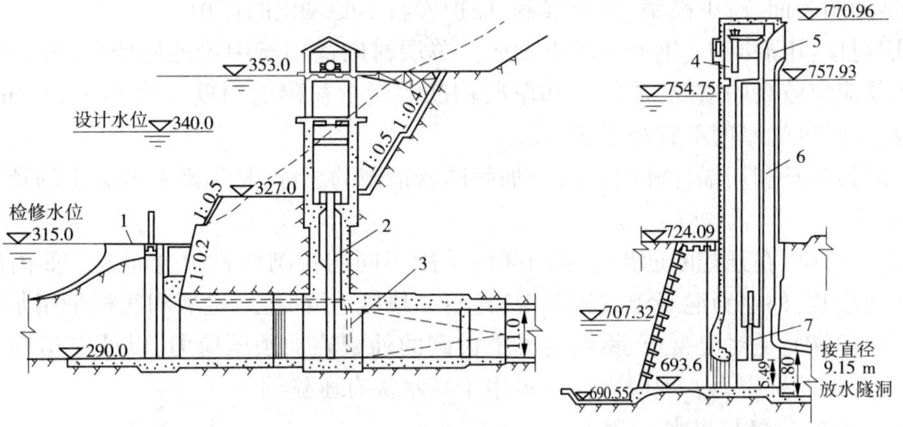

1—检修平台；2—门槽导轨；3—通气孔；4—进人孔；5—排气口；
6—排气通道；7—闸门槽

图 2-1-61　组合式进口

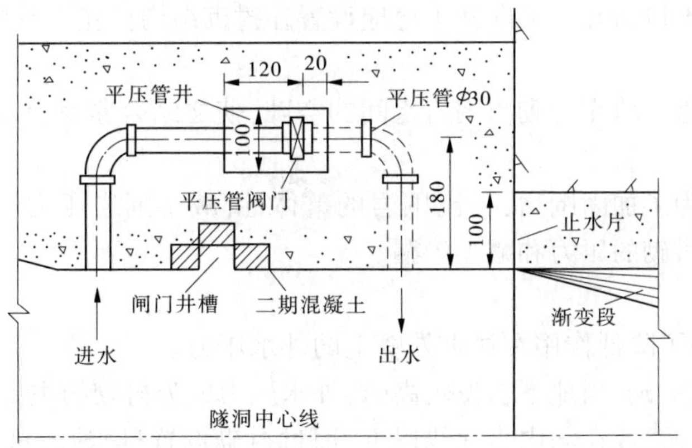

图 2-1-62　平压管　（单位：cm）

无压隧洞的断面尺寸主要根据其泄流能力要求及洞内水面线来确定。流速较低、通气良好的隧洞，要求水面以上净空不小于洞身断面面积的 15%～25%，冲击波波峰高不应超过城门洞形断面的直墙范围。在确定隧洞断面尺寸时，还应考虑到洞内施工和检查维修等对最小尺寸的要求。

(2)有压隧洞。由于内水压力较大,一般均采用圆形断面。有压隧洞的断面尺寸应根据泄流能力要求以及沿程压坡线情况来确定。

2)洞身衬砌的类型及构造

衬砌是指沿开挖洞壁而做的人工护壁,主要作用是:①阻止围岩变形的发展,保证围岩的稳定;②承受围岩压力、内水压力和其他荷载;③防止渗漏;④保护围岩免受水流、空气、温度、干湿变化等的冲蚀破坏作用;⑤平整围岩,减小表面糙率。

(1)衬砌的类型。

平整衬砌(也称护面):用混凝土、喷混凝土和浆砌石做成的护面,它不承受荷载,仅起到平整隧洞表面、减小糙率、防止渗漏、保护岩石不受风化的作用。

单层衬砌:用混凝土、钢筋混凝土做成。单层衬砌适用于中等地质条件,隧洞断面较大,水头及流速较高的情况,混凝土和单层钢筋混凝土衬砌的厚度不宜小于 25 cm,双层钢筋混凝土衬砌的厚度不宜小于 30 cm。

喷锚衬砌:是利用锚杆和喷混凝土加固围岩措施的总称,是逐渐发展起来的新型加固措施。

组合式衬砌:在开挖断面周边不同部位采用不同的衬砌材料组合而成。如内层为钢板、钢筋网喷浆,外层为混凝土或钢筋混凝土;如顶拱为混凝土,边墙和底板采用浆砌石。

预应力衬砌:是对混凝土、钢筋混凝土衬砌的外壁施加预压应力,以便在运用时抵消内水压力产生的拉应力。预应力衬砌多用于高水头有压隧洞。

(2)衬砌的分缝与止水。

在混凝土及钢筋混凝土衬砌中,一般设有施工缝和永久性的横向变形缝。

隧洞在穿过断层、软弱破碎带以及和竖井交接处,衬砌需要加厚,应设置横向变形缝。

围岩地质条件比较均一的洞身段只设施工缝。一般分段长度为 6~12 m,底拱和边拱、顶拱的环向缝不得错开。纵向施工缝应设置在衬砌结构拉应力及剪应力较小的部位。

(3)灌浆。

回填灌浆:是为了填充衬砌与围岩之间的空隙,使之结合紧密,以改善传力条件和减少渗漏。

固结灌浆:是为了加固围岩,提高围岩的整体性,减小围岩压力,保证岩石的弹性抗力,减小地下水对衬砌的压力和减少渗漏。

(4)排水。

设置排水是为了降低作用在衬砌外壁上的外水压力。

对于无压隧洞衬砌,当地下水位较高时,外水压力成为衬砌的主要荷载。可在洞底设纵向排水管通向下游,或在洞内水面线以上,通过衬砌设置排水孔,将地下水直接引入洞内,排水孔间距、排距以及孔深一般为 2~4 m。具体布置如图 2-1-63 所示。

对于有压圆形隧洞,可不设置排水设备。当外水位很高,外水压力很大,对衬砌设计起控制作用时,可在衬砌底部外侧设纵向排水管,通至下游,必要时,为提高排水效果,可沿洞轴线每隔 5~10 m 设一道环向排水槽,环向排水槽可用砾石铺筑,将收集的渗水汇入纵向排水管。具体布置如图 2-1-64 所示。

3. 出口段及消能设施

有压隧洞的出口常设有工作闸门及启闭机室，闸门前有渐变段，出口之后即为消能设施。无压隧洞出口仅设有门框，其作用是防止洞脸及其以上岩石崩塌，并与扩散消能设施的两侧边墙相衔接。具体布置如图 2-1-65 所示。

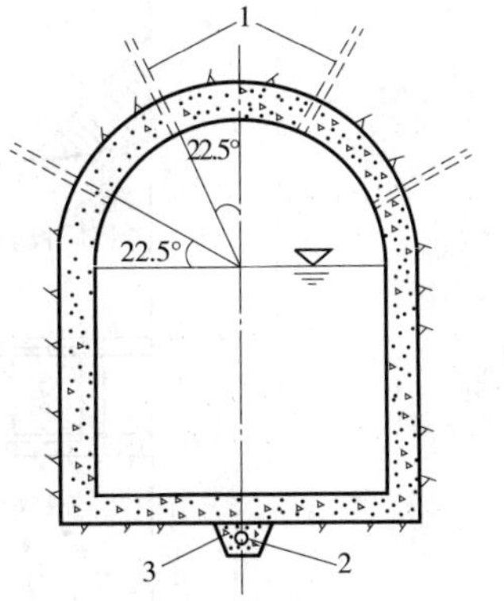

1—洞身排水孔；2—纵向排水管；3—洞底排水沟

图 2-1-63　无压隧洞排水

泄水隧洞出口水流的特点是隧洞出口宽度小，单宽流量大，能量集中，所以常在出口处设置扩散段，使水流扩散，减小单宽流量，然后以适当形式消能。

1）挑流消能

当隧洞出口高程高于或接近下游水位，且地形地质条件允许时，采用扩散式挑流消能比较经济合理，因为它结构简单，施工方便，国内外泄洪、排沙隧洞广泛采用这种消能方式。

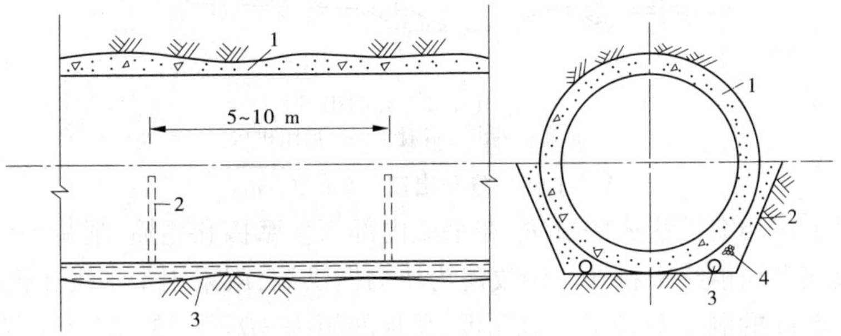

1—衬砌；2—环向排水槽；3—纵向排水管；4—砾石

图 2-1-64　有压圆形隧洞排水

2）底流消能

当隧洞出口高程接近下游水位时，也可采用扩散式底流消能。底流消能具有工作可靠、消能比较充分、对下游水面波动影响范围小的优点，但缺点是开挖量大、施工复杂、材料用量多、造价高。

3）窄缝式挑坎消能

窄缝式挑坎消能为挑坎处采用收缩成窄缝的布置形式。窄缝式挑坎与等宽挑坎不同之处在于，它的挑角很小，一般取 0°，顺水流方向，两侧边墙向中心的显著收缩使出水口处水流迅速加深，水舌的出射角在底部和表层差别很大，底部约 0°，表层可达 45°左右，因此水舌下缘挑距缩短，上缘挑距加大，水流挑射高度增加，使水流纵向扩散加大，减小了对河床单位面积上的冲击动能。同时水舌在空中扩散及入水时大量掺气，在水舌进入水垫后气泡上升，大大减轻了对下游河床的冲刷。

4）洞中突扩消能

洞中突扩消能也称为孔板消能，它是在有压隧洞中设置过流断面较小的孔板，利用水

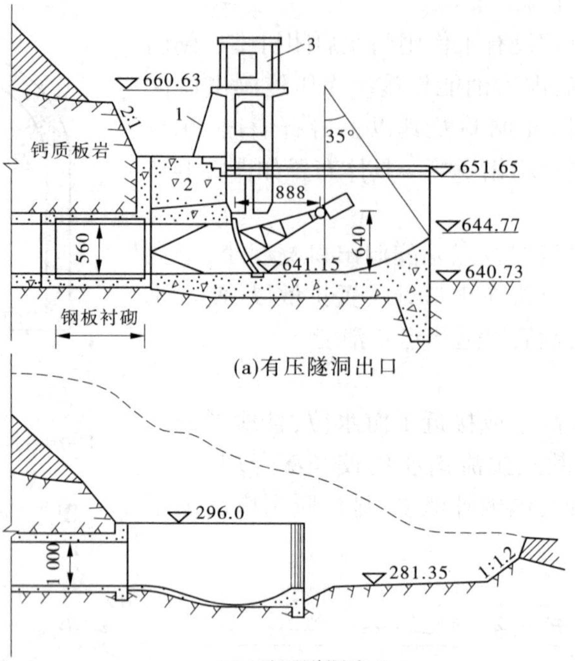

(a)有压隧洞出口

(b)无压隧洞出口

1—爬梯;2—出口混凝土;3—启闭机房

图 2-1-65　隧洞出口　(单位:cm)

流流经孔板时突缩和突扩造成的漩滚,在水流内部产生摩擦和碰撞,削减大量能量。

黄河小浪底水利枢纽中将导流洞改建为压力泄洪洞,就采用了多级孔板消能方案,在直径为 $D=14.5$ m 的洞中布置了三道孔板,孔板间距为 $3D=43.5$ m。由导流洞改建的泄洪洞,经过三级孔板消能,可将 140 m 水头消煞去 60 m 水头,洞内平均流速仅 10 m/s。

1.2.6.2　坝下埋管

在蓄水枢纽中,为了城市供水、灌溉、放空水库、施工导流以及排沙等,通常在土坝或土石坝下面埋设洞形或管形的建筑物,这类建筑物称坝下埋管,又称坝下涵管。

与隧洞相比,坝下埋管施工方便,构造简单,通常工期短、造价也低,但施工时与土石坝相互干扰大,因此在我国中小型土坝或堆石坝枢纽工程中使用比较普遍。与水工隧洞类似,坝下埋管也属深式泄水或放水建筑物,其进口通常在水下较深处,其工作特点、工程布置、进出口建筑物的形式、构造等许多方面与水工隧洞有相同之处。

由于坝下埋管置于坝下,穿坝而过,它的破坏直接威胁着大坝的安全,所以在高水头、大流量、基础差的情况下,其安全性低。据国内外土石坝失事的调查资料分析,坝下埋管的缺陷是引起土石坝失事的重要原因之一。

1. 进口建筑物

埋管的进口建筑物通常有卧管式、塔式及浮子式等几种形式。对用于引水灌溉的坝下埋管,由于农业生产对水温有一定的要求,其进口建筑物最好设计成分层取水结构,以使在灌溉季节引取表层的清水灌溉。

(1)塔式。坝下埋管的塔式进口建筑物的结构、构造与水工隧洞的塔式进口建筑物相同。对灌溉用的埋管,其塔式进口结构大多采用分层取水的封闭塔。

塔式进口的布置一般有三种方式:第一种进水塔布置在坝身内靠近坝顶处,其优点是塔身不受风浪、冰冻压力的作用,周围侧向土压力大致相同,稳定性较好,产生不均匀沉降和断裂的可能性较小,对地基的要求较低。不足之处是:塔前输水管常浸在水中,检修不便;塔身位于坝体中部,若塔身与管道结合处漏水,则会抬高坝体浸润线,引起坝体的渗透变形,甚至导致滑坡。第二种是将进水塔布置在上游坝脚处,其优、缺点正好与第一种布置相反。第三种是将进水塔布置在前述两种位置之间,此时塔身受坝体变形的影响大,承受的土压力也不平衡,对于斜墙坝更不宜采用这种布置形式。

(2)浮子式。浮子式进口建筑物是一种活动的取水装置,它是由浮子、取水盘、伸缩套筒式水管以及竖塔组成的。竖塔为钢架或钢筋混凝土框架,用作浮子升降时的导向和安装拦污栅。控制水量的工作闸门设在塔底后部或其他适当位置。浮子式进口形式一般取表层水,效果很好。

2. 出口建筑物

坝下埋管的出口建筑物形式及构造与水工隧洞相同,它包括出口渐变段及消能设施。坝下埋管出口处的消能大多采用底流式水跃消能方式。

3. 坝下埋管管身

坝下埋管的管身应具有足够的断面以满足过流能力,要有一定的强度以承担外部荷载,并能抵抗水流的冲刷。管身断面形式、建筑材料及管身结构尺寸,应根据其用途、水力条件及材料特性等,经水力计算、结构计算并进行经济技术比较确定。

1)坝下埋管的管身横断面形式

埋管的管身横断面形式通常有圆形、矩形及圆拱直墙形等几种。

(1)圆形。圆形断面是坝下埋管使用较多的一种形式,其特点是水流条件好,同样的条件下,过水流量大,受力条件也较好,可以承受较大的内、外水压力及填土压力。圆形管大多为现浇的钢筋混凝土管。近年来,在小型工程中也常采用预制钢筋混凝土管。预制管道施工快,工期短,但其接头处理难度大,止水较困难。

(2)矩形。矩形过水断面在大型埋管中使用较多,它具有结构简单、施工方便、整体性好等特点。其通常是现浇的钢筋混凝土箱式结构,因此也叫箱涵。当过水断面尺寸较大时,为了提高管身的刚度,可以做成双箱甚至多箱的结构形式。

(3)圆拱直墙形。对小型的无压埋管,管道承受的主要荷载是外水压力和填土压力,管壁受压,为节省钢筋、水泥,并充分发挥浆砌石结构的抗压性能,常用浆砌石的半圆拱直墙式结构或钢筋混凝土做盖板的盖板式矩形断面。

需要指出的是,由于浆砌石的防渗性能较差,结构的安全性能低,对于较重要及较大的埋管,以采用现浇钢筋混凝土管为妥。

2)坝下埋管的构造

(1)管壁厚度。埋管管壁厚度应根据管身的受力情况,通过结构计算确定。目前,管壁厚度,常参照已建工程的经验拟定或采用经验公式估算。

(2)管身分缝与止水。为了适应地基沉降及管身伸缩变形,防止管身断裂破坏以及满足施工能力的要求,在埋管的轴线方向需设分缝。

土基上的埋管,在不均匀压力的作用下,将产生不均匀沉降。为适应这种沉陷而设置的缝称为沉降缝。在岩基上,不均匀沉降较小,但其对管身的约束作用较大,为阻止管道因温度变化等产生的自由变形,故每隔一定距离设置温度伸缩缝。常将伸缩缝与沉降缝结合布置,称温度沉降缝。缝距为 10~15 m,缝宽为 1~3 cm,缝中必须设金属止水或塑料止水。

(3)坝下埋管的接头。埋管接缝处理直接关系到坝体的安全。对于钢筋混凝土预制管,通常采用套管接头,在连接处填止水材料。

对于钢筋混凝土现浇管,常采用预埋止水片式接缝。其适应变形能力较强,止水效果较好。当采用金属止水片时,每边预埋宽度应大于 2~3 倍石子粒径,且不宜小于 10~15 cm。对于有压管道,最好设两道止水片。对于无压管道,设一道止水片即可。为防止封口砂浆脱落,封口外形轮廓做成燕尾形较好。对薄壁管,设止水有困难时,可将接缝处管壁加厚。

(4)防渗措施。坝下埋管与坝体填土的接触面结合不好时,可能出现集中渗流,易引起坝体渗透变形,严重时将威胁坝体安全。因此,坝下埋管与坝体的接触面是防渗的薄弱环节。为加强埋管与坝体的连接,防止出现集中渗流,通常在埋管周围铺设一层 1~2 m 厚的黏性土作为防渗层。防渗层与砂性坝壳之间设过渡带。防渗层应分层填筑,人工夯实,保证施工质量。不宜用机械碾压,以防损坏管道。

(5)埋管基础。埋管的管身应坐落在较为坚实稳定的基础上,由于基础条件和管身的结构形式不同,管身所受荷载不一,则管身的安置方式也就不同。

当管径小,基础土质良好时,可采用平基铺管;当管外填土不高,管径不大,竖向荷载较小,基础土质良好时,可采用弧形土基,将管道直接铺设在天然地基的圆弧形槽内或置于三合土或分层夯实的碎石坐垫上;当管径及竖向荷载都比较大时,宜将管身置于浆砌石或混凝土制成的刚性坐垫上。坐垫的包角一般为 90°~135°,竖向荷载大时,坐垫包角可采用 180°。圆管设置坐垫后,由于管身底部与坐垫间有一定的接触弧长,坐垫与地面接触面较大,所以改善了管身受力和减小了地基的压应力。管壁与坐垫接触面上涂抹沥青或铺沥青油毛毡垫层,以减小管身受坐垫约束,适应管身的收缩变形。

圆形埋管若铺设在岩基下,可不设坐垫,而在岩石中挖槽,槽中浇筑半圆形混凝土管垫,铺上油毡垫层后即可浇筑管身。

1.3 水工建筑物检查部位

1.3.1 土石建筑物检查部位

1.3.1.1 土石坝检查

(1)检查坝体有无裂缝。检查的重点是坝体与岸坡的连接部位、与刚性材料的接合部位、河谷形状的突变部位、坝体土料的变化部位、填土质量较差部位、冬季施工的坝段等部位。如果发现裂缝,应检查裂缝的位置、宽度、方向和错距,并跟踪记录,观测其发展情况。对于横向裂缝(垂直坝轴线),应检查贯穿的深度、位置,是否形成或将要形成漏水通道。对于纵向裂缝(平行坝轴线),应检查是否形成向上游或向下游的圆弧形,观察有无滑坡的迹象。

(2)检查下游坝坡有无散浸和集中渗流现象,渗流是清水还是浑水;在坝体与两岸接头部位和坝体与刚性建筑物连接部位有无集中渗流现象;坝脚和坝基渗流出逸处有无管涌、流土和沼泽化现象;埋设在坝体内的管道出口附近有无异常渗漏或形成漏水通道,检查渗流量有无变化。

(3)检查上下游坝坡有无滑坡、塌陷和隆起等现象。

(4)检查护坡是否完好,有无松动、塌陷、垫层流失、石块架空、翻起等现象,检查草皮护坡有无损坏或局部缺草,坝面有无冲沟等情况。

(5)检查坝体上和库区周围排水沟、截水沟、集水井等排水设备有无损坏、裂缝、漏水或被土石块、杂草等阻塞。

(6)检查防浪墙有无裂缝、变形、沉陷、倾斜等情况;坝顶路面有无坑洼,坝顶排水是否畅通,观测设施有无损坏等。

(7)检查坝体有无兽洞、白蚁穴道、蛇洞等洞穴,是否有害虫、害兽的活动迹象。

1.3.1.2　砌石工程检查

砌石坝是指以水泥砂浆做胶结材料,用条石或块石砌筑而成的挡水坝。检查观察是为了监视坝体和接触部分天然地面以及泄洪设施的状态有无变化。在有变化的情况下,监视其发展程度。主要内容如下:

(1)坝体。要注意观察有无裂缝、渗水现象;砌块有无脱落、松动、风化、松软现象,分缝处的开合情况及缝内止水、填料是否完好无损。上游面不易观察的部位,可乘船靠近检查或用望远镜进行观察。在汛期或冬季要观察水面是否有漂浮物和冰凌,防止撞击坝体。

发现坝身有裂缝时,要量测裂缝所在坝段(或桩号)、高程、长度、宽度、走向、有无渗水、水量大小等,并详细记录,必要时进行拍照。对较重要的裂缝或渗水点,应设置标志或量水设施,定期进行观察监视。

(2)接触部分。要经常观察坝体与地面接触部位是否有破碎、裂纹、隆起、渗水等现象,应设置标志,加强观测分析,是否坝体失稳。

(3)泄洪设施。检查溢流面有无磨损、冲刷、破裂、漏水及阻水物体等,消能设施有无损坏等现象。有闸门控制的要进行检查。

1.3.2　混凝土建筑物检查部位

对混凝土坝,应对坝顶、上下游坝面、溢流面、廊道以及集水井、排水沟等处进行巡视检查。应检查这些部位有无裂缝、渗水、侵蚀、脱落、冲蚀、松软及钢筋裸露现象,排水系统是否正常,有无堵塞现象。还应检查伸缩缝、沉陷缝的填料及止水片是否完好,有无损坏流失和漏水,缝两侧坝体有无异常错动等情况,坝与两岸及基础连接部分的岩质有无风化、渗漏情况等。

1.4　水工建筑物险情分类及特征

水工建筑物险情根据发生的现象,可以分为以下 10 种情况:

(1)漫溢。洪水位持续上涨并逼近堤坝顶面高程,如不及时迅速加高抢护,水流即漫顶而过。

(2)散浸。水库高水位运用或在汛期高水位下,堤坝背水坡及坡脚附近出现土壤潮湿或发软并有水渗出的现象,称为散浸,如图 2-1-66 所示。

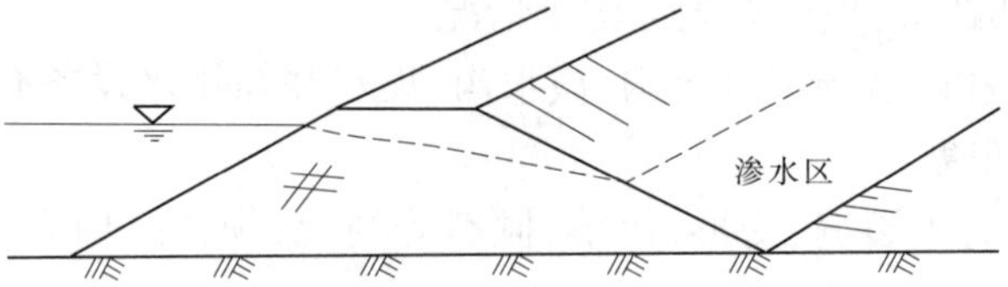

图 2-1-66　散浸险情示意图

(3)管涌。土壤的渗透变形分管涌和流土两种。土体在渗透力作用下,有些细颗粒被渗流冲刷带至出口流失,或向相邻的粗粒土体的孔隙中流失,流失土粒逐渐增多,渗流流速增大,较粗颗粒也逐渐流失,久而久之,便会贯穿成连续通道形成管涌。如果渗流出口是级配均匀的砂土或黏壤土,而且在渗流出口附近存在较高的剩余水头,所产生的浮托力超过覆盖土的有效压力时,则渗流出口土体被顶破、隆起、击穿发生沙沸,或土体突然被冲失,局部成为空穴、坑洼,这种现象称流土。由于在抢险中难以将管涌和流土严格区分,习惯上将这两种渗流破坏统称为管涌险情,如图 2-1-67 所示。

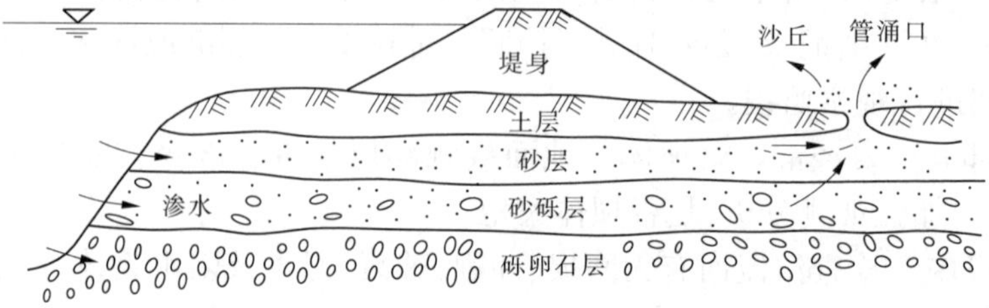

图 2-1-67　管涌险情示意图

管涌和流土都可能引起堤身坍塌、蛰陷、裂缝、漏洞、脱坡,甚至决口重大险情。管涌也叫翻沙鼓水,又称泡泉或地泉等。一般发生在背水坡脚附近或较远的潭坑、池塘或稻田中。险情多呈冒水冒沙状态。冒沙处形成“沙环”,故又称“土沸”或“沙沸”。管涌孔径小的如蚁穴,大的数十厘米,少则出现一两个,多则出现管涌群,一般粉细砂层,颗粒细小均匀,且无黏性,在很小的渗透压力作用下,粉细颗粒极易被渗水带走形成管涌。

(4)漏洞。在汛期或高水位情况下,堤坝背水坡及坡脚附近出现横贯堤坝本身或基础的流水孔洞,称为漏洞。漏洞视出水是否带沙而分为清水漏洞和浑水漏洞两种。漏洞是最常见也是最危险的险情之一,如图 2-1-68 所示。

(5)裂缝。裂缝是堤防、土坝、河工建筑物与沿河涵闸最常见的一种险情。堤坝裂缝

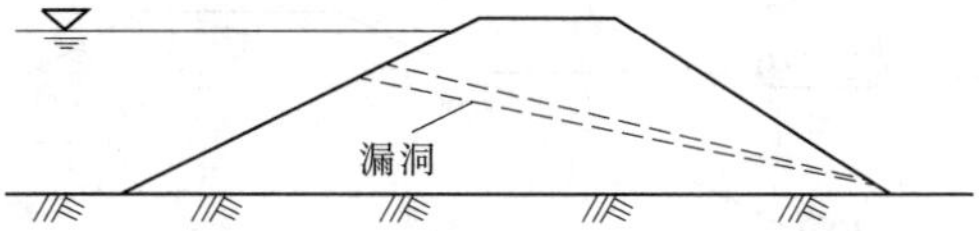

图 2-1-68　漏洞险情示意图

按其出现部位可分为表面裂缝、内部裂缝；按其走向可分为横向裂缝、纵向裂缝、龟纹裂缝；按其成因可分为沉陷裂缝、干缩裂缝、冰冻裂缝、振动裂缝。

(6)滑坡。是堤坝背水坡边坡失稳下滑造成的险情，开始时在堤坝顶部或边坡上发生裂缝或蛰裂，随着蛰裂的发展即形成滑坡，如图 2-1-69 所示，一般滑坡分圆弧滑动和局部挫落两种。前者滑裂面较深，呈圆弧形，滑动体较大，坡脚附近地面土壤往往推挤外移、隆起，或者沿地基软弱滑动面一起滑动；后者滑动范围较小，滑裂面较浅，虽危害较轻，也应及时恢复堤身完整，以免继续发展。滑坡严重者可导致堤防决口，须立即抢护。

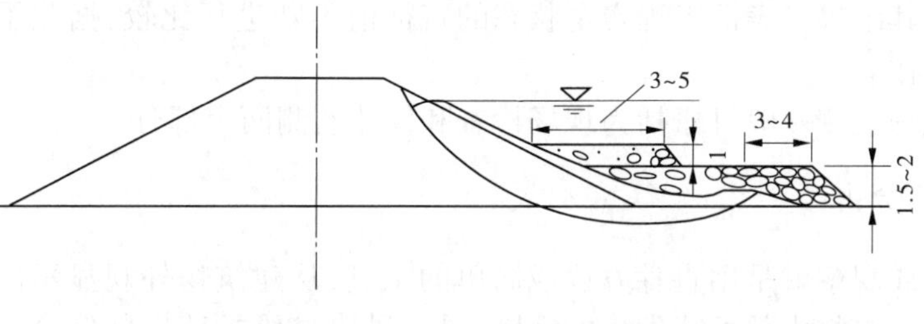

图 2-1-69　滑坡险情示意图　(单位:m)

(7)跌窝。又称陷坑，一般在洪峰前后堤坝突然发生局部塌陷而形成，如图 2-1-70 所示。在顶面、边坡、戗台以及坡脚附近均有可能发生。这种险情既破坏堤坝的完整性，又常缩短渗径，有时伴随渗水、管涌或漏洞同时发生，严重时有导致堤坝突然失事的危险。

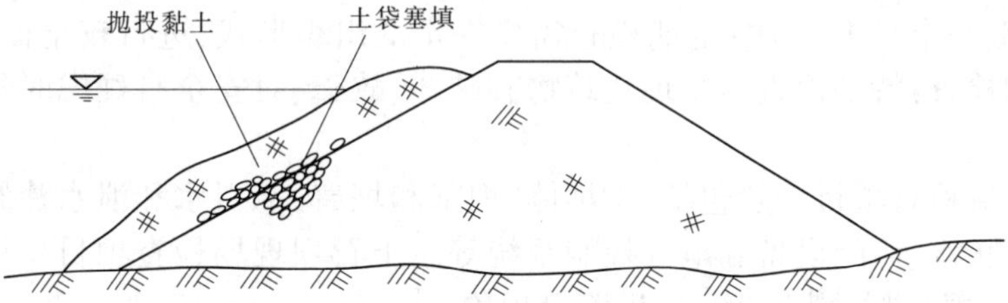

图 2-1-70　跌窝险情示意图

(8)崩塌。是指堤坝临水坡在水流作用下发生的险情，如图 2-1-71 所示。崩岸是水流与河岸相互作用的结果，其形式是随着崩岸部位、滩槽高差、主流离岸远近和河岸土质组成等变化而有所不同。大致可分为“弧形矬崩”“条形倒崩”“浪崩”“地下水滑崩”等四类。

(9)风浪。汛期涨水以后，堤坝临水面水深增大，风浪也随之增大，堤坝边坡在风浪的连续冲击淘刷和负压抽吸作用下，易遭受破坏。轻者把临水坡冲刷成浪坎，重者造成坍塌、滑坡、漫水等险情，使堤坝遭受严重破坏，甚至有决口的危险，特别是水库、湖泊水面辽阔，风浪破坏更为严重。

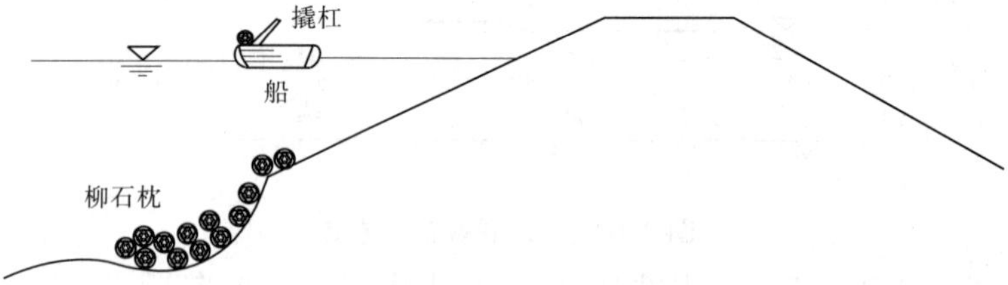

图 2-1-71　崩塌险情示意图

(10)凌汛。流冰堵塞,水位迅速上涨,抢救不及而漫溢决口。

1.5　水工建筑物监测项目及其作用

监测是通过设置观测标点和传感器对水利工程枢纽建筑物状态变化进行系统性监测、监视,并将其结果与表征工程安全状态的特征值不断进行比较,据此了解和评价工程安全状态的工作。

水工建筑物监测一般可概括为现场检查和仪器监测两个部分。

1.5.1　现场检查

现场检查或观察就是用直觉方法或简单的工具,从建筑物外观显示出来的不正常现象中分析判断建筑物内部可能发生的问题,是一种直接维护建筑物安全运行的措施。即使有较完善监测仪器设施的工程,现场检查也是保证建筑物安全运行不可替代的手段。因为建筑物的局部破坏现象(也许是大事故的先兆),既不一定反映在所设观测点上,也不一定发生在所进行的观测时刻。

现场检查分为日常检查、定期检查和特别检查。日常检查是一种经常性、巡回性的制度式检查,一般一个月 1~2 次;定期检查需要一定的组织形式,进行较全面的检查,如每年大汛前后的检查;特别检查是发现建筑物有破坏、故障、对安全有疑虑时组织的专门性检查。

混凝土现场检查项目一般包括:①坝体、坝基和坝肩;②引水和泄水建筑物;③其他,如岸坡、闸门、止水、启闭设备和电气控制系统等。土石坝现场检查项目一般包括土工建筑物边坡或堤(坝)脚的裂缝、渗水、塌陷等现象。

应当指出的是,监测或检查都是非常重要的,特别是中小型工程,主要靠经常性的观察与检查,发现问题,及时处理。

1.5.2　仪器监测

1.5.2.1　变形监测

变形监测是对水工建筑物及基础、边坡等因荷载作用而引起变形、裂缝、接缝、倾斜等进行量测的工作。

变形监测包括:土工、混凝土建筑物的水平及铅垂位移监测,它是判断水工建筑物正常工作的基本条件,是一项很重要的监测项目。

水平位移监测是使用观测仪器连续地、定期地对水工建筑物及地基上有代表性的点位所进行的水平方向位移量的测量工作。垂直位移监测是使用监测仪器连续地、定期地对水工建筑物及地基上有代表性的点位所进行的铅直方向位移量的测量工作。

水平位移监测的常用方法是:用光学或机械方法设置一条基准线,量测坝上测点相对于基准线的偏移值,即可求出测点的水平位移。按设置基准线的方法不同,分为垂线法、引张线法、视准线法、激光准直法等。坝体表面的水平位移也可用三角网法等大地测量方法施测。较高混凝土坝坝体内部的水平位移可用正垂线法、倒垂线法或引张线法量测。

(1)垂线法。垂线法是在坝内观测竖井或空腔设置一端固定的、在垂直方向张紧的不锈钢丝,当坝体变形时,钢丝仍保持垂直,可用以测量坝内不同高程测点的位移。一般大型工程不少于 3 条,中型工程不少于 2 条。按钢丝端部固定位置和方法不同,垂线法可分为正垂线法和倒垂线法。

正垂线法是上端固定在坝顶附近,下端用重锤张紧钢丝,可测各测点的相对位移。倒垂线法是将不锈钢丝锚固在坝体基岩深处,顶端自由,借液体对浮子的浮力将钢丝拉紧,可测各测点的绝对位移。

(2)引张线法。引张线法是在坝内不同高程的廊道内,通过设在坝体外两岸稳固岩体上的工作基点,将不锈钢丝拉紧,以其作为基准线来测量各点的水平位移。

在大坝变形监测中,普遍采用垂线法和引张线法,目前我国采用国产的遥测垂线坐标仪和遥测引张线仪,主要有电容感应式、步进电机光电跟踪式等非接触式遥测仪器,提高了观测精度和观测效率。

(3)视准线法。视准线是在两岸稳固岸坡便于观测处设置工作基点,在坝顶和坝坡上布置测点,利用工作基点间的视准线来测量坝体表面各测点的水平位移。这里的视准线,是指用经纬仪观察设置在对岸的固定觇标中心的视线。

(4)激光准直法。激光准直法分为大气激光准直法和真空激光准直法。前者又可分为激光经纬仪法和波带板法两种。

真空激光准直宜设在廊道中,也可设在坝顶。大气激光准直宜设在坝顶,两端点的距离不宜大于 300 m,同时使激光束高出坝面和旁离建筑物 1.5 m 以上;大气激光准直也可设在气温梯度较小、气流稳定的廊道内。

真空激光准直每测次应往返观测一测回,两个半测回测得偏离值之差不得大于 0.3 mm。大气激光准直法每测次应观测两测回,两测回测得偏离值之差不得大于 1.5 mm。

(5)三角网法。利用两个或三个已知坐标的点作为工作基点,通过对测点交会算出坐标变化,从而确定其位移值,如图 2-1-72 所示。

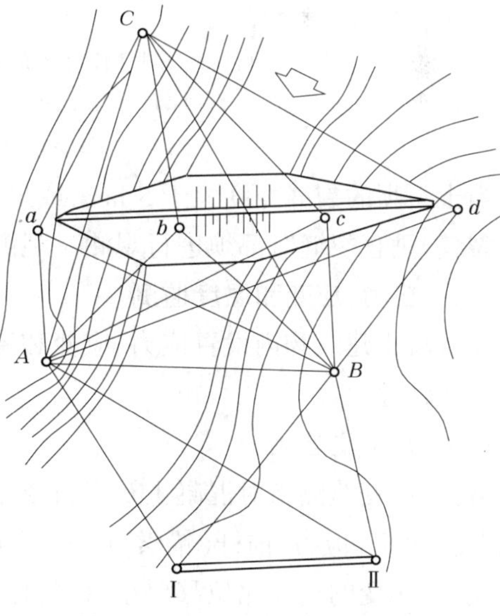

A、B、C—工作基点;a、b、c、d—测点;
Ⅰ、Ⅱ—三角网的基线

图 2-1-72　大坝三角网水平位移观测示意图

各种坝型外部的垂直位移,均可采用精密水准仪测定。不同水工建筑物岩基的垂直位移,可采用多点基岩位移计测量。

对混凝土坝坝内的垂直位移,除精密视准法外,还可采用精密连通管法量测。

土石坝的固结监测,实质上也是一种垂直位移监测。它是在坝体有代表性的断面(观测断面)内埋设横梁式固结管、深式标点组、电磁式沉降计或水管式沉降计,通过逐层测量各测点的高程变化,计算固结量。土石坝的孔隙水压力观测应与固结观测配合布置,用于了解坝体的固结程度和孔隙水压力的分布及消散情况,以便合理安排施工进度,核算坝坡的稳定性。

1.5.2.2　接缝、裂缝监测

混凝土建筑物的伸缩缝是永久性的,是随荷载、环境的变化而开合的。观测方法是在测点处埋设金属标点或用测缝计进行的。需要观测空间变化时,亦可埋设"三向标点",如图 2-1-73 所示。由于非正常情况所产生的裂缝,其分布、长度、宽度、深度的测量可根据不同情况采用测缝计、设标点、千分表、探伤仪以至坑探、槽探或钻孔等方法。

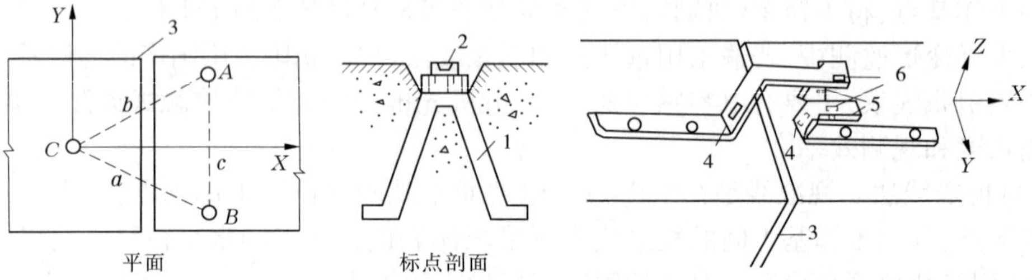

(a)三点式金属标点结构示意图　　(b)型板式三向标点结构安装示意图

1—埋件;2—卡尺测针卡着的小坑;3—伸缩缝;4—X 方向的标点;

5—Y 方向的标点;6—Z 方向的标点;A、B、C—标点

图 2-1-73　三向测缝计

当土石坝的裂缝宽度大于 5 mm,或虽不足 5 mm,但较长、较深,或穿过坝轴线,以及弧形裂缝、垂直裂缝等都须进行观测。观测次数视裂缝发展情况而定。

1.5.2.3　应力、应变和温度监测

在混凝土建筑物内设置应力、应变和温度监测点能及时了解局部范围内的应力、温度及其变化情况。

1. 应力、应变监测

应力、应变监测指对混凝土及岩石或土体内部及其表面(或接触面)的混凝土应力应变、钢筋(钢板)应力、锚杆(锚索)应力、土压力等进行量测的工作。

应力、应变的离差比位移要小得多,作为安全监控指标比较容易把握,故常以此作为分级报警指标。应力属建筑物的微观性态,是建筑物的微观反映或局部现象反映,变位或变形属于综合现象的反映。埋设在坝体某一部位的仪器出现异常,总体不一定异常;总体异常,不一定所有监测仪表都异常,但总会有一些仪表异常。大坝安全监测经验表明:应

力、应变监测是比位移监测更易于发现大坝异常的先兆。

应力、应变测器(如应力或应变计,钢筋、钢板应力计,锚索测力器等)的布置在设计时考虑,在施工期埋设在大坝内部,由于其对施工干扰较大,且易损坏,不易进行维修与拆换,故应认真做好。应力、应变计等需用电缆接到集线箱,再使用仪表进行定期或巡回检测。在取得测量数据推算实际应力时,还应考虑温度、湿度以及化学作用、物理现象(如混凝土徐变)的影响。把这部分影响去掉才是实际的应力或应变,为此还需要同时进行温度等一系列同步测量,并安装相应的测器。

重力坝的监测坝段常选择一个溢流坝段和一个非溢流坝段,对重要工程和地质条件复杂的工程还应增加监测坝段。拱坝的监测断面一般选择拱冠处的悬臂梁和若干个高程处的拱座断面。重力坝和拱坝的水平监测截面,应在距坝基面不小于5 m的不同高程处布置3~5个水平监测截面。

土石坝的应力监测,常选择1~2个横断面作为监测断面,在每个监测断面的不同高程上布置2~3排测点,测点分布在不同填筑材料区。所用仪器为土压力计。

在水闸的边墩、翼墙、底板等土与混凝土建筑物接触处,也常需量测土压力。

混凝土面板坝的面板应力监测,一般选择居于河床中部、距岸1/4河谷宽处及靠岸坡处等有代表性的面板中,其中应包含长度最大的面板。

2. 温度监测

温度监测包括坝体内部温度监测、边界温度监测和基岩温度监测。温度监测的目的是掌握建筑物、建筑环境或基岩的温度分布情况及变化规律。坝体内部温度测点布置及温度监测仪器的选择应结合应力测点进行。

1.5.2.4 渗流监测

渗流监测是对水工建筑物及地基在水头作用下所形成的渗流场内的自由水面线、渗流压力、渗流量和水质的测量工作。

据统计,因渗流引起大坝出现事故或失事的约占40%。水工建筑物渗流监测的目的是以水在建筑物中的渗流规律来判断建筑物的性态及其安全情况。渗流监测的内容主要有渗流量、扬压力、浸润线、绕坝渗流和孔隙水压力等。

1. 土石坝的渗流监测

土石坝的渗流监测包括浸润线、渗流量、坝体孔隙水压力、绕坝渗流等。

浸润线监测实际上就是用测压管观测坝体内各测点的渗流水位。坝体观测断面上一些测点的瞬时水位连线就是浸润线。由于上、下游水位的变化,浸润线也随时空发生变化。所以,浸润线要经常观测,以监测大坝防渗、地基渗流稳定性等情况。测压管水位常用测深锤、电测水位计等测量。测压管用金属管或塑料管,由进水管段、导管和管口保护三部分组成。进水管段需渗水通畅、不堵塞,为此,在管壁上应钻有足够的进水孔,并在管的外壁包扎过滤层;导管用以将进水管段延伸到坝面,要求管壁不透水;管口保护用于防止雨水、地表水流入,避免石块等杂物掉入管内。测压管应在坝竣工后、蓄水之前钻孔埋设。

渗流量监测一般将渗水集中到排水沟(渠)中,采用容积法、量水堰或测流(速)方法进行监测,最常用的是量水堰法。

土石坝的孔隙水压力监测应与固结监测的布点相配合,其监测方法很多,使用传感器和电学测量方法有时能获得更好的效果,也易于遥测和数据采集与处理。

坝基、土石坝两岸或连接混凝土建筑物的土石坝坝体的绕坝渗流监测方法与以上所述基本相同。

为了判断排水设施的工作情况,检验有无发生管涌的征兆,对渗水应进行透明度监测。

2. 混凝土建筑物的渗流监测

混凝土建筑物的渗流监测包括地基扬压力监测、建筑物内部渗透压力监测、渗流量和绕坝渗流监测、外水压力监测等。地基扬压力监测,常采用的是测压管或差动电阻式渗压计,测点沿建筑与地基接触面布置。对大中型混凝土建筑物,测压断面不少于 3 个,每个断面测点也不少于 3 个。渗透流量及绕坝渗流的监测方法与土坝相同。

1.5.2.5 水流监测

对于水位、流速、流向、流量、流态、水跃和水面线等项目,一般用水文测验的方法进行测量,辅以摄影、目测、描绘和描述,参见《水利水电工程水力学原型观测规范》(SL 616—2013)。

对于由高速水流引起的水工建筑物振动、空蚀、进气量、过水面压力分布等项目的观测部位、观测方法、观测设备等,参见《水利水电工程水力学原型观测规范》(SL 616—2013)。

1.5.3 大坝安全监测的作用

对运行中的水工建筑物进行安全监测,能及时获得其工作性态的第一手资料,从而可评价其状态,发现异常迹象实时预警,制定适当的控制水工建筑物运行的规程,以及提出管理维修方案,减少事故,保障安全。

从总体上来说,大坝安全监测主要是监控大坝安全,掌握大坝运行状态,指导施工和运行,反馈设计。具体包括以下三个方面:一是在施工管理中,主要是为大体积混凝土建筑物的温控和接缝灌浆提供依据,例如,重力坝纵缝和拱坝收缩缝灌浆时间的选择需要了解坝块温度和缝的开合状况;掌握土石坝坝体固结和孔隙水压力的消散情况,以便合理安排施工进度等。二是大坝运行阶段,在竣工运行初期,依靠原型观测资料全面了解大坝的实际状态,检验设计的假定和方法,并为后期正常运用和管理提供主要依据。对运行过程中有隐患的水工建筑物的严密监测,能及时发现和预报其异常现象,使工程缺陷得到及时处理,避免事故的发生。大坝一般是建成后蓄水,但也有的是边建边蓄水。蓄水过程对工程是最不利的时期。这期间必须对大坝的微观、宏观的各种性态进行监测,特别是变位和渗流量的测定更为重要。对于扬压力、应力、应变以及围岩变位、两岸渗流等的监测都是重要的。土石坝的浸润线、总渗水量、重力坝的扬压力变化、坝基附近情况、拱坝的拱端和拱冠应力沿高程变化、温度分布等都需要特别注意。三是在科学研究方面，对于已投入运行的水利工程，为保证安全，提高工程的社会经济效益，延长工程设施的使用年限，降低运行成本，必须对工程中采用的新技术、新材料和新工艺进行试验研究，并应用试验成果指导水利工程的管理。以分布研究为目标的监测，可根据坝型确定监测内容。例如，重力坝纵缝的作用，横缝灌浆情况下的应力状态；拱坝实际应力分布与计算值、试验值的比较；土石坝的应力应变监测等。目标愈广泛，可靠性要求愈高，测器的布点就愈要斟酌，甚至要重复配置。

第 2 章 水文和气象基本知识

2.1 水位、降水量

2.1.1 水位

水位是水体(如河流、湖泊、水库、海洋、沼泽等)的自由水面相对于基面的高程,其单位以 m 计。水位是基本的水文要素之一,是掌握水流变化的重要标志,除可独立地表明其超过水工建筑物时会溢流等情势外,还经常用水位资料按水位流量关系推算流量变化过程,用水位推算水面比降等,在进行泥沙、水温、冰情等项目的测验工作中有时也需要水位观测资料。

实际工作中,需要了解某一点位某一时期内水位变化的一般规律和水位变化中的某些特征值,例如平均水位(时段平均水位、湖面多点位同时平均水位)。某一点位某一时期最高(低)水位、中水位、常水位等。中水位常指测站一年中水位值的中值,常水位指测站一年中水位经常出现的值。

水位观测常用的仪器设备有水尺、浮子式水位计、气泡式压力水位计、气介超声波和雷达水位计。

2.1.2 降水量

大气中的液态水或固态水,在重力作用下,克服空气阻力,从空中降落到地面的现象称为降水。降水的主要形式是降雨和降雪,前者为液态降水,后者为固态降水,其他的降水形式还有露、霜、雹等。

降水量的概念是时段内(从某一时刻到其后的另一时刻)降落到地面一定面积上的降水总量。按此定义,降水量应由体积度量,基本单位为 m^3。但传统上总是用单位面积的降水量即平均降水深(或降水深)度量,单位多以 mm 计,量纲是长度。降水量一般用专门的雨量计测出降水的毫米数,如果仪器承接的是雪、雹等固态形式的降水,则一般将其溶化成水再进行测量,也用毫米数记录。但在进行水资源评价等考虑总水量时多用体积度量降水量。

降水多发生在大的面积上,但仪器观测的点位相对面积很微小,常作为几何的点看待,因此又有面降水量和点降水量之说。随着雷达测雨等现代技术的应用,直接测量面雨量也逐步成为现实。

根据降水量多少,可以按 24 h 降水量大小将降雨分为小雨(<10 mm)、中雨(10~25 mm)、大雨(25~50 mm)、暴雨(50~100 mm)、大暴雨(100~200 mm)和特大暴雨(≥200 mm)。

2.2　坝前水温、气温、气压、湿度

2.2.1　坝前水温

水温指水体中某一点或某一水域的温度,是反映水体热状况的指标,单位为℃。

坝前水温与补给特征、所在地域、季节、时间、流程等因素有关。水深较大时,表层和下层、底层的水温也不同,水温有沿深度的梯度分布。水域的温度可通过多点温度描述其温度空间分布或统计特征值(如平均值等)。

2.2.2　气温

气温由地面气象观测规定高度(国际上为 1.25~2.00 m,我国为 1.50 m)上的空气温度反映。气温的单位以摄氏度(℃)表示,有的以华氏度(F)表示,我国气温记录一般采用摄氏度(℃)为单位。摄氏与华氏的换算关系是:

$$C = \frac{5}{9}(F - 32) \quad 或 \quad F = \frac{9}{5}C + 32$$

空气温度记录可以表征一个地方的热状况特征,因此气温是地面气象观测中所要测定的常规要素之一。气象业务标准规定定时气温基本站每日观测 4 次(每日 2 时、8 时、14 时、20 时),基准站每日观测 24 次(每小时 1 次),可计算日平均气温,也可从中摘录日最高气温和日最低气温。气温一般用气温计观测,现在有连续间歇观测的仪器,可按预置的间歇周期记录气温变化过程线。

2.2.3　气压

气压是作用在单位面积上的大气压力,即等于单位面积上向上延伸到大气上界的垂直空气柱的重量。气压的国际制单位是 Pa。

2.2.4　湿度

湿度是表示大气干燥程度的物理量。在一定的温度下在一定体积的空气里含有的水汽越少,则空气越干燥;水汽越多,则空气越潮湿。空气的干湿程度叫做湿度。在此意义下,常用绝对湿度、相对湿度、比较湿度、混合比、饱和差以及露点等物理量来表示;在湿蒸汽中水蒸气的重量占蒸汽总重量(体积)的百分比,则称为蒸汽的湿度。

湿度有三种基本形式,即水汽压、相对湿度、露点温度。

水汽压(曾称为绝对湿度)表示空气中水汽部分的压强,以百帕(hPa)为单位,取一位小数。

相对湿度用空气中实际水汽压与当时气温下的饱和水汽压之比的百分数表示,取整数。

露点温度是表示空气中水汽含量和气压不变的条件下冷却达到饱和时的温度,单位用摄氏度(℃)表示,取一位小数。配有湿度计时还可以测定相对湿度的连续记录和最小相对湿度。

第 3 章　力学基本知识

3.1　变形、接缝、裂缝

3.1.1　变形

在水利水电工程中,各种结构得到了广泛的运用。所谓结构,就是建筑物中承受力而起骨架作用的部分。结构是由单个的部件按照一定的规则组合而成的,组成结构的部件称为构件。一般来讲,构件都是由固体形态的工程材料制成的,并具有一定的外部形状和几何尺寸。在使用过程中,所有的构件都要受到相邻构件或其他物体的作用,也就是说要受到外力。此外,它们都还要受到自身重力的作用。这些作用在建筑物或结构上的外力,以及它们自身的重力统称为荷载。

在荷载的作用下,构件的几何形状和尺寸大小都要发生一定程度的改变,这种改变,在材料力学中称为变形。根据荷载本身的性质及荷载作用的位置不同,变形可以分为轴向拉伸(压缩)、剪切、扭转、弯曲四种基本变形。一般来讲,变形要随着荷载的增大而增大,当荷载达到某一数值时,构件会因为变形过大或被破坏而失去效用,通常简称为失效。构件的失效形式通常有三种:一是构件在使用中因承受的荷载过大而发生破坏;二是构件的变形超出了工程上所允许的范围;三是构件在荷载的作用下其几何形状无法保持原有的状态而失去平衡,通常也称为失稳。构件本身对各种失效具有抵抗的能力,简称为抗力。在材料力学中,把构件抵抗破坏的能力称为强度,构件抵抗变形的能力称为刚度,构件抵抗失稳、维持原有平衡状态的能力称为稳定性。研究表明:构件的强度、刚度和稳定性,与其本身的几何形状、尺寸大小、所用材料、荷载情况,以及工作环境等都有着非常密切的关系。

3.1.2　接缝

为了满足运用和施工的要求,防止温度变化和地基不均匀沉降导致坝体开裂,需要合理分缝。常见的有横缝、纵缝、施工缝。平行于坝轴线的缝称为纵缝,设置纵缝的目的,在于适应混凝土的浇筑能力和减小施工期的温度应力,待温度正常之后进行接缝处理。

纵缝方向是垂直的为垂直纵缝,是最常用的一种形式,缝的间距根据混凝土的浇筑能力和温度控制要求确定,缝距一般为 15~30 m,纵缝不宜过多。为了很好地传递压力和剪力,纵缝面上设呈三角形的键槽,槽面与主应力方向垂直,在缝面上布置灌浆系统。待坝体温度稳定,缝张开到 0.5 mm 以上时进行灌浆处理。

3.1.3　裂缝

裂成狭长的缝称为裂缝。水工监测所指裂缝是在混凝土硬化过程中,由于混凝土脱水,引起收缩,或者受温度高低的温差影响,引起胀缩不均匀而产生的裂缝。

混凝土温度的变化会引起混凝土体积变化,即温度变形。而温度变形一旦受到约束不能自由伸缩时,就必然引起温度应力。若为压应力,通常无大的危害;若为拉应力,当超过混凝土抗拉强度极限时,就会产生温度裂缝,如图 2-3-1 所示。

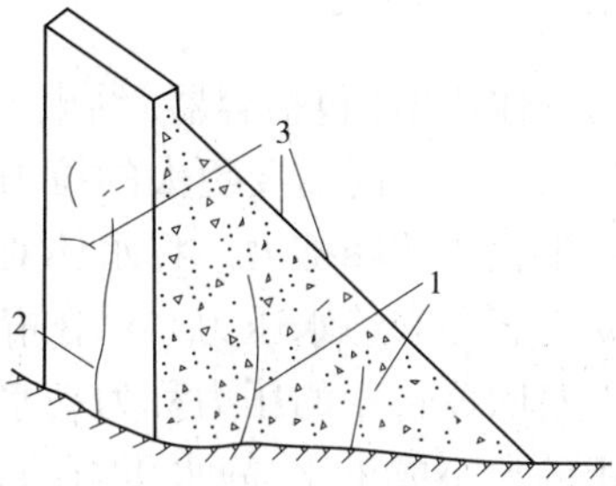

1—贯穿裂缝;2—深层裂缝;3—表面裂缝

图 2-3-1　混凝土坝裂缝形式

3.1.3.1　表面裂缝

大体积混凝土结构块体各部分由于散热条件不同,温度也不同,块体内部散热条件差,温度较高,持续时间也较长;而块体外表由于和大气接触,散热方便,冷却迅速。当表面混凝土冷却收缩时,就会受到内部尚未收缩的混凝土的约束产生表面温度拉应力,当它超过混凝土的抗拉极限强度时,就会产生裂缝。一般表面裂缝方向不规则,数量较多,但短而浅,深度小于 1 m,缝宽小于 0.5 mm。有的后来还会随着坝体内部温度降低而自行闭合,因而表面裂缝对一般结构威胁较小。但在混凝土坝体上游面或其他有防渗要求的部位,表面裂缝形成了渗透途径,在渗水压力作用下,裂缝易于发展;在基础部位,表面裂缝还可能与其他裂缝相连,发展成为贯穿裂缝。这些对建筑物的安全运行都是不利的,因此必须采取一些措施,防止表面裂缝的产生和发展。

防止表面裂缝的产生,最根本的是把内外温差控制在一定范围内。防止表面裂缝还应注意防止混凝土表面温度骤降(冷击)。冷击主要是由冷风寒潮袭击和低温下拆模引起的,这时会形成较大的内外温差,最容易发生表面裂缝,因此在冬季不要急于拆模。对新浇混凝土的表面,当温度骤降前应进行表面保护。表面保护措施可采用保温模板、挂保温泡沫板、覆盖聚乙烯或聚氨酯保温被等。

3.1.3.2　深层裂缝和贯穿裂缝

混凝土凝结硬化初期,水化热使混凝土温度升高,体积膨胀,基础部位混凝土由于受基岩的约束,不能自由变形而产生压应力,但此时混凝土塑性较大,所以压应力很低。随着混凝土温度的逐渐下降,体积也随之收缩,这时混凝土已硬化,并与基础岩石黏结牢固,受基础岩石的约束不能自由收缩,而使混凝土内部除抵消了原有的压应力外,还产生了拉应力,当拉应力超过混凝土的抗拉极限强度时,就产生裂缝。裂缝方向大致垂直于岩面,自下而上开展,缝宽较大(可达 1~3 mm),延伸长,切割深(缝深可达 3~5 m 以上),称为深层裂缝。当平行坝轴线出现时,常常贯穿整个坝段,则称为贯穿裂缝。

基础贯穿裂缝对建筑物安全运行是很危险的,因为这种裂缝发生后,就会把建筑物分割成独立的块体,使建筑物的整体性遭到破坏,坝内应力发生不利变化,特别在大坝上游坝踵处将出现较大的拉应力,甚至危及大坝安全。

3.2　水压力、渗流压力、渗流量

3.2.1　水压力

固体边壁(包括容器)约束着液体,液体将对固体边壁产生作用力,当上游有水时开启闸门比无水时需要更大的拉力,这是由于水闸上游的水对闸门的压力使闸门紧贴门槽而产生较大的摩擦力。将水体对固体边壁(包括容器)的总作用力称为水压力,水压力分为动水压力和静水压力。水在静止状态下对固体边壁的压力称为静水压力;水在流动状态下对固体边壁的压力称为动水压力。静水压力的大小与受压面在水中的深度和受压面面积的大小成正比,静水压力的方向垂直指向受压面,力的国际单位是牛顿(N)或千牛顿(kN)。

单位面积上的静水压力称为静水压强,常用 p 表示。其单位是牛顿/米^2(N/ m^2)或千牛/米^2(kN/ m^2),即帕(Pa)或千帕(kPa)。静水压强的基本方程式为:

$$p = p_0 + \gamma h \tag{2-3-1}$$

式中　p——静止水体中某点位的静水压强(点位静水压强在所有方向全相同);

p_0——水面上的外压强;

γ——水的容重,数值为 9.8 kN/m^3($\gamma = \rho g$,ρ 为水的密度,单位 kg/m^3,g 为重力加速度,一般取 9.8 m/s^2);

h——某点位的水深,也就是该点在水面下的淹没深度。

式(2-3-1)表明,某点位的静水压强一部分来自水面上传来的外压强 p_0,p_0 具有大小不变地传递到水体中每一点的特点;另一部分 γh 相当于单位面积上高为 h 的水体重力,且有水深越大静水压强也越大的特征。

p/γ 称为压强高度或压强水头,不考虑 p_0 的情况下又称单位水体的压能。压力水位计就是根据 $p = \gamma h$,当 γ 取常数值时,由 $h = p/\gamma$ 计算传感器位置(零点高程)之上的水深测试水位的。

3.2.2　渗流压力

渗流压力是指液体在渗流时所产生的动水压力。坝(闸)基渗流时所产生的渗流压力分布于整个坝(闸)底轮廓上,并与坝(闸)底轮廓垂直,此种渗流压力对坝(闸)的稳定不利,故在坝(闸)应力分析及稳定计算中必须考虑这个因素,习惯上又把分布在坝底上的水压力分为两部分:下游水位线以上部分称为渗流压力,以下部分称为浮托力。这两部分之和称为扬压力。

3.2.3　渗流量

渗流量是在水压力作用下,通过土或混凝土结构中与渗透水流方向垂直的横断面的水量。渗流量一般可以分为单宽渗流量和总渗流量,总渗流量等于不同的单宽渗流量之和。不同的土体或材料,渗流系数一般是不相同的,计算渗流量时要分别计算。可以用以下公式计算：

$$q = vA \quad \text{或} \quad q = KiH \tag{2-3-2}$$

式中　q——渗流量；

v——渗透速度；

A——断面面积；

K——渗透系数；

i——水力梯度；

H——渗透水厚度。

3.3　应力、应变及温度

3.3.1　应力

在分析拉压杆横截面上分布内力的时候知道，轴力是拉压杆横截面上分布内力的合力，它只表示截面上总的受力情况，但单凭轴力的大小还不能判断杆件在外力作用下是否发生破坏。例如，相等的内力分布在较大的面积上时，比较安全；分布在较小的面积上时，就比较危险。因此，为了解决强度问题，还必须研究截面上各点处内力的分布规律，即用截面上各点处的内力的大小和方向来表明内力作用在该点处的强弱程度。为此，引入应力的概念。

在构件的截面上，围绕任意一点 M 取一微小面积 ΔA［见图 2-3-2(a)］，设 ΔA 上微内力的合力为 ΔF。ΔF 与 ΔA 的比值成为 ΔA 上的平均应力。而将比值的极限值称为 M 点处的应力。

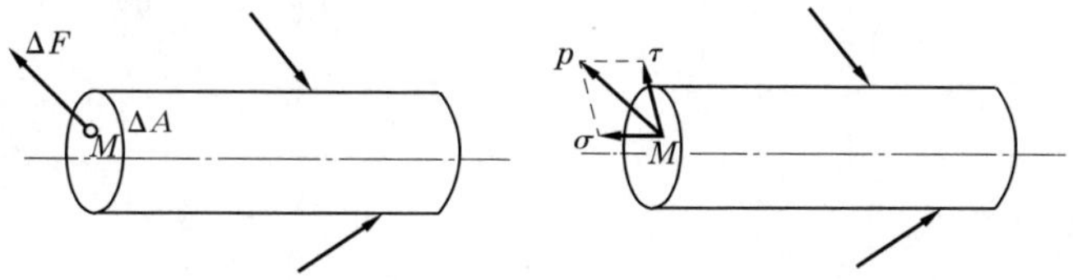

(a)微小面积的应力　　(b)正应力与切应力

图 2-3-2　构件应力示意图

应力是一个矢量，一般既不与截面垂直，也不与截面相切。通常把它分解为两个分量，如图 2-3-2(b)所示。垂直于截面的法向分量 σ，称为正应力，相切于截面的切向分量 τ，称为切应力。

应力的单位是 Pa(帕)，$1\ \text{Pa}=1\ \text{N/m}^2$。工程中，常采用 Pa 的倍数单位：kPa(千帕)、MPa(兆帕)、GPa(吉帕)，其关系为：$1\ \text{kPa}=1\times10^3\ \text{Pa}$，$1\ \text{MPa}=1\times10^6\ \text{Pa}$，$1\ \text{GPa}=1\times10^9\ \text{Pa}$。

3.3.2　应变

杆件在轴向拉伸和压缩时，所产生的主要变形是沿轴线方向的伸长或缩短，称为纵向变形；与此同时，垂直于轴线方向的横向尺寸也有所缩小或增大，称为横向变形。下面以杆件纵向变形说明应变的概念。

设拉压杆的原长为 l，在轴向外拉力 F 的作用下，长度变为 l_1，杆的变形 $\Delta l = l_1 - l$，纵向变形 Δl 只反映杆在纵向的总变形量，它与杆的原长有关。为了进一步刻划杆的变形程度，引进线应变的概念。根据平面假设，杆的各段都是均匀变形的，单位长度的纵向变形 $\varepsilon = \Delta l / l$，$\varepsilon$ 称为纵向线应变。这种用来表示结构变形大小的相对值即是应变。显然，ε 是一个量纲为 l 的量。大量的试验表明，在弹性限度内，正应力与线应变成正比。

3.3.3 温度

温度是表示物体冷热程度的物理量，微观上来讲是物体分子热运动的剧烈程度。温度只能通过物体随温度变化的某些特性来间接测量，而用来量度物体温度数值的标尺叫温标。它规定了温度的读数起点（零点）和测量温度的基本单位。国际单位为热力学温标（K）。目前，国际上用得较多的其他温标有华氏温标（F）、摄氏温标（℃）和国际实用温标。

摄氏温标结冰点是 0 ℃，沸点为 99.974 ℃。1740 年瑞典人摄氏（Celsius）提出在标准大气压下，把冰水混合物的温度规定为 0 ℃，水的沸腾温度规定为 99.974 ℃。根据水这两个固定温度点来对玻璃水银温度计进行分度。两点间作 100 等分，每一份称为 1 摄氏度，记作 1 ℃。摄氏温度已被纳入国际单位制。

第 4 章　测量学基本知识

4.1　高程、角度、长度、坐标

4.1.1　高程

4.1.1.1　测量工作的基准面

地球自然表面有高山、丘陵、平原、盆地及海洋等，呈复杂的起伏形态，是一个不规则的曲面。一方面，地表上最高的珠穆朗玛峰高达 8 848.86 m，最深的马里亚纳海沟深达 11 034 m，两者高度差近 20 000 m，但与地球的半径 6 371 km 相比较，其高度差仍然是很小的。另一方面，地球表面上海洋面积约占 71%，陆地面积约占 29%。因此，可以把海水所覆盖的地球形体看成是地球的总体形状。

(1)水准面。指设想一个静止的海水面向陆地和岛屿延伸后所形成一个包围地球的封闭曲面。由于地球内部构造的复杂，以及潮汐、风浪的影响，水准面有无数个且不规则。

(2)大地水准面。指与平均海水面相吻合的水准面。大地水准面也是一个不规则的曲面，其包围的地球形体称为大地体，如图 2-4-1 所示。处于静止状态的平均海水面延伸通过所有大陆与岛屿所形成的闭合曲面称为大地水准面。

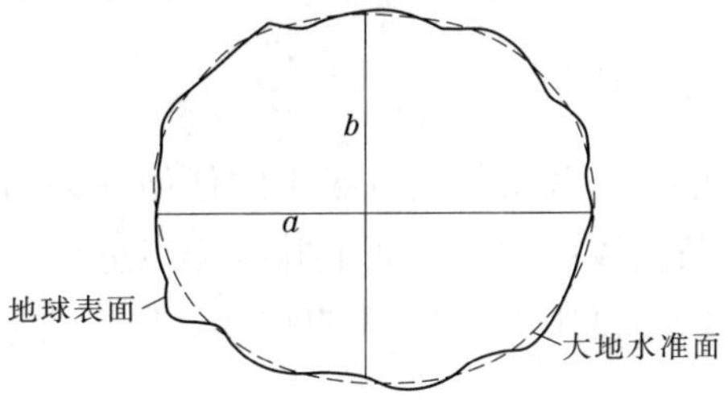

图 2-4-1　大地水准面

(3)参考椭球体。经过长期的测量实践证明，大地体与一个以椭圆短轴为旋转轴的旋转椭球的形状十分相似。因此，常将旋转椭球作为地球的参考形状和大小，这个旋转椭球体亦称为参考椭球体，如图 2-4-2 所示。

我国目前所采用的参考椭球体为 1980 年国家大地测量坐标系，其坐标原点在陕西省泾阳县永乐镇，称为国家大地原点。其基本元素是：长半径 $a=6\ 378\ 140$ m，短半径 $b=6\ 356\ 755$ m，扁率 $\alpha=(a-b)/a=1/298.257$。

(4)圆球。由于地球椭球体的扁率很小，当测区面积不大时，可将椭球近似地看作圆球，而圆球的平均半径为

$$R=\frac{1}{3}(a+a+b)=6\ 371\ \text{km} \tag{2-4-1}$$

(5)水平面。当测量区域很小时，可选择与水准面相切的平面作为测量基准面。

4.1.1.2　绝对高程

地面上某点沿铅垂线方向到大地水准面的距离，称为该点的绝对高程，简称高程或海

拔,一般用符号 H 表示。如图 2-4-3 所示,H_A、H_B 分别为地面上 A、B 两点的绝对高程。我国高程系统现采用“1985 国家高程基准”,其对应水准原点高程为 72.260 m。

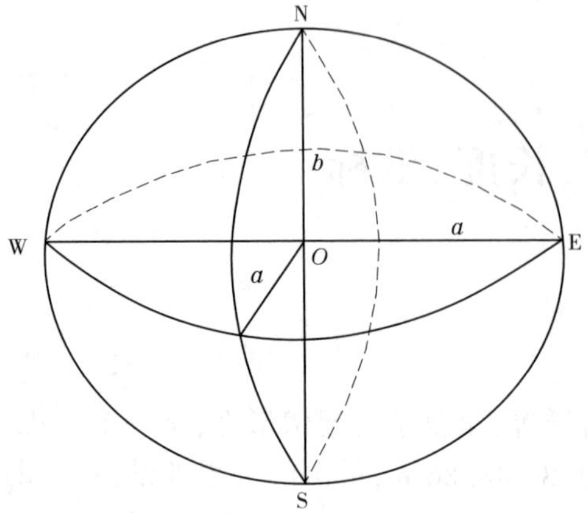

图 2-4-2　旋转椭球体

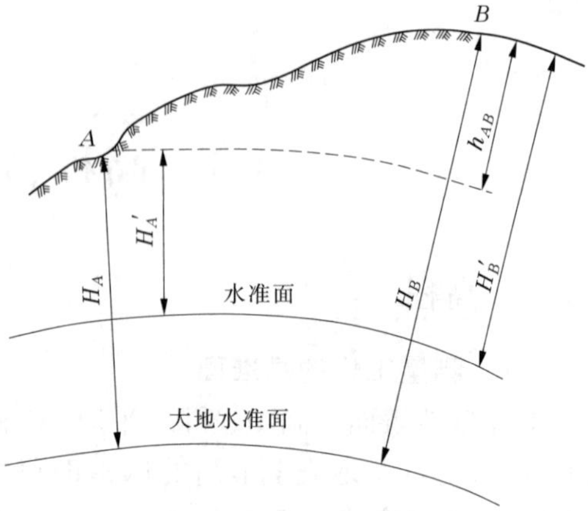

图 2-4-3　高程和高差示意图

4.1.1.3　相对高程

地面上某点沿铅垂线方向到任意水准面的距离,称为该点的相对高程或假定高程,一般用符号 H' 表示。如图 2-4-3 中,A、B 两点的相对高程分别为 H'_A、H'_B。

4.1.2　角度

角度是两条相交直线中的任何一条与另一条相叠合时必须转动的量的量度。转动在这两条直线所在的平面上并绕交点进行。

角度是用以量度角的单位,符号为(°)。一周角分为 360 等份,每份定义为 1 度(1°)。

4.1.3　长度

长度是一维空间的度量,为点到点的距离。

长度的国际单位是米(m),常用的单位有千米(km)、分米(dm)、厘米(cm)、毫米(mm)、微米(μm)、纳米(nm)等。

4.1.4　坐标

测量工作的实质是确定地面各点的平面坐标 x、y 和高程,但其坐标和高程通常并非直接测定,而是通过测量出待定点与已知点之间的几何关系要素,再根据已知数据计算出该点的平面坐标和高程。如图 2-4-4 所示,设地面点 A 的平面坐标和高程已知,为了确定地面点 B 的平面位置,需要测量水平面上 a 点到 b 点的水平距离 D_{AB} 及直线 ab 的方向,而直线 ab 的方向可以用通过 a 点的指北方向线与 ab 间的水平角 α(方位角)来表示,根据 A 的平面直角坐标(x_A,y_A)、水平距离 D_{AB} 和方位角 α,可以计算出 B 的平面直角坐标

(x_B, y_B)。如要确定 B 点的空间位置，除要计算出 B 点的平面直角坐标外，还要通过测量 A、B 两点间的高低关系要素（A、B 两点间的高差 h_{AB}），根据 A 点的已知高程 H_A 来计算出 B 点的高程 H_B。同理，可以确定 C 点的空间位置。

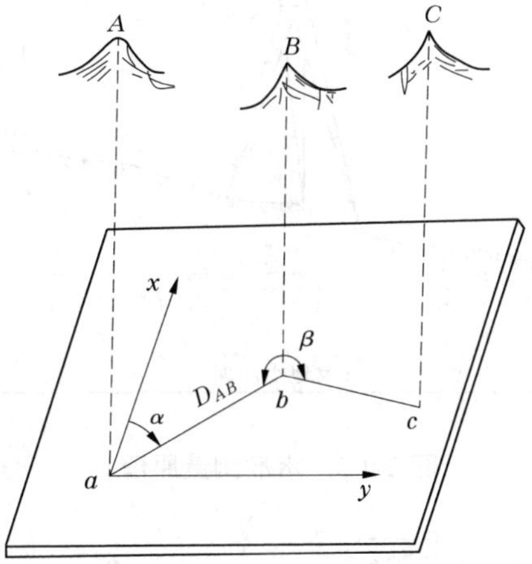

图 2-4-4　测量的基本工作

4.2　测量高程、角度、长度、坐标

4.2.1　高程测量

高程测量也叫水准测量，水准测量一般采用水准仪测量。

4.2.1.1　水准测量原理

水准测量是利用水准仪所提供的水平视线，测定地面上两点间的高差，根据已知点高程求出未知点高程的一种方法。

如图 2-4-5 所示，地面上有 A、B 两点，设 A 点的已知高程为 H_A，B 点为待定点，其高程未知。现在 A、B 两点之间安置一台水准仪，在 A、B 两点上分别竖立水准尺，当水准仪的视线水平时，分别读取 A 点尺上的读数 a 和 B 点尺上的读数 b。

则 A、B 两点间的高差 h_{AB} 等于后视读数 a 减去前视读数 b，即

$$h_{AB} = a - b \tag{2-4-2}$$

而 B 点的高程 H_B 为

$$H_B = H_A + h_{AB} = H_A + (a - b) \tag{2-4-3}$$

4.2.1.2　DS_3 型水准仪的构造

水准仪全称为大地测量水准仪，按其精度分为 DS_{05}、DS_1、DS_3、DS_{10} 等几个等级。DS_{05} 和 DS_1 属于精密水准仪，主要用于国家一、二等水准测量和精密水准测量；DS_3 和 DS_{10} 属于普通水准仪，主要用于一般的工程建设测量和三、四等水准测量。

如图 2-4-6 所示，DS_3 型水准仪主要由望远镜、水准器和基座三部分组成。

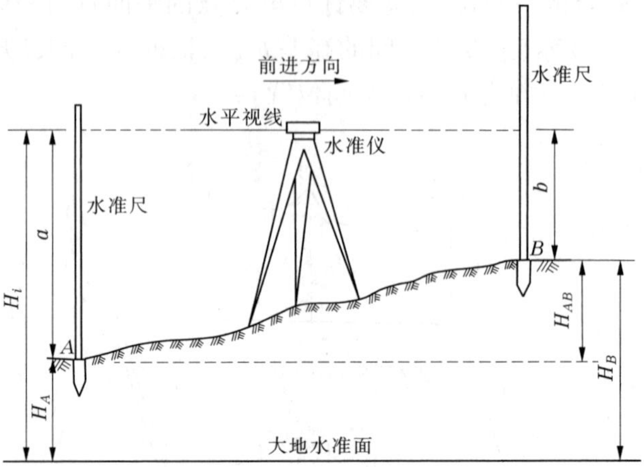

图 2-4-5　水准测量原理

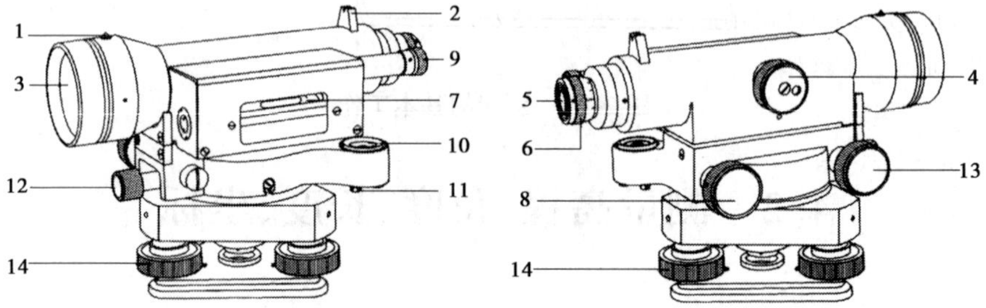

1—准星;2—缺口;3—物镜;4—物镜调焦螺旋;5—目镜;6—目镜调焦螺旋;
7—管水准器;8—微倾螺旋;9—管水准器气泡观察窗;10—圆水准器;
11—圆水准器校正螺旋;12—水平制动螺旋;13—水平微动螺旋;14—脚螺旋

图 2-4-6　DS_3 型微倾水准仪

1. 望远镜

望远镜是用来提供一条水平视线以照准目标并在水准尺上进行读数的,主要由物镜、目镜、十字丝分划板、物镜调焦螺旋及目镜调焦螺旋组成。物镜和目镜多采用复合透镜组。十字丝分划板上面刻有相互垂直的细线,称为十字丝。中间横的一条称为中丝(或横丝),与中丝平行的上、下两根短丝,一根叫上丝,一根叫下丝,统称为视距丝,用来测量仪器与目标之间的距离。十字丝交点与物镜光心的连线称为视准轴,视准轴是水准测量中用来读数的视线。

2. 水准器

水准器是用来衡量视准轴是否水平或仪器竖轴是否垂直的装置。DS_3 型微倾水准仪的水准器有水准管和圆水准器两种,水准管是用来指示视准轴是否水平的,而圆水准器是用来指示竖轴是否竖直。

3. 基座

基座是用来支承仪器的上部并与三脚架连接,主要由轴座、脚螺旋、底板和三角压板组成。

4.2.1.3　水准尺和尺垫

水准尺是水准测量时使用的标尺，常用的普通水准尺有塔尺和双面尺两种。尺垫用生铁铸成，呈三角形，上面有一个凸起的半圆球，半球的顶点作为转点标志，水准尺立于尺垫的半圆球顶点上。使用时应将尺垫下面的三个架脚踩入土中使其稳固。

4.2.1.4　水准仪的使用

1. 水准仪的架设

在安置仪器时，首先在测站上松开三脚架架腿的固定螺旋，伸缩三个脚腿使高度适中，再拧紧固定螺旋，打开三脚架，使三脚架架头大致水平，并将三脚架的架脚踩入土中。三脚架安置好后，从仪器箱中取出仪器，用中心连接螺旋将仪器固定在三脚架上。

2. 粗略整平仪器

粗略整平简称粗平，是通过调节仪器脚螺旋使圆水准器气泡居中，使水准仪的竖轴垂直。

3. 照准目标

照准目标分为粗瞄和精瞄，具体的操作方法是：

(1) 粗瞄。转动望远镜制动螺旋，用望远镜镜筒外的缺口和准星粗略地瞄准水准尺，固定制动螺旋。

(2) 看清目标。转动目镜对光螺旋，使十字丝分划板清晰；转动物镜对光螺旋，使尺子的成像清晰。

(3) 精瞄。转动水平微动螺旋，使十字丝纵丝对准水准尺的中间。

(4) 消除视差。反复进行目镜和物镜调焦，直到无论眼睛在哪个位置观察，尺像和十字丝均位于清晰状态，十字丝横丝所照准的读数始终不变。

4. 精确整平

精确整平简称精平，是通过调节微倾螺旋使符合水准器气泡居中，即让目镜左边观察窗内的符合水准器的气泡两个半边影像完全吻合，这时望远镜的视准轴完全处于水平位置。每次在水准尺上读数之前都应进行精平。

对于自动安平水准仪而言，由于仪器没有长水准管，因此须通过使用其补偿装置来达到使水准仪视线处于水平的目的。

5. 读数

符合水准器气泡居中后，即可读取十字丝中丝在水准尺上的读数。读数时，要依次读出米、分米、厘米、毫米四位数，其中毫米位是估读的。如图 2-4-7 所示为倒像读数，对应的中丝读数为 1.306 m，如果以毫米为单位读记为 1 306 mm。

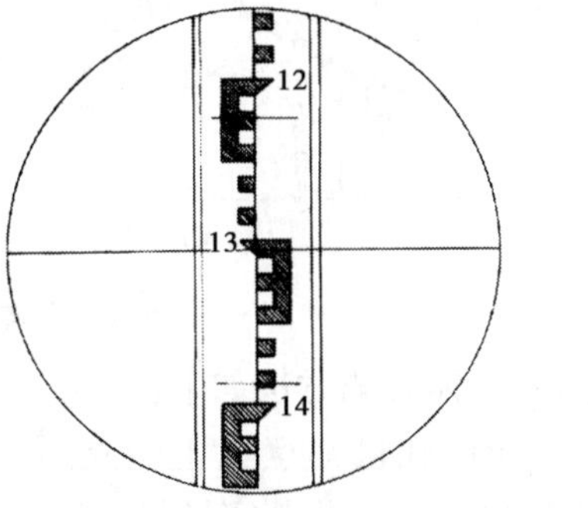

图 2-4-7　水准尺读数

4.2.1.5　水准测量的方法

1. 水准点

水准点是指水准测量中固定的高程标志点，常用 *BM* 表示。水准点有永久性和临时性两种，永久性水准点一般用石料或钢筋混凝土制成，深埋在地面冻土线以下，顶面设有不锈钢或其他不易腐蚀材料制成的半球形标志,如图 2-4-8(a)所示。有些水准点也可设置在稳定的墙脚上,称为墙上水准点,如图 2-4-8(b)所示。临时性的水准点可用地面上突出的坚硬岩石做记号,对于松软的地面也可打入木桩并在桩顶钉一个小铁钉来表示,对于坚硬的地面也可以直接用油漆画出标记。

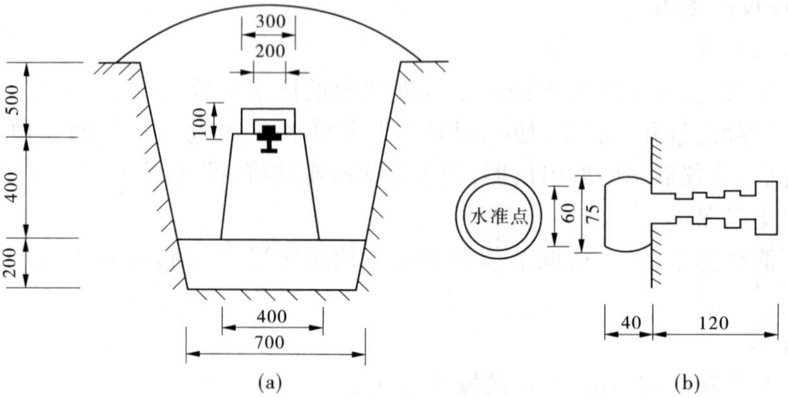

图 2-4-8　**水准点**　(单位:cm)

水准点埋设后,应绘出水准点与附近地物关系图,在图上写明水准点的编号和高程。

2. 水准路线

水准路线是指水准测量所经过的路线。通常单一水准路线有附合水准路线、闭合水准路线、支水准路线三种形式。

3. 普通水准测量

图 2-4-9 为普通水准测量示意图,设 A 点为已知水准点,其高程为 36.524 m,B 点为待定水准点。

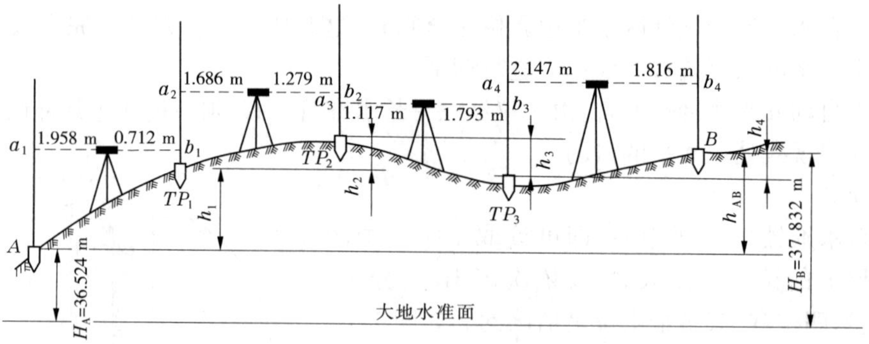

图 2-4-9　**普通水准测量示意图**

具体观测方法如下:

(1)在已知点 A 上竖立后尺,选择一个适当的地点安置仪器,再选择一个合适的点 TP_1 放置尺垫并踏实尺垫(TP 点称为转点,主要作用是传递高程),将前尺竖立在尺垫上(值得注意的是,转点上一定要放置尺垫)。

(2)粗平仪器后,瞄准 A 点的后尺,再精平水准仪,读取后视读数 a_1,记录于表中;转

动望远镜瞄准 TP_1 点的前尺，精平水准仪，读取前视读数 b_1，记录于表中。可按照高差的计算公式，计算出第一测站的高差。

(3)第一站的转点 TP_1 不动，作为第二站的后尺；仪器及第一站的后尺搬往下一站，选一个适当的地方安置仪器，选择 TP_2 作为第二站的前尺点，按照前面的施测方法测量第二站的高差。重复上述过程，一直观测到待定点 B 结束。

(4)记录者应在现场完成每页记录手簿的计算和校核。

【例 2-4-1】 表 2-4-1 为普通水准测量的记录、计算表。

表 2-4-1　普通水准测量记录表

测站	测点	后视读数(m)	前视读数(m)	高差(m)		高程(m)	备注
				+	−		
1	A	1.958	0.712	1.246		36.524	(已知)
	1						
2		1.686	1.279	0.407			
	2						
3		1.117	1.793		0.676		
	3						
4		2.147	1.816	0.331			
	B					37.832	
Σ		6.908	5.600	1.984	0.676		
计算检核	$\sum$后$-\sum$前$=6.908-5.600=1.308$(m) $H_B-H_A=37.832-36.524=1.308$(m) $\sum h=1.984-0.676=1.308$(m)						

4. 四等水准测量

在地形测图和施工测量中，常采用四等水准测量进行首级高程控制。

1) 四等水准测量的技术要求

四等水准测量的主要技术要求，如表 2-4-2 所示。

表 2-4-2　四等水准测量的主要技术要求

等级	视距(m)	高差闭合差限差(mm)		视线高度	前、后视距差(m)	前后视距积累差(m)	黑红面读数差(mm)	黑红面所测高差之差(mm)
		平地	山区					
四等	≤100	$\pm 20\sqrt{L}$	$\pm 6\sqrt{n}$	三丝能读数	≤3.0	≤10.0	≤3.0	≤5.0

注：1. L 为路线长度，以 km 计；

2. n 为路线测站数。

2) 四等水准测量的施测方法

四等水准测量的观测一般采用双面水准尺进行，在水准仪安置、粗平后，具体观测程序如下：

(1)照准后尺黑面，读取下丝(1)、上丝(2)、中丝(3)，并进行记录。

(2)照准后尺红面，读取中丝(4)，并进行记录。

(3)照准前尺黑面，读取下丝(5)、上丝(6)、中丝(7)，并进行记录。

(4)照准前尺红面，读取中丝(8)，并进行记录。

以上四等水准测量的观测程序可简称为“后—后—前—前”或“黑—红—黑—红”。需要注意的是，对于微倾式水准仪，在读取中丝读数前，应使水准仪水准管气泡处于居中位置。

【例 2-4-2】 四等水准测量外业观测数据记录，如表 2-4-3 所示。

表 2-4-3　四等水准测量记录表

测站编号	后尺 下丝(mm) / 上丝(mm) / 后视距(m) / 视距差 d(m)	前尺 下丝(mm) / 上丝(mm) / 前视距(m) / 累积差 $\sum d$(m)	方向及尺号	标尺读数 黑面(mm)	标尺读数 红面(mm)	K+黑-红(mm)	高差中数(mm)	备注
	(1)	(5)	后 K_1	(3)	(4)	(13)		
	(2)	(6)	前 K_2	(7)	(8)	(14)	(18)	$K_1=4.687$ $K_2=4.787$
	(9)	(10)	后-前	(15)	(16)	(17)		
	(11)	(12)						
1	1738	2195	后 K_1	1153	5842	-2		
	1367	1819	前 K_2	2008	6795	0	-854.0	
	37.1	37.6	后-前	-855	-953	-2		
	-0.5	-0.5						
2	2071	1982	后 K_2	1848	6636	-1		
	1625	1537	前 K_1	1760	6446	+1	+89.0	
	44.6	44.5	后-前	+88	+190	-2		
	+0.1	-0.4						
3	1861	2112	后 K_1	1698	6383	+2		
	1534	1787	前 K_2	1949	6734	+2	-251.0	
	32.7	32.5	后-前	-251	-351	0		
	+0.2	-0.2						

续表 2-4-3

测站编号	后尺 下丝(mm)	前尺 下丝(mm)	方向及尺号	标尺读数		K+黑-红(mm)	高差中数(mm)	备注
	后尺 上丝(mm)	前尺 上丝(mm)		黑面(mm)	红面(mm)			
	后视距(m)	前视距(m)						
	视距差 d(m)	累积差 $\sum d$(m)						
4	1647	1985	后 K_2	1466	6253	0	-337.5	
	1283	1624	前 K_1	1804	6490	+1		
	36.4	36.1	后-前	-338	-237	-1		
	+0.3	+0.1						

$\sum(9)=150.8$　　$\sum(3)=6165$　　$\sum(4)=25114$　　$\sum(15)=-1356$

$\sum(10)=150.7$　　$\sum(7)=7521$　　$\sum(8)=26465$　　$\sum(16)=-1351$

$\sum(9)-\sum(10)=+0.1$　　$[\sum(3)+\sum(4)]-[\sum(7)+\sum(8)]=-2707$

$\sum(15)+\sum(16)=-2707$

末站(12)=+0.1　　$\sum(18)=-1353.5$

总视距$\sum(9)+\sum(10)=301.5$　　$2\sum(18)=-2707$

3)测站的计算与校核

(1)视距部分计算:视距部分的计算主要包括下面项目:

后视距(9)=[(1)-(2)]×100,前视距(10)=[(5)-(6)]×100。

前、后视距差值(11)=(9)-(10),前、后视距累积差(12)=本站(11)+前站(12)。

(2)高差部分计算:高差部分的计算主要包括下面项目:

后尺黑、红面读数差(13)=K_1+(3)-(4),前尺黑、红面读数差(14)=K_2+(7)-(8)。

K_1、K_2 分别为后、前两根水准尺黑、红面的零点差,也称尺常数,一般为 4.687 m、4.787 m。

黑面高差(15)=(3)-(7),红面高差(16)=(4)-(8)。

黑、红面高差之差(17)=(15)-[(16)±0.1]=(13)-(14)。

式中(16)±0.1 为两根水准尺零点差间的差值 0.1 m。当红面高差比黑面高差小,则应加上 0.1 m;反之,则应减去 0.1 m。

高差中数(18)=$\frac{1}{2}\{(15)+[(16)\pm0.1]\}$。

(3)检核计算:检核计算主要包括以下内容:

每站检核:(17)=(13)-(14)=(15)-[(16)±0.1];至此,一个测站测量工作全部完成,确认各项计算符合要求后,方可迁站。

每页观测成果检核:除检查每站的观测计算外,还应在手簿的下方,计算测段路线或

整个路线的"∑项"检查,并使之满足下列要求:

后视红、黑面中丝总和减去前视红、黑面中丝总和应等于红、黑面高差总和,还应等于平均高差总和的两倍,即

当测站数为偶数时

$$\sum[(3)+(4)]-\sum[(7)+(8)]=\sum[(15)+(16)]=2\sum(18)$$

当测站数为奇数时

$$\sum[(3)+(4)]-\sum[(7)+(8)]=\sum[(15)+(16)]=2\sum(18)\pm 0.1$$

后视距总和减去前视距总和应等于末站视距差累积值,即

$$\sum(9)-\sum(10)=\text{末站}(12)$$

而总视距应为水准路线总长度,即

$$L=\sum(9)+\sum(10)$$

5. 水准测量的成果计算

在完成水准路线观测后,应计算高差闭合差。若高差闭合差符合要求,则调整闭合差并计算各待定点高程。

4.2.2　角度测量

4.2.2.1　角度测量原理

角度测量是指测定水平角或竖直角的工作。水平角是一点到两个目标的方向线垂直投影在水平面上所成的夹角。竖直角是一点到目标的方向线和一特定方向之间在同一竖直面内的夹角,通常水平方向和目标间的夹角称为高度角(仰角或俯角),天顶方向和目标方向间的夹角称为天顶角。

1. 水平角测量原理

水平角是指空间两条相交直线在水平面上投影的夹角,一般用 β 表示。如图 2-4-10 所示,$\angle BAC$ 为空间直线 AB 与 AC 之间的夹角,测量中所要观测的水平角是 $\angle BAC$ 在水平面上的投影,即 $\angle bac$。

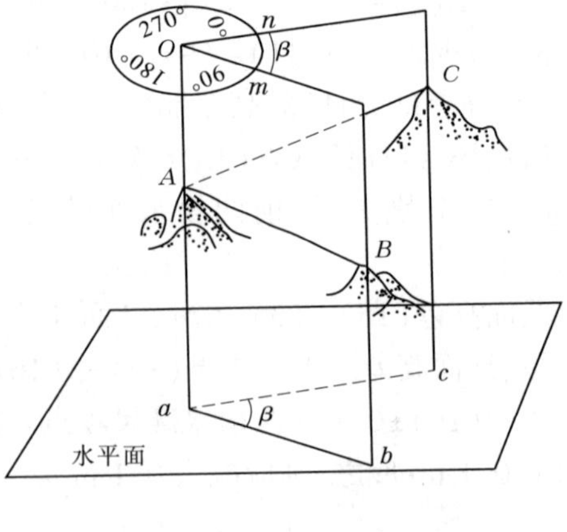

图 2-4-10　水平角测角原理

由图 2-4-10 可以看出,地面上 A、B、C 三点在水平面上的投影 a、b、c 是通过作它们的铅垂线得到的。因此,$\angle bac$ 就是通过 AB、AC 的两竖直面所形成的二面角。此二面角可在两竖直面的交线 Oa 上任意一点进行量测。设想在竖线 Oa 上的 O 点放置一个按顺时针注记的全圆量角器(称为度盘),并使其水平。通过 AC 的竖面与度盘的交线读数为 n,通过 AB 的竖面与度盘的交线得另一读数为 m,则 m 减 n 的结果就是水平角 β,即

$$\beta=m-n \tag{2-4-4}$$

2. 竖直角测量原理

竖直角是指在同一竖直面内目标视线方向与水平面的夹角。竖直角也称垂直角,通常用 α 表示。竖直角的变化范围为 $-90°\sim+90°$,当目标视线位于水平方向上方时,竖直角为正值,称为仰角;当目标视线位于水平方向下方时,竖直角为负值,称为俯角。

如图 2-4-11,测站点 A 至目标点 P 的方向线 AP 与其在水平面的投影 ap 间(或与 AP' 间)的夹角,即为 AP 方向的竖直角。竖直角也是两个方向度盘读数的差值,而且其中有一个方向是水平方向。为了测定这个竖直角,可以在 A 点上放置竖直度盘,假设目标视线方向在竖直度盘上的读数为 α,当确定竖直度盘刻划方式及水平方向的竖盘读数后,即可计算竖直角。

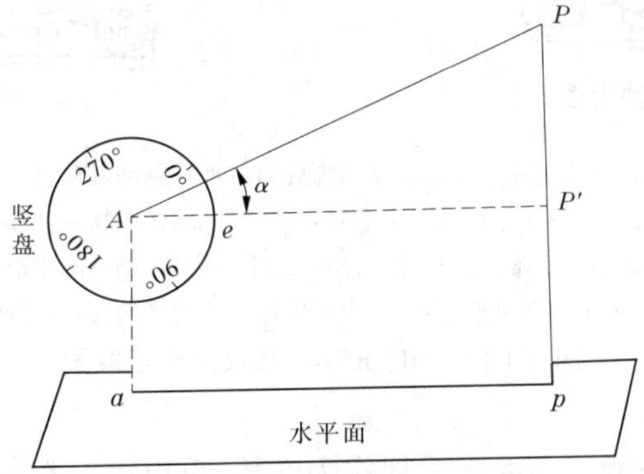

图 2-4-11 竖直角测角原理

经纬仪就是用来测量水平角和竖直角的主要仪器。

4.2.2.2 角度测量的仪器

经纬仪主要分为光学经纬仪、电子经纬仪和全站仪等。当前,常用的国产经纬仪按其精度分为 DJ_{07}、DJ_1、DJ_2、DJ_6 等几个等级。“D”“J”分别为“大地测量”“经纬仪”汉语拼音的第一个字母,下标 07、1、2、6 等数据表示该仪器测角精度指标,即一测回水平方向观测值中误差。其中 DJ_{07}、DJ_1、DJ_2 属于精密经纬仪,DJ_6 属于普通经纬仪。

1. DJ_6 光学经纬仪的基本结构及读数方法

1) DJ_6 光学经纬仪的基本结构

光学经纬仪由照准部、水平度盘和基座三部分组成。图 2-4-12 是北京光学仪器厂生产的 DJ_6 型光学经纬仪。

2) DJ_6 型光学经纬仪的读数方法

光学经纬仪的读数设备包括度盘、光路系统和测微装置。水平度盘和竖直度盘上的分划线,是通过一系列棱镜和透镜成像显示在望远镜旁边的读数窗内。DJ_6 型光学经纬仪的测微装置分为分微尺测微器和单平行玻璃测微器两种,其中以前者居多。这里只介绍分微尺测微器读数方法。

如图 2-4-13 所示,分微尺测微器读数窗上窗是水平度盘的读数,标有“水平”或“H”“-”,下窗是竖直度盘的读数,标有“竖直”或“V”“⊥”。分微尺是一个固定不动的分划尺,将一度弧长均匀地分成 60 格,每格代表 1 分。每 10 格标有注记:0,1,2,3,…,6。读

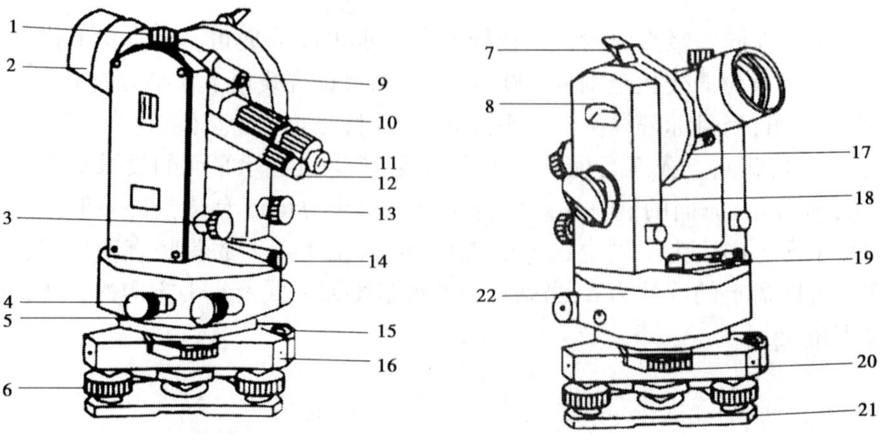

(a)前侧视图　　(b)后侧视图

1—望远镜制动螺旋;2—望远镜物镜;3—望远镜微动螺旋;4—水平制动螺旋;5—水平微动螺旋;6—脚螺旋;
7—竖直指标水准管观察镜;8—竖直指标水准管;9—瞄准器;10—物镜调焦环;11—望远镜目镜;
12—度盘度数显微镜;13—竖盘指标水准管微动螺旋;14—光学对中器;15—圆水准器;16—基座;17—竖直度盘;
18—度盘照明镜;19—水平度盘水准管;20—水平度盘位置变换轮;21—基座地板;22—水平度盘

图 2-4-12　DJ_6 光学经纬仪外形示意图

数时,可估读到 0.1′即 6″。

读数时,首先读取分微尺内的度分划作为度数,再以该度盘分划线读取分微尺上的分数,最后估读秒数,以上读数之和即为度盘整个读数。如图 2-4-13 所示,水平度盘(注有 H 的读数窗)读数应为 245°54.2′(245°54′12″),竖直度盘(注有 V 的读数窗)读数应为 87°06.4′(87°06′24″)。

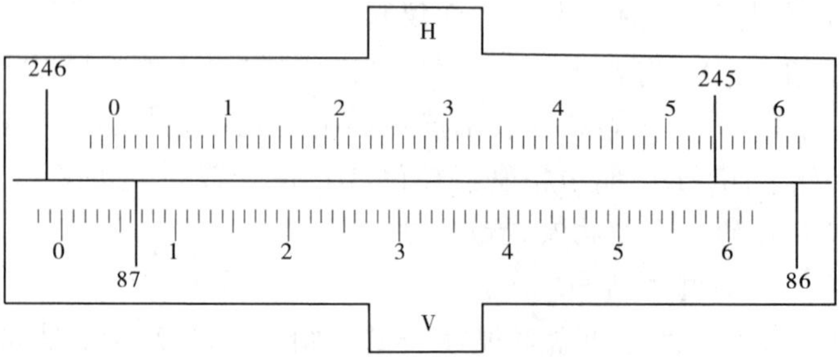

图 2-4-13　分微尺测微读数窗

2. 电子经纬仪

电子经纬仪的主要结构与普通经纬仪大致相同(如图 2-4-14 为苏一光电子经纬仪),不同的是使用了光电度盘,角度数据直接显示在液晶面板上,读数比光学经纬仪更直观、简单。

3. 全站仪

全站仪是一种集光、机、电为一体的高技术测量仪器,将测角装置、测距装置和微处理器集成一体。这种仪器能够进行角度测量、距离测量、高差测量,并通过电子手簿或直接实现自动记录、存储和输出,又叫全站型电子速测仪。

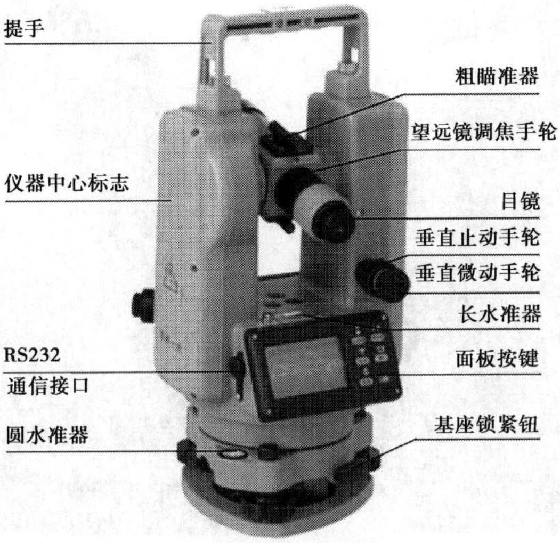

图 2-4-14　苏一光电子经纬仪 DT302L

全站仪分为分体式和整体式两类。分体式全站仪的照准头和电子经纬仪不是一个整体,进行作业时将照准头安装在电子经纬仪上,作业结束后卸下来分开装箱,这种仪器目前基本退出了市场,在生产中少见;整体式全站仪是分体式全站仪的进一步发展,照准头和电子经纬仪的望远镜结合在一起,形成一个整体,使用起来更为方便。全站仪主要由控制系统、测角系统、测距系统、记录系统和通信系统等五个系统组成。

1)全站仪的构造

全站仪主要由电子经纬仪、光电测距仪、微处理器等部分构成。以拓普康 GTS-335N 全站仪为例,其部件组成如图 2-4-15 所示。

(1)电子经纬仪。全站仪的水平度盘和竖直度盘及其读数装置分别采用两个相同的光栅度盘(或编码盘)和读数传感器进行角度测量。

(2)光电测距仪。主要是完成测站点至目标点之间的斜距或平距测量任务。测距仪主要有脉冲式测距仪和相位式测距仪两种。

(3)微处理器。主要由中央处理器、随机存储器和只读存储器等构成,是全站仪的核心装置。微处理器可用来根据键盘或程序的指令控制各分系统的测量工作,进行必要的逻辑和数值运算以及数据存储、处理、管理、传输和显示等。

2)全站仪的常用功能

全站仪的功能包括四大部分:角度测量、距离测量、坐标测量和程序功能。这里主要介绍全站仪的角度、距离、坐标测量等常用功能。

(1)角度测量。主要是使用全站仪的电子经纬仪部分,其原理和电子经纬仪角度测量一样,其操作步骤也大致和光学经纬仪相同,即安置仪器,对中整平,精确照准目标,进行角度观测。

(2)距离测量。使用全站仪"距离测量"功能,可以测出测站点至观测目标的斜距和平距。

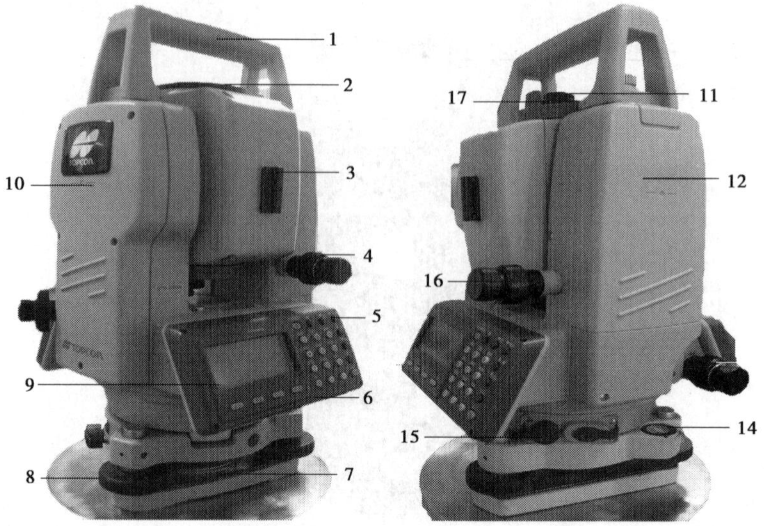

1—手柄;2—物镜;3—粗瞄镜;4—竖直制动微动螺旋;5—键盘;6—光学对中器;7—基座;8—脚螺旋;9—显示屏;10—度盘;11—目镜;12—电池;13—水平制动微动螺旋;14—圆水准器;15—计算机连接口;16—管水准器;17—调焦手轮

图 2-4-15　拓普康 GTS-335N 全站仪外形及部件名称

(3)坐标测量。使用全站仪可以在测站直接测得目标点坐标,主要是通过观测者使用全站仪观测的角度(水平角、竖直角)和距离,按坐标正算原理得到目标点坐标。当然,进行坐标测量前,需要进行设站点坐标的输入(建站)和后视定向设置。

4. 角度测量仪器的使用

经纬仪的使用包括仪器安置、瞄准和读数等三项工作。电子经纬仪、全站仪的使用也一样,这里以光学经纬仪为例进行说明。

1)经纬仪的安置

经纬仪的安置程序是:打开三脚架腿螺旋,调整好脚架高度使其适合于观测者,将其安置在测站上,使架头大致水平。从仪器箱中取出经纬仪安置在三脚架头上,并旋紧连接螺旋,即可进行安置工作。安置工作包括对中和整平两个步骤。

(1)对中。其目的是使仪器的中心(竖轴)与测站点(角的顶点)位于同一铅垂线上。对中方法主要有两种:垂球对中和光学对中。

使用垂球进行对中时,将垂球挂在连接螺旋下面的铁钩上,调整垂球线的长度,使垂球尖接近地面点位。如果垂球中心偏离测站点较远,可以通过平移三角架使垂球大致对准点位;如果还有偏差,可以把连接螺旋稍微松动,在架头上平移仪器来精确对准测站点,再旋紧连接螺旋即可。对中误差一般小于 3 mm。

(2)整平。整平的目的是使仪器的水平度盘位于水平位置,或使仪器的竖轴位于铅垂位置。整平分两步进行,首先通过伸缩脚架腿使圆水准器气泡居中,即概略整平。再通过旋转脚螺旋使照准部水准管气泡在相互垂直的两个方向上都居中,即精确整平。

2)瞄准目标

瞄准是指用十字丝来照准目标。测水平角时,用十字丝的纵丝瞄准目标。当目标较粗时,常用单丝平分目标;当目标较细时,则常用双丝对称夹准。如果杆状目标(花杆或旗杆)歪斜,尽量照准根部,以减少照准偏差的影响。

测量竖直角时,一般用十字丝的横丝(中丝)瞄准目标。照准时,目标要靠近纵丝。切准目标的部位一定要明确并记录在手簿上,一般用中丝切准目标的上沿。

3)读数

打开反光镜,并调整其位置,使进光明亮均匀,然后进行读数显微镜调焦,使读数窗分划读数清晰并直接读数。

4)配置度盘方法

为了减少度盘分划误差的影响和计算方向观测值的方便,使起始方向(或称零方向)水平度盘读数在0°~1°,或某一特定位置,称为配置度盘。

4.2.2.3　水平角的观测

水平角的观测方法有多种,无论采用何种方法,为消除仪器的某些误差,一般应用盘左和盘右两个位置进行观测。根据观测目标的多少,水平角的观测方法有测回法和方向观测法。

1.测回法

测回法只用于观测两个方向之间的夹角,是水平角观测的基本方法。如图2-4-16所示,设要观测的水平角为∠β,在O点安置经纬仪,分别照准A、B两点的目标进行读数,两读数之差即为水平角值。

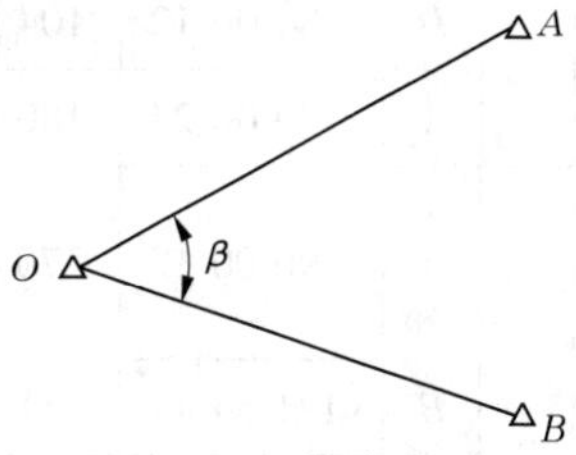

图2-4-16　测回法观测水平角示意图

【例2-4-3】　测回法观测水平角记录、计算举例,见表2-4-4。

表2-4-4　测回法观测水平角记录、计算表

测站	测回	竖直度盘位置	目标	度盘读数(° ′ ″)	半测回角值(° ′ ″)	一测回角值(° ′ ″)	各测回平均值(° ′ ″)	备注
O	1	左	A	0　00　06	85　35　42	85　35　39	85　35　40	
			B	85　35　48				
		右	B	180　00　12	85　35　36			
			A	265　35　48				
	2	左	A	90　01　06	85　35　48	85　35　42		
			B	175　36　54				
		右	B	270　01　06	85　35　36			
			A	355　36　42				

2.方向观测法

方向观测法又叫全圆测回法。当观测三个及以上的方向时,通常采用方向观测法。它是以某一个目标作为起始方向(称为零方向),依次观测出其余各个目标相对于起始方向的方向值,然后根据方向值计算水平角值。

【例 2-4-4】 方向观测法观测水平角记录、计算举例,见表 2-4-5。

表 2-4-5 方向观测法观测水平角记录、计算表

测站	测回数	目标	水平度盘读数		2c (″)	平均值 (° ′ ″)	归零方向值 (° ′ ″)	各测回平均方向值 (° ′ ″)	水平角值 (° ′ ″)
			盘左 (° ′ ″)	盘右 (° ′ ″)					
O	1	A	00 00 06	180 00 18	−12	(00 00 16) 00 00 12	00 00 00	00 00 00	81 53 52
		B	81 54 06	261 54 00	+06	81 54 03	81 53 47	81 53 52	71 38 40
		C	153 32 48	333 32 48	0	153 32 48	153 32 32	153 32 32	130 33 28
		D	284 06 12	104 06 06	+06	248 06 09	284 05 53	284 06 00	75 54 00
		A	00 00 24	180 00 18	+06	00 00 21			
	2	A	90 00 12	270 00 24	−12	(90 00 21) 90 00 18	00 00 00		
		B	171 54 18	351 54 18	0	171 54 18	81 53 57		
		C	243 32 48	63 33 00	−12	243 32 54	153 32 33		
		D	14 06 24	194 06 30	−06	14 06 27	284 06 06		
		A	90 00 18	270 00 30	−12	90 00 24			

4.2.2.4 竖直角的观测

1. 竖直度盘的构造

竖直度盘的中心和水平轴的一端固连在一起并且竖直度盘垂直于水平轴,同时竖直度盘的中心也与望远镜旋转中心重合并和望远镜旋转轴固连在一起。当望远镜上下转动时,望远镜带动竖直度盘转动,但用来读取竖直度盘读数的指标并不随望远镜而转动,因此可以读取不同视线的竖盘读数。当望远镜视线水平时,竖直度盘读数设为一固定值。用望远镜照准目标点,读出目标点对应的竖盘读数,根据该读数与望远镜视线水平时的竖直度盘读数就可以计算出竖直角。

2. 竖直角的观测

竖直角的观测方法有两种:一种是中丝法,另一种是三丝法。

中丝法是利用十字丝的中丝(水平长丝)切准目标进行竖直角观测的方法。

三丝法是利用十字丝的三根横丝按望远镜内所见上、中、下的顺序依次切准同一目标并读数的观测方法。

3. 竖直角的计算

竖直角的角值是目标视线的读数与水平视线读数(始读数)之差,仰角为正,俯角为负。竖直角的计算与竖直度盘的注记形式有关。现以 DJ_6 型光学经纬仪的竖直度盘注记形式为例,说明竖直角计算的一般法则。

图 2-4-17 的上面部分是 DJ_6 型光学经纬仪在盘左时的三种情况,如果指标位置正确,

则视准轴水平,指标水准管气泡居中,指标所指的竖直度盘读数 $L_{水平}=90°$;当视准轴向上测量仰角时,竖直度盘读数比 $L_{水平}$ 小;当视准轴向下测量俯角时,竖直度盘读数比 $L_{水平}$ 大。

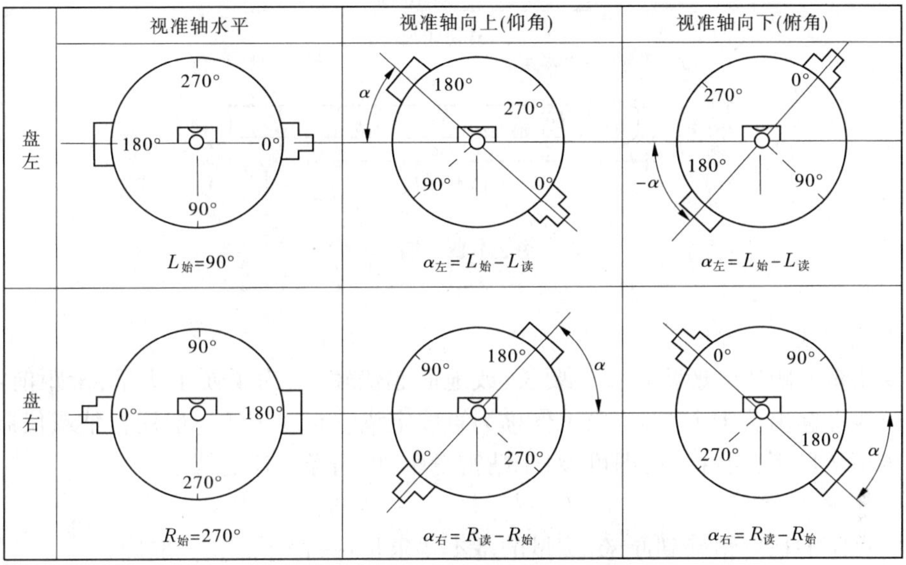

图 2-4-17　竖直角计算示意图

4.2.3　长度测量

长度测量也叫距离测量,常用的方法有钢尺量距、电磁波测距仪测距、视距法量距。在水工监测工作中,常用到钢尺量距和电磁波测距仪测距。

4.2.3.1　钢尺量距

1. 量距工具

直线丈量的工具通常有钢尺和皮尺。钢尺的伸缩性较小,强度较高,故丈量精度较高;但钢尺容易生锈,且易折断。皮尺容易拉长,量距较为粗略,因此量距精度不高。

1) 钢尺

钢尺,又称钢卷尺。由薄钢带制成,宽 10~15 mm,厚约 0. 4 mm,尺长有 20 m、30 m、50 m 等几种,卷放在金属架上或圆形盒内。如图 2-4-18 所示,钢尺的基本分划为毫米,在每米及每分米处刻有数字注记。由于尺的零点位置不同,钢尺可分为端点尺和刻线尺。端点尺是以尺环外缘作为尺子的零点,而刻线尺是以尺的前端刻线作为起点。

2) 皮尺

皮尺是用麻线织成的带状尺子,又称布卷尺。皮尺上注有厘米分划。由于皮尺容易拉长,因此只能用于精度要求较低的地形测量和一般丈量工作。

3) 量距的辅助工具

量距的辅助工具有垂球、测钎、标杆等。垂球用于对点;测钎用于标定所量距离每尺段的起终点和计算整尺段数;标杆又称花杆,用于显示点位和标定直线方向。

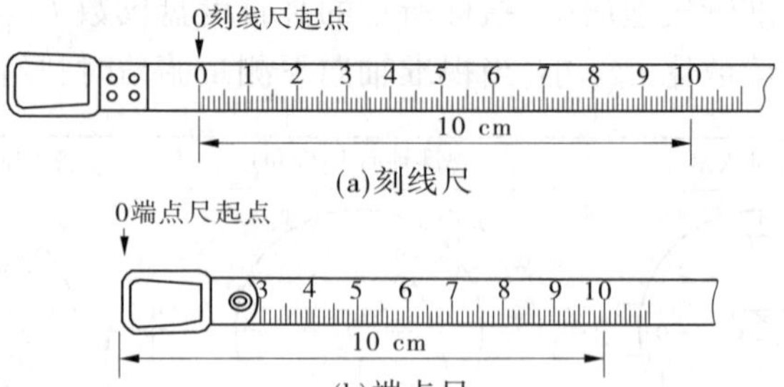

(a)刻线尺

(b)端点尺

图 2-4-18　钢尺

2. 一般量距

1) 直线定线

需要丈量的距离一般都比整尺要长,或地面起伏较大,为了便于丈量,量距前需要在两点的连线上标出若干个点,这项工作称为直线定线。直线定线一般用目估或仪器进行。对于一般精度量距,用目估法即可,对于精密量距,可用经纬仪定线。

2) 量距方法

一般量距的精度精确到厘米,丈量的基本要求是:一直、二平、三准确。

(1) 平坦地面距离丈量。当地面平坦时,可沿地面直接丈量水平距离,丈量距离一般需要三人,前、后尺各一人,记录一人。如测量 AB 两点之间的距离,后尺手站在 A 点,手持钢尺的零端,前尺手持钢尺的末端,沿丈量方向前进,走到一整尺段处,按定线时标出的直线方向,将尺拉平。前尺手将尺拉紧,均匀增加拉力,当达到标准拉力(对于 30 m 钢尺,一般为 100 N;对于 50 m 钢尺,一般为 150 N)后喊“预备”,后尺手将尺零端对准起点且喊“好”,这时前尺手把测钎对准末端整尺段处的刻线垂直插入地面,即得第一尺段的水平距离。同法,依次丈量其他各尺段,后尺手依次收集已测过尺段零端测钎。最后不足一整尺段时,由前、后尺手同时读数,即得余长 m。由于后尺手手中的测钎数等于量过的整尺段数 n,所以 AB 的水平距离总长 D 为:$D=nl+m$ (l 为钢尺长度)。

为了防止丈量中发生错误及提高量距精度,距离要往返丈量。上述为往测,返测时,需要重新定线,最后取往返测距离的平均值作为丈量结果。往返测丈量的距离之差与最后结果之比,并将分子化为 1 的分数形式,称为相对误差,即 $k=\dfrac{\Delta D}{D}=\dfrac{1}{D/\Delta D}=1/M$。在平坦地区,钢尺量距的相对误差一般应不大于 1/3 000;在量距困难地区,其相对误差也不应大于 1/1 000。当量距的相对误差没有超出上述规定时,可取往返测距离的平均值作为最后结果;否则,应重测。

(2) 倾斜地面距离丈量。①阶梯平量法。沿倾斜地面丈量距离,当地势起伏不大时,可将钢尺拉平丈量。如图 2-4-19 所示,丈量由 A 向 B 进行。后尺手持钢尺零端,并将零刻线对准起点 A,前尺手进行直线定线后,将尺拉在 AB 方向上并使尺子抬高水平,然后用垂球尖端将尺段的末端投于地面上,再插以测钎。若地面倾斜较大,将钢尺抬平有困难,可将一尺段分成几段来平量,如图 2-4-19 中 1、2、3 段。由于从坡下向坡上丈量困难较大,故一般采用两次独立丈量,将钢尺的一端抬高或两端同时抬高使尺子水平。②斜量法。

当倾斜地面的坡度均匀时，见图 2-4-20，可以沿着斜坡丈量出 AB 的斜距 L，测出地面的倾斜角 α 或 AB 两点间的高差 h，然后计算 AB 的水平距离 D。显然，$D = L\cos\alpha$。

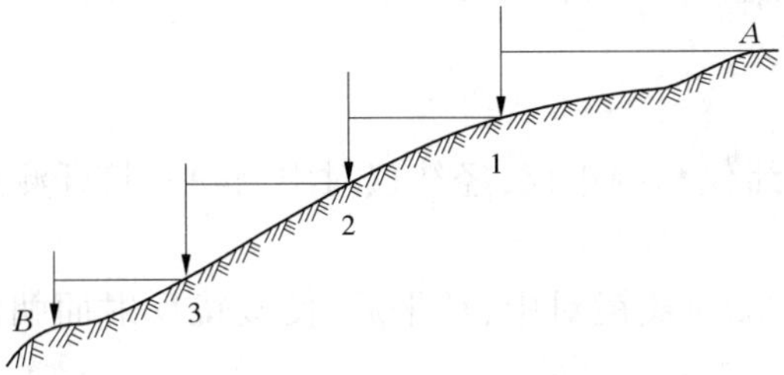

图 2-4-19　阶梯平量法示意图

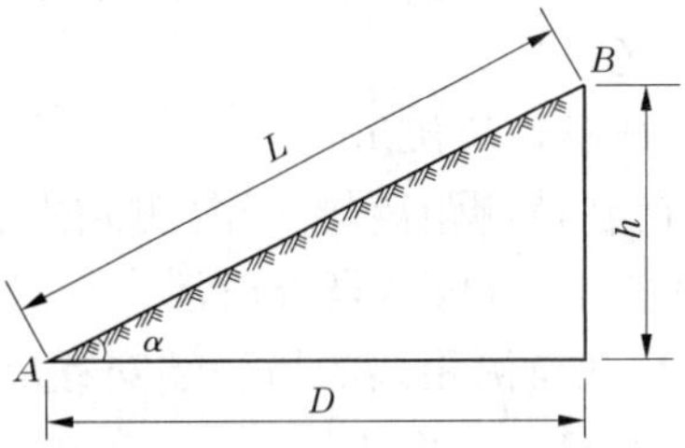

图 2-4-20　斜量法示意图

3. 精密量距

当量距精度要求在 1∶10 000 以上时，要用钢尺精密量距。精密量距前，要对钢尺进行检定。

1) 钢尺检定

精密量距前，要对钢尺进行检定。由于钢尺的材料性质、制造误差等，使用时钢尺的实际长度与名义长度（钢尺尺面上标注的长度）不一样，通常在使用前对钢尺进行检定，用钢尺的尺长方程式来表示尺长。尺长方程式为：$l_t = l_0 + \Delta l + \alpha(t - t_0)l_0$，其中，$l_t$ 为钢尺在温度 t ℃时的实际长度；l_0 为钢尺名义长度；Δl 为尺长改正数；α 为钢尺的膨胀系数，一般为 1.25×10^{-5}/℃；t 为钢尺量距时的温度；t_0 为钢尺检定时的温度（一般为 20 ℃）。

2) 丈量方法

钢尺检定后，得出在检定时拉力与温度的条件下的尺长方程式，丈量前，先用经纬仪定线。

如果地势平坦或坡度均匀，则可测定直线两端点高差作为倾斜改正的依据；若沿线坡度变化，地面起伏，定线时应注意坡度变化处，两标志间的距离要略短于钢尺长度。丈量时根据弹簧秤对钢尺施加标准拉力，并同时用温度计测定温度。每段要丈量三次，每次丈量应略微变动尺子位置，三次读得长度之差的允许值根据不同要求而定，一般不超过 2～5 mm。如在限差范围内，取三次平均值作为最后结果。分别对尺寸、温度和倾斜进行改正后，将测量的结果加上上述三项改正，即得所量距离长度。上述计算往返丈量分别进行，当量距相对误差在限差范围之内为距离丈量的最后结果。

4.2.3.2　电磁波测距仪测距

1. 概述

电磁波测距仪测距是用电磁波（光波、微波）作为载波的测距仪器来测量两点间距离的一种方法，也称光电测距仪。它具有测距精度高、速度快、不受地形影响等优点。

电磁波测距仪按其所采用的载波可分为微波测距仪、激光测距仪、红外测距仪；按测程可分为短程（测距在 3 km 以内）、中程（测距在 3～15 km）、远程（测距在 15 km 以上）；按光波在测段内传播的时间测定可分为脉冲法、相位法。微波测距仪和激光测距仪多用于远程测距，红外测距仪用于中、短程测距。在工程测量中，大多采用相位法短程红外测距仪。

电磁波测距仪主要包括测距仪、反射棱镜两部分。测距仪上有望远镜、控制面板、液晶显示窗、可充电池等部件;反射棱镜有单棱镜和三棱镜两种,用来反射来自测距仪发射的红外光。

2. 测距仪的使用

(1)在待测距离的一端(测站点)安置经纬仪和测距仪,经纬仪对中、整平,打开测距仪的开关,检查仪器是否正常。

(2)在待测距离的另一端安置反射棱镜,反射棱镜对中、整平后,使棱镜反射面朝向测距仪方向。

(3)在测站点上用经纬仪望远镜瞄准目标棱镜中心,按下测距仪操作面板上的测量功能键进行距离测量,显示屏即可显示测量结果。

4.2.4 坐标测量

4.2.4.1 全站仪坐标测量

使用全站仪可以在测站直接测得目标点坐标,主要是通过观测者使用全站仪观测的角度(水平角、竖直角)和距离,按坐标正算原理得到目标点坐标。进行坐标测量前,需要进行设站点坐标的输入(建站)和后视定向设置。

4.2.4.2 全球定位系统(GPS)坐标测量

GPS 测量工作,包括方案设计、外业实施及内业数据处理三个阶段。GPS 测量的外业实施,包括选点、埋设标志、观测、数据传输及数据处理等工作。

1. 选点

GPS 测量不要求测站间相互通视,且布网图形结构比较灵活。选点工作前,要收集和了解有关测区的地理情况和原有测量控制点分布及标型、标石完好等情况。

2. 埋设标志

GPS 网点一般应埋设具有中心标志的标石,以精确标志点位;点的标石和标志必须稳定、坚固,以利于长久保存和利用。在基岩露头地区,也可直接在基岩上嵌入金属标志。

3. 观测

天线安置完成后,在离天线适当位置的地面上安放 GPS 接收机,接通接收机与电源、天线、控制器的连接电缆,即可启动接收机进行观测。

4. 数据处理

数据处理主要借助相应的 GPS 数据处理软件。各种软件的操作不同,但数据处理的主要步骤基本一样,包括:GPS 数据的预处理,分析和评价观测数据的质量;基线解算;网平差;输出成果。

第 5 章　电工学基本知识

5.1　交流电、直流电

5.1.1　电学常识

将一些电工设备或元件按照一定的方式连接起来构成电流的通路，叫作电路。电路一般由电源、负载和中间环节三部分组成。电源能将非电能转换成电能，向电路提供电能。负载能将电能转换成非电能，是用电设备。中间环节是指将电源与负载连接起来的部分，是用来传输和控制电能的，如导线、开关设备、保护设备及测量设备等。

电荷的定向移动形成电流。计量电流大小的物理量称为电流强度，简称电流，用 I 表示。电流强度的定义为：单位时间内通过导体某一横截面的电量。在国际单位制中，电流的单位是安培，简称安（A）。

$$1\ \text{A} = 10^{-3}\ \text{kA} = 10^{-6}\ \text{MA}$$

电荷 q 在电场中从 A 点移动到 B 点，电场力所做的功 W_{AB} 与电荷量 q 的比值，叫作 AB 两点间的电势差（AB 两点间的电势之差），用 U_{AB} 表示，也称为电压。当电压的大小和方向都不随时间变化时，称为直流电压，用大写字母 U 表示；当电压随时间而变化时，称为交流电压，用小写字母 u 表示。电路中某点的电位是指电场力将单位正电荷从该点移至参考点（零电位点）所做的功。电位的高低与参考点的选择有关，参考点可以任意选取。电路中某一点的电位，随参考点的选择不同而不同，但在同一电路中只能选择一个参考点。在电路中常选大地或电气设备的外壳为参考点。我们规定电压的方向就是电位降低的方向。通常高电位端用“+”表示，低电位端用“-”表示。也可以用箭头表示电压的方向，即由高电位端指向低电位端。在国际单位制中，电压的单位为伏特，简称伏（V）。

$$1\ \text{V} = 10^{-3}\ \text{kV} = 10^{3}\ \text{mV} = 10^{6}\ \mu\text{V}$$

因为物质对电流产生的阻碍作用，所以称其在该作用下的电阻物质为电阻。电阻将会导致电子流通量的变化，电阻越小，电子流通量越大；反之亦然。没有电阻或电阻很小的物质称为电导体，简称导体。不能形成电流传输的物质称为电绝缘体，简称绝缘体。在物理学中，用电阻来表示导体对电流阻碍作用的大小，用大写字母 R 表示。导体的电阻越大，表示导体对电流的阻碍作用越大。不同的导体，电阻一般不同，电阻是导体本身的一种特性。电阻元件是对电流呈现阻碍作用的耗能元件。欧姆定律表明一段含电阻的电路，流过其中的电流与它两端所加的电压成正比，与它的电阻成反比，即 $R = U/I$。在国际单位制中，电阻的单位为欧姆（Ω），比较大的单位有千欧（kΩ）、兆欧（MΩ）。

$$1\ \Omega = 10^{-3}\ \text{k}\Omega = 10^{-6}\ \text{M}\Omega$$

接通电路后，在电源和负载之间就有能量的交换。它们在单位时间内产生或接受的电能叫作电功率,简称功率,用 P 表示。电功率可表示为 $P = UI = I^2R = U^2/R$。在国际单位制中,功率的单位为瓦特(W),简称瓦。常用的单位还有千瓦(kW)和兆瓦(MW)。

$$1\ \text{W} = 10^{-3}\ \text{kW} = 10^{-6}\ \text{M}\Omega$$

电容(或称电容量)是表现电容器容纳电荷本领的物理量。把电容器的两极板间的电势差增加 1 V 所需的电量,叫作电容器的电容。电容器从物理学上讲,它是一种静态电荷存储介质,它的用途较广,是电子、电力领域中不可缺少的电子元件。电容的符号是 C。在国际单位制中,电容的单位是法拉,简称法,符号是 F,由于法拉这个单位太大,所以常用的电容单位有毫法(mF)、微法(μF)、纳法(nF)和皮法(pF)(皮法又称微微法)等。

5.1.2　交流电

交流电是指大小和方向都发生周期性变化的电流,因为周期电流在一个周期内的运行平均值为零,称为交变电流,简称交流电。交流电通常波形为正弦曲线。交流电可以有效传输电力。但实际上还有应用其他的波形,例如三角形波、正方形波。发电厂提供工业和民用的交流电普遍使用正弦交流电。

正弦交流电可以通过变压器变换电压,远距离输电时通过升压以减少线路损耗,获得最佳经济效益。用户使用时又可通过降压变压器把高压变成低压,既安全又能降低对设备的绝缘要求。交流电动机构造简单、造价低廉、维护简便、应用广泛。

正弦交流电大小和方向随时间按正弦函数规律变化,如图 2-5-1 所示。表示为 $i = I_m\sin(\omega t + \alpha)$ 或 $u = U_m\sin(\omega t + \alpha)$。式中,$i$、$u$ 为交流电电流、电压的瞬时值,I_m、U_m 为交流电电流、电压的最大值,ω 为交流电的角频率,α 为交流电的初相位。

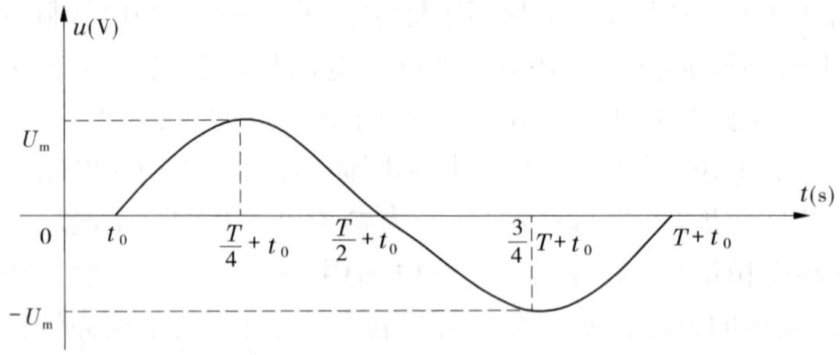

图 2-5-1　正弦交流电

正弦交流电的三要素:最大值,角频率,初相位(初相)。

正弦交流电的最大值(峰值)与振幅相对应,而有效值大小则由相同时间内产生相当焦耳热的直流电的大小来等效。交流电峰值与均方根值(有效值)的关系为 $V_{\text{peak}} = \sqrt{2}V_{\text{rms}}$。市电 220 V 表示均方根值,其峰值为 311 V。交流电在实际使用中,如果用最大值来计算交流电的电功或电功率并不合适,因为在一个周期中只有两个瞬间达到这个最大值,为此通常用有效值来计算交流电的实际效应。

交流电的频率是指它单位时间内周期性变化的次数,单位是赫兹(Hz),与周期成倒数关系。日常生活中的交流电的频率一般为 50 Hz,而无线电技术中涉及的交流电频率一般较大,达到千赫兹(kHz)甚至兆赫兹(MHz)的度量。

根据电磁感应定律,当导体周围的磁场发生变化,感应电流在导体中产生。通常情况下,旋转磁体称为转子,导体绕在铁芯上的线圈内的固定组,称为定子,当其跨越磁场时,便产生电流。产生交流电的基本机械称为交流发电机。交流发电机通常采用旋转磁场设计,电枢静止,这样便不需要使用电刷和滑环取电。同步发电机的磁场来自永久磁铁或电磁铁,同步发电机可透过控制励磁系统(电磁铁)来改变输出电压及无功功率;异步发电机静止时不会自行产生磁场,利用定子与转子间气隙旋转磁场,与转子绕组中感应电流相互作用来发电。

目前,各国使用的交流电相位主要为单相及三相。

三相交流电,输电时只有三条火线,供电给客户时有三条火线和中线。只使用其中一条相线及中线,便是单相电。

三条火线上的正弦波各有 120°相位差,主要为工业用。如果相电压是 220 V,线电压则是 380 V。

三相电一般为三相四线。三个相线的符号为 L1、L2、L3,也可以分别表示为 A、B、C,分别代表相线 1、相线 2、相线 3、L 为 Live Wire 的缩写,零线的符号为 N,为 Neutral Wire 的缩写。地线为 E,为 Earth 的缩写。

单相交流电,其电缆有一条火线和一条中线,用于一般住宅及商业楼宇。单相交流电有火线和零线两条线,火线为 L,为 Live Wire 的缩写,零线为 N,为 Neutral Wire 的缩写。地线为 E,为 Earth 的缩写,也可以写作 PE,为 Protecting Earth 的缩写。

5.1.3　直流电

直流电流的方向(正负极)不随时间变化,又分恒定电流和脉动直流电。

恒定电流是指大小(电压高低)和方向(正负极)都不随时间(相对范围内)而变化,比如干电池。脉动直流电是指方向(正负极)不变,但大小随时间变化,如把 50 Hz 的交流电经过二极管整流后得到的就是典型的脉动直流电,半波整流得到的是 50 Hz 的脉动直流电,如果是全波或桥式整流得到的就是 100 Hz 的脉动直流电,它们只有经过滤波(用电感或电容)以后才变成平滑直流电,当然其中仍存在脉动成分(称纹波系数),大小视滤波电路的滤波效果。

直流电是电荷的单向流动或者移动,通常是电子。电流密度随着时间而变化,但是通常移动的方向在所有时间里都是一样的。

在直流电路中,电子从阴极、负极、负磁极形成,并向阳极、正极、正磁极移动。不过,物理学家定义直流电为从正极到负极的运动。

直流电是由电气化学和光电单元和电池产生的。相反,在大多数国家,从设备中流出的电流是交流(AC)的。交流电可以被转换为直流电,通过由转换器、整流器(阻止电流反方向流动),以及过滤器(消除整流器流出的电流中的跳动)组成的电源。

实际上,所有的电子和计算机硬件都需要直流电来工作。大多数的固态设备都需要 1.5~13.5 V 范围的电压。对电流的需求范围从电子手表中接近于 0 到无线通信能源放大器需要的超过 100 A。使用真空管的设备,例如电视广播传输器需要 150 V 到几千伏的直流电。

测量直流电路中电流、电压、电阻、电源电动势等物理量的仪表称为直流仪表。常用的有灵敏电流表(G 表)、电流表、伏特计、电桥、电势差计等。

直流电源有化学电池、燃料电池、温差电池、太阳能电池、直流发电机等。

5.2　万用表、兆欧表的使用方法

5.2.1　万用表的使用方法

5.2.1.1　指针式万用表的使用

万用表也称为万能表,一般可用来测量直流电流、交流电流和电阻等。有的万用表还可测量功率、电感和电容等,万用表的形式很多,使用的方法也有些不同,但基本原理是一样的。500 型指针式万用表的面板如图 2-5-2 所示。

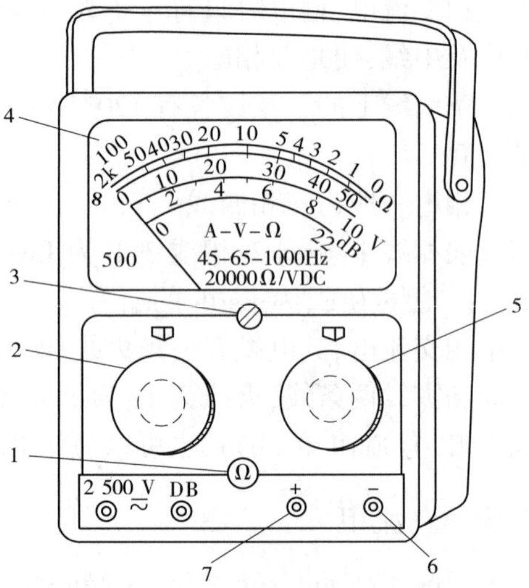

1—电阻调零;2—电压量程开关;3—机械调零;4—表头;5—电流电阻量程开关;6—黑表笔插孔;7—红表笔插孔

图 2-5-2　500 型指针式万用表的面板

指针式万用表的使用方法如下:

(1)熟悉表盘上各符号的意义及各个旋钮和选择开关的主要作用。

(2)进行机械调零。

(3)根据被测量的种类及大小,选择转换开关的挡位及量程,找出对应的刻度线。

(4)选择表笔插孔的位置。

(5)测量电压。测量电压(或电流)时要选择好量程,如果用小量程去测量大电压,则会有烧表的危险;如果用大量程去测量小电压,那么指针偏转太小,无法读数。量程的选择应尽量使指针偏转到满刻度的 2/3 左右。如果事先不清楚被测电压的大小,应先选择最高量程挡,然后逐渐减小到合适的量程。

交流电压的测量:将万用表的一个转换开关置于交、直流电压挡,另一个转换开关置于交流电压的合适量程上,万用表两表笔和被测电路或负载并联即可。

直流电压的测量:将万用表的一个转换开关置于交、直流电压挡,另一个转换开关置于直流电压的合适量程上,且“+”表笔(红表笔)接到高电位处,“-”表笔(黑表笔)接到低电位处,即让电流从“+”表笔流入,从“-”表笔流出。若表笔接反,表头指针会反方向偏转,容易撞弯指针。

(6)测电流。测量直流电流时,将万用表的一个转换开关置于直流电流挡,另一个转换开关置于 50 μA~500 mA 的合适量程上,电流的量程选择和读数方法与电压一样。测量时必须先断开电路,然后按照电流从“+”到“-”的方向,将万用表串联到被测电路中,即电流从红表笔流入,从黑表笔流出。如果误将万用表与负载并联,则因表头的内阻很

小,会造成短路烧毁仪表。其读数方法如下:

实际值=指示值×量程/满偏

当电流通过线圈时,线圈在磁场的作用下带动指针偏转,指针偏转到最大角度时对应的电流 I 称为表头的满偏电流。

(7)测电阻。用万用表测量电阻时,应按下列方法操作:①选择合适的倍率挡。万用表欧姆挡的刻度线是不均匀的,所以倍率挡的选择应使指针停留在刻度线较稀的部分为宜,且指针越接近刻度尺的中间,读数越准确。一般情况下,应使指针指在刻度尺的1/3~2/3。②欧姆调零。测量电阻之前,应将2个表笔短接,同时调节"欧姆(电气)调零旋钮",使指针刚好指在欧姆刻度线右边的零位。如果指针不能调到零位,说明电池电压不足或仪表内部有问题,并且每换一次倍率挡,都要再次进行欧姆调零,以保证测量准确。③读数:表头的读数乘以倍率,就是所测电阻的电阻值。

(8)万用表使用注意事项:①在测电流、电压时,不能带电换量程。②选择量程时,要先选大的,后选小的,尽量使被测值接近于量程。③测电阻时,不能带电测量。因为测量电阻时,万用表由内部电池供电,如果带电测量则相当于接入一个额外的电源,可能损坏表头。④用毕,应使转换开关在交流电压最大挡位或空挡上。

5.2.1.2　数字万用表的使用

数字式测量仪表已成为主流,有取代模拟式仪表的趋势。与模拟式仪表相比,数字式仪表灵敏度高,准确度高,显示清晰,过载能力强,便于携带,使用更简单。下面以VICTOR型数字万用表(见图2-5-3)为例,简单介绍其使用方法和注意事项。

1. 操作面板说明

(1)液晶显示器。显示仪表测量的数据。

(2)保持开关。按下此开关,仪表当前所测数值被保持,液晶显示器上出现"H"符号;再次按下保持开关,"H"符号消失,退出保持功能状态。

(3)旋钮开关。用于改变测量功能及量程。

(4)电压、电阻插座。即"V/Ω"插座,测电压或电阻时,其为红表笔的插孔。

(5)公共插座。即"COM"插座,测电压、电流和电阻时,其为黑表笔的插孔。

(6)10 A电流测试插座。当测试电流大于200 mA时,其为红表笔插孔(最大为10 A)。

(7)电容及温度插座。测电容及温度的插孔。

2. 测量方法

1)直流电压的测量

(1)将黑表笔插入"COM"插孔,红表笔插入"V/Ω"插孔。

(2)将旋钮开关转至"V"量程上,然后将测试表笔跨接在被测电路上,红表笔所接的电压与极性显示在液晶显示器上。

直流电压测量的注意事项如下:①如果事先对被测电压范围没有概念,应将旋钮开关转到最高的挡位,然后根据显示值转至相应挡位上。②如在高位显示"1",表示已超过量程范围,需将旋钮开关转至较高挡位上。③输入电压切勿超过1 000 V,如超过,则有损坏仪表电路的危险。

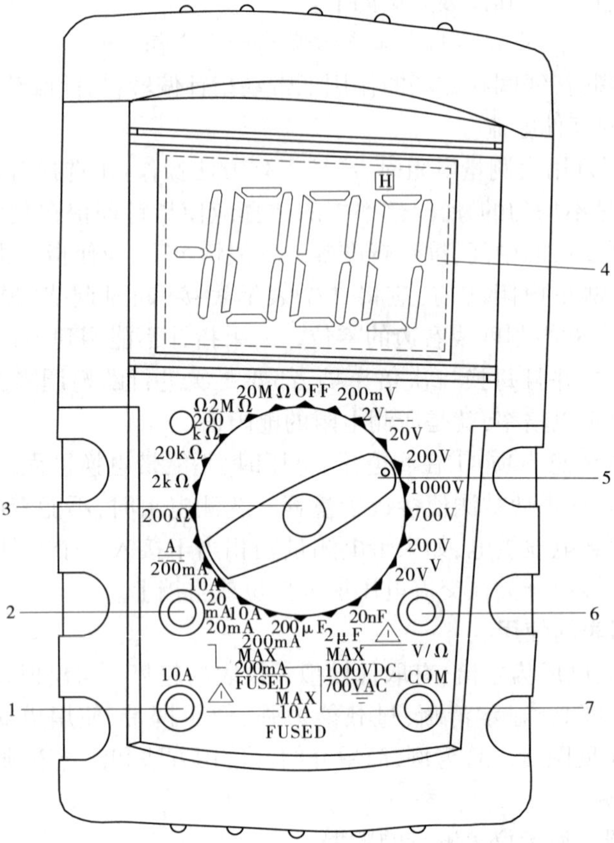

1—10A 电流测试插座；2—电容及温度插座；3—保持开关；4—液晶显示器；

5—旋钮开关；6—电压、电阻插座；7—公共插座

图 2-5-3　VICTOR 型数字万用表的面板

2) 交流电压的测量

(1) 将黑表笔插入"COM"插孔，红表笔插入"V/Ω"插孔。

(2) 将旋钮开关转至相应的"V"量程上，然后将测试表笔跨接在被测电路上。

交流电压测量的注意事项与直流电压的测量基本相同，但输入电压切勿超过 700 V。

3) 直流电流的测量

(1) 将黑表笔插入"COM"插孔，红表笔插入"mA"插孔中(最大量程为 200 mA)或红笔插入"10 A"插孔中(最大量程为 10 A)。

(2) 将旋钮开关转至相应的"A"量程上，然后将仪表穿入被测电路中。被测电流值及红表笔点的电流极性将同时显示在液晶显示器上。

直流电流测量的注意事项如下：①如果事先对被测电压范围没有概念，应将旋钮开关转到最高的挡位，然后根据显示值转至相应挡位上。②如在高位显示"1"，表示已超过量程范围，需将旋钮开关转至较高挡位上。③最大输入电流为 200 mA 或者 10 A(视红表笔插入位置而定)，过大的电流会将熔丝熔断。

4)交流电流的测量

(1)将黑表笔插入“COM”插孔,红表笔插入“mA”插孔中(最大量程为200 mA)或红笔插入“10 A”插孔中(最大量程为10 A)。

(2)将旋钮开关转至相应的“A”量程上,然后将仪表穿入被测电路中。

交流电流测量的注意事项与直流电流的测量相同。

5)电阻的测量

(1)将黑表笔插入“COM”插孔,红表笔插入“V/Ω”插孔。

(2)将量程开关转至相应的电阻量程上,将表笔跨接在被测电阻上。

电阻测量的注意事项如下:

(1)如果电阻值超过所选的量程值,则会显示“1”,这时应将旋钮开关转高一挡,当测量电阻超过1 MΩ时,读数需几秒时间才能稳定,这在测量高电阻时是正常的。

(2)当输入端开路时,则显示过载情形。

(3)测量在线路上的电阻时,要在确认被测电路所有电源已关断而所有电容都已完全放电时,才可进行。

6)电容的测量

将被测电容插入电容插口,将旋钮开关置于相应的电容量上。

电容测量的注意事项如下:

(1)被测电容超过所选量程值最大值,显示器只显示“1”,此时则应将开关转高一挡。再将电容插入电容插口时,显示值可能尚未回到零,残留读数会逐渐减小但可以不予理会,它不会影响测量值。

(2)在测试电容容量之前,对电容应充分地放电,以防止损坏仪表。

5.2.2　兆欧表的使用方法

电气设备受热和受潮时,绝缘材料易老化,其绝缘电阻便降低,从而造成电气设备漏电或短路事故。为了避免事故发生,就要求经常测量各种电气设备的绝缘电阻,判断其绝缘程度是否满足设备需要。普通电阻的测量通常有低电压下测量和高电压下测量两种方式。而绝缘电阻由于一般数值较高(一般为兆欧级),在低电压下的测量值不能反映在高电压条件下工作的真正绝缘电阻值。兆欧表也叫绝缘电阻表,它是测量绝缘电阻最常用的仪表。它在测量绝缘电阻时本身就有高电压电源。兆欧表用于测量绝缘电阻既方便又可靠。但是如果使用不当,它将给测量带来不必要的误差,所以必须正确使用兆欧表绝缘电阻进行测量。

兆欧表在工作时,自身产生高电压,而测量对象又是电气设备,所以必须正确使用,否则就会造成人身或设备事故。使用前,首先要做好以下各种准备:

(1)测量前必须将被测设备电源切断,并对地短路放电,决不允许设备带电进行测量,以保证人身和设备的安全。

(2)对可能感应出高压电的设备,必须消除这种可能性后,才能进行测量。

(3)被测物表面要清洁,减少接触电阻,确保测量结果的正确性。

(4)测量前要检查兆欧表是否处于正常工作状态,主要检查其“0”和“∞”两点。即摇动手柄,使电机达到额定转速,兆欧表在短路时应指在“0”位置,开路时应指在“∞”位置。

(5)兆欧表使用时应放在平稳、牢固的地方,且远离大的外电流导体和外磁场。

做好上述准备工作后就可以进行测量了,在测量时,还要注意兆欧表的正确接线,否则将引起不必要的误差甚至错误。

兆欧表的接线柱共有三个:一个为“L”即线端,一个为“E”即地端,另一个为“G”即屏蔽端(也叫保护环),一般被测绝缘电阻都接在“L”线端“E”地端之间,但当被测绝缘体表面漏电严重时,必须将被测物的屏蔽环或不需测量的部分与“G”屏蔽端相连接。这样漏电流就经由屏蔽端“G”直接流回发电机的负端形成回路,而不再流过兆欧表的测量机构(动圈)。这样就从根本上消除了表面漏电流的影响,特别应该注意的是,测量电缆线芯和外表之间的绝缘电阻时,一定要接好屏蔽端钮“G”,因为当空气湿度大或电缆绝缘表面又不干净时,其表面的漏电流将很大,为防止被测物因漏电而对其内部绝缘测量所造成的影响,一般在电缆外表加一个金属屏蔽环,与兆欧表的“G”屏蔽端相连。

当用兆欧表摇测电气设备的绝缘电阻时,一定要注意“L”线端和“E”地端不能接反,正确的接法是:“L”线端钮接被测设备导体,“E”地端钮接地的设备外壳,“G”屏蔽端接被测设备的绝缘部分。如果将“L”线端和“E”地端接反了,流过绝缘体内及表面的漏电流经外壳汇集到地,由地经“L”线端流进测量线圈,使“G”屏蔽端失去屏蔽作用而给测量带来很大误差。另外,因为“E”地端内部引线同外壳的绝缘程度比“L”线端与外壳的绝缘程度要低,当兆欧表放在地上使用时,采用正确接线方式时,“E”地端对仪表外壳和外壳对地的绝缘电阻,相当于短路,不会造成误差,而当“L”线端与“E”地端接反时,“E”地端对地的绝缘电阻同被测绝缘电阻并联,而使测量结果偏小,给测量带来较大误差。

第 6 章　安全生产与环境保护知识

6.1　安全生产技术规程和安全防护

6.1.1　安全技术操作规程

(1)在进行建筑物观测工作时,必须注意安全保护,防止发生事故。

(2)工程管理单位根据观测工作和工程的具体情况,制订水工建筑物观测工作的安全操作规程,作为观测规范的组成部分。

(3)在进行流量、冰凌等水文观测工作以及进行库区地形变化观测和水工建筑物上下游河床变形观测中的水深测量工作时,应按照水文规范及手册中有关的安全操作规程执行;使用经纬仪、水准仪等测量仪器进行观测工作时,应按照测量规范中有关的安全操作规程执行。

(4)在高空、水面、坑道、竖井、临水边墙等容易发生危险的地方进行观测工作时,观测人员不得少于两人,并应携带安全带、救生圈、安全帽、保险绳等安全保护设备。操作时,必须十分注意,不得说笑、打闹。

(5)观测人员进行操作的地点和往返的通道扶梯、扒梯等必须经常检查、清理和维修,以便于观测人员操作和通行。在有坠落危险的地方,应设置栏杆等保护设备。

(6)观测人员应根据观测需要,配备手电筒、胶靴、手套、雨衣等。

(7)观测人员在执行任务时,衣着及携带的工具应整齐利落,防止在攀缘和操作时发生事故。

(8)在工程施工期间进行观测工作时,观测人员必须与施工人员密切联系,应特别注意安全,防止由于施工操作而发生事故。

(9)在观测工作中使用电源观测、照明或接近电气设备操作时,应注意防止触电。

(10)在大风、积雪、雷雨中进行观测工作,必须注意安全,防止落水、滑倒、雷击等事故。

(11)在输、泄水建筑物内进行观测时,观测人员必须与操作人员密切联系,防止意外放水而发生淹溺事故。

6.1.2　安全用电常识

电力是现代生产和社会生活的基本能源,水工监测工作与用电也紧密联系,工作人员应具备安全用电常识,操作电类仪器还必须遵守有关规程,在采取必要的安全措施的情况下使用和维修电工电气设备。

人体可以导电,人的安全电压不高于 36 V,最基本的安全是不能用身体连通高于 36

V 的火线和地线(零线)。这里仅就一般安全用电常识提示如下:

(1)功率大的电器一定要接地线。照明灯等用电器的开关一般接在火线端。单相三孔插座接线时专用接地插孔应与专用的保护接地线相连;采用接零保护时,接零线应从电源端专门引来,而不应就近利用引入插座的零线。

(2)不靠近高压带电体(室外高压线、变压器旁),不接触低压带电体。

(3)水的导电性较强,借水导电的信号电压要低于人体安全电压;不用湿手扳开关,插入或拔出插头。有人触电时不能用身体拉他,应立刻关掉总开关,然后用干燥的木棒将人和电线分开。

(4)安装、检修电器应穿绝缘鞋,站在绝缘体上,且应先切断电源。

(5)使用试电笔不能接触笔尖的金属杆。

(6)禁止用铜丝、铝丝等高熔点导电材质代替熔断器,禁止用橡皮胶代替电工绝缘胶布。

(7)在电路中应安装触电保护器,并定期检验其灵敏度。

(8)在雷雨时,不可走近高压电杆、铁塔、避雷针的接地线和接地体周围,以免因跨步电压而造成触电。雷雨时,人直接操作的导电类的仪器工具要注意防雷击人;不使用收音机、录像机、电视机、计算机、GPS 和手机等有信号源仪器,且拔出电源插头,拔出电视机天线插头;暂时不使用电话,如一定要用,可用免提功能健。

6.1.3 高空作业安全防护

所谓高空作业,是指人在一定位置为基准的高处进行的作业。国家标准《高处作业分级》(GB 3608—2008)规定:凡在坠落高度基准面 2 m 以上(含 2 m)有可能坠落的高处进行作业,都称为高处作业。高空作业有两方面的危险,一是高空作业者的坠落,二是高空作业处下落物砸人的概率高、水文缆道吊箱的测验作业、缆道养护作业等属于高空作业,应了解高空作业安全防护的一般概念,遵守专门的作业安全规定。

遇六级以上大风时,禁止露天进行高处作业。当结冻积雪严重,无法清除时,停止高处作业。高处作业、高处悬吊作业区,必要时在容易出险处安装符合安全要求的安全网、防护栏。地面要画出禁区,并围挡,挂上警示牌。

年满 18 岁,经体格检查合格后经过专门的业务培训(有些行业要取得特种作业资格证书)方可从事高空作业。作业前要做好安全教育和技术交底,落实安全措施。工作精力集中、不准打闹;工作完毕,清理现场物料,并从指定路线上下。凡患有高血压、心脏病、癫痫病、精神病和其他不适宜高处作业的人,禁止登高作业。

高空作业人员,要正确穿戴和使用防护用品,不准穿光滑的硬底鞋、高跟鞋和拖鞋。要使用合格的安全帽、安全带和安全绳。安全帽应戴紧、戴正,帽带应系在颌下并系紧;帽箍应根据人头型来调整箍紧,以防低头作业时帽子前滑挡住视线。安全带要束紧腰带,腰扣组件必须系紧系正;安全带的绳子牢固地系在坚固的建筑结构件上或金属结构架上,不准系在活动物件上。为保证高空作业人员在移动过程中始终有安全保证,当进行特别危险作业时,要求在系好安全带的同时,系挂在安全绳上。禁止使用麻绳来做安全绳。使用 3 m 以上的长绳要加缓冲器。一条安全绳不能两人同时使用。

高空作业及高处悬吊作业所用的工具、零件、材料等必须装入工具袋。上下时手中不得拿物件;不得在高处投掷材料或工具等物件;不得将易滚易滑的工具、材料堆放在脚手架上。

靠近电源(低压)线路作业前,应先联系停电,确认停电后方可进行工作,并应设置绝缘挡壁,作业人员最少离开电线(低压)2 m以外。禁止在高压线下作业。进行高处焊接、气割作业时,系好安全带,并且必须事先清除火星飞溅范围内的易燃易爆物品。

使用梯子时,必须先检查梯子是否坚固,是否符合安全要求。立梯坡度以60°为宜,梯底宽度不小于50 cm,并有防滑装置,梯顶无搭勾,梯脚不能稳固时,须有人扶梯,人字梯拉绳必须牢固。

6.2 环境保护

环境保护一般是指人类为解决现实或潜在的环境问题,协调人类与环境的关系,保护人类的生存环境、保障经济社会的可持续发展而采取的各种行动的总称。环境保护就是要使人们生活环境中的大气、水、土壤等环境要素的状况和资源利用状况有一个良好的状态,有利于人的身体健康。

环境污染主要是指人类活动所引起的环境质量下降而有害于人类及其他生物的正常生存和发展的现象。环境污染的产生有一个从量变到质变的发展过程。如某种能造成污染的物质浓度或总量超过环境的自净能力,便会产生危害。环境污染主要包括大气污染、水污染、固体污染、噪声污染、电磁污染、辐射污染等。

环境保护是按照国家、地方的法律、法规和行业、企业的要求,采取措施控制作业现场的粉尘、废气、固体废弃物以及噪声、振动等对环境污染和危害,并且注意对资源的节约。

环境保护的重点是防止水、气、声、渣的污染。但还应结合现场情况,注意其他污染,如光污染、恶臭污染等。

6.2.1 防止水污染

防止水污染应做到防止水源污染和地下水污染。要禁止将有毒废弃物作为土方回填。操作废水要经过沉淀处理。现场存放的油料,必须对地面进行防渗处理。使用时,要采取措施,防止油料跑、冒、滴、漏,污染水体。

6.2.2 防止大气污染

采用具有消烟除尘功能的设备。

6.2.3 防止操作现场的噪声污染

应做到控制人为噪声,在操作现场不得高声叫喊。

6.2.4 防止固体废物污染

在作业现场不得从高处丢扔物品,垃圾要有固定的堆放地点,定期清运出场。

第 7 章　计算机与互联网应用知识

7.1　计算机基本应用

7.1.1　WPS 文档

7.1.1.1　WPS 文字基本界面

WPS Office 支持“在线皮肤”“2016 风格”“2013 风格”和“经典风格”的自由切换，对于习惯在“经典风格”界面使用的用户，可以通过“切换界面”功能自由选择。

操作步骤：

单击工具栏右上角“更改界面”按钮→单击“我的皮肤”→选择所需界面风格→单击“更改”→将在下次启动 WPS Office 时启用经典风格，如图 2-7-1 所示。

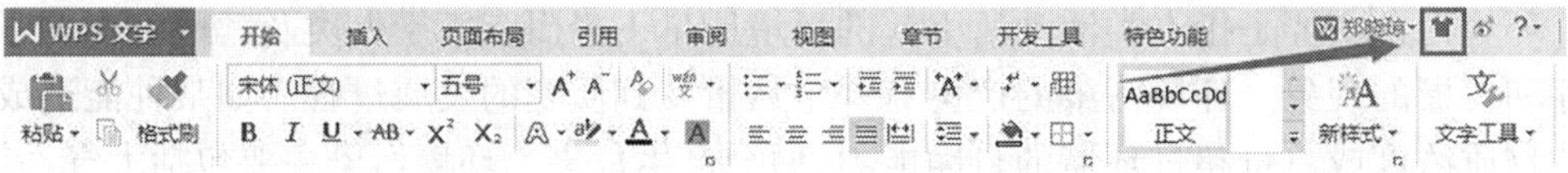

图 2-7-1　WPS 文字基本界面

7.1.1.2　常用文档储存格式

WPS Office 支持微软 DOC 格式、金山 WPS 格式和其他常用文档储存格式。因为微软不支持 WPS 格式的打开，所以默认的格式设置是 DOC。用户也可以在另存为中根据需求选择不同的文件保存格式。

操作步骤：WPS 文字菜单→另存为→选择格式，如图 2-7-2 所示。

7.1.1.3　内容创建与格式处理

1. 文档段落设置

一份正规的文档，正文排版需要特定的规范，通过这些规范标准，能够使整个版面更加专业。

操作步骤：选定文字→“开始”选项卡→“段落”→设置：首行缩进 2 个字符/段前 0.5 行/段后 0.5 行/行距 1.5 倍行距→“确定”，如图 2-7-3 所示。

2. 查找替换批量处理

1) 内容替换

如果一篇文章想要把同一个词语换掉，一个一个地改很麻烦，可以用到文字的替换功能快速解决。

操作步骤：“开始”选项卡→查找替换→替换→输入查找内容→输入替换内容→选择“全部替换”即可。

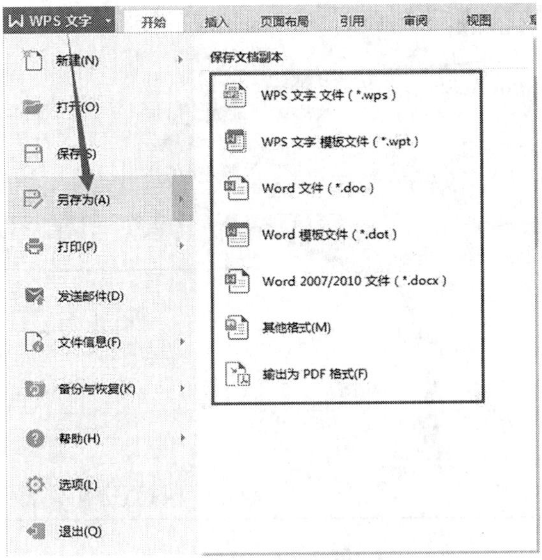

图 2-7-2　常用文档储存格式

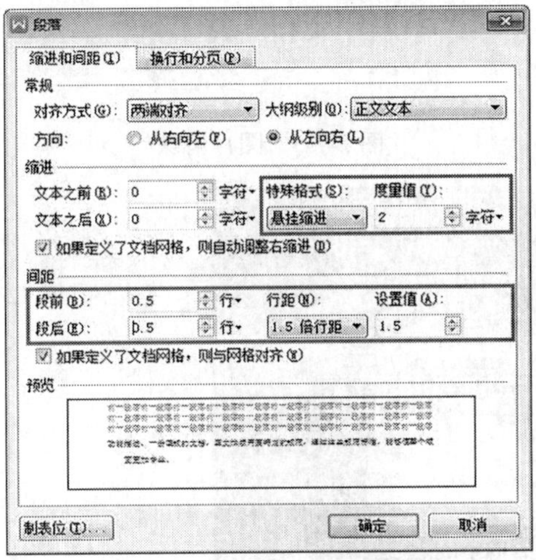

图 2-7-3　文档段落设置

2) 格式替换

操作步骤："开始"选项卡→查找替换→替换→输入查找内容→输入替换内容→选择"全部替换"即可，如图 2-7-4 所示。

7.1.1.4　图片应用效果及美化

1. 图片剪裁

在 WPS 文档中，有时候图片大小会影响整个排版，可以根据实际版面需求剪裁图片，使文档更美观。

操作步骤：选中插入的图片→"图片工具"选项卡→剪裁，如图 2-7-5 所示。

按需选择剪裁方式，如图 2-7-6 所示。

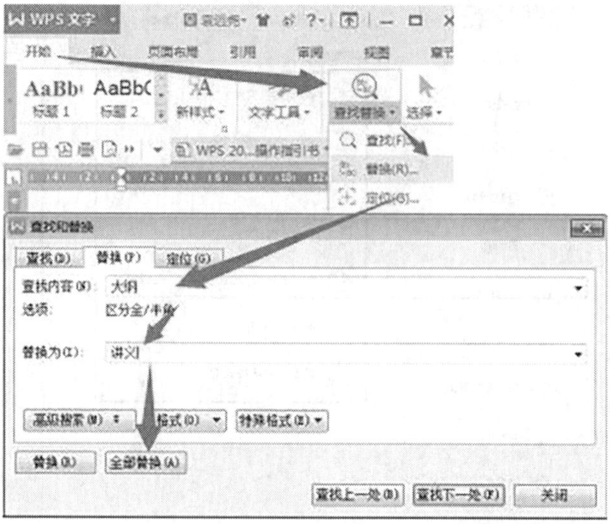

图 2-7-4　替换

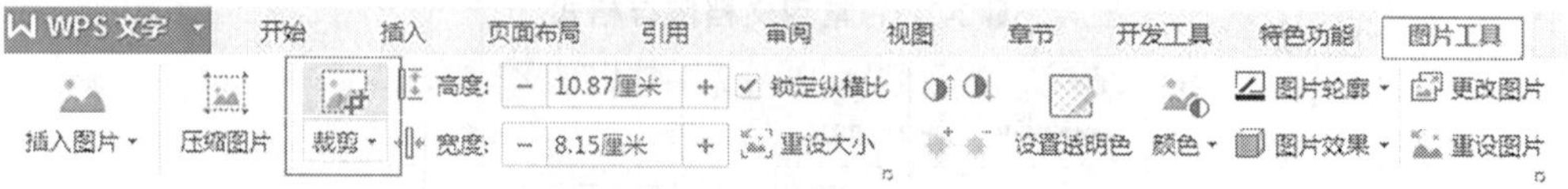

图 2-7-5　图片剪裁

图 2-7-6　选择剪裁方式

2. 环绕方式

WPS Office 2016 中的三大组件,均为用户提供大量在线图片,在联网状态下,用户可直接搜索图片并使用。

操作步骤:单击“插入”选项卡→“在线图片”→选择需要的环绕方式,如图 2-7-7 所示。

7.1.1.5　利用段落布局版面排版

WPS 文字的特色功能“调整段落布局”,可以帮助用户更加快速地调整各个间距。

操作步骤:通过拖动段落调整框上的上下左右小箭头,即可轻松调整段前间距、段后间距、左缩进以及右缩进;还可通过移动段落前两行行首的小竖线来调整首行缩进、悬挂

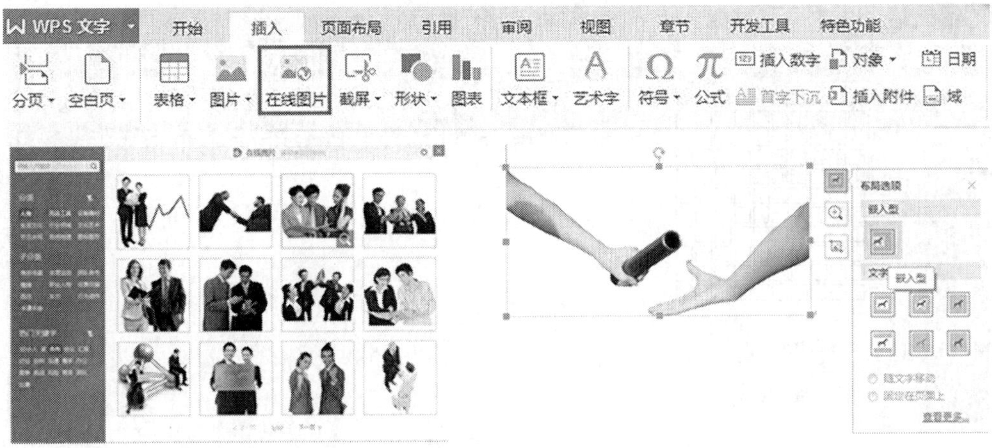

图 2-7-7　图片环绕方式

缩进,如图 2-7-8 所示。

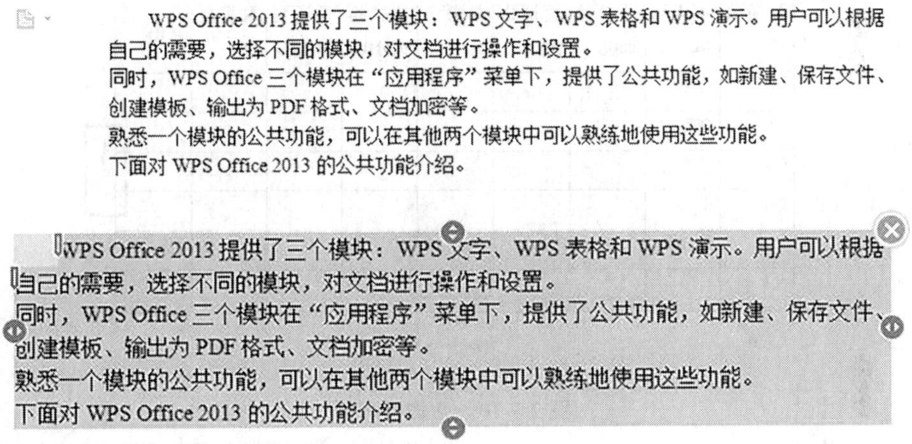
WPS Office 2013 提供了三个模块：WPS 文字、WPS 表格和 WPS 演示。用户可以根据自己的需要，选择不同的模块，对文档进行操作和设置。
同时，WPS Office 三个模块在“应用程序”菜单下，提供了公共功能，如新建、保存文件、创建模板、输出为 PDF 格式、文档加密等。
熟悉一个模块的公共功能，可以在其他两个模块中可以熟练地使用这些功能。
下面对 WPS Office 2013 的公共功能介绍。

WPS Office 2013 提供了三个模块：WPS 文字、WPS 表格和 WPS 演示。用户可以根据自己的需要，选择不同的模块，对文档进行操作和设置。
同时，WPS Office 三个模块在“应用程序”菜单下，提供了公共功能，如新建、保存文件、创建模板、输出为 PDF 格式、文档加密等。
熟悉一个模块的公共功能，可以在其他两个模块中可以熟练地使用这些功能。
下面对 WPS Office 2013 的公共功能介绍。

图 2-7-8　利用段落布局版面排版

7.1.1.6　表格创建及编辑

1. 插入表格

表格不仅能够直观鲜明地表达主题思想,而且它还是对文本等对象进行对齐等格式操作中一个便捷的手段。

操作步骤:把输入点光标置于制表格的位置→选择“插入”选项卡→“表格”→可直接选择行数、列数插入,或使用“插入表格”按钮,如图 2-7-9 所示。

2. 增加行和列

WPS 文字在表格的功能上有很大的改进,增添了很多使用户的操作、应用更为方便的功能,使用户对表格的使用更为得心应手。

操作步骤:将光标放在表格上会出现加号,可以通过单击或拖动添加行列,如图 2-7-10 所示。

图 2-7-9　插入表格

建筑物子项名称编号及主要特征表（根据项目特点修改编辑）

子项编号	子项名称	建筑总面积	建筑总层数	建筑总高	建筑防火分类	设计使用年限	抗震烈度	其他
01	住宅							
02	住宅							
03	住宅							
04	办公							
05	幼儿园							
…								

图 2-7-10　增加行和列

3. 表格属性

在表格属性中，可以对文档中表格中的文字进行相关设置，如行高、列宽、表格对齐方式等进行设置。

操作步骤：选定单元格→单击鼠标右键→选择"表格属性"→根据需求进行选择→"确定"，如图 2-7-11 所示。

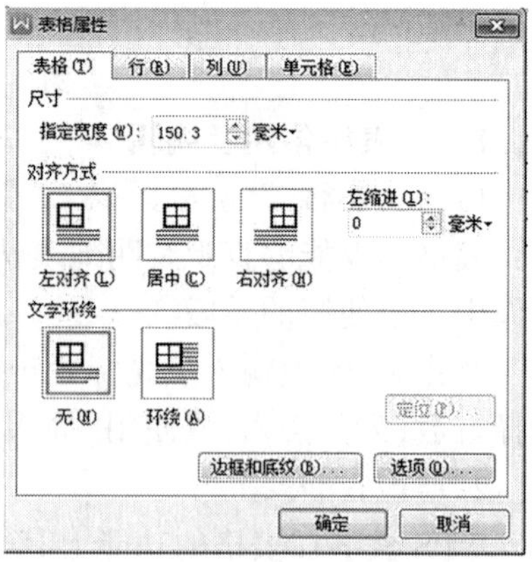

图 2-7-11　表格属性设置

7.1.2　Word 文档

7.1.2.1　启动 Word 的方法

1. 新建 Word 文档

(1) 桌面快捷方式。

(2) 任务栏快速启动：开始→程序→Microsoft Office→Microsoft Office Word→Word 文件。

2. 打开 Word 文档

(1)直接对着要打开的 Word 文档,双击即可自动调用 Word 软件并打开 Word 文档。

(2)先运行 Word 程序,再直接单击“文件”→“打开”并选择要打开的方法即可打开文件,如图 2-7-12 所示。

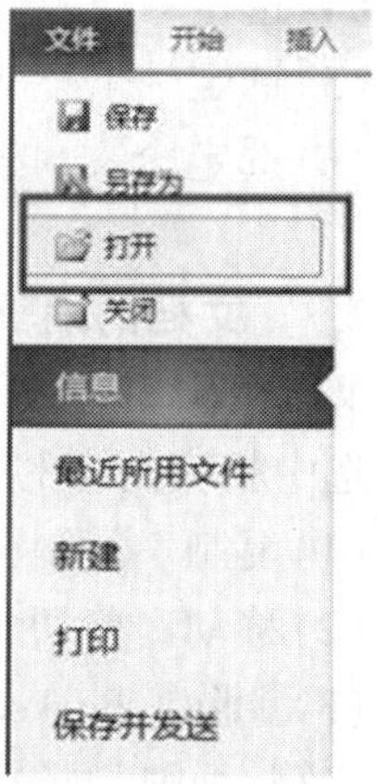

图 2-7-12　打开 Word 文档

3. Word 工作界面

Word 工作界面由选取区、标题栏、工具栏、编辑区几个部分组成,如图 2-7-13 所示。

4. 文档基本编辑

(1)新建文档:执行“文件→新建”,在新建任务窗格中建立一个空白文档;单击常用工具的创建新文档按钮;或按快捷键 Ctrl+N 可快速新建文档。

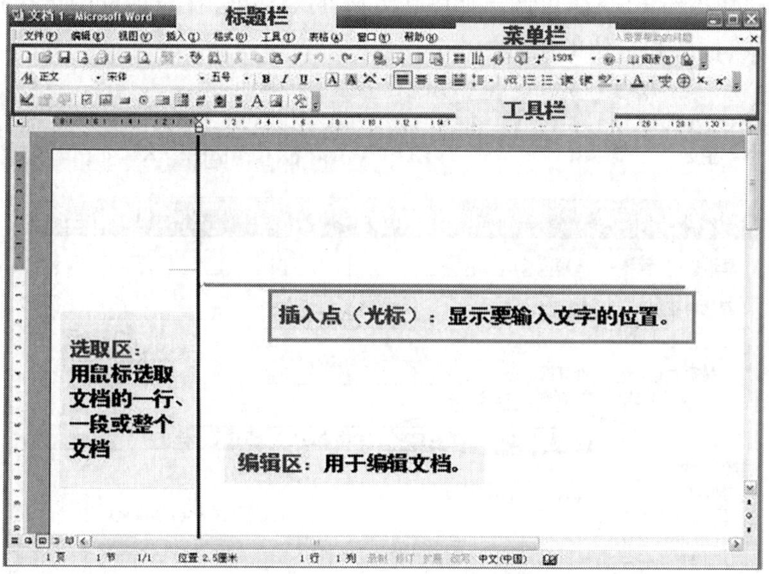

图 2-7-13　Word 工作界面

(2)打开文档:执行“文件→打开”,找到要打开的文档。

(3)保存文档:使用工具栏中“保存”按钮;使用文件菜单中的“另存为”命令。

(4)退出文档:执行“文件→关闭”,关闭当前文档;单击常用工具栏中的按钮 × 或按快捷键 Ctrl+W 关闭文档。

7.1.2.2　文档的选取

对于文档的任何操作都必须建立在选中相应内容的基础上。文档的选取方式有:

(1)选定部分内容:编辑区按住鼠标左键,从开始位置拖动鼠标至结束位置。

(2)选定一行、几行:选取区按住鼠标左键,上下移动鼠标选定。

(3)选定若干行中的部分字块:按住 Alt 键,按鼠标左键,从开始位置拖动鼠标至结束位置。

(4)选定一段:选取区双击鼠标左键;在该段的任一位置三击鼠标左键。

(5)选定一个整句:按住 Ctrl 键,单击鼠标左键。

(6)选定全文:按下 Ctrl+A 键;“编辑”→“全选”命令;鼠标移到“选取区”三击鼠标左键。

7.1.2.3　文档的编辑

文档的编辑主要有复制、移动、删除、查找、替换、定位,对于文档的任何操作都必须建立在选中相应内容的基础上。

(1)复制。复制(Ctrl+C)→粘贴(Ctrl+V);按住 Ctrl 键,拖动鼠标左键至目标位置。

(2)移动。剪切(Ctrl+X)→粘贴(Ctrl+V);拖动鼠标左键至目标位置。

(3)删除。Backspace 键删除插入点前面的一个字符;Delete 键可删除插入点后面的一个字符;否则,删除选定的全部内容。

(4)查找、替换、定位。编辑→查找和替换;或“查找”快捷键 Ctrl+F、“替换”快捷键 Ctrl+H、“定位”快捷键 Ctrl+G 可调出如图 2-7-14 的对话框,在对话框中选择查找、替换和定位,输入查找、替换和定位的内容。

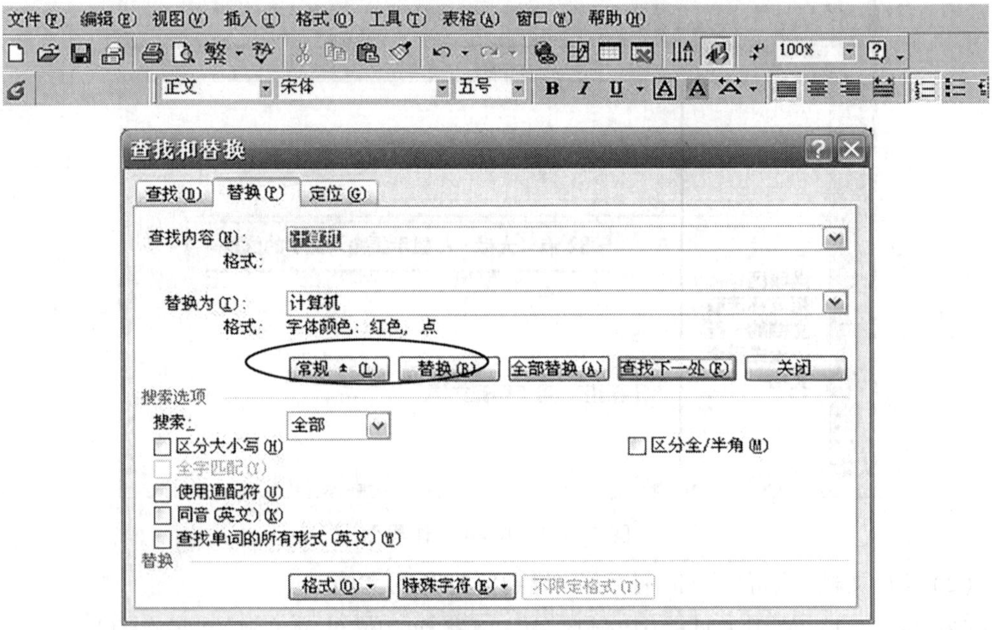

图 2-7-14　查找、替换、定位

7.1.2.4　字符格式设置

(1)利用工具栏设置字符格式:在如图 2-7-15 图所示位置处字体选择框、字号选择框中选择字体、字号大小。

(2)利用对话框设置字符格式:选中内容后,单击鼠标右键,“字体”命令,打开对话框选择字体、字号大小。

7.1.2.5　段落格式设置

段落对齐:可单击工具栏中的左对齐、居中、右对齐或分散对齐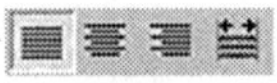。也可选

图 2-7-15　字符格式设置

中内容后，单击鼠标右键，“段落”命令，打开对话框，选择对话框中的对齐方式，如图 2-7-16。

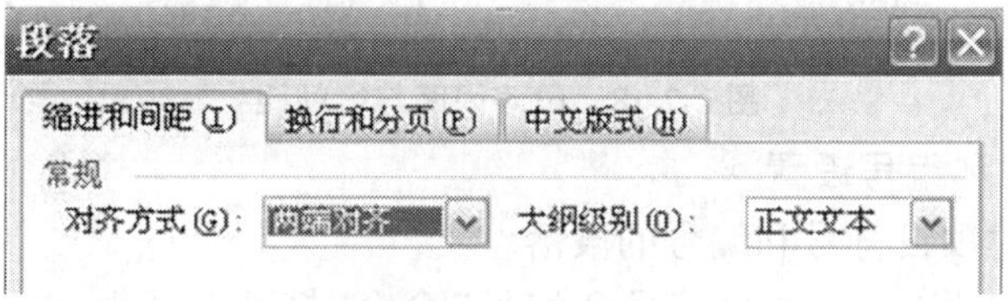

图 2-7-16　对话框

段落缩进：单击鼠标右键，“段落”命令，打开对话框。

首行缩进：控制段落中第一行第一个字的起始位。

悬挂缩进：控制段落中首行以外的其他行的起始位。

左缩进：控制段落左边界缩进的位置。

右缩进：控制段落右边界缩进的位置，如图 2-7-17。

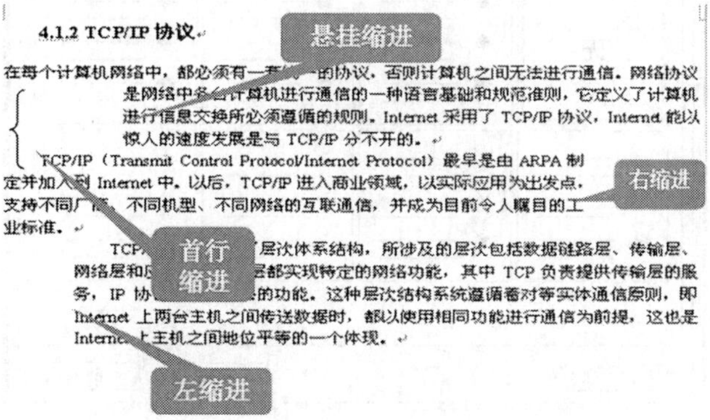

图 2-7-17　段落格式设置

段落间距与行间距：单击鼠标右键，“段落”命令，打开对话框。

段落间距：设置“段前”和“段后”间距值。

行间距：单倍行距、多倍行距……，如图 2-7-18 所示。

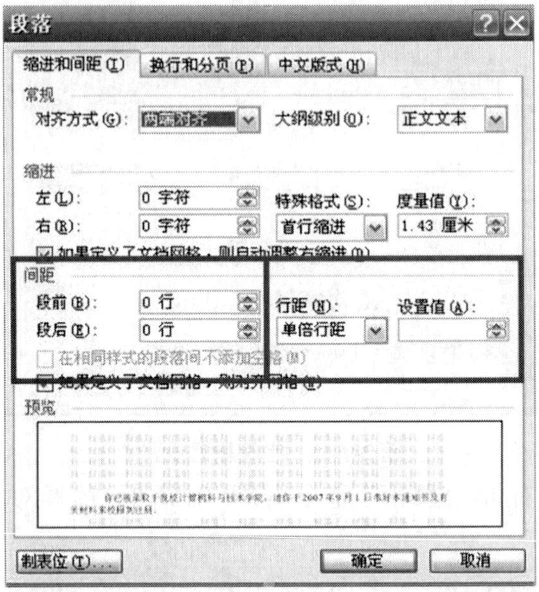

图 2-7-18　段落间距与行间距

7.1.2.6　**项目符号和编号设置**

（1）选中要创建项目符号和编号的段落。

（2）单击“格式”菜单→“项目符号和编号”命令，打开对话框；或单击鼠标右键，“项目符号和编号”命令，打开对话框。

（3）选定所需的项目符号（编号）。

（4）单击“确定”按钮，如图 2-7-19 所示。

图 2-7-19　项目符号和编号设置

7.1.2.7　**边框和底纹设置**

(1)选中要添加边框或底纹的段落或文本。

(2)单击“格式”菜单→“边框和底纹”命令,打开对话框。

(3)单击“确定”按钮,如图 2-7-20 所示。

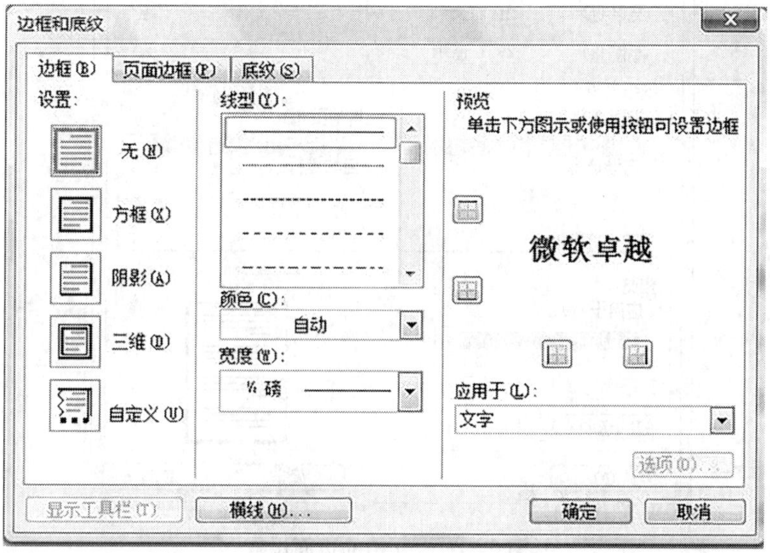

图 2-7-20　边框和底纹设置

7.1.2.8　**文档版面编排**

1. 文档的页面设置

第一步:单击“文件”→“页面设置”命令,打开“页面设置”对话框,单击“纸张”选项卡;

第二步:在“纸张大小”的下拉列表框中选择打印纸型;

第三步:在“纸张来源”区域内定制打印机的送纸方式;

第四步:在“应用于”文本框中设置纸张设置的应用范围;

第五步:单击“确定”按钮,如图 2-7-21 所示。

2. 设置页面边距

第一步:单击“文件”→“页面设置”命令,打开“页面设置”对话框,单击“页边距”选项卡在“页边距”区域的“上”“下”“左”“右”文本框中输入页边距数值;

第二步:在“方向”区域选择“纵向”“横向”决定文档页面的方向;

第三步:在“应用于”文本框中设置应用范围;

第四步:单击“确定”按钮,如图 2-7-22 所示。

3. 图文混合排版

1)在文档中插入图片

(1)插入剪切画:单击“插入”→“图片”→“剪切画”;

(2)插入图片文件;

(3)将插入点定位在文档中要插入图片的位置;“插入”菜单→“图片”→“来自文件”

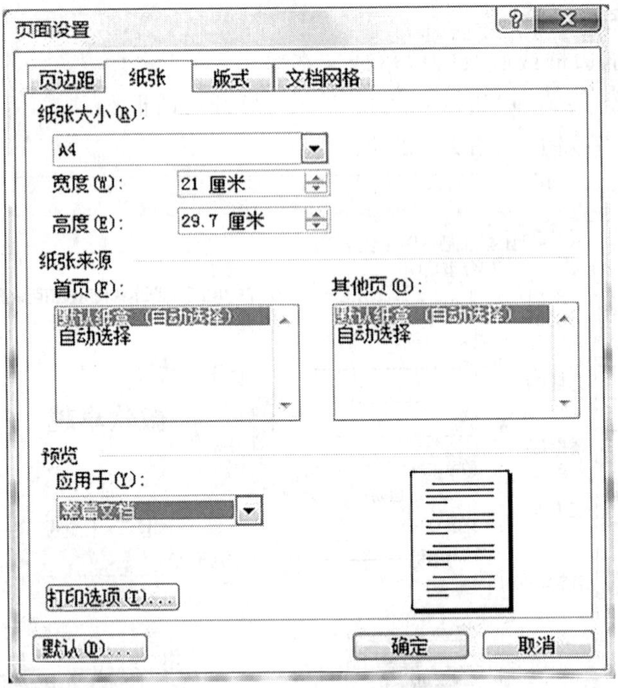

图 2-7-21　文档的页面设置

图 2-7-22　设置页面边距

命令,打开插入图片对话框;“查找范围”列表中选中要插入的图片所在的位置,在文件列表中选择需要插入的图片;单击“插入”按钮。

2)编辑图片

双击插入的图片,打开“设置图片格式”对话框,可以修改“图片大小”“图片版式”。单击插入的图片,鼠标指向图片并按下鼠标左键,出现虚线框时开始拖动,将插入点移到目标位之后,松开鼠标,图片移到新位置,如图 2-7-23 所示。

图 2-7-23　图文混合排版

4. 设置页码

将插入点置于要插入页码的文档;单击“插入”菜单→“页码”命令,打开对话框;在“位置”下拉列表中,选定页码的位置;在“对齐方式”下拉列表中,选定页码的对齐方式;“首页显示页码”复选框的选择;单击“确定”按钮,如图 2-7-24 所示。

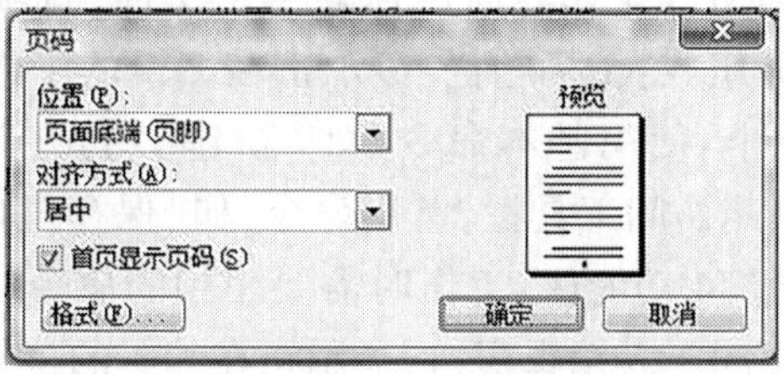

图 2-7-24　设置页码

5. 添加页眉页脚

将插入点定位在文档中的任意位置;单击“视图”菜单→“页眉和页脚”命令,进入页眉和页脚编辑模式,同时打开“页眉和页脚”工具栏;在页眉区域输入文本,并可以选中文本修改格式;单击“页眉和页脚”工具栏上的“在页眉和页脚间切换”按钮,切换到页脚区,完成页脚区的编辑;编辑完毕,在“页眉和页脚”工具栏中单击“关闭”按钮。

对多个不同页眉,且奇偶页不同文档设置可按以下步骤:

(1)在两章节之间插入分节符:“插入”→“分隔符”→“下一页”。

(2)设置第一节的页眉:“页眉和页脚”工具栏→“页面设置”按钮→“版式”选项卡,分别设置奇数页、偶数页的页眉。

(3)设置后续节的页眉:“页眉和页脚”工具栏→“链接到前一个”按钮,使其与前一节的页眉不同,分别设置奇数页和偶数页的页眉,如图 2-7-25 所示。

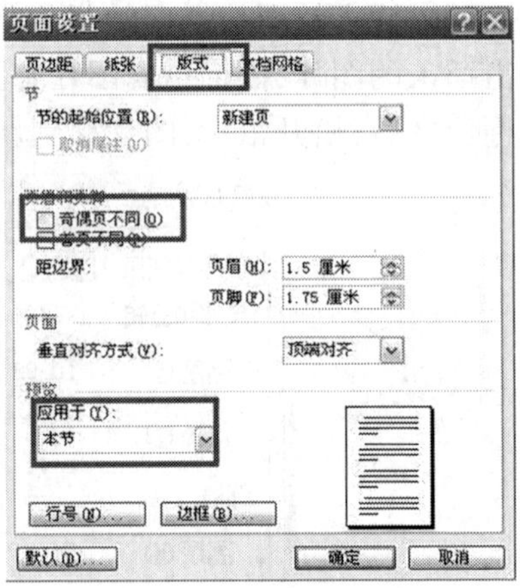

图 2-7-25　添加页眉页脚

6. 制作文档目录

将插入点定位在要插入目录的位置;“插入”菜单→“应用”→“索引和目录”命令,打开对话框;在“格式”下拉列表中选择一种目录格式;在“显示级别”文本框中选择目录显示级别;选中“显示页码”复选框;选中“页码右对齐”复选框;在“制表符前导符”下拉列表框中指定分隔符;选中“使用超链接而不使用页码复选框”,则提取的目录以超链接的形式显示;单击“确定”按钮。

7.1.3　Excel

本部分内容为 Excel 报表的制作、常用函数的应用、数据的处理及相关图表的制作。

7.1.3.1　启动 Excel 的方法

(1)新建 Excel 工作簿。任务栏快速启动:开始→程序→Microsoft Office→Microsoft Office Excel,单击 Excel 文件。

(2)打开 Excel 工作簿。①直接对着要打开的 Excel 文件双击,即可自动调用 Excel 软件并打开 Excel 文件。②先运行 Excel 程序,再直接单击“文件”→“新建”并选择要打开的方法即可打开文件。

(3)Excel 工作界面。Excel 工作界面由标题栏、“文件”选项卡、快速访问工具栏、功能区、编辑窗口等几个部分组成:①标题栏:显示正在编辑的工作表的文件名以及所使用的软件名。②“文件”选项卡:使用基本命令(如“新建”“打开”“另存为”“打印”和“关闭”)时单击此按钮。③快速访问工具栏:常用命令,如“保存”和“撤消”位于此处。您也可以添加自己的常用命令。④功能区:工作时需要用到的命令位于此处。它与其他软件中的“菜单”或“工具栏”相同。⑤编辑窗口:显示正在编辑的工作表。工作表由行和列组成,可以输入或编辑数据。工作表中的方形称为“单元格”。⑥显示按钮:根据自己的要求更改正在编辑的工作表的显示模式。⑦滚动条:更改正在编辑的工作表的显示位置。⑧缩放滑块:更改正在编辑的工作表的缩放设置。⑨状态栏:显示正在编辑的工作表的相关信息。

7.1.3.2　工作簿、工作表的基本操作

1. 工作簿与工作表

工作簿是 Excel 使用的文件架构,可以将它想象成是一个工作夹,在这个工作夹里面

有许多工作纸,这些工作纸就是工作表,在默认的情况下每一本新的工作簿预设会有 3 张空白工作表,每一张工作表则会有一次页次标签(如工作表 1、工作表 2、…),利用页次标签来区分不同的工作表。一个工作簿中可以有数张工作表,目前显示在荧幕上的那种工作表称为作用工作表,也就是正在编辑的对象。

2. 建立新工作簿

建立工作簿的工作,通常可借由启动 Excel 一并完成,因为启动 Excel 时,就会顺带开启一份空白的工作簿。按下“文件”标签,切换到“文件”标签后按下“新建”按钮来建立新的工作簿。开启的新工作簿,Excel 会依次以工作簿 1、工作簿 2、…来命名,要重新为工作簿命名,可在存储文件时变更。

3. 工作表重命名

在此工作表的名字上面双击或右键执行“重命名”输入新名称即可。

4. 工作表的移动

单击页次标签,按住鼠标左键不放,拖到相对应的地方松开鼠标就可以了。

5. 删除工作表

对于不再需要的工作表,可在页次标签上按鼠标右键执行“删除”命令将它删除。若工作表中含有内容,还出现提示交谈窗确认是否要删除,避免误删了重要的工作表。

7.1.3.3　单元格的基本操作

1. 单元格位址

工作表内的方格称为“单元格”,所输入的资料便是排放在一个个的单元格中。在工作表的上面有每一栏的“列标题”A、B、C、…,左边则有各列的行标题 1、2、3、…,将列标题和行标题组合起来,就是单元格的“位址”。例如,工作表最左上角的单元格位于第 A 列第 1 行,其位址便是 A1,同理,E 栏的第 3 行单元格,其位址是 E3。

2. 选取单元格的方法

1)选取多个单元格

在单元格内单击鼠标左键,可选取该单元格;若要一次选取多个相邻的单元格,将鼠标指在欲选取范围的第一个单元格,然后按住鼠标左键拉曳到欲选取范围的最后一个单元格,最后再放开左键。

2)选取不连续的多个单元格范围

如果要选取多个不连续的单元格范围,如 B2:D2、A3:A5,先选取 B2:D2 范围,然后按住 Ctrl 键,再选取第 2 个范围 A3:A5,选好后再放开 Ctrl 键,就可以同时选取多个单元格范围了。

3)选取整行或整列

要选取整行或整列,在行编号或列编号上单击一下就可以选中。

3. 调整行高和列宽

当行高和列宽不能满足需求时,可以对相应的行和列进行调整,先选中对应的行和列单击右键,在弹出的对话框中进行修改。

7.1.3.4　函数应用

使用 Excel 提供的计算功能不仅可以提高报表的速度,更重要的是保证报表中数据的准确性,Excel 不仅提供了一般的算术运算,Excel 还提供了丰富的函数,用于进行各种数据计算和统计。

1. 求和函数

在使用函数时,Excel 会自动根据选择数据源范围进行求和计算。单击 L6 使其变成活动单元格,单击常用工具栏上按钮下拉菜单,选择求和选项[或输入“=SUM(B6:K6)”]即显示选项的和,如图 2-7-26 所示。

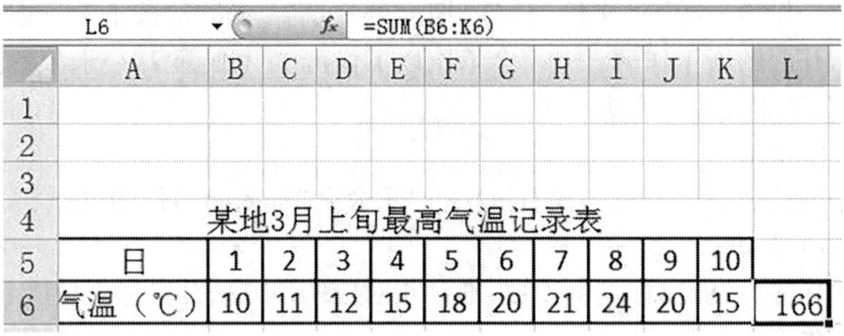

图 2-7-26　求和函数

2. 平均值函数

单击 L6 使其变成活动单元格,单击常用工具栏上按钮的下拉菜单,选择平均值选项(或输入“=AVERAGE( )”),选择合适的数据范围,单击回车键即显示选项的平均值,如图 2-7-27 所示。

图 2-7-27　平均值函数

3. 最大值函数

单击 L6 使其变成活动单元格,单击常用工具栏上按钮下拉菜单,选择最大值选项(或输入“=MAX( )”),选择合适的数据范围,单击回车键即显示选项的最大值,如图 2-7-28 所示。

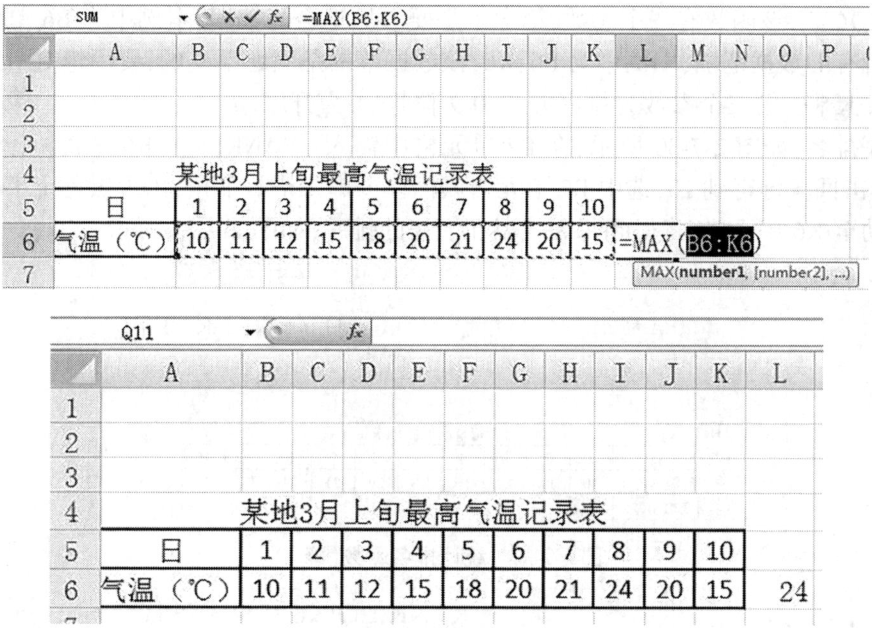

图 2-7-28　**最大值函数**

4. 最小值函数

单击 L6 使其变成活动单元格，单击常用工具栏上按钮下拉菜单，选择最小值选项（或输入“=MIN(B6:K6)”），选择合适的数据范围，单击回车键即显示选项的最小值，如图 2-7-29 所示。

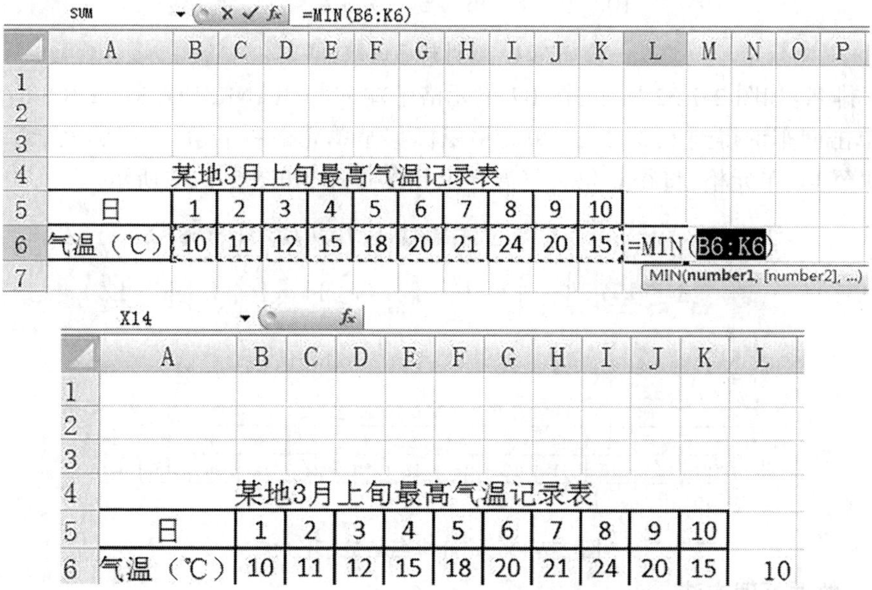

图 2-7-29　**最小值函数**

5. 统计排名函数

单击 B7，使其成为活动单元格，单击“f_x”按钮找到 RANK-EQ( ) 函数或输入“数或输

RANK. EQ( )”,该函数有三个参数,第一个是要参加排名的数据,本例中为 B6 单元格;第二个是所有的数据范围,本例中为 B6:K6,该数据范围是固定不变的,要用绝对引用,即为 $ B $ 6:$ K $ 6;第三个参数为排序方式,0 为降序,1 为升序。

降序排名:如图 2-7-30 所示,在 B7 单元格中输入 = RANK. EQ(K6,$ B $ 6:$ K $ 6, 0”)并单击回车键得到 10,选中 B7 单元格鼠标移至单元格右下角,出现黑色十字时,按住左键拖动至 K6 单元格,将得到每天气温在上旬的排序,如图 2-7-31 所示。

日	1	2	3	4	5	6	7	8	9	10
气温（℃）	10	11	12	15	18	20	21	24	20	15
气温排序	10									

图 2-7-30　统计排名函数(降 1)

日	1	2	3	4	5	6	7	8	9	10
气温（℃）	10	11	12	15	18	20	21	24	20	15
气温排序	10	9	8	6	5	3	2	1	3	6

图 2-7-31　统计排名函数(降 2)

升序排名:如图 2-7-32 所示,在 B7 单元格中输入“ = RANK. EQ(K6,$ B $ 6:$ K $ 6, 1)”,并单击回车键得到 1,选中 B7 单元格鼠标移至单元格右下角,出现黑色十字时,按住左键拖动至 K6 单元格,将得到每天气温在上旬的排序,如图 2-7-33 所示。

日	1	2	3	4	5	6	7	8	9	10
气温（℃）	10	11	12	15	18	20	21	24	20	15
气温排序	1									

图 2-7-32　统计排名函数(升 1)

7.1.3.5　数据处理方法

1. 数据列表

在 Excel 中,数据管理的单位是数据列表,数据列表时由包含相关数据的一系列行所构成。通常将数据列表中的行称为记录,将构成行的单元格称为记录的字段,字段所在列

=RANK.EQ(K6,$B$6:$K$6,1)

A	B	C	D	E	F	G	H	I	J	K	L

某地3月上旬最高气温记录记录表

日	1	2	3	4	5	6	7	8	9	10
气温（℃）	10	11	12	15	18	20	21	24	20	15
气温排序	1	2	3	4	6	7	9	10	7	4

图 2-7-33　统计排名函数(升 2)

的标题被称为字段名。

2. 数据排序

排序就是一句某一个或几个字段值,按一定顺序将清单中的记录重新排列,排序有升序和降序两个类型。对于数值字段,升序就是按从小到大的顺序排列,降序就是从大到小的顺序排列。

对于字符,从 A~Z 是升序,反之则是降序。如果是汉字,则以其汉语拼音字母顺序排序。

1) 单字段排序

如果只依据某一字段进行排序就是单字段排序,这个字段也称为"关键字"。因为单字段排序被经常用到,所以 Excel 在常用工具栏中准备了升序按钮和降序按钮。在如图 2-7-34 中对相关数量按升序排序,如图 2-7-35 所示,单击"确定"按钮之后,可得排序结果,如图 2-7-36 所示。

2019年销售记录统计表

编号	销售员	商品名	购买日期	单价（元	数量	原价	折扣	折后价	优惠幅度（元）
0101	胡八一	机械键盘	2019/1/5	390	8	3120	9.5	2964	156
0102	王凯旋	硬盘	2019/5/8	800	15	12000	9	10800	1200
0103	赵建国	硬盘	2019/4/2	800	8	6400	9	5760	640
0104	张起灵	电脑	2019/4/8	5630	12	67560	8.5	57426	10134
0105	无邪	电脑	2019/5/12	5630	4	22520	8.5	19142	3378
0106	陈文锦	硬盘	2019/5/20	800	11	8800	9	7920	880
0107	霍秀秀	机械键盘	2019/6/5	390	4	1560	9.5	1482	78
0108	汪藏海	电脑	2019/3/18	5630	25	140750	8.5	119637.5	21112.5

图 2-7-34　2019 销售记录统计表

2) 多字段排序

多字段排序是指同时根据几个字段对记录进行排序,Excel 将首先进行排序的字段称为"主要关键字",用于第二步排序的字段称为"次要关键字"。

多字段排序的操作方法是:

(1) 单击数据列表中任意单元格。

(2) 选择"排序和筛选",打开"自定义排序"对话框,在"主要关键字"中选择"购买日期"及排序依据及排序方式

(3) 单击"添加条件"添加"次要关键字",选择"数量"、排序依据和排序方式,如图 2-7-37 所示,单击"确定"按钮,可得多字段排序结果,如图 2-7-38 所示。

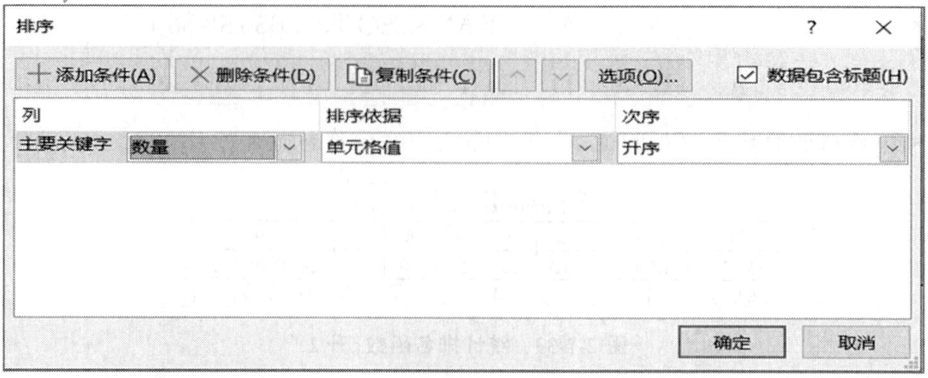

图 2-7-35

2019年销售记录统计表									
编号	销售员	商品名	购买日期	单价（元	数量	原价	折扣	折后价	优惠幅度（元）
0105	无邪	电脑	2019/5/12	5630	4	22520	8.5	19142	3378
0107	霍秀秀	机械键盘	2019/6/5	390	4	1560	9.5	1482	78
0101	胡八一	机械键盘	2019/1/5	390	8	3120	9.5	2964	156
0103	赵建国	硬盘	2019/4/2	800	8	6400	9	5760	640
0106	陈文锦	硬盘	2019/5/20	800	11	8800	9	7920	880
0104	张起灵	电脑	2019/4/8	5630	12	67560	8.5	57426	10134
0102	王凯旋	硬盘	2019/5/8	800	15	12000	9	10800	1200
0108	汪藏海	电脑	2019/3/18	5630	25	140750	8.5	119637.5	21112.5

图 2-7-36　按数量升序排列结果

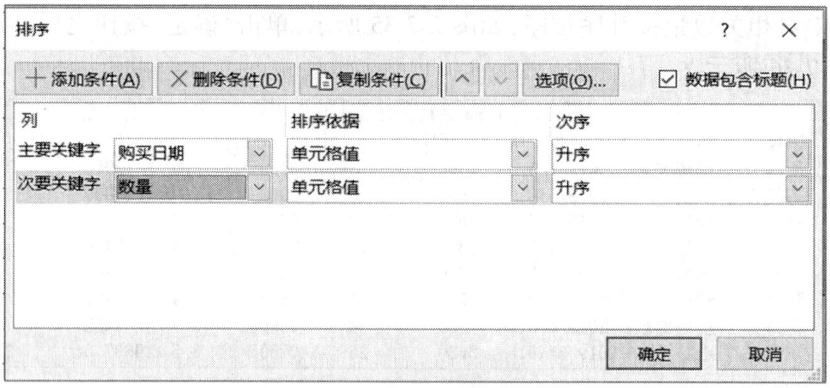

图 2-7-37　多字段排序

2019年销售记录统计表									
编号	销售员	商品名	购买日期	单价（元	数量	原价	折扣	折后价	优惠幅度（元）
0101	胡八一	机械键盘	2019/1/5	390	8	3120	9.5	2964	156
0108	汪藏海	电脑	2019/3/18	5630	25	140750	8.5	119637.5	21112.5
0103	赵建国	硬盘	2019/4/2	800	8	6400	9	5760	640
0104	张起灵	电脑	2019/4/8	5630	12	67560	8.5	57426	10134
0102	王凯旋	硬盘	2019/5/8	800	15	12000	9	10800	1200
0105	无邪	电脑	2019/5/12	5630	4	22520	8.5	19142	3378
0106	陈文锦	硬盘	2019/5/20	800	11	8800	9	7920	880
0107	霍秀秀	机械键盘	2019/6/5	390	4	1560	9.5	1482	78

图 2-7-38　多字段排序结果

3. 数据筛选

数据筛选是将数据列表中那些满足条件的记录显示出来，而将不满足条件的记录隐藏起来，相当于从数据列表中取出一个子集，这对由很多记录构成的数据列表的操作很有用，如果想查看所有机械键盘的记录，利用筛选功能很容易做到。

例如，筛选出商品名为“机械键盘”，数量小于 5 的记录，操作步骤如下：

(1)单击数据列表中的任一单元格。

(2)选择数据→筛选→自动筛选命令，就会看到每个字段名右边都有一个下拉箭头，如图 2-7-39 所示。

2019年销售记录统计表									
编号	销售员	商品名	购买日期	单价（	数量	原价	折扣	折后价	优惠幅度（元
0101	胡八一	机械键盘	2019/1/5	390	8	3120	9.5	2964	156
0108	汪藏海	电脑	2019/3/18	5630	25	140750	8.5	119637.5	21112.5
0103	赵建国	硬盘	2019/4/2	800	8	6400	9	5760	640
0104	张起灵	电脑	2019/4/8	5630	12	67560	8.5	57426	10134
0102	王凯旋	硬盘	2019/5/8	800	15	12000	9	10800	1200
0105	无邪	电脑	2019/5/12	5630	4	22520	8.5	19142	3378
0106	陈文锦	硬盘	2019/5/20	800	11	8800	9	7920	880
0107	霍秀秀	机械键盘	2019/6/5	390	4	1560	9.5	1482	78

图 2-7-39　所有字段筛选

(3)单击“商品名”右边下拉箭头，弹出下拉列表，选中“机械键盘”，如图 2-7-40 所示，单击确定后可得筛选结果，如图 2-7-41 所示。

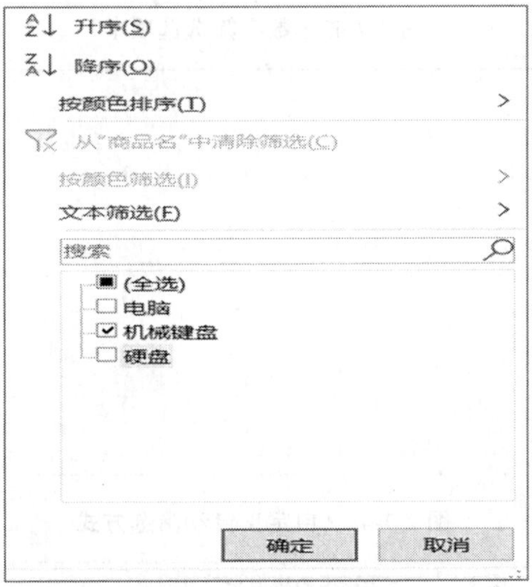

图 2-7-40　筛选“机械键盘”

2019年销售记录统计表									
编号	销售员	商品名	购买日期	单价（	数量	原价	折扣	折后价	优惠幅度（元
0101	胡八一	机械键盘	2019/1/5	390	8	3120	9.5	2964	156
0107	霍秀秀	机械键盘	2019/6/5	390	4	1560	9.5	1482	78

图 2-7-41　筛选“机械键盘”结果

(4)单击“数量”右边下拉箭头，单击“自定义”在弹出的菜单中选择“小于”，弹出对话框,如图 2-7-42 所示,在“小于”右边的下拉菜单中输入 5,如图 2-7-43 所示。单击”确定”按钮,就可以达到筛选出来的结果,如图 2-7-44 所示。

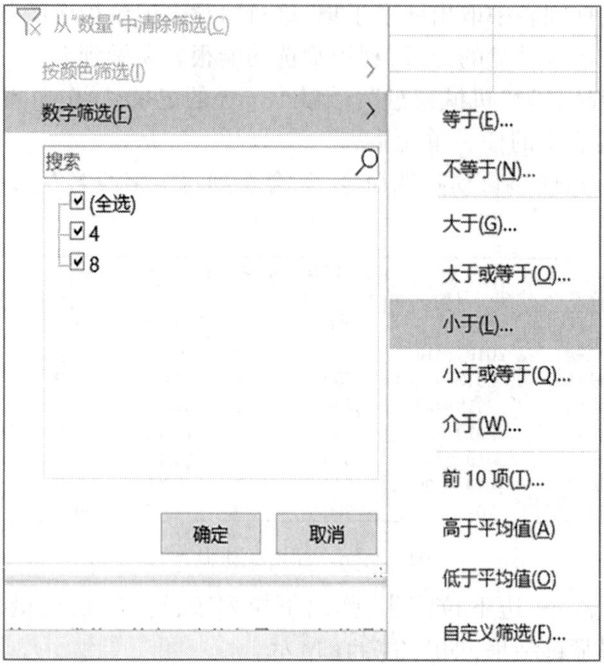

图 2-7-42　数字筛选选项卡

图 2-7-43　自定义自动筛选方式

2019年销售记录统计表									
编号	销售员	商品名	购买日期	单价（	数量	原价	折扣	折后价	优惠幅度（元
0107	霍秀秀	机械键盘	2019/6/5	390	4	1560	9.5	1482	78

图 2-7-44　自定义自动筛选结果

4. 数据分类汇总

在销售报表、生产报表,甚至日常使用的电子表格都需要进行数据的统计运算,如求和统计、平均统计或计数统计等,以方便直接查看统计结构,或利用大纲组查看形成结果的详细数据。不过进行分类汇总的数据必须先经过排序处理,将同类型的数据项排列在一起。

先将数据按照”商品名”进行排序,使相同地区的数据能排列在一起,以“商品名”作为主要关键字进行排序,如图 2-7-45 所示。

2019年销售记录统计表									
编号	销售员	商品名	购买日期	单价（元	数量	原价	折扣	折后价	优惠幅度（元）
0108	汪藏海	电脑	2019/3/18	5630	25	140750	8.5	119637.5	21112.5
0104	张起灵	电脑	2019/4/8	5630	12	67560	8.5	57426	10134
0105	无邪	电脑	2019/5/12	5630	4	22520	8.5	19142	3378
0101	胡八一	机械键盘	2019/1/5	390	8	3120	9.5	2964	156
0107	霍秀秀	机械键盘	2019/6/5	390	4	1560	9.5	1482	78
0103	赵建国	硬盘	2019/4/2	800	8	6400	9	5760	640
0102	王凯旋	硬盘	2019/5/8	800	15	12000	9	10800	1200
0106	陈文锦	硬盘	2019/5/20	800	11	8800	9	7920	880

图 2-7-45　按商品名排序结果

(1)单击数据列表中的任一单元格。

(2)选择“数据”→“分类汇总”,弹出对话框如图 2-7-46 所示,在弹出的对话框中,在“选定汇总项”中选择“单价”“数量”“原价”和“优惠幅度”,单击确定,就可以显示出分类汇总结果, 并在结果左上角出现 1、2、3 三个按钮,单击 3、2、1 按钮可以分别得如图 2-7-47~图 2-7-49 所示结果,也可查看某类商品的明细与汇总,如查看“电脑”明细及汇总,单击“明细”按键下方的第一个“+”号展开,如图 2-7-50 所示。

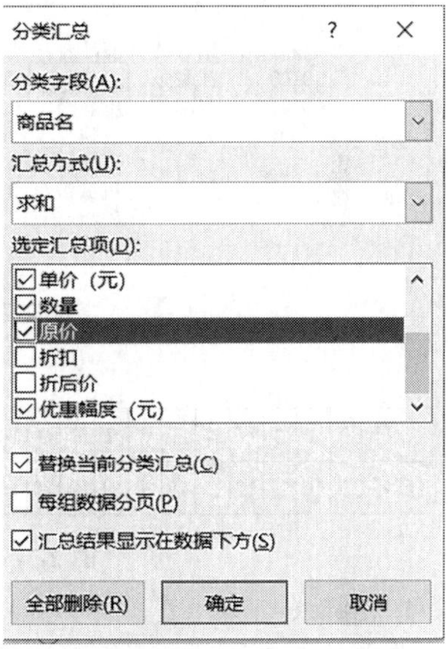

图 2-7-46　分类汇总对话框

7.1.3.6　图形绘制

Excel 中图形绘制主要通过选中数据源后,通过插入图表的功能实现,一般通过“折线图”表示过程线,“Y 散点图”表示分布图及相关“组合图”,下面以“某地 3 月日最高气温记录表”(见图 2-7-51),分别绘制过程线、分布图及相关组合图。

	A	B	C	D	E	F	G	H	I	J
1	2019年销售记录统计表									
2	编号	销售员	商品名	购买日期	单价（元	数量	原价	折扣	折后价	优惠幅度（元）
3	0108	汪藏海	电脑	2019/3/18	5630	25	140750	8.5	119637.5	21112.5
4	0104	张起灵	电脑	2019/4/8	5630	12	67560	8.5	57426	10134
5	0105	无邪	电脑	2019/5/12	5630	4	22520	8.5	19142	3378
6			**电脑 汇总**		16890	41	230830			34624.5
7	0101	胡八一	机械键盘	2019/1/5	390	8	3120	9.5	2964	156
8	0107	霍秀秀	机械键盘	2019/6/5	390	4	1560	9.5	1482	78
9			**机械键盘 汇总**		780	12	4680			234
10	0103	赵建国	硬盘	2019/4/2	800	8	6400	9	5760	640
11	0102	王凯旋	硬盘	2019/5/8	800	15	12000	9	10800	1200
12	0106	陈文锦	硬盘	2019/5/20	800	11	8800	9	7920	880
13			**硬盘 汇总**		2400	34	27200			2720
14			**总计**		20070	87	262710			37578.5

图 3-7-47　分类汇总 1

	A	B	C	D	E	F	G	H	I	J
1	2019年销售记录统计表									
2	编号	销售员	商品名	购买日期	单价（元	数量	原价	折扣	折后价	优惠幅度（元）
6			**电脑 汇总**		16890	41	230830			34624.5
9			**机械键盘 汇总**		780	12	4680			234
13			**硬盘 汇总**		2400	34	27200			2720
14			**总计**		20070	87	262710			37578.5

图 3-7-48　分类汇总 2

	A	B	C	D	E	F	G	H	I	J
1	2019年销售记录统计表									
2	编号	销售员	商品名	购买日期	单价（元	数量	原价	折扣	折后价	优惠幅度（元）
14			**总计**		20070	87	262710			37578.5

图 3-7-49　分类汇总 3

	A	B	C	D	E	F	G	H	I	J
1	2019年销售记录统计表									
2	编号	销售员	商品名	购买日期	单价（元	数量	原价	折扣	折后价	优惠幅度（元）
3	0108	汪藏海	电脑	2019/3/18	5630	25	140750	8.5	119637.5	21112.5
4	0104	张起灵	电脑	2019/4/8	5630	12	67560	8.5	57426	10134
5	0105	无邪	电脑	2019/5/12	5630	4	22520	8.5	19142	3378
6			**电脑 汇总**		16890	41	230830			34624.5
9			**机械键盘 汇总**		780	12	4680			234
13			**硬盘 汇总**		2400	34	27200			2720
14			**总计**		20070	87	262710			37578.5

图 2-7-50　查看“电脑”明细及汇总

某地3月最高气温记录表

日	1	2	3	4	5	6	7	8	9	10	11	12	13	14	15	16	17	18	19	20	21	22	23	24	25	26	27	28	29	30	31
气温（℃）	10	11	12	15	18	20	21	24	20	15	14	13	15	15	13	13	13	18	20	21	22	23	24	24	23	23	16	13	10	10	11

图 2-7-51　某地 3 月日最高气温记录表

1. 过程线

选中某地 3 月日最高气温记录表，单击菜单栏“插入”，展开“图表”功能区，选择“所有图表”中的“折线图”，选择“堆积折线图”中的第二个示样图表，如图 2-7-52 所示，单击“确定”按钮，得到过程线结果如图 2-7-53，选中该图表，选择“图表工具”中的“快速布局”选项并展开，如图 2-7-54，选择目标图表样式，并重新输入图表标题、横轴和纵轴标签内容，过程线绘制完成如图 2-7-55 所示。

2. 分布图

参照过程线的绘制过程，选择“XY 散点图”，依次按图 2-7-56 ~ 图 2-7-58 执行，可得分布图结果。

3. 相关组合图

参照过程线的绘制过程，选择“组合图”中的“簇状柱形图—次坐标轴上的折线图”，依次按图 2-7-59 ~ 图 2-7-62 执行，可得分布图结果。

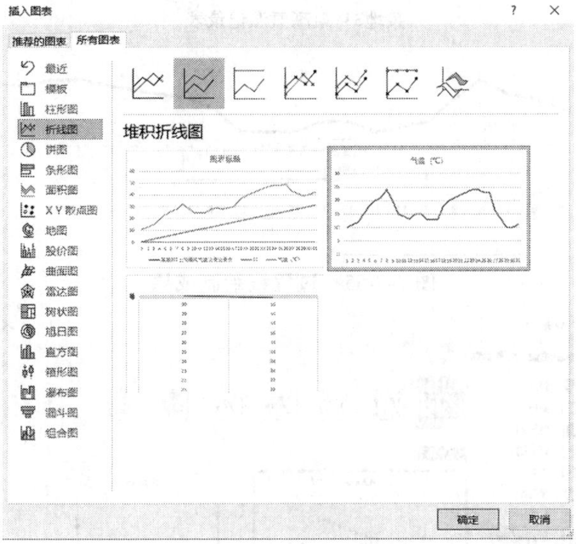

图 2-7-52　“插入图表”

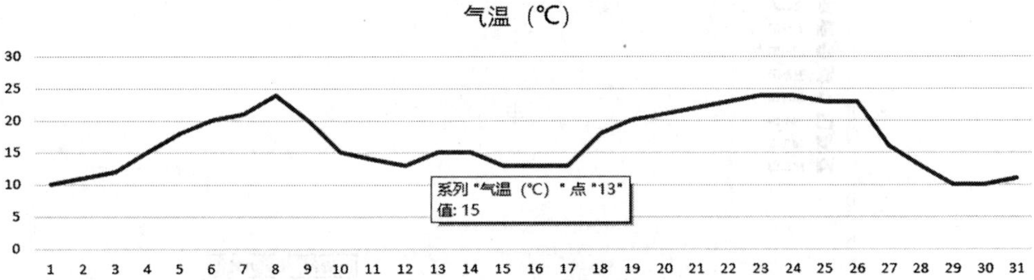

图 2-7-53　过程线绘制

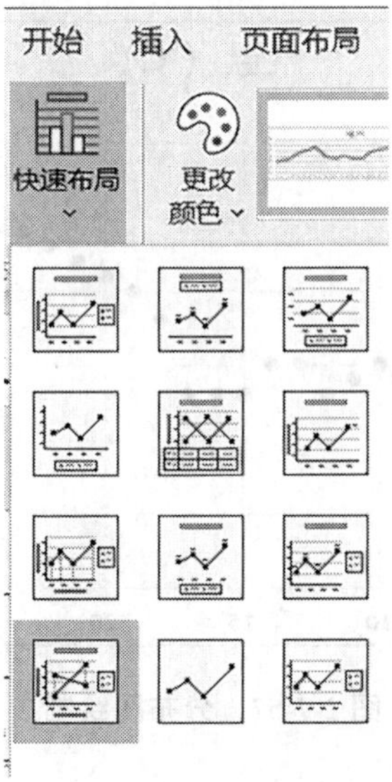

图 2-7-54　快速布局

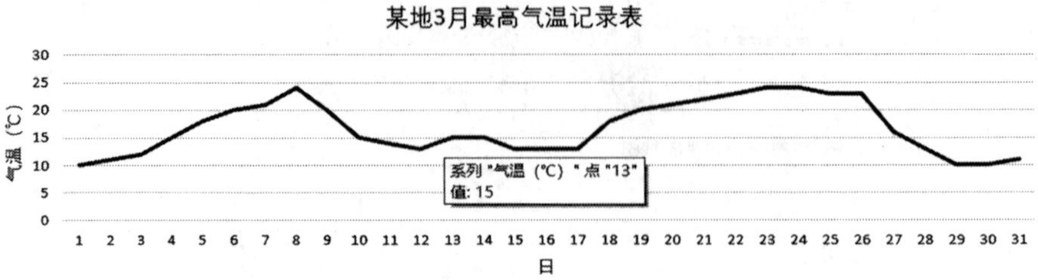

图 2-7-55　过程线绘制成果

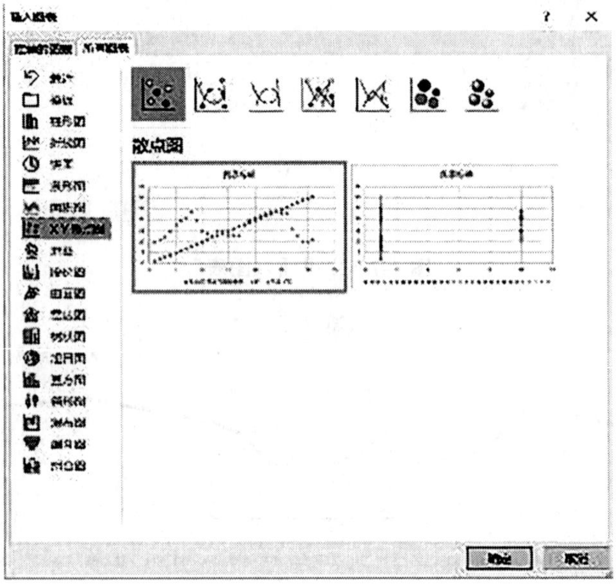

图 2-7-56　分布图绘制 1

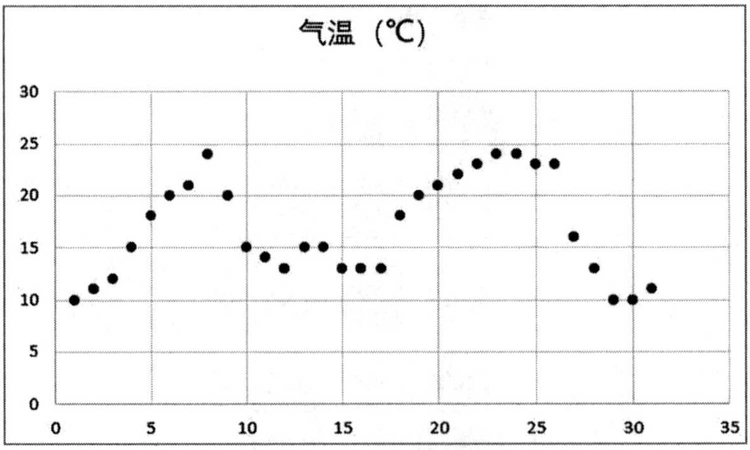

图 2-7-57　分布图绘制 2

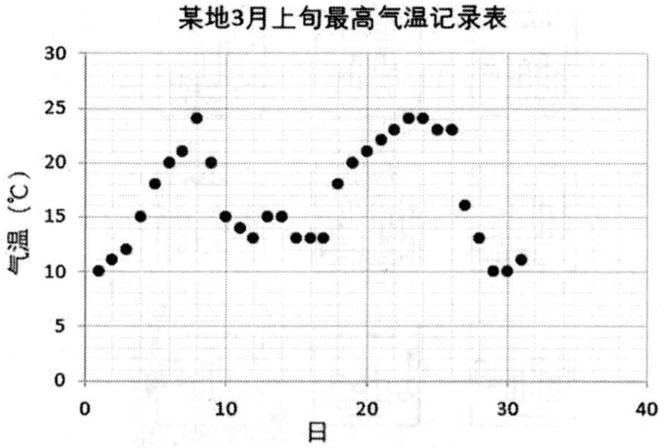

图 2-7-58　分布图绘制 3

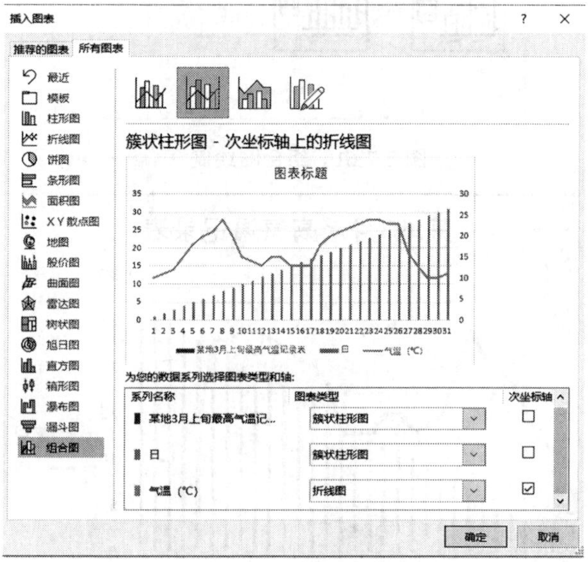

图 2-7-59　组合图绘制 1

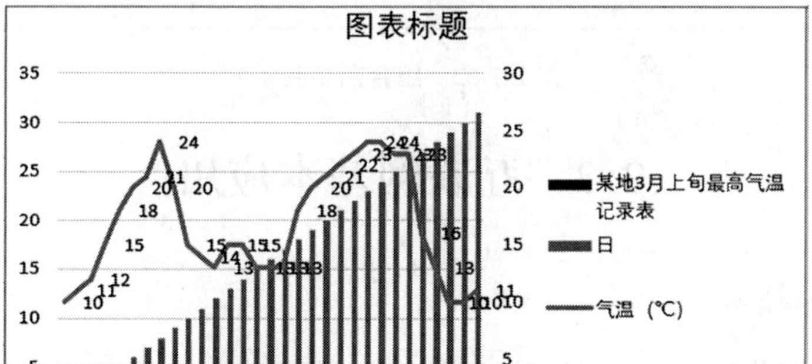

图 2-7-60　组合图绘制 2

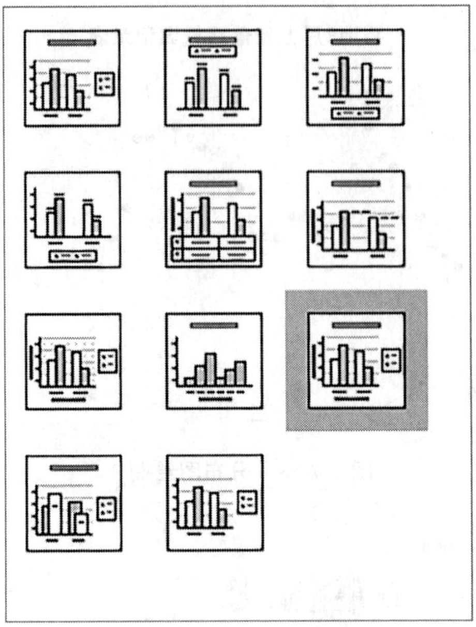

图 2-7-61　组合图绘制 3

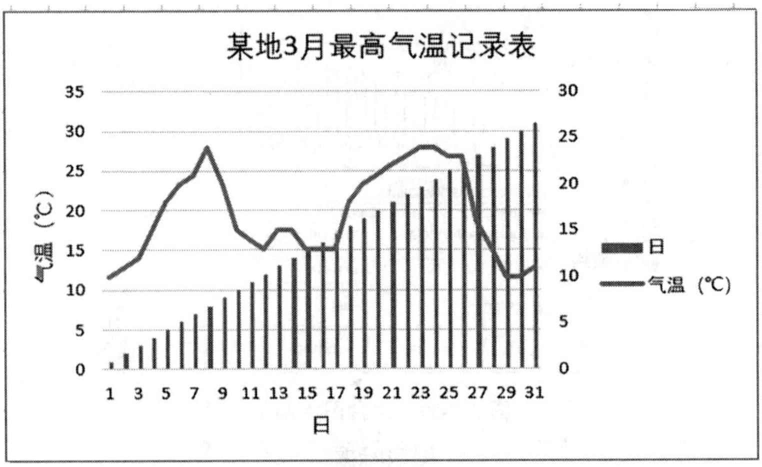

图 2-7-62　组合图绘制 4

7.2　互联网基本应用

7.2.1　二维码技术

二维码技术是指用某种特定的几何图形按一定规律在平面(二维方向上)分布的黑白相间的图形记录数据符号信息。二维码是一种比一维码更高级的条码格式,能存储汉字、数字、图片等信息,因此二维码技术的应用领域极广,具有高密度、范围广、可靠性高、成本低、容错能力强等特点。

工程巡检记录及检查经历了纯人工纸质录入、PC 端辅助录入、PDA 辅助录入三个阶段,这三种录入方式都存在不足,具体如下:

(1)纯人工纸质录入:携带纸质不方便,模板更换不灵活,后期统计工作量大;

(2)PC 端辅助录入:携带纸质或者 PC 不方便,可能需要重复输入;

(3)PDA 辅助录入:PDA 和软件定制费用高,后期维护成本大。

二维码技术的应用:工作人员只需在手机端即可录入巡检记录、查看工程资料,更能通过工程管理 APP 直接管理,最大化实现无纸化、移动化及简约化办公。

7.2.2　物联网技术

物联网是通过传感设备、控制设备,按约定协议,将物件信息或物件间的互动信息与互联网连接起来,进行信息交换和通信,实现智能化识别、定位、跟踪、监控和管理等功能的一种应用架构。

物联网诞生之前,人们一直是将物理基础设施和 IT 基础设施分开。而在物联网时代,把感应器等芯片嵌入到桥梁、隧道、公路、电网、管线等各种物体中,然后与现有的互联网整合统一,实现人类社会与物理系统的整合。如在起重设备上装上先进的传感器,能对风向、粉尘、温度等做出实时监测,并及时做出安全预警;操作人员通过人脸识别进入工作区域,防止无关人员进入工作区域保障操作人员与物资安全;管理人员在千里之外就能对工程意外情况进行远程指挥;设备需人脸识别后方可启用。这些都是物联网技术在工程的运用。

通过物联网技术实现对事物和作业的不间断监测,及时响应突发事件是物联网的一项重要应用。具有灵敏度高、体积小、易于敷设、对被检测场无干扰、抗电磁干扰能力强、能够进行分布测量等特点的光纤传感器在建筑智能化中将发挥越来越大的作用。

利用物联网技术可以预知水工建筑物主体结构局部的载荷及状况,并对突发状况进行紧急响应。光纤光栅传感器可以贴在结构的表面或预先埋入结构中,对结构同时进行冲击检测、形状控制和振动阻尼检测等,以监视结构的缺陷情况。

第 8 章　相关法律、法规知识

8.1 《中华人民共和国劳动法》相关知识

为了保护劳动者的合法权益，调整劳动关系，建立和维护适应社会主义市场经济的劳动制度，促进经济发展和社会进步，根据宪法制定的法规。

1994 年 7 月 5 日第八届全国人民代表大会常务委员会第八次会议通过，1995 年 1 月 1 日起施行。2018 年 12 月 29 日，第十三届全国人民代表大会常务委员会第七次会议通过对《中华人民共和国劳动法》做出修改。

《中华人民共和国劳动法》调整的范围涉及促进就业、劳动合同和集体合同、工作时间和休息休假、工资、劳动安全卫生、女职工和未成年工特殊保护、职业培训、社会保险和福利、劳动争议等。

劳动者应当完成劳动任务，提高职业技能，执行劳动安全卫生规程，遵守劳动纪律和职业道德。

从事特种作业的劳动者必须经过专门培训并取得特种作业资格。

劳动者在劳动过程中必须严格遵守安全操作规程。

劳动者对用人单位管理人员违章指挥、强令冒险作业，有权拒绝执行；对危害生命安全和身体健康的行为，有权提出批评、检举和控告。

国家确定职业分类，对规定的职业制定职业技能标准，实行职业资格证书制度，由经过政府批准的考核鉴定机构负责对劳动者实施职业技能考核鉴定。

8.2 《中华人民共和国劳动合同法》相关知识

《中华人民共和国劳动合同法》是为了完善劳动合同制度，明确劳动合同双方当事人的权利和义务，保护劳动者的合法权益，构建和发展和谐稳定的劳动关系而制定的法规。

2007 年 6 月 29 日中华人民共和国第十届全国人民代表大会常务委员会第二十八次会议通过，2008 年 1 月 1 日起施行。2012 年 12 月 28 日第十一届全国人民代表大会常务委员会第三十次会议进行了修改。

《中华人民共和国劳动合同法》有总则、劳动合同的订立、劳动合同的履行和变更、劳动合同的解除和终止、特别规定、监督检查、法律责任、附则等八章，是一部完善劳动合同制度，明确劳动合同双方当事人的权利和义务，保护劳动者的合法权益，构建和发展和谐稳定的劳动关系的法律。中华人民共和国境内的企业、个体经济组织、民办非企业单位等组织（以下称用人单位）与劳动者建立劳动关系，订立、履行、变更、解除或者终止劳动合同，适用本法。国家机关、事业单位、社会团体和与其建立劳动关系的劳动者，订立、履行、变更、解除或者终止劳动合同,依照本法执行。

用人单位应当依法建立和完善劳动规章制度,保障劳动者享有劳动权利、履行劳动义务。用人单位在制定、修改或者决定有关劳动报酬、工作时间、休息休假、劳动安全卫生、保险福利、职工培训、劳动纪律以及劳动定额管理等直接涉及劳动者切身利益的规章制度或者重大事项时,应当经职工代表大会或者全体职工讨论,提出方案和意见,与工会或者职工代表平等协商确定。在规章制度和重大事项决定实施过程中,工会或者职工认为不适当的,有权向用人单位提出,通过协商予以修改完善。用人单位应当将直接涉及劳动者切身利益的规章制度和重大事项决定公示,或者告知劳动者。

8.2.1 劳动合同的订立

劳动合同分为固定期限劳动合同、无固定期限劳动合同和以完成一定工作任务为期限的劳动合同。

固定期限劳动合同,是指用人单位与劳动者约定合同终止时间的劳动合同。用人单位与劳动者协商一致,可以订立固定期限劳动合同。无固定期限劳动合同,是指用人单位与劳动者约定无确定终止时间的劳动合同。用人单位与劳动者协商一致,可以订立无固定期限劳动合同。以完成一定工作任务为期限的劳动合同,是指用人单位与劳动者约定以某项工作的完成为合同期限的劳动合同。用人单位与劳动者协商一致,可以订立以完成一定工作任务为期限的劳动合同。

用人单位招用劳动者时,应当如实告知劳动者工作内容、工作条件、工作地点、职业危害、安全生产状况、劳动报酬,以及劳动者要求了解的其他情况;用人单位有权了解劳动者与劳动合同直接相关的基本情况,劳动者应当如实说明。用人单位招用劳动者,不得扣押劳动者的居民身份证和其他证件,不得要求劳动者提供担保或者以其他名义向劳动者收取财物。

建立劳动关系,应当订立书面劳动合同。已建立劳动关系,未同时订立书面劳动合同的,应当自用工之日起一个月内订立书面劳动合同。用人单位与劳动者在用工前订立劳动合同的,劳动关系自用工之日起建立。用人单位未在用工的同时订立书面劳动合同,与劳动者约定的劳动报酬不明确的,新招用的劳动者的劳动报酬按照集体合同规定的标准执行;没有集体合同或者集体合同未规定的,实行同工同酬。劳动合同由用人单位与劳动者协商一致,并经用人单位与劳动者在劳动合同文本上签字或者盖章生效。劳动合同文本由用人单位和劳动者各执一份。

劳动合同期限三个月以上不满一年的,试用期不得超过一个月;劳动合同期限一年以上不满三年的,试用期不得超过两个月;三年以上固定期限和无固定期限的劳动合同,试用期不得超过六个月。

8.2.2 劳动合同的履行

用人单位与劳动者应当按照劳动合同的约定,全面履行各自的义务。

用人单位应当按照劳动合同约定和国家规定,向劳动者及时足额支付劳动报酬。用人单位拖欠或者未足额支付劳动报酬的,劳动者可以依法向当地人民法院申请支付令,人民法院应当依法发出支付令。用人单位应当严格执行劳动定额标准,不得强迫或者变相强迫劳动者加班。用人单位安排加班的,应当按照国家有关规定向劳动者支付加班费。

劳动者拒绝用人单位管理人员违章指挥、强令冒险作业的,不视为违反劳动合同。劳动者对危害生命安全和身体健康的劳动条件,有权对用人单位提出批评、检举和控告。

8.2.3　劳动合同的解除

用人单位与劳动者协商一致,可以解除劳动合同。劳动者提前三十日以书面形式通知用人单位,可以解除劳动合同。劳动者在试用期内提前三日通知用人单位,可以解除劳动合同。

8.3　《中华人民共和国水法》相关知识

《中华人民共和国水法》是为了合理开发、利用、节约和保护水资源,防治水害,实现水资源的可持续利用,适应国民经济和社会发展的需要而制定的法规。

1988 年 1 月 21 日第六届全国人民代表大会常务委员会第二十四次会议通过,2016 年 7 月 2 日第十二届全国人民代表大会常务委员会第二十一次会议进行了修订。

《中华人民共和国水法》有总则,水资源规划,水资源开发利用,水资源、水域和水工程的保护,水资源配置和节约使用,水事纠纷处理与执法监督检查,法律责任,附则等八章,是一部为了合理开发、利用、节约和保护水资源,防治水害,实现水资源的可持续利用,适应国民经济和社会发展的需要的法律。在中华人民共和国领域内开发、利用、节约、保护、管理水资源,防治水害,适用本法。

8.3.1　水资源的权属与管理

水资源(包括地表水和地下水)属于国家所有。水资源的所有权由国务院代表国家行使。国家对水资源实行流域管理与行政区域管理相结合的管理体制。国务院水行政主管部门负责全国水资源的统一管理和监督工作。流域管理机构,在所管辖的范围内,行使法律、行政法规规定的和国务院水行政主管部门授予的水资源管理和监督职责。县级以上地方人民政府水行政主管部门按照规定的权限,负责本行政区域内水资源的统一管理和监督工作。农村集体经济组织的水塘和由农村集体经济组织修建管理的水库中的水,归各该农村集体经济组织使用。

国家对用水实行总量控制和定额管理相结合的制度,对水资源依法实行取水许可制度和有偿使用制度(但是,农村集体经济组织及其成员使用本集体经济组织的水塘、水库中的水除外)。国务院水行政主管部门负责全国取水许可制度和水资源有偿使用制度的组织实施。任何单位和个人引水、截(蓄)水、排水,不得损害公共利益和他人的合法权益。

8.3.2　水资源规划

开发、利用、节约、保护水资源和防治水害,应当全面规划、统筹兼顾、标本兼治、综合利用、讲求效益,发挥水资源的多种功能,协调好生活、生产经营和生态环境用水。应当按照流域、区域统一制订规划。建设水工程,必须符合流域综合规划。调蓄径流和分配水量,应当依据流域规划和水中长期供求规划。制订规划,必须由县级以上人民政府水行政主管部门会同同级有关部门组织进行水资源综合科学考察和调查评价。县级以上人民政府水行政主管部门和流域管理机构应当加强水文、水资源信息系统建设,应当加强对水资源的动态监测。基本水文资料应当按照国家有关规定予以公开。

8.3.3　水资源节约与保护

国家厉行节约用水,大力推行节约用水措施,推广节约用水新技术、新工艺,发展节水型工业、农业和服务业,建立节水型社会。建设项目的节水设施没有建成或者没有达到国家规定的要求,擅自投入使用的,由县级以上人民政府有关部门或者流域管理机构依据职权,责令停止使用,限期改正,处五万元以上十万元以下的罚款。

国家保护水资源,采取有效措施,保护植被,植树种草,涵养水源,防治水土流失和水体污染,改善生态环境。按照流域综合规划、水资源保护规划和经济社会发展要求,拟定国家确定的重要江河、湖泊的水功能区划。禁止在饮用水水源保护区内设置排污口。

禁止在江河、湖泊、水库、运河、渠道内弃置、堆放阻碍行洪的物体和种植阻碍行洪的林木及高秆作物。禁止在航道内弃置沉船、设置碍航渔具、种植水生植物。禁止在河道管理范围内建设妨碍行洪的建筑物、构筑物以及从事影响河势稳定、危害河岸堤防安全和其他妨碍河道行洪的活动。禁止在水工程保护范围内从事影响水工程运行和危害水工程安全的爆破、打井、采石、取土等活动。禁止侵占、毁坏水工程及堤防、护岸等有关设施,毁坏防汛、水文监测、水文地质监测设施。

在河道管理范围内建设桥梁、码头和其他拦河、跨河、临河建筑物、构筑物,铺设跨河管道、电缆,应当符合国家规定的防洪标准和其他有关的技术要求,工程建设方案应当依照防洪法的有关规定报经有关水行政主管部门审查同意。

8.3.4　水事纠纷处理

不同行政区域之间发生水事纠纷的,应当协商处理;协商不成的,由上一级人民政府裁决,有关各方必须遵照执行。单位之间、个人之间、单位与个人之间发生的水事纠纷,应当协商解决;当事人不愿协商或者协商不成的,可以申请县级以上地方人民政府或者其授权的部门调解,也可以直接向人民法院提起民事诉讼。

在水事纠纷发生及其处理过程中煽动闹事、结伙斗殴、抢夺或者损坏公私财物、非法限制他人人身自由,构成犯罪的,依照刑法的有关规定追究刑事责任;尚不够刑事处罚的,由公安机关依法给予治安管理处罚。

8.4　《中华人民共和国防洪法》相关知识

《中华人民共和国防洪法》是为了防治洪水,防御、减轻洪涝灾害,维护人民的生命和财产安全,保障社会主义现代化建设顺利进行而制定的法规。

1997年8月29日第八届全国人民代表大会常务委员会第二十七次会议通过,1998

年 1 月 1 日起施行。2016 年 7 月 2 日第十二届全国人民代表大会常务委员会第二十一次会议进行了修改。

《中华人民共和国防洪法》有总则、防洪规划、治理与防护、防洪区和防洪工程设施的管理、防汛抗洪、保障措施、法律责任、附则等八章,是为了防治洪水,防御、减轻洪涝灾害,维护人民的生命和财产安全,保障社会主义现代化建设顺利进行的一部法律。防洪工作实行全面规划、统筹兼顾、预防为主、综合治理、局部利益服从全局利益的原则。开发利用和保护水资源,应当服从防洪总体安排,实行兴利与除害相结合的原则。防洪工作按照流域或者区域实行统一规划、分级实施和流域管理与行政区域管理相结合的制度。任何单位和个人都有保护防洪工程设施和依法参加防汛抗洪的义务。

8.4.1 防洪规划

防洪规划是指为防治某一流域、河段或者区域的洪涝灾害而制定的总体部署,包括国家确定的重要江河、湖泊的流域防洪规划,其他江河、河段、湖泊的防洪规划以及区域防洪规划。防洪规划应当服从所在地流域、区域的综合规划;区域防洪规划应当服从所在流域的流域防洪规划。防洪规划是江河、湖泊治理和防洪工程设施建设的基本依据。编制防洪规划,应当遵循确保重点、兼顾一般,以及防汛和抗旱相结合、工程措施和非工程措施相结合的原则,充分考虑洪涝规律和上下游、左右岸的关系以及国民经济对防洪的要求,并与国土规划和土地利用总体规划相协调。防洪规划应当确定防护对象、治理目标和任务、防洪措施和实施方案,划定洪泛区、蓄滞洪区和防洪保护区的范围,规定蓄滞洪区的使用原则。受风暴潮威胁的沿海地区的县级以上地方人民政府,应当把防御风暴潮纳入本地区的防洪规划;对山体滑坡、崩塌和泥石流隐患进行全面调查,划定重点防治区,采取防治措施;城市、村镇和其他居民点以及工厂、矿山、铁路和公路干线的布局,应当避开山洪威胁,已经建在受山洪威胁的地方的,应当采取防御措施;平原、洼地、水网圩区、山谷、盆地等易涝地区,应当制订除涝治涝规划;国务院水行政主管部门应当会同有关部门和省、自治区、直辖市人民政府制订长江、黄河、珠江、辽河、淮河、海河入海河口的整治规划。在江河、湖泊上建设防洪工程和其他水工程、水电站等,应当符合防洪规划的要求;水库应当按照防洪规划的要求留足防洪库容。

8.4.2 治理与防护

防治江河洪水,应当蓄泄兼施,充分发挥河道行洪能力和水库、洼淀、湖泊调蓄洪水的功能,加强河道防护,因地制宜地采取定期清淤疏浚等措施,保持行洪畅通。防治江河洪水,应当保护、扩大流域林草植被,涵养水源,加强流域水土保持综合治理。整治河道和修建控制引导水流向、保护堤岸等工程,应当兼顾上下游、左右岸的关系,按照规划治导线实施,不得任意改变河水流向。禁止在河道、湖泊管理范围内建设妨碍行洪的建筑物、构筑物,倾倒垃圾、渣土,从事影响河势稳定、危害河岸堤防安全和其他妨碍河道行洪的活动。禁止在行洪河道内种植阻碍行洪的林木和高秆作物。禁止围湖造地。禁止围垦河道。

8.4.3 防汛抗洪

国务院设立国家防汛指挥机构，负责领导、组织全国的防汛抗洪工作，其办事机构设在国务院水行政主管部门。在国家确定的重要江河、湖泊可以设立由有关省、自治区、直辖市人民政府和该江河、湖泊的流域管理机构负责人等组成的防汛指挥机构。有防汛抗洪任务的县级以上地方人民政府设立由有关部门、当地驻军、人民武装部负责人等组成的防汛指挥机构。

在汛期，气象、水文、海洋等有关部门应当按照各自的职责，及时向有关防汛指挥机构提供天气、水文等实时信息和风暴潮预报；电信部门应当优先提供防汛抗洪通信的服务；运输、电力、物资材料供应等有关部门应当优先为防汛抗洪服务。

在汛期，水库、闸坝和其他水工程设施的运用，必须服从有关的防汛指挥机构的调度指挥和监督。在汛期，水库不得擅自在汛期限制水位以上蓄水，其汛期限制水位以上的防洪库容的运用，必须服从有关的防汛指挥机构的调度指挥和监督。在凌汛期，有防凌汛任务的江河的上游水库的下泄水量必须征得有关的防汛指挥机构的同意，并接受其监督。

中国人民解放军、中国人民武装警察部队和民兵应当执行国家赋予的抗洪抢险任务。

8.4.4 防洪区概念

防洪区是指洪水泛滥可能淹及的地区，分为洪泛区、蓄滞洪区和防洪保护区。洪泛区是指尚无工程设施保护的洪水泛滥所及的地区。蓄滞洪区是指包括分洪口在内的河堤背水面以外临时贮存洪水的低洼地区及湖泊等。防洪保护区是指在防洪标准内受防洪工程设施保护的地区。

洪泛区、蓄滞洪区和防洪保护区的范围，在防洪规划或者防御洪水方案中划定，并报请省级以上人民政府按照国务院规定的权限批准后予以公告。

8.5 《中华人民共和国安全生产法》相关知识

《中华人民共和国安全生产法》是为了加强安全生产工作，防止和减少生产安全事故，保障人民群众生命和财产安全，促进经济社会持续健康发展而制定的法规。

2002 年 6 月 29 日中华人民共和国第九届全国人民代表大会常务委员会第二十八次会议通过，2002 年 11 月 1 日起施行。2014 年 8 月 31 日第十二届全国人民代表大会常务委员会第十次会议通过修改，自 2014 年 12 月 1 日起施行。

《中华人民共和国安全生产法》有总则、生产经营单位的安全生产保障、从业人员的权利义务、安全生产的监督管理、生产安全事故的应急救援与调查处理、法律责任、附则等七章，是为了加强安全生产工作，防止和减少生产安全事故，保障人民群众生命和财产安全，促进经济社会持续健康发展的一部法律。在中华人民共和国领域内从事生产经营活动的单位的安全生产，适用本法。

8.5.1 生产经营单位的安全生产保障

生产经营单位必须加强安全生产管理,建立、健全安全生产责任制度,完善安全生产条件,确保安全生产。不具备安全生产条件的,不得从事生产经营活动。必须执行依法制定的保障安全生产的国家标准或者行业标准,必须对安全设备进行经常性维护、保养,并定期检测,保证正常运转。组织制定并实施本单位的生产安全事故应急救援预案;及时、如实报告生产安全事故。应当对从业人员进行安全生产教育和培训,保证从业人员具备必要的安全生产知识,熟悉有关的安全生产规章制度和安全操作规程,掌握本岗位的安全操作技能。未经安全生产教育和培训合格的从业人员,不得上岗作业。

生产经营单位的主要负责人对本单位的安全生产工作全面负责。发生重大生产安全事故时,应当立即组织抢救,并不得在事故调查处理期间擅离职守,不得瞒报虚报。

8.5.2 从业人员的权利义务

生产经营单位与从业人员订立的劳动合同,应当载明有关保障从业人员劳动安全、防止职业危害的事项,以及依法为从业人员办理工伤社会保险的事项。生产经营单位的从业人员有依法获得安全生产保障的权利,并应当依法履行安全生产方面的义务。

8.5.3 政府的职责

县级以上地方各级人民政府应当根据本行政区域内的安全生产状况,组织有关部门按照职责分工,对本行政区域内容易发生重大生产安全事故的生产经营单位进行严格检查;发现事故隐患,应当及时处理。应当组织有关部门制定本行政区域内特大生产安全事故应急救援预案,建立应急救援体系。

8.6 《中华人民共和国环境保护法》相关知识

《中华人民共和国环境保护法》是为保护和改善环境,防治污染和其他公害,保障公众健康,推进生态文明建设,促进经济社会可持续发展制定的国家法律。

中华人民共和国第七届全国人民代表大会常务委员会第十一次会议于 1989 年 12 月 26 日通过,自公布之日起施行;中华人民共和国第十二届全国人民代表大会常务委员会第八次会议于 2014 年 4 月 24 日修订通过,修订后的《中华人民共和国环境保护法》自 2015 年 1 月 1 日起施行。

《中华人民共和国环境保护法》规定,产生环境污染和其他公害的单位,必须把环境保护工作纳入计划,建立环境保护责任制度;采取有效措施,防治在生产建设或者其他活动中产生的废气、废水、废渣、粉尘、放射性物质以及噪声、振动、电磁波辐射等对环境的污染和危害。

8.7 《中华人民共和国水污染防治法》相关知识

中华人民共和国水污染防治法是为了保护和改善环境,防治水污染,保护水生态,保障饮用水安全,维护公众健康,推进生态文明建设,促进经济社会可持续发展而制定的法律。

1984 年 5 月 11 日中华人民共和国第六届全国人民代表大会常务委员会第五次会议通过,现行版本为 2017 年 6 月 27 日第十二届全国人民代表大会常务委员会第二十八次会议修订,自 2018 年 1 月 1 日起施行。

水污染防治应当坚持预防为主、防治结合、综合治理的原则,优先保护饮用水水源,严格控制工业污染、城镇生活污染,防治农业面源污染,积极推进生态治理工程建设,预防、控制和减少水环境污染和生态破坏。

县级以上人民政府应当将水环境保护工作纳入国民经济和社会发展规划。地方各级人民政府对本行政区域的水环境质量负责,应当及时采取措施防治水污染。

省、市、县、乡建立河长制,分级分段组织领导本行政区域内江河、湖泊的水资源保护、水域岸线管理、水污染防治、水环境治理等工作。

国家实行水环境保护目标责任制和考核评价制度,将水环境保护目标完成情况作为对地方人民政府及其负责人考核评价的内容。

国家鼓励、支持水污染防治的科学技术研究和先进适用技术的推广应用,加强水环境保护的宣传教育。

排放水污染物,不得超过国家或者地方规定的水污染物排放标准和重点水污染物排放总量控制指标。

8.8 《水库大坝安全管理条例》相关知识

为了加强水库大坝安全管理,保障人民生命财产和社会主义建设的安全,根据《中华人民共和国水法》,我国于 1991 年颁布实施了《水库大坝安全管理条例》。

1991 年 3 月 22 日中华人民共和国国务院令第 77 号发布,2018 年 3 月 19 日国务院进行了修订。

各级人民政府及其大坝主管部门对其所管辖的大坝的安全实行行政领导负责制。

大坝的建设和管理应当贯彻安全第一的方针。

任何单位和个人都有保护大坝安全的义务。

大坝及其设施受国家保护,任何单位和个人不得侵占、毁坏。大坝管理单位应当加强大坝的安全保卫工作。

禁止在大坝管理和保护范围内进行爆破、打井、采石、采矿、挖沙、取土、修坟等危害大坝安全的活动。

非大坝管理人员不得操作大坝的泄洪闸门、输水闸门以及其他设施,大坝管理人员操作时应当遵守有关的规章制度。禁止任何单位和个人干扰大坝的正常管理工作。

禁止在大坝的集水区域内乱伐林木、陡坡开荒等导致水库淤积的活动。禁止在库区内围垦和进行采石、取土等危及山体的活动。

禁止在坝体修建码头、渠道、堆放杂物、晾晒粮草。在大坝管理和保护范围内修建码头、鱼塘的，须经大坝主管部门批准，并与坝脚和泄水、输水建筑物保持一定距离，不得影响大坝安全、工程管理和抢险工作。

大坝主管部门应当配备具有相应业务水平的大坝安全管理人员。

大坝管理单位应当建立、健全安全管理规章制度。

大坝管理单位必须按照有关技术标准，对大坝进行安全监测和检查；对监测资料应当及时整理分析，随时掌握大坝运行状况。发现异常现象和不安全因素时，大坝管理单位应当立即报告大坝主管部门，及时采取措施。

大坝管理单位必须做好大坝的养护修理工作，保证大坝和闸门启闭设备完好。

大坝的运行，必须在保证安全的前提下，发挥综合效益。大坝管理单位应当根据批准的计划和大坝主管部门的指令进行水库的调度运用。

在汛期，综合利用的水库，其调度运用必须服从防汛指挥机构的统一指挥；以发电为主的水库，其汛限水位以上的防洪库容及其洪水调度运用，必须服从防汛指挥机构的统一指挥。

任何单位和个人不得非法干预水库的调度运用。

大坝主管部门应当建立大坝定期安全检查、鉴定制度。

汛前、汛后，以及暴风、暴雨、特大洪水或者强烈地震发生后，大坝主管部门应当组织对其所管辖的大坝的安全进行检查。

大坝主管部门对其所管辖的大坝应当按期注册登记，建立技术档案。大坝注册登记办法由国务院水行政主管部门会同有关主管部门制定。

大坝管理单位和有关部门应当做好防汛抢险物料的准备和气象水情预报，并保证水情传递、报警以及大坝管理单位与大坝主管部门、上级防汛指挥机构之间联系通畅。

大坝出现险情征兆时，大坝管理单位应当立即报告大坝主管部门和上级防汛指挥机构，并采取抢救措施；有垮坝危险时，应当采取一切措施向预计的垮坝淹没地区发出警报，做好转移工作。

8.9 《中华人民共和国河道管理条例》相关知识

《中华人民共和国河道管理条例》是为加强河道管理，保障防洪安全，发挥江河湖泊的综合效益，根据《中华人民共和国水法》而制定的法规。

1988 年 6 月 3 日国务院第七次常务会议通过，1988 年 6 月 10 日起施行。2017 年 3 月 1 日、2017 年 10 月 7 日、2018 年 3 月 19 日国务院进行了修订。

国务院水利行政主管部门是全国河道的主管机关。各省、自治区、直辖市的水行政主管部门是该行政区域的河道主管机关。

河道防汛和清障工作实行地方人民政府行政首长负责制。

一切单位和个人都有保护河道堤防安全和参加防汛抢险的义务。

修建开发水利、防治水害、整治河道的各类工程和跨河、穿河、穿堤、临河的桥梁、码头、道路、渡口、管道、缆线等建筑物及设施，建设单位必须按照河道管理权限，将工程建设方案报送河道主管机关审查同意后，方可按照基本建设程序履行审批手续。

堤防上已修建的涵闸、泵站和埋设的穿堤管道、缆线等建筑物及设施，河道主管机关应当定期检查，对不符合工程安全要求的，限期改建。在堤防上新建上述所指建筑物及设施，必须经河道主管机关验收合格后方可启用，并服从河道主管机关的安全管理。

在河道管理范围内，禁止堆放、倾倒、掩埋、排放污染水体的物体。

对河道管理范围内的阻水障碍物，按照“谁设障，谁清除”的原则，由河道主管机关提出清障计划和实施方案，由防汛指挥部责令设障者在规定的期限内清除。逾期不清除的，由防汛指挥部组织强行清除，并由设障者负担全部清障费用。

非管理人员操作河道上的涵闸闸门或者干扰河道管理单位正常工作的，县级以上地方人民政府河道主管机关除责令纠正违法行为、赔偿损失、采取补救措施外，可以并处警告、罚款；应当给予治安管理处罚的，按照《中华人民共和国治安管理处罚条例》的规定处罚；构成犯罪的，依法追究刑事责任。

8.10 《中华人民共和国防汛条例》相关知识

《中华人民共和国防汛条例》是为了做好防汛抗洪工作，保障人民生命财产安全和经济建设的顺利进行，根据《中华人民共和国水法》而制定的法规。

1991 年 7 月 2 日发布，2011 年 1 月 8 日《国务院关于废止和修改部分行政法规的决定》进行了修订。

防汛工作实行“安全第一，常备不懈，以防为主，全力抢险”的方针，遵循团结协作和局部利益服从全局利益的原则。

防汛工作实行各级人民政府行政首长负责制，实行统一指挥，分级分部门负责。各有关部门实行防汛岗位责任制。

任何单位和个人都有参加防汛抗洪的义务。

河道管理机构和其他防洪工程管理单位可以结合平时的管理任务，组织本单位的防汛抢险队伍，作为紧急抢险的骨干力量。

汛期调度运用计划经批准后，由水库、水电站、拦河闸坝等工程的管理部门负责执行。

汛期，河道、水库、水电站、闸坝等水工程管理单位必须按照规定对水工程进行巡查，发现险情，必须立即采取抢护措施，并及时向防汛指挥部和上级主管部门报告。

第 9 章 相关技术标准知识

9.1 《土石坝安全监测技术规范》(SL 551)相关知识

为加强土石坝安全监测技术工作,保障工程安全,根据《水库大坝安全管理条例》的要求,制定本规范。

本规范主要适用于水利水电工程等级划分及设计标准中的 1 级、2 级、3 级碾压式土石坝的安全监测。4 级、5 级碾压式土石坝以及其他类型的土石坝的安全监测可参照执行。

本规范的监测范围,包括土石坝的坝体、坝基、坝端和与坝的安全有直接关系的输泄水建筑物和设备,以及对土石坝安全有重大影响的近坝区岸坡。

安全监测方法包括巡视检查和用仪器进行监测,仪器监测应和巡视检查相结合。

土石坝的安全监测,应根据工程等级、规模、结构形式及其地形、地质条件和地理环境等因素,设置必要的监测项目及其相应设施,定期进行系统的监测。

土石坝的安全监测工作应遵循如下原则:

(1)监测仪器、设施的布置,应密切结合工程具体条件,突出重点,兼顾全面。相关项目应统筹安排,配合布置。

(2)监测仪器、设施的选择,要在可靠、耐久、经济、实用的前提下,力求先进和便于自动化监测。

(3)监测仪器、设施的安装埋设,应及时到位,专业施工,确保质量。仪器、设施安装埋设时,宜减少对主体工程施工的影响;主体工程施工应为仪器设施安装埋设提供必要的条件。

(4)应保证在恶劣条件下,仍能进行必要项目的监测。必要时,可设专门的监测站(房)和监测廊道。

监测仪器主要技术指标应符合大坝监测仪器国家现行标准的规定。仪器埋设前应进行检验、率定和电缆接头防水处理;埋设后应做好仪器设施的保护,并及时填写考证表和绘制电缆走线图。应经专项验收合格后,移交管理单位存档备查。

仪器监测应适时建立基准值,按规定测次进行监测,发现异常,立即复测。应做到监测连续、记录真实、注记齐全、整理及时。一旦发现问题,应及时上报。测读仪表应定期率定,更换时应进行比测。

各阶段的监测工作应符合以下要求:

(1)施工阶段。应由设计单位提出施工详图和详细技术要求。实施单位应做好仪器设备的检验、率定、安装埋设、调试和保护;应安排专人进行监测工作,并保证监测设施完好及监测数据连续、准确、完整;应及时对监测资料进行整理、分析,评价施工期工程性状,提出施工阶段工程安全监测实施和资料分析报告。工程竣工验收时,实施单位应将监测设施和竣工图、埋设记录、施工期监测记录以及整理、分析等全部资料汇编成正式文件(包括电子文档),移交管理单位。

(2)初期蓄水阶段。蓄水前应制订监测工作计划,拟定各监测项目基准值和主要的设计警戒值。开始蓄水时应加强监测,及时分析监测资料,并对工程工作状态做出评估,提出初期蓄水工程安全监测专题报告。

(3)运行阶段。应进行日常及特殊情况下的监测工作,并做好监测设施的检查、维护、校正、更新、补充和完善。定期对监测资料进行整编、分析,做出运行阶段工程工作状态评估,并提出工程安全监测资料的分析报告。

通过各阶段监测成果的分析研究,可按下列类型对大坝工作状态做出评价:

(1)正常状态,指大坝达到设计功能,不存在影响正常使用的缺陷,且各主要监测量的变化处于正常状态。

(2)异常状态,指工程的某些功能已不能完全满足设计要求,或主要监测量出现某些异常,因而影响正常使用状态。

(3)险情状态,指工程出现危及安全的严重缺陷,或环境中某些危及安全的因素正在加剧,或主要监测量出现较大异常,按设计条件继续运行将出现大事故的状态。

当发生有感地震、大洪水、库水位骤变、高水位运行,以及大坝工作状态出现异常等特殊情况时,应加强巡视检查,并对重点部位的有关项目加强监测。

已建工程监测设施不全或损坏、失效的,应根据情况予以补设或更新改造。当工程进行除险加固、扩建、改建或监测系统更新改造时,应保持监测资料的连续性,并根据本标准有关规定做出监测系统更新设计。

为保证工程能获得施工或蓄水期初始数据,在永久监测系统完工前可设置临时监测设施进行监测。临时监测设施应与永久监测系统建立数据传递关系,确保监测数据的连续性。

土石坝的管理单位以及进行施工期监测的施工单位,应根据《水库大坝安全管理条例》,建立、健全土石坝安全监测的专业组织和仪器设备管理制度。

9.2 《混凝土坝安全监测技术规范》(SL 601)相关知识

为规范混凝土坝安全监测、掌握大坝运行性态、指导工程施工和运行、反馈设计、降低大坝风险,特制定本规范。

本规范适用于水利水电工程等级划分及设计标准中的 1 级、2 级、3 级、4 级混凝土坝的安全监测,5 级混凝土坝可参照执行。

混凝土坝安全监测范围应包括坝体、坝基、坝肩、对大坝安全有重大影响的近坝区岸坡以及与大坝安全有直接关系的其他建筑物和设备。

安全监测方式应包括现场检查和仪器监测。

安全监测应遵循下列原则:

(1)应根据工程规模、等级,并结合工程实际及上、下游影响进行监测布置;相关监测项目应配合布置,突出重点,兼顾全面,并考虑与数值计算和模型试验的比较和验证。关键部位测点宜冗余设置。

(2)监测仪器设备应可靠、耐久、实用,技术性能指标满足规范及工程要求,力求先进和便于实现自动化监测。

(3)监测仪器安装应按设计要求精心施工,在尽量减少对主体工程施工影响的前提下,及时安装、埋设和保护;主体工程施工过程中应为仪器设施安装、埋设和监测提供必要的时间和空间;及时做好监测仪器的初期测读,并填写考证表,绘制竣工图,存档备查。

(4)监测应满足规程规范和设计要求,相关监测项目应同步监测;发现测值异常时立即复测;做到监测资料连续,记录真实,注记齐全,整理分析及时。

(5)应定期对监测设施进行检查、维护和鉴定,监测设施不满足要求时应更新改造。测读仪表应定期检定或校准。

(6)已建坝进行除险加固、改(扩)建或监测设施进行更新改造时,应对原有监测设施进行鉴定。

(7)必要时可设置临时监测设施。临时监测设施与永久监测设施宜建立数据传递关系,确保监测数据的连续性。

(8)自动化监测宜与人工观测相结合,应保证在恶劣环境条件下仍能进行重要项目的监测。

大坝安全监测各阶段的工作应满足下列要求:

(1)施工阶段。提出施工详图和技术要求;做好仪器设备的检验、埋设、安装、调试和保护工作,编写埋设记录和考证资料,及时取得初始(基准)值,固定专人监测,保证监测设施完好和监测数据连续、可靠、完整,并绘制竣工图和编制竣工报告;及时进行监测资料分析,编写施工期工程安全监测报告,评价施工期大坝安全状况,为施工提供决策依据。工程竣工验收时,应提出工程安全监测专题报告,对安全监测系统是否满足竣工验收要求做出评价。

(2)初期蓄水阶段。首次蓄水前应制订监测工作计划,拟订监控指标。蓄水过程中应做好仪器监测和现场检查,及时分析监测资料,评价工程安全性态,提出初次蓄水工程安全监测专题报告,为初期蓄水提供依据。

(3)运行阶段。按规范和设计要求开展监测工作,并做好监测设施的检查、维护、校正、更新、补充和完善。定期对监测资料定期整编和分析,编写监测报告,评价大坝的运行状态,提出工程安全监测资料分析报告,及时归档;发现异常情况应及时分析、判断;如分析或发现工程存在隐患,应立即上报主管部门。

按国家及行业有关规定,安装埋设前,监测仪器设备应由具备资质的机构进行检测、检定或校准。监测仪器设备应由具备资质的机构进行安装调试。

混凝土坝的安全监测项目及其测次应遵守规定。当发生地震、大暴雨、库水位骤变、高水位且低气温、水库放空以及大坝工作状态异常时,应加强现场检查、增加测次,必要时应增加监测项目,发现问题,及时上报。

应定期对监测资料进行整编分析,并按下列分类对大坝工作状态做出评估:

(1)正常状态。指大坝达到设计要求的功能,无影响正常使用的缺陷,且各主要监测量的变化处于正常运行状态。

(2)异常状态。指大坝的某项功能已不能完全满足设计要求,或主要监测量出现某些异常,因而影响工程正常运行的状态,但在一定控制运用条件下工程能安全运行。

(3)险情状态。指大坝出现危及安全的严重缺陷,或环境中某些危及安全的因素正在加剧,或主要监测量出现较大异常,若按设计条件继续运行将出现大事故的状态。工程不能按设计正常运行。

当大坝运行状态评为异常或险情时,应立即上报主管部门。

9.3 《水闸技术管理规程》(SL 75)相关知识

为科学管理水闸,使其得到合理控制运用,延长使用年限,充分发挥效益,保证工程安全可靠运行,制定本规程。

本规程适用于大型、中型水闸,小型水闸可参照执行。

水闸管理单位应贯彻执行有关法律、法规、标准和制度,做好管护工作,保证工程安全。

水闸管理单位应根据本规程,结合工程的设计和实际情况,编制技术管理实施细则,报上级主管部门批准,并根据工程运用情况,适时进行修订。

水闸管理单位应按程序实施工程维修,水闸工程的运行及维修养护应积极采用先进、实用、成熟、可靠的新技术、新材料和新工艺,提高信息化和自动化监测水平。

水闸管理单位应建立并严格执行安全管理制度。

水闸管理单位应建立完整的技术档案,定期进行资料整编。

9.3.1 控制运用

水闸管理单位应根据工程设计特征值,结合水闸承担的任务和工程条件,确定下列指标,作为控制运用的依据:

(1)上、下游最高水位和最低水位。

(2)最大过闸流量,相应单宽流量及上、下游水位。

(3)最大水位差及相应的上、下游水位。

(4)上、下游河道的安全运行水位和流量。

水闸控制运用应遵循下列原则:

(1)统筹兼顾兴利与除害、经济效益与社会效益及生态环境效益,综合考虑上下游、左右岸、各行业、各部门的要求。

(2)综合利用水资源。

(3)服从流域或区域防洪调度。

水闸管理单位应根据水闸规划设计要求、所承担的任务和所在流域或区域防汛抗旱调度方案,按年度或分阶段制订控制运用计划,报上级主管部门批准后组织实施。

水闸运用应按批准的控制运用计划或上级主管部门的指令进行。对上级主管部门的指令应详细记录、复核,执行完毕后,向上级主管部门报告,留存水闸操作运行记录。

水闸超过设计控制指标运用时,应进行分析论证和安全复核,提出可行的运用方案和改造措施,报经上级主管部门批准后施行。

在保证工程安全,不影响防洪、引水等效益的前提下,宜满足下列要求:

(1)保持通航河道水位相对稳定和最小通航水深。

(2)利用鱼道或采取其他运用方式保护渔业资源。

(3)水力发电。

当水闸上、下游河道水体被污染,水闸保护范围内有影响工程安全的活动时,水闸管理单位应及时采取处理措施,并向上级主管部门报告。

有淤积的水闸,应采取妥善的运用方式防淤减淤。

泄流时,应采取措施防止船舶或漂浮物影响闸门启闭或危及闸门、建筑物安全。

通航河道上的水闸,管理单位应及时与当地航运主管部门互通信息,通报水情。

9.3.2　检查观测

水闸检查观测宜包括下列内容:

(1)监视并掌握水情、水流形态、设施性能、运行状态和变化趋势,为运用管理提供科学依据。

(2)发现异常现象,及时分析并查找原因,采取措施,防止危及水闸正常运行和安全。

(3)验证工程规划、设计、施工及科研成果,为有关科研调查项目提供资料。

水闸检查观测工作应符合下列基本要求:

(1)按规定的内容(或项目)、测次和时间执行。

(2)观测成果应真实、准确,监测精度应符合要求,资料应及时整理、分析,并定期进行整编。

(3)观测设施应妥善维护,监测仪器和工具应定期校验、维护。

9.3.3　维修养护

(1)水闸工程的维修养护应坚持"经常养护,及时维修,养修并重",对检查发现的缺陷和问题,应随时进行保养和局部维修,以保证工程及设备处于良好状态。

(2)水闸工程的维修养护按工作内容和费用可分为养护和维修。

(3)水闸工程维修应遵循下列程序:检查评估、编报维修方案(或设计文件)、实施、验收。

(4)工程出险时,应按预案组织抢修。在抢修的同时报上级主管部门,可组织专家会商论证抢修方案。

(5)水闸工程维修项目验收合格后,应将有关资料归档。

9.3.4　安全管理

(1)水闸管理单位应根据有关法律、法规、标准,对水闸管理范围内的水事活动进行监督检查,维护正常的工程管理秩序。

(2)应根据水闸的运行条件、工程布置和周围其他环境因素,划定水闸工程管理范围和保护范围,进行确权划界,设置明显标志。

(3)应加强对工程管理范围内的巡视检查,发现侵占、破坏或者损坏水利工程行为时,应立即采取有效措施予以制止,报告有关部门,情节严重的依法追究责任,恢复原状。

(4)应对工程管理范围内批准的建设项目进行监督管理。

(5)应建立健全安全管理组织、安全生产规章制度和安全操作规程,做到安全生产。

(6)应编制安全生产应急预案,发生事故后应迅速采取有效措施,组织抢救,防止事故扩大,并及时向上级主管部门汇报。

9.3.5　资料整编与归档

(1)水闸管理单位应建立健全档案管理制度,由经培训取得上岗资格的人员管理档案。档案保管设施应齐全、整洁、完好。

(2)水闸管理单位应及时整理各类技术资料并归档,主要包括下列内容:①有关水闸管理的政策、规定、管理办法、上级批示和协议等。②水闸建设及技术改造的规划、设计、施工、验收等技术文件。③控制运行、检查观测、维修养护等方面的资料。

(3)各单位应逐步实行档案的数字化及计算机管理。

(4)应严格执行资料档案的保管、借阅制度。

(5)保管人员工作变动时,应按规定办理移交手续。

9.4　《堤防工程养护修理规程》(SL 595)相关知识

为规范堤防工程养护修理工作,提高工程管理水平,保障工程安全运用,制定本规程。

本规程适用于 1 级、2 级、3 级堤防工程的养护修理。4 级及其以下堤防工程的养护修理可参照执行。

堤防工程养护包括堤防、堤岸防护工程、穿跨堤建筑物和管理设施等单位工程的日常保养和防护,堤防工程修理包括岁修、大修和抢修。

堤防工程的养护修理应坚持“经常养护、及时修理、养修并重”。

堤防工程养护修理应遵守下列规定:

(1)执行堤防工程管理的法规和有关技术标准,做好养护工作。

(2)修理可按工程损坏调查、修理方案设计、施工、验收四个程序进行。工程的施工、验收应参照有关标准的规定执行。

(3)涉及度汛的修理工程应在汛前完成,汛前完成确有困难,应采取临时安全度汛措施。

(4)堤防工程发生险情,应立即组织抢修,并及时上报。

堤防工程养护、修理的各项工作,应做好技术资料的整理并按照有关技术档案的管理规定存档。

第 3 篇　操作技能——初级工

第 1 章　环境量监测

1.1　水位观测

水位是水体(如河流、湖泊、水库、海洋、沼泽等)的自由水面相对于基面的高程,其单位以 m 计。在实际的水位观测中,利用水尺观读水位有三种应用方式。普遍使用的是立式水尺,另外有斜坡式水尺和矮桩式水尺,矮桩式水尺用得不多。

另外,可在岩石上或水工建筑物上直接涂绘水尺刻度(斜面上应校正到竖直)测算水位,也有通过从水面以上某一已知高程的固定点用“悬锤水尺”测量离水面竖直高程差来计算水位的,以及用测针测算水位(如蒸发观测就用测针测量水面高度)等。悬锤水尺如图 3-1-1 所示。

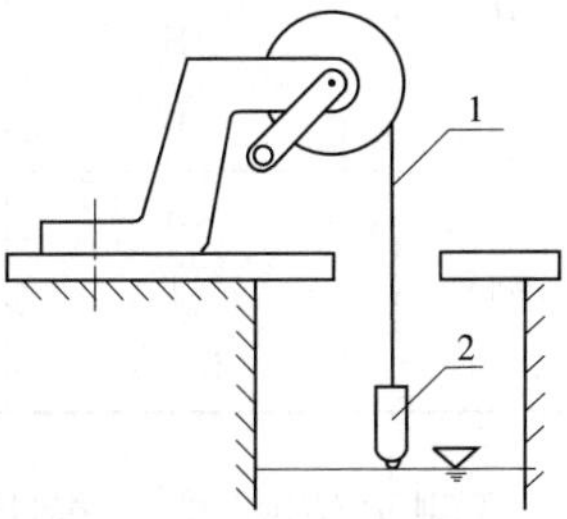

1—悬尺;2—悬锤

图 3-1-1　悬锤水尺示意图

1.1.1　水尺读数方法

直立式水尺常常成组设立,测量范围高于最高水位和低于最低水位各 0.5 m,成组设置时,相邻水尺间应有 0.1～0.2 m 的重合区间,以保证读到任一水位,如图 3-1-2 所示。直立水尺分格距 1 cm,安装完成后,用精确的水准测量方法确定每根水尺上水尺板的零点高程,在读得水尺板上的水位刻度后,加上该水尺的零点高程就得到了水位高程。斜坡式水尺设置在库岸斜坡上,水尺

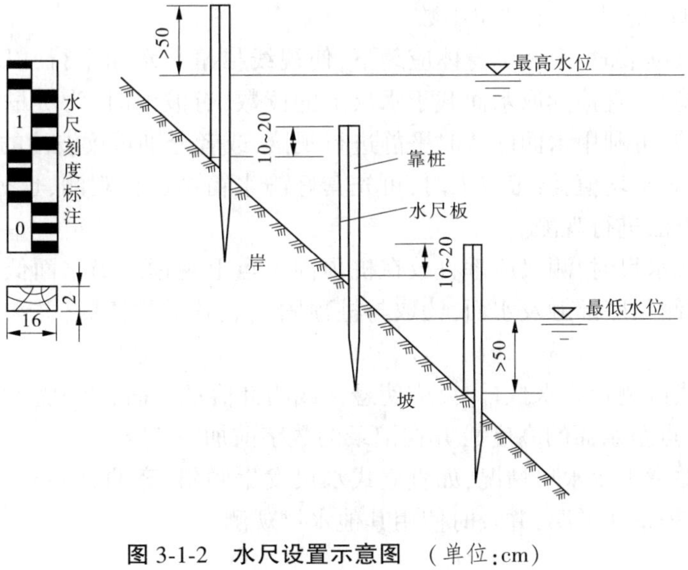

图 3-1-2　水尺设置示意图　(单位:cm)

的刻度采用水准仪按 1 m 水位标记线定位，再把相邻两个定位点等分 100 格距，油漆划分线条并在定位点标注高程数字。斜坡式水尺测读水位很方便，只是对岸坡和断面要求较高，整修时还要在斜尺面边上修一小路，以利于观测。

1.1.1.1 水尺编号的标识

为便于正确识别和记载各水尺观读的数值，水位测验设置的水尺按规则统一编号，并标示在各水尺桩(面)上。一般，直立式水尺标注在靠桩上部，矮桩式水尺标注在桩顶，倾斜式水尺标注在斜面上的明显位置。水尺编号规定见表 3-1-1。

表 3-1-1 水尺编号规定

类别	代号	意义
组号	P	基本水尺
	C	流速仪测流断面水尺
	S	比降水尺
	B	其他专用或辅助水尺
脚号	u	设于上游的
	l	设于下游的
	a、b、c、…	一个断面上有多股水流时，自左岸开始的

观测水位时，应先将所需观读水尺的编号写入记载表中，再观读、记录水尺读数。

1.1.1.2 水尺读数观测方法

观测员应根据本站水文测验任务书要求、河流特性及水位涨落变化情况，合理分布确定水位观测段次，做好观测前的准备工作。每天将使用的时钟与标准北京时间核对一次，日误差不应超过 300 s。携带观测记载表及记录铅笔，提前 5 min 到达观测断面。到达观测时间时，应准时观读，并现场记录水尺读数。

水位观测一般读记至 1 cm，时间记至 1 min。水尺读数应按从 m、dm、cm 的顺序读取，并以 m 为单位记录，记至两位小数。

在观测水尺读数时，观测员身体应蹲下，使视线尽量与水面平行，以减少折光产生的误差。水面平稳时，直接读取水面截于水尺上的读数；有波浪时，为尽量减少波浪对水位观测产生的误差，可利用水面的暂时平静进行观读，或者分别观读波浪的峰顶和谷底在水尺上的读数，取其平均值；波浪较大时，可先套好静水箱再进行观测，也可采用多次观读，取其平均值等方法进行观测。

观测矮桩式水尺时，测尺应垂直放在桩顶固定点上观读。当水面低于桩顶且下部未设水尺时，应将测尺底部触及水面，读取与桩顶固定点齐平的读数，并在记录的数字前加“-”号。

观测悬锤式或测针式水位计时，应使悬锤或测针恰抵水面，读取悬尺或游标尺在固定点的读数(固定点至水面的高度)，并在记录的数字前加“-”号。

观测前应注意观察水尺情况，如直立式水尺发生倾斜、弯曲，倾斜式水尺发生隆鼓等情况，应在记载表备注说明，并及时使用其他水尺观测。

1.1.1.3 转换水尺的水位观测

换读水尺比测是指水位在涨落过程中,水面同时到达相邻两支水尺的尺面上,可以观测到同一时刻两支水尺的读数,并计算出各支水尺的水位,用以检验两支水尺观测的水位是否衔接,并可检验水尺零点高程有无变动。

当水位的涨落过程需要换水尺观测时,应对两支相邻水尺同时比测一次。换尺频繁时期,若能确定水尺稳固,可不必每次换尺时都比测。

在水尺水位涨落换读观测中,两支相邻水尺同时比测的水位差不超过 2 cm 时,以平均值作为观测的水位。当比测的水位差超过 2 cm 时,应查明原因或校测水尺零点高程。当能判明某支水尺观测不准确时,可选用较准确的那支水尺读数计算水位,并应在未选用的记录数值上加一圆括号。应详细记录选用水位数值的依据,并将记录结果填入水位记载表的备注栏内。

1.1.1.4 冰期水位观测方法

冰期应观测河道、水库(湖泊)等水体的自由水面的水位。水位测次,以能测得完整的水位变化过程为原则。

当观读水尺处周围出现微冰、流冰花等冰情,水尺处能观测到自由水面时,直接观读水尺读数。

当观读水尺处为岸冰时,应将水尺周围的冰层打开,观读自由水面的水位。

封冻期观测水位,应将水尺周围的冰层打开,捞除碎冰,待水面平静后观读自由水面的水位。若水面起伏不息,应测记平均水位;当自由水面低于冰层底面时,应按畅流期水位观测方法观测。当水从孔中冒出向冰上四面溢流时,应待水面回落平稳后观测;当水面不能回落时,可筑冰堰,待水面平稳后观测,或避开流水处另设新水尺进行观测。

当发生全断面冰上流水时,应将冰层打开,观测自由水面的水位,并量取冰上水深;当水下已冻实时,可直接观读冰上水位。

当发生层冰层水时,应将各个冰层逐一打开,然后观测自由水位。当上述情况只是断面上的局部现象时,应避开这些地点重新凿孔,设尺观测。

当水尺处冻实时,应向河心方向另打冰孔,找出流水位置,增设水尺进行观测;当全断面冻实时,可停测,记录连底冻时间。

出现全断面冰上流水、层冰层水、冻实冰情时,应在水位记载表中注明。

1.1.1.5 比降水尺水位的观测

1. 比降水尺水位的观测方法

比降水尺水位一般由两名观测员同时观测。水位变化缓慢时,可由一人观测。观测步骤为:先观读上(或下)比降水尺,后观读下(或上)比降水尺,再返回观读一次上(或下)比降水尺,取上(或下)比降水尺的均值作为与下(或上)比降水尺的同时水位,往返的时间应基本相等。

比降水位一般读记至 1 cm。当上、下比降断面的水位差小于 0.2 m 时,比降水位应读记至 0.5 cm,时间应记录至 1 min。

2. 比降计算

水面比降数值 S 是用观测到的上、下比降断面的水位计算而得的,等于上、下比降断面

观测水位 Z_u 、Z_l 的差值除以上、下比降断面间距 L，并以万分率(‱)表示，计算公式为：

$$S = \frac{Z_u - Z_l}{L} \times 10\ 000 \tag{3-1-1}$$

1.1.2　水位记录要求

1.1.2.1　水位观测设备编号及高程校测记载

测站使用的各断面水尺组在每一年汛前或一定时期内需统一重新编号。在使用中水尺因损坏或零点高程变动等原因，需进行水尺零点高程引校测和相应编号，因此需制作编号及高程校测索引表，供水位观测、计算和资料整编审查使用。水位观测设备编号及零点高程校测记载如表 3-1-2 所示，应根据具体情况按栏目填记。

表 3-1-2　水位观测设备编号及零点高程校测记载表

水尺编号	测定或校测								校测前		校测后
	日期	引据高程点	测量方法	测量者	测量记载表号	高程(m)	高程不符值(m)		应用高程(m)	测定日期(年-月-日)	应用高程(m)
							实测	允许			

1.1.2.2　水尺观测水位记载

1. 水位观测记载表

水位观测记载表分为封面、观测应用的设备和水尺零点(或固定点等)高程说明表、基本水尺水位记载表。水位观测记载表封面有测站名称和编码，流域水系名，所在行政区地名，记载水位的年度月份，观测、校核、站长签名，共有页数等。观测应用的设备和水尺零点(或固定点等)高程说明表填记采用基面及与基准(如 1985 国家高程基准)的关系，书写行填写基面水尺高程变动的日期、原因，校测时水尺的情况及设置临时水尺情况等相应内容。

2. 基本水尺水位记载表

基本水尺水位记载表格式为表 3-1-3。

表 3-1-3　＿＿＿＿＿站基本水尺水位记载表

＿＿年＿＿月　　　　第＿＿页

日	时:分	水尺编号	水尺零点(或固定点)高程(m)	水尺读数(m)	水位(m)	日平均水位(m)	流向	风及起伏度	备注

表中各项目填记要求为：

(1)时间。日、时：分，填写水位观测的时间，如：日期填写“06”，时间填写“13：06”。

(2)水尺编号。填写该次所观测水尺的编号。

(3)水尺零点(或固定点)高程。填写该水尺或固定点的零点应用高程。

(4)水尺读数及水位。填写该次观读的水尺读数及计算出的水位。

不参加日平均水位计算的水位，使用黑铅笔在数值下方画一横线；选为月特征值的最高(低)水位或潮水位站选为高(低)潮的水位，应用红(蓝)铅笔在数值下方画一横线。

出现河干、连底冻情况，填记 “河干”或“连底冻”字样。

对于水面低于零点高程的观测读数，应在记录的数字前加“-”号(如悬锤式或测针式水位计的观测数值及矮桩式水尺水面低于桩顶的读数等)。

(5)日平均水位。将计算所得的日平均水位填入该日第一次观测时间的相应栏内。用自记水位计观测的站，本栏不填，应改在“自记水位记录摘录表”上填写。

(6)流向。有顺逆流的站填写。当全日逆流或一日兼有逆流、停滞时，记“V”符号；当全日停滞时，记“×”符号；当一日兼有顺逆流、停滞时，记“╲╱╲”符号；当全日顺流或一日兼有顺流、停滞时，可不另外加记顺流符号。

(7)风及起伏度。风向用表示风向的英文字母表示，风力记在字母的左边，水面起伏度记在右边。如北风 3 级，水尺处发生起伏约 14 cm 的波浪，水面起伏度为 2 级，则记为“3N2”。前后两次观测结果相同，使用相同符号时，记载不应省略，即不能以“ 〃 ”代替。

(8)备注。记载影响水情的有关现象以及其他需要记载的事项。

3. 自记水位观测记录的摘录

自记水位计水位观测记录数据是以 min 或其倍数为单位进行测量的，记录数据较多，整编数据处理工作量大，需根据情况进行摘录。数据摘录应在数据订正后进行，摘录的数据成果应能反映水位变化的完整过程，并满足计算日平均水位、统计特征值和推算流量的需要。

当水位变化不大且变率均匀时，可按等时距摘录；当水位变化急剧且变率不均匀时，摘录转折点和变化过程。8 时水位和特征值水位必须摘录，当水位基本定时观测时间改在其他时间时，应摘录相应时间的水位。

纸介质模拟自记水位记录摘录的时刻宜选在 6 min 的整数倍之处。摘录点应在记录线上逐一标出，并应注明相应水位数值。

自记水位记录摘录可填入自记水位记录摘录表(见表 3-1-4)。

表 3-1-4　＿＿＿＿＿站自记水位记录摘录表

仪器型号＿＿＿＿＿　　　　＿＿年＿＿月　　第＿＿页

日	时：分	自记水位(m)	校核水尺水位(m)	水位订正数(m)	订正后水位(m)	日平均水位(m)	备注

有关栏目填记说明如下：

(1)仪器型号。填写测站观测应用的自记水位计的类型。

(2)自记水位。填写由自记仪观测并经过时间订正后的相应水位数值。

(3)校核水尺水位。从基本水尺水位记载表内摘录。

(4)水位订正数。对自记水位记录加以订正的水位订正数，当自记仪观测数值偏高时，水位订正数为负；反之，偏低时，水位订正数为正；当不需要进行订正时，则水位订正数填为0"或任其空白。

(5)订正后水位。填写"自记水位"与"水位订正数"的代数和。

(6)日平均水位。填写方法同基本水尺水位记载表。

1.2 降水量观测

1.2.1 雨量器使用方法

降水量是指在一定时间内从天空降落到地面上的液态或固态(经融化后)水，未经蒸发、渗透、流失，而在水平面上积聚的深度。降水量用 mm 作为度量单位。一定时间可以是年、月、日或若干小时(如 12 h)、分钟(如 10 min)等。

通过由一系列测站构成的站网的降水量观测，收集降水资料，可探索降水量的时空分布和变化规律，以满足各方面需要。

降水量观测包括测记降水的时间和水量。

降水量的观测时间以北京时间为准，每日降水以北京时间 8 时为日分界，即从前一日 8 时至本日 8 时的降水总量作为前一日的降水量。

1.2.1.1 雨量器结构原理和配套器具

人工雨量器结构如图 3-1-3 所示，主要由承雨器、储水筒、储水器和器盖等组成，并配有专用的量雨杯。承雨器口内直径为 200 mm，量雨杯的内直径为 40 mm。量雨杯的内截面面积正好是承雨器口内截面面积的 1/25，即降在承雨器口 1 mm 的降雨量，倒入量雨杯内的高度为 25 mm。因此，量雨杯的刻度即以 25 mm 高度为降雨量 1 mm 的标定值，并精确至 0.1 mm。

用于观测固态降水量的雨量器，还配有无漏斗的承雪器或采用漏斗能与承雨器分开的雨量器。

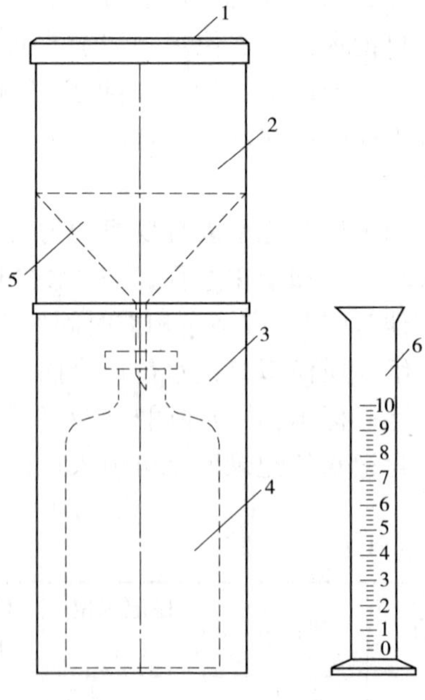

1—器口；2—承雨器；3—雨量筒；4—储水器；5—漏斗；6—量雨杯

图 3-1-3 人工雨量器结构示意图

1.2.1.2 人工雨量器观测降雨量方法

降雨时，降落在人工雨量器承雨器内的降雨量通过漏斗集中流到储水器内。到达观测时间或降雨结束后，用专用的量雨杯量出储水器内的降雨深

(量)。

用雨量器观测降雨量,一般采用定时分段观测,降雨量观测段次及相应观测时间见表 3-1-5。水文测站观测降雨量所采用的段次,可根据《测站任务书》或者上级有关具体规定决定。

表 3-1-5　降雨量观测段次及相应观测时间表

段次	观测时间
1 段	8 时
2 段	20 时,8 时
4 段	14 时,20 时,2 时,8 时
8 段	11 时,14 时,17 时,20 时,23 时,2 时,5 时,8 时
12 段	10 时,12 时,14 时,16 时,18 时,20 时,22 时,24 时,2 时,4 时,6 时,8 时
24 段	从本日 9 时至次日 8 时,每 1 小时观测 1 次

在观测时间若继续降雨,则取出储水筒内的储水器,及时将空的备用储水器放入储水筒;如在观测时间降雨很小或者停止,可携带量雨杯到观测场观测降雨量。

在室内或在观测场,将储水瓶内的雨水倒入量雨杯,读数时视线应与水面凹面最低处平齐,观读至量雨杯的最小刻度,并立即记录,然后校对读数一次。降雨量很大时,可分数次取水测量,并分别记在备用纸上,然后累加得到降水总量并记录。

每日观测时,应注意检查雨量器是否受碰撞变形,漏斗是否有无裂纹,储水筒是否漏水。

遇有暴雨时,需采取加测的办法,防止降水溢出储水器。如有溢出,应同时更换储水筒,并量测筒内降水量。

每次观测后,储水筒和量雨杯内的积水要倒掉,以便更准确地观测其后的降水量。

1.2.2　降水量观测记录要求

1.2.2.1　降水量观测记载表(一)

降水量观测记载表(一)见表 3-1-6。

表 3-1-6　降水量观测记载表(一)

月份　　　　　　　　　　　　(采用　　　段次)　　　　　　　　　　　　第　　页

日	观测时间		实测降水量(mm)	日降水量		备注
	时	分		日	mm	

填记说明如下:

(1)月份:填记降水量观测记载的月;不同月,另取空白表从头开始填记。

(2)“采用　　段次”的中间填当月采用的段次。

(3)观测时间:①不记起止时间者,将表头“时分”划去,填写按规定时段观测降水量的时间,记至整小时。若遇大暴雨加测,应按实际加测时分填记至分钟。②记起止时间者,填记各次降水的起止时分,记至整分钟。当分钟数小于10者,应在十位数上写“0”补足两位。③恰恰位于午夜日分界的时间,如果是时段或降水“止”的时间,则记24(不记起止时间者)或24:00(记起止时间者);如果是时段或降水“起”的时间,则记“0”或“00:00”。

(4)实测降水量:填记降水期间各观测时段和降水停止时所测记的降水量。

(5)日降水量:累加昨日8时至今日8时各次观测的降水量填入“mm”栏,并在“日”栏填昨日的日期。实测降水量右侧注有符号者,日降水量右侧亦应注相同的符号。某时段实测降水量不全或缺测,日降水量应加括号。未在日界观测降水量者,在“mm”栏记合并符号“↓”。

(6)备注:在观测工作中如发生缺测、可疑等影响观测资料精度和完整的事件,或发生特殊雨情、大风和冰雹以及雪深折算关系等,均应用文字在备注栏做详细说明。

1.2.2.2　降水量观测记载表(二)

降水量观测记载表(二)见表3-1-7。

表3-1-7　降水量观测记载表(二)

月份　　　　　　　　　　　　(采用　　段次)

日	时段降水量(mm)										日降水量(mm)	备注
	时	时	时	时	时	时	时	时	时	时		

填记说明如下:

(1)“月份”“日降水量”“备注”等栏填写方法同表3-1-6。

(2)在表头时段降水量“时”前填记观测时段时间的小时(如4段次分别在前4栏填14,20,2,8);有降水之日应先将日期填入,在规定的观测时段有降水时,将观测值记在该日相应的时段降水量栏内。

1.2.2.3　时段雨量、日雨量计算

用人工雨量筒在相应的观测时段观测到的降雨量,应记录在“降水量观测记载表”中,作为一个时段的时段降雨量。把本日8时至次日8时各时段的降雨量累加(每日降水量以北京时间8时为日分界),就得到本日的日降雨量。

1.3　坝前水温观测

一些大型水库或水电站,在大坝初步设计阶段,考虑混凝土浇筑、水轮机设计等方面

的需要,了解坝前水温是必要的。蓄水后,对大坝的养护也需要水温资料(例如,有些结冰河流上,为制定水工建筑物的防冰措施,在分析研究冰凌的形成与消失的规律或开展冰情预报时)。此外,大型水库调度运用的水量平衡分析中,水面蒸发的计算,多沙河流水库内水流泥沙运动规律的研究等,都需要提供表层或深层的水温资料。从水源的综合利用来考虑,有关工厂冷却设备的设计,防止热污染及水产养殖、农田灌溉、工业和城市给水,都要了解水温。

在水文学中,水温指水体中某一点或某一水域的温度,是反映水体热状况的指标,单位为℃。

水库的水温,由于所处环境不同和库内蓄热、对流、传递等作用,无论在空间分布或时程变化上,都与河道水温状况不同。水深较大时,表层和下层、底层的水温也不同,水温有沿深度的梯度分布。水域的温度可通过多点温度描述其温度空间分布或统计特征值(如平均值等)。

1.3.1　水温计使用方法

1.3.1.1　测点布置

1. 断面位置

水库的水温随着气温、入库水流温度及泄流条件等变化,不同深度的水温也有差异,因此水温观测应在水库的不同地点、不同深度处选择断面。可分为以下两种形式:

(1)坝面观测断面。将观测断面设置在上游坝面处,主要采用电阻式温度计进行遥测。最好在施工期将电阻温度计埋设在距上游坝面 5~10 cm 处的混凝土内,或固定于上游坝面的测点上。

(2)水库观测断面。在大坝上游附近选择一个观测断面,该断面应平行于大坝轴线。采用的观测仪器主要有深水温度计、半导体温度计、框式温度计及颠倒式温度计等。

2. 测温线位置

为了掌握观测断面的水温分布,一般在观测断面上设 2~5 条从上向下的测温线,固定断面上至少设 3 条垂线,测线间距以能控制断面温度变化为原则。如对溢流坝、挡水坝、电站坝、泄流底孔等不同坝段,适当选择测温线。

3. 测点位置

测温垂线上的测点分布应能反映出沿垂线的温度变化,水库水深较小时,至少应在正常蓄水位以下 20 cm 处、1/2 水深处及接近库底处各布置一个测点。在水深不大时,可仅观测水面、库底及水深一半处三个点的水温。当水库水深较大时,从正常蓄水位到死水位以下 10 m 处的范围内,每隔 3~5 m 布置一个测点;死水位以下 10 m 处再往下,可每隔 10~15 m 布置一个测点。在水温急变区附近,还可适当加密。水面以下的 20 cm 处作为表面测点。

1.3.1.2　深水温度计观测库水温

水温观测一般采用刻度不大于 0.2 ℃的水温计。当水深在 5 m 以内时,可使用框式温度计;当水深在 5~10 m 以上时,则最好用深水温度计或半导体温度计。水温读数一般应精确到 0.1~0.2 ℃,水温计放到测点水中后,应持续 5~8 min,使水温计温度能代表所在测点处的水温。为了保持仪器的灵敏可靠,水温计需定期进行鉴定。若采用电阻温度计观测水温则不受水深的限制,而且在水库或坝面的观测断面均可采用。

图 3-1-4 是国产 SWJ-73 型深水温度计结构。温度计装在固定管内,水银球部位于存水筒内,存水筒下有活门,上有小孔。使用时,将其系于绳索上,必要时可加铅鱼,在徐徐下放的过程中,存水筒活门受水冲动顶托而开启,使水不断涌入筒内,同时筒中存水又不断从筒上的通水孔溢出,当到达预定测点位置时,筒内即已盛满该测点的水样。待温度稳定后,上提温度计,使筒上小孔被橡皮盖住,活门受压盖住底孔,存水筒中存水不与外界交流。提出水面以后,立即观测水温。为尽快读出温度值,应先读小数,再读整数,以防温度变化。

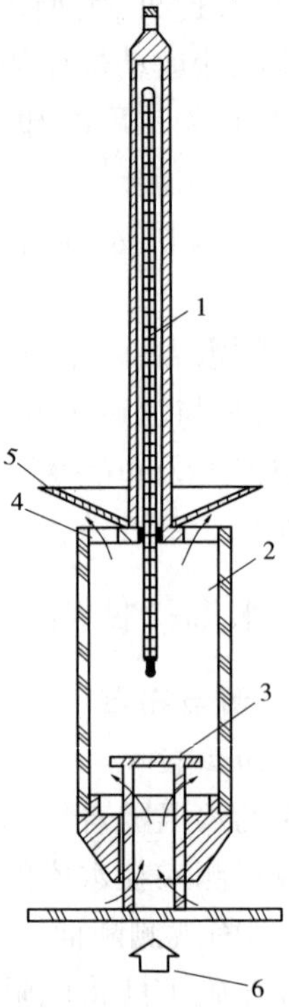

1—温度计;2—存水筒;3—活门;
4—通水孔;5—橡皮盖;6—水力顶托

图 3-1-4 深水温度计

1.3.1.3 观测时间

水温观测时间应根据有关规程确定,下面的建议可做参考。

在蓄水期一般坝面观测断面随内部观测仪器同时进行观测;水库观测断面随外部变形观测同时进行观测。在出现最低水位和最高水位及最低气温和最高气温时,应增加测次。

在掌握水温变化规律后,可适当减少测次。

每次观测应在选定的观测断面及测点处进行,在观测水库水温的同时还应观测水位和气温。

1.3.1.4 仪器

(1)水温计:适用于测量水的表层温度。

水银温度计安装在特制金属套管内,套管开有可供温度计读数的窗孔,套管上端有一提环,以供系住绳索,套管下端旋紧着一只有孔的盛水金属圆筒,水温计的球部应位于金属圆筒的中央。

测量范围-6~+40 ℃,分度值为 0.2 ℃。

(2)深水温度计:适用于水深 40 m 以内的水温的测量。

其结构与水温计相似。盛水圆筒较大,并有上、下活门,利用将其放入水中和提升时的自动启开和关闭,使筒内装满所测温度的水样。测量范围为-2~+40 ℃,分度值为 0.2 ℃。

(3)颠倒温度计(闭式)适用于测量水深大于 40 m 的各层水温。

闭端(防压)式颠倒温度计由主温计和辅温计在厚壁玻璃套管内构成,套管两端完全封闭。主温计测量范围-2~+32 ℃,分度值为 0.1 ℃,辅温计测量范围为-20~+50 ℃,分度值为 0.5 ℃。

主温计水银柱断裂应灵活,断点位置固定,复正温度计时,接受泡水银应全部回流,主、辅温计应固定牢靠。

颠倒温度计需装在颠倒采水器上使用。

1.3.1.5　测定步骤

水温应在采样现场进行测定。

(1)表层水温的测定。将水温计投入水中至待测深度,感温 5 min 后,迅速上提并立即读数。从水温计离开水面至读数完毕应不超过 20 s,读数完毕后,将筒内水倒净。

(2)水深在 40 m 以下水温的测定。将深水温度计投入水中,水温的测定与表层水温的测定步骤相同。

(3)水深在 40 m 以上水温的测定。将安装有闭端式颠倒温度计的颠倒采水器,投入水中至待测深度,感温 10 min 后,由"使锤"作用,打击采水器的"撞击开关",使采水器完成颠倒动作。

感温时,温度计的贮泡向下,断点以上的水银柱高度取决于现场温度,当温度计颠倒时,水银在断点断开,分成上、下两部分,此时接受泡一端的水银柱示度,即为所测温度。

上提采水器,立即读取主温计上的温度。

根据主、辅温计的读数,分别查主、辅温计的器差表(由温度计检定证中的检定值线性内插作成)得相应的校正值。

颠倒温度计的还原校正值 K 的计算公式为:

$$K = \frac{(T - t)(T + V_0)}{n}\left(1 + \frac{T + V_0}{n}\right) \times 10\ 000 \tag{3-1-2}$$

式中　T——主温计经器差校正后的读数;

t——辅温计经器差校正后的读数;

V_0——主温计自接受泡至刻度 0 ℃处的水银容积,以温度度数表示;

n——水银与温度计玻璃的相对膨胀系数,n 通常取值为 6 300。

主温计经器差校正后的读数 T 加还原校正值 K,即为实际水温。

1.3.2　水温观测记录要求

水温观测记录可以设计成如表 3-1-8 所示的形式。

表 3-1-8　水温观测记载表

工程部位________　断面编号________　测点编号________　厂家编号______　库水位______

气温________

监测日期及时间	水温(℃)	水深(m)	高程(m)	备注

监测:　　　　　　　　　　记录:　　　　　　　　　　校核:

水温读数一般应精确至 0.1~0.2 ℃。观测时,当水深小于 1 m 时,可放至半深处,若水太浅,可斜放入水中,不能触及河底;当水深大于 1 m 时,水温计应放在水面以下 0.5 m 处。水温计放入水中停留时间不少于 5 min。

1.4　气温观测

气温是表示空气冷热程度的物理量，是影响大坝工作状态的主要因素之一，特别是对于没有进行混凝土内部温度观测的大坝，在进行观测资料分析时，气温是不可缺少的自变量。因此，气温观测是很重要的。

气温由地面气象观测规定高度（国际 1.25～2.00 m，我国 1.50 m）上的空气温度反映。气温的单位用摄氏度（℃）表示，有的以华氏度（F）表示，我国气温记录一般以摄氏度（℃）为单位。摄氏度与华氏度的换算关系是：$C=\frac{5}{9}(F-32)$ 或 $F=\frac{9}{5}C+32$。

空气温度记录可以表征一个地方的热状况特征，因此气温是地面气象观测中所要测定的常规要素之一。气象业务标准规定定时气温基本站每日观测 4 次（每日 2 时、8 时、14 时、20 时），基准站每日观测 24 次（每小时 1 次），可计算日平均气温，也可从中摘录日最高气温和日最低气温。气温一般用气温计观测，现在有连续间歇观测的仪器，可按预置的间歇周期记录气温变化过程线。

1.4.1　气温计使用方法

1.4.1.1　最高温度表

最高温度表的构造与一般温度表不同，它的感应部分内有一玻璃针伸入毛细管，使感应部分和毛细管之间形成一个窄道。当温度升高时，感应部分水银体积膨胀，挤入毛细管；温度下降时，毛细管内的水银由于通道狭窄而不能回缩到感应部分，因而能指示出上次调整后这段时间内的最高温度，如图 3-1-5 所示。

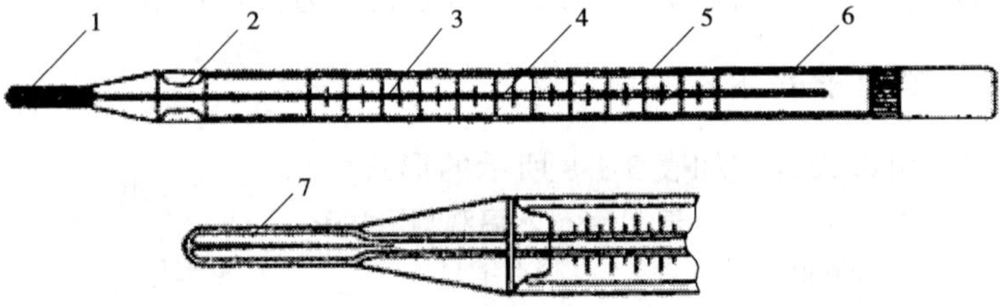

1—感应部分；2—鞍托；3—毛细管；4—水银柱；5—刻度磁板；6—外套管；7—玻璃针尖

图 3-1-5　最高温度表

每天 20 时观测一次，读数记入观测表相应栏内，观测后需调整温度表。观测时，应注意温度表的水银柱有无上滑脱离开窄道的现象，如有上滑现象，应稍稍抬起温度表的顶端，使水银柱回到正常的位置，然后再读数。当气温在 -36 ℃以下时，停止最高温度表的观测，记录从缺，但应在备注栏内注明。

调整方法是，用手握住表身，感应部分向下，臂向外伸出约 30°的角度，用大臂将表前后甩动，毛细管内的水银就可以下落到感应部分，使示度接近于当时的干球温度。调整时，动作应迅速，尽量避免阳光照射，也不能用手接触感应部分，不要甩动到使感应部分向上的程度，以免水银柱滑上又甩下，损坏窄道。调整后把表放回到原来的位置上时，先放感应部分,后放表身部分。

1.4.1.2　最低温度表

最低温度表中的感应液是酒精,它的毛细管内有一哑铃形游标。当温度下降时,酒精柱便相应下降,由于酒精柱顶端的表面张力作用,带动游标下降;当温度上升时,酒精膨胀,酒精柱经过游标周围慢慢上升,而游标仍停留在原来位置上。因此,它能指示上一次调整以来这段时间内的最低温度,如图 3-1-6 所示。

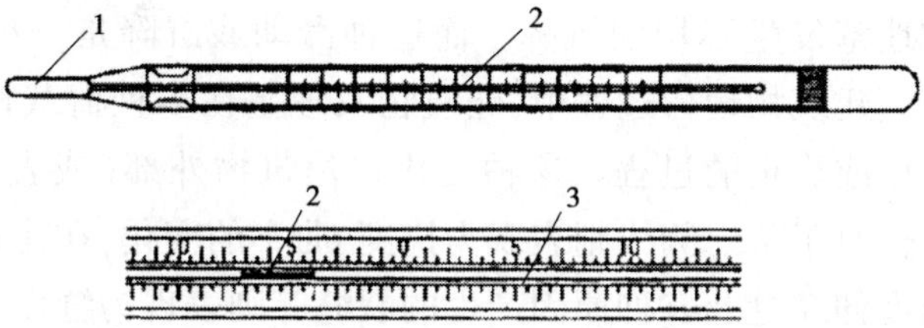

1—感应部分;2—游标;3—酒精柱

图 3-1-6　最低温度表

每天 20 时观测一次,读数记入观测表相应栏中,观测后调整温度表。观测时眼睛应平直地对准游标离感应部分远的一端,观测酒精柱顶时,对准凹面中点(最低点)的位置。

调整时,抬高温度表的感应部分,表身倾斜,使游标回到酒精柱的顶端。

最低温度表酒精柱的示度,应在每月 1~5 日 20 时与干球温度表的示度(已经器差订正)进行比较。如两者平均误差≤0.5 ℃,该最低温度表可以使用,读数也不必进行平均误差订正;若平均误差>0.5 ℃,应撤换最低温度表,并将此 5 天的平均差订正在该 5 天的逐日最低温度值上。若不能撤换,每日 20 时要继续读酒精柱示度,以便计算最低温度表的全月补充订正值。方法如下:将每日 20 时的干球温度值减去最低温度表酒精柱数值(两者都是经器差订正后的数值),记入观测表中。干球值大于最低者,差值为正,反之为负。月终统计时,求出全月差值代数和,除以全月实有记录次数,便是这个月最低温度表的平均订正值,然后将该订正值加在经器差订正后的逐日最低温度值上。若换用了新的最低温度表,在换用后的前 5 天内,也应参照上述规定进行比较观测。

1.4.2　气温观测记录要求

气温观测记录可以设计成如表 3-1-9 所示的形式。

表 3-1-9　气温观测记载表

工程部位________　断面编号________　测点编号________　厂家编号________

监测日期及时间	气温(℃)	备注

监测:　　　　　　　　　　记录:　　　　　　　　　　校核:

第 2 章　变形监测

通过对大量水利工程事故的统计分析可以看出,事故发生的一种重要表现形式是地基或坝肩的滑动,或地基发生不均匀沉降。而这种滑动或沉降是一种渐变过程,也就是说,在施工、水库蓄水、建筑物运行过程中,建筑物及地基在多种荷载作用下发生变形、位移,逐渐积累达到失稳或稳定的过程。这种变化在建筑物外部(或表面),表现为水平位移和垂直位移的变化;对于某一测线则表现为挠度、曲率的变化;在建筑物的各种缝面,包括施工缝、预留的温度伸缩缝及各种原因产生的裂缝等则表现为缝面开合度的变化;对于岩体中存在的软弱结构面、可能的滑动面、开裂面等既有张合又有相互错动的表现;对于填筑的土坝坝体、坝身、土基则有明显的沉降变形和固结变形等表现。

总之,水工建筑物在施工、蓄水、运行过程中会有各种变形方面的表现,可以使用多种方法进行监测,关键是看测值是否超过了允许的范围。这就要求选择一批对变形最敏感的部位布置测点,使用专门的监测仪器和监测方法,进行连续监测。认真地对实测数据进行处理分析,及时定量地对建筑物及其基础的变形、位移状态及发展趋势做出判断和预测。

变形监测资料具有直观、敏感的特点,适用于建筑物及其基础在施工期、分期蓄水期和运行期全过程的安全监控和安全预报,一旦发现异常迹象,可以及时采取补救措施,确保建筑物及其基础的安全。根据变形监测资料,还能检验水工设计方案的正确性,检验施工质量是否符合要求,有利于在今后工程中优化设计和施工方案,加快施工进度,节省工程投资。因而,变形监测是安全监测系统最重要的组成部分之一。

2.1　垂直位移观测

垂直位移是指水工建筑物及其基础在铅垂线方向上的变形(见图 3-2-1 中 Z 方向)。混凝土闸、坝的垂直位移是库水自重和坝体自重引起的地基沉陷、自重作用下的坝体压缩变形、基岩失稳、温度与湿度的变化,以及碱-骨料反应等原因形成的。土石坝的垂直位移又称沉降,是库水自重和坝体自重引起的地基沉降、自重作用下坝体的压缩变形、孔隙压力消散形成的土料固结、坝体或地基的滑动、坝体的开裂或滑坡、土层的冰冻和消融、筑坝材料或坝基的冲蚀等原因而形成的。

垂直位移监测分为表面垂直位移监测和内部垂直位移监测。表面垂直位移监测方法有两种:几何水准测量法和液体静力水准测量法,二者都是以工作基点高程为基准的;内部垂直位移监测又称分层沉降观测,主要用于土石坝内部观测。

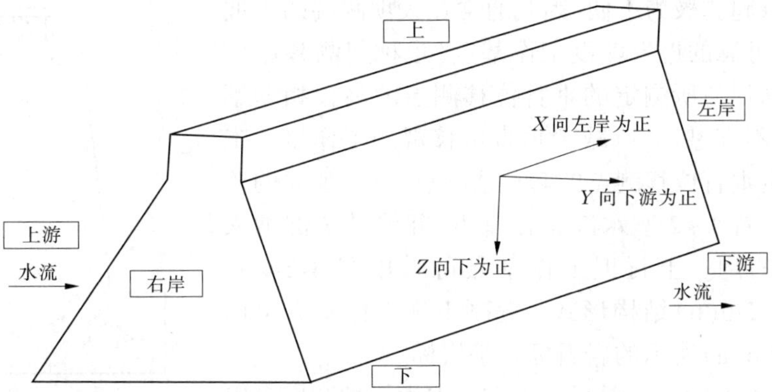

图 3-2-1　垂直位移变形方向示意图

2.1.1　垂直位移监测点

利用几何水准测量方法观测建筑物垂直位移时采用三级点位、两级控制。三级点位即设置水准基点、工作基点和垂直位移测点，两级控制即由水准基点校测工作基点的变化，由工作基点观测垂直位移测点的变化。

2.1.1.1　垂直位移测点

垂直位移测点埋设在水工建筑物上，并与被监测部位牢固结合，以能较全面地反映水工建筑物的变形情况为原则，对于重要部位可增加垂直位移测点，如图 3-2-2 所示。一般情况下，为便于将水工建筑物的水平位移及垂直位移综合起来分析，可不再另外埋设垂直位移测点，而是在水平位移测点上加上一个半圆球形标点头即可。若水平位移测点的混凝土墩太高，水准测量时不便立尺，则可在混凝土墩基座或侧面埋设墙上标志，如图 3-2-3 所示。

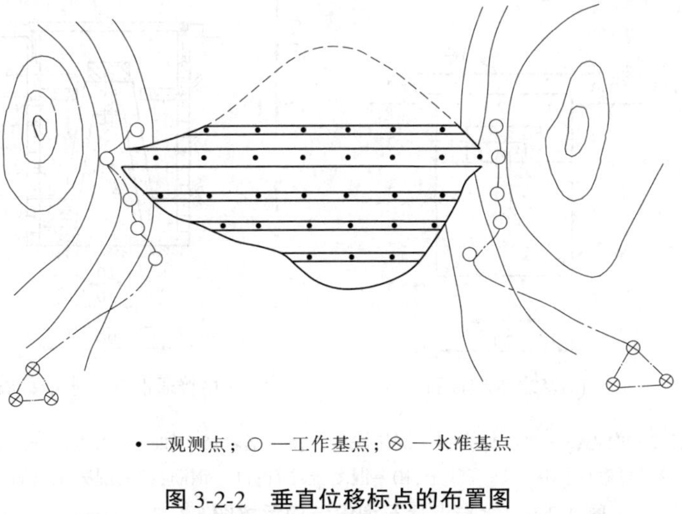

•—观测点；○—工作基点；⊗—水准基点

图 3-2-2　垂直位移标点的布置图

2.1.1.2　工作基点

由于水准基点一般离坝较远，与垂直位移测点的高差也较大，如果每次垂直位移观测都从水准基点起测极为不便,因此通常在大坝两端的土坡上,选择坚实可靠的地方埋设工作基点(也称起测基点)。工作基点的高程与所测定的垂直位移测点的高程相差不宜过大,距离不宜过远,以减少垂直位移观测工作量。工作基点是测定垂直位移测点的起点或终点,每一独立的监测部位均应设置 1~2 座水准工作基点,并将其全部纳入垂直位移监测网。土石坝工作基点可采用图 3-2-4 及图 3-2-5、图 3-2-6(b)结构形式,混凝土坝工作基点可以采用如图 3-2-6(a)所示的岩石标和基岩标。

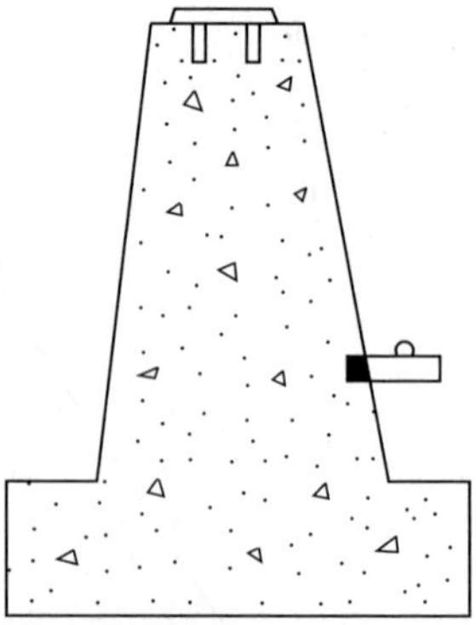

图 3-2-3 墙上标志示意图

如图 3-2-6(b)所示,混凝土水准基点由标柱和底盘组成,柱顶嵌入铜或不锈钢标志,其顶部做成半圆球形,点的高程就是指半圆球顶的高程,为了保护柱顶,应在点上加上一个护盖。若标志埋设在原状土里,则要求底盘要深入最大冻土深度以下至少 0.5 m。

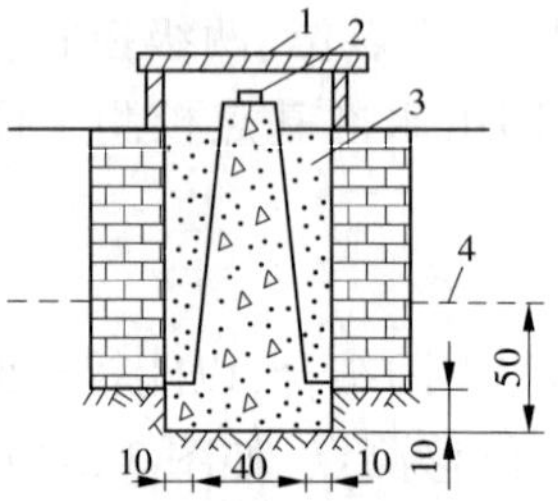

1—盖板;2—标点;3—填砂;4—冰冻线

图 3-2-4 土基上工作基点结构图 (单位:cm)

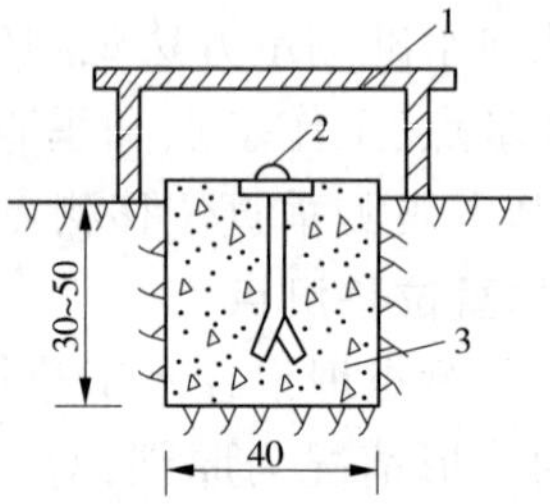

1—保护盖;2—标点;3—混凝土

图 3-2-5 基岩上工作基点结构图 (单位:cm)

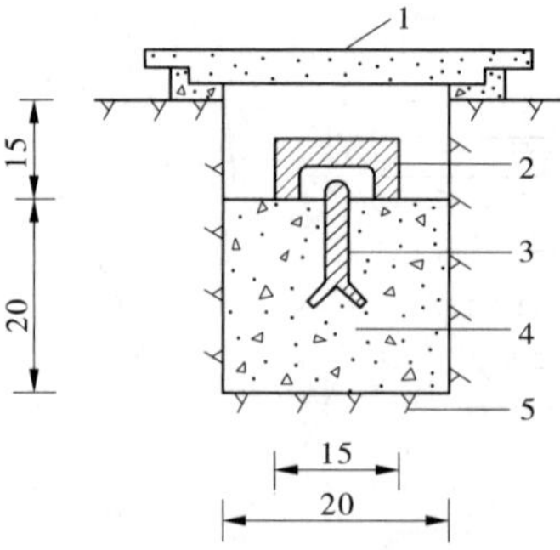

(a)基岩水准标石

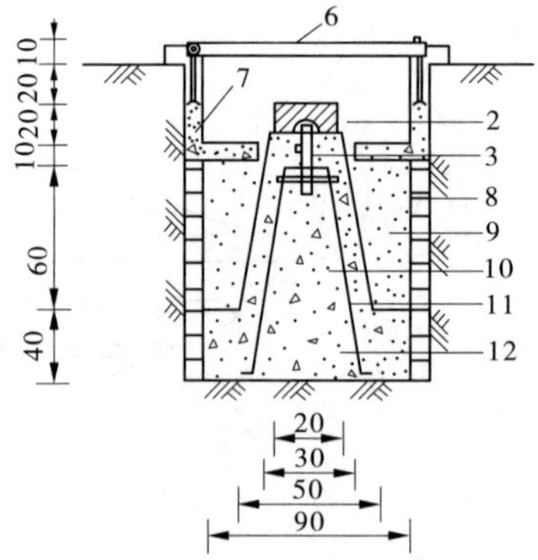

(b)普通混凝土水准标石

1—混凝土保护盖;2—内盖;3—水准标志;4—浇筑混凝土;5—基岩;6—加锁金属盖;7—混凝土水准保护井;8—衬砌保护;9—回填砂土;10—混凝土柱石;11—钢筋;12—混凝土盘石

图 3-2-6 水准点标石埋设结构示意图 (单位:cm)

2.1.1.3 水准基点

水准基点是垂直位移观测以及其他高程测量的基准点,如稍有变动而又未被发现则会影响到整个观测成果的可靠性，因此为保证其坚固与稳定，常埋设在不受库区水压力影响、便于保存、便于引测的地方。一般情况下，水准基点应设置在地质条件较好，离坝址1～5 km处的下游区域较为适宜。

水准基点应保持高程长期稳定不变，所以要选用合适的标志并设置在基岩上或深埋于原状土中。其结构形式主要有以下几种：

（1）地表岩石标。地表覆盖层较薄时，水准基点可采用如图3-2-6(a)所示的地表岩石标。

（2）深埋钢管标。地表覆盖层较厚时，可采用如图3-2-7所示的深埋钢管标，以使水准基点埋设在新鲜的基岩中。为此，先用钻机钻孔至新鲜岩石，再埋设钢管，并灌注水泥砂浆予以固定。为了防止表层岩土移动对钢管位置的影响，在钢管外还套以直径稍大的外管，内、外管之间垫以橡皮圈。当精度要求较高时，应在埋设时沿内管不同高度处，设置若干个电阻温度计，以便观测内管温度，进行温度改正。水准标志用不锈钢焊接在内管的顶部。

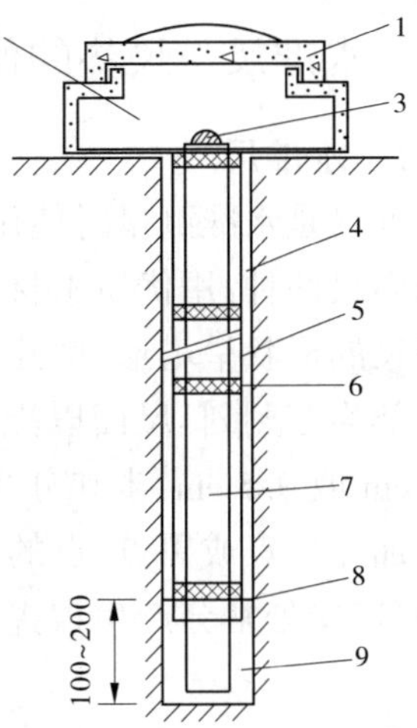

1—保护盖；2—保护井；3—标芯（有测温孔）；4—钻孔（内填）；5—外管；6—橡胶环；7—芯管（钢管）；8—新鲜基岩面；9—基点底靴（混凝土）

图3-2-7　深埋钢管水准基点标石埋设示意图　（单位：cm）

（3）深埋双金属标。双金属标是指利用底部埋设在基岩层中的两种不同温度膨胀系数的金属管（钢管、铝管），将基岩下的钢、铝芯管底部高程传递到地面上的一种测量标志。如图3-2-8所示，选择适当地点，钻孔至新鲜岩石，在套管内安装两根长度相等的金属细管，直径均为30 mm，一根为钢管，另一根为铝管。

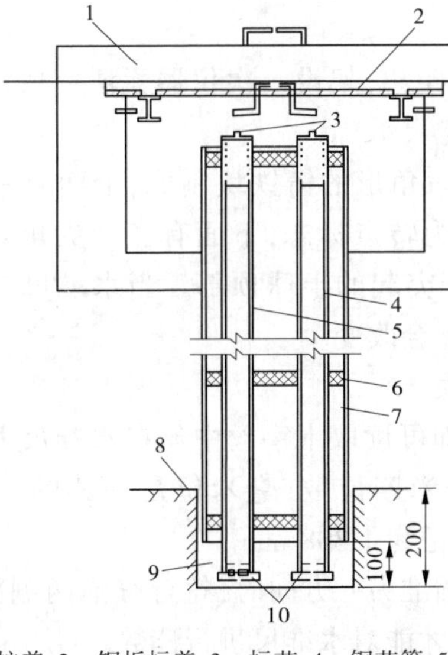

1—钢筋混凝土保护盖；2—钢板标盖；3—标芯；4—钢芯管；5—铝芯管；6—橡胶环；7—钻孔保护管；8—新鲜基岩；9—M20水泥砂浆；10—金属管底板与固定根络

图3-2-8　深埋双金属管水准基点标石埋设示意图　（单位：cm）

2.1.2　水准尺与尺垫的使用方法

2.1.2.1　水准尺

水准尺是水准测量时使用的标尺,常用的水准尺有塔尺和双面尺两种,用优质木材或玻璃钢制成(见图3-2-9)。

塔尺的形状呈塔形,由几节套接而成,全长可达5 m,尺的底部为零刻划,尺面以黑白相间的分划刻划,最小刻划为1 cm或0.5 cm,米和分米处注有数字,大于1 m的数字注记加注红点或黑点,点的个数表示米数。塔尺携带方便,但在连接处常会产生误差,一般用于精度较低的水准测量。

双面尺也叫直尺,尺长3 m,尺的双面均有刻划,一面为黑白相间,称为黑面尺(也称基本分划),尺底端起点为零;另一面为红白相间,称为红面尺(也称辅助分划),尺底端起点是一个常数,一般为4.687 m或4.787 m。不同尺常数的两根尺子组成一对使用,利用黑、红面尺零点相差的常数可对水准测量读数进行检核。双面尺用于三、四等精度以下的水准测量中。

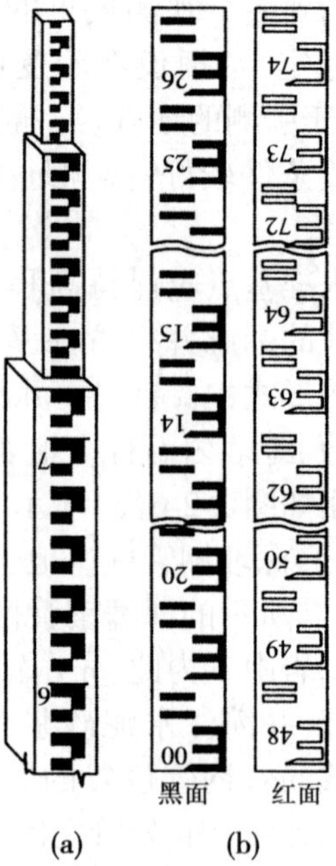

图3-2-9　水准尺

采用水准尺观测时,应将水准尺立于水准点或尺垫上,并尽量使尺底中间部分靠近标志中心,读数尺面面向观测方向,双手分别握住撑杆上部与标尺两侧,撑杆底部与标尺呈大致三角形稳定结构,调整标尺圆气泡居中并握紧撑杆与标尺结合部,观测员读数期间应保持水准尺尺身处于稳定、铅直状态。

2.1.2.2　尺垫

若两个水准点之间有一段距离,架设一次仪器无法完成测量,需分若干测站完成测量,此时转点处使用尺垫或固定尺承。

如图3-2-10所示,尺垫由三角形的铸铁块制成,上面有一个凸起的半圆球,半球的顶点作为转点标志,下面有三个尖角。使用时,将尺垫踏实,水准尺立于突起的半球顶部。当水准尺在尺垫上转动方向时,尺底的高程不会改变。

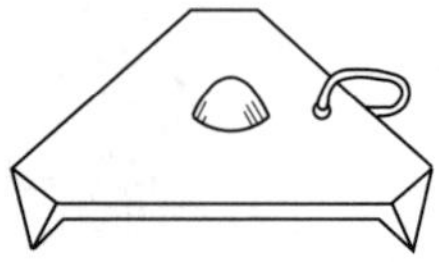

图3-2-10　尺垫

2.1.2.3　测读方法及注意事项

符合水准器气泡居中后,即可读取十字丝中丝在水准尺上的读数。读出米、分米、厘米、毫米四位数,毫米位是估读的。如图3-2-11所示,读数为1.308 m,如果以mm为单位读记为1 308 mm。

需要注意的是,当望远镜瞄准另一方向时,符合气泡两侧如果分离,则必须重新转动微倾螺旋使水准管气泡符合后才能对水准尺进行读数。

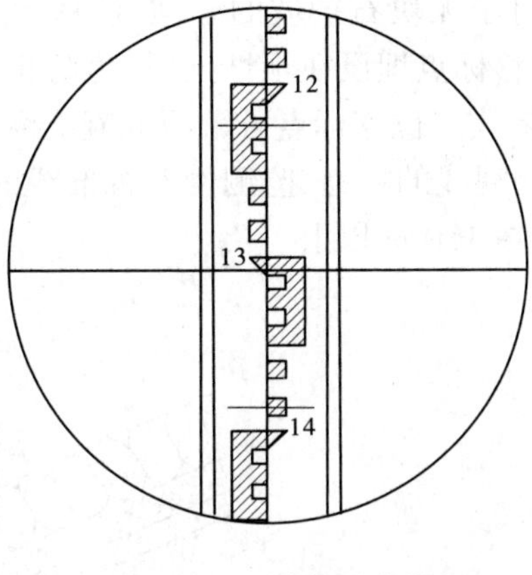

图3-2-11　读数示意图

2.2　水平位移观测

水工建筑物水平位移指的是建筑物在水平方向上的移动,其表现形式为水平位移测点在不同时期平面坐标或距离的变化,一般表示为左右岸方向和上下游方向(见图3-2-1中X/Y方向)。为了便于识别位移方向,监测规范中规定:位移量方向符号向下游为正,向左岸为正;反之为负。水平位移观测可采用视准线法、前方交会法、极坐标法、GPS法、引张线法、正倒垂线法、真空激光准直法等进行。

2.2.1　水平位移监测点

2.2.1.1　水平位移测点

为了全面掌握水工建筑物水平位移的变化规律,同时不使观测工作过于繁重,应在水工建筑物上选择有代表性的部位作为测点,其布置形式如图3-2-12所示。测点选择的原则是要有代表性,能反映坝体位移的全貌。位移测点直接埋设在坝体上,并与坝身牢固结合。为保证工程及周边安全,对于近坝区高边坡、滑坡体需监测的部位,也应作为监测对

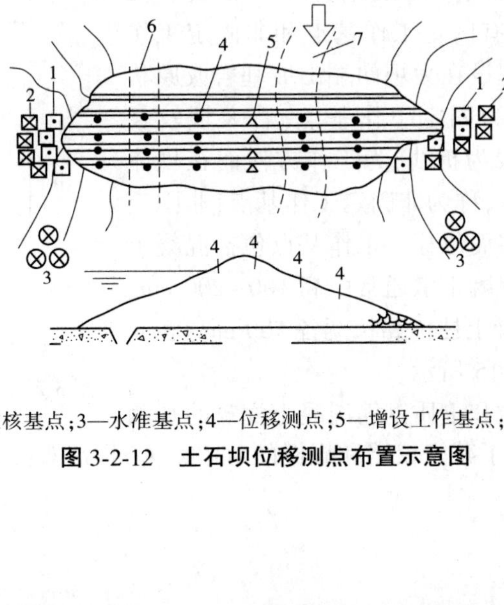

1—工作基点;2—校核基点;3—水准基点;4—位移测点;5—增设工作基点;6—合龙段;7—原河床

图3-2-12　土石坝位移测点布置示意图

象埋设安置水平位移测点。对于无块石护坡的土坝,位移标点的形式如图 3-2-13 所示。对于有块石护坡的土坝,当位移标点埋设在坝坡上时,为防止块石对标点的影响,位移标点可采用如图 3-2-14 所示的形式。位移标点可采用混凝土浇筑,并在位移标点的顶部埋设强制对中设备。为保证观测视线的畅通,监测网及视准线的监测点还应具有良好的视线条件,其旁离障碍物距离应在 1.0 m 以上。

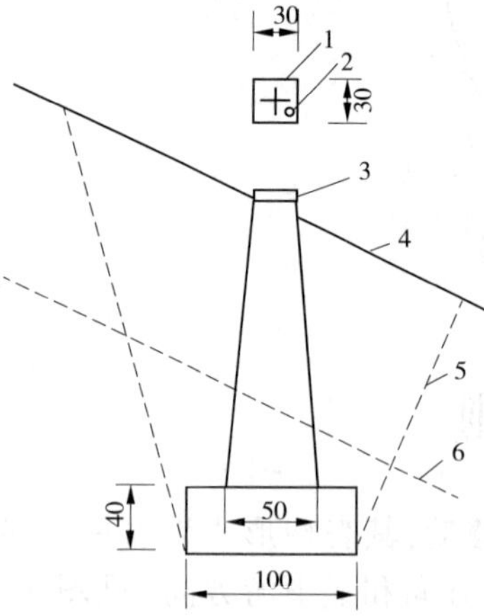

1—"十"字线;2—垂直位移标点头;3—铁板;
4—坝坡线;5—开挖线;6—冰冻深度线;

图 3-2-13　无块石护坡坝体位移标点示意图　(单位:cm)

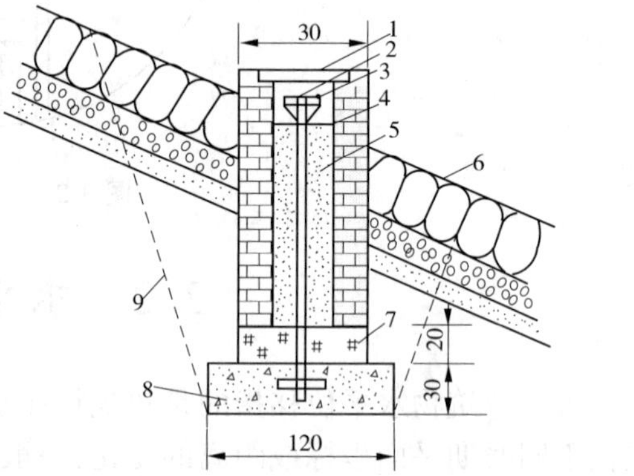

1—盖板;2—带"十"字线铁板;3—垂直位移标点头;4—铁管;
5—填砂;6—块石护坡;7—黏土;8—混凝土底板;9—开挖线

图 3-2-14　有块石护坡坝体位移标点示意图　(单位:cm)

2.2.1.2　工作基点

水平位移工作基点为测点位移提供相对基准。对于视准线来说,要求将工作基点埋设于岸坡岩基中或原状土中,每排位移标点两端各一个。通过两工作基点中心构成的基准线应基本平行于坝轴线,并高于位移标点顶部 0.5 m 以上。对于视准线来说,工作基点可供安置仪器和觇标以构成视准线,有固定工作基点和非固定工作基点两种形式。一般将埋设在大坝两端山坡基岩或原状土上不动的工作基点称为固定工作基点;若大坝较长(如大于 500 m)或坝轴线为折线,为工作方便而在坝体适当位置埋设的工作基点,称为非固定工作基点,非固定工作基点随着坝体的位移而位移。工作基点包括混凝土墩和上部结构两部分。混凝土墩通常由高 100~200 cm、断面 30 cm×30 cm 的混凝土柱体和长宽各 100 cm、厚 30 cm 的底板组成,如图 3-2-15 所示。

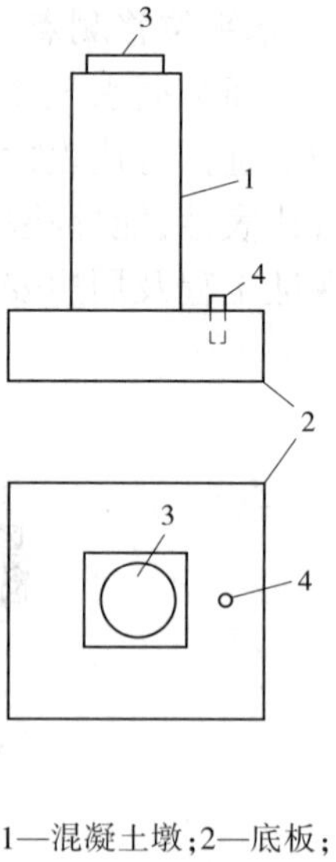

1—混凝土墩;2—底板;
3—观测盘;3—金属标点头

图 3-2-15　工作基点结构示意图

工作基点通常为岩质和土质钢筋混凝土浇筑的观测墩,如图 3-2-16 所示。为了减少仪器和觇标的对中误差,提高观测精度,观测墩的顶部常

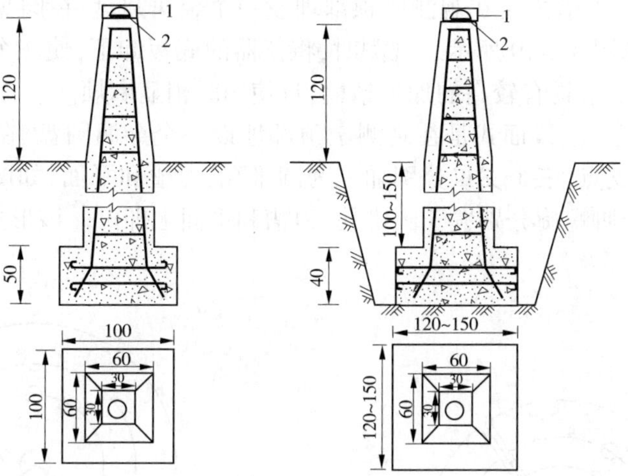

(a)岩质普通钢筋混凝土观测墩　　(b)土质普通钢筋混凝土观测墩

图 3-2-16　水平位移监测网及视准线标点埋设结构示意图（单位:cm）

埋设固定的强制对中设备。强制对中设备的形式主要有以下几种:

(1)旋入式。旋入式是在观测墩的顶部埋设一个与仪器或觇标中心螺旋直径和螺距相同的螺杆,如图 3-2-17 所示。观测时,直接将仪器或觇标旋上。该形式加工简单,但只适用于基座中心孔与该螺杆相匹配的仪器。

(2)插入式。插入式是在观测墩的顶部埋设一个金属圆盘,圆盘中心开一锥形孔或圆柱孔,如图 3-2-18 所示。观测时,将锥形杆或圆柱杆插入孔中,而杆的上部则为螺杆与仪器或觇标底板的中心孔相连接。该形式可以先预制若干个连接螺杆,以适用于各种仪器,但稳定性稍差。

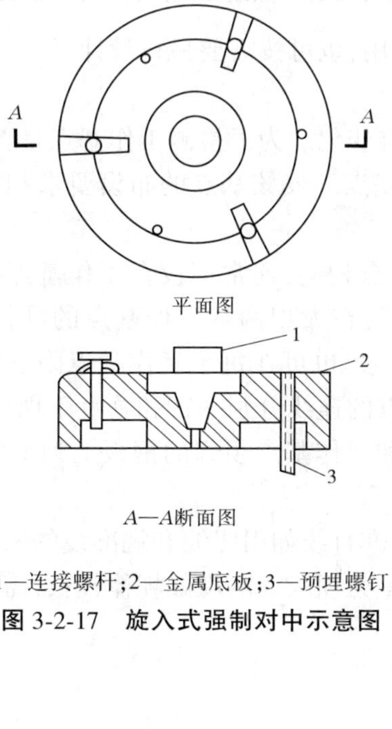

1—连接螺杆;2—金属底板;3—预埋螺钉

图 3-2-17　旋入式强制对中示意图

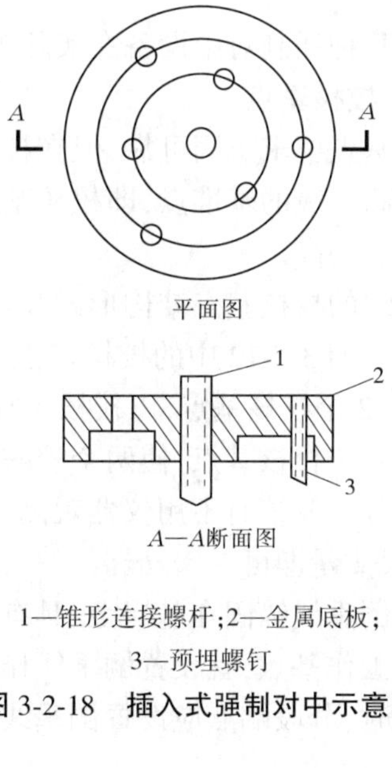

1—锥形连接螺杆;2—金属底板;3—预埋螺钉

图 3-2-18　插入式强制对中示意图

(3)刀槽式。刀槽式是在观测墩顶部埋设一个金属圆盘,在圆盘面上相隔 120°的方向各开一刀槽,如图 3-2-19 所示。观测时,将仪器的底板卸下,使三个脚螺旋与三个刀槽相吻合。该形式要求具有较高的加工精度,且使用时稍显麻烦。

(4)点线面式。点线面式是在观测墩顶部埋设一个金属圆盘,在圆盘面上相隔 120°的方向设置三个支点,三个支点分别加工为圆锥孔、刀槽和平面,如图 3-2-20 所示。观测时,将仪器的三个脚螺旋分别置于圆锥孔、刀槽和平面上即可。该形式要求具有较高的加工精度。

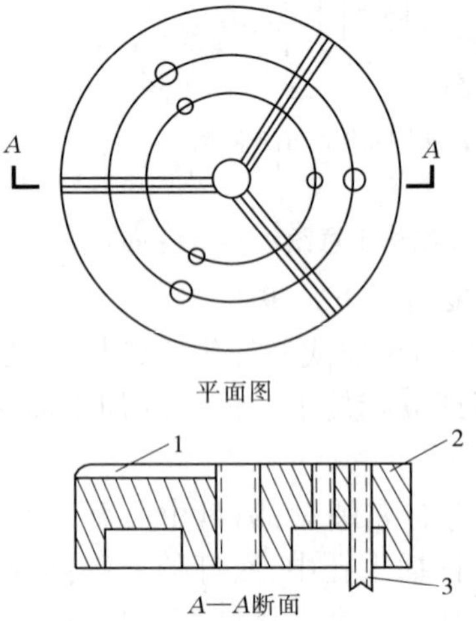

1—角槽;2—金属底板;3—预埋螺钉

图 3-2-19　刀槽式强制对中示意图

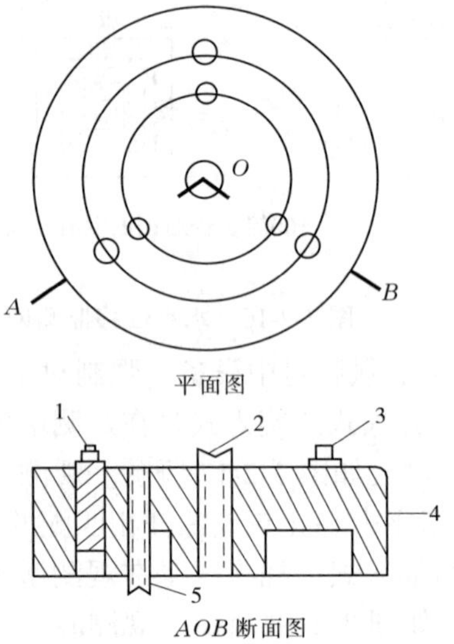

1—孔柱;2—槽柱;3—平面柱;
4—金属底板;5—预埋螺钉

图 3-2-20　点线面式强制对中示意图

以上几种强制对中设备在实际工作中可灵活选用,也可按需要另行设计。

2.2.1.3　校核基点

工作基点要求稳固可靠,但在长期使用中难免有变化。为了检测工作基点是否位移,应设置更高一级的基准点,即校核基点来校核工作基点。校核基点的布设要求和稳定性较工作基点为高。

视准线的校核基点结构形式和尺寸与其工作基点相同,通常埋设在工作基点附近地基稳定处。图 3-2-12 中的校核基点是一种布设形式,在大坝两端工作基点的延长线上,各埋设 1~2 个校核基点,以校核工作基点是否有位移,也可在每个工作基点附近隔一定距离布置两个校核基点,使两个校核基点与工作基点的连线分别平行和垂直于坝轴线,此时对工作基点校核时不用仪器观测,只在校核基点和工作基点顶部的钢板上刻上“十”字丝,用钢尺丈量即可。

由于倒垂线锚固在基岩上,具有较高的稳定性,准直线如引张线和视准线的两端点和交会法的工作基点,宜设置倒垂线作为校核基点。重力坝或支墩坝如坝体较长,需分段设置引张线时,分段端点应设置倒垂线作为基准。

交会法工作基点可用边角网校核,通过定期对工程布设的水平位移监测控制网进行复测,以检核工作基点的变动情况。仅采用视准线法进行水平位移观测的土石坝工程,可不建立水平位移监测网。基准点、工作基点位置还应具有良好的视线条件,即基准点与工作基点之间,工作基点与测点之间视线通畅,视线应满足高出障碍物 1.5 m 以上、旁离障碍物 2.0 m 以上的要求,并远离高压线、变电站、发射台等,避免强电磁场的干扰。

2.2.2　觇标的安设、操作及有关规定

觇标是观测位移时供照准用的,可分为固定觇标和活动觇标两种。

2.2.2.1　**固定觇标**

固定觇标安置在工作基点上,供仪器照准,可构成视准线,安置在测点上可用于观测测点位移。其形式主要有以下几种:

(1)觇牌式固定觇标。如图 3-2-21 所示,其底座与经纬仪底座一致。使用时,将觇标安装在工作基点上,将觇牌图案面朝向观测仪器方向,并轻轻紧固觇牌的制动螺旋。借助圆水准器及脚螺旋可将基座整平,用双手分别转动相应脚螺旋时,气泡移动方向与左手大拇指方向一致,以此方法可较快使气泡居中,从而使觇牌上图案的竖线处于铅垂位置,以利照准。

(2)标杆式固定觇标。如图 3-2-22 所示,它是由塔形钢条涂以红白油漆制成的,其下部有内螺纹。使用时,将其与工作基点中心螺杆相连接。

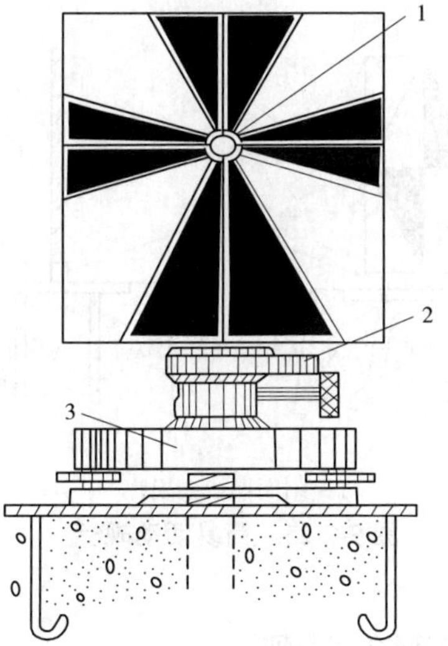

1—红玻璃觇标;2—圆水准器;3—觇标座

图 3-2-21　觇牌式固定觇标

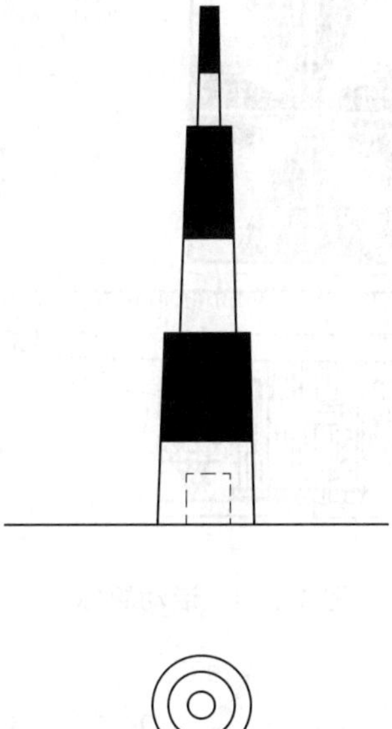

图 3-2-22　标杆式固定觇标

(3)插入式固定觇标。如图 3-2-23 所示,使用时将其直接插入工作基点顶部强制对中底板的中心圆孔中。视准线法中所用的觇标,其形状、大小和图案对测量精度具有重要影响,故选用时应加以注意。

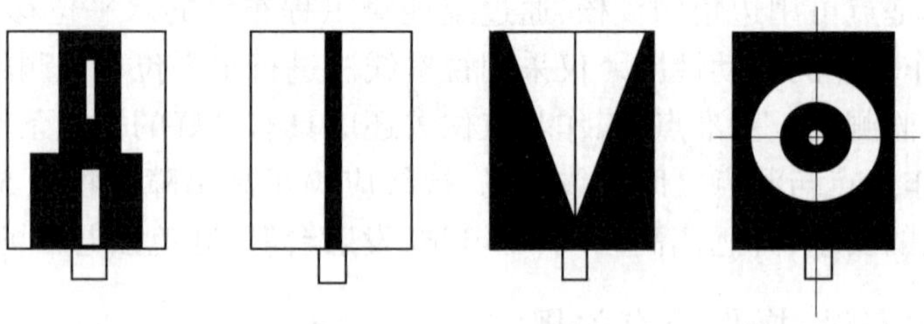

图 3-2-23　插入式固定觇标

2.2.2.2　活动觇标

采用活动觇标是视准线观测的一种方法。观测时，活动觇标被安置在位移标点上供经纬仪照准，从而在觇标基座的分划尺上读出位移标点的偏离值。较常用的一种活动觇标形式如图 3-2-24 所示，其底座与经纬仪底座相同。使用时，应一手拿住仪器上部，一手托住下部，通过连接螺栓将觇牌与强制对中底盘连接牢固，觇牌表面方向与观测视线方向垂直，然后调节脚螺旋将活动觇牌底座整平。在测站观测员的指挥下，调节水平微动螺旋，移动觇标图案中心对准视准线，在分划尺和游标上进行读数，一般可精确到 0.1 mm。当位移标点顶部只埋设刻有“十”字线的钢板时，亦可采用简易活动觇标，如图 3-2-25 所示。

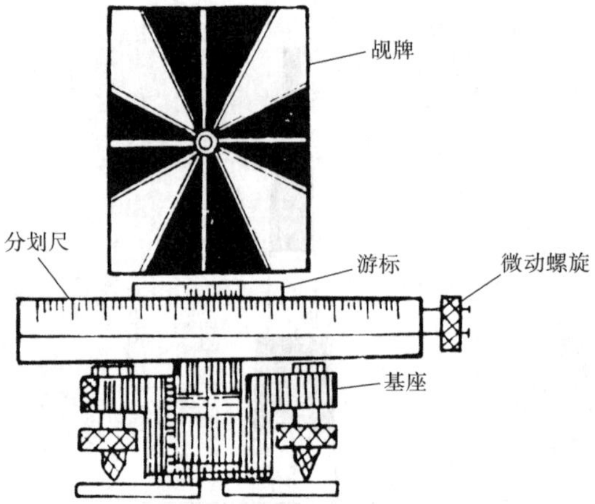

图 3-2-24　活动觇标

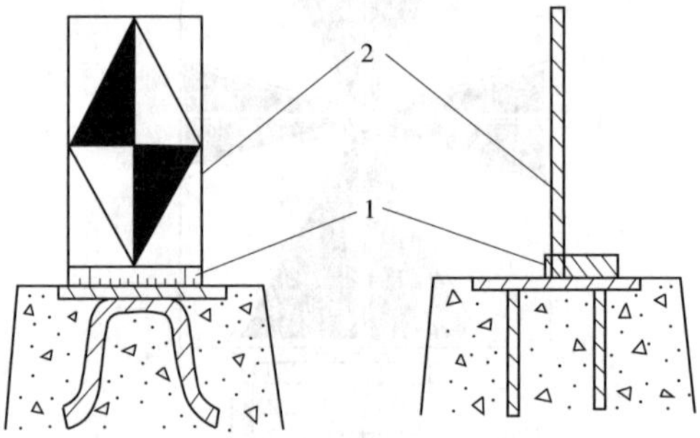

1—刻度尺；2—觇牌

图 3-2-25　简易活动觇标

2.3　接缝与表面裂缝观测

裂缝是大坝较为常见的病害现象之一。有数据表明，大坝发生的事故中，因裂缝造成的占 25%以上。通过检查观测，发现大坝产生裂缝后，有必要进一步了解其现状和发展趋势，分析其产生的原因和对坝体安全可能产生的影响，以便进行及时有效的处理。

裂缝形式多样，有的在坝体表面可以看到，有的隐蔽在坝体内部，要开挖检查才能发现。裂缝宽度,最窄的不到 1 mm,宽的可达数十厘米,甚至更宽。裂缝长度,短的不到 1 m,长的有数十米,甚至更长。裂缝深度,有的不到 1 m,有的深达坝基。裂缝走向,有平行于坝轴线方向的纵缝,有垂直于坝轴线方向的横缝,有大致水平的水平缝,此外还有倾斜裂缝及弧形裂缝等。

2.3.1　钢直尺使用方法及记录方法

钢尺,又称钢卷尺。由薄钢带制成,宽 10~15 mm,厚约 0.4 mm,尺长有 20 m、30 m、50 m 等几种,卷放在金属架上或圆形盒内。钢尺的伸缩性较小,强度较高,故丈量精度较高,通常用来对建筑物水平位移进行测量,但钢尺容易生锈,且易折断。钢尺的基本分划为毫米,在每米及每分米处刻有数字注记。由于尺的零点位置不同,钢尺可分为端点尺和刻线尺。端点尺是以尺环外缘作为尺子的零点,而刻线尺是以尺的前端刻线作为起点。

2.3.1.1　测量方法

丈量距离一般需要三人,前、后尺各一人,记录一人。后尺手站在后尺点,手持钢尺的零端,前尺手沿丈量方向前进至前尺点,将尺拉平、拉紧,均匀增加拉力,当达到标准拉力(对于 30 m 钢尺,一般为 100 N;对于 50 m 钢尺,一般为 150 N)后喊“预备”,后尺手将尺零端对准起点刻划且喊“好”,这时前尺手把钢尺刻划对准前端刻划,两人同时读数并记录。

2.3.1.2　钢直尺测量裂缝方法

对于土石坝表面裂缝,可在缝两侧埋设测点(桩),采用钢尺等简单工具进行测量。

1. 长度观测

裂缝长度可用钢尺直接沿缝丈量,对于表面裂缝的长度,若用钢尺在缝口测量,应精确到 5 mm。若需要观测裂缝长度是否变化,可在裂缝两端分别设置固定标志点(木桩或能较长时间保留的石灰点),然后定期测量缝端到邻近固定标志点的距离,根据距离变化可分析裂缝长度的变化。

2. 宽度观测

裂缝宽度可用钢尺直接量测。若需要观测裂缝宽度是否变化,可沿裂缝选择若干有代表性的观测位置,在每个观测位置处的裂缝两侧各打一根木桩,两木桩间距以 50 cm 左右为宜,在木桩顶上设置小铁钉以标定丈量距离时的准确位置,通过定期丈量各观测位置处两木桩之间的距离,可比对分析裂缝宽度是否变化,并可计算裂缝宽度的变化量(距离的变化量),应精确到 0.5 mm。也可直接量测各观测位置处的裂缝宽度,以比对分析裂缝宽度是否变化和计算宽度变化量。直接测量裂缝宽度时应尽量避免对缝口的损坏,以免影响观测成果,为便于辨别缝口是否遭到破坏,可在各观测位置处的缝口喷洒少量石灰水。

3. 深度观测

对于表面裂缝的可见深度,若用钢尺在缝口测量,应精确到 5 mm。若需要观测裂缝深度是否变化,可根据直接观察结果和裂缝宽度的观测结果而定性分析判断,也可借助探杆或测绳,或开挖探坑(井)、在裂缝处钻孔取样等方法对裂缝深度进行定期量测,以比对分析裂缝深度是否变化和计算变化量。在开挖探坑(井)或钻孔取样前,可从缝口灌入石灰水,以利于识别缝迹。开挖探坑时,须注意保持缝迹完整,应分段开挖、分段测量,并绘制出缝迹剖面图,开挖深度要超过裂缝终点 0.5 m,要注意施工安全和开挖后的恢复回填。

2.3.1.3 裂缝观测记录表

裂缝观测记录表见表 3-2-1。

表 3-2-1 裂缝观测记录表

工程部位________________

序号	发现日期	裂缝编号	裂缝位置			裂缝描述						备注
			桩号(m)	轴距(m)	高程(m)	长(m)	宽(m)	深(m)	走向(°)	倾角(°)	错距(cm)	

统计者: 校核者:

2.3.1.4 钢尺量距的注意事项

(1)丈量时应检查钢尺,看清钢尺的零点位置。

(2)量距时定线要准确,尺子要水平,拉力要均匀。

(3)读数时要细心、精确,不要看错、念错。

(4)使用钢尺时要加强对钢尺的保护,防止压、折,丈量完毕应将钢尺擦干净,并涂油防锈。

2.3.2 刻度放大镜使用方法及记录要求

刻度放大镜是一种集刻度尺与放大镜于一体的放大镜(见图 3-2-26),刻度尺镜面与放大镜为平行位置关系,方便对观测目标进行长度的量化观测。刻度放大镜具有调焦功能,为能清晰看见刻度尺与目标,部分放大镜还有灯光照明功能。

2.3.2.1 刻度放大镜使用方法

(1)将镜对准裂缝等观察物体,眼睛靠近目镜,旋转镜身调焦轮,直至看清放大的物像。

(2)如果感光度不足,可以拉开镜身,灯光会自动打开,调整灯泡角度,使成像更加均匀。

(3)将刻度标准分划线对准裂缝的一端,然后读取裂缝的另一端在刻度上的读数(见图 3-2-27)。

图 3-2-26　刻度放大镜

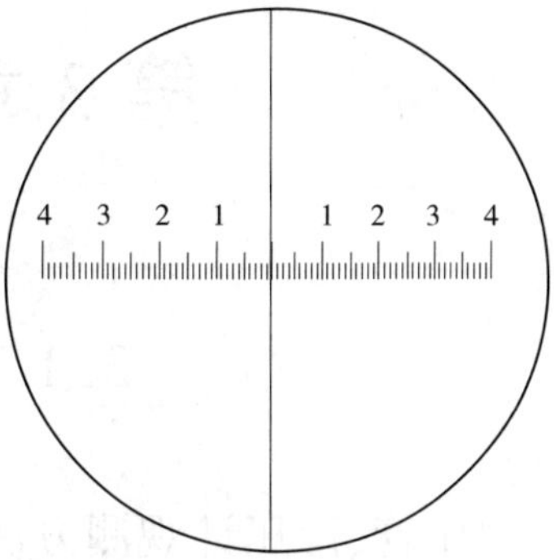

图 3-2-27　刻度放大镜视场

(4)使用完毕后合上镜身,关闭灯光。

2.3.2.2　**记录要求**

(1)利用刻度放大镜上的刻度进行读数,估读到最小刻划的 1/10。

(2)根据刻度放大镜放大倍数和说明将刻划读数转换为实际尺寸。

第 3 章　渗流监测

3.1　渗流压力观测

3.1.1　测压管、渗压计观测方法

3.1.1.1　测压管观测方法

测压管是一种古老而又常见的渗流监测仪器，它靠管中水柱的高度来表示渗透压力的大小。在水工建筑物原体观测中，测压管常用于监测地下水位、堤坝浸润线、孔隙水压力、绕闸坝渗流、坝基渗流压力、混凝土闸坝扬压力、隧洞涵洞的外水压力等。

测压管适用于水头小于 20 m，土体渗透系数大于 1×10^{-4} cm/s 的坝体渗压观测。一般多采用无压式测压管，如图 3-3-1 所示。测压管由透水管、导管及有保护装置的管口三部分组成。

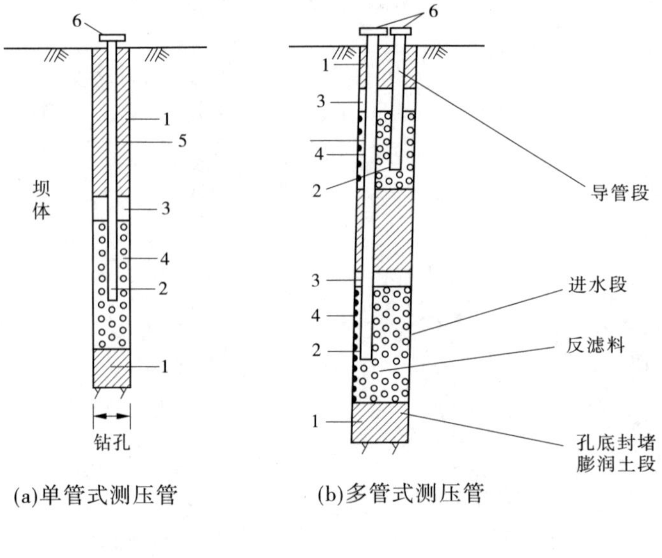

(a)单管式测压管　　(b)多管式测压管

1—水泥砂浆或水泥膨润土浆；2—有孔管头；3—细砂；
4—砾石反滤料；5—聚氯乙烯管；6—管盖

图 3-3-1　无压式测压管示意图

1. 观测技术要求

(1)测压管水位读数精确至厘米，采用电测水位计时，两次测值误差不大于 1 cm。

(2)观测时必须同时观测上、下游水位，并应注意观测渗透的滞后现象。

(3)测压管管口高程应按四等水准测量，要求每年校测一次，闭合差限差为$\pm2.8\sqrt{n}$

mm(n为测站数)。

(4)测压管灵敏度试验应按规范进行,管内水位在下列时间内恢复到或接近原来水位的,可以认为合格:黏壤土,5 d;砂壤土,24 h;砂砾料,1~2 h降至原水位或注水后水位升高小于3~5 m。

(5)当管内淤塞已影响观测时,应立即进行清理,如测压管经灵敏度试验检查不合格,堵塞、淤积经处理无效,或经资料分析测压管已失效,宜在该孔附近钻孔重新埋设安装测压管。

2. 观测设备

1)测深钟

测深钟包括测绳、测锤。测绳一般要用柔性好、伸缩性小的绳索,并应设有长度标志,测锤为金属圆柱体。测深钟的结构形式如图3-3-2所示,为上端封闭、下端开敞的一段金属圆管。圆管长30~50 mm,零点置于测深钟下口。

观测时,用测绳将测深钟慢慢放入测压管中,当测深钟下口接触管中水面时,若发出空筒击水的"嘭嘭"声,即停止下送,此时即可测出管口至管内水面的高度h_i,再根据管口高程h_0,按式(3-3-1)计算测压管内水位H_i。

$$H_i = h_0 - h_i \tag{3-3-1}$$

式中　H_i——测压管内水位,m;

h_0——测压管管口高程,m;

h_i——管口至管内水面距离,m。

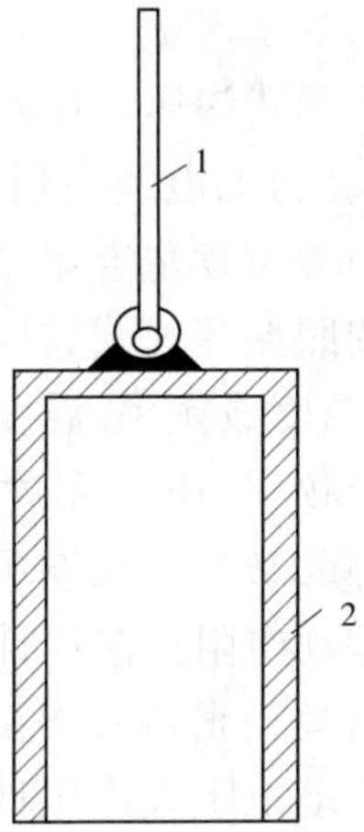

1—测绳;2—测深钟

图3-3-2　测深钟示意图

2)电测水位计

电测水位计由含有导线的平尺、平尺卷筒、不锈钢水位探头及光电指示电路等组成。

3. 观测方法

1)测深钟

观测时,用测绳将测深钟慢慢放入测压管中,当测深钟下口接触管中水面时,发出空筒击水的"嘭嘭"声,即停止下送,立即拉住测绳,并反复几次上下移动,以测锤下端刚触及水面为准,然后量出测绳下放长度h_i,即为管口至管内水面的高度h_i,再根据管口高程h_0,按式(3-3-1)计算测压管的水位H_i。

测量时,取两次平均值,且要求两次读数之差不大于1 cm。记录表如表3-3-1所示。

2)电测水位计

打开电源开关,水位探头放入待测测压管中,使探头缓慢下滑;当探头触及水面后,出现声、光指示,此时应缓慢提起平尺,直到蜂鸣器或指示灯停止响应,然后缓慢放入,使声光再次响应为止,这时探针刚好触及液面即为水位的监测位置。此时读取平尺相对于管口处刻度值h_i,按式(3-3-1)换算成测压管的水位H_i。

测量时,要求两次读数之差不大于1 cm,取其平均值,精确至0.01 m。记录表如表3-3-1所示。

3.1.1.2　渗压计观测方法

渗压计也称作孔隙水压力计,是用于测量构筑物内部孔隙水压力或渗透压力的传感器,按仪器类型可分为振弦式、差动电阻式、压阻式及电阻应变片等。

渗压计是一种测量渗流水或静水压力的传感器。适用于回填或原位孔隙水压力的测定、扬压力的测定、水位或容器中流体压力的测定。具有抗干扰能力强、长期稳定、密封可靠等特点。目前普遍使用的是振弦式渗压计和差动电阻式渗压计。

渗压计的监测,应测记稳定读数,其2次读数差值不应大于2个读数单位。

1. 振弦式渗压计

振弦式渗压计可采用振弦式读数仪进行测量。

1)仪器与振弦式读数仪的连接

振弦式渗压计仪器电缆为四芯屏蔽水工电缆,分别与振弦式读数仪相对应颜色(红、黑、绿、白)的电缆夹相连。

2)数据读取与记录

按照振弦式读数仪使用说明书,操作开机,设置激励频率范围,选择测量模式为频率模数、温度或频率、温度电阻值,待测量数据稳定后,读取稳定频率模数(kHz^2)、温度(℃)或稳定频率(Hz)、温度电阻值(Ω),数据记入渗压计观测记录表3-3-2中。

2. 差动电阻式渗压计

差动电阻式渗压计可用SQ型数字电桥或SBQ-5型水工比例电桥进行测量。

1)差动电阻式渗压计仪器与电桥的连接

差动电阻式渗压计仪器电缆分为五芯或三芯水工电缆,分别与电桥相对应的颜色(黑、蓝、红、绿、白)电缆夹或标注相应颜色的接线柱相连。

2)数据读取与记录

按照相应电桥使用说明书,操作开机,设置测量仪器为五芯或三芯,分别选择测量电阻比、电阻值,待测量数据稳定后,读取稳定电阻比(0.01%)、电阻值(Ω),数据记入差动电阻式渗压计观测记录表(见表3-3-3)中。

3. 自动测量

渗压计安装埋设完毕,可接入"智能分布式安全监测数据采集系统"进行测量,该系统能实现自动定时监测,自动存储数据及数据处理,并能实现远距离监控和管理。具体使用方法请参阅相关资料。

渗压计接入"智能分布式安全监测数据采集系统"后,仪器的测量、计算存储均自动完成,无须人工干预。

3.1.2　测压管、渗压计记录要求

3.1.2.1　测压管观测记录

测压管水位测量记录表见表3-3-1。

3.1.2.2　振弦式渗压计观测记录

振弦式渗压计观测记录表见表3-3-2。

3.1.2.3　差动电阻式渗压计观测记录

差动电阻式渗压计观测记录表见表3-3-3。

表 3-3-1　测压管水位测量记录表

水库上游水位：____m　　水库下游水位：____m　　日期：　年　月　日

<table>
<tr><th rowspan="2">管口编号</th><th rowspan="2">管口高程
(m)</th><th colspan="3">管口至水面距离(m)</th><th rowspan="2">管内水位
(m)</th><th rowspan="2">备注
(含近期降水情况)</th></tr>
<tr><th>一次</th><th>二次</th><th>平均</th></tr>
<tr><td></td><td></td><td></td><td></td><td></td><td></td><td></td></tr>
<tr><td></td><td></td><td></td><td></td><td></td><td></td><td></td></tr>
<tr><td></td><td></td><td></td><td></td><td></td><td></td><td></td></tr>
</table>

观测人：　　　　　　　　　　记录人：

表 3-3-2　振弦式渗压计观测记录表

<table>
<tr><td colspan="2">工程名称</td><td colspan="2"></td><td colspan="3">安装位置</td><td></td><td>安装高程</td><td></td></tr>
<tr><td colspan="2">仪器设计编号</td><td colspan="2"></td><td colspan="3">厂家编号</td><td></td><td>深度</td><td></td></tr>
<tr><td colspan="2">测孔编号</td><td colspan="2"></td><td colspan="3">安装日期</td><td colspan="3"></td></tr>
<tr><td rowspan="2">观测日期</td><td rowspan="2">时间</td><td rowspan="2">频率模数
(kHz^2)
(或频率 Hz)</td><td rowspan="2">温度(℃)
(或电阻 Ω)</td><td rowspan="2">观测</td><td rowspan="2">记录</td><td rowspan="2">校核</td><td colspan="2">水位</td><td rowspan="2">备注
(含近期降水情况)</td></tr>
<tr><td>上游</td><td>下游</td></tr>
<tr><td></td><td></td><td></td><td></td><td></td><td></td><td></td><td></td><td></td><td></td></tr>
<tr><td></td><td></td><td></td><td></td><td></td><td></td><td></td><td></td><td></td><td></td></tr>
<tr><td></td><td></td><td></td><td></td><td></td><td></td><td></td><td></td><td></td><td></td></tr>
</table>

表 3-3-3　差动电阻式渗压计观测记录表

<table>
<tr><td colspan="2">工程名称</td><td colspan="2"></td><td colspan="3">安装位置</td><td></td><td>安装高程</td><td></td></tr>
<tr><td colspan="2">仪器设计编号</td><td colspan="2"></td><td colspan="3">厂家编号</td><td></td><td>深度</td><td></td></tr>
<tr><td colspan="2">测孔编号</td><td colspan="2"></td><td colspan="3">安装日期</td><td colspan="3"></td></tr>
<tr><td rowspan="2">观测日期</td><td rowspan="2">时间</td><td rowspan="2">电阻比
(0.01%)</td><td rowspan="2">电阻
(Ω)</td><td rowspan="2">观测</td><td rowspan="2">记录</td><td rowspan="2">校核</td><td colspan="2">水位</td><td rowspan="2">备注(含近期降水情况)</td></tr>
<tr><td>上游</td><td>下游</td></tr>
<tr><td></td><td></td><td></td><td></td><td></td><td></td><td></td><td></td><td></td><td></td></tr>
<tr><td></td><td></td><td></td><td></td><td></td><td></td><td></td><td></td><td></td><td></td></tr>
<tr><td></td><td></td><td></td><td></td><td></td><td></td><td></td><td></td><td></td><td></td></tr>
</table>

3.2　渗流量观测

根据渗流量的大小和汇集条件，可选用容积法、量水堰法和流速法，常用的方法为容积法和量水堰法。容积法适用于渗流量小于 1 L/s 的情况。量水堰法适用于渗流量为 1~300 L/s 范围内的情况。

3.2.1　量水堰法

3.2.1.1　量水堰的设置与安装

量水堰一般需设置在集水沟的直线段上，为避免量水堰槽漏水，应将量水堰上、下游排水沟底和边坡加以护砌，或者建造专门的混凝土或砌石引水槽，槽底和侧墙不漏水，除降雨外，所有集水和量水设施均不受其他客水干扰，堰槽采用矩形断面，两侧墙应平行和铅直，堰槽内无淤积，无杂物。如图 3-3-3 所示。

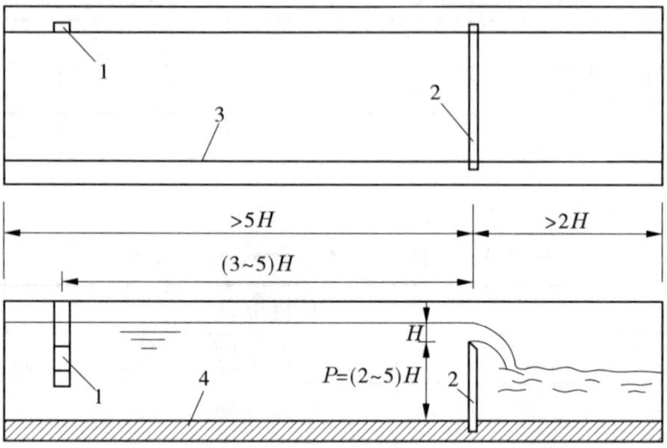

1—水尺或测量仪器；2—堰板；3—堰槽侧墙；4—堰槽底板

图 3-3-3 量水堰结构示意图

为使堰上水流稳定，取得较准确的成果，设置量水堰应符合下列要求：①堰壁需与引槽和来水方向垂直，并需直立。②堰板要采用坚固的薄板，一般可将堰口边缘制成 45°倒角，倒角低的一侧朝向下游，使水流与堰口接触时平顺。③量水堰的形式应为非淹没式，即紧靠量水堰的下游水头应低于堰顶高程，以使堰口自由出流。④为使量水堰内水流完成纵向收速，使计算时可以略去行近流速，堰板高必须大于或等于 5 倍堰上水头。⑤装设堰板的沟槽段，应采取矩形断面。堰身长应大于 7 倍的堰上最大水头，同时不得小于 2.0 m。堰板上游的堰身长应大于 5 倍的堰上最大水头，同时不得小于 1.5 m；堰板下游的堰身长应大于 2 倍的堰上最大水头，同时不得小于 0.5 m。量水堰的水尺应设在堰板上游 3~5 倍堰上水头处，水尺刻度至毫米，尽可能用水位计代替水尺来观测，精确至 0.1 mm。必要时可在测读装置上游设栏栅，以防杂物影响流态及水位计。

3.2.1.2 量水堰形式

量水堰适用于流量为 1~300 L/s 的渗流量监测。一般地，渗流量为 1~70 L/s 时，宜采用直角三角堰；渗流量为 10~300 L/s 时，宜采用梯形堰；渗流量大于 50 L/s 时，宜采用矩形堰。直角三角堰为常见常用堰型。

1. 直角三角堰

过水断面为直角三角形的量水堰，称为直角三角堰。直角三角堰堰板缺口为一等腰直角三角形，如图 3-3-4 所示。直角三角堰适用于流量小于 70 L/s 的情况，堰上水头一般不超过 0.3 m，最小不宜小于 0.05 m。直角三角堰结构及安装尺寸见表 3-3-4。流量可按式(3-3-2)计算或按实际率定曲线确定。

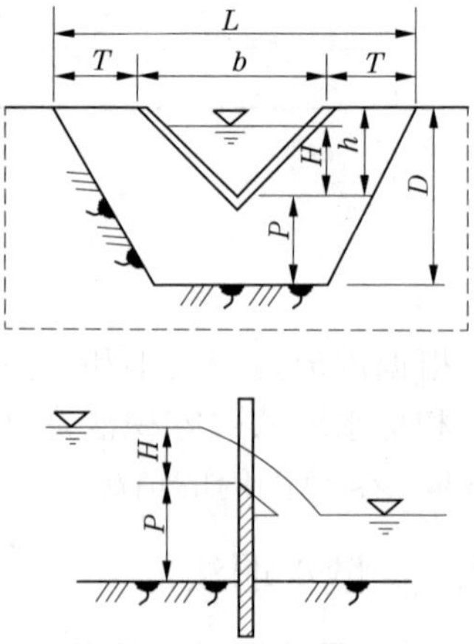

图 3-3-4 直角三角堰示意图

表 3-3-4　直角三角堰标准尺寸表

最大水深 H（cm）	堰口深 h（cm）	堰槛高 P（cm）	堰板高 D（cm）	堰肩宽 T（cm）	堰口宽 b（cm）	堰板宽 L（cm）	测流范围（L/s）
22	27	22	49	22	54	98	0.8～32
27	32	27	59	27	64	118	0.8～53
29	34	29	63	29	68	126	0.8～64
35	40	35	75	35	80	150	0.8～100

直角三角堰自由出流的流量计算公式为

$$Q = 1.4H^{\frac{5}{2}} \quad (3\text{-}3\text{-}2)$$

式中　Q——渗流量，m^3/s；

H——堰上水头，m。

2. 梯形堰

梯形堰过水断面为一梯形，边坡常用 1∶0.25，如图 3-3-5 所示。堰口应严格保持水平，底宽 b 不宜大于 3 倍堰上水头。最大堰上水深不宜超过 0.3 m。适用于渗流量为 10～300 L/s 的情况。其标准尺寸见表 3-3-5。流量可按式(3-3-3)计算或按实际率定曲线确定。

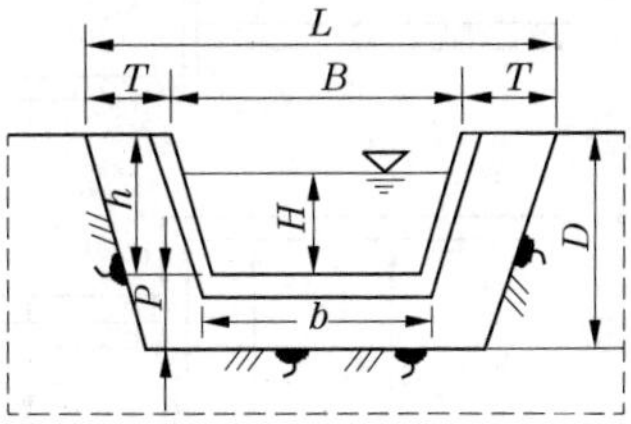

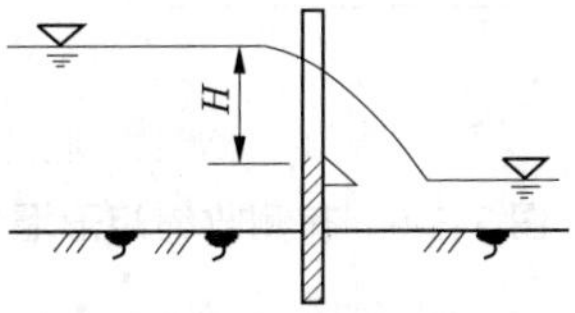

图 3-3-5　梯形堰示意图

堰口边坡为 1∶0.25 的梯形堰流量计算公式为

$$Q = 1.86bH^{\frac{3}{2}} \quad (3\text{-}3\text{-}3)$$

式中　Q——渗流量，m^3/s；

b——底宽，m；

H——堰上水头，m。

表 3-3-5　梯形量水堰标准尺寸表（边坡 1∶0.25）

堰槛宽 b（cm）	堰口宽 B（cm）	最大水深 H（cm）	堰口深 h（cm）	堰槛高 P（cm）	堰板高 D（cm）	堰肩宽 T（cm）	堰板宽 L（cm）	测流范围（L/s）
25	31.6	8.3	13.3	8.3	21.6	8.3	48.2	0.5～11.5
50	60.8	16.6	21.6	16.6	33.2	16.6	94.0	0.9～65.2
75	90.0	25.0	30.0	25.0	55.0	25.0	140.0	1.4～174.4
100	119.1	33.3	38.3	33.3	71.6	33.3	185.7	1.9～360.8

3. 矩形堰

矩形堰分有侧收缩和无侧收缩两种。流量可按式(3-3-4)计算或按实际率定曲线确定。

矩形堰堰门应严格保持水平,堰口宽度一般为 2~5 倍堰上水头,但最小为 0.25 m,最大为 2 m。一般用于渗流量大于 50 L/s 的情况。

有侧收缩矩形堰见图 3-3-6,堰前每侧收缩量 T 至少应等于 2 倍最大堰上水头,即 $T \geqslant 2H_{max}$;堰后每侧收缩量 E 至少等于最大堰上水头,即 $E \geqslant H_{max}$。

无侧收缩矩形堰见图 3-3-7,堰后水流两侧边墙上应设置通气孔。

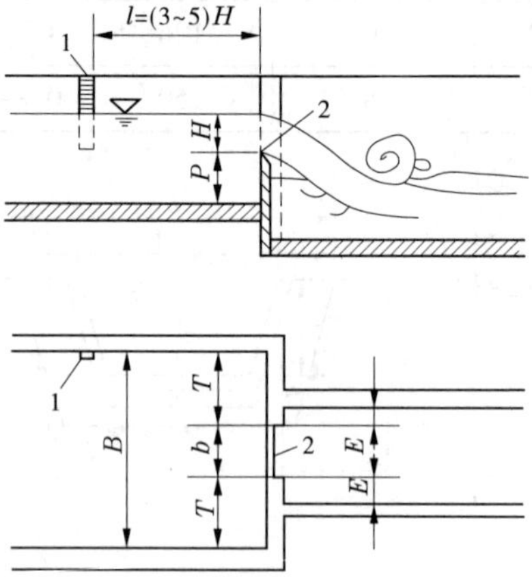

1—水尺;2—堰板

图 3-3-6　有侧收缩矩形堰结构示意图

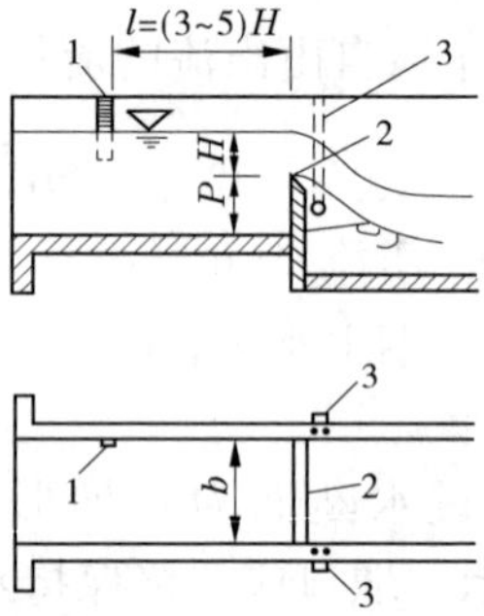

1—水尺;2—堰板;3—通气管

图 3-3-7　无侧收缩矩形堰结构示意图

矩形堰流量可采用下式计算:

$$Q = mb\sqrt{2g}H^{3/2} \tag{3-3-4}$$

式中　Q ——渗流量,m^3/s;

m ——流量系数;

b ——堰口宽,m;

g ——重力加速度,m^2/s;

H ——堰上水头,m。

对无侧收缩矩形堰,$m = 0.402 + 0.054H/P$,其中,P 为堰口至堰槽底的距离,m。

对有侧收缩矩形堰,$m = \left[0.405 + \frac{0.0027}{H} - \frac{0.03(B-6)}{B}\right] \times \left[1 + \frac{0.55b^2H^2}{B^2(H+P)^2}\right]$,其中,$B$ 为堰上游槽宽,m;P 为堰口至堰槽底的距离,m。

3.2.1.3　量水堰堰板及安装要求

(1)堰板材质应为不锈钢等防锈材料,可选用 VC、玻璃钢、不锈钢、铜板,堰板宜采用厚度不小于 8 mm 的不锈钢板制作,流量较大时,要相应增加壁厚。

(2)堰板形式与所测的渗流量大小相适应,堰板开口尺寸准确、缘台平直、光滑。

(3)堰板应平正和水平,板面光滑、平整、无扭曲;安装时,堰板与堰槽两侧墙和来水流向垂直,堰板顶部应水平,两侧水平高差不大于 1 mm,堰板中心线要与渠道的中心线重合。

(4)堰板过流堰口倒角为 45°,堰口高的一面为上游侧,堰口水流形态应为自由式。如图 3-3-8 所示为直角三角堰堰板构造。

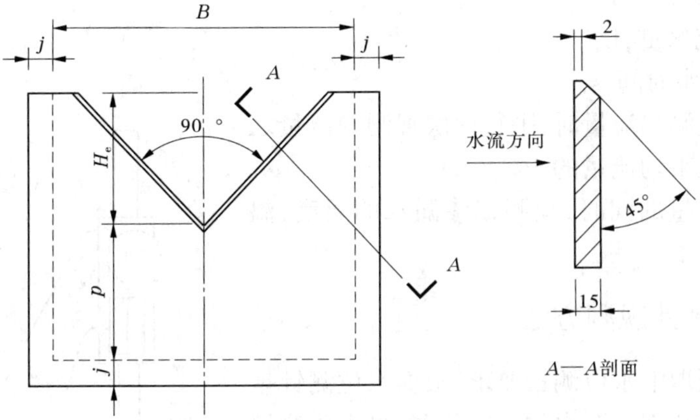

图 3-3-8　直角三角堰堰板构造图　(单位:mm)

3.2.2　量筒、计时器观测方法

采用容积法测量、记录、计算渗流量,容积法适用于渗流量小于 1 L/s 的情况,用量筒、计时器观测方法。观测时需进行计时,当计时开始时,将渗流水全部引入容器内,计时结束时停止。将容器内的水量用标准量筒进行读取,并记录充水时间,即可计算渗流量,如表 3-3-6 所示。

表 3-3-6　容积法渗流量观测记录、计算表

测点编号:________　　　　位置:__________

观测日期	测量次数	充水时间(s)	充水容积(L)	实测流量(L/s)	实测平均流量(L/s)	实测水温(℃)	上游水位(m)	下游水位(m)	备注(含近期降水情况)
	第一次								
	第二次								
	第一次								
	第二次								
	第一次								
	第二次								

观测:　　　　记录、计算:　　　　校核:

采用容积法测渗流量时,应用量筒和秒表进行观测,分别平行观测 2 次,当量筒开始接水时,即按动秒表,当停止接水时,即按停秒表,读取接水时间(t)和取水量(V),t 不得小于 10 s,如小于 10 s,改用更大的容器测量。容积法可按式(3-3-5)计算渗流量。

$$Q = \frac{V}{t} \tag{3-3-5}$$

式中　Q ——渗流量,L/s;

V ——充水量,L;

t ——充水时间,s。

用容积法监测渗流量时,平行两次观测的流量之差不应大于两次平均流量的5%。

在监测渗流量的同时,须测记渗漏水的温度,温度精确到0.5 ℃。

3.2.3　水位测针观测方法

按照量水堰堰上水位测量要求,根据水位测针量程及量水堰水头范围选取水位测针仪器,将水位测针固定安装在量水堰侧壁合适位置处上方。要求无变形、振动及其他一切影响水位测针测量的现象。水位测针结构及安装图见图3-3-9。

水位测针安装时用水准尺校平,并校正测杆与测针中心线。

使用时装上测针,抽动测杆使针尖接近水面,然后转动旋钮,针尖达到且接触水面时,测读水位测针游标读数,可读出量水堰零位读数、堰上水位读数。

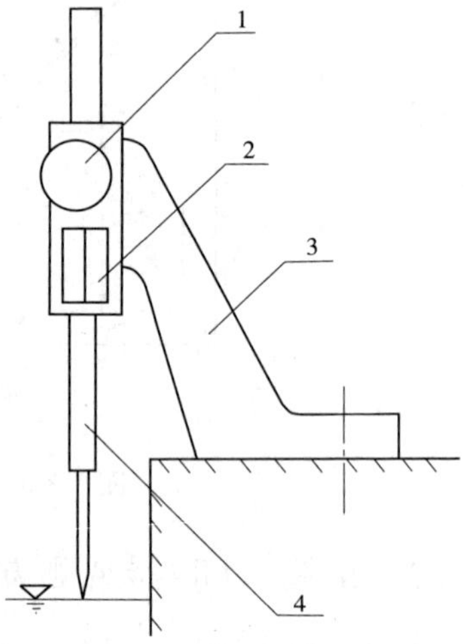

1—手轮;2—游标;3—支架;4—测针

图3-3-9　水位测针结构及安装图

用水位测针测读堰上水位,应平行测读2次。堰上水头为测针堰上水位读数平均值与零位读数之差。量水堰法渗流量堰上水头观测记录见表3-3-7。

表3-3-7　量水堰法渗流量堰上水头观测记录表(水位测针)

测点编号:＿＿＿＿＿　　　　　　　　　　　　　　位置:＿＿＿＿＿＿

观测日期	零位水位(mm)	堰上水位(mm)			堰上水头(mm)	水温(℃)	上游水位(m)	下游水位(m)	备注(含近期降水情况)
		一次	二次	平均					

观测:　　　　　　　　　　　　记录、计算:　　　　　　　　　　　　校核:

水位测针的水位读数精确至0.1 mm,平行两次堰上水头测值之差不大于1 mm。

在监测渗流量的同时,须测记渗漏水的温度,温度精确至0.5 ℃。

3.2.4　堰上水位计观测方法及记录要求

按照量水堰堰上水位测量要求,在量水堰适当位置安装堰上水位计,测算出堰上水头,根据量水堰类型计算出相应渗流量。

测量堰上水头应使用刻度至毫米的水尺测量。水位计的分辨力小于1 mm。水位计的滞后行程不大于3 mm。

直接与污水接触的测量仪器部件,用耐腐蚀的材料制成。安装在现场的仪器,应有防潮、防腐、防冻等措施。

在行近渠道上,距堰顶$2H_{max}$处测量堰上水头。若渠道中的水面波动不大,测量时不影响水流,可在渠道上直接测量,否则应在静水井中测量。

测流前应确定水头零点。水头零点即过堰水头为0时,水头测量位置处水尺的读数,或静水井基准板与堰顶的垂直距离。此值用水准仪测量求得。

水头测量的误差应小于水头变幅的1%,但不得大于1 mm。

目前,常用量水堰仪为振弦式堰上水位计和电容式量水堰水位计。

3.2.4.1　**振弦式堰上水位计**

振弦式堰上水位计是用振弦力传感器提供一种高灵敏度可靠的水位监测方法,其主要部件是悬挂在力传感器下的圆柱形重力浮子,重力浮子的一部分浸在水里,由于水面的变化,改变了圆柱形浮子的浮力,而直接作用在振弦传感器上,改变了它的张力,从而改变了它的谐振频率。传感器频率可由振弦式读数仪测读与记录,换算出水面水位。

振弦式堰上水位计结构及工作原理见图3-3-10。振弦式堰上水位计测量范围的基本规格有:150 mm、300 mm、600 mm。

1.振弦式堰上水位计安装

将切槽管(静止井)置于堰板上游3~5倍堰上水头的堰槽侧墙处,就位于堰上水位在重力浮子所要求的位置上,并保持管身竖直后,固定在堰槽侧墙上。

测记传感器零位读数后,小心地将组件放入切槽管(静止井)中,直到盖子牢固地安放在切槽管上部。

安装完成后,测记传感器读数。当有堰上过流时,应将水位仪测试水头值与量测水头值比较,并使之满足要求。

2.振弦式堰上水位计初始值(零点)确定

振弦式堰上水位计起始频率模数值,应在现场将传感器挂上重力浮子,在量水堰堰顶即将溢流且无过流情况下,静置约0.5 h后测记。用分辨力为0.1 kHz^2的频率模数读数仪测试,平行测定两次,其读数差不大于2 kHz^2。振弦式堰上水位计安装过程中应做好安装考证记录,见表3-3-8。

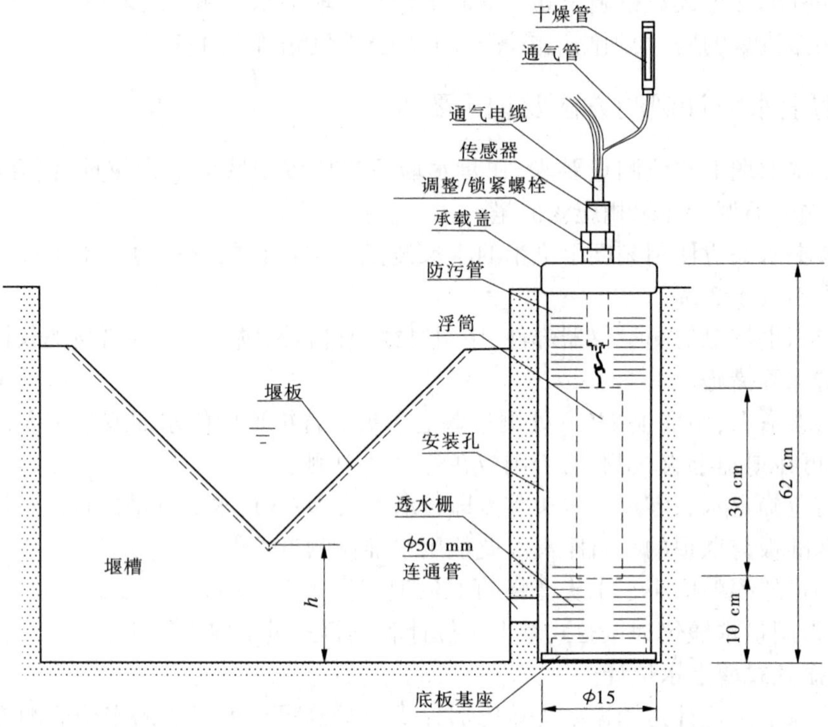

图 3-3-10　振弦式堰上水位计结构及工作原理示意图

表 3-3-8　量水堰法渗流量堰上水头观测记录、计算表(振弦式堰上水位计)

测点编号:________　　　　位置:________

观测日期	传感器系数(mm/kHz²)	零点读数		测读数				堰上水头(mm)		上游水位(m)	下游水位(m)	备注(含近期降水情况)
				一次		二次		一次	二次			
		F_0 (kHz²)	T_0 (℃)	F_1 (kHz²)	T_1 (℃)	F_2 (kHz²)	T_2 (℃)	ΔH_1	ΔH_2			

观测:　　　　记录、计算:　　　　校核:

3. 利用观测读数换算渗流量

在水温恒定的条件下,水位高程变化与传感器的输出变化成正比。下列公式即用来确定水位与传感器输出的关系。

$$\Delta H = G(F_0 - F_1) \tag{3-3-6}$$

式中　ΔH——水位高程的变化,堰上水头,mm。

F_0——安装后的量水堰仪的初始(零点)读数,kHz²;

F_1——量水堰出溢后，水位稳定时，量水堰仪的读数，kHz^2；

G——仪器系数，mm/kHz^2。

堰上水位由下式确定：

$$H = H_0 + \Delta H \tag{3-3-7}$$

式中　H_0——在测定堰上水位初始值（零点）F_0 时的水位，即量水堰堰顶高程。

根据量水堰堰型及测量计算出的堰上水头 ΔH，计算相应的渗流量。

在监测渗流量的同时，须测记渗漏水的温度，温度精确至 0.5 ℃，堰上水位计平行两次堰上水头测值之差不大于 1 mm。

3.2.4.2　电容式量水堰水位计

电容式量水堰水位计是根据变面积型电容感应原理设计的。当堰上水位发生变化时，采用屏蔽管接地方式改变可变极的电容感应长度，从而使其与中间极间的电容量发生变化，利用比率测量技术，通过测量仪器的中间极与可变极、中间极与固定极之间的电容比值的变化，将堰上水位的变化转换为电容比变化量输出。电容式量水堰水位计的原理及结构见图 3-3-11，RL 型电容式量水堰水位计结构及工作原理如图 3-3-12。

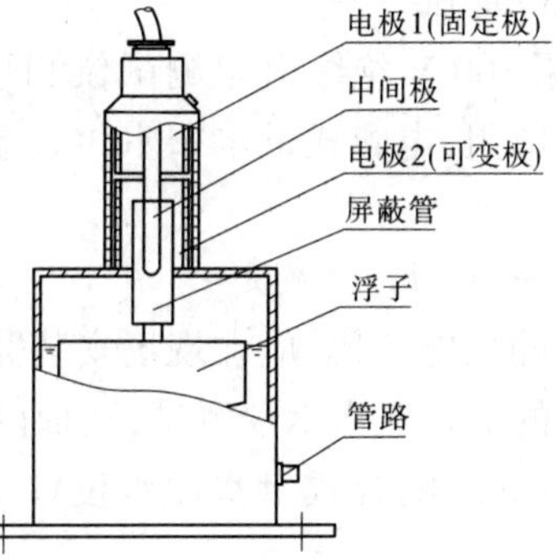

图 3-3-11　电容式量水堰水位计的原理及结构示意图

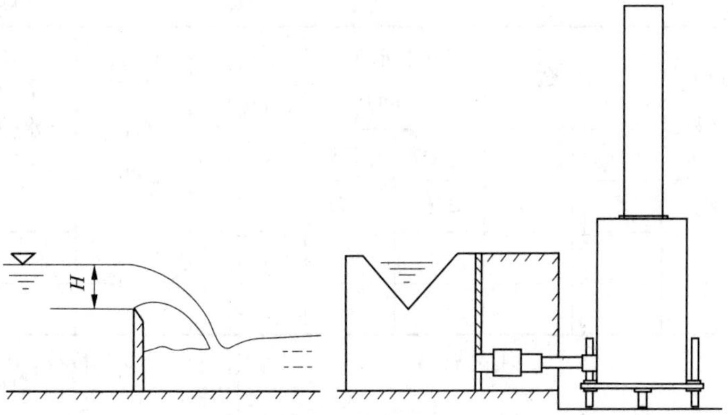

图 3-3-12　RL 型电容式量水堰水位计结构及工作原理示意图

电容式量水堰水位计信号输出参数为电容比。

电容式量水堰水位计电容比输出范围：0.350 0~5.000 0。

电容式量水堰水位计测量范围的基本规格有:50 mm、80 mm、100 mm、150 mm。

用电容比读数仪连接电容式量水堰水位计三芯屏蔽电缆,测算出量水堰水位。

1. 电容式量水堰水位计安装

在量水堰土建施工时,按设计在堰板上游 3~5 倍堰上水头处预埋一根引水管,引水管应与堰槽侧墙垂直,并保持水平。

在引水管外侧预埋堰上水位仪安装底座,底座应保持水平。

对已建量水堰,则可按上述要求钻孔埋设引水管和底座。

引水管入水口应加拦污网。底座(板)的高程应使堰上水位仪的量程满足使用要求。

待混凝土固化后,将堰上水位仪安装在底座上,再用水管接头将引水管与水位计接通并密封,然后用水准尺调平水位仪。

安装完成后,先进行传感器安装方向(接线线路)检验,将浮子与屏蔽管脱开,测试水位计电容比,当接线线路正确时,电容比大于 3.8;当接线线路错误时,电容比小于 0.6,应在测读装置处将 PA、PB 线调换。然后进行水位仪起始读数检验,即使量水堰水位计内液面与量水堰堰口齐平,其电容比应在 3.8 左右,否则应再次调整仪器底板高程,使之满足。

2. 电容式量水堰水位计绝缘电阻

在正常试验大气条件下,用 100 V 绝缘电阻测试仪测量电容式量水堰水位计感应极引线电缆与屏蔽线之间的绝缘电阻,电容式量水堰水位计感应极引线与屏蔽线之间的绝缘电阻应不小于 10 MΩ。

3. 电容式量水堰水位计初始值(零点)确定

电容式量水堰水位计初始输出电容比,应在现场安装完成接通量水堰渗流水约 0.5 h 后测记,用分辨力为 0.05%FS 的电容比指示仪测试,在堰内水位到达堰顶时测定,应平行测定两次,其允许偏差为±0.1 mm。电容式量水堰水位计安装过程中应做好安装考证记录,见表 3-3-9。

表 3-3-9　量水堰法渗流量堰上水头观测记录、计算表(电容式量水堰水位计)

测点编号:________　　　　位置:__________

观测日期	传感器系数(mm)	零点读数	测读数		堰上水头(mm)		水温(℃)	上游水位(m)	下游水位(m)	备注(含近期降水情况)
			一次	二次	一次	二次				
		Z_0	Z_1	Z_2	ΔH_1	ΔH_2				

观测:　　　　记录、计算:　　　　校核:

4. 利用观测读数换算渗流量

电容式量水堰水位计测出的堰上水头变化为:

$$\Delta H = f(R_i - R_0) \tag{3-3-8}$$

式中　ΔH——水位的变化,堰上水头,mm;

f——灵敏度系数,mm/电容比;

R_i——第 i 次电容比测量值;

R_0——水位与堰口平齐时的电容比测量值。

堰上水位由下式确定:

$$H = H_0 + \Delta H \tag{3-3-9}$$

式中　H_0——测定堰上水位初始值(零点)R_0 时的水位,即量水堰堰顶高程。

根据量水堰堰型及测量计算出的堰上水头 ΔH,再计算出相应的渗流量。

在监测渗流量的同时,须测记渗漏水的温度,温度精确到 0.5 ℃,堰上水位计平行两次堰上水头测值之差不大于 1 mm。

第 4 篇　操作技能——中级工

第 1 章　巡视检查

1.1　土(石)工建筑物检查与记录

1.1.1　土(石)工建筑物各部位名称、巡视检查内容和方法、记录要求

1.1.1.1　土(石)工建筑物结构及部位

土(石)工建筑物主要包括土石坝和堤防,主要由坝(堤)体、上下游坝(堤)坡、坝(堤)顶等部位组成,断面如图 4-1-1 所示。

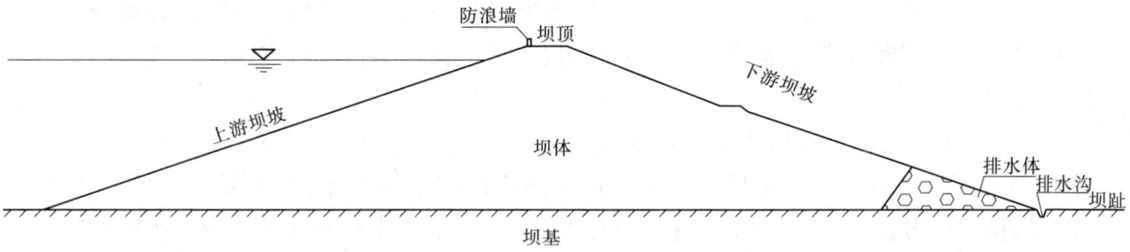

图 4-1-1　土(石)工建筑物断面示意图

(1)坝(堤)体:是挡水实体,设有防渗体。根据防渗体材料及坝体分区可分为均质坝、土质防渗体分区坝和非土质材料防渗体坝。

(2)坝(堤)坡:为了保证土石坝在各种工况下保持稳定,上下游坝坡较缓,并设有护坡。

(3)坝(堤)顶:通常兼作交通道路,坝顶超高应满足土石坝运行安全要求,必要时设防浪墙。

1.1.1.2　土(石)工建筑物检查

巡视检查是工程安全监测的重要组成部分,巡视检查和仪器监测缺一不可,同样重要。实践表明,工程大多数险情都是通过巡视检查发现的。土(石)工建筑物巡视检查贯穿于建筑物全生命周期,包括施工期、初期蓄水期、运行期。其中,从开始施工到首次蓄水为止为施工期;从水库首次蓄水到(或接近)正常蓄水位的为初期蓄水期。若首次蓄水后长期达不到正常蓄水位,初期蓄水期则为首次蓄水后的头 3 年,初期蓄水期是加强检查观测的时期。初期蓄水期后称为运行期。

巡视检查方式分为三项:①日常巡视检查;②年度巡视检查;③特别巡视检查。巡视检查应根据工程的具体情况和特点,制订切实可行的检查制度,规定巡视的时间、部位、内

容和方法,并确定其路线和顺序,由有经验的技术人员负责。

日常巡视检查的频次根据工程阶段确定,施工期检查频次为 8~4 次/月;水库首次蓄水至达到(或接近)正常蓄水位后施工及运行,检查频次为 30~8 次/月;初期蓄水期后的时期检查频次为 3~1 次/月;但遇特殊情况和工程出现不安全征兆时,应增加测次。日常巡视检查一般由工程管理单位的职能科(股)组织有关专职人员进行,填写有关检查记录。

年度巡视检查应在每年的汛前汛后、冰冻较严重地区的冰冻和融冰期,按规定的检查项目,对工程进行全面或专门的巡视检查。年度巡视检查除按规定程序对大坝各种设施进行外观检查外,还应审阅大坝运行、维护记录和监测数据等资料档案,检查次数每年不应少于两次。

特别巡视检查应在坝区遇到大洪水、大暴雨、有感地震、库水位骤变、高水位运行以及其他影响大坝安全运用的特殊情况时进行或工程发生严重的险情或破坏现象,必要时应组织专人对可能出现险情的部位进行连续监视。一般由工程管理单位组织专门力量进行,必要时可邀请上级主管部门和设计、施工等单位共同进行。特别检查应结合观测资料进行分析研究,判断极端环境及工况对工程状态和性能的影响,并对水库的管理运用提出结论与建议。

土(石)工建筑物巡视检查重点如下:

(1)迎水坡检查。迎水坡检查主要包括护面或护坡是否损坏;有无裂缝、剥落、滑动、隆起、塌坑,冲刷或植物滋生等现象;水面有无冒泡、变浑或漩涡等异常现象。如果发现裂缝,应检查裂缝的位置、宽度、方向和错距,并跟踪记录,观测其发展情况。对于横向裂缝(垂直坝轴线),应检查贯穿的深度、位置,是否形成或将要形成漏水通道。对于纵向裂缝(平行坝轴线),检查是否形成向上游或向下游的圆弧形,观察有无滑坡的迹象。

(2)背水坡及坝趾检查。背水坡及坝趾主要是检查有无裂缝、剥落、滑动、隆起、塌坑、雨淋沟、散浸、积雪不均匀融化、冒水、渗水坑或流土、管涌等现象;排水系统是否通畅;草皮护坡植被是否完好;有无兽洞、蚁穴等隐患。

土(石)工建筑物巡视检查中,要特别关注散浸、管涌或流土的巡查。散浸是工程发生渗漏的表现,管涌和流土是工程发生渗漏破坏的两种主要类型。在水库持续高水位时,管涌或流土险情将不断扩大,有可能导致工程局部坍塌,甚至有溃决危险。一般管涌和流土发生在背水坡坡脚附近的地面上。应观测渗流是清水还是浑水,渗流量有无变化。

如果发生管涌,管涌的出水口多呈孔状,出口处“翻沙鼓水”,形如“泡泉”,冒出黏土粒或细砂,形成“沙环”。出水口的大小不一样,小的如蚁穴大小,大的可达几十厘米;出水口少的只有 1~2 个,多的成群出现。如果发生流土,则出现土块隆起、膨胀、断裂或浮动等现象,又叫“牛皮胀”。若地基土为比较均匀的细砂,会出现小泉眼、冒气泡,继而使土颗粒向上鼓起,发生浮动、跳跃,这种现象也称为“沙沸”。

在背水坡或坝坡脚附近巡查中,如果能看到明显的水流,甚至能听到“哗哗”的流水声,这表明工程已有漏洞了。此时,首先要找到漏洞进口,在巡查时,一般是采用水面观察的方法。因为漏洞进水口附近的水体容易出现漩涡,应先观察水面是否有漩涡,如果看到漩涡,就可以确定漩涡下有漏洞进水口;如果漩涡不明显,可将米糠、锯末等漂浮物撒于水面,当发现这些东西在水面打漩或集中一处,那就表明此处水下有漏洞进水口。

(3)建筑物结合部检查。建筑物结合部位,如穿堤建筑物、土质建筑物和混凝土建筑物结合部位等,是巡视检查关注的重点,检查有无不均匀沉降,是否有裂缝、塌陷、滑动迹象,有无集中渗水、管涌等。

1.1.1.3　土(石)工建筑物巡视检查内容

1. 土石坝巡视检查

土石坝巡视检查范围包括坝体、坝基、坝肩,各类泄水、输水建筑物及其闸门,对大坝安全有重大影响的近坝库岸,其他与大坝安全有直接关系的建筑物和设施。巡视检查的项目和内容见表4-1-1。

表4-1-1　土石坝巡视检查项目和内容

检查项目	检查部位	检查内容
大坝	坝顶	有无裂缝、异常变形、积水或植物滋生等现象,防浪墙有无开裂、挤碎、架空、错断、倾斜等情况
	上游坝坡	护坡是否损坏,有无裂缝、剥落、滑动、隆起、塌坑、冲刷或植物滋生等现象,近坝水面有无冒泡、变浑或漩涡等异常现象
	下游坝坡	有无裂缝、剥落、滑动、隆起、塌坑、雨淋沟、散浸、积雪不均匀融化、冒水、渗水坑或流土、管涌等现象,坝面排水系统是否通畅,草皮护坡植被是否完好,有无兽洞、蚁穴等隐患
	坝趾	坝趾反滤体、减压井(或沟)等排水及导渗降压设施有无异常或破坏现象。渗漏水的水量、颜色、气味及浑浊度、酸碱度、温度有无变化,基础廊道是否有裂缝、渗水等现象
	廊道	坝内廊道有无裂缝、渗水、析钙等现象;坝体及坝基排水孔有无堵塞,析出物是否正常;总渗水量是否异常等
	观测设施	大坝观测设施运行是否正常,有无损坏、堵塞等现象
坝区	坝端	坝体与岸坡连续处有无裂缝、错动、渗水等现象,两岸坝端区有无裂缝、滑动、崩塌、溶蚀、隆起、塌坑、异常渗水和蚁穴、兽洞等
	坝趾近区	有无阴湿、渗水、管涌、流土或隆起等现象,排水设施是否完好
	坝端岸坡	绕坝渗水是否正常,有无裂缝、滑动迹象,护坡有无隆起、塌陷或其他损坏现象
溢洪道	进水渠(引渠)	有无坍塌、崩岸、淤堵或其他阻水现象,流态是否正常
	堰顶或闸室、闸墩、胸墙、边墙、溢流面、底板	有无裂缝、渗水、剥落、冲刷、磨损、空蚀等现象,伸缩缝、排水孔是否完好
	消能工	有无冲刷破损或砂石、杂物堆积等现象
	工作桥	是否有不均匀沉陷、裂缝、断裂等现象
	下游河床及岸坡	有无坍塌、崩岸、堵塞或其他阻水现象

续表 4-1-1

检查项目	检查部位	检查内容
输、泄水建筑物	引水段	有无堵塞、淤积、崩塌
	进水塔(竖井)	有无裂缝、渗水、空蚀等损坏现象
	洞(管)身	洞壁有无裂缝、空蚀、渗水等损坏现象,洞身伸缩缝、排水孔是否正常
	出口	放水期水流形态、流量是否正常,停水期是否有水渗漏
	消能工	有无冲刷或砂石、杂物堆积等现象
	工作桥	是否有不均匀沉陷、裂缝、断裂等现象
闸门		闸门有无变形、裂纹、脱焊、锈蚀及损坏现象,门槽有无卡堵、气蚀等情况,启闭是否灵活,开度指示器是否清晰、准确,止水设施是否完好,吊点结构是否牢固,栏杆、螺杆等有无锈蚀
启闭机		启闭机能否正常工作,制动、限位设备是否准确有效,电源、传动、润滑等系统是否正常,启闭是否灵活可靠,备用电源及手动启闭是否可靠
近坝岸坡		岸坡有无冲刷、崩塌及滑移迹象,护面及支护结构有无变形、裂缝及位错,地下水露头有无异常,表面排水设施和排水孔工作是否正常
通信及交通设施		通信设施是否完好、畅通,照明及交通设施有无损坏及障碍

1)坝体

坝体的检查项目和内容如下:

(1)坝顶有无裂缝、异常变形、积水或植物滋生等现象;防浪墙有无开裂、挤碎、架空、错断、倾斜等情况。

(2)迎水坡护面或护坡是否损坏;有无裂缝、剥落、滑动、隆起、塌坑、冲刷或植物滋生等现象;近坝水面有无冒泡、变浑、漩涡和冬季不冻等异常现象。块石护坡有无块石翻起、松动、塌陷、垫层流失、架空或风化变质等损坏现象。混凝土面板堆石坝面板之间接缝的开合情况和缝间止水设施的工作状况;面板表面有无不均匀沉陷,面板和趾板接触处有无沉降、错动、张开情况;混凝土面板有无破损、裂缝,表面裂缝出现的位置、规模、延伸方向及变化情况;面板有无溶蚀或水流侵蚀现象。

(3)背水坡及坝趾有无裂缝、剥落、滑动、隆起、塌坑、雨淋沟、散浸、积雪不均匀融化、冒水、渗水坑或流土、管涌等现象;表面排水系统是否通畅,有无裂缝或损坏,沟内有无垃圾、泥沙淤积或长草等;草皮护坡植被是否完好;有无兽洞、蚁穴等隐患;滤水坝趾、减压井

(或沟)等导渗降压设施有无异常或破坏现象;排水反滤设施是否堵塞和排水不畅,渗水有无骤增骤减或发生浑浊现象。

2)坝基和坝区

坝基和坝区的检查项目和内容如下:

(1)坝基基础排水设施的工况是否正常;渗漏水的水量、颜色、气味及浑浊度、酸碱度、温度有无变化;基础廊道是否有裂缝、渗水等现象。

(2)坝体与岸坡连接处有无错动、开裂及渗水等现象;两岸坝端区有无裂缝、滑动、崩塌、溶蚀、隆起、塌坑、异常渗水和蚁穴、兽洞等。

(3)坝趾近区有无阴湿、渗水、管涌、流土或隆起等现象;排水设施是否完好。

(4)坝端岸坡有无裂缝、滑动迹象;护坡有无隆起、塌陷或其他损坏现象;是否存在下游岸坡地下水露头及绕坝渗水现象。

(5)有条件时还应检查上游铺盖有无裂缝、塌坑。

3)输、泄水建筑物

输、泄水洞(管)的检查项目和内容如下:

(1)引水段有无堵塞、淤积、崩塌。

(2)进水口边坡坡面有无新裂缝、塌滑发生,原有裂缝有无扩大、延伸;地表有无隆起或下陷;排(截)水沟、排水孔是否通畅;有无新的地下水露头,渗水量有无变化。

(3)进水塔(或竖井)混凝土有无裂缝、渗水、空蚀或其他损坏现象;塔体有无倾斜或不均匀沉降。

(4)洞(管)身洞壁有无裂缝、坍塌、鼓起、空蚀、渗水等损坏现象;原有裂(接)缝有无扩大、延伸;放水时洞内声音是否正常。

(5)出水口在放水期水流形态、流量是否正常;停水期是否有水渗漏;出水口边坡坡面有无新裂缝、塌滑发生,原有裂缝有无扩大、延伸;地表有无隆起或下陷。

(6)消能工有无冲刷、磨损、淘刷或砂石、杂物堆积等现象,下游河床及岸坡有无异常冲刷、淤积和波浪冲击破坏等情况。

(7)工作桥是否有不均匀沉陷、裂缝、断裂等现象。

4)溢洪道

溢洪道的检查项目和内容如下:

(1)进水段(引渠)有无坍塌、崩岸、淤堵或其他阻水现象,流态是否正常。

(2)内外侧边坡有无冲刷、开裂、崩塌及滑移现象,护面及支护结构有无变形、裂缝及位错,地下水露头有无异常,表面排水设施和排水孔工作是否正常。

(3)堰顶或闸室、闸墩、胸墙、边墙、溢流面、底板有无裂缝、渗水、剥落、冲刷、磨损、空蚀等现象;伸缩缝、排水孔是否完好。

(4)消能工有无冲刷、磨损、淘刷或砂石、杂物堆积等现象,下游河床及岸坡有无异常冲刷、淤积和波浪冲击破坏等情况。

(5)工作桥是否有不均匀沉陷、裂缝、断裂等现象。

5)闸门及启闭机

闸门及启闭机的具体检查项目和内容如下：

(1)闸门有无变形、裂纹、脱焊、锈蚀及损坏现象；门槽有无卡塞、气蚀情况；门槽埋件有无松动、变形、翘起、锈蚀；闸门启闭是否灵活，开度指示器是否清晰、准确，止水有无磨损、老化、局部损坏，固定螺栓有无松动、锈断等，吊点结构是否牢固可靠，有无裂纹、变形、螺栓锈蚀现象；滚轮润滑油是否干枯、锈死；滑块有无松动、磨损；螺杆是否锈蚀、弯曲；弧形闸门的钢丝绳防护油是否干枯，有无钢丝断股、绳卡松动等现象。

(2)启闭机能否正常工作；制动、限位设备是否准确有效；电源、传动、润滑等系统是否正常；启闭是否灵活可靠；备用电源及手动启闭是否可靠。

6)近坝岸坡

(1)岸坡有无冲刷、开裂、崩塌及滑移现象。

(2)岸坡护面及支护结构有无变形、裂缝及位错。

(3)岸坡地下水露头有无异常，表面排水设施和排水孔工作是否正常。

2.堤防巡视检查

日常巡查应包括下列项目和内容。

堤身外观检查内容如下：

(1)堤顶。是否坚实平整，堤肩线是否顺直。有无凹陷、裂缝、残缺，相邻两堤段之间有无错动。是否存在硬化堤顶与土堤或垫层脱离现象。

(2)堤坡。是否平顺，有无雨淋沟、滑坡、裂缝、塌坑、洞穴，有无杂物垃圾堆放，有无害堤动物洞穴或活动痕迹，有无渗水。排水沟是否完好、顺畅，排水孔是否顺畅，渗漏水量、水质有无变化等。

(3)堤脚。有无隆起、下沉，有无冲刷、残缺、洞穴。

(4)混凝土。有无溶蚀、侵蚀、冻害、裂缝、破损等情况。

(5)砌石。是否平整、完好、紧密，有无松动、塌陷、脱落、风化、架空等情况。

堤身内部检查：应根据需要，可采用人工探测、电法探测、钻探等方法，适时进行各种堤身内部隐患探测，以检查堤身内部有无洞穴、裂缝和软弱层存在。

护堤地和堤防工程保护范围检查：背水堤脚以外有无管涌、渗水等。

堤岸防护工程检查内容如下：

(1)坡式护岸。坡面是否平整、完好，砌体有无松动、塌陷、脱落、架空、垫层淘刷等现象，护坡上有无杂草、杂树和杂物等。浆砌石或混凝土护坡变形缝和止水是否正常完好，坡面是否发生局部侵蚀剥落、裂缝或破碎老化，排水孔是否顺畅。

(2)坝式护岸。砌石护坡坡面是否平整、完好，有无松动、塌陷、脱落、架空等现象，砌缝是否紧密。散抛块石护坡坡面有无浮石、塌陷。土心顶部是否平整、土石结合是否严紧，有无陷坑、脱缝、水沟、灌狐洞穴。

(3)墙式护岸。混凝土墙体相邻段有无错动，变形缝开合和止水是否正常，墙顶、墙面有无裂缝、溶蚀，排水孔是否正常。浆砌石墙体变形缝内填料有无流失，坡面是否发生侵蚀剥落、裂缝或破碎、老化，排水孔是否顺畅。

(4)护脚。护脚体表面有无凹陷、坍塌、护脚平台及坡面是否平顺,护脚有无冲动。

(5)河势有无较大改变,滩岸有无坍塌。

防渗及排水设施检查内容如下:

(1)防渗设施。保护层是否完整,渗漏水量和水质有无变化。

(2)排水设施。排水沟进口处有无孔洞暗沟,沟身有无沉陷、断裂、接头漏水、阻塞,出口有无冲坑悬空。减压井井口工程是否完好,有无积水流入井内。减压井、排水沟是否淤堵。排水导渗体或滤体有无淤塞现象。

穿堤、跨堤建筑物及其与堤防结合部检查内容如下:

(1)穿堤建筑物与堤防的结合是否紧密。

(2)穿堤建筑物与土质堤防的结合部临水侧截水设施是否完好,背水侧反滤排水设施有无阻塞现象,穿堤建筑物变形缝有无错动、渗水。

(3)跨堤建筑物支墩与堤防结合部是否有不均匀沉陷、裂缝、空隙等。

(4)上、下堤道路及其排水设施与堤防的结合部有无裂缝、沉陷、冲沟。

(5)跨堤建筑物与堤顶之间的净空高度,能否满足堤顶交通、防汛抢险、管理维修等方面的要求。

(6)穿堤、跨堤建筑物有无损坏,能否安全运用。

堤防工程管理设施检查内容如下:

(1)各种观测设施是否完好,能否正常观测;观测设施的标志、盖锁、围栅或观测房是否丢失或损坏;观测设施及其周围有无动物巢穴。

(2)堤防工程交通道路的路面是否平整、坚实,是否符合有关标准要求;道路有无占道现象;堤顶交通道路所设置的安全、管理设施及路口所设置的安全标志是否完好;堤防工程通信是否正常。

1.1.1.4　检查方法及要求

巡视检查的一般方法通常是用眼看、耳听、脚踩、手摸等直观的方法,或辅以锤、钎、钢卷尺等简单工具对工程表面和异常现象进行检查量测。对大坝表面(包括坝脚及附近)要由数人列队进行检查,以防漏查。夜间检查要持照明工具。对安装视频监控系统的土石坝,可利用视频图像辅助检查。

(1)眼看。察看迎水面附近水面是否有漩涡;迎水面护坡块石是否有移动、凹陷或突鼓;防浪墙、坝(堤)顶是否出现新的裂缝或原存在的裂缝有无变化;坝(堤)顶是否有塌坑;背水坡面、脚及附近范围内是否出现渗漏突鼓现象,尤其对长有喜水性草类的地方要仔细检查,判断渗漏水的浑浊变化;坝(堤)附近及溢洪道两侧山体岩石是否错动或出现新裂缝;通信、电力线路是否畅通等。

(2)耳听。耳听是否出现不正常水流声。

(3)脚踩。检查坝坡、坝脚是否出现土质松软或潮湿甚至渗水。

(4)手摸。当眼看、耳听、脚踩中发现有异常情况时,则用手做进一步临时性检查,对长有杂草的渗漏外逸区,则用手感测试水温是否异常。

(5)特殊检查方法可采用开挖探坑(或槽)、探井、钻孔取样或孔内电视、向孔内注水试验、投放化学试剂、潜水员探摸或水下电视、水下摄影或录像等方法，对工程内部、水下部位或坝基进行检查。在有条件的地方，可采用水下多波束等设备对库底淤积、岸坡崩塌堆积体等进行检查。

巡视检查应符合如下要求：

（1）日常巡视检查的人员应相对稳定，检查时应带好必要的辅助工具和记录笔、簿，以及照相机、录像机等影像设备。

（2）汛期高水位情况下对大坝表面（包括坝脚、镇压层）进行巡查时，宜由数人列队进行拉网式检查，防止疏漏。

（3）年度巡视检查和特别巡视检查，均应制订详细的检查计划并做好如下准备工作：①安排好水库调度，为检查输水、泄水建筑物或进行水下检查创造条件；②做好电力安排，为检查工作提供必要的动力和照明；③排干检查部位的积水，清除检查部位的堆积物；④安装或搭设临时交通设施，便于检查人员行动和接近检查部位；⑤采取安全防范措施，确保检查工作、设备及人身安全；⑥准备好工具、设备、车辆或船只，以及量测、记录、绘草图、照相、录像等器具。

1.1.1.5　巡视检查记录

巡视检查的各种记录、图件和报告等均属大坝安全监测的重要资料，每次日常巡视检查，均应做出记录，对于有可疑迹象部位的记录，应在现场及时对其进行校对，确定无误后离开现场。如发现异常情况，除应详细记述时间、部位、险情和绘出草图外，必要时应测图、摄影或录像，并应立即采取应急措施，上报主管部门，并将巡视检查资料纳入安全监测资料整编分析报告中，必要时应对比分析历次巡视检查结果。日常巡视检查中发现异常现象时，应分析原因，及时采取应急措施，并上报主管部门。年度巡视检查和特别巡视检查结束后，应提出简要报告，并对发现的问题及时采取应急措施，然后根据设计、施工、运行资料进行综合分析比较，写出详细报告，并立即报告主管部门。各种巡视检查的记录、图件和报告等均应及时整理归档。土石坝巡视检查记录表见表 4-1-2。堤防工程日常巡视检查汇总记录表见表 4-1-3。

表 4-1-2　土石坝巡视检查记录表

工程名称：____________________

日期：________年____月____日　库水位：________ m　天气：________　当日降雨量：________ mm

巡视检查部位		损坏或异常情况	备注
坝体	坝顶 防浪墙 迎水坡/面板 背水坡 坝趾 排水系统 导渗降压设施		

续表 4-1-2

巡视检查部位		损坏或异常情况	备注
坝基和坝区	坝基 基础廊道 两岸坝端 坝趾近区 坝端岸坡 上游铺盖		
输、泄水洞(管)	引水段 进水口边坡 进水塔(竖井) 洞(管)身 出口 消能工 闸门 动力及启闭机 工作桥		
溢洪道	进水段(引渠) 内外侧边坡 堰顶或闸室 溢流面 消能工 工作(交通)桥 下游河床及岸坡		
闸门及启闭机	闸门 动力及启闭机		
近坝岸坡	坡面 支护结构 排水系统		
其他(包括备用电源等情况)			

检查人:________　　　　　　　　　　　　负责人:________

注:被巡视检查的部位若无损坏和异常情况,应写“无”字。有损坏或出现异常情况的地方应获取影像资料,并在备注栏中标明影像资料文件名和存储位置。

表 4-1-3　堤防工程日常巡视检查汇总记录表

堤防名称________　起止桩号________　检查单位________

检查日期________　当日降雨量:________ mm

检查负责人______　参加检查人______　记录人______

分类		检查内容
堤身外观	堤顶	□坚实平整　□堤肩线顺直　□凹陷　□裂缝　□残缺　□相邻堤段错动　□堤顶脱离
	堤坡与戗台	□平顺　□雨淋沟　□滑坡　□裂缝　□塌坑　□洞穴　□杂物垃圾堆放　□排水沟残缺、不顺畅　□渗水　□排水孔不顺畅　□渗漏水质、水量有变化
	堤脚	□隆起　□下沉　□冲刷　□残缺　□洞穴
	混凝土	□溶蚀　□侵蚀　□冻害　□裂缝　□破损
	砌石	□松动　□塌陷　□脱落　□风化　□架空
护堤地		□背水堤脚以外管涌、渗水
堤防工程保护范围		□背水堤脚以外管涌、渗水
堤岸防护工程	坡式护岸	坡面:□侵蚀　□不完好 护坡:□杂草　□杂树　□杂物 砌体:□松动　□塌陷　□脱落　□架空　□垫层淘刷 □变形缝损坏　□止水损坏　□坡面侵蚀　□坡面剥落 □坡面裂缝　□坡面破碎　□坡面老化　□排水孔不顺畅
	坝式护岸	砌石护坡坡面:□松动　□塌陷　□脱落　□架空　□砌缝不紧密 散抛块石护坡坡面:□浮石　□塌陷　□土心顶不平整　□土石结合不严紧　□陷坑　□脱缝　□水沟　□獾狐洞穴
	墙式护岸	混凝土墙体相邻段:□错动　□变形缝张开　□止水异常　□墙顶裂缝 □墙面裂缝　□溶蚀　□排水孔异常 浆砌石墙体:□变形缝填料流失　□坡面侵蚀剥落、裂缝或破碎、老化,排水孔是否顺畅
	护脚	□凹陷　□坍塌
	河势	□较大改变　□滩岸坍塌
防渗设施		□保护层不完整　□渗漏水量和水质有变化
排水设施		排水沟:□进口有孔洞、暗沟　□沟身沉陷　□沟身断裂　□接头漏水 □淤堵　□出口冲坑悬空 减压井:□井口损坏　□积水入井　□淤堵 □排水导渗体或滤体滤塞

续表 4-1-3

分类	检查内容
穿、跨、临堤建筑物与堤防结合部	□结合不紧密 □结合部不均匀沉陷　□裂缝　□空隙　□冲沟 □结合部临水侧截水设施损坏　□背水侧反滤排水设施阻塞 □穿堤建筑物变形缝错动、渗水 □跨堤建筑物与堤顶之间的净空高度，不满足堤顶交通、防汛抢险、管理维修的要求 □建筑物损坏

1.1.2　土(石)工建筑物异常现象特征知识

1.1.2.1　散浸

水库高水位运用或在汛期高水位下，堤坝背水坡及坡脚附近出现土壤潮湿或发软并有渗水的现象。江水上涨，堤身泡水，水从堤内坡或内坡脚附近渗出，称为散浸，如图 4-1-2 所示。散浸险情图见图 4-1-3。

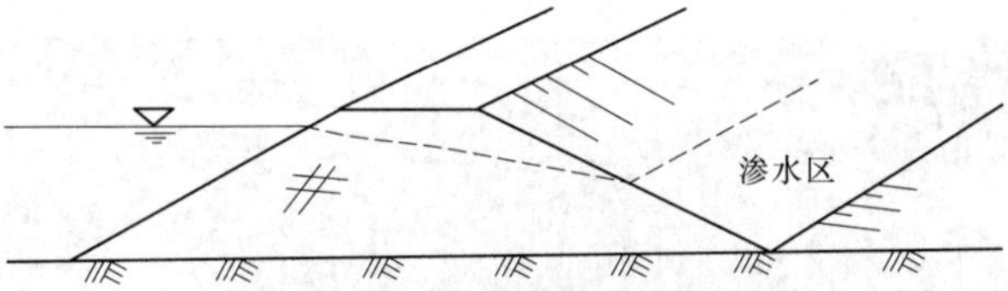

图 4-1-2　散浸险情示意图

图 4-1-3　散浸险情图

1.1.2.2　管涌

土体在渗透水流作用下，土中细颗粒在粗颗粒所形成的孔隙通道中移动、流失，土的孔隙不断扩大，渗流量也随之加大，最终导致土体内形成贯通的渗流通道，土体发生破坏的现象,称为管涌。无黏性土中的细颗粒在渗流作用下,从骨架孔隙通道流失的现象,称为机械管涌;土体中的盐类等被渗流溶解带走的现象,称为化学管涌。通常提到的管涌一般为机械管涌。工程发现集中渗漏时,要观察渗漏水的浑浊程度、渗水量及其变化情况。如果渗水的颜色由清水变得浑浊了,或者明显地夹带有土颗粒,而渗透水量又突然增大,那就表明坝(堤)体内部有可能已经发生渗透变形破坏;当渗透水量突然变小或者中断,那就表明有可能是上部土体坍塌,暂时把渗漏通道堵塞,要严密加强观察。在观察大坝渗漏时,做好观察记录,要记录渗漏的部位、范围大小、高程、渗漏水量的大小与浑浊情况,以及其他相关的情况;要记录观察的时间、当时的库水位;要记录观察者和记录者的姓名等。管涌险情示意如图 4-1-4 所示。管涌险情图见图 4-1-5。

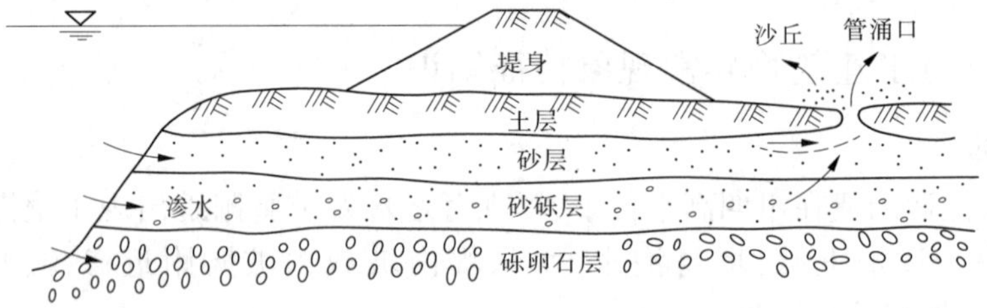

图 4-1-4　管涌险情示意图

图 4-1-5　管涌险情图

1.1.2.3　流土

由于黏性土粒间有较强的胶结作用,在渗流作用下,局部土体表面隆起、膨胀、顶穿、断裂或粗细颗粒同时浮动而流失的现象,称为流土。

1.1.2.4　裂缝

裂缝是土坝、堤防最常见的一种险情。堤坝裂缝按其出现部位可分为表面裂缝、内部裂缝;按其走向可分为横向裂缝、纵向裂缝、龟纹裂缝;按其成因可分为变形裂缝、干缩缝或冻融裂缝、水力劈裂缝、滑坡裂缝等。裂缝险情图见图 4-1-6。

图 4-1-6　裂缝险情图

1. 变形裂缝

变形裂缝主要由不均匀沉降所引起。由于不均匀变形，在坝的某些部位产生较大的拉应变和剪应变，因而产生裂缝。这种裂缝一般规模较大，并深入坝体，是破坏坝体完整性的主要裂缝。特别是防渗体的拉伸缝，对坝的安全威胁很大，应尽量避免。

(1)纵向裂缝。缝的走向平行于坝轴线。多出现在坝顶，有时也出现在坝坡，甚至还可能在坝内。缝的宽度往往较大。这种缝是由横向不均匀变形引起的。

(2)横向裂缝。裂缝的走向垂直于坝轴线。这种缝是由于坝体在坝轴线方向不均匀沉降而引起的拉伸缝，在地形局部变化处，如岸坡陡峭以及坝体埋有刚性建筑物的区域，易产生局部的拉伸区而出现横缝。横缝常贯穿防渗体，对坝的危害最大。

(3)水平裂缝。水平裂缝多发生于窄心墙坝中。它是由坝体坝基不均匀沉降引起的，是一种内部裂缝。有时贯通上下游，形成集中渗水通道。这种缝不易发现，往往出现事故后才知道，因此它的危害性很大。

2. 干缩缝和冻融裂缝

干缩缝是由于土体表面失去水分而产生的，而土体内部水分不易散发则不收缩或收缩甚微，故内部不产生裂缝。表层土体受到约束，产生拉应力，形成裂缝。这种缝常见于含水量较高、薄膜水较厚的细粒土体。冻融裂缝也容易发生在含水量较高的细粒土体中。当土体冻结后，气温再骤降，表层冻土发生收缩，受到内部未降温土体的约束，在表层发生裂缝。干缩和冻融裂缝仅限于表层土体，一般不致威胁大坝的安全。

3. 水力劈裂缝

水力劈裂缝是在孔隙水压力作用下，土体局部有效压应力减小至零或小于零时，拉伸破坏所形成的裂缝。而在水压减退后张开裂缝又可自行闭合。如拱效应使心墙的垂直压力降低到小于该处的孔隙水压力时，会因水力劈裂而产生水平裂缝。因其他原因而产生的水平裂缝也可能因水力劈裂作用而扩展。有时对防渗体进行钻孔灌浆时，在灌浆压力的作用下也可能出现水力劈裂缝。水力劈裂缝多发生于水库初次蓄水时，是一种危害性很大的裂缝。

4. 滑坡裂缝

滑坡常引起裂缝，在顶部呈张开缝，底部隆起处产生许多细小裂缝。这种缝延伸较长、较深，有较大的错距，也较宽。这是坝失稳前，滑动土体开始发生位移而在周界上出现的缝,是滑坡的前兆。

1.1.2.5 **滑坡**

滑坡是土坝岸堤的主要破坏形式,是堤坝背水坡边坡失稳下滑造成的险情,开始时在堤坝顶部或边坡上发生裂缝或蛰裂,随着蛰裂的发展即形成滑坡,如图 4-1-7、图 4-1-8 所示。一般滑坡分圆弧滑动和局部挫落两种。前者滑裂面较深,呈圆弧形,滑动体较大,坡脚附近地面土壤往往推挤外移、隆起,或者沿地基软弱滑动面一起滑动;后者滑动范围较小,滑裂面较浅,虽危害较轻,也应及时恢复堤身完整,以免继续发展,滑坡严重者可导致堤防决口,须立即抢护。

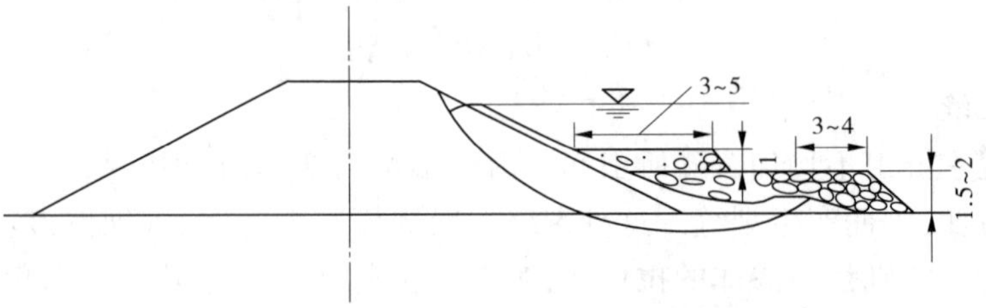

图 4-1-7 滑坡险情示意图 (单位:m)

图 4-1-8 滑坡险情图

崩滑迹象因其成因而不尽相同,从滑坡力学性质分类有剪切失稳与塑流、液化之别。

对于抗剪性滑坡,其迹象首先是堤岸土坝顶面或坡面发生纵向裂缝;继而发生一些不连续的小裂缝。纵向主裂缝再逐渐以弯弧形向堤岸土坝下部延伸发展,变形逐渐加快;然后主裂缝两侧逐渐错开并加大;再发展,滑动体下部出现带状或椭圆形隆起平台,并水平向外推移。此种滑坡多出现在坡陡处。滑坡前的河岸,由于洪水时波浪冲刷岸坡顶部,长期低水位淘刷岸坡底脚,岸坡的上下也多形成陡直坡段。

塑流性滑坡多发生在含水量大的高塑性黏土的填筑堤坝及其地基,由于土的蠕动作用,坡面的位移逐渐增加,顶部下沉,趾部隆起,发展较快。

液化性滑坡多发生在堤坝及其地基为均匀而密度小的细砂土体,当细砂饱和时受到振动会突然液化性坍滑,事先没有迹象。

裂缝是崩滑的先兆,但崩滑前的裂缝区别于其他裂缝,例如干缩裂缝和冰冻裂缝是毫无规律的交织状短浅裂缝,容易识别;沉陷裂缝则主要是上下错动,裂缝延伸两端也无向坡面下部发展的弯弧形,而且上下错动及缝宽的发展过程是随时间减慢的。因此,鉴别堤岸土坝崩滑裂缝的特征有:①主缝形状有两端向坡面下部发展逐渐弯曲的趋势,缝两侧也往往有错动;②裂缝发展过程是初期缓慢,后期逐渐加快滑移;③裂缝后期的位移观测是坡面出现持续而显著的位移,直到位移量突增,滑坡形成,而且是坡的下部水平位移量大于坡的上部,垂直位移量是上部向下,下部向上。除上述裂缝预兆滑坡外,还可从边坡的陡缓、地形外貌、演变历史、植物生长、土层、渗流冲刷等情况加以推断滑坡的可能性。例如,渗流浸湿坡面的位置有逐渐扩大上升趋势,河水位降落时堤岸地下水位仍高、堆填筑堤坝期间孔隙水压力上升高于设计值、测压管水头变化失常等现象都值得进一步分析滑坡的可能性。甚至边坡上长出的树木,其地面上的树干曲直倾向也代表着生长过程中有无缓慢发展滑坡位移的信号。

1.1.2.6　跌窝

跌窝又称陷坑,一般在洪峰前后堤坝突然发生局部塌陷而形成,如图 4-1-9 所示。在顶面、边坡、戗台以及坡脚附近均有可能发生。这种险情既破坏堤坝的完整性,又常缩短渗径,有时伴随渗水、管涌或漏洞同时发生,严重时有导致堤坝突然失事的危险。

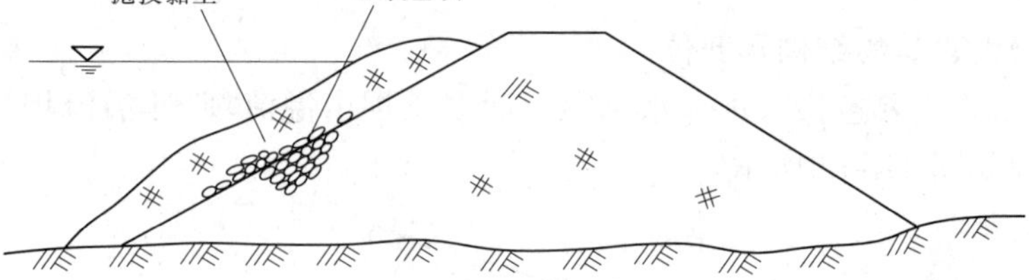

图 4-1-9　跌窝险情示意图

1.1.2.7　临水崩塌

崩塌是指堤坝临水坡在水流作用下发生的险情,如图 4-1-10 所示。崩岸是水流与河岸相互作用的结果,其形式是随着崩岸部位、滩槽高差、主流离岸远近和河岸土质组成等变化而有所不同,大致可分为"弧形矬崩""条形倒崩""浪崩"和"地下水滑崩"等四类。

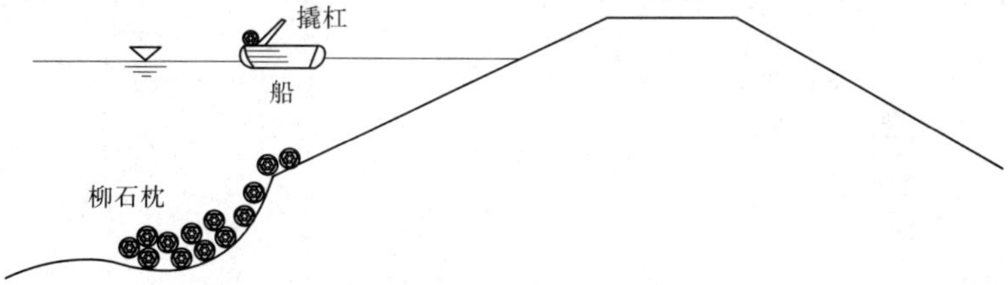

图 4-1-10　崩塌险情示意图

1.1.2.8　动物危害

动物危害是指白蚁、鼠、蛇、獾等对土(石)工建筑物破坏形成的蚁穴、兽洞、蛇洞等。图 4-1-11 为土石坝内白蚁情况。

图 4-1-11　土石坝内白蚁

1.2　混凝土建筑物检查与记录

1.2.1　混凝土建筑物各部位名称、巡视检查内容和方法、记录要求

1.2.1.1　混凝土建筑物结构及部位

混凝土建筑物主要包括大坝和水闸等。混凝土坝由溢流坝、非溢流坝、廊道、排水等部位组成，断面如图 4-1-12 所示。

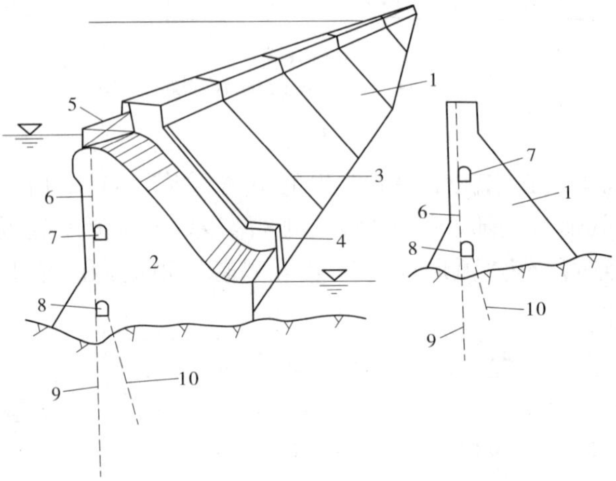

1—非溢流重力坝；2—溢流重力坝；3—横缝；4—导墙；5—闸门；6—坝体排水管；
7—交通、检查和坝体排水廊道；8—坝基灌浆、排水廊道；9—防渗帷幕；10—坝基排水孔幕

图 4-1-12　重力坝结构示意图

水闸由上游连接段、闸室段和下游连接段三部分组成，如图 4-1-13 所示。

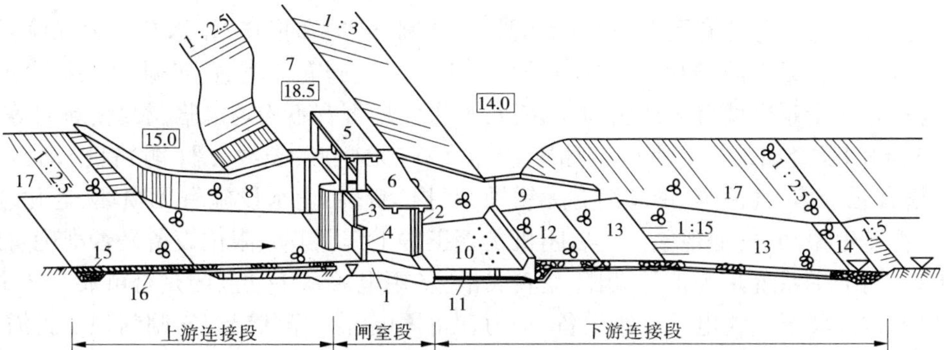

1—闸室底板；2—闸墩；3—胸墙；4—闸门；5—工作桥；6—交通桥；7—堤顶；8—上游翼墙；9—下游翼墙；10—护坦；11—排水孔；12—消力坎；13—海漫；14—下游防冲槽；15—上游防冲槽；16—上游护底；17—上、下游护坡

图 4-1-13　水闸的组成

1.2.1.2　混凝土建筑物检查

混凝土建筑物巡视检查与土石坝巡视检查一样，分日常巡视检查、年度巡视检查、特别巡视检查。各种检查要求与土石坝基本相似，并应结合混凝土建筑物的不同特点进行。

混凝土坝检查内容如下：

（1）坝体检查内容如下：①坝顶。坝面及防浪墙有无裂缝、错动、沉陷，相邻坝段之间有无错动，伸缩缝开合状况、止水设施工作状况，排水设施工作状况。②上游面。上游面有无裂缝、错动、沉陷、剥蚀、冻融破坏；伸缩缝开合状况，止水设施工作状况。③下游面。下游面有无裂缝、错动、沉陷、剥蚀、冻融破坏、钙质离析、渗水，伸缩缝开合状况。④廊道。廊道有无裂缝、位移、漏水、溶蚀、剥落，伸缩缝开合状况、止水设施工作状况、照明通风状况。⑤排水系统。排水孔工作状况，排水量、水体颜色及浑浊度。

（2）坝基及坝肩检查内容如下：①基础岩体有无挤压、错动、松动和鼓出。②坝体与基岩（或岸坡）接合处有无错动、开裂、脱离及渗水等情况，两岸坝肩区有无裂缝、滑坡、沉陷、溶蚀及绕渗情况。③坝趾。下游坝趾有无冲刷、淘刷、管涌、塌陷，渗漏水量、颜色、浑浊度及其变化状况。④廊道。廊道有无裂缝、位移、漏水、溶蚀、剥落，伸缩缝开合状况、止水设施工作状况、照明通风设施工作状况。⑤排水系统。排水、导渗设施有无断裂、损坏、阻塞、失效等现象，排水是否畅通，排水量、水体颜色及浑浊度。

（3）输、泄水设施检查内容如下：①进水口和引水渠道有无淤堵、裂缝及损坏，进水口边坡有无裂缝及滑坡体。②进水塔（或竖井）有无裂缝、渗水、空蚀或其他损坏现象，塔体有无倾斜或不均匀沉降。③洞（管）身有无裂缝、坍塌、鼓起、渗水、空蚀等现象，放水时洞内声音是否正常。④放水期出水口水流形态、流量是否正常，有无冲刷、磨损、淘刷；停水期是否有水渗漏；出水口有无淤堵、裂缝及损坏；出水口边坡有无裂缝及滑坡体。⑤下游渠道及岸坡有无异常冲刷、淤积和波浪冲击破坏等情况。⑥工作桥是否有不均匀沉降、裂缝、断裂等现象。

（4）溢洪道检查内容如下：①进水段有无堵塞，上游拦污设施是否正常，两侧有无滑坡或坍塌迹象;护坡是否有裂缝、沉陷、渗水;流态是否正常。②堰顶或闸室、闸墩、胸墙、边墙、溢流面、底板等处有无裂缝、渗水、剥落、冲刷、磨损和损伤,排水孔及伸缩缝是否完好。③泄水槽有无气蚀、冲蚀、裂缝和损伤。④消能设施有无磨损、冲蚀、裂缝、变形和淤积。⑤下游河床及岸坡有无冲刷、淤积。⑥工作桥是否有不均匀沉陷、裂缝、断裂等现象。

(5)闸门及金属结构检查内容如下:①闸门有无变形、裂纹、螺(铆)钉松动、焊缝开裂,门槽有无卡堵、气蚀等,钢丝绳有无锈蚀、磨损、断裂,止水设施有无损坏、老化、漏水,闸门是否发生振动、气蚀现象。②启闭机是否正常工作,制动、限位设备是否准确有效,电源、传动、润滑等系统是否正常,启闭是否灵活,备用电源及手动启闭是否可靠。③金属结构防腐及锈蚀状况。④电气控制设备、动力和备用电源工作状况。⑤闸门顶是否溢流。

(6)近坝库岸检查内容如下:①库区水面有无漩涡冒泡和严冬不封冻现象。②岸坡冲刷、塌陷、裂缝、滑移、冻融迹象,是否存在高边坡和滑坡体,岸坡地下水出露及渗漏情况,表面排水设施或排水孔工作是否正常。

(7)监测设施检查内容如下:水雨情及工程安全监测仪器设备、传输线缆、通信设施、防雷和保护设施、供电系统是否正常工作。

(8)管理与保障设施检查内容如下:与大坝安全有关的电站、供电系统、预警设施、备用电源、照明、通信、交通与应急设施是否损坏,工作是否正常。

1.2.1.3　检查方法和要求

巡视检查的方法与土石建筑物基本相同,主要依靠目视、耳听、手摸、鼻嗅等直观方法,可辅以锤、钎、量尺、放大镜、望远镜、照相摄像设备等工(器)具,也可利用视频监视系统辅助现场检查,还可采用钻孔取样、注水或抽水试验,水下检查或水下电视摄像等手段,超声波探测及锈蚀检测、材质化验或强度检测等方法进行检查。

混凝土建筑物出现裂缝时,应测量裂缝所在位置、高程、走向、长度、宽度等,并详细记载,绘制裂缝平面位置图、形状图,必要时进行照相。对重要裂缝,应埋设标点进行观测。

当混凝土建筑物渗水时,应测定渗水点部位、高程、桩号,详细观察渗水色泽,有无游离石灰和黄锈析出。做好记载并绘好渗水点位置图,或进行照相。同时也应尽可能查明渗漏路径,分析渗漏原因及危害。必要时可用以下简易法测定渗水量。

(1)用脱脂棉花或纱布,先称好重量,然后铺贴于渗漏点上,记录起止时间,取下再称重量,即可算得渗水量。

(2)用容积法测量渗漏水量,观测时用秒表计时,测量某一时段引入容器的全部渗透水,测水时间应不少于 10 s。

检查混凝土有无脱壳时,可以用木锤敲击,听声响进行判断。对表面松软程度进行检查,可用刀子试剥进行判断。对混凝土的脱壳、松软以及剥落,应量测其位置、面积、深度等。

1.2.1.4　混凝土建筑物巡视检查记录

1. 记录和整理

每次检查均应做好详细的现场记录,必要时应附有简图、照片或影像资料。如发现异常情况,除应详细记述时间、部位、险情,附略图、素描或照片,必要时应测图、摄影或录像。现场检查表内容及要求见表 4-1-4。

表 4-1-4　混凝土坝巡视检查表

日期：　　库水位：　　当日降雨量：　　下游水位：　　天气：

项目(部位)		检查情况	检查人员	备注
坝体	坝顶			
	上游面			
	下游面			
	廊道			
	排水系统			
坝基及坝肩	坝基			
	两岸坝段			
	坝趾附近			
	廊道			
	排水系统			
输、泄水洞(管)	进水塔(竖井)			
	洞(管)身			
	出口			
	下游渠道			
	工作桥			
溢洪道	进水段(引渠)			
	控制段			
	泄水段			
	消能设施			
	下游河床及岸坡			
	工作桥			
闸门及金属结构	闸门			
	启闭设施			
	其他金属结构			
	电气设备			

续表 4-1-4

项目(部位)		检查情况	检查人员	备注
监测设施	监测仪器设备			
	传输线缆			
	通信设施			
	防雷设施			
	供电设施			
	保护设施			
近坝岸坡	库区水面			
	岸坡			
	高边坡			
	滑坡体			
电站				
预警设施				
备用电源				
照明与应急照明设施				
对外通信与应急通信设施				
对外交通与应急交通工具				
其他				

现场记录必须及时整理,并将本次检查结果与上次或历次检查对比,分析有无异常迹象。在整理分析过程中,如有疑问或发现异常迹象,应立即对该检查项目进行复查,以保证记录准确无误。

2. 报告

日常检查中发现异常情况,应立即提交检查报告;年度检查和特别检查工作结束后,应及时提交检查报告;如发现异常,应立即提交检查报告,并分析原因;应急检查结束后,应立即提交检查报告。

巡视检查报告及其电子文档应存档备查,日常检查报告内容应简单、扼要说明问题,必要时附上影像资料。年度检查、定期检查和应急检查报告内容及格式要求如下:

(1)检查日期,检查时坝上下游水位、泄水情况。

(2)本次检查的目的和任务。

(3)检查组参加人员名单及其职务。

(4)检查环境条件及结果(包括文字记录、略图、影像资料)。

(5)历次检查结果的对比、分析和判断。

(6)异常情况发现、分析及判断。

(7)必须加以说明的特殊问题。

(8)检查结论(包括对某些检查结论的不一致意见)。

(9)检查组的建议。

(10)检查组成员的签名。

1.2.2　混凝土建筑物异常现象特征知识

混凝土建筑物主要异常包括裂缝、破损、错动、剥蚀、冲蚀、锈胀、露筋、漏水、冻融破坏、止水设施损坏等,如图 4-1-14~图 4-1-22 所示。

图 4-1-14　廊道平段环向、纵向裂缝

图 4-1-15　溢洪道上游左翼墙第 2~3 段分缝错位

图 4-1-16　坝顶表面冻融剥蚀

图 4-1-17　闸室启闭房内机座排架柱露筋

图 4-1-18　放水洞弧门后右侧墙下部冲磨带

图 4-1-19　溢洪道泄槽底板冻融剥蚀

图 4-1-20　溢流堰裂缝和分缝处破损

图 4-1-21　溢洪道进水口铺盖分缝错位

图 4-1-22　溢流堰底板严重磨损

第 2 章　环境量监测

2.1　水位观测数据统计

2.1.1　水位观测计算

水位观测结果统计包括瞬时水位和日平均水位的计算。瞬时水位 Z 数值用某一基面以上米数表示,为水尺读数 h 与水尺零点高程 Z_0 的代数和,即 $Z=Z_0+h$。

计算时应注意水尺读数的正负号。水尺读数为水位观测记载表中的“水尺读数”值。

日平均水位是指在某一水位观测点一日内水位的平均值。其推求的几何原理是,将一日内水位变化的不规则梯形面积,概化为矩形面积,其高即为日平均水位。

日平均水位计算方法有时刻水位代表法、算术平均法、面积包围法,根据每日水位变化情况、观测次数及整编方法确定选用。

2.1.1.1　时刻水位代表法

时刻水位代表法指用当日某时刻观测或插补水位值作为本日的日平均水位。适用于一日内水位变化平稳,只观测一次水位时,该次水位值即为当日的日平均水位。

2.1.1.2　算术平均法

算术平均法指用当日一次以上观测水位值的算术平均值作为本日的日平均水位。适用于一日内水位变化平缓,或变化虽较大,但观测或摘录时距相等的情况。计算公式为:

$$\overline{Z}=\frac{\sum_{1}^{n} Z_i}{n} \tag{4-2-1}$$

式中　n—— 一日观测水位的次数;

Z_i—— 一日各观测时刻的水位值,m;

$\overline{Z}$——日平均水位,m。

2.1.1.3　面积包围法

计算日平均水位的面积包围法又称 48 加权法,以各次水位观测或插补值在一日 24 h 中所占时间的小时数为权重,用加权平均法计算值作为本日的日平均水位值。计算时可将一日内 0~24 h(当无 0 时或 24 时实测水位时,应根据前后相邻水位直线插补推求)的折线水位过程线下之面积除以一日内的小时数得之。面积包围法计算日平均水位示意如图 4-2-1 所示,按式(4-2-2)计算。

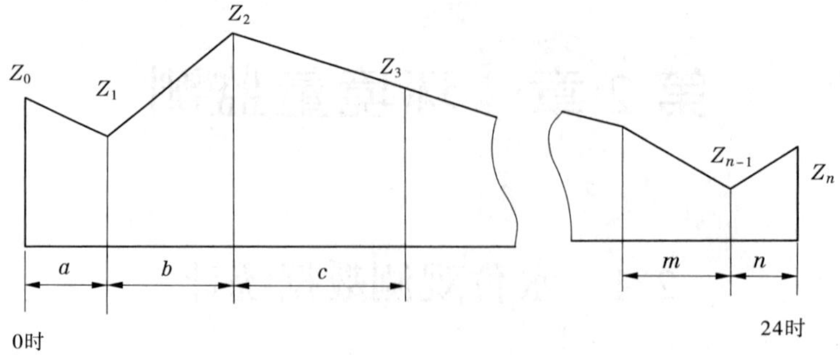

图 4-2-1　面积包围法计算日平均水位示意图

$$\bar{Z} = \frac{1}{48}[Z_0 a + Z_1(a + b) + Z_2(b + c) + \cdots + Z_{n-1}(m + n) + Z_n n] \qquad (4\text{-}2\text{-}2)$$

式中　$\bar{Z}$——日平均水位，m；

$a,b,c,\cdots,n$——观测时距，h；

$Z_0,Z_1,Z_2,\cdots,Z_n$——相应时刻的水位值，m。

计算机水位资料整编均采用面积包围法。

以面积包围法求得的日平均值作为标准值，用其他方法求得的日平均值与标准值相比，其允许误差一般为 2 cm。

2.1.2　逐日平均水位表编制

首先对日平均水位的资料进行校核，因特殊情况水位缺测时，按以下方法处理：当每 2～5 d 观测一次水位时，其未观测水位的各日日平均水位可按直线插补求得。对于观测错误的资料，如能判定用插补的数值更为正确，则应采用插补值代替错误值进行改正。插补得到的资料，应在逐日平均水位表中注明。

当一日内有部分时间河干或连底冻，其余时间有水时，不宜计算日平均水位，应在水位记载表中注明情况。

日平均水位无使用价值的测站可不计算。

2.1.3　月（年）特征水位统计

2.1.3.1　月（年）平均水位的计算

月（年）平均水位用全月（年）日平均水位总和除以全月（年）天数求得。当发生河干、连底冻或记录不全，无法进行插补时，不宜计算月（年）平均水位，应在该栏填写“河干”“连底冻”或“部分河干”等信息。

2.1.3.2　月（年）最高（低）水位统计

月最高（低）水位在全月瞬时水位记录中挑选最高（低）水位及其发生日期。当最高、最低水位出现数次时，应挑选最初出现的一次填入。如极值发生在 0 时，一般填后一天的日期。如发生在某月第一天 0 时，参加前后两月挑选，被选为上月极值者，填上月的最后一日，被选为下月极值者，填下月的第一日。当本月记录不全时，应在所选特征水位数值上加“(　)”。当发生河干或连底冻现象时，应在最低水位栏填记“河干”或“连底冻”及其发生日期。当一月内“河干”及“连底冻”现象都有发生时，最低水位栏可只填“河干”。

年最高(低)水位在全年各月最高(低)水位中挑选。

2.1.3.3　各种保证率水位统计

各种保证率水位统计可根据需要进行，一经统计应保持此表的连续；资料不全的站，可不进行统计，水位统计表见表 4-2-1。

表 4-2-1　________年度上游(水库)、下游水位统计表

监测日期		月份及水位(m)											
		1	2	3	4	5	6	7	8	9	10	11	12
1													
2													
⋮		⋮	⋮	⋮	⋮	⋮	⋮	⋮	⋮	⋮	⋮	⋮	⋮
29													
30													
31													
全月统计	平均												
	最高												
	日期												
	最低												
	日期												
全年统计		最高		日期		最低		日期		均值		变幅	
备注		包括泄流情况											

统计者：　　　　　　　　　　　　　　　　　　校核者：

一年中日平均水位高于或等于某一水位值的天数，称为该水位的保证率。例如，保证率为 15 d 的水位为 236.50 m，就是指该年中有 15 d 的日平均水位高于或等于 236.50 m。一般在有航运的河流上，要求统计部分测站的各种保证率水位。其做法是对全年各日日平均水位由高到低排序，从中依此挑选第 1 日、第 15 日、第 30 日、第 90 日、第 180 日、第 270 日及最后日对应的日平均水位，即为其保证率水位。

例如，×××水库 2019 年度上游水位统计表见表 4-2-2。

表 4-2-2　×××水库 2019 年度上游水位统计表

监测日期	月份及水位(m)											
	1	2	3	4	5	6	7	8	9	10	11	12
1	100.67	99.79	99.45	99.06	98.91	98.53	98.18	99.32	100.24	101.55	100.96	100.42
2	100.65	99.76	99.42	99.05	98.92	98.53	98.52	99.28	100.21	101.56	100.95	100.40
3	100.63	99.73	99.39	99.04	98.92	98.53	98.84	99.24	100.20	101.56	100.94	100.39
4	100.60	99.71	99.35	99.04	98.93	98.53	99.00	99.21	100.21	101.60	100.93	100.38
5	100.58	99.68	99.32	99.03	98.94	98.56	99.11	99.18	100.23	101.62	100.92	100.38
6	100.54	99.65	99.28	99.03	98.95	98.59	99.47	99.16	100.22	101.64	100.91	100.37
7	100.51	99.63	99.25	99.03	98.95	98.59	99.89	99.13	100.21	101.65	100.90	100.36
8	100.49	99.61	99.22	99.03	98.95	98.60	100.07	99.08	100.19	101.64	100.89	100.34
9	100.46	99.58	99.19	99.03	98.93	98.59	100.11	99.07	100.20	101.61	100.86	100.33
10	100.43	99.56	99.15	99.04	98.90	98.56	100.10	99.08	100.39	101.59	100.84	100.31
11	100.40	99.53	99.12	99.05	98.87	98.54	100.07	99.18	100.61	101.56	100.82	100.29
12	100.37	99.50	99.10	99.05	98.85	98.50	100.04	99.27	100.77	101.54	100.81	100.28
13	100.34	99.48	99.07	99.04	98.82	98.52	100.03	99.42	100.93	101.50	100.79	100.26
14	100.31	99.44	99.05	99.02	98.78	98.53	100.01	99.77	101.00	101.46	100.77	100.24
15	100.29	99.44	99.01	98.98	98.76	98.52	100.01	99.99	101.04	101.44	100.76	100.22
16	100.26	99.45	98.98	98.95	98.71	98.49	99.98	100.03	101.04	101.40	100.74	100.20
17	100.22	99.45	98.98	98.92	98.66	98.47	99.96	100.02	101.03	101.37	100.72	100.18
18	100.19	99.45	98.98	98.89	98.62	98.46	99.92	100.05	101.00	101.34	100.70	100.16
19	100.16	99.45	99.01	98.88	98.59	98.45	99.87	100.09	100.98	101.31	100.68	100.14

续表 4-2-2

监测日期		月份及水位(m)											
		1	2	3	4	5	6	7	8	9	10	11	12
20		100.14	99.45	99.03	98.88	98.55	98.39	99.82	100.09	100.94	101.27	100.66	100.13
21		100.11	99.45	99.04	98.89	98.51	98.29	99.79	100.07	100.91	101.24	100.64	100.12
22		100.08	99.45	99.05	98.89	98.47	98.27	99.74	100.04	100.88	101.21	100.62	100.10
23		100.05	99.45	99.05	98.89	98.46	98.23	99.70	100.02	100.85	101.18	100.60	100.10
24		100.03	99.45	99.06	98.89	98.45	98.17	99.67	100.02	100.83	101.15	100.58	100.08
25		100.00	99.44	99.06	98.89	98.47	98.12	99.63	100.03	100.83	101.11	100.56	100.06
26		99.97	99.45	99.07	98.90	98.47	98.07	99.59	100.05	101.05	101.08	100.53	100.04
27		99.95	99.46	99.07	98.90	98.46	98.02	99.54	100.10	101.38	101.05	100.51	100.03
28		99.91	99.46	99.07	98.91	98.51	98.04	99.48	100.16	101.49	101.02	100.49	100.02
29		99.88		99.07	98.91	98.53	98.04	99.43	100.22	101.52	100.98	100.46	100.00
30		99.85		99.07	98.91	98.53	98.03	99.39	100.26	101.53	100.96	100.44	100.00
31		99.82		99.07		98.53		99.35	100.26		100.95		100.00
全月统计	平均	100.25	99.53	99.13	98.97	98.71	98.39	99.62	99.69	100.76	101.36	100.73	100.20
	最高	100.67	99.79	99.45	99.06	98.95	98.60	100.11	100.26	101.53	101.65	100.96	100.42
	日期	1月1日	2月1日	3月1日	4月1日	5月6日	6月8日	7月9日	8月30日	9月30日	10月7日	11月1日	12月1日
	最低	99.82	99.44	98.98	98.88	98.46	98.01	98.18	99.07	100.19	100.95	100.44	100.00
	日期	1月31日	2月14日	3月16日	4月19日	5月23日	6月27日	7月1日	8月9日	9月8日	10月31日	11月30日	12月29日
全年统计		最高	101.65	日期	10月7日	最低	98.01	日期	6月27日	均值	99.79	变幅	3.64
备注		包括泄流情况											

2.2　降水量观测数据统计

用人工雨量筒在相应的观测时段观测到的降雨量，应记录在“降水量观测记载表”中，作为一个时段的时段降雨量。把本日8时至次日8时各时段的降雨量累加（每日降水量以北京时间8时为日分界），就得到本日的日降雨量。

降雨时，降落在人工雨量器承雨器内的降雨量通过漏斗集中流到储水器内。到达观测时间或降雨结束后，用专用的量雨杯量出储水器内的降水深（量）。

2.2.1　时段雨量、日雨量计算

用雨量器观测降雨量，一般采用定时分段观测，降雨量观测段次及相应观测时间见表4-2-3。水文测站观测降雨量所采用的段次，可根据“测站任务书”或者上级有关具体规定决定。

表4-2-3　降雨量观测段次及相应观测时间表

段次	观测时间
1段	8时
2段	20时，8时
4段	14时，20时，2时，8时
8段	11时，14时，17时，20时，23时，2时，5时，8时
12段	10时，12时，14时，16时，18时，20时，22时，24时，2时，4时，6时，8时
24段	从本日9时至次日8时，每1小时观测1次

在观测段次时间若继续降雨，则取出储水筒内的储水器，及时将空的备用储水器放入储水筒；如在观测时间降雨很小或者停止，可携带量雨杯到观测场观测降雨量。

在室内或在观测场，将储水瓶内的雨水倒入量雨杯，读数时视线应与水面凹面最低处平齐，观读至量雨杯的最小刻度，并立即记录，然后校对读数一次。降雨量很大时，可分数次取水测量，并分别记在备用纸上，然后累加得到降水总量并记录。

每日观测时，应注意检查雨量器是否受碰撞变形，漏斗有无裂纹，储水筒是否漏水。

遇有暴雨时，需采取加测的办法，防止降水溢出储水器。如有溢出，应同时更换储水筒，并量测筒内降水量。

每次观测后，储水筒和量雨杯内的积水要倒掉，以便更准确地观测其后的降水量。

2.2.1.1　自记雨量计日降水量的计算

虹吸式自记雨量计降水观测记录及降水量计算见表4-2-4。每日观测后，将测得的自然虹吸水量填入表4-2-4第(1)栏，然后根据记录纸查算表中各项数值。如不需要进行虹吸量订正，则第(4)栏数值就是该日降水量；如需要订正，则第(6)栏的数值为最后的日降水量。

表 4-2-4　虹吸式自记雨量计降水量观测记录及日降水量计算表

(1)	自然虹吸水量(储水器内水量)	=	mm
(2)	自记纸上查得的未虹吸水量	=	mm
(3)	自记纸上查得的底水量	=	mm
(4)	自记纸上查得的日降水量	=	mm
(5)	虹吸订正量=(1)+(2)-(3)-(4)	=	mm
(6)	虹吸订正后的日降水量=(4)+(5)	=	mm
(7)	时钟误差　8 时至 20 时　　分，　20 时至 8 时　　分		
备注			

记录笔画线翻斗式降水量观测记录统计如表 4-2-5 所示。

表 4-2-5　记录笔画线翻斗式降水量观测记录统计表

(1)	自然排水量(储水器内水量)	=	mm
(2)	记录纸上查得的日降水量	=	mm
(3)	计数器累计的日降水量	=	mm
(4)	订正量=(1)-(2)或(1)-(3)	=	mm
(5)	日降水量	=	mm
(6)	时钟误差　8 时至 20 时　　分，20 时至 8 时　　分		
备注			

每日 8 时观测后，将量测到的自然排水量填入表 4-2-5 第(1)栏，然后根据记录纸依序查算表中各项数值。但计数器累计的日降水量，只在记录器发生故障时填入，否则任其空白。

根据表 4-2-5 计算出订正量，如需要订正，按订正方法进行订正，则第(1)栏自然排水量作为日降水量；若不需进行订正，则第(2)栏数值就作为日降水量。

2.2.1.2　各时段最大降水量表

1. 各时段最大降水量表(一)

各时段最大降水量表(一)如表 4-2-6 所示。

表 4-2-6　各时段最大降水量表(一)

年份:　　流域水系码:　　降水量单位:mm　　共　页 第　页

站次	测站编码	站名	时段(min)												
			10	20	30	45	60	90	120	180	240	360	540	720	1 440
			最大降水量/开始月-日												

统计与填列方法:

(1)各分钟时段最大降水量一律采用 1 min 或 5 min 滑动进行挑选,在数据整理时,应注意采用 1 min 或 5 min 滑动摘录。

(2)表中各时段最大降水量值,分别在全年的自记记录纸上连续滑动挑选。

(3)自记雨量计短时间发生故障,经邻站对照分析插补修正的资料可参加统计。

(4)无自记记录期间可采用人工观测资料挑选,但应附注说明暴雨的时间、降水量等情况。一年内暴雨期自记记录不全或有舍弃情况,且无人工观测资料时,应在有自记记录期间挑选,并附注说明情况,如年内主要暴雨都无自记记录,则不编本表。

(5)挑选出来的数据分记两行,上行为各时段最大降水量,下行为对应时段的开始日期。日期以 0 时为日分界。

2. 各时段最大降水量表(二)

各时段最大降水量表(二)如表 4-2-7 所示。

表 4-2-7　各时段最大降水量表(二)

年份:　　流域水系码:　　降水量单位:mm　　共　页 第　页

站次	测站编码	站名	时段(h)																	
			1			2			3			6			12			24		
			降水量	开始		降水量	开始		降水量	开始		降水量	开始		降水量	开始		降水量	开始	
				月	日		月	日		月	日		月	日		月	日		月	日

统计与填列方法：

(1)表内各小时时段降水量，通过降水量摘录表统计而得。

(2)凡做此项统计的自记站或人工观测站，均按观测时段或摘录时段滑动统计。当有合并摘录时，应按合并前资料滑动统计。

(3)按24段观测或摘录的，各种时段最大降水量都应统计；按12段观测或摘录的，统计2时、6时、12时、24时的最大降水量；按8段观测或摘录的，统计3时、6时、12时、24时的最大降水量；按4段观测或摘录的，只统计6时、12时、24时的最大降水量。不统计的各栏，任其空白。按两段制观测或只记日量的站，不做此项统计。

(4)挑选出来的各时段最大降水量，均应填记其时段开始的日期。日期以0时为日分界。

2.2.2　降水量观测数据统计

2.2.2.1　月降水特征值统计计算

1. 月降水量特征值统计

本月各日日降水量的总和为本月月降水量。

全月各日未降水时，月降水量记为“0”。

一月内部分日期(时段)雨量缺测时，月降水总量仍予计算，但应加不全统计符号“( )”。

全月缺测时，记“—”符号。

有跨月合并情况的，合并的量记入后月。前后月的月总量不加任何符号。合并量较大时应附注说明。

2. 月降水日数统计

月降水日数为本月降水日数之总和。

全月无降水日时，记为“0”。

全月缺测时，记“—”符号。

一部分日期缺测时，根据有记录期间的降水日数统计，但应加不全统计符号。确知有降水和记载合并符号之日，可加入全月降水日数统计。

3. 月最大日降水量统计

全月无降水时，月最大日雨量不统计。

全月缺测时，记“—”符号。

一月部分日期缺测或无记录时，仍应统计，但应加不全统计符号。如确知其为月最大，则不加不全统计符号。

一月部分日期有合并降水时，如合并各日的平均值比其余各日仍大，可选作月最大日量，并加不全统计符号。

全月只有合并的降水量时，月最大日雨量不统计，应记“—”符号。

2.2.2.2　年降水特征值统计计算

年降水量、降水日数、日最大降水量统计计算类似于月特征值统计计算方法予以统计计算。

各时段最大降水量统计,可从逐日降水量中分别挑选全年最大 1 日降水量及连续 3 日、7 日、15 日、30 日(包括无降水之日在内)的最大降水量填入,并记明其开始日期(以 8 时为日分界)。全年资料不全时,统计值应加不全统计符号。能确知其为年最大值时,也可不加不全统计符号。某年度逐日降水量统计表见表 4-2-8。

表 4-2-8　________年度逐日降水量统计表

<table>
<tr><td colspan="2" rowspan="2">监测日期</td><td colspan="12">月份及降水量(mm)</td></tr>
<tr><td>1</td><td>2</td><td>3</td><td>4</td><td>5</td><td>6</td><td>7</td><td>8</td><td>9</td><td>10</td><td>11</td><td>12</td></tr>
<tr><td colspan="2">1</td><td></td><td></td><td></td><td></td><td></td><td></td><td></td><td></td><td></td><td></td><td></td><td></td></tr>
<tr><td colspan="2">2</td><td></td><td></td><td></td><td></td><td></td><td></td><td></td><td></td><td></td><td></td><td></td><td></td></tr>
<tr><td colspan="2">⋮</td><td>⋮</td><td>⋮</td><td>⋮</td><td>⋮</td><td>⋮</td><td>⋮</td><td>⋮</td><td>⋮</td><td>⋮</td><td>⋮</td><td>⋮</td><td>⋮</td></tr>
<tr><td colspan="2">29</td><td></td><td></td><td></td><td></td><td></td><td></td><td></td><td></td><td></td><td></td><td></td><td></td></tr>
<tr><td colspan="2">30</td><td></td><td></td><td></td><td></td><td></td><td></td><td></td><td></td><td></td><td></td><td></td><td></td></tr>
<tr><td colspan="2">31</td><td></td><td></td><td></td><td></td><td></td><td></td><td></td><td></td><td></td><td></td><td></td><td></td></tr>
<tr><td rowspan="4">全月统计</td><td>最大</td><td></td><td></td><td></td><td></td><td></td><td></td><td></td><td></td><td></td><td></td><td></td><td></td></tr>
<tr><td>日期</td><td></td><td></td><td></td><td></td><td></td><td></td><td></td><td></td><td></td><td></td><td></td><td></td></tr>
<tr><td>合计</td><td></td><td></td><td></td><td></td><td></td><td></td><td></td><td></td><td></td><td></td><td></td><td></td></tr>
<tr><td>雨日</td><td></td><td></td><td></td><td></td><td></td><td></td><td></td><td></td><td></td><td></td><td></td><td></td></tr>
<tr><td colspan="2">全年统计</td><td colspan="2">最大</td><td></td><td colspan="2">日期</td><td></td><td colspan="2">总降水量</td><td></td><td colspan="2">总降水天数</td><td></td></tr>
<tr><td colspan="2">备注</td><td colspan="12"></td></tr>
</table>

统计者:　　　　　　　　　　　　　　　　　　　　　　　　　　　　校核者:

备注说明,主要是雨量场(器)的迁移情况(迁移日期、方向、距离、高差等),有关插补、分列资料情况,影响资料精度等的说明。

例如,×××水库 2019 年度逐日降水量统计表见表 4-2-9。

表 4-2-9　2019 年度逐日降水量统计表

监测日期	月份及降水量(mm)											
	1	2	3	4	5	6	7	8	9	10	11	12
1	1.5					5.0	36.0	16.0		2.0	16.0	
2						3.0	6.0			1.0		
3	1.0						1.0		12.0	9.0	1.5	
4				2.0	9.0					13.0		
5						18.0	19.0					
6			1.0				7.0	8.0				
7			1.0									
8			1.0			5.0		9.0				
9			1.0	3.0					32.0			
10			1.0	2.0	4.0			31.0	25.0			
11			2.0					6.0	10.0	13.0		
12			3.0		1.0	23.0	1.0	14.0	18.0	2.0		
13			1.0			5.0		6.0				
14				1.0			6.0					
15		20.0			8.0		10.0					
16						1.0						
17			29.0					5.0				
18			23.0		6.0	3.0						
19	2.0				21.0							

续表 4-2-9

监测日期	月份及降水量(mm)											
	1	2	3	4	5	6	7	8	9	10	11	12
20	4.0				1.0							
21			1.0									5.0
22	1.0											3.0
23								3.0				2.0
24				1.0	31.0			4.0	5.0			
25								2.0	4.0			
26		10.0	2.0			6.0		10.0	34.0			
27		1.0		7.0	50.0	7.0		4.0				
28				1.0	2.0			6.0				4.0
29				1.0	6.0							
30						15.0	14.0					
31							1.0			11.5		
全月统计 最大	4.0	20.0	29.0	7.0	50.0	23.0	36.0	31.0	34.0	13.0	16.0	5.0
全月统计 日期	1月20日	2月15日	3月17日	4月27日	5月27日	6月12日	7月1日	8月10日	9月26日	10月4日	11月1日	12月21日
全月统计 合计	9.5	31.0	66.0	18.0	139.0	91.0	101.0	124.0	140.0	51.5	17.5	14.0
全月统计 雨日	5	3	12	8	11	11	10	14	8	7	2	4
全年统计	最大		50.0	日期		5月27日	总降水量		802.5	总降水天数		95
备注												

统计者：　　　　　　　　校核者：

2.3　坝前水温数据统计

坝前水温数据统计内容主要为水温观测数据统计。

水温数据统计方法按逐日水温表内容统计全年水温数据，包括每月、年的最高、最低及平均水温特征值统计。

逐日水温表编制应在对水温观测读数、器差订正、最高(低)值等原始观测记录进行审核的基础上，整理水温逐日值、统计制表。

逐日水温表如表 4-2-10 所示。表中日值填写每日 8 时(或规定的其他时间)所观测的水温数值。除矿化度很高的河流外，水温为负值者一般均改为 0.0。缺测之日可参照邻站或有关因素插补。

表 4-2-10　××河 ××站 逐日水温表

日期		月份及水温(℃)											
		1	2	3	4	5	6	7	8	9	10	11	12
1													
2													
⋮		⋮	⋮	⋮	⋮	⋮	⋮	⋮	⋮	⋮	⋮	⋮	⋮
29													
30													
31													
全月统计	平均												
	最高												
	日期												
	最低												
	日期												
全年统计		最高水温：　月　日　最低水温：　月　日　平均水温：											
备注													

统计者：　　　　　　　　　　　　　　　　　　　　校核者：

月统计中的(月)平均，全月资料完整者，以当月逐日水温之和除以全月日数得之。月最高、最低水温及日期：在全月规定的定时(包括 20 时)观测值中挑选最高、最低值及其发生日期，若极值出现在 20 时，应在附注中说明。其他项目附属观测的水温，不参加挑选。

年统计中的(年)平均，以全年 12 个月的月平均水温总数除以 12 得之。如稳定封冻期按规定停测，则不计算年平均水温，该栏任其空白。年最高、最低水温及日期，从各月最高、最低水温中挑选。

备注说明逐日水温表中整编数值的来源以及有关影响资料精度情况。

例如，×××水库 2019 年度逐日库水温统计表见表 4-2-11。

表 4-2-11 2019 年度逐日库水温统计表

监测日期	月份及库水温(℃)											
	1	2	3	4	5	6	7	8	9	10	11	12
1	9.9	7.0	6.8	7.2	7.5	7.9	8.1	8.4	8.8	8.8	8.9	8.8
2	9.7	7.0	6.7	7.3	7.5	7.9	8.1	8.4	8.6	8.8	8.9	8.8
3	9.7	7.0	6.7	7.2	7.5	7.9	8.1	8.4	8.7	8.8	8.9	8.8
4	9.5	7.0	6.9	7.3	7.5	7.9	8.1	8.4	8.8	8.8	8.9	8.8
5	9.3	7.0	6.8	7.3	7.6	7.9	8.1	8.4	8.8	8.9	8.8	8.9
6	9.3	7.0	7.0	7.3	7.5	7.9	8.2	8.4	8.8	8.8	8.8	8.8
7	9.1	6.9	7.0	7.3	7.6	7.2	8.2	8.5	8.8	8.8	8.8	8.9
8	9.1	6.9	7.0	7.3	7.6	7.6	8.2	8.5	8.8	8.8	8.8	8.9
9	9.0	7.0	7.2	7.3	7.6	7.5	8.2	8.6	8.8	8.8	8.8	8.8
10	9.0	7.0	7.2	7.4	7.6	7.9	8.2	8.4	8.8	8.8	8.8	8.8
11	8.7	7.0	7.0	7.4	7.6	7.9	8.2	8.6	8.8	8.8	8.8	5.6
12	8.6	7.0	7.0	7.5	7.6	7.9	8.2	8.5	8.8	8.8	8.8	2.7
13	8.4	7.0	7.0	7.4	7.7	7.9	8.2	8.6	8.8	8.8	8.8	2.6
14	8.1	7.0	7.0	7.4	7.7	8.0	8.4	8.6	8.8	8.8	8.8	4.0
15	7.9	7.0	7.0	7.4	7.7	8.0	8.3	8.6	8.8	8.8	8.9	1.4
16	7.8	7.0	7.0	7.5	7.7	8.0	8.2	8.6	8.8	8.8	8.8	0.0
17	7.7	7.0	7.0	5.6	7.7	8.0	8.2	8.6	8.8	8.8	9.0	1.4
18	7.6	7.0	7.1	2.1	7.7	8.1	8.2	8.6	8.8	8.8	9.0	3.6
19	7.5	7.0	7.2	7.4	7.7	8.0	8.2	8.6	8.8	8.8	8.9	0.6
20	7.5	6.8	7.1	7.5	7.8	8.0	8.2	8.6	8.8	8.8	8.8	6.5

续表 4-2-11

监测日期	月份及库水温(℃) 1	2	3	4	5	6	7	8	9	10	11	12
21	7.4	6.8	7.1	7.5	7.7	8.1	8.2	8.6	8.9	8.8	8.8	7.5
22	7.2	6.8	7.1	3.2	7.7	8.1	8.2	8.6	8.8	8.8	8.8	8.8
23	7.2	6.8	8.2	4.8	7.8	8.1	8.2	8.6	8.9	8.8	8.8	8.8
24	7.2	6.8	7.2	4.4	7.8	8.1	8.2	8.6	8.8	8.8	8.9	8.8
25	7.2	6.8	7.2	1.3	7.9	8.1	8.2	8.7	8.8	8.8	8.9	8.9
26	7.2	6.8	7.2	2.1	7.9	8.1	8.4	8.6	8.7	8.8	8.8	9.0
27	7.2	6.8	7.2	5.0	7.9	8.1	8.4	8.6	9.0	8.8	8.8	8.8
28	7.2	6.8	7.2	3.7	7.9	8.1	8.3	8.6	9.7	8.5	8.8	9.4
29	7.1		7.2	1.7	7.8	8.1	8.4	8.6	10.3	8.8	8.8	9.0
30	7.1		7.2	7.5	7.9	8.1	8.4	8.7	12.0	8.8	8.8	9.6
31	7.1		7.2		7.9		8.4	8.7		8.6		11.1
全月统计 最高	9.9	7.0	8.2	7.5	7.9	8.1	8.4	8.7	12.0	8.9	9.0	11.1
日期	1月1日	2月1日	3月23日	4月12日	5月25日	6月18日	7月14日	8月25日	9月30日	10月5日	11月17日	12月31日
最低	7.1	6.8	6.7	1.3	7.5	7.2	8.1	8.4	8.6	8.5	8.8	0.0
日期	1月29日	2月20日	3月2日	4月25日	5月1日	6月7日	7月1日	8月1日	9月2日	10月28日	11月5日	12月16日
平均	8.1	6.9	7.1	6.0	7.7	7.9	8.2	8.6	9.0	8.8	8.8	7.0
全年统计	最高水温		12.0		最低水温		0.0		年平均水温		7.9	
	日期		9月30日		日期		12月16日					
备注												

统计者：　　　　　　　　　　　　　　校核者：

2.4　气温数据统计

气温观测数据统计方法包括气温日平均值计算和气温月、年特征值统计。

2.4.1　气温日平均值计算

每日 8 时、14 时、20 时观测三次气温时，日平均值为 8 时、14 时、20 时和次日 8 时观测值之和除以 4，按式(4-2-3)计算：

$$t = \frac{1}{4}(t_8 + t_{14} + t_{20} + t_{次日8}) \tag{4-2-3}$$

若有最低气温资料，则日平均值按式(4-2-4)计算：

$$t = \frac{1}{4}\left[\frac{1}{2}(次日最低气温 + 次日8时气温) + t_8 + t_{14} + t_{20}\right] \tag{4-2-4}$$

连续或短周期间歇观测的气温记录仪器或系统，日平均气温原则上可按面积包围法计算，计算时间范围由本日 8 时至次日 8 时。日平均气温统计表如表 4-2-12 所示。

表 4-2-12　________站日平均气温统计表

__________年

<table>
<tr><th colspan="2" rowspan="2">日期</th><th colspan="12">月份及气温(℃)</th></tr>
<tr><th>1</th><th>2</th><th>3</th><th>4</th><th>5</th><th>6</th><th>7</th><th>8</th><th>9</th><th>10</th><th>11</th><th>12</th></tr>
<tr><td colspan="2">1</td><td></td><td></td><td></td><td></td><td></td><td></td><td></td><td></td><td></td><td></td><td></td><td></td></tr>
<tr><td colspan="2">2</td><td></td><td></td><td></td><td></td><td></td><td></td><td></td><td></td><td></td><td></td><td></td><td></td></tr>
<tr><td colspan="2">⋮</td><td>⋮</td><td>⋮</td><td>⋮</td><td>⋮</td><td>⋮</td><td>⋮</td><td>⋮</td><td>⋮</td><td>⋮</td><td>⋮</td><td>⋮</td><td>⋮</td></tr>
<tr><td colspan="2">29</td><td></td><td></td><td></td><td></td><td></td><td></td><td></td><td></td><td></td><td></td><td></td><td></td></tr>
<tr><td colspan="2">30</td><td></td><td></td><td></td><td></td><td></td><td></td><td></td><td></td><td></td><td></td><td></td><td></td></tr>
<tr><td colspan="2">31</td><td></td><td></td><td></td><td></td><td></td><td></td><td></td><td></td><td></td><td></td><td></td><td></td></tr>
<tr><td rowspan="5">全月统计</td><td>最高</td><td></td><td></td><td></td><td></td><td></td><td></td><td></td><td></td><td></td><td></td><td></td><td></td></tr>
<tr><td>日期</td><td></td><td></td><td></td><td></td><td></td><td></td><td></td><td></td><td></td><td></td><td></td><td></td></tr>
<tr><td>最低</td><td></td><td></td><td></td><td></td><td></td><td></td><td></td><td></td><td></td><td></td><td></td><td></td></tr>
<tr><td>日期</td><td></td><td></td><td></td><td></td><td></td><td></td><td></td><td></td><td></td><td></td><td></td><td></td></tr>
<tr><td>均值</td><td></td><td></td><td></td><td></td><td></td><td></td><td></td><td></td><td></td><td></td><td></td><td></td></tr>
<tr><td colspan="2" rowspan="2">全年统计</td><td colspan="2">最高</td><td colspan="2"></td><td colspan="2">最低</td><td colspan="2"></td><td colspan="2" rowspan="2">均值</td><td colspan="2" rowspan="2"></td></tr>
<tr><td colspan="2">日期</td><td colspan="2"></td><td colspan="2">日期</td><td colspan="2"></td></tr>
<tr><td colspan="2">备注</td><td colspan="12"></td></tr>
</table>

统计者：　　　　　　　　　　　　　　　　　　　　校核者：

2.4.2　气温月、年特征值统计

气温月、年特征值统计表如表 4-2-13 所示。根据逐日平均气温,可计算出旬、月、年平均气温。从实测值中挑选月、年极值。

表 4-2-13　__________站__________气温月、年统计表　　(单位:℃)

项目		月份											
		1	2	3	4	5	6	7	8	9	10	11	12
旬平均	上 中 下												
月统计	平均												
	最高												
	日期												
	最低												
	日期												
年统计		最高气温　　月　　日				最低气温　　月　　日				平均气温			
备注													

统计者:　　　　　　　　　　　　　　　　　　　　　校核者:

例如,×××水库 2019 年度平均气温统计表见表 4-2-14。

表 4-2-14　×××水库 2019 年度平均气温统计表

监测日期	月份及气温(℃)											
	1	2	3	4	5	6	7	8	9	10	11	12
1	−2.5	1.5	1.1	14.1	19.0	20.0	25.7	25.6	23.0	16.3	13.4	2.0
2	0.2	4.7	2.7	17.2	20.1	20.2	27.6	24.7	24.0	15.6	14.6	2.5
3	−1.4	3.8	4.7	5.2	16.1	21.9	29.5	22.5	22.9	15.7	16.1	3.5
4	0.2	3.2	3.6	6.0	13.4	21.0	27.2	21.6	21.6	11.8	17.0	4.4
5	2.5	4.3	6.1	7.1	14.7	20.6	27.0	23.4	21.8	13.8	17.2	7.3
6	2.5	8.4	7.4	12.1	20.9	21.5	28.6	24.3	22.0	15.4	15.0	7.5
7	−2.6	6.5	3.2	10.4	21.2	21.3	25.4	24.3	20.1	13.4	15.8	5.8
8	−2.1	8.6	8.9	11.5	23.2	22.5	23.1	24.5	18.4	15.0	10.7	5.8
9	2.1	9.1	7.7	12.7	23.7	25.2	22.8	24.7	19.3	15.5	11.4	−1.9
10	−2.2	1.1	5.9	17.3	25.6	22.0	24.0	26.1	19.7	17.2	8.6	−1.0
11	−2.9	1.5	5.4	15.2	15.0	22.4	25.0	24.4	20.9	19.6	8.4	−0.7
12	−1.4	1.8	8.6	12.9	17.3	22.3	24.2	25.8	20.8	19.5	9.3	1.8
13	−0.6	1.8	14.0	16.1	15.4	24.2	23.3	26.0	23.2	15.9	10.0	2.7
14	3.4	2.7	13.5	15.9	19.5	20.8	21.6	27.9	24.2	15.2	8.8	2.5
15	2.8	−2.1	3.4	19.3	18.6	19.5	21.2	29.0	23.4	14.3	11.0	4.0
16	−2.6	2.7	5.8	21.5	20.7	20.6	21.8	27.7	21.3	14.5	12.0	−0.9
17	−1.0	2.4	4.9	14.8	19.7	22.7	22.5	26.7	22.5	13.0	12.9	−1.9
18	0.4	2.4	9.4	16.1	25.6	21.1	23.8	27.0	14.7	12.4	14.3	1.7
19	−1.2	5.0	12.1	11.8	27.5	20.4	22.9	24.5	12.2	12.8	12.0	0.3
20	−0.5	3.1	11.8	12.1	23.6	20.5	22.1	23.1	13.9	14.8	9.3	3.4

续表 4-2-14

监测日期	月份及气温(℃)											
	1	2	3	4	5	6	7	8	9	10	11	12
21	-2.3	3.2	8.1	17.8	22.3	23.5	23.6	22.9	12.8	14.7	9.0	3.1
22	-0.3	4.3	5.4	19.0	13.6	24.1	25.2	21.9	15.6	13.4	11.5	0.2
23	1.8	6.8	6.6	12.9	10.6	25.4	27.1	21.5	16.1	16.8	8.6	-1.5
24	1.3	7.6	7.9	18.6	13.8	24.4	26.4	18.6	14.7	15.2	7.3	0.4
25	1.0	10.0	7.4	14.4	15.9	22.1	29.2	20.1	16.6	11.1	8.5	1.0
26	2.9	9.0	4.7	25.2	15.0	20.4	27.6	21.2	18.4	8.5	9.2	1.5
27	4.3	5.0	5.6	18.8	16.4	22.0	24.2	22.3	19.3	11.5	12.4	4.2
28	0.8	2.2	4.8	14.2	18.6	24.0	26.1	22.6	20.6	12.0	11.1	1.9
29	-1.4		5.8	18.0	17.2	23.2	26.0	22.2	17.7	12.7	10.7	2.9
30	-1.8		7.3	25.8	21.1	24.8	27.2	22.7	17.7	13.7	3.4	4.1
31	-2.2		8.1		20.4		25.6	22.4		13.2		5.1
全月统计 最高	4.3	10.0	14.0	25.8	27.5	25.4	29.5	29.0	24.2	19.6	17.2	7.5
日期	1月27日	2月25日	3月13日	4月30日	5月19日	6月23日	7月3日	8月15日	9月2日	10月11日	11月5日	12月6日
最低	-2.9	-2.1	1.1	5.2	10.6	19.5	21.2	18.6	12.2	8.5	3.4	-1.9
日期	1月11日	2月15日	3月1日	4月3日	5月23日	6月15日	7月15日	8月24日	9月19日	10月26日	11月30日	12月9日
平均	-0.1	4.3	6.8	15.1	18.9	22.2	25.1	23.9	19.3	14.3	11.3	2.3
全年统计	最高气温		29.5		最低气温		-2.9		年平均气温		13.6	
	日期		7月3日		日期		1月11日					
备注												

统计者： 校核者：

第 3 章　变形监测

3.1　垂直位移观测

3.1.1　三、四等水准测量

3.1.1.1　水准仪的使用

1. 水准仪的架设

在安置仪器时,首先在测站上松开三脚架架腿的固定螺旋,伸缩三个脚腿使高度适中,再拧紧固定螺旋,打开三脚架,使三脚架架头大致水平,并将三脚架的架脚踩入土中。三脚架安置好后,从仪器箱中取出仪器,用中心连接螺栓将仪器固定在三脚架上。

2. 粗略整平仪器

粗略整平简称粗平,是通过调节仪器脚螺旋使圆水准器气泡居中,使水准仪的竖轴垂直。

3. 照准目标

照准目标分为粗瞄和精瞄,具体的操作方法是:

(1)粗瞄。转动望远镜制动螺旋,用望远镜镜筒外的缺口和准星粗略地瞄准水准尺,固定制动螺旋。

(2)看清目标。转动目镜对光螺旋,使十字丝分划板清晰,转动物镜对光螺旋,使尺子的成像清晰。

(3)精瞄。转动水平微动螺旋,使十字丝纵丝对准水准尺的中间。

(4)消除视差。反复进行目镜和物镜调焦,直到无论眼睛在哪个位置观察,尺像和十字丝均位于清晰状态,十字丝横丝所照准的读数始终不变。

4. 精确整平

精确整平简称精平,是通过调节微倾螺旋使符合水准器气泡居中,即让目镜左边观察窗内的符合水准器的气泡两个半边影像完全吻合,这时望远镜的视准轴应完全处于水平位置。每次在水准尺上读数之前都应进行精平。

对于自动安平水准仪而言,由于仪器没有长水准管,因此须通过使用其补偿装置来达到使水准仪视线处于水平的目的。

5. 读数

符合水准器气泡居中后,即可读取十字丝中丝在水准尺上进行读数。读数时,要依次读出米、分米、厘米、毫米四位数,其中毫米位是估读的。如图 4-3-1 所示为倒像读数,对应的中丝读数为 1. 306 m,如果以毫米为单位读记为 1 306 mm。

3.1.1.2　**技术要求**

三、四等水准测量是工程测量和大比例尺测图的基本控制,精度高,要求严格。其水准测量的路线布设应从附近国家高一级的水准点引测高程。

三、四等水准测量的操作方法、观测程序都有一定的技术要求。表 4-3-1 是 DS_3 型水准仪进行三、四等水准测量的主要技术指标。

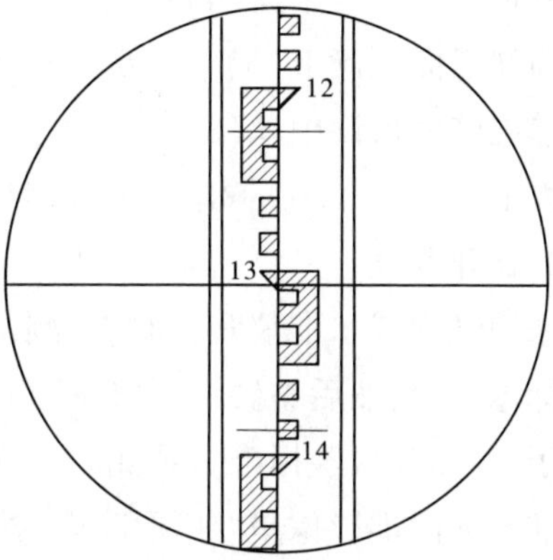

图 4-3-1　水准尺读数

3.1.1.3　**观测方法**

三、四等水准测量的观测应在通视良好、成像清晰稳定的情况下进行。

垂直位移标点的观测,一般从坝一端的工作基点开始,测定若干个垂直位移测点后,到坝另一端的工作基点结束,构成附合水准路线。为了提高观测精度与效率,可以采取“四固定”(固定人员、仪器、测站、时间),并进行返测。三等水准测量采用中丝读数法进行往返观测,四等水准测量采用中丝读数法进行单程观测。

表 4-3-1　三、四等水准测量的主要技术指标

等级	视距(m)	高差闭合差限差(mm)		视线高度(m)	前后视距差(m)	前后视距积累差(m)	黑、红面读数差(mm)	黑、红面所测高差之差(mm)
		平地	山区					
三等	≤75	$\pm12\sqrt{L}$	$\pm4\sqrt{n}$	三丝能读数	≤2.0	≤5.0	2.0	3.0
四等	≤100	$\pm20\sqrt{L}$	$\pm6\sqrt{n}$	三丝能读数	≤3.0	≤10.0	3.0	5.0

1. 水准测量每一站的观测顺序

(1)三等水准测量一般采用“后—前—前—后”的观测顺序,即:

后视黑面尺读上(1)、下(2)、中丝(3);

前视黑面尺读上(4)、下(5)、中丝(6);

前视红面尺读中丝(7);

后视红面尺读中丝(8)。

这样的顺序主要是为了减小仪器下沉误差的影响。

(2)四等水准测量一般采用“后—后—前—前”的观测顺序,即:

后视黑面尺读上(1)、下(2)、中丝(3);

后视红面尺读中丝(4);

前视黑面尺读上(5)、下(6)、中丝(7);

前视红面尺读中丝(8)。

以上(1)、(2)、…、(8)表示观测与记录的顺序。

2. 操作程序

采用气泡式水准仪观测时,一测站上操作程序为:架设仪器时,其中心应尽量与固定测站标志重合,然后整置仪器竖轴至垂直位置,以水准仪绕竖轴旋转时水准气泡两端分离不大于 1 cm 为检验标准。观测时首先将望远镜对准后视标尺黑面,转动倾斜螺旋使视窗中水准气泡两端影像呈“U”形吻合,按视距丝和中丝精确读定标尺读数(四等观测可不读上下丝,直接读距离),然后转动望远镜照准前视标尺黑面读取上、下、中丝。读数完毕后示意前视标尺立尺员转动标尺,使红面朝向观测方向,观测读取前视标尺红面中丝。最后转动望远镜对准后视标尺红面,读取中丝,至此一测站操作结束,随后将仪器迁至下一测站观测。读数时均估读至 1 mm。

3. 注意事项

对于自动安平水准仪,其操作程序与气泡式水准仪相同,每测站观测前,首先将概略整平气泡整平至中央,然后按规定顺序照准标尺进行读数。

观测时,需用白色测伞遮阳,迁站时应罩以白色仪器罩。为了消除或减弱仪器交叉误差的影响,在连续各测站上安置水准仪的三脚架时,应使其中两脚与水准路线的方向平行,第三脚轮换置于路线方向的左侧与右侧。同一测站上观测时,一般不两次调焦,以减少因调焦透镜运行误差造成观测精度降低。为消除一对水准尺零点不等差,同一测段的往测与返测的测站数均应为偶数,由往测转向返测时,两只标尺应互换位置,并应重新整置仪器。

3.1.1.4　记录与计算

(1)四等水准测量的观测数据按表 4-3-2 的形式记录,三等水准测量按表 4-3-3 的形式记录。采用中丝法读数时,视距丝和中丝均读记至 1 mm,计算取位按表 4-3-4 执行。以下以四等水准记录为例说明外业观测记录、计算过程。

(2)视距计算。

后视距离(9)=[(1)-(2)]×100。

前视距离(10)=[(5)-(6)]×100。

前、后视距差值(11)=(9)-(10),三等不超过 2 m,四等不超过 3 m。

前、后视距累积差(12)=前站(12)+本站(11),三等不得超过 5 m,四等不超过 10 m。

表 4-3-2　四等水准测量记录表

测站编号	后尺 下丝(mm) 上丝(mm) 后视距(m) 视距差 d(m)	前尺 下丝(mm) 上丝(mm) 前视距(m) 累积差 $\sum d$(m)	方向及尺号	标尺读数(mm) 黑面	标尺读数(mm) 红面	K+黑-红(mm)	高差中数(m)	备注
	(1)	(5)	后 K_1	(3)	(4)	(13)	(18)	K_1=4.687 K_2=4.787
	(2)	(6)	前 K_2	(7)	(8)	(14)		
	(9)	(10)	后-前	(15)	(16)	(17)		
	(11)	(12)						
1	2121	2196	后 K_1	1934	6621	0	-0.074 5	
	1747	1821	前 K_2	2008	6796	-1		
	37.4	37.5	后-前	-0074	-0175	+1		
	-0.1	-0.1						
2	1914	2055	后 K_2	1726	6513	0	-0.142	
	1539	1678	前 K_1	1869	6554	+2		
	37.5	37.7	后-前	-0143	-0041	-2		
	-0.2	-0.3						
3	1974	2412	后 K_1	1836	6520	+3	-0.173 5	
	1702	875	前 K_2	2007	6796	-2		
	27.2	26.7	后-前	-0171	-0276	+5		
	+0.5	+0.2						
4	1589	2106	后 K_2	1358	6144	+1	-0.515 5	
	1126	1640	前 K_1	1872	6561	-2		
	46.3	46.6	后-前	-0514	-0417	+3		
	-0.3	-0.1						

$\sum(9)=148.4$

$-)\ \sum(10)=148.5$

$=-0.1$

$=4$ 站(12)

总视距 $\sum(9)+\sum(10)=296.9$

$\sum(3)+\sum(4)=32.652$

$-)\ \sum(7)+\sum(8)=34.463$

$=-1.811$

$\sum(15)+\sum(16)=-1.811$

$\sum(18)=-0.905\ 5$

$2\sum(18)=-1.811$

表 4-3-3　三等水准观测记录计算表

测站编号	后尺 下丝(mm) 上丝(mm) 后视距(m) 视距差 d(m)	前尺 下丝(mm) 上丝(mm) 前视距(m) 累积差 $\sum d$(m)	方向及尺号	标尺读数(mm)		K+黑-红(mm)	高差中数	备注
				黑面	红面			
	(1)	(5)	后	(3)	(8)	(10)		
	(2)	(6)	前	(4)	(7)	(9)		
	(12)	(13)	后-前			(11)		
	(14)	(15)						
1	1571	0739	后	1384	6171	0		
	1197	0363	前	0551	5239	-1		
	37.4	37.6	后-前			+1		
	-0.2	-0.2						
2	2121	2196	后	1934	6621	0		
	1747	1821	前	2008	6796	-1		
	37.4	37.5	后-前			+1		
	-0.1	-0.3						
3	1914	2055	后	1726	6513	0		
	1539	1678	前	1866	6554	-1		
	37.5	37.7	后-前			+1		
	-0.2	-0.5						
4	1965	2141	后	1832	6519	0		
	1700	1874	前	2007	6793	-1		
	26.5	26.7	后-前			+1		
	-0.2	-0.7						
5	1540	2813	后	1304	6091	0		
	1069	2357	前	2585	7272	0		
	47.1	45.6	后-前			0		
	+1.5	+0.8						

表 4-3-4　外业计算数值取位表

等级	往(返)测距离总和(km)	测段距离中数(km)	各测站高差(mm)	往(返)测高差总和(mm)	测段高差中数(mm)	高程(mm)
三	0.01	0.1	0.1	0.1	1	1
四	0.01	0.1	0.1	0.1	1	1

(3)同一水准尺红、黑面读数的检核。

同一水准尺红、黑面中丝读数之差的检核:同一水准尺黑面中丝读数加上该尺常数 K(4.687 m 或 4.787 m),应等于红面中丝读数。

$$(13)=(3)+K_{后}-(4)$$

$$(14)=(7)+K_{前}-(8)$$

三等不得超过 2 mm,四等不得超过 3 mm。

(4)计算黑、红面的高差之差(15)、(16)。

$$(15)=(3)-(7)$$

$$(16)=(4)-(8)$$

$$(17)=(15)-[(16)\pm0.1]=(13)-(14)(检核用)$$

三等(17)不得超过 3 mm,四等(17)不得超过 5 mm。式中 0.1 为两根水准尺的零点差,以“m”为单位。

(5)计算平均高差。

$$(18)=\frac{1}{2}[(15)+(16)\pm0.1]$$

3.1.2　水管式沉降仪、电磁式沉降仪观测

3.1.2.1　水管式沉降仪观测垂直位移

水管式沉降仪是利用连通原理来测定坝体内测点垂直位移的观测装置。为了解土石坝在施工和运行期间坝体内的固结和沉降情况,许多面板堆石坝都采用了水管式沉降仪进行观测。

1. 构造

水管式沉降仪的结构如图 4-3-2 所示,主要有沉降测头(由沉降箱、溢水杯、排气孔、排水孔、支撑底板等组成)、测量管路(进水管、通气管、排水管)、测量保护管、补水装置、阀门、测量装置等组成。图中表示的是只有一个测点的情况,一般同一高程同一断面上从上游到下游会有多个测点。

2. 观测原理

水管式沉降仪测量采用连通管原理,即用水管将坝内测点的溢水杯与坝外观测房中的玻璃测量管相连接,使坝内水杯与坝外测量两端都处于同一大气压中,当水杯充满水并溢流后,根据连通管原理,观测房内玻璃管中液面高程即为水杯杯口高程,这样,测得的水

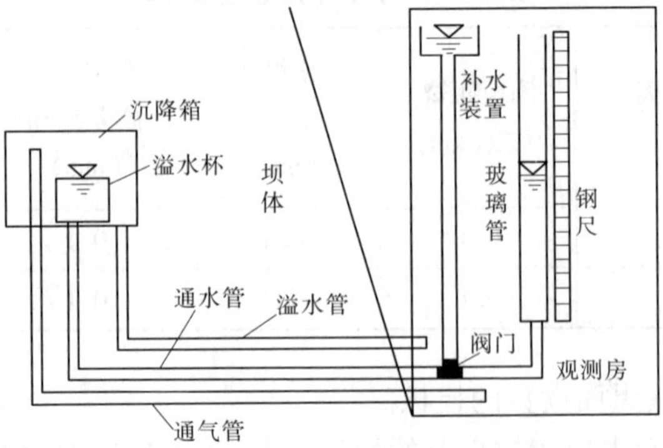

图 4-3-2　水管式沉降仪结构示意图

杯杯口高程的变化量就是坝内测点的相对于观测房的垂直位移量。通过水准测量等方法测量观测房的绝对沉降后,就可以计算出测点的绝对沉降。

3. 观测方法

水管式沉降仪观测的是测点相对于观测房的垂直位移。在观测房建好后应立即进行沉降仪观测,首次观测一般观测两次,取平均值作为初始值。同时,应用几何水准等方法测观测房的垂直位移,两者相加即为测点的绝对沉降。可以采用如下公式计算位移量。

测点累计相对沉降=观测时观测柜上某测点玻璃管水位-观测系统形成时观测柜上某测点玻璃管初始水位

观测房的绝对沉降=观测时观测房内(上)固定点高程-观测房与观测系统形成时观测房内(上)该固定点的初始高程

测点累计绝对沉降=测点累计相对沉降+观测房的绝对沉降

每次测读前,应检查储水箱的水量、输水管路和排气管路的通畅情况。确认水管式沉降仪工作状态正常后,再打开补水装置的阀门依次对每个测点补水,直到玻璃管内水位不再上升或排水管有水排出为止(是指排水管引入观测房内的方式),此时说明水杯内已经充满了水,并且玻璃管中水位与水杯水位同高。关闭补水阀,稳定约 10 min 后开始读数,读数一般进行两次,每隔 10 min 测读 1 次,当相邻两次测值之差小于 2.0 mm 时,取其平均值作为该次的观测值。记录格式见表 4-3-5。

表 4-3-5　水管式沉降仪观测记录表

测线编号:______　工程部位:______　/(桩号:______　轴距:______　高程:________)
测读仪表及编号:________

测点编号	观测时间				水位读数(mm)			备注
	年	月	日	时:分	1	2	均值	

观测:　　　　　　　　　　记录:　　　　　　　　　　校核:

充水时进水速度要小于排水管的排水速度,避免测头内积水位上升,溢出的水会进入通气管,破坏大气连通,导致测量系统工作失常。如果通气管阻塞,可向管内抽气或抽水。

测读时,宜同步测量其所在观测房的垂直位移,并对相应测点的垂直位移值进行修正。寒冷地区为防止管路冻坏,可用乙二醇和甲醇的配比为 655:345(体积比)混合液,再掺入 0.4(体积比)的水所配成的防冻液来代替脱气水,可达到-52 ℃以上的防冻效果。

水管式沉降仪的观测在建立初期可以采用人工观测方法,当条件许可后,应尽量采用自动化观测方法。

3.1.2.2　电磁式沉降仪观测垂直位移

电磁式沉降仪包括一系列围绕于沉降管的磁性锚块,这些锚块沿钻孔或堤坝、填土的不同深度排列。通过测读电磁式沉降仪测头经过坝体内铁环(板)或磁环时,测头距沉降管管口的距离来计算测点高程的变化,可测出测点沉降。磁性锚块有两种配置:簧片锚块(用于钻孔安装)和平板锚块(用于堤坝和填土安装)。簧片锚块可就地推入到沉降管上,通过一个下到沉降管中的销子或外部牵引线释放弹簧,使弹簧紧贴孔壁。平板锚块中央有一孔洞,并装有磁性体,在堤坝或填土进行过程中,可将平板锚块安装于沉降管上。当预期的变形超过 1%时,可使用伸缩沉降管。

电磁式沉降仪由测头、沉降环、电缆(含电缆卷筒)、测尺组成,分为电磁振荡式和干簧管式两种类型。不论哪种类型,观测应符合下列要求:

(1)观测前,应检查沉降仪是否正常工作,自检合格后,调整蜂鸣器与灵敏度旋钮至合适位置。

(2)将沉降仪探头先放至管底,稳定 10 min,慢慢往上收,通过内有电缆导线的刻度卷尺的牵引,探头下降到沉降管中可以检测出管外的磁性锚块位置,探头内蜂鸣器会发出鸣声,听到蜂鸣器响声时,将探头上下缓缓移动,当电压表指针偏转至最大瞬间,量测探头深度。再将探头放下 0.5~1.0 m,重复上述操作,测得第 2 个深度值,两次测值的差值不应大于 2 mm,取两次测值平均值作为测量值,据此可确定锚块沿沉降管轴向的变形。按此测量方法,自下而上逐点测定其他沉降环深度值。记录格式见表 4-3-6。

表 4-3-6　电磁式(干簧管式)沉降仪观测记录表

测管编号:______　工程部位:______　/(桩号:______　轴距:______　管口高程:________)

观测时间:________年________月________日　测读仪表及编号:________

测点(环)编号	测点(环)深度(mm)		
	1	2	均值

观测:　　　　记录:　　　　校核:

3.2 水平位移观测

3.2.1 视准线测量

3.2.1.1 观测原理

在坝体两端岸坡上各建立一个工作基点，通过两工作基点构成一条基准线，测量坝体某点到基准线的距离，其距离变化量即为该点的坝体位移。这里要求基准线不能随坝体位移而位移，亦即两工作基点必须建立在不受大坝变形影响且稳定可靠的两端基岩中。这条基准线是用一端工作基点上安置的经纬仪照准另一端工作基点上的固定觇标而得出的，因此把这条基准线称为视准线。其观测原理可用图 4-3-3 来说明。

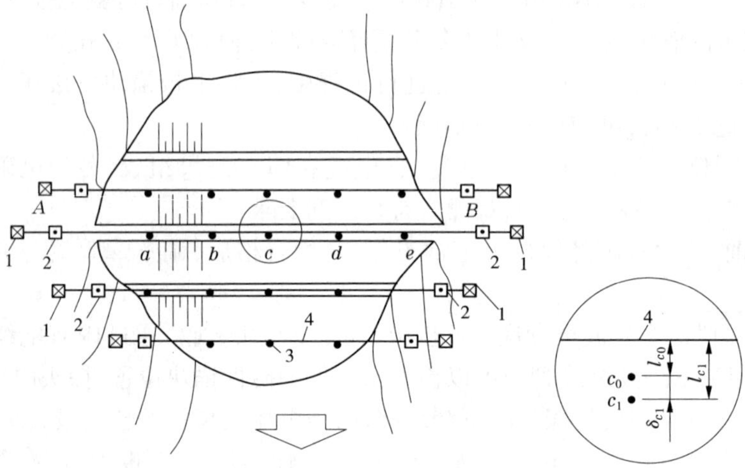

1—校核基准点；2—工作基点；3—位移标点；4—视准线

图 4-3-3 视准线法观测水平位移原理图

将经纬仪安置在 A（或 B）点，后视 B（或 A）点固定觇标，构成视准线。首次测出位移测点 a、b、c、d、e 中心偏离视准线的距离 l_{a0}、l_{b0}、l_{c0}、l_{d0}、l_{e0} 作为初测成果。当坝体发生水平位移后，各位移测点随之位移，再次测出各位移测点中心偏离视准线的距离 l_{a1}、l_{b1}、l_{c1}、l_{d1}、l_{e1}，与初测成果的差值即为各位移标点在垂直视准线方向上的水平位移，亦即坝体横向水平位移。以 c 点为例，初测成果为 l_{c0}，坝体位移后的第一次测得 c 点偏离视准线的距离为 l_{c1}，l_{c1} 与 l_{c0} 的差值即为第一次测得位移测点 c 的横向水平位移量。因此，对任一点第 i 次测得的累计横向水平位移量为：

$$\delta_i = l_i - l_0 \tag{4-3-1}$$

式中 δ_i——第 i 次测得位移测点的累计横向水平位移量；

l_i——第 i 次测得位移测点偏离视准线的距离，亦即偏离值；

l_0——初次测得位移测点偏离视准线的距离，亦即测点的初始偏距或埋设偏距。

由以上观测原理知，测定坝体水平位移除需建立工作基点外，还应在坝体上设置位移测点。另外还规定，坝体位移以向下游为正，向上游为负；向左岸为正，向右岸为负。

3.2.1.2　观测仪器和测量设备

视准线法观测一般用经纬仪。对于不太长的土石坝可用 J_2 级经纬仪，坝长超过 500 m 时最好使用 J_1 级经纬仪。

测定位移时，需要在另一工作基点和位移标点上安置标志，以供仪器照准目标和测量位移。常用的标志有固定觇标和活动觇标两种。

(1) 固定觇标。固定觇标可设于固定工作基点上，供经纬仪瞄准构成观测基准线，也即视准线。采用小角度法观测时，固定觇标还可安设于测点上，用以观测测点位移。

(2) 活动觇标。活动觇标置于位移测点上，供经纬仪瞄准并观测测点的位移。①简易活动觇标，如图 4-3-4 所示，觇标底缘刻有毫米分划，其零分划与觇标图案中线一致。应用简易活动觇标时，位移标点顶部的观测盘上只需刻上十字线，观测时将十字线中心对准觇标底缘分划尺上的位置，读数估读至 0.1 mm。②精密活动觇标。如图 4-3-5 为直插式精密活动觇标，使用时插入带圆孔的观测盘。觇标上有调节螺旋，用以移动觇标以对准观测仪器的竖丝，然后通过觇标的刻度尺和游标尺读数。精密活动觇标的底座形式类似于经纬仪底座，其位移标点顶部的观测盘应配强制对中底盘。

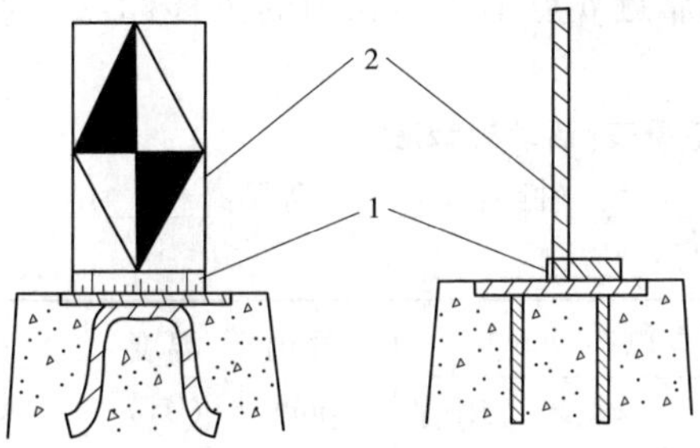

1—刻度尺；2—觇牌

图 4-3-4　简易活动觇标

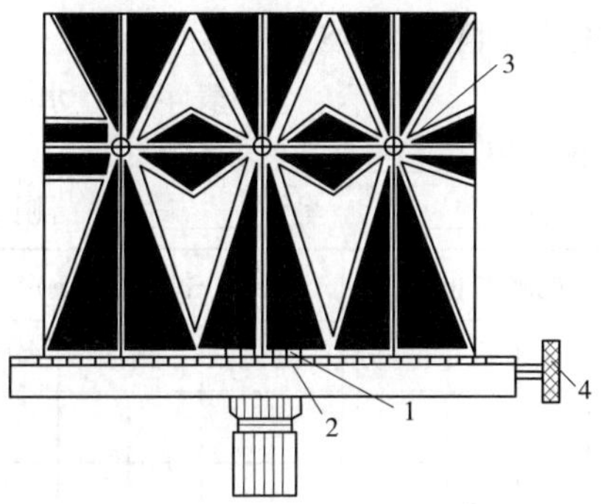

1—刻度尺；2—觇牌；3—觇标十字丝；4—水平微动螺旋

图 4-3-5　精密活动觇标

3.2.1.3　观测、记录方法

视准线观测可采用活动觇牌法或小角度法两种方式。观测时，仪器应架设在工作基点上，以观测其邻近一半的测点为宜。视准线长度超过 300 m 的混凝土坝和视准线长度超过 500 m 的土石坝，应采用中间设站法观测。每一测次应观测二测回，每测回包括正、倒镜各照准觇标两次并读数，取均值作为该测回的观测值。观测限差应符合表 4-3-7 的规定。

表 4-3-7　视准线观测限差

方式	正镜或倒镜两次读数差	两测回观测值之差
活动觇牌法(mm)	2.0	1.5
小角度法(″)	4.0	3.0

1. 活动觇牌法

当采用活动觇牌法时，为保证观测精度满足要求，经纬仪（或全站仪）放大倍率不小于 30 倍。观测时，将经纬仪（或全站仪）安置在工作基点，a，b 点安置固定觇牌，在位移标点 c 安置活动觇牌，如图 4-3-3 所示。首先将经纬仪整平并调焦瞄准 b 点的固定觇牌中心，随即固定经纬仪水平度盘及照准部，使其不能左右转动。再次准确调焦，并调整水平微动螺旋，精确瞄准 b 点觇牌中心。这时通过望远镜十字丝中心，在空中得到一条通过 a、b 两点的视准线。然后俯下望远镜，指挥 c 点司标者移动觇牌，使觇牌的中线与望远镜的竖丝重合，随即令司标者停止移动觇牌并读数。读数后继续在原来方向上移动觇牌，令觇牌离开视准线，然后再反向移动觇牌，使觇牌中线再次与视准线重合，再读数。取两次读数平均值作为上半测回。然后倒转望远镜，按上述方法测下半测回，每半测回两次读数差均不得超过 2 mm，取盘左、盘右读数的平均值作为一测回成果。每一测次应观测两测回，两测回观测值之差不得超过 1.5 mm。其余 a、b、d、e 点的观测方法与 c 点一样。观测标点的顺序一般是从靠近仪器端，依次向坝另一端观测。如果坝较长，前视最远处位移标点视线超过 250 m 时，可在 a 点安置仪器观测靠近 a 点 1/2 坝长内的位移标点，然后将仪器搬至 b 点，在 b 点后视 a 点固定觇标后，观测靠近 b 点 1/2 坝长内的位移标点。观测记录格式参照表 4-3-8。

表 4-3-8　水平位移观测记录表（活动觇牌法）

测点编号：________　工程部位：______/（桩号：______　轴距：______　高程：______）

天气：________　呈像：________　测读仪表及编号：________

观测时间				第一测回(mm)					第二测回(mm)					观测值 (mm)	温度 (℃)	气压 (kPa)
年	月	日	时:分	正镜		倒镜		均值	正镜		倒镜		均值			

观测：　　　　　　　　记录：　　　　　　　　校核：

2. 小角度法

1）小角度法测量原理

用小角度法测量水平位移的方法如图 4-3-6 所示。将经纬仪安置于工作基点 A，在后视点 B 和观测点 P 分别安置观测觇牌，用测回法测出 $\angle BAP$。设第一次观测角值为 β_1，后一次为 β_2，根据两次角度的变化量 $\Delta\beta=\beta_1-\beta_2$，即可算出 P 点的水平位移量 δ，即

$$\delta = \frac{\Delta\beta}{\rho}D \tag{4-3-2}$$

式中　ρ——206 265″。

2）观测方法

当采用小角度法时，为保证观测精度满足要求，经纬仪（或全站仪）放大倍率不小于 30 倍，测角精度 1″以内。观测时，如各测点均为固定觇牌，可采用方向观测法。具体步骤为：将经纬仪（全站仪）安置在工作基点 A，B 点安置固定觇牌，首先将经纬仪整平并调焦

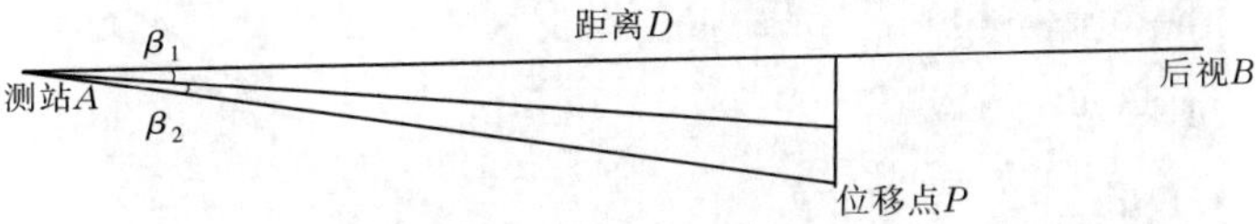

图 4-3-6　小角度法观测原理

瞄准 B 点的固定觇牌中心，固定仪器水平制动螺旋，用水平微动螺旋精确照准定向点进行测微器读数一次（全站仪直接读数），然后转动微动螺旋再精确照准一次并再次读数。用水平微动螺旋转动仪器分别照准各测点上的觇牌中心线，并两次照准，两次读数，两次读数差不超过 4″。倒镜从上半测回最后一测点开始，按逆时针观测顺序，操作方法与读数限差同上半测回，最后照准后视方向读数。以上操作为一个测回，小角度法观测应进行两个测回，测回差不超过 3″。

当采用小角度法观测时，各测次均应使用同一个度盘分划线，以消除度盘分划刻画不均匀的误差。

小角度法记录格式见表 4-3-9。

表 4-3-9　视准线观测记录表（小角度法）

测点编号：________　工程部位：________/（桩号：________　轴距：________　高程：________）

天气：________　呈像：________　测读仪表及编号：________

架站点	照准点	第一测回					第二测回					观测值
		正镜		倒镜		均值	正镜		倒镜		均值	
		° ′ ″	″	° ′ ″	″	° ′ ″	° ′ ″	″	° ′ ″	″	° ′ ″	° ′ ″

观测：　　　　　　　　　　　记录：　　　　　　　　　校核：

3.2.2　测斜仪观测

测斜仪用以测量水工建筑物、土体或岩石的水平变形和侧向变形，按工作方式可分为活动式（见图 4-3-7）和固定式两种类型。测斜仪的基本配置包括测斜仪套管、测斜仪探头、控制电缆及测斜读数仪。用于观测水平位移的测斜管沿竖直方向安装，测斜管通常安装在穿过不稳定土层至下部稳定地层的垂直钻孔内，使用测斜仪观测测斜管的变形。第一次观测可以建立起测斜管位移的初始断面。其后的观测会显示当地面发生运动时断面位移的变化。

测斜仪的工作原理如图 4-3-8 所示。当测斜探头在测斜管内自下而上逐段滑动测量时，探头内的传感器敏感地反映出测斜管在每一深度段 L 处的倾斜角度变化，进而根据倾斜角求出不同高程处的水平位移增量，即

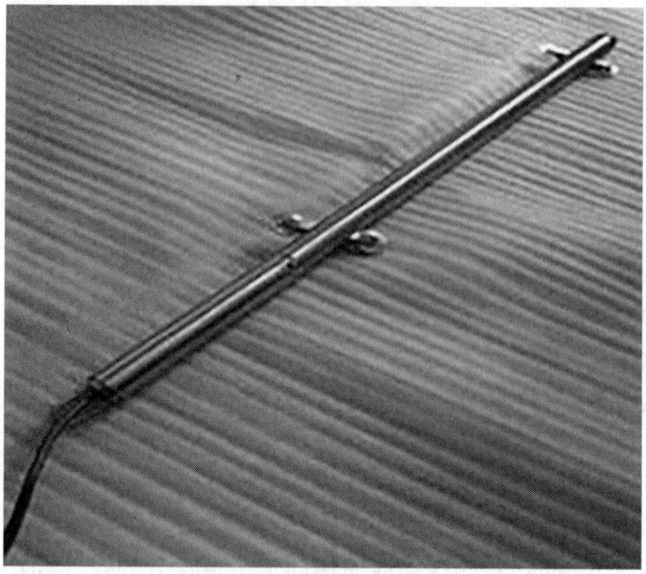

图 4-3-7　活动式测斜仪

$$d_i = L\sin\theta_i \tag{4-3-3}$$

式中　d_i——第 i 测量段的水平位移增量；

θ_i——第 i 测量段管轴线与铅垂线的夹角。

由测斜管底部测点开始逐段累加，可得任一高程处的水平位移，即

$$S_j = \sum_{i=1}^{j} d_i \tag{4-3-4}$$

式中　S_j——测斜管底端固定点（$i=0$）以上 $i=j$ 点处的位移。

（1）观测。采用活动式测斜仪观测时，应符合下列要求：①观测前应采用模拟探头在 A、B 槽全孔深滑行一遍，无异常方可观测。②观测宜采用管口滑轮。观测前应将探头与电缆连接牢固，观测时应将测斜装置高轮朝向正位移方向，沿测斜管导槽缓缓放至孔底，保持每次起测的高程相同。③测斜仪探头在孔底放置时间不少于 15 min，待其温度稳定后，从测斜管底部向顶部移动，相邻两个测点的间距宜与测斜仪标距相同，测至管口后，完成正向行程测量。为了消除和减少仪器的零漂及装配误差等，再将测斜仪仪器沿轴向调转 180°，沿主导槽再次放入管底，重复上述观测步骤完成反向行程测量。单传感器测斜仪，应先后测量 A、B 槽。

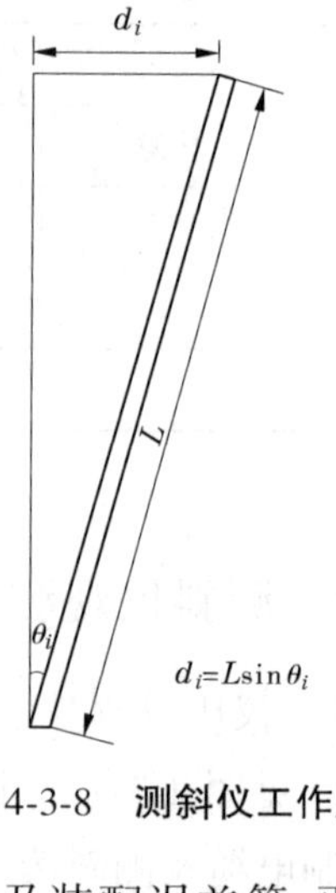

图 4-3-8　测斜仪工作原理

（2）记录。测斜仪正向、反向行程测量完成后，应及时进行“和校验”：将两组读数相加，取其平均值作为测斜仪传感器零偏移值，当零偏移值超过仪器规定值时，应补测或重测。记录格式见表 4-3-10。

表 4-3-10　测斜仪观测记录表

测点编号:________　工程部位:________　/(桩号:________　轴距:________　高程:________)
观测时间:________年________月________日　读数仪温度/湿度:________
测读仪表及编号:________

深度（m）	测斜仪读数				检查和		备注
	A0	A180	B0	B180	A0+A180	B0+B180	

观测:　　　　　　　　记录:　　　　　　　　校核:

(3)以 DP0312 型测斜仪观测高边坡测斜管为例,举例说明操作方法如下:①将测斜仪与信号电缆连接好,并旋紧螺丝。②将测斜仪沿垂直于边坡方向轨道槽放入,分两次放入,第一次放入时高轮朝向边坡临空面,第二次放入时高轮与第一次反向。在孔口安装定位器,将测绳标记部位卡入定位器,放入深度等同孔深,仪器入孔内 15 min 后,待仪器与孔内温度一致后方可开始测量,测量时每 0.5 m 一个测点,依次向上提测绳。③每次测量前、后均擦拭滑轮去除水垢并加机油或变压器油,以防滑轮在孔内被卡。④测斜仪专用 PDA 操作方法: 开机后设置日期、时间,打开测斜仪软件, 创建工作夹和孔号,编辑测斜孔信息, 蓝牙连接 PDA 与测斜仪,然后在弹出的对话框中进行测量,首先显示的是最深的一个测点编号,测量时关注测值是否跳动,测值小数点后两位稳定,"uv"显示 30 以下即可按"Accept"记录读数,点号自动跳入下一个点号,提示测斜仪操作人员提测绳。⑤观测中应注意,每隔 5 m 比对一下仪器显示的测点号与实际测点号是否一致,如出现偏差,在 PDA 上更改测点号到上次比对正确测点号处,将测斜仪重新放入该孔深处,重新测量。当测到 0 m 时该孔半个测回结束,将测斜仪滑轮反方向放入孔内,PDA 又重新显示到最下面的一个测点,然后开始测量。⑥数据导入电脑:将 PDA 用 USB 连接线连接电脑,在显示的新增盘符内将本次测量新建的文件夹内容拷贝到电脑上。

3.2.3　正垂线观测

3.2.3.1　观测原理与正垂线布置形式

正垂线是在坝的上部悬挂带重锤的不锈钢丝,利用地球引力使钢丝铅垂这一特点,来测量坝体的水平位移。若在坝体不同高程处设置夹线装置作为测点,从上到下顺次夹紧钢丝上端,即可在坝基观测站测得测点相对坝基的水平位移,从而求得坝体的挠度,这种形式称为多点支承一点观测的正垂线,如图 4-3-9(a)、(b)所示。如果只在坝顶悬挂钢丝,在坝体不同高程处设置观测点,测量坝顶与各测点的相对水平位移来求得坝体挠度的,称为一点支承多点观测正垂线,如图 4-3-9(c)、(d)所示。

3.2.3.2　正垂线装置的构成

正垂线装置包括支点装置、固定夹线装置、活动夹线装置、垂线、观测平台、重锤、油桶等。

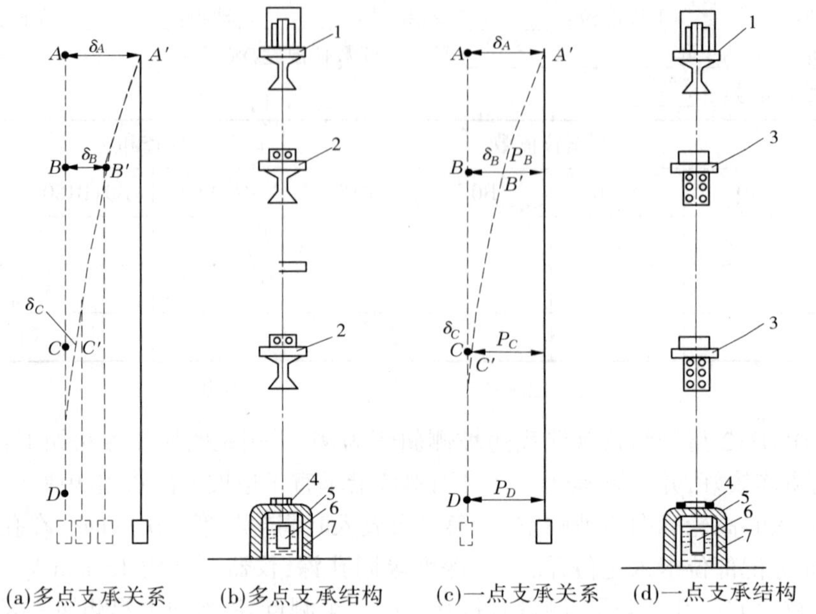

1—悬挂装置;2—夹线装置;3—坝体观测点;4—坝底观测点;5—观测墩;6—重锤;7—油箱

图 4-3-9　正垂线多点支承和一点支承示意图

(1)支点装置。供吊挂垂线之用,常固定支撑在靠近坝顶处的廊道壁上或观测井壁上。

(2)夹线装置。固定夹线装置是悬挂垂线的支点,在垂线使用期间,应保持不变。即使在垂线受损折断后,支点亦能保证所换垂线位置不变。活动夹线装置是多点支承一点观测时的支点,观测时从上到下依次夹线。当采用一点支承多点观测形式时,取消活动夹线装置,而在不同高程观测台观测。

(3)垂线。为直径 1 mm 的高强度不锈钢丝。观测仪器为接触式仪器时,需配的重锤较重,钢丝直径一般为 2 mm 左右。

(4)观测平台。构造与倒垂线观测台相似。也可从墙壁上埋设型钢安装仪器底座,特别是一点支承多点观测,是在观测井壁的测点位置埋设型钢安置底座。

(5)重锤。为金属或混凝土块,其上设有阻尼叶片,重量一般不超过垂线极限拉应力的 30%。但对接触式垂线仪,重锤需达 200~500 kg。

(6)油桶。为高 50 cm、直径大于重锤直径 20 cm 的圆柱桶。内装变压器油,使之起阻尼作用,促使重锤很快静止。

3.2.3.3　现场观测与记录

(1)垂线观测可用光学垂线坐标仪。图 4-3-10 为国产光学垂线仪,仪器下部有一可供望远镜前后(纵向)移动的凹形槽板,目镜的下部有一套固定和微动的螺旋及纵向游标读数尺。凹形槽板下部另设有供望远镜左右(横向)移动的装置和对应的固定与微动用的螺旋及横向游标读数尺。望远镜设计有使钢丝的影像旋转 90°的光学系统,观测时从

两个方向移动仪器的望远镜,可用纵、横向微动螺旋精确照准垂线。光学垂线观测仪的操作步骤如下:

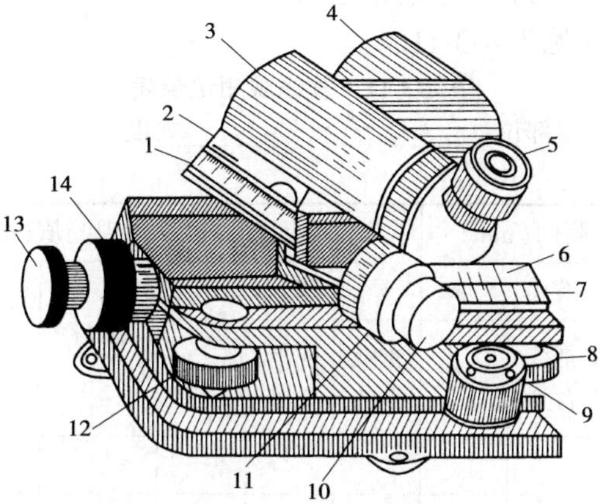

1—读数尺;2—纵尺游标;3—物镜 1;4—物镜 2;5—目镜;6—横尺游标;7—读数尺;8—脚螺旋;9—圆水准器;10—手轮;11—上部固定螺旋;12—脚螺旋;13—手轮;14—下部固定螺旋

图 4-3-10　光学垂线仪示意图

将仪器安置在测点上,利用仪器的脚螺旋将仪器整平,插上照明系统,接通电源。调节目镜螺旋,此时可在目镜中看到带有十字丝的分划板像;旋转横向导轨手轮,此时能在视场中看到竖线像,慢慢转动手轮,直至垂线的竖线像正好夹在十字丝纵线中央。旋转纵向导轨手轮,此时能在视场中看到横线像,慢慢转动手轮,直至垂线的横线像正好夹在十字丝横线中央(见图 4-3-11)。从读数尺和游标尺上可分别读出纵、横向垂线的偏离值。

图 4-3-11　坐标仪观测横纵线像移动过程

每一测点的观测:将仪器置于底盘上,调平仪器,照准测线中心两次(或左右边沿各一次),读记观测值,构成一个测回。取两次读数的均值作为该测回的观测值。两次照准读数差(或左右沿读数差与钢丝直径之差)不得超过 0. 15 mm。每测次应观测两测回(测回间应重新整置仪器),两测回观测值之差不得大于 0. 15 mm。

(2)垂线观测前,必须检查该垂线是否处于自由状态,待钢丝稳定后才进行观测。

(3)一条垂线上各测点的观测,应从上而下,或从下而上,依次在尽量短的时间内完成。

(4)用光学机械式仪器观测前后，必须检测仪器零位，并计算它与首次零位之差，取前后两次零位差的平均值作为本次观测值的改正数。

正垂线观测记录格式见表 4-3-11。

表 4-3-11　垂线观测记录表

测点编号：________　工程部位：______　/(桩号：______轴距：______高程：______)

测读仪表及编号：________

观测时间				第一测回(mm)			第二测回(mm)			观测值(mm)		温度(℃)	人员		
年	月	日	时:分	横尺			纵尺			横尺	纵尺		观测	记录	校核
				垂线左缘	垂线右缘	均值	垂线左缘	垂线右缘	均值						

3.2.4　倒垂线观测

3.2.4.1　倒垂线原理与设备

倒垂线是将一根不锈钢丝的下端埋设在大坝地基深层基岩内，上端连接浮体，浮体漂浮于液体上。由于浮力始终铅直向上，故浮体静止的时候，必然与连接浮体的钢丝向下的拉力大小相等，方向相反，亦即钢丝与浮力同在一条铅垂线上。由于钢丝下端埋于不变形的基岩中，因此钢丝就成为空间位置不变的基准线。只要测出坝体测点到钢丝距离的变化量，即为坝体的水平位移。

倒垂线装置包括浮体组、垂线、观测平台、锚固块等。

1. 浮体组

浮体组由油箱、浮筒和连杆组成，如图 4-3-12 所示。

(1)油箱。为一环形铁筒，外径 60 cm，内径 15 cm，高 45 cm。内环中心空洞部分是浮筒连杆穿过的活动部位。

(2)浮筒。形状与油箱相同，尺寸为外径 50 cm，内径 25 cm，高 33 cm。这种结构和尺寸能保证浮筒在油箱内有一定的活动范围。浮筒上口有连接支架，以安装连杆。

(3)连杆。为一空心金属管，长 50 cm。上与浮筒支架连接，下端连接钢丝。

2. 垂线

垂线一般采用直径 1 mm 的不锈钢丝，上端连接浮筒连杆，下端周定于基岩深处的锚块上。钢丝的极限抗拉强度应大于 2 倍浮力。

3. 观测平台

观测平台由混凝土或金属支架构成，中部为直径 15 cm 的圆孔或边长 15 cm 的方孔，以穿过垂线，台面要求水平，设有观测仪底座或其他观测设备。

4. 锚固块

锚固块形状如图 4-3-13 所示，它埋设于基岩深处。埋设锚固块需在基础钻孔，孔深一般为坝高的 1/3,孔径 150~300 mm。锚固块放于孔底,用混凝土浇筑在基础内。

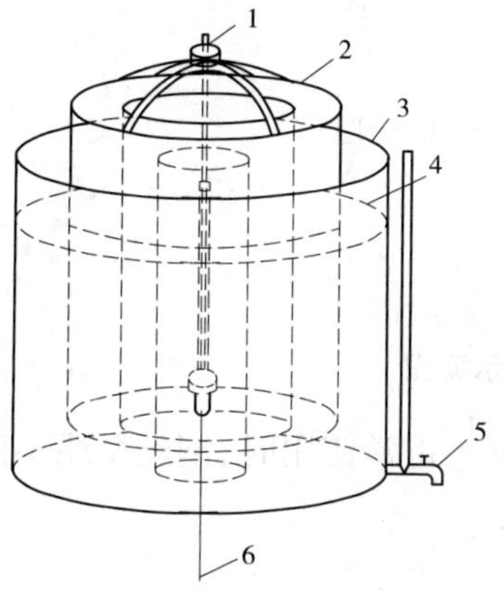

1—连杆;2—浮筒;3—油箱;4—油位指示;
5—水嘴;6—钢丝

图 4-3-12　倒垂线浮体组构成示意图

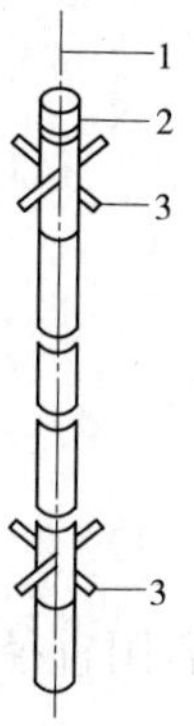

1—钢丝;2—连接螺丝;3—支撑

图 4-3-13　倒垂线锚固块示意图

3.2.4.2　现场观测与记录

观测前,首先应检查钢丝的张紧程度,使钢丝的拉力每次基本一致。为此,需在钢丝长度不变的情况下,油箱的油位指示一致,即可保持浮力一致,钢丝的拉力也就一致了。其次要检查浮筒是否能在油箱中自由移动,做到静止时浮筒不能接触油箱。浮筒重心不能偏移,人为拨动浮筒后应回复到原来位置。还要检查防风措施,避免气流对浮筒和钢丝的影响。检查完毕后,应待钢丝稳定一段时间才进行观测。

倒垂线观测记录方法同正垂线观测,记录格式见表 4-3-11。

3.2.5　引张线观测

引张线法具有操作和计算简单,精度高,便于实现自动化观测等优点,尤其在廊道中设置引张线,因不受气候影响,具有明显的有利条件,因此在重力坝水平位移观测中应优先采用。

3.2.5.1　观测原理及设备

在设于坝体两端的基点间拉紧一根钢丝作为基准线,然后测量坝体上各测点相对基准线的偏离值,以计算水平位移量。这根钢丝称为引张线,它相当于视准线法中的视准线,是一条可见的基准线,如图 4-3-14 所示。

由于水库大坝长度一般在数十米以上,如果仅靠坝两端的基点来支承钢丝,因其跨度较长,钢丝在本身重力作用下将下垂成悬链状,不便观测。为了解决垂径过大的问题,需在引张线两端加上重锤,使钢丝张紧,并在中间加设若干浮托装置,将钢丝托起近似成一条水平线。引张线的设备应包括测线及其保护管、端点装置、测点装置。

1. 测线及其保护管

测线及其保护管一般采用直径 0.8~1.2 mm 的不锈钢丝,为了防止风的影响和外界

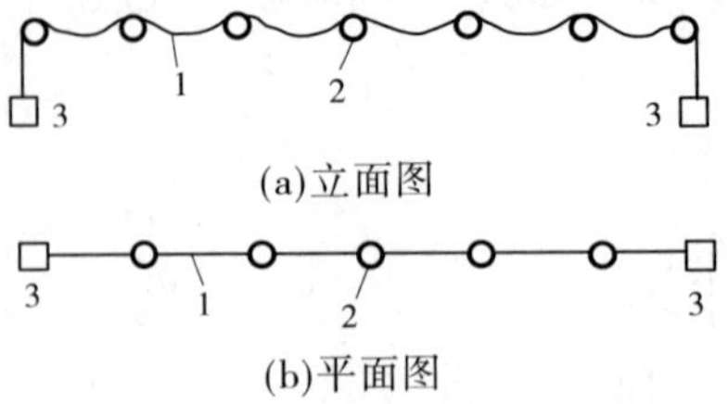

1—钢丝;2—浮托装置;3—端点装置

图 4-3-14　引张线布置示意图

干扰,全部测线需用直径 10 cm 的钢管或塑料管保护。正常使用时,钢丝全线不能接触保护管。

2. 端点装置

端点装置由混凝土基座、夹线装置、滑轮、线锤连接装置以及重锤等组成,如图 4-3-15 所示。

夹线装置的作用是使钢丝始终固定在一个位置上。其构造是在钢质基板上嵌入一个铜质 V 形夹槽,将钢丝放入 V 形槽中,盖上压板,旋紧压板螺丝,测线即被固定在这个位置上,如图 4-3-16 所示。

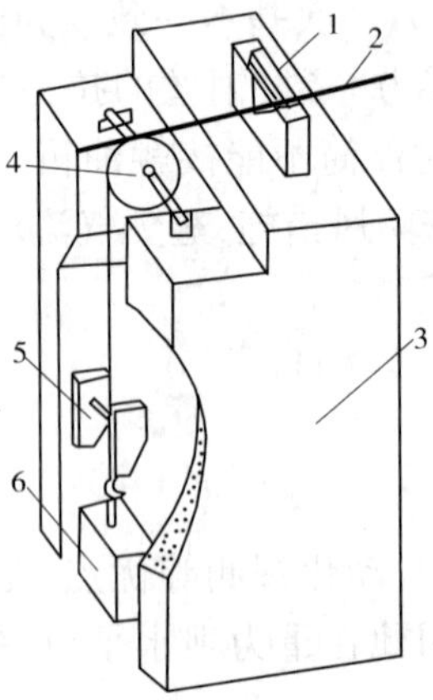

1—夹线装置;2—钢丝;3—混凝土墩;
4—滑轮;5—悬挂装置;6—重锤

图 4-3-15　引张线端点装置

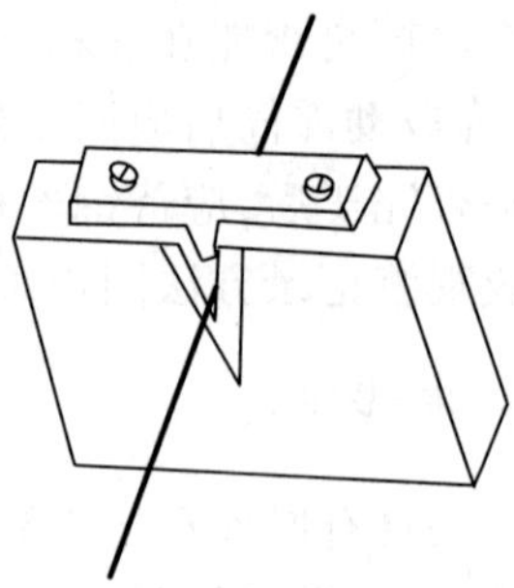

图 4-3-16　夹线装置

夹线装置安装时,需注意 V 形槽中心线与钢丝方向一致,并落在滑轮槽中心的平面上。但要注意,当测线通过滑轮拉紧后,测线与 V 形槽中心线应重合,并且钢丝高出槽底 2 mm 左右。

线锤连接装置上有卷线轴和插销,以便卷紧钢丝,悬挂重锤并张紧钢丝。重锤的重量视钢丝的强度而定。重锤重量愈大,钢丝所受拉力愈大,引张线的灵敏度愈高,观测精度也愈高。

3. 测点装置

测点装置设置在坝体测点上，由水箱、浮船、读数尺和保护箱构成，如图 4-3-17 所示。浮船支撑钢丝，在钢丝张紧时，浮船不能接触水箱，以保证钢丝在过两端点 V 形夹线槽中心的直线上。读数尺为 150 mm 长的不锈钢尺，固定在槽钢上，槽钢埋入坝体测点位置。安装时应尽可能使各测点钢尺在同一水平面上，误差不超过±5 mm。保护管固定在保护箱上。

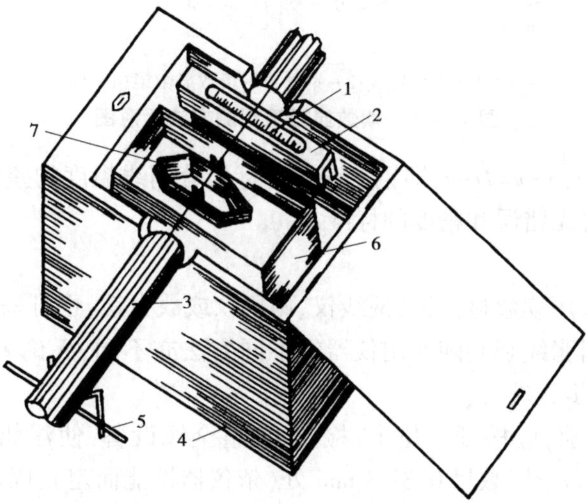

1—量测标尺；2—槽钢；3—保护管；4—保护箱；5—保护管支架；6—水箱；7—浮船

图 4-3-17　引张线测点装置

3.2.5.2　观测与记录方法

引张线的钢丝张紧后固定在两端的端点装置上，水平投影为一条直线，这条直线是观测的基准线。测点埋设在坝体上，随坝体变形而位移。观测时只要测出钢丝在测点标尺上的读数，与上次测值比较，即可得出该测点在垂直引张线方向的水平位移，其位移计算原理与视准线法相似。

1. 读数显微镜观测方法

读数显微镜法是将一个具有测微分划线的读数显微镜置于标尺上方，测读毫米以下的数，而毫米整数直接用肉眼读出，如图 4-3-18 所示。

观测时，先读取毫米整数，再将读数显微镜垂直于标尺上，调焦至成像清晰，转动显微镜内测管，使测微分划线与钢丝平行。然后左右移动显微镜，使测微分划线与标尺毫米分划线的左边缘重合，读取该分划线至钢丝左边缘的间距 a。第二次移动显微镜，将测微分划线与标尺毫米分划线的右边缘重合，读取该分划线至钢丝右边缘的间距 b。由图 4-3-18 知，$a+b=2z+d+D$，即 $(a+b)/2=z+(d+D)/2$。而 $(a+b)/2$ 即为标尺毫米分划线中心至钢丝中心的距离。于是得钢丝中心在标尺上的读数为

$$L = r + \frac{a + b}{2} \tag{4-3-5}$$

式中　r——从标尺上读取的毫米整数。

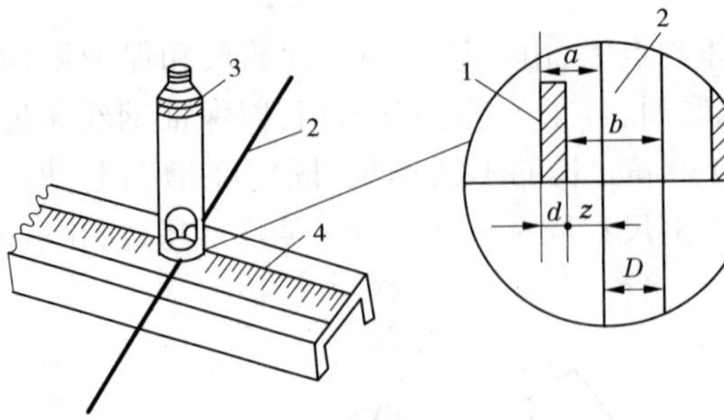

1—标尺毫米分划线；2—钢丝；3—读数显微镜；4—标尺

图 4-3-18　读数显微镜观测方法示意图

由图 4-3-18 可知，$b-a=D-d$，即钢丝直径与标尺分划线粗度的差值为定值。同样，该值可作为检查读数有无错误和精度的标准。

2. 观测步骤

引张线观测可采用读数显微镜、两线仪、两用仪或放大镜，也可采用遥测引张线仪，不应直接目视读数。引张线观测随所用仪器的不同方法亦不同，无论采用哪一种仪器和方法观测，都应按以下步骤进行：

(1)一测次观测前，应松开定位卡，检查、调整全线设备，使浮船和测线处于自由状态，并将测线调整到高于读数尺 0.3~3 mm 处(依仪器性能而定)，固定定位卡。

(2)一测次应观测两测回(从一端观测到另一端为一测回)。测回间应在若干部位轻微拨动测线，待其静止从另一端返测，进行第二测回测读。

(3)观测时，先调整仪器，分别照准钢丝两边缘读数，取平均值，作为该测回的观测值。左右边缘读数差和钢丝直径之差不得超过 0.15 mm，两测回观测值之差不得超过 0.15 mm(当使用两用仪、两线仪或放大镜观测时，不得超过 0.3 mm)。

若引张线设在廊道内，观测时应将通风洞暂时封闭。对于坝面的引张线应选择无风天观测，并在观测一点时，将其他测点的观测箱盖好。

3. 引张线记录

引张线记录格式见表 4-3-12。

表 4-3-12　引张线观测记录表

测点编号:________　工程部位:________/(桩号:________轴距:________高程:________)

引张线线体直径:________　测读仪表及编号:________

观测时间				第一测回(mm)		第二测回(mm)		观测值(mm)	温度(℃)	人员		
年	月	日	时:分	引张线左缘	引张线右缘	引张线左缘	引张线右缘			观测	记录	校核

3.2.6　钢丝水平位移计观测

钢丝水平位移计适用于长期观测土石坝、土堤、边坡等土体内部的位移,是了解被测物体稳定性的有效监测设备。钢丝水平位移计可单独安装,亦可与水管式沉降仪联合安装进行观测。

WLD-1 型钢丝水平位移计主要技术参数如表 4-3-13 所示。

表 4-3-13　WLD-1 型钢丝水平位移计主要技术参数

规格代号	WLD-1
测点数量	根据设计要求
管线长度(m)	10~200
测量范围(mm)	500~800
最小读数(mm)	≤0.05
测量精度(mm/m)	±2/100
钢丝直径(mm)	2

WLD-1 型钢丝水平位移计由锚固板、铟合金钢丝、保护钢管、伸缩接头、测量架、配重机构、读数游标卡尺等组成。工作原理是:当被测结构物发生变形时将会带动锚固板移动,通过固定在锚固板上的钢丝卡头传递给钢丝,钢丝再带动读数游标卡尺上的游标,用目测方式很方便地将位移数据读出。测点的位移量等于实时测量值与初始值之差,再加上观测房内固定标点的相对位移量。观测房内固定标点的位移量由视准线测出。

3.2.6.1　测量与记录

每次测读前应先用砝码加重,待稳定后要平行测读两次,其读数差不应大于 2 mm。钢丝位移计的钢丝不应长期承受荷载,否则钢丝会产生疲劳变形。每次测量完成后,即应取下部分砝码,留 10~20 kg 砝码在砝码盘上,正常测试时的砝码应为 45 kg。增减砝码应轻拿轻放,不得冲击钢丝。记录格式见表 4-3-14。

表 4-3-14　引张线式水平位移计观测记录表

测线编号:________　工程部位:______/(桩号:______轴距:______高程:______)

测读仪表及编号:________

测点编号	观测时间				第一测回(mm)			第二测回(mm)			观测值(mm)
	年	月	日	时:分	1	2	均值	1	2	均值	

观测:　　　　　　　　　　　　记录:　　　　　　　　　　　　校核:

3.2.6.2　注意事项

应定期用视准线测量钢丝位移计测架所在标点的位移量。测量时给每个测点加砝码至 45 kg，加砝码 30 min 后（测值稳定）即可开始读数。每隔 15 min 读数一次，最后二次读数一致即为测量的真值。

3.3　接缝与表面裂缝观测

3.3.1　机械测缝标点结构

3.3.1.1　单向测缝标点

在实际应用中，可根据裂缝分布情况，对重要的裂缝，选择有代表性的位置，在裂缝两侧各埋设一个标点，用游标卡尺定期地测定两个标点之间距离变化值，以此来掌握裂缝的发展情况，其测量精度一般可达到 0.1 mm，如图 4-3-19 所示。

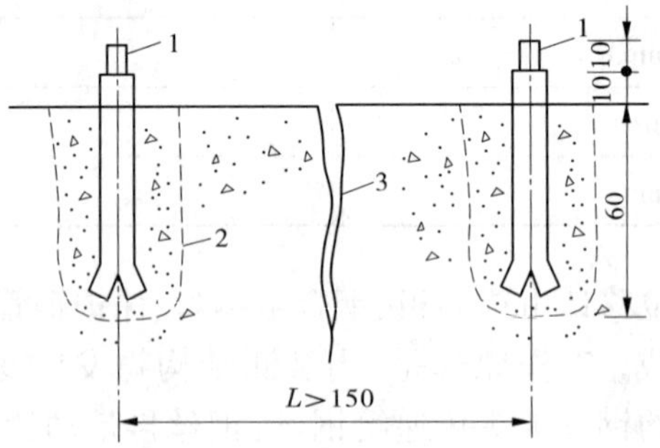

1—标点；2—钻孔线；3—裂缝

图 4-3-19　单向测缝标点结构　（单位：mm）

3.3.1.2　三向测缝标点的埋设安装

三向测缝标点有板式和杆式两种，见图 4-3-20、图 4-3-21，目前大多采用板式三向测缝标点。板式三向测缝标点是将两块金属板，做成相互垂直的 3 个方向的拐角，并在型板上焊三对不锈钢的三棱柱条，用以观测裂缝 3 个方向的变化，用螺栓将型板锚固在混凝土上。用外径游标卡尺测量每对三棱柱条之间的距离变化，即可得三维相对位移。

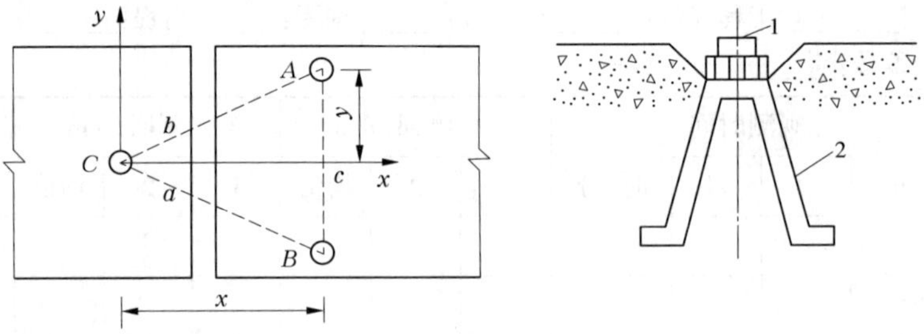

(a)平面图　　(b)标点剖面

1—卡尺测针卡着的小坑；2—钢筋

图 4-3-20　平面三点式测缝标点结构图

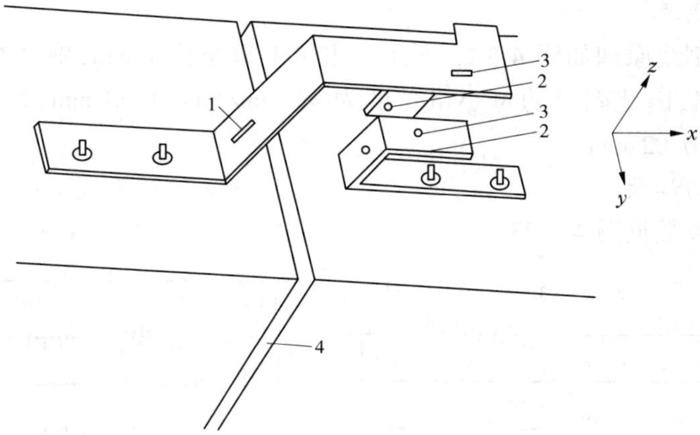

1—观测 x 方向的标点；2—观测 y 方向的标点；3—观测 z 方向的标点；4—伸缩缝

图 4-3-21　立面弯板式测缝标点结构图

3.3.2　游标卡尺和千分表使用方法

通过游标卡尺或者千分表测量埋设在结构缝或者裂缝两端的机械曲臂基点间距离的变化量，从而可以测得结构缝或者裂缝的位移，用来监测混凝土结构缝或者其他刚性建筑物裂缝的变化情况。单向机械测缝标点和三向弯板式测缝标点的观测，宜直接用游标卡尺或千分表量测。单向机械测缝标点也可用固定百分表或千分表量测。平面三点式测缝标点宜用专用游标卡尺量测。

3.3.2.1　游标卡尺的使用

游标卡尺是一种常用的量具，具有结构简单、使用方便、精度中等和测量尺寸范围大等特点，可以用它来测量零件的外径、内径、长度、宽度、厚度、深度和孔距等，应用范围很广。

1. 游标卡尺的结构

游标卡尺由主尺、副尺、制动螺钉、量爪、深度测量杆等组成，如图 4-3-22 所示。

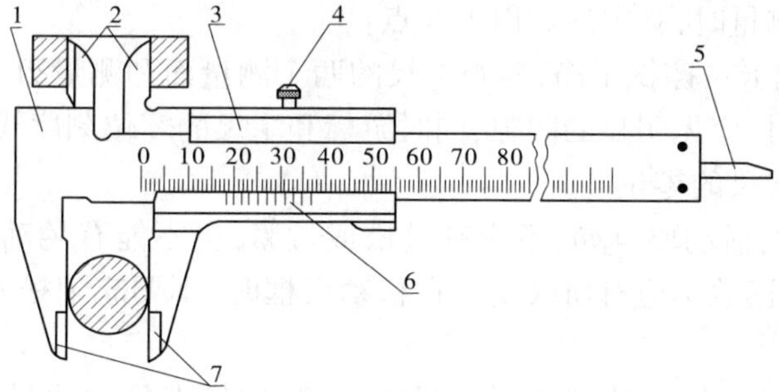

1—尺身；2—上量爪；3—尺框；4—紧固螺钉；5—深度尺；6—游标；7—下量爪

图 4-3-22　游标卡尺的结构形式

2. 游标卡尺原理

游标卡尺的刻线原理如图 4-3-23 所示。主尺上每小格 1 mm,副尺刻度总长 49 mm 并等分为 50 小格,因此副尺的每小格长度为 49 mm/50 = 0.98 mm,最小测量精度为:1 mm−0.98 mm = 0.02 mm。

3. 游标卡尺的读数

游标卡尺的读数见图 4-3-23。

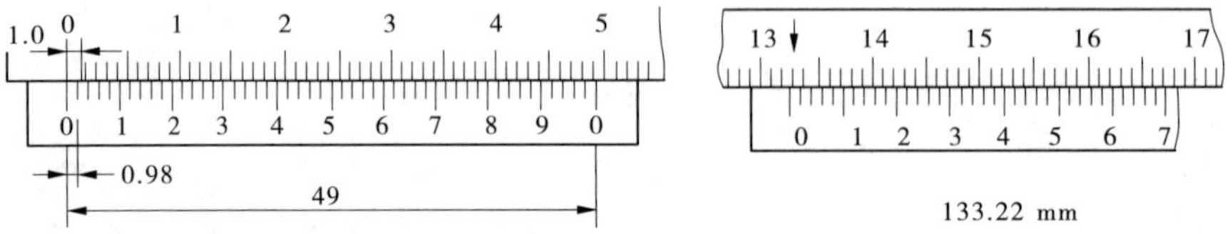

图 4-3-23　游标卡尺读数

(1)两条重合是整数。副尺的第一条零线与主尺的任意一条刻度线重合并且副尺的最后一条零线与主尺的任意一条刻度线重合,此时读数为副尺的第一条零线所对应的主尺的刻度线,该读数是整数。

(2)一条重合是偶数(小数)。副尺的第一条零线所对应的主尺的左边最近的一条刻度线作为整数部分,并且在副尺上找到与主尺重合最好的一条刻度线,以该刻度线向左数到第一条零线时的格数乘上 0.02 后作为小数部分。

(3)没有重合是奇数(小数)。副尺的第一条零线所对应的主尺的左边最近的一条刻度线作为整数部分,副尺上相邻的两条刻度线被主尺上对应的相邻两条刻度线所包容,从副尺上该两条刻度线的左边一条向左数到第一条零线时的格数乘上 0.02 再加 0.01 后作为小数部分。

4. 游标卡尺的使用方法

量具使用得是否合理,不但影响量具本身的精度,而且直接影响测量精度,甚至发生事故,造成不必要的损失。所以,我们必须重视量具的正确使用,对测量技术精益求精,务使获得正确的测量结果,确保数据准确。

使用游标卡尺测量时,必须注意以下几点:

(1)测量前应把卡尺擦拭干净,检查卡尺的两个测量面和测量刃口是否平直无损,把两个量爪紧密贴合时,应无明显的间隙,同时游标和主尺的零位刻度线要相互对准。这个过程称为校对游标卡尺的零位。

(2)移动尺框时,活动要自如,不应有过松或过紧,更不能有晃动现象。用固定螺钉固定尺框时,卡尺的读数不应有所改变。在移动尺框时,不要忘记松开固定螺钉,也不宜过松以免脱落。

(3)测量缝隙宽度时,要放正游标卡尺的位置,应使卡尺两测量刃的连线垂直于缝隙,不能歪斜,否则,量爪若在如图 4-3-24 所示的错误位置上,也将使测量结果不准确(可能大也可能小)。

(4)为了获得正确的测量结果,可以多测量几次,即在同一缝隙的不同方向进行测量。对于较长缝隙,则应当在全长的各个部位进行测量,务使获得一个比较准确的测量结果。

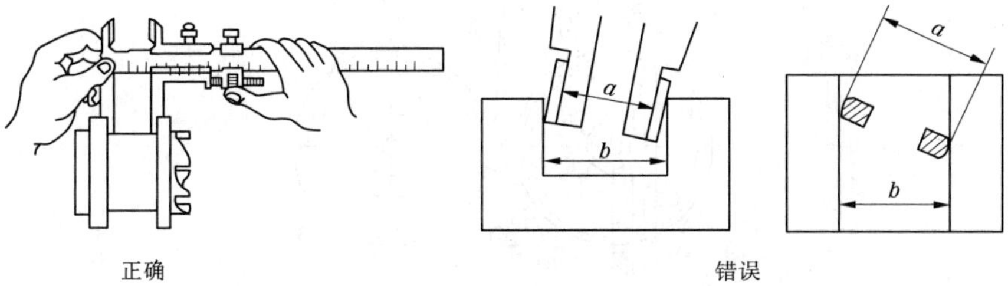

图 4-3-24　测量沟槽宽度时正确与错误的位置

3.3.2.2　百分表和千分表的使用

1. 百分表的结构

百分表和千分表,都是用来校正零件或夹具的安装位置、检验零件的形状精度或相互位置精度的。它们的结构原理没有什么大的不同,就是千分表的读数精度比较高,即千分表的读数值为 0.001 mm,而百分表的读数值为 0.01 mm。

百分表的外形如图 4-3-25 所示,表盘 3 上刻有 100 个等分格,其刻度值(读数值)为 0.01 mm。当指针转一圈时,小指针即转动一小格,转数指示盘 5 的刻度值为 1 mm。用手转动表圈 4 时,表盘 3 也跟着转动,可使指针对准任一刻线。测量杆 8 是沿着套筒 7 上下移动的,套筒可作为安装百分表用。

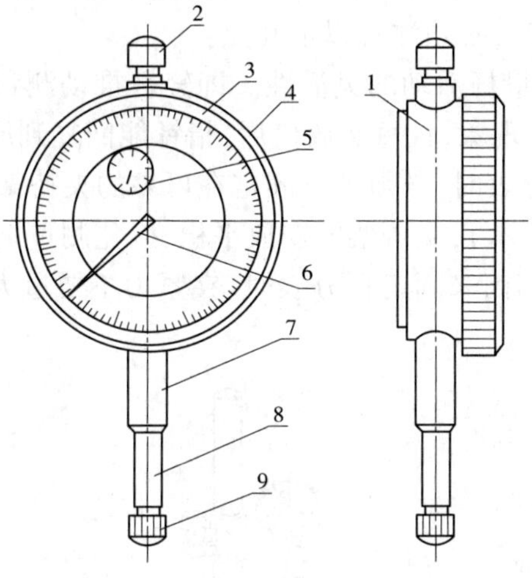

1—表身;2—手提测量杆用的圆头;3—表盘;4—表圈;5—转数指示盘;
6—指针;7—套筒;8—测量杆;9—测量头

图 4-3-25　百分表的外形

图 4-3-26 是百分表内部机构的示意图。带有齿条的测量杆 1 的直线移动,通过齿轮传动(Z_1、Z_2、Z_3),转变为指针 2 的回转运动。齿轮 Z_4 和弹簧 3 使齿轮传动的间隙始终在一个方向,起着稳定指针位置的作用。弹簧 4 是控制百分表的测量压力的。百分表内的齿轮传动机构,使测量杆直线移动 1 mm 时,指针正好回转一圈。

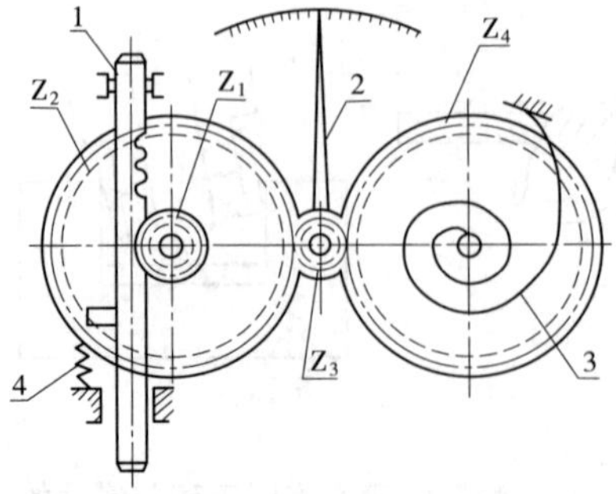

1—测量杆的直线移动;2—指针;3—稳定指针弹簧;4—控制百分表测量压力弹簧

图 4-3-26　百分表的内部结构

由于百分表和千分表的测量杆是做直线移动的,可用来测量长度尺寸,所以它们也是长度测量工具。目前,国产百分表的测量范围(测量杆的最大移动量)有 0~3 mm、0~5 mm、0~10 mm 三种。读数值为 0.001 mm 的千分表,测量范围为 0~1 mm。

2. 百分表和千分表的使用方法

由于千分表的读数精度比百分表高,所以百分表适用于尺寸精度为 IT6~IT8 级零件的校正和检验;千分表则适用于尺寸精度为 IT5~IT7 级零件的校正和检验。百分表和千分表按其制造精度,可分为 0 级、1 级和 2 级三种,0 级精度较高。使用时,应按照零件的形状和精度要求,选用合适的百分表或千分表的精度等级和测量范围。

使用百分表和千分表时,必须注意以下几点:

(1)使用前,应检查测量杆活动的灵活性。即轻轻推动测量杆时,测量杆在套筒内的移动要灵活,没有任何轧卡现象,且每次放松后,指针能回复到原来的刻度位置。

(2)使用百分表或千分表时,必须把它固定在可靠的夹持架上(如固定在万能表架或磁性表座上,如图 4-3-27 所示),夹持架要安放平稳,以免测量结果不准确或摔坏百分表。

(3)用夹持百分表的套筒来固定百分表时,夹紧力不要过大,以免因套筒变形而使测量杆活动不灵活。

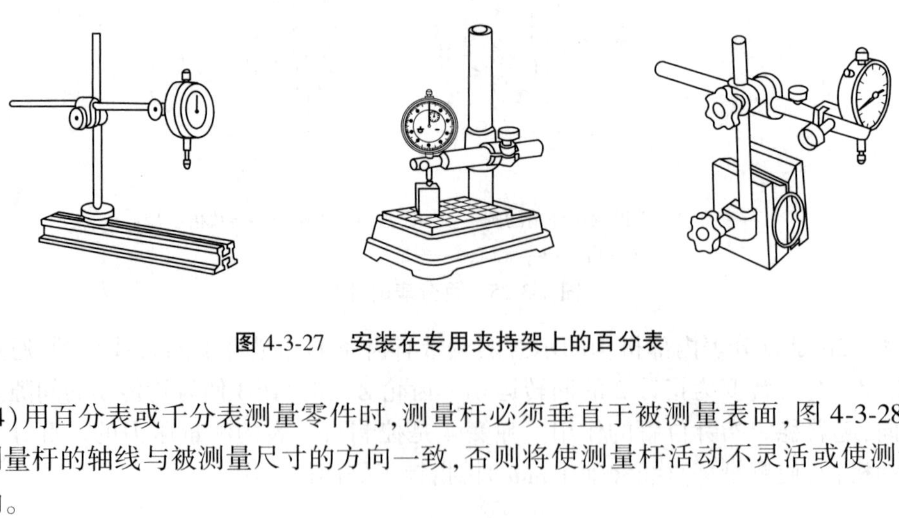

图 4-3-27　安装在专用夹持架上的百分表

(4)用百分表或千分表测量零件时,测量杆必须垂直于被测量表面,图 4-3-28 所示。即使测量杆的轴线与被测量尺寸的方向一致,否则将使测量杆活动不灵活或使测量结果不准确。

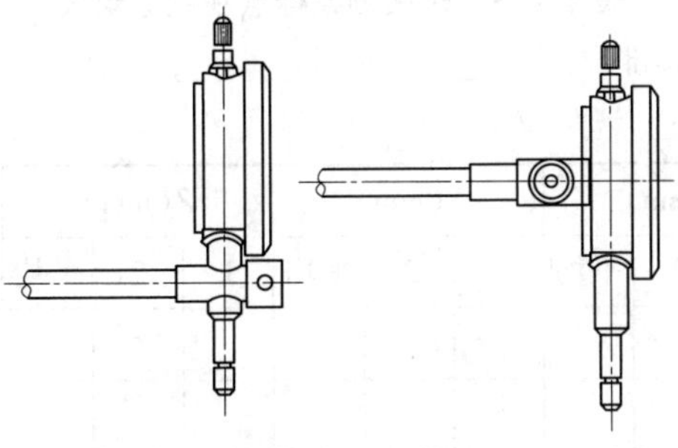

图 4-3-28　百分表安装方法

(5)测量时,不要使测量杆的行程超过它的测量范围;不要使测量头突然撞在零件上;不要使百分表和千分表受到剧烈的振动和撞击,亦不要把零件强迫推入测量头下,免得损坏百分表和千分表的机件而失去精度。因此,用百分表测量表面粗糙或有显著凹凸不平的零件是错误的。

(6)用百分表校正或测量零件时,如图 4-3-29 所示,应当使测量杆有一定的初始测力。即在测量头与零件表面接触时,测量杆应有 0.3~1 mm 的压缩量(千分表可小一点,有 0.1 mm 即可),使指针转过半圈左右,然后转动表圈,使表盘的零位刻线对准指针。轻轻地拉动手提测量杆的圆头,拉起和放松几次,检查指针所指的零位有无改变。当指针的零位稳定后,再开始测量或校正零件的工作。如果是校正零件,此时开始改变零件的相对位置,读出指针的偏摆值,就是零件安装的偏差数值。

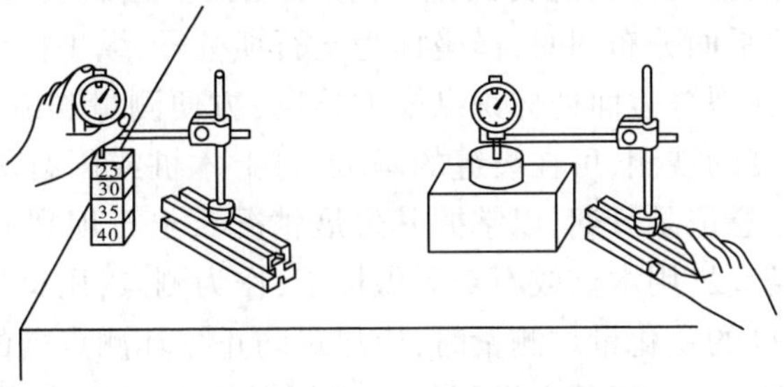

图 4-3-29　百分表尺寸校正与检验方法

(7)在使用百分表和千分表的过程中,要严格防止水、油和灰尘渗入表内,测量杆上也不要加油,免得粘有灰尘的油污进入表内,影响表的灵活性。

(8)百分表和千分表不使用时,应使测量杆处于自由状态,以免表内的弹簧失效。如内径百分表上的百分表,不使用时,应拆下来保存。

3.3.2.3　表面测缝标点观测记录

表面测缝标点观测记录格式见表 4-3-15。机械测缝标点每测次均应进行两次量测,两次观测值之差不得大于 0.2 mm。

表 4-3-15 表面测缝标点观测记录表

测点编号:________ 工程部位:________/(桩号:________轴距:________高程:________)

测读仪表及编号:________

观测时间				X(mm)			Y(mm)			Z(mm)			备注	人员		
年	月	日	时:分	1	2	平均	1	2	平均	1	2	平均		观测	记录	校核

3.3.3 裂缝分布图绘制方法

裂缝检测性状的参数主要指裂缝的宽度、长度及深度。裂缝的宽度是指结构裂缝的表面宽度,采用精度为 0.1 mm 的刻度放大镜进行测量。裂缝的长度是结构表面裂缝连续延伸的长度,采用钢尺进行测量。裂缝观测时,应先对裂缝进行编号,分别观测裂缝的位置、走向、长度、宽度及深度等项目,测量好后标绘在平面图或立面图上。具体绘制方法如下。

3.3.3.1 裂缝平面分布图

1. 土石坝

土石坝裂缝的位置和走向观测,可在裂缝地段按土石坝桩号和距坝轴线的距离,用石灰或小木桩划出大小适宜的方格进行测量,并按适当比例绘制裂缝平面图。如图 4-3-30 所示,绘制土石坝裂缝平面分布图时,横坐标为土石坝桩号,纵坐标为距坝轴线距离,据此绘制方格网图。现场在裂缝表面处标识纵横方格网,方便测量裂缝走向与方格网的位置关系。土石坝裂缝长度的观测,可在裂缝的两端,打上木桩或用石灰标明,然后用皮尺或钢尺沿缝迹测量,并注意记录日期,以掌握其发展情况。土石坝裂缝宽度的观测,可在缝宽最大或有代表性的缝段,用木桩或石灰等做标记,作为测点,用钢尺测量其距离,该距离的变化量即为裂缝宽度的变化量。测量时,应尽量防止损坏测点处的缝口,以免影响观测成果。在测点处的缝口,可以喷洒少量石灰水,以检查缝口是否遭到破坏。将现场测量的裂缝走向、长度、宽度、深度绘制在图上,标识出裂缝编号。纵坐标也可以防浪墙、马道、排水沟等明显地物为参照,方便按图现场查证。

2. 混凝土坝

以混凝土重力坝为例。混凝土重力坝由于分坝段浇筑,各坝段间均有横缝区隔,故绘制混凝土坝裂缝平面分布图时,可以坝段间横缝作为横坐标基准线,纵坐标可以明显地物或轮廓线为参照,绘制 1 m 间隔的方格网,绘制方法同土石坝。各裂缝数据可以表格形式反映在图中,如图 4-3-31 所示。

3.3.3.2 裂缝立面分布图

1. 土石坝

土石坝裂缝深度的观测,可根据需要在裂缝若干适当位置进行钻孔探测。经对裂缝

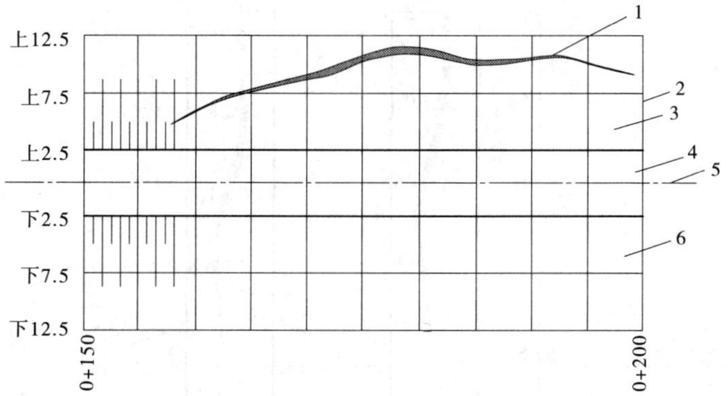

1—裂缝；2—方格网间距 5 m；3—上游坡；4—坝顶；5—坝轴线；6—下游坡

图 4-3-30　土石坝裂缝平面分布图

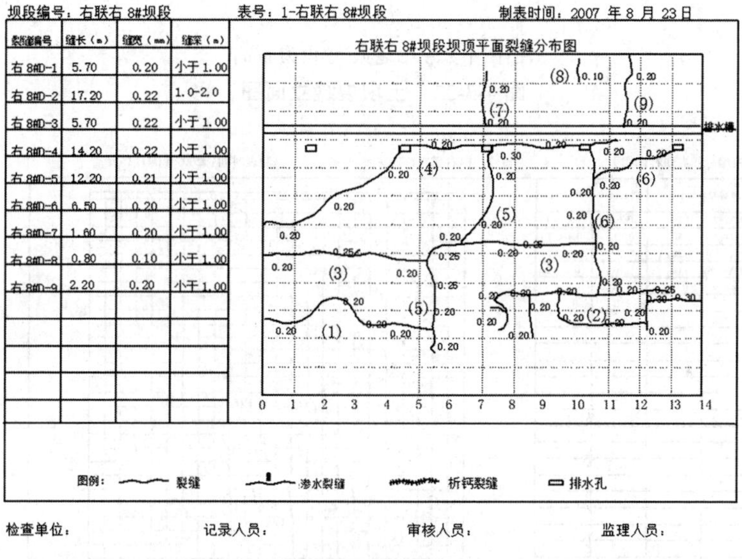

坝段编号：右联右 8#坝段　　表号：1-右联右 8#坝段　　制表时间：2007 年 8 月 23 日

裂缝编号	缝长（m）	缝宽（mm）	缝深（m）
右 8#D-1	5.70	0.20	小于 1.00
右 8#D-2	17.20	0.22	1.0-2.0
右 8#D-3	5.70	0.22	小于 1.00
右 8#D-4	14.20	0.22	小于 1.00
右 8#D-5	12.20	0.21	小于 1.00
右 8#D-6	6.50	0.20	小于 1.00
右 8#D-7	1.60	0.20	小于 1.00
右 8#D-8	0.80	0.10	小于 1.00
右 8#D-9	2.20	0.20	小于 1.00

右联右 8#坝段坝顶平面裂缝分布图

图例：裂缝　渗水裂缝　析钙裂缝　排水孔

检查单位：　　记录人员：　　审核人员：　　监理人员：

图 4-3-31　某混凝土坝裂缝平面分布图

做初步分析，钻孔可打成垂直孔或斜孔。在报请上级主管机关同意后，也可开挖探坑或竖井，观测其立面裂缝的宽度、深度及裂缝两侧土体的相对位移。

进行坑探时，需小心开挖，对缝迹处的坑壁尤应注意，以保持缝迹完整。检查坑应分段开挖，分段量测，并绘制有缝迹的两面坑壁剖面图，直至裂缝尖灭处，并超过裂缝终点 0.5 m，如图 4-3-32 所示。

2. 混凝土坝

立面分布图可反映处于混凝土坝上下游立面、廊道侧壁及其他铅垂方向建筑物表面的裂缝分布情况。横坐标以坝段横缝或明显建筑轮廓线为基准绘制，纵坐标为高程，如图 4-3-33 所示。

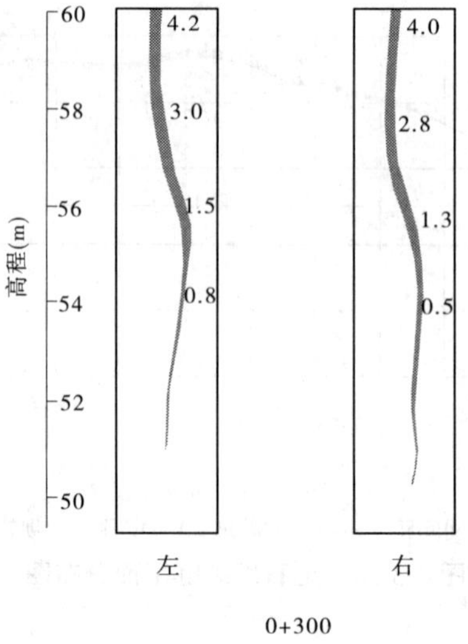

注:图中数字为缝宽,单位为 mm。

图 4-3-32　土坝裂缝立面图

坝段编号：右联右1#坝段　　表号：1-右联右1#坝段　　制表时间：2007年04月15日

裂缝编号	缝长(m)	缝宽(mm)	缝深(m)
右1#X-(23)	1.90	0.20	0.4~0.7
右1#X-(24)	1.80	0.20	0.4~0.7
右1#X-(25)	2.20	0.20	0.4~0.7
右1#X-(26)	1.00	0.10	0.1~0.2

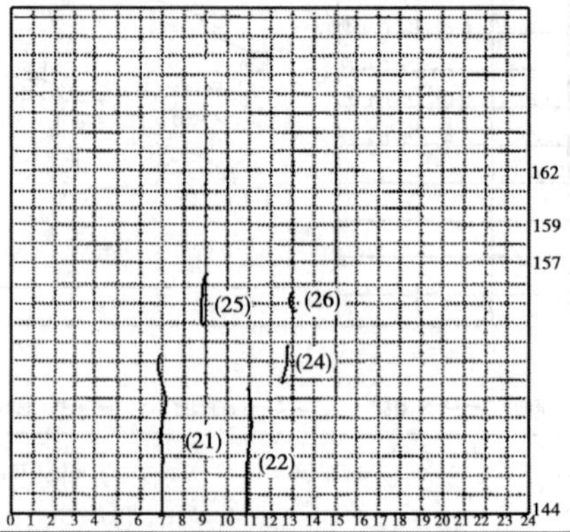

说明：1.缝长为皮尺实测值，缝宽采用读数显微镜或塞尺测，用冲击钻或风钻打孔压水(压风)来检测缝深。
2. Ⅰ类裂缝只做记录，不进行处理，Ⅱ类裂缝做嵌缝处理，Ⅲ、Ⅳ类裂缝做化灌处理。

检查单位：　　记录人员：　　审核人员：　　监理人员：

图 4-3-33　某混凝土坝裂缝立面分布图

第 4 章　渗流监测

4.1　渗流压力换算

4.1.1　渗压计类型、测绳刻度校正方法

4.1.1.1　渗压计

渗压计也常称为孔隙水压力计，是指用于测量构筑物内部孔隙水压力或渗透压力的传感器，按仪器类型可以分为差动电阻式、振弦式、压阻式及硅压式等。

渗压计是一种测量渗流水或静水压力的传感器。适用于能够安装或埋设的各种坝体及基础渗流压力及扬压力监测。可用于回填或原位孔隙水压力、扬压力的测定、水位或容器中流体压力的测定。具有抗干扰能力强、长期稳定、密封可靠等特点。目前，普遍使用的是振弦式渗压计和差动电阻式渗压计。

振弦式渗压计是利用钢弦的固有频率变化来测量孔隙水压力或渗透压力的传感器。渗压计作为压力传感器，通过承压膜传递孔隙水压力，其结构为密闭腔体式结构。振弦式渗压计适用于长期埋设在水工结构物或其他混凝土结构物及土体内，测量结构物或土体内部的渗透(孔隙)水压力，并可同步测量埋设点的温度，如图 4-4-1 所示。

图 4-4-1　振弦式孔隙水压力计外观图

振弦式渗压计主要由压力感应部件、振弦感应组件及引出电缆密封部件组成，如图 4-4-2 所示。渗压计的感应部件由透水石、感应板组成。感应板上接振弦传感部件，振弦感应组件由振动钢弦和电磁线圈构成。止水密封部分由接座套筒、橡皮圈及压紧圈等

组成，内部填充环氧树脂防水胶，电缆由其中引出。

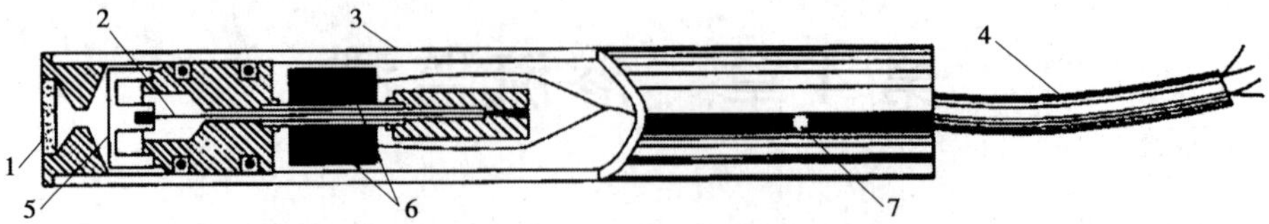

1—透水石；2—钢弦；3—不锈钢体；4—引出电缆；5—膜片；6—激励及接收线圈；7—内密封

图 4-4-2　振弦式渗压计结构示意图

差动电阻式渗压计由前盖、透水石、弹性感应膜片、密封壳体、传感部件和引出电缆等组成，传感部件为差动电阻式感应组件，如图 4-4-3 所示。

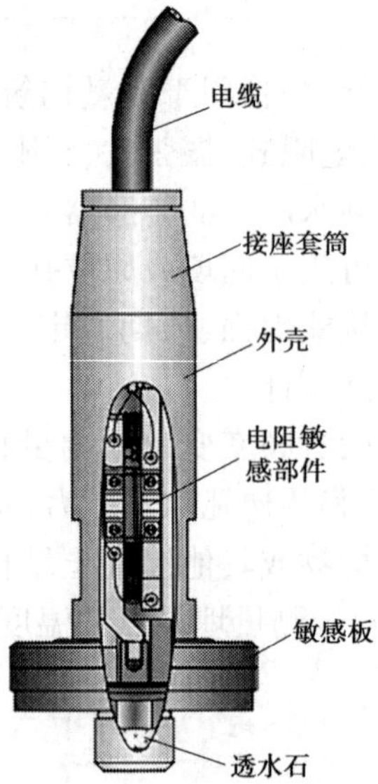

图 4-4-3　差动电阻式渗压计结构示意图

差动电阻式渗压计是利用一对差动变化的电阻丝作为敏感元件来测量孔隙水压力或渗透压力的传感器。差动电阻式渗压计埋设于混凝土或基岩内，渗透水压力自进水口经透水石作用于弹性感应膜片上，引起感应膜片位移，从而使其敏感组件上的两根电阻丝电阻值发生变化（见图 4-4-4），其中一根 R_1 减小（增大），另一根 R_2 增大（减小），相应电阻比发生变化，通过电阻比指示仪测量其电阻比变化而得到渗透压力的变化量。

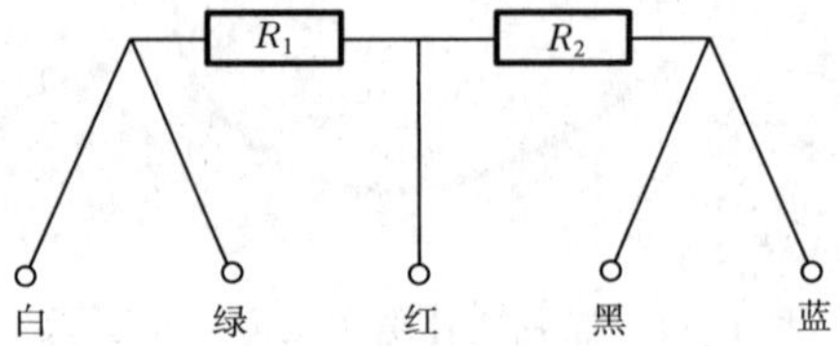

图 4-4-4　差动电阻式渗压计测量原理

国内工程中常用的振弦式渗压计主要技术指标见表 4-4-1。

表 4-4-1　国内常用的振弦式渗压计主要技术指标

型号	量程(MPa)	分辨率	精度	温度量测范围(℃)	仪器长度(mm)
4500AL	0.07	0.025%FS	0.1%FS	-20~80	133
4500AL	0.17	0.025%FS	0.1%FS	-20~80	133
4500S	0.35	0.025%FS	0.1%FS	-20~80	133
4500S	0.7	0.025%FS	0.1%FS	-20~80	133
4500S	1	0.025%FS	0.1%FS	-20~80	133
4500S	2	0.025%FS	0.1%FS	-20~80	133

国内工程中常用的差动电阻式渗压计主要技术指标见表 4-4-2。

表 4-4-2　国内常用的差动电阻式渗压计主要技术指标

型号规格	量程(MPa)	最小读数 f (MPa/0.01%)	温度测量范围(℃)	温度测量精度(℃)	绝缘电阻(MΩ)	仪器长度(mm)
SZ-2	0.2	<0.001 5	0~40	±0.5	>50	140
SZ-4	0.4	<0.003	0~40	±0.5	>50	140
SZ-4A	0.4	<0.001 5	0~40	±0.5	>50	150
SZ-8	0.8	<0.006	0~40	±0.5	>50	140
SZ-16	1.6	<0.012	0~40	±0.5	>50	140

4.1.1.2　测绳刻度校正方法

测绳是测量长度(深度)的测量工具,而水位测绳是专业测量测压管内水位的测量工具,设备主要包括标记有深度标签的(电缆线)测量绳、触水探头、触水指示表等。主要用于人工测量测压管内水深,用于水文地质勘察、基坑降水工程、浸润线监测工程水位测量等。

测压管水位观测常用的仪器有测深钟和电测水位计。

测深钟可用于测量井、钻孔及坝体测压管浸润线的水位,亦可用于岩土工程、基坑、河、海、湖泊水位的人工观测。测深钟由测绳、测锤组成。当测深钟与水面接触发出声响时,读出测深长度,换算出测压管水位。

电测水位计由水位探头、塑胶测尺和卷筒组成。水位探头和塑胶测尺相连,测尺固定在卷筒上,探头的两电极之间有一个绝缘间隙。当水位探头接触水面,声、光出现响应时,读出测尺刻度值,再换算出测压管水位。

用于测压管水位监测的测绳(测尺)刻度校正方法及要求如下。

1. 测绳(测尺)刻度要求

仪器外观完好,无影响仪器使用的锈蚀及破裂损伤,各种开关、按钮、指示灯工作正常,仪器各连接线缆、接插(紧固)件齐全,连接可靠,刻度标识清晰且牢固。

2. 校正性能要求

测量值最大允许积累误差不大于±1 cm。

3. 校验方法

1) 环境条件

校验场地应清洁平整，周围无影响测量的机械振动、冲击等。

温度：常温。

校验器具：校验合格且在有效期内的 50 m 钢卷尺，最小分辨力 1 mm。

2) 校验步骤

(1) 外观。线纹应清晰，垂直到侧边，不应有目力可见的断线现象；测绳、测尺的断边、侧边及背面应光滑，无毛刺、锋口等现象；测头应无影响仪器使用的锈蚀及破裂损伤，各紧固件应无松动；仪器上应标注制造厂商、所编号等。

(2) 示值测量。将被检测绳或测尺与校验合格的标准钢卷尺平铺在平整地面上，使两者高刻线面在同一平面上，0 m 刻度线相平齐。

测绳、测尺按每隔 1 m 选择一个检定点，直接读取读数。其误差为测绳（水尺）和钢卷尺读数差。

(3) 读数时应以各条线纹的中心为准，每个点读数三次取平均值记录在“校正记录表”内。

4. 校正结果及校验周期

按“3. 校验方法”进行校验的项目，结果在“2. 校正性能要求”规定允许范围内，校正为合格。

按本方法对测绳（测尺）进行校验，填写校验记录，见表 4-4-3。

测绳（测尺）校验周期为一年，停用超过半年或维修后均应重新校验。

表 4-4-3　测绳、电测水位计校正记录表

<table>
<tr><td>仪器名称</td><td colspan="2"></td><td colspan="2">仪器编号</td><td></td></tr>
<tr><td>环境温度</td><td colspan="2"></td><td colspan="2">校正地点</td><td></td></tr>
<tr><td colspan="2">校验用标准计量器具名称及编号</td><td colspan="4"></td></tr>
<tr><td colspan="6">校正记录</td></tr>
<tr><td rowspan="2">标准参考值(mm)</td><td colspan="4">测量值(mm)</td><td rowspan="2">误差(mm)</td></tr>
<tr><td>一次</td><td>二次</td><td>三次</td><td>平均</td></tr>
<tr><td></td><td></td><td></td><td></td><td></td><td></td></tr>
<tr><td></td><td></td><td></td><td></td><td></td><td></td></tr>
<tr><td></td><td></td><td></td><td></td><td></td><td></td></tr>
<tr><td colspan="5">最大误差(mm)</td><td></td></tr>
<tr><td colspan="5">外观</td><td></td></tr>
<tr><td colspan="5">校正结论</td><td></td></tr>
</table>

校验人：　　　　校核人：　　　　校正日期：

4.1.2　压力、水位换算方法

4.1.2.1　渗透(孔隙)水压力测量与计算

渗透(孔隙)水压力可采用渗压计人工测读计算和自动化采集两种方式进行量测，目前普遍使用的是振弦式渗压计和差动电阻式渗压计。

每支仪器应先用 100 V 兆欧表量测传感器芯线可靠并联后与密封壳体之间的绝缘电阻，其测值应满足绝缘电阻规定的要求。

1. 振弦式渗压计渗透(孔隙)水压力测量与计算

人工方式量测时，振弦式渗压计采用振弦式读数仪进行测量。

1) 仪器与振弦式读数仪或自动化采集装置连接

振弦式渗压计仪器电缆为 4 芯屏蔽水工电缆，分别与接入指示仪的连接电缆对应颜色红、黑、绿、白的分线电缆用电缆夹相连，或自动化采集装置相对应的接线柱。

2) 数据读取与记录及计算

按照振弦式读数仪使用说明书或自动采集装置，读取频率 f(Hz)、测点位置温度的热敏电阻值(Ω)或频率模数 F(kHz^2)、测点位置的温度(℃)。

振弦式渗压计埋设于坝体或基岩内，渗透水压力自进水口经透水石作用在渗压计的弹性膜片上，将引起弹性膜片的变形，并引起振弦应力的变化，从而改变振弦的谐振频率。电磁线圈激振振弦并测量其振动频率，频率信号经电缆传输至读数装置，即可测算出水荷载的压力值，同时由仪器中的热敏电阻可同步测出埋设点的温度值。

振弦式仪器的量测量采用频率模数 F 来度量，其定义为：

$$F = \frac{f^2}{1\ 000}$$

式中　f——振弦式仪器中钢丝的自振频率，Hz；

　　F——频率模数，kHz^2。

(1) 当外界温度恒定，渗压计仅受到渗透(孔隙)水压力时，其压力值 P 与输出的频率模数变化量 ΔF 具有如下线性关系：

$$P = k \times \Delta F$$

$$\Delta F = F_0 - F_i$$

式中　k——渗压计系数，kPa/kHz^2，由厂家所附卡片给出；

　　ΔF——实时测量的渗压计输出值相对于基准值的变化量，kHz^2；

　　F_i——实时测量的渗压计输出值，kHz^2；

　　F_0——渗压计的基准值，kHz^2。

(2) 当渗压计的渗透(孔隙)水压力恒定时，若温度增加 ΔT，渗压计有一个输出量 $\Delta F'$，这个输出量仅仅是由温度变化而造成的，因此在计算时应予以修正扣除。

通过试验可知，$\Delta F'$ 与 ΔT 具有如下线性关系：

$$k \times \Delta F' = -b \times \Delta T$$

$$\Delta T = T_i - T_0$$

式中　b——渗压计的温度修正系数，kPa/℃，由厂家给出；

ΔT——温度实时测量值相对于基准值的变化量,℃;

T_i——温度的实时测量值,℃;

T_0——温度的基准值,℃。

(3)当渗压计受到渗透(孔隙)水压力和温度的双重作用时,渗压计的一般计算公式为:

$$P_{\mathrm{m}} = k \times (F_0 - F_i) + b \times (T_i - T_0) \tag{4-4-1}$$

式中 P_{m}——被测对象的渗透(孔隙)水压力,kPa;

k——渗压计系数,kPa/kHz²;

F_i——实时测量的渗压计输出值,kHz²;

F_0——渗压计的基准值,kHz²;

b——渗压计的温度修正系数,kPa/℃,由厂家给出;

T_i——温度的实时测量值,℃;

T_0——温度的基准值,℃。

若大气压力有较大变化,应予以修正。

$$P_{\mathrm{m}} = k \times (F_0 - F_i) + b \times (T_i - T_0) - (S_i - S_0) \tag{4-4-2}$$

式中 S_0——大气压力测量基准值,埋设安装渗压计确定模数基准值 F_0 时,同时同条件测量的大气压力值,kPa;

S_i——大气压力实时测量值,kPa。

(4)温度计算。振弦式渗压计内部嵌入并密封有测温部件,采用 YSI 44005 半导体感温器件,其温度可由试验确定的电阻值—温度检定值率定表 4-4-4 内插法取值,也可由试验数据拟合公式(4-4-3)计算。

表 4-4-4　半导体温度计电阻值—温度对照表

电阻(Ω)	温度(℃)	电阻(Ω)	温度(℃)	电阻(Ω)	温度(℃)	电阻(Ω)	温度(℃)	电阻(Ω)	温度(℃)
201.1k	−50	16.60k	−10	2 417	+30	525.4	+70	153.2	+110
187.3k	−49	15.72k	−9	2 317	31	507.8	71	149.0	111
174.5k	−48	14.90k	−8	2 221	32	490.9	72	145.0	112
162.7k	−47	14.12k	−7	2 130	33	474.7	73	141.1	113
151.7k	−46	13.39k	−6	2 042	34	459.0	74	137.2	114
141.6k	−45	12.70k	−5	1 959	35	444.0	75	133.6	115
132.2k	−44	12.05k	−4	1 880	36	429.5	76	130.0	116
123.5k	−43	11.44k	−3	1 805	37	415.6	77	126.5	117
115.4k	−42	10.86k	−2	1 733	38	402.2	78	123.2	118
107.9k	−41	10.31k	−1	1 664	39	389.3	79	119.9	119
101.0k	−40	9 796	0	1 598	40	376.9	80	116.8	120
94.48k	−39	9 310	+1	1 535	41	364.9	81	113.8	121

续表 4-4-4

电阻(Ω)	温度(℃)	电阻(Ω)	温度(℃)	电阻(Ω)	温度(℃)	电阻(Ω)	温度(℃)	电阻(Ω)	温度(℃)
88. 46k	-38	8 851	2	1 475	42	353. 4	82	110. 8	122
82. 87k	-37	8 417	3	1 418	43	342. 2	83	107. 9	123
77. 66k	-36	8 006	4	1 363	44	331. 5	84	105. 2	124
72. 81k	-35	7 618	5	1 310	45	321. 2	85	102. 5	125
68. 30k	-34	7 252	6	1 260	46	311. 3	86	99. 9	126
64. 09k	-33	6 905	7	1 212	47	301. 7	87	97. 3	127
60. 17k	-32	6 576	8	1 167	48	292. 4	88	94. 9	128
56. 51k	-31	6 265	9	1 123	49	283. 5	89	92. 5	129
53. 10k	-30	5 971	10	1 081	50	274. 9	90	90. 2	130
49. 91k	-29	5 692	11	1 040	51	266. 6	91	87. 9	131
46. 94k	-28	5 427	12	1 002	52	258. 6	92	85. 7	132
44. 16k	-27	5 177	13	965. 0	53	250. 9	93	83. 6	133
41. 56k	-26	4 939	14	929. 6	54	243. 4	94	81. 6	134
39. 13k	-25	4 714	15	895. 8	55	236. 2	95	79. 6	135
36. 86k	-24	4 500	16	863. 3	56	229. 3	96	77. 6	136
34. 73k	-23	4 297	17	832. 2	57	222. 6	97	75. 8	137
32. 74k	-22	4 105	18	802. 3	58	216. 1	98	73. 9	138
30. 87k	-21	3 922	19	773. 7	59	209. 8	99	72. 2	139
29. 13k	-20	3 748	20	746. 3	60	203. 8	100	70. 4	140
27. 49k	-19	3 583	21	719. 9	61	197. 9	101	68. 8	141
25. 95k	-18	3 426	22	694. 7	62	192. 2	102	67. 1	142
24. 51k	-17	3 277	23	670. 4	63	186. 8	103	65. 5	143
23. 16k	-16	3 135	24	647. 1	64	181. 5	104	64. 0	144
21. 89k	-15	3 000	25	624. 7	65	176. 4	105	62. 5	145
20. 70k	-14	2 872	26	603. 3	66	171. 4	106	61. 1	146
19. 58k	-13	2 750	27	582. 6	67	166. 7	107	59. 6	147
18. 52k	-12	2 633	28	562. 8	68	162. 0	108	58. 3	148
17. 53k	-11	2 523	29	543. 7	69	157. 6	109	56. 8	149
								55. 6	150

注:半导体温度计类型为 YSI 44005,Dale#1C3001-B3,Alpha#13A3001-B3。

$$T=\frac{1}{1.4051\times10^{-3}+2.369\times10^{-4}(\ln R)+1.019\times10^{-7}(\ln R)^{3}}-273.2 \tag{4-4-3}$$

式中　T——测点温度,℃,当 $R=3\ 000\ \Omega$ 时,$T=25$ ℃;

R——仪器的热敏电阻测值,Ω;

$\ln R$——阻值的自然对数。

振弦式渗压计安装埋设完毕,可接入"智能分布式安全监测数据采集系统"进行测量,该系统能实现自动定时监测,自动存储数据及数据处理,并能实现远距离监控和管理。具体使用方法请参阅相关资料。

振弦式渗压计接入"智能分布式安全监测数据采集系统"后,仪器的测量、计算存储均自动完成,无须人工干预。

2. 差动电阻式渗压计渗透(孔隙)水压力测量与计算

差动电阻式渗压计有电阻比 Z 和电阻 R_t 两种测值,利用这两个测值及仪器参数可计算出测点处渗透(孔隙)水压力,利用电阻 R_t 测值和仪器特性参数可计算出测点位置的温度,人工方式量测时,差动电阻式渗压计采用数字式电桥或水工比例电桥进行测量。测量的方法参照有关电桥的使用说明,测量完毕记录仪器的电阻比、电阻值、仪器编号、测量时间等相关信息。

1)仪器与电桥或自动化采集装置连接

差动电阻式渗压计仪器电缆为五芯水工电缆,分别接入读数仪的连接电缆所对应颜色(黑、蓝、红、绿、白)的分线电缆夹相连,或自动化采集装置相对应的接线柱。

2)数据读取与记录及计算

按照差动电阻式读数仪使用说明书或自动采集装置,分别选择测量电阻比、电阻值,待测量数据稳定后,读取稳定电阻比 Z、电阻值 R_t。

(1)温度计算:

$$t=a'\times(R_t-R'_0) \tag{4-4-4}$$

式中　t——测点温度,℃,0 ℃≤t≤60 ℃;

R_t——仪器的电阻测值,Ω;

R'_0——仪器 0 ℃电阻值,Ω,由仪器生产厂家所附卡片给出;

a'——仪器 0 ℃以上温度系数,℃/Ω,由仪器生产厂家所附卡片给出。

(2)渗透(孔隙)水压力计算:

$$P=f\times(Z_0-Z_i)-b\times(T_0-T_i) \tag{4-4-5}$$

式中　P——仪器测得的渗透(孔隙)水压力,MPa;

f——仪器的最小读数,MPa/0.01%,由仪器生产厂家所附卡片给出;

b——仪器的温度修正系数,MPa/℃,由仪器生产厂家所附卡片给出;

Z_i——仪器测得的电阻比,0.01%;

Z_0——仪器电阻比的基准值,0.01%,由仪器生产厂家所附卡片给出;

T_i——仪器埋设点的温度,℃,由上述温度计算公式计算得出;

T_0——仪器埋设点的温度基准值,℃,一般选择与 Z_0 同时刻的温度值,用于 Z_0 同

时刻测得的电阻值 R_0，由式(4-4-4)计算得到。

差动电阻式渗压计安装埋设完毕，可接入“智能分布式安全监测数据采集系统”进行测量，该系统能实现自动定时监测，自动存储数据及数据处理，并能实现远距离监控和管理。具体使用方法请参阅相关资料。

4.1.2.2　**渗透(孔隙)水压力、水位换算**

渗压计测量并计算出的水压力是一个相对基准值的变化量。渗压计所测得的渗透(孔隙)水压力 P_1 是渗压计埋设(安装)所在位置(平面位置及高程)的测点所感应并测量出的压力值，即传感器所处位置高程以上的水压力，测线处(坝体或坝基)的渗透压力 P 应为测点处渗流压力 P_0 与渗压计所测渗流压力值 P_1 之和。

水压力
$$P=P_0+P_1$$
或
$$P=\gamma h$$

式中　P——测线所处位置(坝体或坝基)的水压力，kPa；

γ——水的容重，数值为 9.8 kN/m^3，$\gamma=\rho g$，ρ 为水的密度，kg/m^3，g 为重力加速度，一般取 9.8 m/s^2；

h——某点位的水深，也就是该点在水面下的淹没深度。

因而，测点所处位置的测线(坝体或坝基)的渗流压力水位 h 等于渗压计测点处的埋设(安装)高程 h_0 与渗压计测量出的测点以上的渗流压力水深 h_1 之和。

渗流压力水位：
$$h=h_0+h_1$$
$$h=h_0+\frac{P_1}{\gamma} \tag{4-4-6}$$

式中　h——测线所处位置(坝体或坝基)渗流压力水位，m；

h_0——渗压计埋设(安装)高程，m；

h_1——渗压计所测渗流压力水深，m；

P_1——渗压计所测渗流压力，kPa；

γ——水的容重，kN/m^3。

4.2　渗流量换算

4.2.1　渗流量换算方法

渗流量测量根据渗流量的大小和汇集条件，可选用容积法、量水堰法和流速法，常用的方法为容积法和量水堰法。

4.2.1.1　**容积法**

$$Q=\frac{V}{t} \tag{4-4-7}$$

式中　Q——渗流量，L/s；

V——充水量，L；

t——充水时间，s。

4.2.1.2 量水堰法

用量水堰监测渗流量时，堰上水位计两次测出的堰上水头之差不应大于 1 mm；根据量水堰的类型及相关参数，计算出渗流量。量水堰法渗流量观测记录、计算表见表 4-4-5。

表 4-4-5　量水堰法渗流量观测记录、计算表

测点编号：________　　　　位置：________

观测日期	零点水位（mm）	堰上水头 H(m)			实测流量 Q（m^3/s）	水温（℃）	上游水位（m）	下游水位（m）	备注（含近期降水情况）
		一次	二次	平均					

观测：　　　　记录、计算：　　　　校核：

（1）直角三角形量水堰：

$$Q = 1.4H^{\frac{5}{2}} \tag{4-4-8}$$

式中　Q ——渗流量，m^3/s；

H ——堰上水头，m。

（2）边坡比为 1∶0.25 的梯形量水堰：

$$Q = 1.86bH^{\frac{3}{2}} \tag{4-4-9}$$

式中　Q ——渗流量，m^3/s；

b ——堰顶长度，m；

H ——堰上水头，m。

（3）无侧收缩矩形量水堰：

$$Q = (0.402 + 0.054H/P)B\sqrt{2g}H^{\frac{3}{2}} \tag{4-4-10}$$

式中　Q ——渗流量，m^3/s；

H——堰上水头，m；

P——堰口至堰槽底的距离，m；

B——堰口宽度，m；

g——重力加速度，m/s^2。

4.2.2　标准渗流量换算方法

由于黏滞性随水温变化而变化,水温因素可造成渗流量相当大的变化。为了在分析中消除这一影响,在分析之前要把不同温度的渗流量换算成某一标准温度下的渗流量:

$$Q_T = \frac{\nu_t}{\nu_T} Q_t \tag{4-4-11}$$

式中　T、t——标准水温和实测水温,℃;

ν_T、ν_t——标准水温和实测水温时水的运动黏滞系数,cm^2/s;

Q_T、Q_t——标准水温渗流量和实测水温渗流量。

ν 值可根据水温查表或用下式计算:

$$\nu_t = 0.4/(t + 20) \tag{4-4-12}$$

当取标准温度 T=10 ℃时,式(4-4-11)可近似为:

$$Q_{10} \approx Q_t/(0.67 + 0.033t) \tag{4-4-13}$$

式中　Q_{10}——10 ℃时的渗流量;

Q_t——实测水温渗流量;

t——实测水温,℃。

实际上,多数工程没有量水堰水温观测,可把全年的日平均气温看作一条正弦曲线,进行温度模拟,分别以 1 月平均气温和 7 月平均气温作为最小值、最大值。

第 5 章　应力应变及温度监测

水工建筑物在内、外荷载和各种因素作用下,建筑物本身及地基内部都将产生应力,随着荷载的变化,应力也将产生相应的变化。所以,应通过监测仪器和设备,对建筑物本身和地基内应力的大小、分布和变化进行观测。应力应变监测的主要仪器有应变计(组)、无应力计、应变片、钢筋计、钢板计、混凝土压应力计、土压力计、岩石应力计等。

应力观测的主要目的是通过观测土工建筑物及地基内部实际应力的大小、方向和分布,检验应力是否超过材料或地基的强度极限,分析判断建筑物和地基产生裂缝并扩展甚至破坏的可能性,以便及时采取措施,保证工程安全;应力观测的另一个目的是将实测成果与设计假定数据进行对比,以检验设计、施工的合理性,为以后设计、施工正确取用数据和方法提供资料。

受观测仪器的限制,目前混凝土坝的应力观测,主要依靠观测其应变量来间接地求得应力值。其方法是,施工期间在坝内埋设应变计,用电缆引到观测站,接到集线箱上,用差阻式读数仪测读仪器的电阻和电阻比(或用振弦式读数仪测读仪器的频率和模数),计算出坝体在应力、温度、湿度及化学作用下所产生的总变形。同时,在测点附近埋设无应力计,以观测坝体的非应力变形量(在温度、湿度及化学作用下的变形),并从总变形量中扣除非应力变形量,即可求得坝体的应力应变,再通过混凝土徐变及弹性模数等关系,最后将应变换算成应力。对于只需观测压应力,同时压力方向又比较明确的部位,也可以采用应力计直接观测压应力。

5.1　应力应变观测

5.1.1　应力应变仪器原理及观测方法

5.1.1.1　差动电阻式仪器原理及观测方法

1. 差动电阻式仪器原理

差动电阻式传感器是美国人卡尔逊研制成功的,因此又习惯称为卡尔逊式传感器。这种传感器利用张紧在仪器内部的弹性钢丝作为传感元件,将仪器感受到的物理量变化转变为模拟量。

由物理学可知,当钢丝受到拉力作用而产生弹性变形(见图 4-5-1),其变形与电阻变化之间有如下关系式:

$$\Delta R/R = \lambda \Delta L/L \tag{4-5-1}$$

式中　ΔR ——钢丝电阻变化量,Ω;

R——钢丝电阻,Ω;

λ ——钢丝电阻应变灵敏系数,无量纲;

ΔL——钢丝变形增量,mm;

L——钢丝长度,mm。

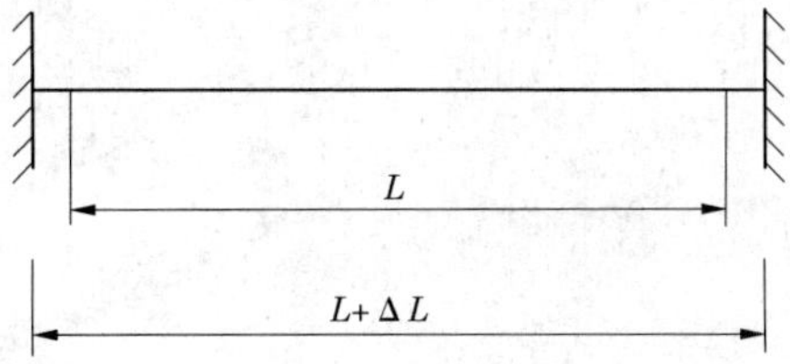

图 4-5-1　电阻丝变形示意图

由图 4-5-1 可见,仪器的钢丝长度变化和电阻变化是线性关系,测定电阻变化,利用式(4-5-1)可求得仪器承受的变形。另外,钢丝还有一个特性,当钢丝受不太大的温度改变时,钢丝电阻与其温度变化之间有如下近似关系:

$$R_T = R_0(1 + \alpha T) \tag{4-5-2}$$

式中　R_T——当温度为 T ℃的钢丝电阻,Ω;

R_0——当温度为 0 ℃的钢丝电阻,Ω;

α——电阻温度系数,一定范围内为常数,1/℃;

T——钢丝温度,℃。

只要测定了仪器内部钢丝的电阻值,根据式(4-5-2)就可以计算出仪器所处环境的温度值。

差动电阻式传感器基于上述两个基本原理,利用弹性钢丝在力的作用和温度变化下的特性设计而成,把经过预拉、长度相等的两根钢丝用特定方式固定在两根方形断面的铁杆上,钢丝电阻分别为 R_1 和 R_2,因为钢丝设计长度相等,R_1 和 R_2 近似相等,如图 4-5-2 所示。差动电阻式传感器示意见图 4-5-3。

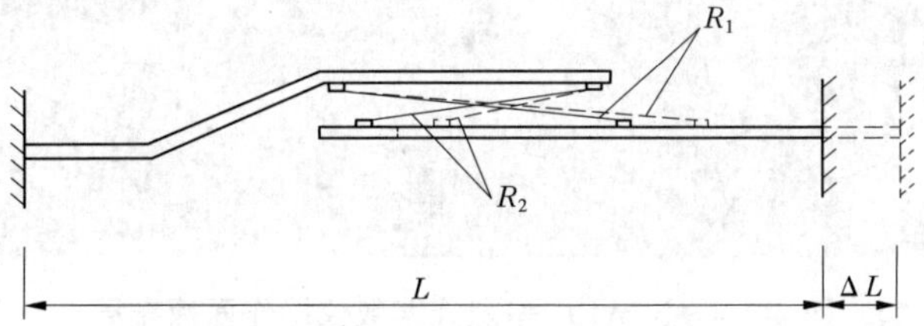

图 4-5-2　差动电阻式传感器结构示意图

当仪器受到外界的拉压而产生变形时,两根钢丝的电阻产生差动的变化,一根钢丝受拉,其电阻增加,另一根钢丝受压,其电阻减少,两根钢丝的串联电阻 $R_1 + R_2$ 不变而电阻比 R_1/R_2 发生变化,测量两根钢丝电阻的比值,就可以求得仪器的变形或应力。

当温度改变时,引起两根钢丝的电阻变化是同方向的,温度升高时,两根钢丝的电阻都减少。测定两根钢丝的串联电阻 $R_1 + R_2$,就可求得仪器测点位置的温度。

2. 差动电阻式仪器观测方法

观测差动电阻式仪器,是在观测站使用差阻式读数仪(数字电桥)数据线逐个接通集线箱上各个电缆插头,分别测读其电阻值及电阻比。以 NZA101 差阻式读数仪为例(见

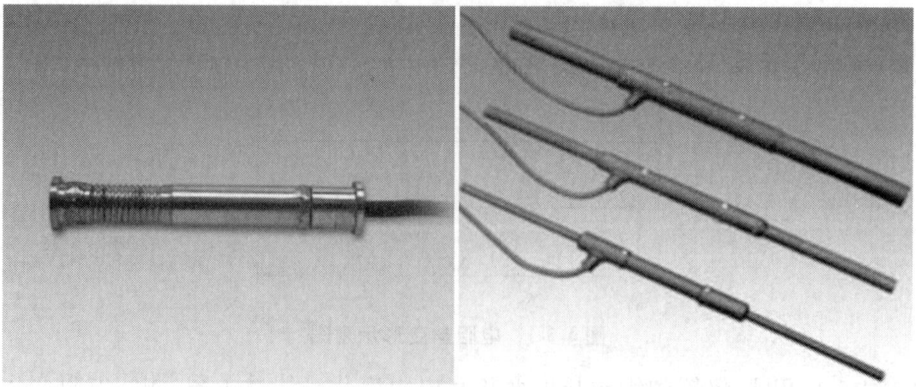

(a)差阻式应变计　　(b)差阻式钢筋计

图 4-5-3　差动电阻式传感器示意图

图 4-5-4),其设备特点和观测步骤如下:NZA101 差阻式读数仪能够完成差动电阻式传感器及铜电阻温度计的测量。读数仪由三个模块组成,分别为 CPU 测量主模块、液晶显示模块、锂电池供电模块,可以进行测量并可在线进行功能参数整定、测量精度校准等。装置所带的液晶提供的数据显示和状态指示,用于了解测量数据、系统参数及工作状态。

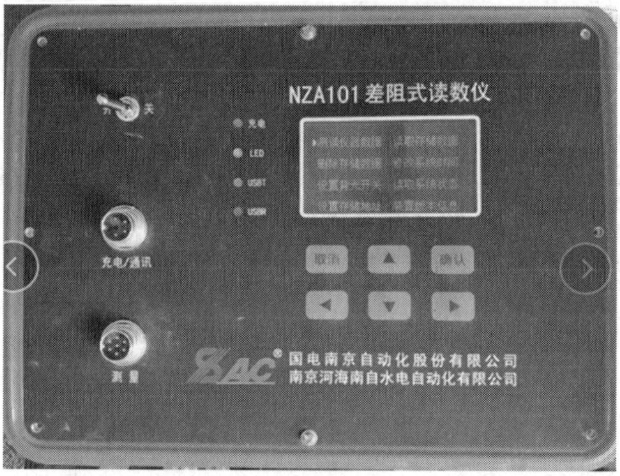

图 4-5-4　NZA101 差阻式读数仪操作面板布局

NZA101 差阻式读数仪采用的是工箱体内电池通过电池盒加以固定。读数仪面板上有六个操作按键、显示面板、状态指示灯、充电/通信和测量二个航空插头。

测量操作流程如下:

(1)NZA101 差阻式读数仪适用于差动电阻式传感器及铜电阻温度计的测量。读数仪配备专用电缆以便接入传感器,电缆的一端是一个 10 芯的航空插座,连接 NZA101 差阻式读数仪面板上标有"测量"的插座上,另一端是一组带有五根不同色标导线的鳄鱼夹,蓝、黑、红、绿、白接线端分别对应传感器出线的蓝、黑、红、绿、白线。

(2)打开电源开关按钮"开",面板上"LED"灯亮,NZA101 差阻式读数仪开始工作,液晶屏出现开机菜单。按下"取消"按钮,选择"测读仪器数据"选项,按下"确认"按钮,选择“测量五芯仪器”或“测量四芯仪器”选项,再次按下“确认”按钮,读数仪显示电阻比和电阻值。

测量注意事项如下:

(1)数据线鳄鱼夹之间应避免互相接触,接触后将引起数据跳变。

(2)数据线与读数仪接触应做到牢固可靠,避免晃动引起数据跳变。

(3)测量过程中,若读数缓慢变化,需等读数稳定后记录。

测量仪器的总电阻和分线电阻时,将仪器电缆分别按蓝黑、蓝红、蓝绿、蓝白、黑白(测总电阻)、黑绿、黑红、红绿、红白、绿白(测分线电阻)十组接在差阻式读数仪的数据线鳄鱼夹上,分别测其电阻,并做好记录。

5.1.1.2 振弦式仪器工作原理及观测方法

1. 振弦式仪器工作原理

振弦式传感器由受力弹性外壳(或膜片)、钢弦、坚固夹头、激振线圈和接收线圈等组成。钢弦常用高弹性弹簧钢、马氏不锈钢或钨钢制成,它与传感器受力部件连接固定,利用钢弦的自振频率与钢弦所受到的外加张力关系式测得各种物理量。

以连续激振型振弦式传感器为例介绍振弦式传感器的工作原理(见图 4-5-5)。工作时开启电源,线圈带电激励钢弦振动,钢弦振动后在磁场中切割磁力线,所产生的感应电势由接收线圈送入放大器放大输出,同时将输出信号的一部分反馈到激励线圈,保持钢弦的振动,这样不断地反馈循环,加上电路的稳幅措施,使钢弦达到电路所保持的等幅、连续的振动,然后输出与钢弦张力有关的频率信号。振弦式传感器示意见图 4-5-6。

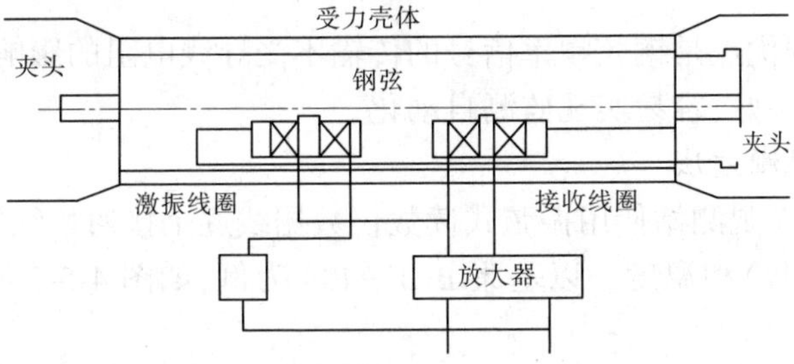

图 4-5-5　振弦式传感器工作原理图(连续激振型)

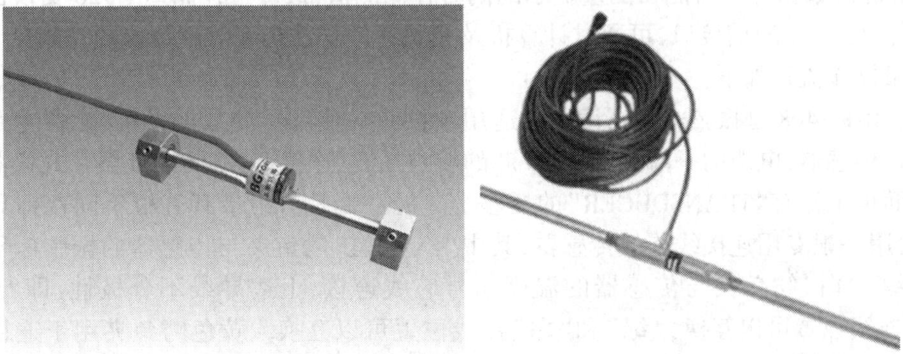

图 4-5-6　振弦式传感器示意图

振弦式仪器是根据钢弦张紧力与谐振频率成单值函数关系设计而成的。由于钢弦的自振频率取决于它的长度、钢弦材料的密度和钢弦所受的内应力,其关系式为:

$$f=(1/2L)\cdot\sqrt{\frac{\sigma}{\rho}} \tag{4-5-3}$$

式中 f——钢弦自振频率,Hz;

L——钢弦有效长度,m;

σ——钢弦的应力,Pa;

ρ——钢弦材料密度,kg/m^3。

由式(4-5-3)可以看出,当传感器制造成功后所用的钢弦材料和钢弦的直径、有效长度均为不变量。钢弦的自振频率仅与钢弦所受的张力有关。因此,张力可用频率 f 的关系式来表示:

$$F=K(f_x^2-f_0^2)+A \tag{4-5-4}$$

式中 F——钢弦张力,N、mm 或 Pa 等;

K——传感器灵敏系数;

f_x——张力变化后的钢弦自振频率,Hz;

f_0——传感器钢弦初始频率,Hz;

A——修正常数(在实际应用中可设为“0”)。

从式(4-5-4)可以看出,振弦式传感器的张力(应力)与频率的关系为二次函数,频率平方与张力为一次函数。仪器的结构不同,张力“F”可以变换为位移、压力、压强、应力、应变等各种物理量。

振弦式传感器的优点是钢弦频率信号的传输不受导线电阻的影响,测量距离比较远,仪器灵敏度高,稳定性好,容易实现监测自动化。

2. 振弦式仪器观测方法

振弦式仪器,是在观测站使用振弦式读数仪数据线逐个接通集线箱上各个电缆插头,分别测读其频率(模数)和温度。以基康 BGK-408 为例,如图 4-5-7 所示,其特点和观测步骤如下:

BGK-408 型振弦式仪器读数仪是为振弦式传感器配套的电测读数仪表,其主要特点有:内置静态数据存储器能在测量显示的同时存储测值,最多可存储达 1 920 支仪器的数据;配备 RS232C 通信接口,可通过计算机及相关通信软件实现对读数仪的控制。

测量操作流程如下:

(1)BGK-408 型振弦式仪器读数仪适用于振弦式传感器的数据采集,配备专用电缆以便接入传感器,电缆的一端是一个 10 芯的航空插座,连接 BGK-408 型振弦式仪器读数仪操作面板上标有“TRANSDUCER”的插座上。另一端是一组带有五根不同色标导线的鳄鱼夹,用一根专用连接线连接传感器,其中“红”“黑”鳄鱼夹与传感器的振弦信号芯线连接,“绿”“白”鳄鱼夹与传感器的温度信号芯线连接,上述导线不分极性,即“红”和“黑”的连线位置可以互换,“绿”和“白”接线位置可以互换。黄色鳄鱼夹用于连接电缆的屏蔽芯线。使用时,鳄鱼夹颜色和振弦仪电缆上相同颜色的导线相连。

(2)按下 BGK-408 型振弦式仪器读数仪操作面板上“ON”键启动电源,BGK-408 型

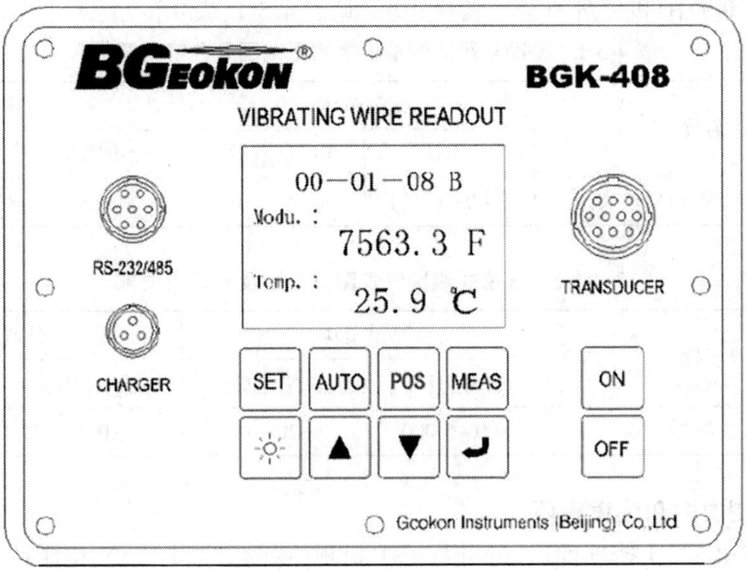

图 4-5-7　BGK-408 操作面板布局

振弦式仪器读数仪开始工作，液晶屏出现开机菜单，如在开机前已接上了传感器，则直接进入测量功能。

北京基康
弦式仪器读数仪
2004-03-21
15：34：52

开机后的显示界面

模数：00－01－01 B
2583.8 F
温度：
23.6℃

正常测量显示模式

开机后，BGK-408 型振弦式仪器读数仪内部进行自检。正常情况下，开机后自检将在 1 s 内完成。BGK-408 型振弦式仪器读数仪具有在自检后自动识别是否已经接入传感器的功能，若此时没有接入任何传感器或要自检结束后接入传感器，读数仪将一直保持开机界面，直至手动切换到其他快捷测量状态或关机。若在开机前接入传感器，读数仪将在自检结束后立即切换到“正常测量”模式，并显示当前仪器的模数与温度。

若在开机后接入传感器，按“MESA”键可快捷进入常规测量模式，读数仪显示模数与温度。

5.1.1.3　观测仪表的要求

应力应变观测使用的仪器仪表根据施工期埋设的仪器种类不同也有多种仪器仪表，目前使用较多的是差动电阻式测量仪表和振弦式测量仪表，观测仪表在使用前根据规范要求确定其测量范围和分辨力是否满足要求(见表 4-5-1、表 4-5-2)。

表 4-5-1 差动电阻式测量仪表测量范围及分辨力要求

仪器名称	测量范围		分辨力	
	电阻比	电阻值(Ω)	电阻比	电阻值(Ω)
差动电阻式仪器测量仪表	0.900 0~1.111 0	0~111.10	0.000 1	0.01

表 4-5-2 振弦式测量仪表测量范围及分辨力要求

仪器名称	测量范围		分辨力	
	频率(Hz)	温度(℃)	频率(Hz)	温度(℃)
振弦式仪器测量仪表	400~6 000	-20~70	0.1	0.1

5.1.1.4 **观测次数和注意事项**

(1)仪器被混凝土掩埋前后,各进行一次观测,测读仪器电阻值、电阻比及分线电阻。

(2)埋设初期一个月内,应变计、无应力计和温度计观测宜按如下频次进行:前 24 h,1 次/4 h;第 2~3 天,1 次/8 h;第 4~7 天,1 次/12 h;之后按表 4-5-3 的测次要求进行观测。

表 4-5-3 安全监测项目测次表

监测类别	监测项目	施工期	首次蓄水期	运行期
应力、应变及温度	应力	1 次/周~1 次/月	1 次/天~1 次/周	2 次/月~1 次/季
	应变	1 次/周~1 次/月	1 次/天~1 次/周	2 次/月~1 次/季
	混凝土温度	1 次/周~1 次/月	1 次/天~1 次/周	2 次/月~1 次/季
	坝基温度	1 次/周~1 次/月	1 次/天~1 次/周	2 次/月~1 次/季

(3)使用直读式接收仪表进行观测时,每月应对仪表进行一次检验。如需要更换仪表,应先检验是否有互换性。

(4)仪器设备应妥加保护。电缆的编号牌应防止锈蚀、混淆或丢失。电缆长度需要改变时,应在改变前后读取测值,并做好记录。集线箱及测控装置应保持干燥。

(5)仪器埋设后,应及时按适当频次观测以便获得仪器的初始值。初始值应根据埋设位置、材料的特性、仪器的性能及周围的温度等,从初期各次合格的观测值中选定。为便于监测资料分析,在各分析时段的起点应按适当频次观测,以便获得仪器的基准值。

(6)人工方式量测时,可采用便携式差阻式读数仪对差阻式系列仪器进行测量,采用便携式弦式读数仪对振弦式系列仪器进行测量,采用便携式电位器式指示仪对电位器式系列仪器进行测量。

(7)差阻式系列仪器、振弦式系列仪器、电位器式系列仪器安装埋设完毕后,可接入"智能分布式安全监测数据采集系统"进行测量,该系统能实现自动定时监测,自动存储数据及数据处理,并能实现远距离监控和管理。

5.1.2　应力应变仪器观测记录

观测记录应真实可靠，记录表格式见表 4-5-4、表 4-5-5。每次监测工作完成后，应进行资料整理。

表 4-5-4　差动电阻式________计观测记录表

测点编号:________　仪器编号:________　工程部位:________　测读仪表及编号:________
(桩号:________　轴距:________　高程:________)
最小读数:________　温度系数:_________　初始电阻比:________　初始温度:________

观测日期及时间	仪器读数		水位(m)		备注	人员		
	电阻比(0.01%)	电阻值(Ω)	上游	下游		观测	记录	校核

表 4-5-5　振弦式________计观测记录表

测点编号:________　仪器编号:________　工程部位:________　测读仪表及编号:________
(桩号:________　轴距:________　高程:________)
灵敏度读数:________　温度系数:________　初始频率:________　初始温度:________

观测日期及时间	仪器读数		水位(m)		备注	人员		
	频率/频模(Hz)/(kHz^2)	温度(℃)	上游	下游		观测	记录	校核

5.2　温度观测

混凝土坝施工期，由于水泥水化热而引起浇筑体的温度急剧上升，形成内外温差而导致产生表面裂缝,并由此引起新老混凝土之间的温差,即所谓的基础温差,导致产生水平拉应力而引起坝体贯穿裂缝,影响坝体整体性。混凝土运用期由于大坝的上游面受水温的影响,从而引起坝体的水平位移和裂缝的开合。

温度是影响大坝位移的主要因素,也是施工期间浇筑混凝土和进行坝缝灌浆的主要控制因素。拱坝的温度荷载在设计时是作为基本荷载来考虑的,所以混凝土的内部温度是影响混凝土坝设计、施工、安全运行的一个重要因素。

为了解混凝土坝由于混凝土本身水化热以及外界的水温、气温和太阳辐射等因素形成的坝体内部温度分布和变化情况,以研究温度对坝的应力及体积变化的影响,分析坝体的运行状态;同时为了随时掌握施工中混凝土的散热情况,借以研究并改进施工方法,防止产生温度裂缝,确定接缝灌浆时间,并为科研和设计积累资料,必须对混凝土坝进行温度观测。

5.2.1　温度计的类型

测温装置通常按测量方式分为接触式和非接触式两大类。而根据测温目的和部位的不同还可分为两种:一种是监测设施内部的温度,如测量混凝土内部温度;另一种是监测表面温度,如测量设备设施表面的温度。水利工程温度监测主要采用接触式测温装置。

接触式测温装置工作原理是使测温元件与被测对象有良好的接触,通过传导和对流达到热平衡,使传感器的感温元件的温度反映出测温对象的温度,并把这一信息表示出来。常用的接触式传感器有以下几种:

(1)液体膨胀式温度计。是以水银或酒精装在玻璃管内的温度计。当温度升高时,水银或酒精因膨胀而沿毛细管上升,在刻度尺上就可读出温度数值。这种温度计精度较高但易损坏,一般测温范围为-35~350 ℃。

(2)固体膨胀式温度计。有杆式和双金属式两种。都是利用两种膨胀系数不同的金属(非金属)组合而成的。测温范围为-45~600 ℃,适用于温度较高,又要求结实耐用的场合。

(3)压力表式温度计。该类温度计是在封闭容器中充入液体、气体或低沸点液体的饱和蒸汽,在受热后体积膨胀或压力变化推动传动机构,带动指针,在刻度盘上显示出温度值。一般测温范围为-60~400 ℃。

(4)电阻温度计。它是利用电阻与温度成一定函数关系的金属导体或半导体材料制成测温元件,当温度变化时,电阻随温度而变化,通过测量电路转换,在显示器上显示出温度值。在工程运用中主要测量混凝土内部温升。

(5)热电耦温度计。该类温度计是利用两种导体接触部位的温度差所产生的热电动势来测量温度。现已广泛用来测量100~1 300 ℃范围内的温度。其优点是:测量精度高,便于信号远传,适应性较强。

目前,水利工程中使用较多的是电阻温度计。

5.2.2　温度计原理及观测方法

5.2.2.1　**温度计原理**

温度监测的传感器比较多,目前我国最通用的为电阻式温度计。在差阻式仪器系列中，除专用的温度计外，其他仪器亦均能同时兼测温度。前者的精度为 0.3 ℃，后者的为 0.5 ℃，铜温度计的分辨力小于或等于 0.05 ℃。在观测对象中除坝基外，混凝土、水和大气的温度变幅一般为 20～30 ℃，精度和变幅之比远大于 1∶10，因此能确切反映出温度的变化规律性，效果较好，测值一般说来是可靠的。

电阻式温度计主要用于测量水工建筑物中的内部温度，也可监测大坝施工中混凝土拌和及传输时的温度及水温、气温等。电阻式温度计一般由三个主要部分组成：电阻线圈、外壳及电缆。其电缆引出形式分为三芯四芯，如图 4-5-8 所示。电阻式温度计示意见图 4-5-9。

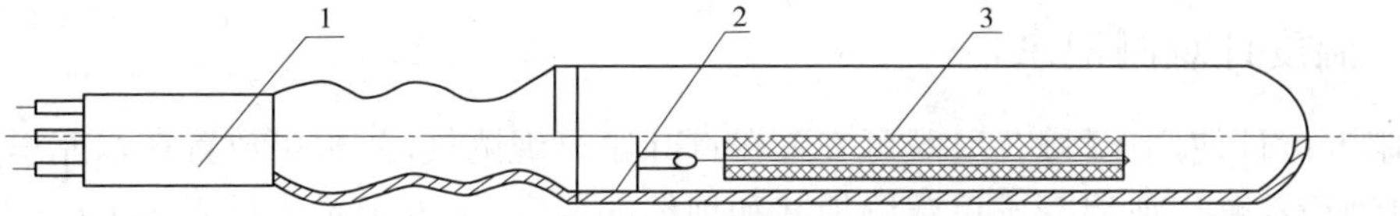

1—引出电缆；2—密封壳体；3—感温元件

图 4-5-8　电阻式温度计结构图

电阻式温度计中的电阻线圈是感温元件，采用高强度漆包线按一定工艺绕制，用紫铜管作为温度计的外壳，与引出电缆槽密封而成。

温度计利用铜电阻在一定的温度范围内与温度成线性的关系工作，当温度计所在位置的温度变化时，其电阻值也随着变化。温度计计算公式：

$$t = \alpha\ (R_t - R_0)$$

式中　t——测量点的温度，℃；

R_t——温度计实测电阻值，Ω；

R_0——温度计零度电阻值，Ω，$R_0 = 46.60\ \Omega$；

α——温度计温度系数，℃/Ω，$\alpha = 5$ ℃/Ω。

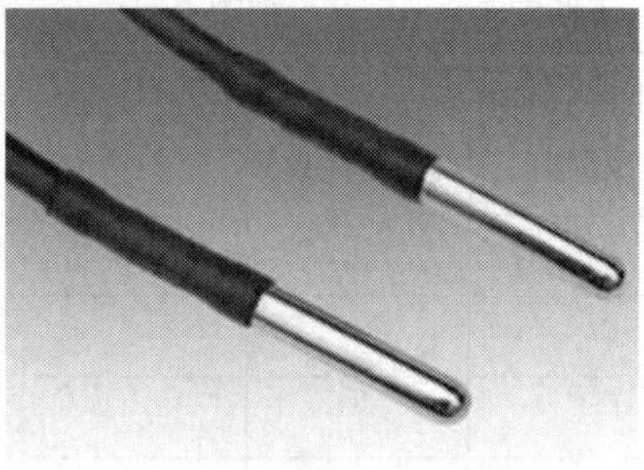

图 4-5-9　电阻式温度计示意图

电阻式温度计主要技术参数见表 4-5-6。

表 4-5-6　电阻式温度计主要技术参数

<table>
<tr><td colspan="2">温度测量范围(℃)</td><td>-30～+70</td></tr>
<tr><td colspan="2">引出电缆芯线</td><td>4</td></tr>
<tr><td colspan="2">零度电阻值(Ω)</td><td>46.60</td></tr>
<tr><td colspan="2">电阻温度系数(℃/Ω)</td><td>5.00</td></tr>
<tr><td colspan="2">温度测量精度(℃)</td><td>±0.3</td></tr>
<tr><td rowspan="2">绝缘电阻
(MΩ)</td><td>在使用温度范围内</td><td>≥50</td></tr>
<tr><td>在 0.5 MPa 水中</td><td>≥50</td></tr>
</table>

振弦式温度计是基于钢弦传感体在不受外力作用时，受温度的影响产生不同的膨胀变形，从而导致钢弦频率发生变化的原理制作而成的。温度测量范围-20～+80 ℃，分辨力≤0.1 ℃。

5.2.2.2　温度计观测要求

振弦式温度计采用分辨力不低于 0.1 Hz 的振弦读数仪测读，应平行测定 2 次，初始频率读数差不大于 0.5 Hz；或采用分辨力为 0.1 kHz^2 的频率模数读数仪测读，平行测定 2 次，读数偏差不大于 2 kHz^2。

铜电阻式温度计采用分辨力不低于 0.01% 的电阻读数仪测读，应平行测定 2 次，初始电阻读数差不大于 0.10 Ω。

热敏电阻温度计采用分辨力不低于 0.1 ℃的温度读数仪表测读，应平行测定 2 次，初始温度读数差不大于 0.5 ℃；或采用相应准确度的万用表测读初始电阻，应平行测定 2 次，其读数差不大于标称电阻（25 ℃时电阻值）的 0.1%。

5.2.3　温度计观测记录

电阻温度计使用比较广泛，既可安置在百叶箱里观测气温，也可放置在水库里观测水温，还可埋设在基岩或混凝土里观测坝基和坝体的温度，测温记录表见表 4-5-7。

表 4-5-7　____温度计观测记录表

测点编号：________　仪器编号：________　工程部位：________　测读仪表及编号：________

（桩号：________　轴距：________　高程：________）

观测日期及时间	温度（℃）/电阻值（Ω）	水位（m）		备注	人员		
		上游	下游		观测	记录	校核

第 5 篇　操作技能——高级工

第 1 章　巡视检查

1.1　土(石)工建筑物检查

1.1.1　排水减压设施的构造与功能及检查

排水减压设施主要用于降低大坝、堤防、水工建筑物等透水地基中的地下水压,防止发生管涌与流土、沼泽化等。减压井作为一种排水减压设施,在堤防工程中得到了广泛应用。常见的导渗减压设施有导渗沟、减压井等,如图 5-1-1、图 5-1-2、图 5-1-3 所示。

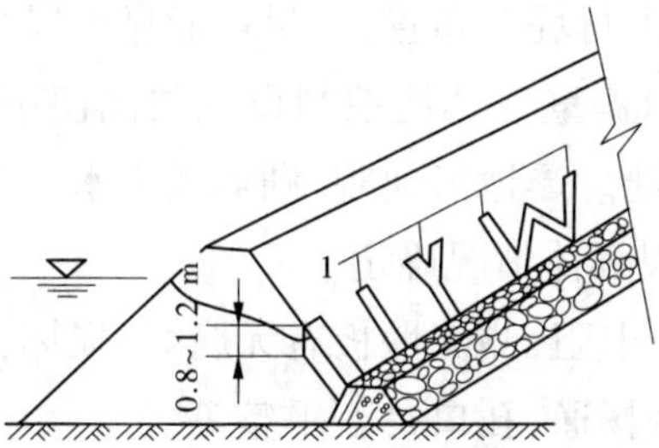

1—导渗沟

图 5-1-1　导渗沟形状示意图

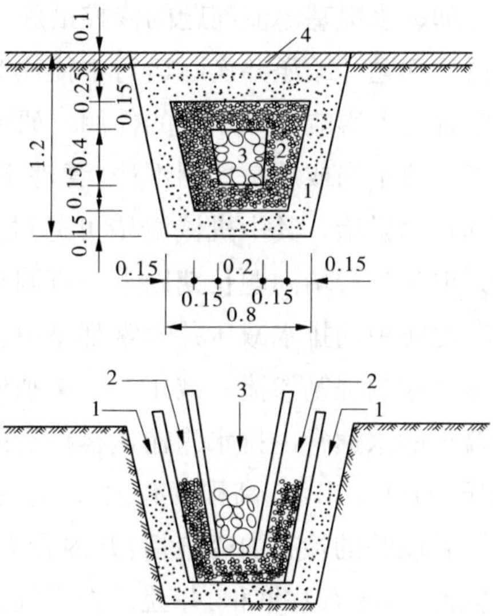

1—砂;2—卵石或碎石;3—片石;4—护坡

图 5-1-2　导渗沟构造图　(单位:m)

当坝基表面有较薄的弱透水层或不透水层,且底下的透水层较浅时,一般采用排水沟截穿表层,也就是导渗沟导渗。日常巡视检查工作中重点检查导渗沟是否淤堵,一旦发生淤堵情况或局部破坏,应及时清除和翻修。导渗沟的断面应满足正常排除渗水的要求,不足者,予以扩大。如发现有积水,应及时加以整修,使渗透水能够及时地排除。

如果表部不透水层较厚,而其下透水层深厚或含水层成层显著,这时常采用减压井深入下部强透水层导渗。对减压井的检查主要是查看井内是否淤塞,否则就起不到减压作用。如发现淤塞,应及时冲水清理,但不要破坏井壁反滤层,以免失去反滤作用。

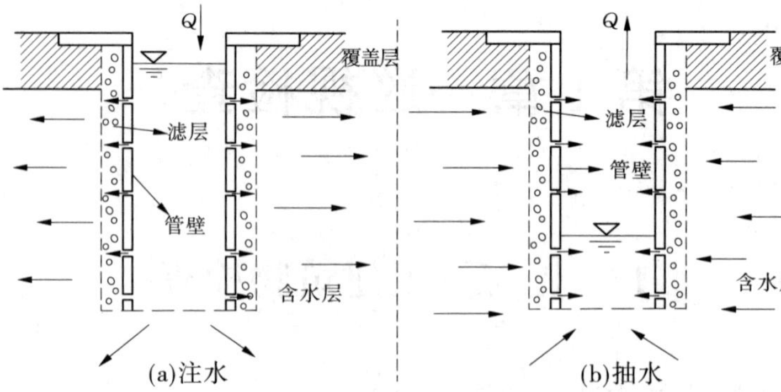

图 5-1-3　减压井示意图

减压井主要用于降低大坝、堤防、水工建筑物等透水地基中的地下水压。减压井系统对于渗流控制、防止流土或管涌具有显著的效果。自 20 世纪 50 年代以来,它就被用作一种处理透水堤基渗流问题的渗控措施。然而,减压井的淤堵是导致其排水能力降低的一个严重问题。减压井实际运行中往往产生淤堵,影响其减压效果,导致减压井失效,这在一定程度上影响了减压井的使用。研究表明,淤堵原因很多,如井的结构设计不够完善、施工方法不当或质量控制不严、管理不善等。若从淤堵性状分则有机械(物理、力学)淤堵和化学淤堵。其中机械淤堵可通过完善设计、保证施工质量、加强管理等手段予以避免。但化学淤堵问题长期以来一直制约了减压井的使用。

堤防中的排水减压井通常都是由多个减压井平行堤线布置,并尽可能靠近堤脚,以便有效地控制堤基渗流。减压井可单独使用,亦可同盖重等其他控制设施共同使用。排水井流出的水通常由排水沟输送至附近的渠道或湖塘。受地形地貌、湖塘渠道水位的制约,减压井井口(出水)高程没有太大的选择余地,可视具体情况确定。

减压井的检查内容包括:井内有无杂物、淤积、卡阻,测流堰板有无腐烂、损坏,堰口是否完好、有无杂物堆积,井盖是否完好,观测孔是否畅通,孔口是否平整等。

1.1.2　土(石)工建筑物监测设施检查要求

大坝安全监测系统是大坝重要的管理设施,是监视大坝安全运行的耳目。巡视检查的内容应包括在安全监测系统,以便及时发现问题,及时进行处理,以保证大坝安全监测系统处于良好的状态。土(石)工建筑物监测设施检查主要包括环境量、渗流、变形监测设施检查、监测仪器电缆、自动化设备等。

1.1.2.1　环境量监测设施

环境量监测设施包括水位监测设施、降水量监测设施等。水位监测设施应检查水位观测井或水尺附近是否有杂物,尺面刻度是否清晰,水位传感器是否支撑稳固。当水尺零点高程发生变化时,应及时进行校测和修正。降水量监测设施应检查传感器器口变形、器口面水平、器身稳固等情况,检查承水器滤网是否有杂物和漏斗通道是否有堵塞物。

1.1.2.2　变形监测设施

(1)表面变形监测设施维护应检查观测道路是否通畅,网点、基准点或测点及其保护装置是否缺损,测量视线是否通视,测点基础是否牢固,基准点是否稳固;GNSS 卫星信号接收是否稳定,天线 15°高度角以上是否有障碍物等。

(2)静力水准装置应检查钵体及其支撑体的变形、连通管路中的气泡及漏液情况。电磁式(干簧管式)沉降仪应检查维护管口及管口保护装置。水管式沉降仪装置维护应检查观测房内测量柜及水位指示装置的固定情况,并检查维护各管路的通畅和接头密封情况,检测进水管、通气管、排水管的连通性,发现有堵塞现象应及时清洗管路。

(3)测斜仪装置应检查活动式测斜仪的导轮、弹簧、密封圈的工作情况和信号输出情况,并检查管口变形、管口保护装置。

1.1.2.3　渗流监测设施

(1)测压管应检查维护测压管孔口装置的外露构件防护和密封情况。埋入式渗压计维护应检查维护电缆线头、电缆标识和电缆保护设施。

(2)量水堰监测设施应检查堰板前后集(排)水沟中的淤积物,清除水尺和堰板处的附着物,检查、清除量水堰仪浮筒及其进水口附近的杂物。

1.1.2.4　应力应变及温度监测设施

应力应变及温度监测设施应电缆线头光洁,标志及保持电(光)缆不受挤压、破坏和变形,避免光缆弯曲超出相关标准。安装在建筑物表面的钢板应力计或部分外露的锚杆(锚索)应力计,应检查并保持其保护装置和锚头的完整和牢固。

1.1.2.5　测量仪表

测量仪表应检查测量仪表接线柱是否牢固可靠、数值显示是否清晰完整,以及电池状态和显示情况等。

1.1.3　蚁穴、兽洞等隐患检查

白蚁在堤坝土壤里营巢筑路,到处寻水觅食。随着巢龄的增长和群体的发展,主巢搬迁由浅入深,巢体由小到大,主巢附近的副巢增多,蚁道蔓延伸长纵横交错,四通八达。有的蚁道贯穿堤坝内外坡,成为集中漏水通道。上游水位抬高,将导致堤坝漏水、散浸、跌窝和管涌等险情的产生,甚至发生决堤垮坝的严重事故。所谓“千里金堤,溃于蚁穴”就是这个道理。

白蚁对土坝的本质性威胁是在土坝内挖掘的四通八达的蚁道和主巢腔及众多的菌圃腔,如图 5-1-4 所示。蚁巢一般修筑在背水坡距坝面 2 m 以下、常水位浸润线以上。白蚁除在背水坡取食植被外,还可通过地下蚁道,穿过土坝到迎水坡取食枯枝落叶和浪渣,而当汛期水位上升时,水流便有可能进入隐藏在土坝内的蚁道和巢腔内,造成散浸、管漏、跌窝和滑坡等险情。有些水库为增加蓄水量而加高培厚土坝,但在工程实施前未把旧土坝

内已存在的白蚁隐患进行彻底清除,就把相当厚的土层覆盖上去,将原土坝内的白蚁隐患埋藏得更深了。白蚁巢穴越深,对土坝的安全威胁就越大,水位一提高,常会发生因蚁患导致的险情。

图 5-1-4　白蚁及蚁穴

在堤坝内外查看有无泥被、泥线和分飞孔,翻铲枯萎植物根部、枯枝、落叶、木材、乱石、牛粪、浪渣下面有无白蚁活动(见图 5-1-5)。若有则做好标记和记录,绘制蚁被、蚁线和分飞孔分布图。

图 5-1-5　白蚁普查

也可在堤坝背坡面上挖浅坑,坑的大小和间距没有一定的标准,将白蚁喜食的引诱饵料放入坑中,坑面用泥土盖密,以防蚂蚁等天敌入侵。

1.2　混凝土建筑物检查

1.2.1　排水设施排水和渗漏水水量、颜色、气味及浑浊度检查

为保证混凝土建筑物功能的正常发挥，排水设施应保持完整、通畅。根据混凝土建筑物的特点，其检查部位及主要内容包括：①坝面、廊道及其他表面的排水沟、孔应经常进行人工或机械清理。②坝体、基础、溢洪道边墙及底板的排水孔应经常进行人工掏挖或机械疏通，疏通时应不损坏孔底反滤层。无法疏通的，应在附近补孔。③检查集水井、集水廊道是否有淤积物，如发现有淤积物，应及时清除。

渗漏水调查主要是指渗漏类型、部位和范围的检查，渗漏水来源、途径、是否与水库相通、渗漏量、压力和流速、浑浊度等，分析渗漏量与库水位、温度、湿度、时间的关系，并将调查结果绘成图表。同时应检查溶蚀状况，如部位、渗析物的颜色、形状、数量等。必要时应选择有代表性的排水孔或绕坝渗流孔，定期进行渗流水水质分析，在对渗流水水质分析的同时，应进行库水水质分析。水质简易分析项目包括色度、水温、气味、浑浊度、pH、游离二氧化碳、矿化度、总碱度、硫酸根、重碳酸根及钙、镁、钠、钾、氯等离子。

1.2.2　混凝土建筑物监测设施、运行状况检查

混凝土建筑物监测设施除与土(石)工建筑物监测设施类同外，其他监测设施检查包括：

(1)激光准直装置应检查处理真空管道发射端与真空管道连接处、接收端与真空管道连接处、真空管道与测点箱连接处和波纹管等部位是否存在变形和漏气等情况，跟踪仪丝杆及导轨是否有灰尘及油污，真空泵油是否充足。

(2)引张线装置应检查引张线测点和线体的工况，是否有测点窜风、浮船箱液位异常、浮船碰壁、线体松弛、线体与护管接触、测读装置及其支架松动或损坏等。CCD坐标仪的发光管镜头及感应窗是否有水汽或灰尘附着物，电容式引张线仪的极板是否有结露、中间极移位，步进马达式引张线仪的丝杆、发光管镜头及感应窗是否有水汽或灰尘附着物。固定端或加力端是否卡阻、加力端重锤不自由，两端支架是否松动或损坏等。

(3)垂线装置应检查测点是否存在窜风、渗水、结露、支撑架松动或损坏、油桶漏油、油桶中存在杂物、倒垂浮筒内油位不够、倒垂浮体装置倾斜或浮子碰壁、正垂线的重锤与阻尼油桶壁接触、垂线线体有无附着物或与其他物体接触等。垂线坐标仪是否稳固，垂线孔(管)和正垂线悬挂点支撑架，垂线孔(管)内是否有异物，悬挂点支撑架是否存在松动或损坏等。

(4)双金属标装置维护应检查管体变形、测点装置变形及其与金属管连接、金属管锈蚀等情况，双金属标仪底座与端点混凝土基座的固定情况。

第 2 章　环境量监测

2.1　水位监测设施检查与维护

水位监测对水位测站的设置及水位监测仪器都有相应的要求及标准，这样才能反映出水位测量数据的准确可靠。

(1)水位测站设置要求。测站设置须考证搜集、了解有关测站特性，包括测站的基本设施、站史、测站变迁等方面的情况，供整编水文资料作参考。对资料使用者来说，也是有重要参考价值的。测站考证需逐年进行，因为随着情况的变化，整编方法也将有相应的变化，所以进行资料整编时首先应做测站考证。

测站考证包括原始观测数据和有关的各种情况说明，如测站说明表和位置，测站附近河流形势，大断面资料等，特别需要收集历年所采用的基面、水准点、水尺零点高程接测等有关资料，这些资料统称为考证资料。此外，还需了解测验、计算方法和仪器使用情况、断面基本设施等。测站考证内容如下：①测站附近河流情况的考证。考证内容包括：河床坡度；有无支流汇入；上下游有无固定或临时的水工建筑物；有无引水灌溉或工业用水；测验河段顺直长度及距弯道的距离；高水位时有无分流漫滩和枯水期有无浅滩、沙洲出现；有含沙量资料的站还要了解上游支流来沙的一般特性；河岸有无崩塌及河床组成情况；北方河流还应了解结冰、封冻、解冻等现象；在滨海河口段的测站还要了解潮汐影响程度；其他如有无工矿废水排入，对河流水质污染影响程度等情况。②测站断面的考证。断面位置：基本水尺及流速仪、浮标、比降水尺断面布设情况和相互的距离；固定测流设备和测流建筑物的种类、形式、位置等；如断面曾有迁移，还应了解其迁移时间、距离及原因。断面的变化：了解断面的形状和冲淤变化程度。断面测次：主要应了解全年断面实测次数，以及洪水期借用测量断面是否适当。③基面和水准点的考证。整编水位资料时，首先要将基面和水准点考证清楚。对基面考证，主要是查清有无基面变换和因水准网复测、平差、引据水准点高程数字有无变动等；对水准点考证，要查清有无因自然或人为因素影响，引起水准点高程发生变动。如有变化，应分析判明变化原因及日期，确定各个时期的正确高程数值，并查明对引测水尺零点高程有无影响。④水尺零点高程考证。水尺零点高程可能由于水准点高程发生变动、水准测量错误、水尺被碰撞、河道封冻期水尺被冰层上拔等因素而引起变动。考证可按下述步骤进行：一是将本年各次校测的记录加以整理、列表记出各次校测日期、零点高程、引据的水准点及其他有关情况，并了解校测时水准测量的精度等情况。二是结合水准点考证的结果，分析水尺零点高程校测的成果和误差情况，确定本年各次校测时每支水尺的“取用水尺零点高程”。三是如两次校测的“取用水尺零点高程”有了变化，则应分析水尺变动的原因及日期。一般可绘制逐时水位过程线或本站与邻站的水位相关曲线来分析水尺零点高程的变化情况和时间，以确定两次校测间各时段应采用的水尺零点高程。水尺零点高程考证表如表 5-2-1 所示。

表 5-2-1　××河××站水尺零点高程考证表(2006 年)

水尺编号	测量或校测时间(年-月-日)	测得高程(m)	高程不符值(m)		引据水准点及高程		水尺位置	原测高程(m)	应用高程(m)	变动原因	应用时间(年-月-日)
			实测	允许	编号	高程(m)					
P_{15}	2005-09-12	1 045.110			BM 永	1 059.508	左岸,起点距 123 m		1 045.11		2006-07-17～08-19
P_{15}	2006-04-07	1 045.110	0.005	0.007	BM4	1 056.192	左岸,起点距 123 m	1 045.110	1 045.11	未变	
P_{15}	2006-08-01	1 045.116	0.003	0.003	TBM2	1 045.228	左岸,起点距 123 m	1 045.110	1 045.11	未变	
P_{15}	2006-09-01	1 045.109	0.002	0.003	TBM2	1 045.228	左岸,起点距 123 m	1 045.110	1 045.11	未变	
P_{16}	2005-09-12	1 044.679			BM 永	1 059.508	左岸,起点距 125 m		1 044.68		2006-07-17～08-19
P_{16}	2006-04-07	1 044.676	0.005	0.007	BM4	1 056.192	左岸,起点距 125 m	1 044.679	1 044.68	未变	
P_{16}	2006-08-01	1 044.677	0.002	0.003	TBM2	1 045.228	左岸,起点距 125 m	1 044.679	1 044.68	未变	
P_{16}	2006-09-01	1 044.676	0.002	0.003	TBM2	1 045.228	左岸,起点距 125 m	1 044.679	1 044.68	未变	

(2)水位观测仪器。水位观测常用的自记水位计有浮子式水位计、压力式水位计和超声波水位计。

测站选用的自记水位计设备应符合国家水文质检部门的准入许可要求。

自记水位计设置应能测记到本站观测断面历年最高水位和最低水位。当受条件限制,一套自记水位计不能测记历年最高、最低水位时,可同时配置多套自记水位计或其他水位观测设备,且处在同一断面线上,相邻两套设备之间的水位观测值应有不小于 0.1 m 的重合。

安装前应按其说明书对技术指标进行全面的检查和测试。

水位传感器安装应牢固,不易受风力或水流冲击的影响;波浪较大的测站,应采取波浪抑制措施。对采用设备固定点高程进行初始值设置的测站，设备固定点高程的测量精度应不低于四等水准测量精度。

(3)日常检查。水位计日常检查一般包括机房环境安全、接头连接、电源工作、仪器工作、记录误差、数据保存等方面，检查可根据具体仪器配置和有关条件设计记录文档格式，随检查随记录，出现问题及时处理，记录文档保存备查。

检查机房和测验环境的卫生、安全等，使仪器始终保持良好的工作环境和工作状态。记录仪表应存放在干燥、通风、清洁和不受腐蚀气体侵蚀的地方，并按说明书要求进行使用、保养和维护。

检查主要记录仪表的接地、避雷针等防雷装置是否连接正常。

检查设备与各种电缆的连接是否完好，保证接头紧固；是否存在因漏水或沿电缆、电源线入口进水造成故障。

检查测站供电情况，供电电压是否在正常范围。仪器配接的蓄电池连接是否完好。仪器电源指示灯是否正常，处于何种供电状态。

检查自记水位计记录显示或打印过程情况，判断水位计工作是否正常，出现故障应及时采取措施，使用其他方法观测；判断仪器参数设置是否符合测验要求；通过校测及其他测验(如流量测验观测的相应水位)观测值对比记录精度，保证观测数据的连续性、正确性和完整性。

对于气介式的超声波、雷达等水位仪器测量端，应定期检查换能器安装处是否有鸟类、昆虫结网或脏物遮挡声波发射与接收而影响工作。

检查仪器工作一定时期的数据备存情况，应定期将存储在仪器内的测量数据读出备份保存，保证测量数据的安全。

纸介质模拟记录的自记水位计检查：①在换记录纸时，应检查水位轮感应水位的灵敏性和走时机构工作的正常性。电源应充足，记录笔及墨水应适当。换纸后，应上紧自记钟，将自记笔尖调整到当时的准确时间和水位坐标上，观察 1～5 min，待一切正常后方可离开，当出现故障时应及时排除。②应按记录周期定时换纸，并应注明换纸时间与校核水位。当换纸恰逢水位急剧变化或高、低潮时，可适当延迟换纸时间。

(4)定期与不定期检查。水位计的检查与维护应熟识仪器结构并进行定期和不定期检查，检查维护时应注意安全防护。现场维护时，应先备份数据。①熟识仪器结构：应基本熟悉设备仪表板块插件的功能和连接方式，能进行整套设备的装接与调试，可拆装板块插件。②定期检查：在汛前、汛中、汛后应对系统的运行状态进行全面的检查和测试。现场定期检查主要注意事项如下：首先，检查设备与各种电缆的连接是否完好，防水性能是否良好，检查蓄电池的密封性是否保持完好，测试电压是否正常，按保养说明要求对蓄电池进行充放电养护；测量太阳能电池的开路电压、短路电流是否满足要求，并检查接线是否正确；检查天线和馈线设施，保证接头紧固，防水措施可靠，输出功率等符合设计要求，查看避雷针、同轴避雷器等防雷装置的安装情况。其次，对于液介式仪器，在汛期结束后水位较低时，检查换能器发射面是否有泥沙淤积或杂草遮盖，如有应及时清除。如果换能器发射面暴露出水面，拆卸的电缆接头必须用电工胶布密封包扎，防止雨水等进入电缆内部。最后，对测站设备做全面的检查，包括各项参数的正确设置；模拟传感器参数变化，数据遥测终端发送数据、固态存储数据、中心站接收数据、中心站读出固态存储数据均应一致。③不定期检查:可结合日常维护情况或根据远程监控信息进行不定期检查。主要是专项检查和检修,也可做全面检查,视具体情况而定。④维修维护:应能使用万用表等配备的检修仪具量测检查连接线路、接头的短(开)路并自行维修;根据故障特点判断确定模块插件是否正常,能使用常用备品备件进行更换和调试等工作。

2.1.1　浮子式水位计检查与维护要求

浮子式水位计是目前使用最多的水位计。浮子式水位计简单可靠,精度高,易于维护,在可以建水位测井的地方都可以使用,但有些场合建测井很困难或费用昂贵,使浮子式水位计使用受到限制。

自记台按结构形式和在断面上的位置可分为岛式、岸式、岛岸结合式等,图 5-2-1 为岛式浮子式水位井示意图。岛式自记台由测井、支架、仪器室和连接至岸边的测桥组成,适用于不易受冰凌、船只和漂浮物撞击的测站。图 5-2-2 为岸式浮子式水位井示意图,由设在岸上的测井、仪器室和连接测井与河道的进水管组成,可以避免冰凌、漂浮物、船只等的碰撞,适用于岸边稳定、岸坡较陡、淤积较少的测站。岛岸结合式自记台兼有岛式自记台和岸式自记台的特点,与岸式自记台相比,可以缩短进水管,适用于中低水位易受冰凌、漂浮物、船只碰撞的测站,如图 5-2-3 所示。

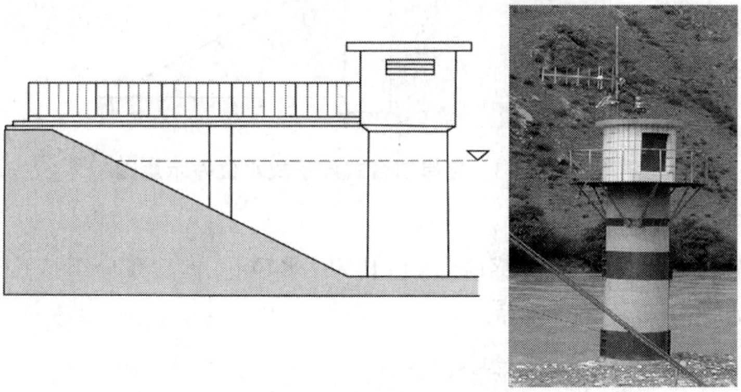

图 5-2-1　岛式浮子式水位井示意图

浮子式水位计的工作原理是用浮子感应水位,浮子漂浮在水位井内,随水位升降而升降。浮子上的悬索绕过水位轮悬挂一平衡锤,由平衡锤自动控制悬索的位移和张紧。悬索在水位升降时带动水位轮旋转,从而将水位的升降转换为水位轮的旋转,再传递给水位记录或编码输出。

浮子式水位计记录采用在记录纸上模拟画线记录方式,所记录的数据不能用自动化方法处理。

浮子式编码水位计包括浮子式水位感应部分、传动部分和水位编码器部分。典型结构如图 5-2-4 所示。目前,在自动化系统中大量使用的是浮子式编码水位计,相配套的记录、传输方式也符合自动化的要求。水库具备竖井观测条件时,应首选该型仪器。浮子式水位计测量范围一般为 0~10 m、0~20 m、0~40 m、0~80 m,分辨力为 1 cm。

在此主要介绍浮子式编码水位计的结构、安装及使用维护。

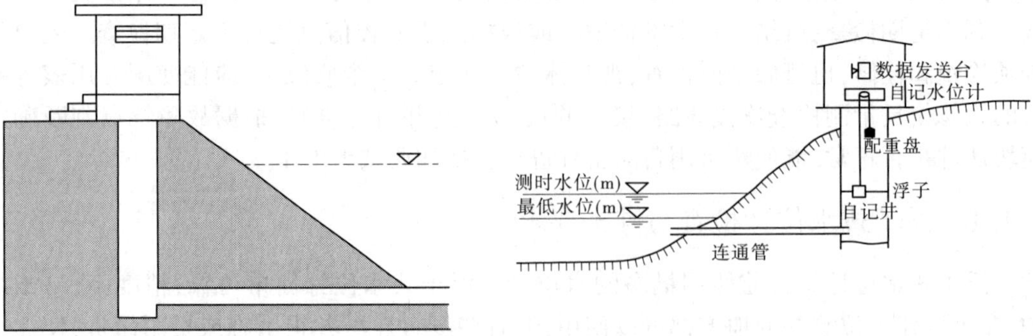

图 5-2-2　**岸式浮子式水位井示意图**

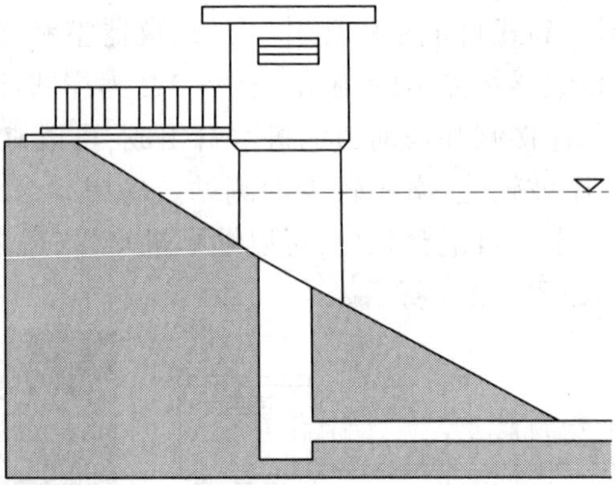

图 5-2-3　**岛岸结合式浮子式水位井示意图**

2.1.1.1　主要结构与组成

浮子式编码水位计由水位感应、水位传动、水位记录三部分组成(见图 5-2-5),加上外壳或安装基座构成完整的仪器。

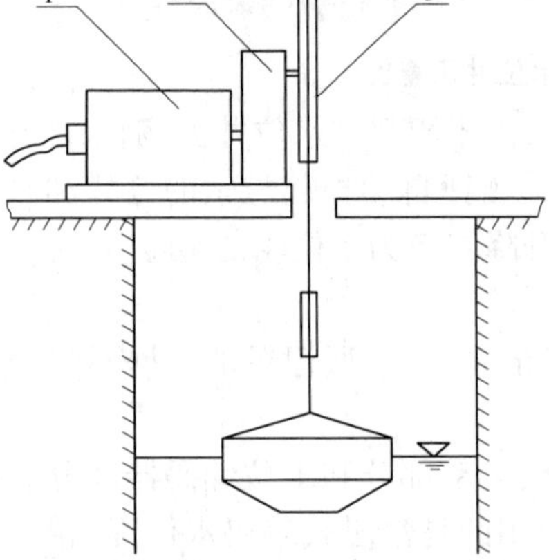

1—水位编码器; 2—传动部分; 3—水位感应部分

图 5-2-4　**浮子式编码水位计结构**

图 5-2-5　**浮子式编码水位计组件**

1. 水位感应部分

浮子式水位计的水位感应部分典型结构如图 5-2-6 所示,由浮子、悬索、水位轮和平衡锤组成。

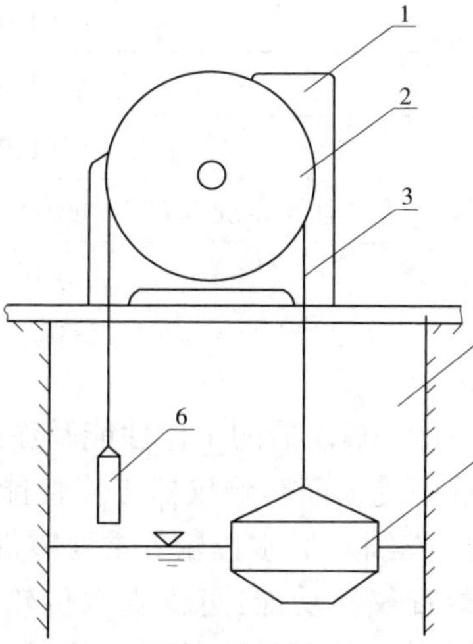

1—箱体; 2—水位轮; 3—悬索; 4—水位井; 5—浮子; 6—平衡锤

图 5-2-6　浮子式编码水位计的水位感应部分

2. 水位传动部分

水位传动部分的作用是将水位轮的转动传动到水位记录部分,使水位的变化能和记录部分的水位坐标或水位编码器的输入准确地对应起来。按此不同要求,可以分为水位划线记录和水位编码信号输出两种类型。

3. 水位记录部分

水位记录部分能将水位随时间变化的过程记录下来,记录方式有模拟画线和数字记录两种方式。目前普遍采用的数字记录浮子水位计为全量程编码式浮子式水位计,以便于自动化监测及资料整编。常用的为格雷码(Gray code)和二—十进制编码(BCD 码)全量程编码方式。

2.1.1.2　**使用维护与修理**

浮子式编码水位计现场检查与维护应符合下列要求:浮子式水位计的安装准确度取决于水位计平台高程,其允许偏差为±10.0 mm;浮子式水位计安装牢固,安装区域水面平稳,且不受泄水或抽水影响;水位轮转动灵活;钢丝绳长度满足测量最高水位和最低水位的要求;浮子式水位计现场测试,在水位计钢丝绳上标识相当于库水位最大变幅的长度,并在此范围内以 20~40 cm/min 的速率带动水位轮旋转,水位计计数器起止读数差值与标识长度之间的误差在±2.0 cm 内。

检查水位观测井及浮子,浮子水位井的井口应高于设计最高水位 0.5~1.0 m,井底应低于设计最低水位 0.5~1.0 m,清理观测井中杂物,清除浮子表面附着物及浮子内腔积水。校测零点高程。当零点高程发生变化时,应及时进行校测和修正。检查水位传感器支撑稳固情况,水位传感器及其采集装置宜定期比测。

浮子式水位计选用及主要技术要求见表 5-2-2。

表 5-2-2 浮子式水位计检验测试项目及标准表

分辨力(cm)	≤1.0
允许误差限(cm)	≤±2.0
回差(cm)	≤±2.0
重复性误差(cm)	≤±1.0
浮子防水密封性	空心浮子全浸入 60 ℃的热水中 1 min 应不出现气泡
绝缘电阻(MΩ)	≥10

1. 使用

使用前要详细阅读仪器说明书,了解仪器的工作性能及注意事项。

(1)外观检查。为防止在运输中受损而影响仪器工作性能,拿到新仪器时,应检查包装箱和机壳外表的完整性,检查水位轮枢轴、水位轮等重要零件是否受损。

(2)功能检查。装上水位轮检查仪器功能;可检查水位轮轴向游隙、传动力矩、水位轮边缘跳动以及十进制显示器与水位编码器输出的对应关系。

(3)安装水位部件的悬索装置应牢固,水位轮固定螺丝应紧固,如测井波浪较大,改建困难,应向厂家购买防浪装置。

2. 维护

(1)水位轮枢轴装置应定期补充黄油,以免潮湿空气进入腐蚀内部零件。

(2)定期检查浮子、平衡锤与悬索固定处的牢固性。

(3)定期用手轻轻盘转水位轮,感觉轴角编码器内部机构运转是否正常。

(4)定期用水尺校对水位。

(5)对轴角编码器外表定期清除污物,擦拭金属外表,以防氧化生锈。

3. 修理

(1)导线断路,或(微动、电磁)开关接触不良,可根据十进制水位显示器数据与轴角编码器的对应关系判断某位码的导线断路,修理时可用万用表查寻故障。

(2)仪器内部零件腐蚀氧化,引起工作不稳或产生乱码。可对印制线路板加喷防护清漆,插头、插座镀金,机械部分装配密封黄油,增强橡皮垫密封性等。

(3)轴角编码器运转力矩大,查看轴角编码器组件内部运转机构传动摩擦力矩,看组件固定螺钉是否松动,仪器运输中水位轮枢轴是否变形,旋转水位轮看水位轮边缘是否跳动大。

(4)水位轮固定螺钉松动,导致悬索变化与水位轮旋转不一致。

(5)测井中水体波动大,导致轴角编码器的开关不稳定,更换相应(微动、电磁)开关。

(6)螺钉松动致使机械水位计数器编码错乱,应在对零、齿轮啮合正确后上紧,齿轮转动应感觉轻松。

(7)仪器性能综合测试:将信号传输电缆的一端接水位传感器输出端,另一端接水位显示器,用手缓慢盘转水位轮,模拟水位变化(水位轮转速不得大于 1 r/s),水位传感器输出的码经内部齿轮变速转化成十进制,显示于数字计数器上;水位显示器接收到水位传感器输出的码,经处理后,在显示屏上显示。两者显示的数值应一致。

2.1.2　超声波水位计检查与维护要求

超声波水位计是一种把声学和电子技术相结合的水位测量仪器。按照声波传播介质的区别可分为液介式和气介式两大类。传感器安装在水中的称为液介式超声波水位计,而传感器安装在空气中不接触水体的,称为气介式或非接触式超声波水位计。超声波水位计见图 5-2-7。

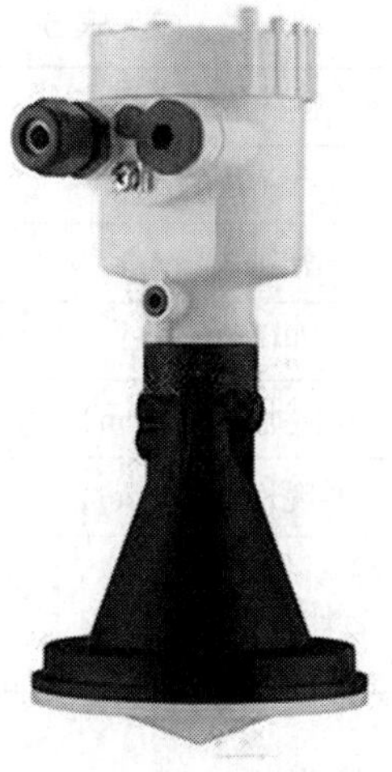

图 5-2-7　超声波水位计

超声波水位计的原理是,超声波在空气(或水中)传播速度为 V,当超声波在空气中(或水中)传播遇到水面(或气面)后被反射,仪器测得声波往返于传感器到水面(或气面)之间的时间 t,则超声波在空气中(或水中)传播的距离为 H。

$$H=\frac{1}{2}Vt \tag{5-2-1}$$

式中　H——超声波换能器发射面至液面距离,m;

V——声波在介质中的速度,m/s;

t——声波在此距离上往返传播经历的时间,s。

用传感器安装起算零点高程 Z 减去(或加上)H 即得水位。

目前,常用的为气介式超声波水位计,由于超声波在空气中的传播速度是温度的函数,一般有 $V=331.45+0.61T$(T 为气温)的关系,正确的修正波速是保证测量精度的关键,因此非接触式超声波水位计需采用温度实时修正方法实现声波测距校准,以使测量精度达到规范要求。液介式超声波水位计也需要选择和校准声波测距。

气介式超声波水位计的主要特点有,在水位测量过程中没有任何部件接触水体,实现非接触测量,不受高速水流冲击,不受水面漂浮物的缠绕、堵塞或撞击以及水质电化反应的影响;设备无运动部件,不会因部件磨损、锈蚀而产生故障,寿命长,可靠性好;采用实时温度自动校准技术,精度高;测量范围大,施测水位变幅可达 40 m;设备安装一般比建造水位计台(井)基建投资小。

2.1.2.1　结构及组成

超声波水位计一般由换能器、超声发收控制部分、数据显示记录部分和电源组成。对于液介式仪器,一般把后三部分组合在一起;对于气介式仪器,一般把超声发收控制部分和数据处理部分与换能器组合在一起形成超声传感器,而把其余部分组合在一起形成显示记录仪。

超声波水位计的初始值,即安装完成时的水库水位;以水库水位的水尺读数为约定真值,初始值的允许偏差:水位 10 m 变幅内的为±2 cm,10~20 m 变幅的为±3 cm。

声速变化是影响超声波水位计测量准确度的主要因素,一般液介式仪器在 10 m 量程内误差不大于 2 cm,气介式仪器在同样量程范围内误差不大于 3 cm。

2.1.2.2 使用与维护

气介式超声波水位计选用及主要技术要求见表 5-2-3。

表 5-2-3　气介式超声波水位计检验测试项目及标准表

测量范围(m)	0.8~5.0	0.8~10.0
盲区(m)	0.8	
分辨力(cm)	≤0.5	≤1.0
准确度(cm)	≤±2.0	≤±3.0
重复性误差(cm)	≤±1.0	≤±1.5
再现性误差(cm)	≤±3.0	≤±4.5
绝缘电阻(MΩ)	传感器两信号线之间电阻应≥5 MΩ 机壳与电源线之间电阻≥1 MΩ	

1. 使用

严格按照仪器使用说明书的要求进行操作，以免意外损坏仪器。

首先将信号电缆的插头插入记录仪上相应的插座中，再把电源插头插入 220 V 交流电源插座中，开启电源开关，仪器即可投入工作。

为使仪器直接显示某基面以上的水位值，必须设置换能器安装高程。对于液介式仪器，水位值等于换能器安装高程与换能器发射面距水面距离(H)之和；对于气介式仪器，水位值等于换能器安装高程与换能器发射面距水面距离(H)之差。在现场条件下要直接测量换能器安装高程常常是十分不便而且不易准确测得的。比较可行的方法是以水尺读数为约定真值，通过改变换能器安装高程置入的数值使仪器读数逐步接近水尺读数，最后使两者达到完全一致，并观察若干测次加以确认后，则可认为此时置入的数值即为换能器安装高程。

其次为仪器置入测量及储存时间间隔、实时时间等重要测量参数，仪器即可投入正式运行。此时应将后备蓄电池接入仪器，以确保供电。投入正式运行的仪器将按照设置的测量参数，定时进行测量、存储、输出、显示。

如果测点与计算机连接或安装时带有便携机，则只要运行为仪器配置的计算机专用软件，可非常方便地通过串行口对以上所有测量参数进行设置或修改。

在仪器工作了一个预定周期后，应通过计算机将存储在仪器中的测量数据读出，以便后续处理存盘。

应定期以水尺读数为基准对仪器测量读数进行校核，如发现两者之间有误差，应按照前述办法改变换能器安装高程置入的数值，使两者达到一致。该校核工作最好选择在风平浪静的时段进行。

2. 维护

应严格按照仪器使用说明书的要求进行维护保养，以保障仪器长期可靠的工作。

超声波水位计安装在水面平稳，受风浪、泄水或抽水影响小的区域，且安装牢固；固定超声波传感器的悬杆应水平且稳定，悬杆的长度 L 满足超声波传感器的开角的要求，传感器下方开角范围内无障碍物,悬杆应高于最高水位 1.5~2.0 m。超声波传感器一般安装在悬杆的最前端,并应处于水平状态。距超声波传感器后 30~40 cm 处的温度传感器宜水平安装。

对于气介式超声波水位计测量端,应定期检查换能器安装处是否有鸟类、昆虫结网或脏物遮挡声波发射与接收,影响工作。

对于液介式超声波水位计,在汛期结束后水位回落至最低水位时,检查换能器发射面是否有泥沙淤积或杂草遮盖,应将之清除。如果换能器发射面已经露出水面,则必须将其拆除,清洗干净后放在室内干燥通风处妥善保存,待来年汛期之前再行安装使用。拆下的电缆接头必须用电工胶布密封包扎,严防雨水进入电缆内部。

2.1.3　压力式水位计检查与维护要求

通过测量水体的静水压力,实现水位测量的仪器称为压力式水位计。设测点的静水压强为 P,水体容重为 γ,则测量(传感器固定测点)处的水深为 $H=P/\gamma$。若固定测点高程为 H_0,则测点处测得对应的水位 H_w。

$$H_w = H_0 + \frac{P}{\gamma} \tag{5-2-2}$$

式中　H_w——测点对应的水位,m;

H_0——传感器零点高程,m;

P——测点的静水压力,kPa;

γ——被测水体容重,kN/m^3。

该类仪器可应用在江河、湖泊、水库及其他密度比较稳定的天然水体中,实现水位测量和存储记录。

压力式水位计又分为气泡式和压阻式两种。气泡式压力水位计是通过气管向水下的固定测点通气,使通气管内的气体压力和测点的静水压力平衡,从而通过测量通气管内气体压力来实现水压(水深)测量。压阻式压力水位计是直接将压力传感器严格密封后置于水下测点,测量其静水压力(水深)。

2.1.3.1　压阻式压力水位计

1. 结构及组成

压阻式压力水位计简称压力式水位计,是将扩散硅集成压阻式半导体压力传感器或压力变送器直接投入水下测点感应静水压力的水位测量装置,能在江河、湖泊、水库及其他密度比较稳定的天然水体中,无须建造水位测井,实现水位测量和存储记录。

常用的压力传感器多为固态压阻式压力传感器。压力变送器是将压力传感器受压而产生的相应电压信号经放大、调理和电压/电流转换最后输出一个对应于静水压力大小的 4~20 mA 的电流信号。

压阻式压力水位计结构及组成见图 5-2-8。压力传感器一同入水的电缆是通气防水电缆,整个装置中的编码输出可为并行 BCD 码或标准 RS232 或 RS485 串行口输出。压力传感器和配套的防水通气电缆组成水下部件,其余为水上部件。在雷电多发区应用时,须配套防雷装置。

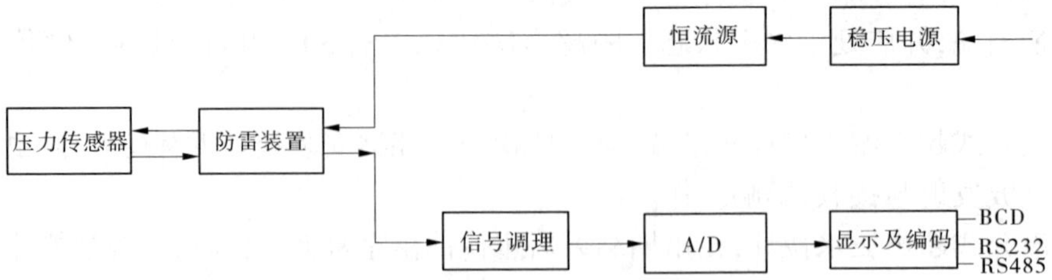

图 5-2-8　压阻式压力水位计结构及组成示意图

2. 使用及维护

压阻式压力水位计的压力传感器宜置于设计最低水位以下 0.5 m。当受波浪影响时,可在二次仪表中增设阻尼装置。传感器的底座及安装应牢固,感压面应与流线平行,不应受到水流直接冲击。

压阻式压力水位计选用及主要技术要求见表 5-2-4。经防水密封试验后绝缘电阻应大于 50 MΩ。

表 5-2-4　压阻式压力水位计静态特性参数表

指标名称	指标
分辨率(%FS)	0.05
非线性度(符合度)(%FS)	1.00
不重复度(%FS)	0.50
滞后(%FS)	1.00
综合误差(%FS)	1.50

压阻式压力水位计的传感器在运输、安装、运行及维修过程中不可碰撞、跌落、敲击,不可接近高温、不可接触腐蚀性液体和气体。

通气防水电缆在任何情况下都不可承受重压,不可接触锋利物体,严防保护层破损。

现场安装后,不能有随水流、波浪产生移动现象。通气电缆和压力传感器连接部位切不可承受重拉力。通气管要始终畅通,切不能进水。

压阻式压力水位计测量水压力是透过透水板作用在感应膜上,如果透水板与感应膜之间的储水腔没有充满水(含有气泡),将会造成投入式水位计测值的严重滞后。所以安装前应把透水部件放在水中浸泡排除空气。

岸上信号传输电缆不能重压、重拉。需始终处于地屏蔽内或避雷装置的保护区域内。

压阻式压力水位计通气防水电缆在任何情况下都不可承受重压,不可接触锋利物体,严防保护层破损。安装后,不能随水流、波浪产生移动现象。

现场运行中要始终注意各部位的防雷。

寒冷天水面结冰,已置于水面下的压力传感器可正常运行,但此时不要轻易将其提出水(冰)面,以免造成传感器芯体损坏。

定期校核水位与水尺水位数据。温度变化过大(气温变化±20 ℃,水温变化±10 ℃)

要及时注意比测,发现误差偏大时要重新比测,以便及时修正测量成果。

2.1.3.2　气泡式水位计

1. 结构及组成

气泡式水位计采用压力传递原理,通过气管将气管口处水的压力传递至水位计压力控制单元的压差式压力传感器上,得到水头的净压,经换算得到水位值。其结构由压力控制单元、干燥瓶、气泵、储气/阻尼罐、单向阀、控制盒、通气管、机箱及接插件组成。

2. 使用及维护

气泡式水位计可按设置的时间间隔自动测量,并将测得的数据按通信协议通过 RS485 传输出去;也可以对发来的控制指令随时执行测量任务并传输测量数据。

日常维护包括干燥剂应视情况或定期更换,若长期不更换干燥剂,除了使测量误差增大,还有可能使气路系统积水,导致传感器受潮而出现故障或损坏。

气泡式水位计长期运行后,会由于零漂、时漂及管口高程的变化,引起测量误差的加大。建议每半年校核参数一次,即重新校核并设置相关参数。

当气泡式水位计运行于多沙、淤泥、微生物的环境中时,应定期使用仪器的吹洗操作功能,避免管口堵塞。

2.2　降水量监测设施检查与维护

降水仪器可分为以降雨测量为目的的降雨仪器和以测量降雪为目的的降雪仪器。降水量的大部分由液态降水组成,因此降雨仪器是降水仪器中最主要的部分。降雨量是使用一定大小口径的雨量计承接雨水来进行测定的,降雨量不仅需要知道某一时段的降雨总量,还应该知道降雨量随时间变化的全部过程,从而推求降雨强度。降水量观测常用的仪器有虹吸式雨量计和翻斗式雨量计。

2.2.1　翻斗式雨量计检查与维护要求

翻斗式雨量计工作可靠、结构简单,易于把降雨量转换成电信号输出,便于远距离传输和数据存储,为有线远传和无线遥测提供了方便,符合自动化的系统要求,广泛应用于水文自动测报系统与雨量资料收集系统中。

2.2.1.1　主要结构与组成

翻斗式雨量计由雨量传感器与记录器两部分组成。

为了保证翻斗式雨量传感器一定的测量精度,在分辨力较大时采用单翻斗形式,而在分辨力较小精度较高时采用双翻斗形式。

在雨量筒内设置呈机械双稳态性质的翻斗,降雨由器口控制一定承雨面积,通过进水漏斗,到达翻斗一侧,当降水到一定量时,翻斗倾斜平衡破坏,发生翻转,从而带动磁钢运动,吸合或释放干簧管,发生一次接点通断输出变化,其输出呈现间歇性脉冲变化。

翻斗式雨量传感器输出接点通断信号,再转化为电信号输出。目前,翻斗式雨量计的记录装置可分为模拟曲线记录与固态存储两类。典型的单翻斗雨量传感器内部结构见图 5-2-9。

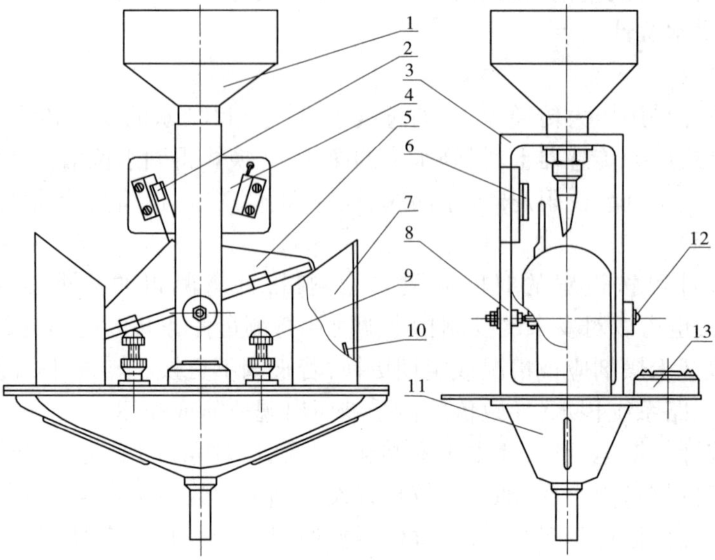

1—进水漏斗;2—磁钢;3—支架;4—舌簧板;5—翻斗;6—干簧管;7—挡水墙;
8—后轴套;9—调节螺钉;10—挡水片;11—大漏斗;12—前轴套;13—圆水泡

图 5-2-9　典型的单翻斗雨量传感器内部结构

2.2.1.2　使用与维护

翻斗式雨量计选用及主要技术要求见表 5-2-5。目前应用最多的翻斗式雨量计,分辨力有 0.1 mm、0.2 mm、0.5 mm 和 1 mm 四种。分辨力越大,能够监测的雨强越大,一般测量雨强范围为 0.01~4 mm/min。选型时,南方多雨且雨强大的地区宜选择分辨力为 1 mm 的雨量计,北方少雨且雨强小的地区宜选择分辨力为 0.5 mm 或 0.2 mm 的雨量计。

表 5-2-5　翻斗式雨量计检验测试项目及标准表

准确度等级	Ⅰ		Ⅱ	Ⅲ
翻斗计量误差 E_b(%)	≤±2		≤±3	≤±4
分辨力 c(mm)	0.1	0.2	0.5	1.0
承雨口内径尺寸允许误差(mm)	≤0.6			
重复性误差(%)	≤1			
绝缘性	输出端与外壳间绝缘电阻不小于 1 MΩ			
开路电阻	输出端开路电阻不小于 1 MΩ			
接触电阻	接触电阻不大于 10 Ω			

为了保证仪器的运输安全,翻斗是人为固定、单独包装的,以免翻斗在运输中受损。开箱后,用户需自行安装翻斗,应详细阅读产品说明书进行安装。安装好的翻斗应翻转灵活,轴向间隙符合要求。翻斗翻转时,应由相应接点通断输出,可用万用表欧姆挡进行检查。

翻斗是直接决定仪器计量精度的关键零件,严禁被油污沾染。

一般仪器在出厂前均进行了人工模拟降水调试,为防止仪器在运输过程中定位螺钉松动,可进行人工滴定试验,以小于 4 mm/min 雨强向承雨口注水,接取仪器自身排水量,与翻斗式雨量计进行比对,进行人工模拟降水复核。

翻斗式雨量计的日常维护,翻斗是仪器的关键部件,翻斗内壁不能用手触摸,当翻斗内脏物过多时,可用水冲洗。翻斗轴应转动灵活,严禁在轴套中加油或其他溶液。仪器使用多年后,翻斗上方磁钢可能老化退磁,应注意判断信号输出是否正常,否则要调节磁钢与干簧管距离或更换仪器配备的备用零件。

雨量计安装稳固;障碍物与观测仪器的距离不应少于障碍物与仪器口高差的 2 倍;承雨口无明显变形,仪器底座、承雨口水平,承雨口水平度的允许偏差为±1.0°;用量筒量取不小于 50 mm 雨量的清水,缓慢注入承雨口,使翻斗翻转,翻斗翻转次数与输出脉冲数应一致;雨量计计量误差应不大于±4%。

注意仪器的保护,防止碰撞,特别是器口不得变形;保持器口水平,器身稳定。

在仪器使用过程中,应根据当地实际情况定期清淤(泥沙、尘土、树叶、昆虫以及其他异物),检查和疏通水道,擦拭承雨器环口及内表面,保证出水畅通。

翻斗部件的盛水斗室如有泥沙,应用清水清洗干净,切勿用手指触摸斗室内壁,以防油污影响翻斗计量精度。

翻斗部件在翻转过程中如有阻滞感,应用清水清洗翻斗轴两端颈和宝石轴承的孔,特别是多风沙遥测站更应注意。如清洗不见效果,可能是轴承副使用日久,使用磨损或碎裂所致,应更换新轴承部件。如是翻斗轴损坏,应更换翻斗轴。

宝石轴承切勿加油或其他润滑剂,以免吸尘。

翻斗部件支撑轴的轴向应有 1.2 mm 左右的轴向转动间隙,应定期检查和调整。

调整翻斗部件倾角的微调螺钉,切勿随意拧动,同时也应密切注意勿使其松动,水准气泡应在中间位置。

北方遥测站在结冰期间,仪器停止使用时,可将其取回室内,做一次全面的检查养护。

仪器放置室内,或野外工作确认无雨天时,为防止尘土落入承雨器,可用筒盖将器口盖严。

查信号线是否完好,接头是否松动氧化,检查干簧管特性参数确保其完好可用。

实例,雨量计无数据输出,根据现象,判断为雨量传感器无信号输出或传输线路故障。可按以下检查诊断步骤及维护方法进行:①承雨口或进水漏斗堵塞:可向承雨口注水,观察底座流水及翻斗响声判断;用毛刷等工具清理。②翻斗卡位:用手轻轻翻动,检查是否有异物卡位,清除异物,清除异物后恢复转动。③信号线接线脱落或信号线断线:观察及用万用表检查干簧管接线柱与输出接线情况。④干簧管、磁钢故障或失效:用备件及万用表配合检查判断故障。⑤磁钢与干簧管距离远,感应不到:用万用表检查、螺丝刀调节干簧管位置。

2.2.2　虹吸式雨量计检查与维护要求

虹吸式雨量计是目前使用最普遍的雨量自计仪器。在小雨情况下,测量精度较高,性能也较稳定。但由于其测量原理上的限制,不易将降雨量转换成可供处理的电信号输出,因而不可能远距离传输及进一步的数据处理,进而仪器的局限性客观上限制了它的发展与应用。

2.2.2.1　结构及组成

虹吸式雨量计主要由承水部分、虹吸部分和自记部分组成。其结构及组成如图 5-2-10 所示。

承水部分由一个内径 200 mm 的承水器口和漏斗组成,虹吸部分包括浮子室、浮子、虹吸管等,自记部分由自记钟、记录纸、记录笔及相应传动部件、外壳等组成。

虹吸式雨量计是利用浮子室水位上升,引起虹吸现象发生,排空浮子室内降水,使记录笔随浮子上升及下降,从而反复记录降雨量。

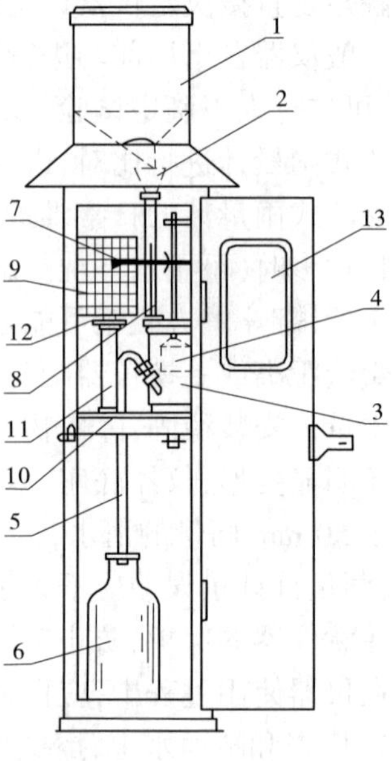

1—承水器;2—水漏斗;3—贮水筒;4—浮子;
5—虹吸管;6—储水瓶;7—记录笔;8—笔挡;
9—记录筒;10—底盘;
11—钟支柱;12—主轴;13—观察窗

图 5-2-10　虹吸式雨量计结构图

2.2.2.2　使用与维护

虹吸式雨量计安装完后应做笔尖零位、虹吸点和容量调整。

虹吸式雨量计选用及主要技术要求见表 5-2-6。

表 5-2-6　虹吸式雨量计检验测试项目及标准表

承雨口内径尺寸允许误差(mm)	≤0.6
虹吸一次的时间(s)	≤14
记录误差(mm)	≤0.05
零点和虹吸点的不稳定性(mm)	0.1

向承水口注水至虹吸,使笔尖指示 0,然后注入 314.2 mL 的水,观测并记录降水量在 10 mm 时的指示值;重复 3 次,误差在±0.05 mm 以内为合格。

虹吸式雨量计日常维护需做到仪器经常保持清洁,防止树叶及其他杂物堵塞进水漏斗,还要防止承水口变形,浮子室与虹吸管应经常清洗;在移动、安装保管、使用时,切忌碰撞、剧烈振动,以免承雨口变形、虹吸管折断及自记钟损坏;冬季结冰前,须将浮子室内底水放空,以免冻坏浮子室和浮子;自记笔尖应常用酒精洗涤,使墨水流畅;妥善保管好记录纸,放入干燥的橱柜中,平放无折叠,不要使记录纸边弄脏,保持整洁。

虹吸式雨量计的观测时间是每日 8 时,但在有降水之日应在 20 时巡视雨量计运行、记录情况。遇有暴风骤雨时要适当增加巡视次数,便于及时发现和排除故障,以防止漏测、漏记降雨过程。

每日8时观测前,需在记录纸正面填写观测日期和月份。到8时整,立即对着记录笔尖所在位置,在记录纸零线上画一短垂线,作为检查自记钟快慢的时间记号。用笔挡将自记笔拨离纸面,换装记录纸(记录纸一般设计为日记型)。换装在钟筒上的记录纸,其底边应与钟筒下缘对齐,纸面平整,纸头纸尾的纵横坐标衔接。给自记笔尖加墨水,拨回笔挡对时,对准记录笔开始记录时间,画时间记号。有降雨之日,应在20时巡视时画注20时记录笔尖所在位置的时间记号。

如果到8时换纸时间,没有降雨或仅降小雨,则应在换纸前慢慢注入一定量的清水,使雨量计发生人工虹吸,若注入的水量与虹吸雨量计所记录的水量之差绝对值≤0.05 mm,虹吸历时小于14 s,说明仪器正常,则可换纸;否则,要检查和调整雨量计合格后再换纸。

如果到8时换纸时间降大雨,则可等到雨小或雨停时再换纸。当记录笔笔尖已到达记录纸末端,降雨强度仍很大时,要拨开笔挡转动钟筒,使笔尖转过压纸条,对准纵坐标线继续记录降雨量。

如连续几日无雨或者降雨量小于5 mm可不用换纸,只需在8时观测时向承雨器注入清水,使笔尖升高至整毫米开始记录。要在各日记录线的末端注明日期,一般每张记录纸连续使用日数不应超过5日。每月的1日要换纸,便于按月装订。降水量记录发生自然虹吸之日,需要换纸。

自记雨量计运行过程中的时间记录误差:机械钟的日误差不超过±5 min,石英钟的日误差不超出±1 min,月误差不超过±5 min。当超过此误差时,应对时钟进行校正。

2.3　水温监测设施检查与维护

水温观测可用温度表法或电阻温度计观测。一般用刻度不大于0.2 ℃的电阻温度计。使用的水温计须定期进行检定。

水温读数一般应精确至0.1~0.2 ℃。观测时,当水深小于1 m时,可放至半深处,若水太浅,可斜放入水中,不能触及河底;当水深大于1 m时,水温计应放在水面以下0.5 m处。水温计放入水中停留时间不少于5 min。

水库的水温随气温、入库水流温度及泄流条件等变化,不同区域、不同深度的水温也有差异。在近坝建筑物或大坝上游面应设置库水温固定观测点或固定观测垂线,可设置在坝前水位测点附近。混凝土面板坝面的温度测点,也可作为库水温的测点。固定测点应设在正常蓄水位以下1 m处。固定垂线上至少应在水面以下20 cm处、1/2水深处和接近水库底处布设3个测点。

电阻温度计是利用电阻与温度呈一定函数关系的金属导体或半导体材料制成测温元件,当温度变化时,电阻随温度而变化,通过测量电路转换,在显示器上显示出温度值。

电阻温度计是一种使用已知电阻随温度变化特性的材料所制成的温度传感器。常用的电阻温度计都采用金属丝绕制成的感温元件,主要有铜电阻温度计和铂电阻温度计。

目前最常用的电阻温度计为铜电阻温度计和热敏电阻温度计,铂电阻温度计较为少用。

半导体温度计是利用热敏电阻随温度变化而改变电阻的原理做成的,用桥式电路进行观测。仪器制成后,应首先标定毫安读数与标准温度之间的关系,并作成图表以供应用。在使用过程中,还要定期进行检验。

2.3.1　铜/铂电阻温度计检查与维护要求

2.3.1.1　铜电阻温度计结构及组成

铜电阻温度计由电阻线圈、密封外壳和引出电缆三部分构成,如图 5-2-11 所示。其电阻线圈采用高强度漆包圆铜丝按一定工艺统制,用紫铜管作仪器的外壳,并与引出电缆密封而成。

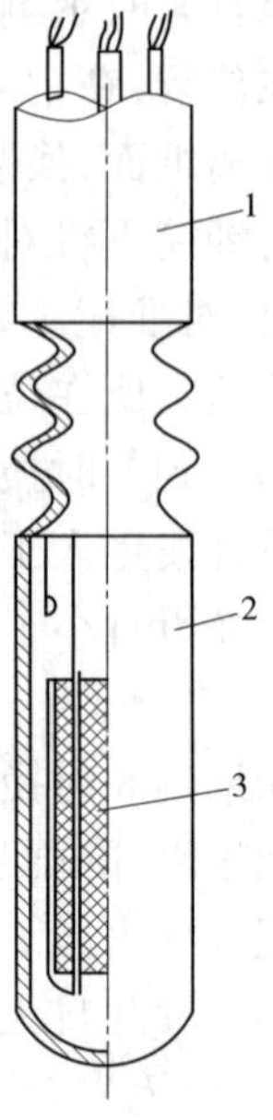

1—电缆;2—外壳;3—电阻线圈

图 5-2-11　铜电阻温度计

铜电阻温度计利用铜电阻在一定的温度范围内与温度成线性的关系工作,当温度计所在的温度变化时,其电阻值也随着变化。铜电阻温度计温度计算公式为

$$t = \alpha \times (R_t - R_0) \tag{5-2-3}$$

式中　t——测量点的温度,℃;

R_t——温度计实测电阻值,Ω;

R_0——温度计 0 ℃电阻值,Ω,$R_0 = 46.60$ Ω;

α——温度计温度系数,℃/Ω,$\alpha = 5$ ℃/Ω。

铜电阻温度计主要技术参数见表 5-2-7。

表 5-2-7　铜电阻温度计主要技术参数

温度测量范围(℃)		−30~+70
引出电缆芯线		4
0 ℃电阻值(Ω)		46.60
电阻温度系数(℃ /Ω)		5.00
温度测量精度(℃)		±0.3
绝缘电阻(MΩ)	在使用温度范围内	≥50
	在 0.5 MPa 水中	≥50

2.3.1.2　检查与维护

(1)铜电阻温度计测温主要技术参数见表 5-2-8。

表 5-2-8　铜电阻温度计测温技术参数

测温范围(℃)	−30~+70
电阻值允许误差(Ω)	$\pm 0.5\%R_n$
温度常数 K' 允许误差(℃/Ω)	±0.3%
温度测量允许误差(℃)	$\pm(0.5\%R_nK'+0.3)$

注:R_n 为温度计满量程输出电阻值。

(2)绝缘电阻。用 100 V 兆欧表检查铜电阻温度计绝缘电阻大于 50 MΩ 为合格。仪器率定时绝缘性能大于 50 MΩ，防水检验时 0.5 MPa 下绝缘性能应大于 50 MΩ。绝缘性能测试时测量仪器引出电缆芯线和仪器外壳之间的绝缘性能。

仪器埋设后鉴定时绝缘性能不小于 0.1 MΩ 为合格。绝缘性能测试时测量仪器引出芯线和大地之间的绝缘性能。

(3)安装。钢缆吊装法适用于水库水温观测，将温度计及电缆按设计高程固定于钢缆上，钢缆下端配以足够重的重块并坐落于河床上，钢缆上端固定并收紧。温度计的安装高程的允许偏差为±5 cm。

(4)初始值。铜电阻温度计初始值的确定，铜电阻温度计采用分辨力不低于 0.01% 电阻读数仪测读，应平行测定两次，初始电阻读数差不大于 0.10 Ω。

(5)室温测量校对。用万用表检查铜电阻温度计在室内常温时电阻值 R_t，计算出室温 t 后，与当前室内实际温度比较，二者相近为合格。

采用差动电阻式测量仪表测量仪器电阻值并记录，连续测量 3 次，每次测量时间间隔不低于 10 s，计算电阻值测值极差，电阻值测值极差不大于 0.05 Ω 为合格。

2.3.2　热敏电阻温度计检查与维护要求

2.3.2.1　热敏电阻温度计结构及组成

热敏电阻温度计由不锈钢封装的半导体热敏电阻传感器和专用信号传输电缆组成，如图 5-2-12 所示。典型且常用的热敏电阻温度计为 BGK－3700 型温度计，其采用 YSI 44005 半导体感温器件。

图 5-2-12　热敏电阻温度计

由于温度与其本身的电阻为非线性关系，但可通过温度—电阻试验数据拟合式(5-2-4)测量。

$$T = \frac{1}{1.4051 \times 10^{-3} + 2.369 \times 10^{-4}(\ln R) + 1.019 \times 10^{-7}(\ln R)^3} - 273.2 \tag{5-2-4}$$

式中　T——测点温度，℃；

R——仪器的热敏电阻测值，Ω；

$\ln R$——阻值的自然对数；

当 $R = 3\ 000$ Ω 时，$T = 25$ ℃。

在测量时，可使用 GK－403 或 BGK－408 直接读取，此时的读数由读数仪将电阻直接显示为摄氏度。

BGK－3700 型温度计信号电缆采用的是 4 芯屏蔽电缆，电缆芯线颜色分别为黑、红、绿、白，另外一根裸线为屏蔽接地。其中红与白并联，绿与黑并联，测量时任意连接黑、红芯线或者连接绿、白芯线均可。也可将温度计的红、白芯线或绿、黑芯线分别拧在一起与读数仪的绿、白线夹连接测量,如图 5-2-13 所示。

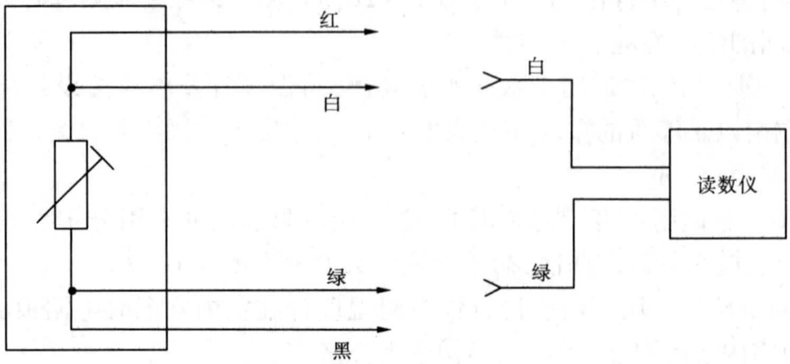

图 5-2-13 BGK-3700 温度计测量接线示意图

在测量时,可使用 GK-403 或 BGK-408 读数仪的绿、白接线夹连接传感器的对应电缆芯线直接读取,此时的读数由读数仪将电阻直接转换为摄氏度。

注意,请勿同时将读数仪的 4 色接线夹与温度计的 4 芯导线连接,即测量 BGK-3700 温度计时,只能用读数仪的绿、白线夹连接传感器的绿、白芯线(也可单独连接红、黑芯线)才可正确测量温度,否则可能造成读数错误。

若没有专用读数仪,也可使用精度较高的数字欧姆表来读取电阻值,通过式(5-2-4)进行计算处理,也可通过查阅表 5-2-9 提供的表格直接查得摄氏温度。

表 5-2-9 半导体温度计阻值—温度对照表

电阻(Ω)	温度(℃)	电阻(Ω)	温度(℃)	电阻(Ω)	温度(℃)	电阻(Ω)	温度(℃)	电阻(Ω)	温度(℃)
201.1k	-50	16.60k	-10	2 417	30	525.4	70	153.2	110
187.3k	-49	15.72k	-9	2 317	31	507.8	71	149.0	111
174.5k	-48	14.90k	-8	2 221	32	490.9	72	145.0	112
162.7k	-47	14.12k	-7	2 130	33	474.7	73	141.1	113
151.7k	-46	13.39k	-6	2 042	34	459.0	74	137.2	114
141.6k	-45	12.70k	-5	1 959	35	444.0	75	133.6	115
132.2k	-44	12.05k	-4	1 880	36	429.5	76	130.0	116
123.5k	-43	11.44k	-3	1 805	37	415.6	77	126.5	117
115.4k	-42	10.86k	-2	1 733	38	402.2	78	123.2	118
107.9k	-41	10.31k	-1	1 664	39	389.3	79	119.9	119

续表 5-2-9

电阻(Ω)	温度(℃)	电阻(Ω)	温度(℃)	电阻(Ω)	温度(℃)	电阻(Ω)	温度(℃)	电阻(Ω)	温度(℃)
101.0k	-40	9 796	0	1 598	40	376.9	80	116.8	120
94.48k	-39	9 310	+1	1 535	41	364.9	81	113.8	121
88.46k	-38	8 851	2	1 475	42	353.4	82	110.8	122
82.87k	-37	8 417	3	1 418	43	342.2	83	107.9	123
77.66k	-36	8 006	4	1 363	44	331.5	84	105.2	124
72.81k	-35	7 618	5	1 310	45	321.2	85	102.5	125
68.30k	-34	7 252	6	1 260	46	311.3	86	99.9	126
64.09k	-33	6 905	7	1 212	47	301.7	87	97.3	127
60.17k	-32	6 576	8	1 167	48	292.4	88	94.9	128
56.51k	-31	6 265	9	1 123	49	283.5	89	92.5	129
53.10k	-30	5 971	10	1 081	50	274.9	90	90.2	130
49.91k	-29	5 692	11	1 040	51	266.6	91	87.9	131
46.94k	-28	5 427	12	1 002	52	258.6	92	85.7	132
44.16k	-27	5 177	13	965.0	53	250.9	93	83.6	133
41.56k	-26	4 939	14	929.6	54	243.4	94	81.6	134
39.13k	-25	4 714	15	895.8	55	236.2	95	79.6	135
36.86k	-24	4 500	16	863.3	56	229.3	96	77.6	136
34.73k	-23	4 297	17	832.2	57	222.6	97	75.8	137
32.74k	-22	4 105	18	802.3	58	216.1	98	73.9	138
30.87k	-21	3 922	19	773.7	59	209.8	99	72.2	139
29.13k	-20	3 748	20	746.3	60	203.8	100	70.4	140
27.49k	-19	3 583	21	719.9	61	197.9	101	68.8	141
25.95k	-18	3 426	22	694.7	62	192.2	102	67.1	142
24.51k	-17	3 277	23	670.4	63	186.8	103	65.5	143
23.16k	-16	3 135	24	647.1	64	181.5	104	64.0	144
21.89k	-15	3 000	25	624.7	65	176.4	105	62.5	145
20.70k	-14	2 872	26	603.3	66	171.4	106	61.1	146
19.58k	-13	2 750	27	582.6	67	166.7	107	59.6	147
18.52k	-12	2 633	28	562.8	68	162.0	108	58.3	148
17.53k	-11	2 523	29	543.7	69	157.6	109	56.8	149
								55.6	150

注:半导体温度计类型为 YSI 44005,Dale#1C3001-B3,Alpha#13A3001-B3。

(1)BGK-3700系列温度传感器具有下列特点:①长期稳定性好;②具有适应各种恶劣环境的不锈钢结构;③防水性能佳;④使用寿命长;⑤高灵敏度;⑥适用于非强酸、非强碱或非强腐蚀性环境下的流体、固态或气体温度的测量。

(2)技术参数。

温度测量范围:-30~+70 ℃;

精度:标准±0.5 ℃(可选±0.2 ℃或±0.1 ℃);

分辨率:0.1 ℃;

常温阻值:3 kΩ(25 ℃时);

年稳定性:≤1‰;

绝缘电阻:≥50 MΩ;

耐电压:1 500 V;

耗散系数:2~3 mW/℃;

热时间常数:6~12 s;

外型尺寸:φ 11×110 mm;

电缆规格:BGK02-187V3,导线颜色:绿、白(温度传感器)、屏蔽(接地)。

2.3.2.2 检查与维护

(1)热敏电阻温度计选用及主要技术要求为:测量范围:-30~+70 ℃;测温允许偏差:≤±0.5 ℃。

(2)绝缘电阻。用100 V兆欧表检查热敏电阻温度计绝缘电阻大于50 MΩ为合格,否则电缆可能破损进水。仪器率定时绝缘性能大于50 MΩ,防水检验时0.5 MPa下绝缘性能大于50 MΩ。绝缘性能测试时测量仪器引出电缆芯线和仪器外壳之间的绝缘性能。

热敏电阻温度计埋设后鉴定时绝缘性应大于1 MΩ为合格。绝缘性能测试时测量仪器引出芯线和大地之间的绝缘性能。

(3)电阻值检查。利用数字万用表笔连接传感器芯线,正常时的电阻值应与环境温度基本相符,25 ℃时,其电阻应为3 000 Ω左右,若对应的温度低于或高于被监测环境温度,通常是电缆断路或短路造成的,应重点检查电缆。

采用电阻测量仪表测量仪器电阻值并记录,连续测量3次,计算电阻值测值极差,热敏电阻测值极差小于精度的1/2为合格。

电缆破损进水或受潮将导致测值失真,具体表现为当电缆进水后测量的温度值偏高。

需要注意的是,若电缆长度过长,且是在高温环境下,在计算时应考虑电缆芯线本身的电阻,以获取更高的测量精度。低温环境下通常不必考虑电缆芯线电阻的影响。配套的电缆芯线电阻约为50 Ω/1 000 m,双向取2倍芯线电阻值。

2.4 气温监测设施检查与维护

气温是表示空气冷热程度的物理量,可以表征一个地方的热状况特征,是地面气象观测中所要测定的常规要素之一,也是影响大坝工作状态的主要因素之一。

气温计按工作原理可分为人工直读式气温计和电测式气温计,按记录方式可分为人工纸质记录和数据自动化处理。一般电测气温计普遍都采用自动化数据采集及数据处理方式。

用于坝址气温观测的温度计的安装可采用外置法。一般采用水银温度计,也可采用电子温度计。外置法适用于气温观测和室温观测,用于气温观测的温度计应安装于百叶箱内且距离地面 1.5 m,同时还应满足其他气象观测条件;用于室温观测的温度计应悬置于室内空气中(不应直接接触墙面)。气温观测选址应满足气象观测条件;百叶箱的安装应满足观测要求,温度计在百叶箱中应处于悬置状态。

2.4.1　气温传感器检查与维护要求

2.4.1.1　干湿球温度表

1. 干湿球温度表及其观测要求

干湿球温度表由两支型号完全一样的温度表组成。温度表见图 5-2-14,是根据水银或酒精热胀冷缩的特性制成的,分为感应球部、毛细管、刻度磁板、外套管四部分。

(1)定时观测程序为:干湿球温度表,最低温度表酒精柱,毛发湿度表,最高温度表,最低温度表游标,调整最高、最低温度表,温度计和湿度计读数并做时间记录。

(2)各种温度表读数要精确到 0.1 ℃,温度在 0 ℃以下时,应加负号“-”。将读数记入观测簿相应栏内,并按所附检定证书进行器差订正。如温度超过检定证书范围,则以该检定证书所列的最高或最低温度值的订正值进行订正。

(3)温度表读数时注意事项如下:①避免视差,读数时必须保持视线和水银柱顶端齐平。②动作迅速,读数力求敏捷,尽量缩短停留时间,并且勿使头、手和灯接近球部,不要对着温度表呼吸。③注意复核,避免发生误读或颠倒零上、零下的差错。

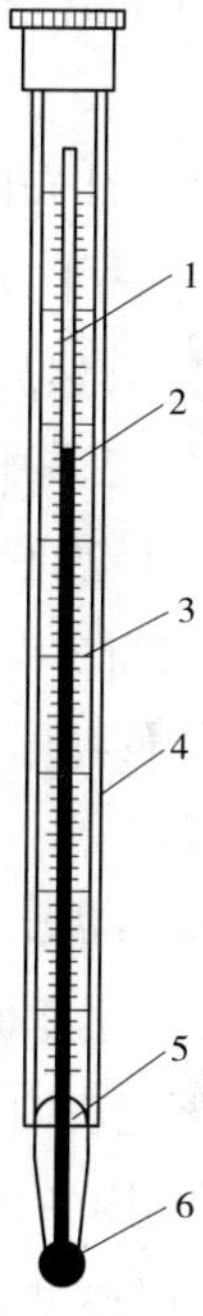

1—毛细管;2—水银柱;3—刻度磁板;4—外套管;5—鞍托;6—感应球部

图 5-2-14　干湿球温度表

(4)当湿球纱布开始冻结后,应立即从室内带一杯蒸馏水对湿球纱布进行融冰,待纱布变软后,在球部下 2~3 mm 处剪断,然后把湿球温度表下的水杯从百叶箱内取走,以防水杯冻裂。①气温在-10 ℃或以上,湿球纱布结冰时,观测前需先进行湿球融冰。融冰用水温相当于室内温度,可以从湿球温度示值的变化情况判断冰层是否完全融化,如果示度很快上升到 0 ℃,稍停一会继续上升,则表示冰已融化。②气温在-10 ℃以下时,停止观测湿球温度表,改用毛发湿度表或湿度计观测间断温度。但在冬季偶尔有几次气温低于-10 ℃的地区,这时仍可用干湿球温度表进行观测。③气温在-36 ℃以下时,因为已接近水银的凝固点-38.9 ℃,可改用酒精温度表观测气温,应事先将酒精温度表悬挂在干球温度表旁边,安装要求同干球温度表。如果没有备用的酒精温度表,也可用最低温度表酒精柱的示度来观测气温。

2. 干湿球温度表安装要求

在小百叶箱的底板中心,安装一个温度表支架,将干湿球温度表垂直悬挂在支架两侧的环内,球部向下,干球在东,湿球在西,球部中心离地面1.5 m,湿球温度表球部包扎一条纱布,纱布的下部浸到一个带盖的水杯内,详见图5-2-15。杯口距湿球球部约3 cm,杯中盛蒸馏水,供湿润湿球纱布用。

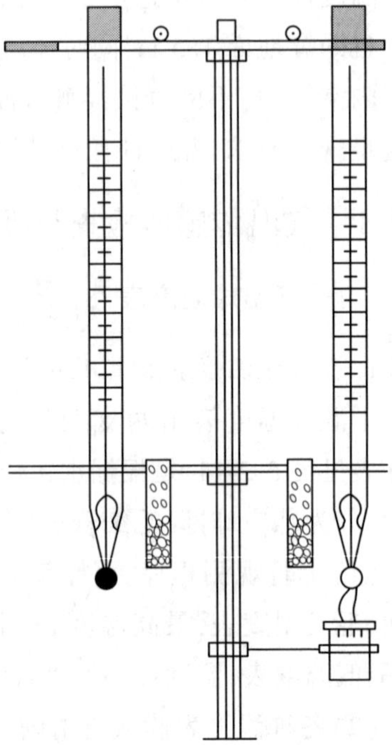

图 5-2-15　干湿球温度表的安置

湿球包扎纱布时,要把湿球温度表从百叶箱内拿出,先把手洗干净后,再用清洁的水将温度表的感应部分洗净,然后将长约10 cm的新纱布在蒸馏水中浸湿,使上端服帖无皱折地包卷在水银球上,包卷纱布的重叠部分不要超过球部圆周的1/4,包好后用纱线把高出球部上面的纱布扎紧,再把球部下面纱布紧靠着球部扎好,不要扎得过紧,并剪掉多余的纱线。

3. 干湿球温度计的检查维护

(1)必须注意保持干湿球温度表的正常状态。如果发现温度表内刻度磁板破损,毛细管内有水滴、黑色沉淀的氧化物或水银柱中断等情况,应立即换用备用温度表。

(2)干球温度表应经常保持清洁干燥,观测前巡视设备和仪器时,如发现干球上有灰尘或水,须立即用干净的软布拭去。

(3)湿球纱布必须经常保持清洁、柔软和湿润,一般应每周换一次。遇有沙尘暴、风等天气,湿球纱布上明显沾有灰尘时,应立即更换。

在海岛、矿区或烟尘多的地方,湿球纱布容易被盐、油、烟尘等污染,应缩短更换纱布的期限。

(4)水杯中的蒸馏水要时常添满、保持清洁,一般每周更换一次。

(5)使用干湿球温度表时,必须按配对的两支表同时使用及同时更换。

2.4.1.2　最高温度表及最低温度表安装及检查维护

最高、最低温度表均安装于百叶箱内的支架上,见图5-2-16。

1. 最高温度表

最高温度表安装在温度表支架横梁或三通管上面的一对弧形钩上,使感应部分向东

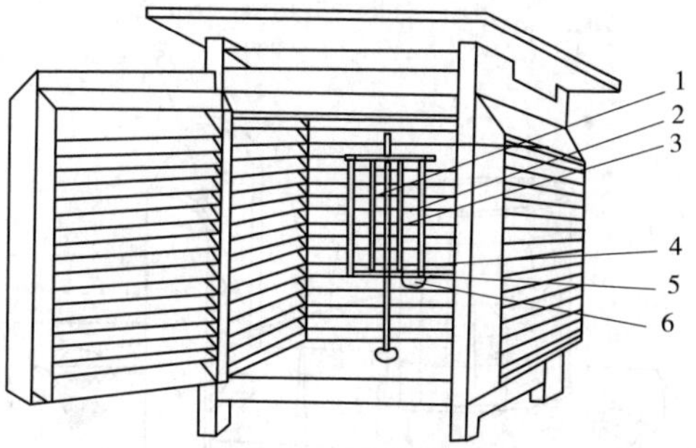

1—干球温度表；2—湿球温度表；3—毛发温度表；4—最高温度表；5—最低温度表；6—水杯

图 5-2-16　百叶箱内部

并稍向下倾斜，约高出干湿球温度表球部 3 cm。

最高温度表的检查维护同干球温度表，有时最高温度表会失灵，在温度下降时，水银柱像普通温度表一样回到感应部分，遇到这种情况应立即换用备用表。

2. 最低温度表

最低温度表水平地安置在温度表支架下横梁（或三通管）下面的一对弧形钩上，感应部分向东，低于最高温度表 1 cm。

在搬运和存放最低温度表时，最好将表身直立旋转，感应部分向下，并避免高温及震动，以免酒精柱蒸发和中断；有时由于搬运和调整不当，或者毛细管内一部分酒精被蒸发后凝结于管顶，或者因毛细管酒精柱上端残留气体，使酒精柱分离成几段，这些故障可用甩动、加热等方法加以修复。

2.4.1.3　自记气温计

1. 自记气温计结构及组成

自记气温计是自动记录气温连续变化的仪器。它由感应部分（双金属片）、传递放大部分（杠杆）及自记部分（自记钟、纸、笔）组成，详见图 5-2-17。

定时观测时，根据笔尖在自记纸上的位置观测读数，记入观测簿相应栏内，并做出时间记号。做记号的方法是：轻轻地按动一下仪器右壁外侧的记时按钮，使自记笔尖在自记纸上画一短垂线。上纸时要求将自记纸卷紧在钟筒上，两端的刻度线要对齐，底边紧靠钟筒突出的下缘，并注意勿使压纸条挡住有效记录的起止时间线，然后使笔尖对准记录开始的时间，拨回笔尖并做一时间记号。

2. 自记气温计安装

自记气温计应稳固地安装在大百叶箱内下面的架子上，底座保持水平，感应部分中部应离地面 1.5m。

3. 自记气温计的检查维护

（1）经常保持仪器清洁。感应部分有灰尘时，应用干洁毛笔清扫。

（2）当发现记录迹线出现“间断”或“阶梯”现象时，应及时检查自记笔尖对自记纸的压力是否适当。检查方法：把仪器向自记笔杆的一面倾斜到 30°～40°，如笔尖稍稍离开钟

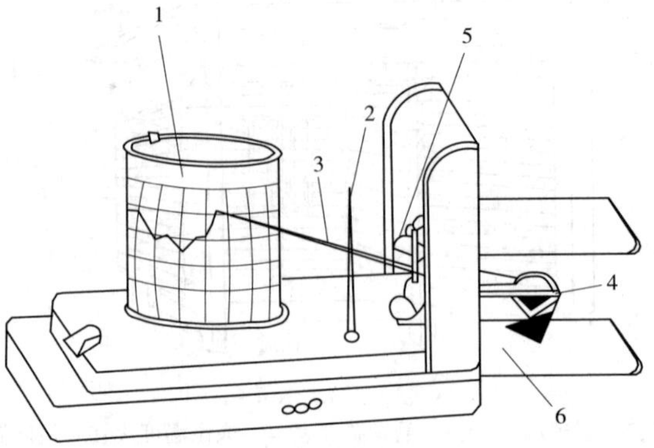

1—自记钟;2—笔挡;3—笔杆;4—调整螺旋;5—杠杆;6—双金属片

图 5-2-17　自记温度计

筒,则说明笔尖对纸的压力是适宜的;如笔尖不离开钟筒,则说明笔尖对纸的压力过大;若稍有倾斜,笔尖即离开钟筒,则说明笔尖压力过小。此时,应调节笔杆根部的螺丝或改变笔杆架子的倾斜度进行调整,直到适合。如经上述调整仍不能纠正,则应清洗、调整各个轴承和连接部分。

(3)注意自记值同实测值的比较,系统误差超过规定时,应调整仪器笔位。如果自记纸上标定的坐标示值不恰当,应按本站出现的气温范围适当修改坐标示值。

(4)笔尖须及时添加墨水,但不要过满,以免墨水溢出。如果笔尖出水不顺畅或画线粗涩,应用光滑坚韧的薄纸疏通笔缝;若疏通无效,应更换笔尖。新笔尖应先用酒精擦拭除油,再上墨水。更换笔尖时应注意自记笔杆(包括笔尖)的长度必须与原来的等长。

(5)周转型自记钟一周快慢超过 30 min,日转型自记钟一天快慢超过 10 min,应调整自记钟的快慢针。自记钟使用到一定期限(一年左右),应清洗加油。

(6)在严寒时,由于室外气温较低,自记钟会发生停摆现象,这常是润滑油在轴上冻凝所致。遇到这种情况,应换用备份自记钟,将停摆的自记钟进行清洗,并在轴和轴孔里加抗凝的钟表油。如测站无备份自记钟,可将自记钟拿回室内,盖住钟筒的上下孔(以免机件蒙上水汽),等自记钟接近室温后,将孔打开,在轴和轴孔里放一滴汽油,使机件滑润后恢复走动。但以后必须对这一自记钟进行清洗,以免机件生锈。当记录值与实测值相比较,系统误差超过 1.0 ℃时,应及时调整仪器笔位。

2.4.1.4　电子温度计

将前述的铜电阻温度计或半导体热敏电阻温度计悬置于百叶箱中,可作为气温计使用,并进行气温自动化监测、数据传输与自动化处理。

温度计初始值的确定,其设施检查及维护有关内容参考本章 2.3 节。

2.4.2　百叶箱及环境检查与维护要求

2.4.2.1　作用

百叶箱是安置温度观测仪器的防护设备，见图 5-2-18，其作用为防止太阳对仪器的直接辐射和地面对仪器的反射辐射，保护仪器免受强风、雨、雪等的影响，并使仪器感应部分有适当的通风，能真实地感应外界空气温度的变化。

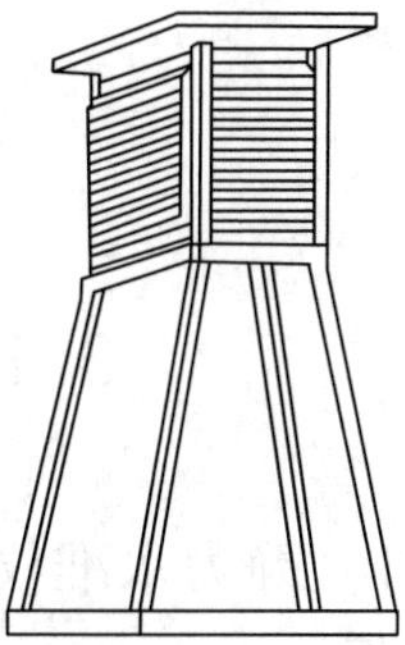

图 5-2-18　百叶箱

百叶箱分为大小两种规格：小百叶箱的内部高 537 mm，宽 460 mm，深 290 mm，供安置干湿球温度表，最高、最低温度表及毛发湿度表；大百叶箱的内部高 612 mm，宽 460 mm，深 460 mm，供安置自记温度计和湿度计。百叶箱内外各部分均涂刷白色油漆。

2.4.2.2　安装

百叶箱应水平地固定在一个特制的支架上，支架应牢固地埋入地下，顶端约高出地面 125 cm，因为规范规定观测的是离地面 1.5 m 高度处的气温。对埋入地下的部分要涂防腐油。支架可用木材或角铁制成，将百叶箱装在架子上，用角铁和螺钉固定。多强风的地方，还需要在四个箱角拉上铁丝纤绳。箱门要朝正北。

2.4.2.3　维护

百叶箱要经常保持洁白，视具体情况每 1~3 年重新油漆一次，内外箱壁至少每月定期擦洗一次，寒冷季节可用毛刷刷拭干净。清洁百叶箱的时间以晴天上午为宜。在进行箱内清洁工作和洗涤百叶箱之前，应将仪器全部放入备用百叶箱内，清洗完毕，待干燥后，再将仪器放回。这项工作不得影响观测和记录。

百叶箱中不允许存放多余的物品。箱内靠近箱门处的顶板上可安装照明用的电灯，但不能超过 25 W，读数时打开，观测后随即关上，以免影响温度观测的准确度。也可以用手电筒照明。

第 3 章 变形监测

3.1 垂直位移观测与监测设施维护

3.1.1 静力水准仪观测方法

3.1.1.1 静力水准仪观测原理

静力水准仪是一种高精密液位测量系统,该系统适用于测量多点的相对沉降,主要用于大型建筑物如水电站厂、坝、高层建筑物、核电站、水利枢纽工程岩体等各测点不均匀沉降的测量。

静力水准系统又称连通管水准仪,是根据液体表面自然保持水平的特性进行工作的。系统至少由两个观测点组成,每个观测点安装一套静力水准仪。静力水准仪的储液容器相互用通液管完全连通,储液容器内注入液体,当液面完全静止后,系统中所有连通容器内的液面应在同一水平面上。当仪器主体安放处(测点)出现高程变化时,由于全部钵体用水管连通,仪器主体钵体中的液面就相对于钵体出现升降变化,量测出不同储液罐的液面高度变化量就可确定每一个测点相对某一基点的高差变化。

如图 5-3-1(a)所示,假设共有 1,2,…,n 个观测点,各个观测点之间已用连通管连通,安装完毕后初始状态时各测点的安装高程分别为 Y_{01},Y_{0i},Y_{0j},Y_{0n},各测点的液面高度分别为 h_{01},h_{0i},h_{0j},h_{0n}。

对于初始状态,显然有:

$$Y_{01} + h_{01} = \cdots = Y_{0i} + h_{0i} = \cdots = Y_{0j} + h_{0j} = \cdots = Y_{0n} + h_{0n}$$

当第 k 次发生不均匀沉降后,各测点由于沉降而引起的变化量分别为 Δh_1,…,Δh_i,…,Δh_j,…,Δh_n,各测点的液面高度变化为 h_{k1},…,h_{ki},…,h_{kj},…,h_{kn}[见图 5-3-1(b)]。

在静力水准仪的系统中,所有各测点的垂直位移均是相对于其中的一点(又叫基准点)变化,该点的垂直位移是相对恒定的或者是可用其他方式准确确定的,以便能精确计算出静力水准仪系统各测点的沉降变化量。图 5-3-1 中 i 为基准点,第 j 个沉降点相对于基准点的相对沉降为 H_{ji},由图 5-3-1 可推导得出式(5-3-1):

$$H_{ji} = (h_{kj} - h_{ki}) - (h_{0j} - h_{0i}) \tag{5-3-1}$$

由式(5-3-1)可以看出,只要能够测出各点不同时间的液面高度值,即可计算出各点在不同时刻的相对沉降值,也即测点与基点在不同时间液面高度变化的差值。

3.1.1.2 观测记录方法

静力水准观测应符合下列要求:

(1)静力水准仪测读前,应检查管路内是否存在气泡或漏水现象,在确认设备工况运

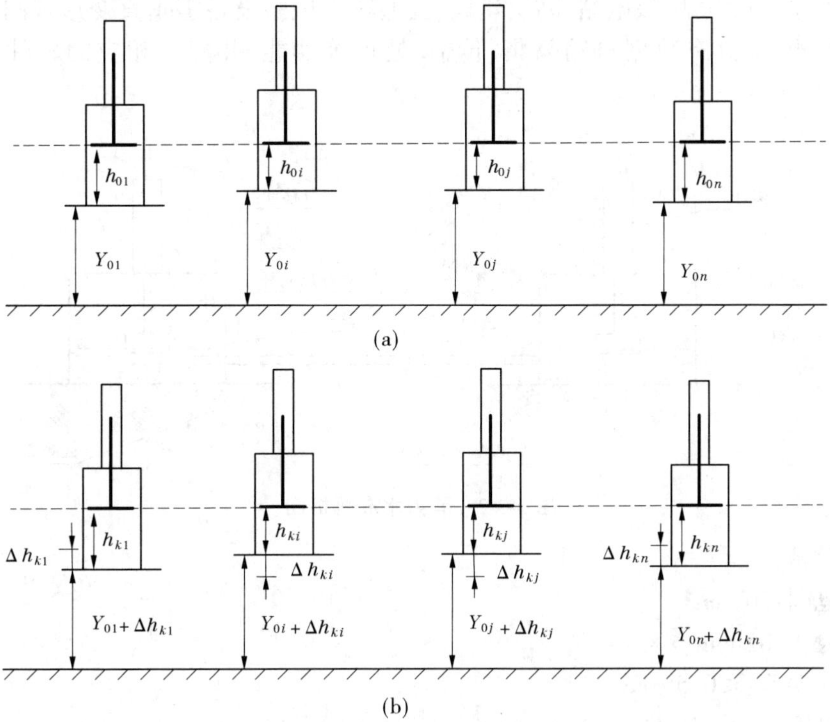

图 5-3-1　静力水准仪观测原理

行正常及各测点水位稳定后,可进行测读。

(2)人工读数时,视线应与刻度保持正视,每一测次应测读两测回,两测回观测值之差不应大于 0.15 mm,取两测回平均值作为观测值。

(3)应定期校测静力水准系统基点变形情况。采用双金属标校测静力水准基点时,应同步观测双金属标测值。

(4)静力水准观测的记录采用一测点一表的形式,格式见表 5-3-1。

表 5-3-1　静力水准观测记录表

测点编号:________　工程部位:______/(桩号:______轴距:______高程:______)

测读仪表及编号:________

观测时间				第一测回	第二测回	观测值	备注	人员		
年	月	日	时:分	(mm)	(mm)	(mm)		观测	记录	校核

下面主要介绍液位式 JSY-ID 型数字遥测静力水准仪和 JL-1 型磁致伸缩式静力水准仪的使用。

3.1.1.3　JSY-ID 型数字遥测静力水准仪

1. 构造

该仪器是测量相隔一定距离的多个基点之间的相对高程变化的一种精密仪器。主要用于大型工程如水电站、核电站、高层建筑、巨型科学试验设备等垂直变形观测。它既能进行目视观测,又具有数据自动采集、传输、处理等功能,并配备相应的软件。解析图如图 5-3-2 所示。

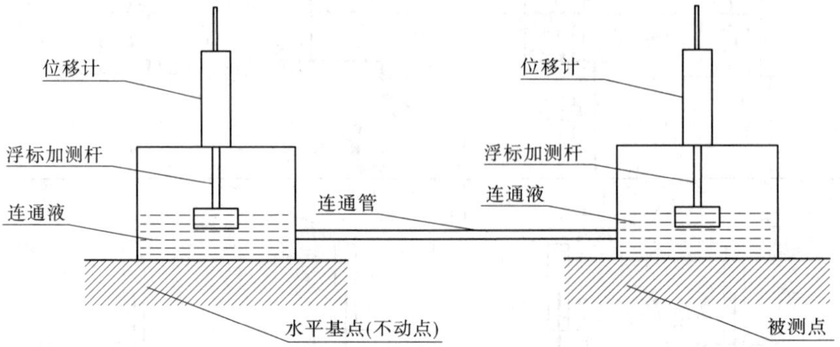

图 5-3-2　静力水准解析图

2. 仪器指标

测量范围:20 mm。

分辨力:0.02 mm。

非线性误差:≤0.5%FS。

不重复度:≤0.25%FS。

迟滞误差:≤0.25%FS。

测量方式:目视、遥测 RS485。

工作电源:交流 36 V 或交流 220 V。

环境温度:0~50 ℃。

环境湿度:100%RH。

3. 观测

(1)观测前 15 min,应将静力水准人工观测仪置于观测廊道内,使仪器与廊道内气温趋于一致。测读前检查静力水准观测窗内指针是否垂直向外,有无明显的偏移。

(2)打开仪器照明系统。

(3)将静力水准仪底部的稳定孔对准插入观测台上的稳定杆,并调整仪器的观测灯照准指针,旋转制动螺旋,使仪器固定在稳定杆上。

(4)一边通过目镜观测一边旋转竖直螺旋,在视窗内找到下方的固定指针,在目镜视窗中,指针截面为圆形。调节竖直螺旋,将横丝卡在圆形中间,目镜内视窗如图 5-3-3(a)所示,按置零键。

(5)调节竖直螺旋,使物镜向上移动,找到上方的活动指针圆形截面,使横丝卡在圆形中间,目镜视窗如图 5-3-3(b)所示,观察显示屏,读取并记录数据。

(6)重复(4)、(5)操作,共观测三次,三次读数互差值不超过 0.15 mm,超限则需重新测量。

4. 记录计算

静力水准外业记录可采用人工/电子记录,每次外业观测前,在电脑端下载外业记录

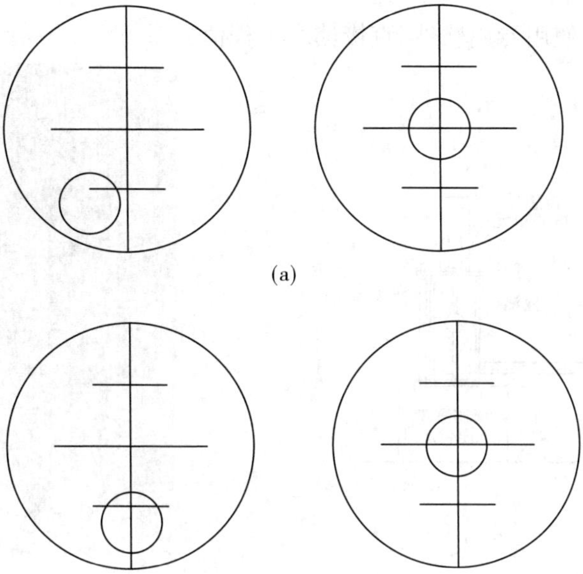

(a)

(b)

图 5-3-3　静力水准读数仪观测视场

表格至手机或平板电脑等移动端设备,逐个检查记录表格往期数据是否齐备。电子记录的现场原始记录应准确、严谨,对于多次重测的数据应做好备注说明,外业观测结束后及时整理电子记录数据,发现问题及时查找原因。

3.1.1.4　JL-1 型磁致伸缩式静力水准仪

1. 结构

该仪器主要由观测电缆、传感器、水平泡、气管接头、通气管、加液塞、上端盖、储液筒、防冻液、下端盖、通液管接头、通液管、底板、调节螺栓、安装架等部件组成,如图 5-3-4 所示。

JL-1 型磁致伸缩式静力水准仪所使用的磁致伸缩液位传感器主要由测杆、电子仓、观测电缆以及套在测杆上的非接触磁浮球组成,如图 5-3-5 所示。

2. JL-1 型磁致伸缩式液位传感器的工作原理

磁致伸缩式液位传感器的测杆内装有磁致伸缩线(波导丝),测杆由不导磁的不锈钢管制成,可靠地保护了波导丝。

工作时,由电路产生一起始脉冲,起始脉冲在波导丝中传输时,产生沿波导丝方向的旋转磁场,当这个磁场与浮球中的永久磁场相遇时,产生磁致伸缩效应,使波导丝发生扭动,这一扭动被安装在电子仓内的拾能机构所感知并转换成相应的电流脉冲,测量电路计算出两个脉冲之间的时间差,即可精确地测出被测液位值。

3. 静力水准仪的读数与计算

以 JL-1 型磁致伸缩式静力水准仪为例。

1) 读数

(1) 手动采集数据可使用 HC-1212 型读数仪直接读取模数 F。

(2) 自动采集数据可使用 HC-C800 分布式模块化自动测量单元测量(模数 F=读数×

100,小数点后四舍五入)。

(3)计算机读取(使用专用软件,直接读取工程值)。

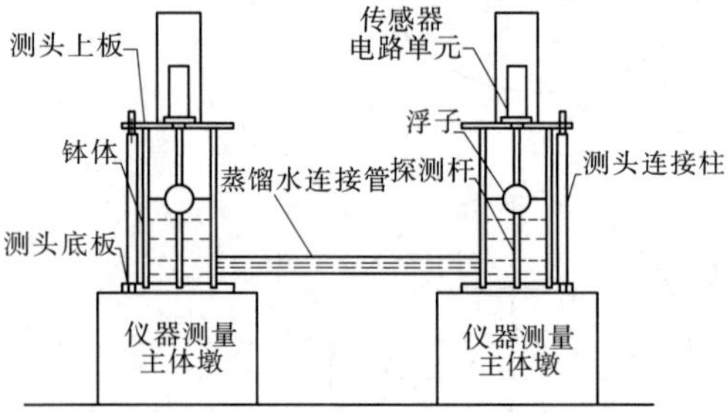

图 5-3-4 磁致式静力水准仪结构示意图

图 5-3-5 磁致伸缩液位传感器

2)计算

(1)静力水准仪基准点液位变化量 Δh_j(mm)可按下式计算:

$$\Delta h_j = K_j(F_j - F_{0j}) \tag{5-3-2}$$

式中 K_j——静力水准仪基准点传感器系数,mm/F;

F_j——静力水准仪基准点的当前读数,F;

F_{0j}——静力水准仪基准点的初始读数,F。

(2)静力水准仪各观测点液位变化量 Δh_i(mm)可按下式计算:

$$\Delta h_i = K_i(F_i - F_{0i}) \tag{5-3-3}$$

式中 K_i——静力水准仪观测点传感器系数,mm/F;

F_{0i}——静力水准仪观测点的初始读数,F;

F_i——静力水准仪观测点的当前读数,F。

(3)各观测点沉降或抬高的变化量 ΔH_i(mm)可按下式计算:

$$\Delta H_i = \Delta h_j - \Delta h_i = K_j(F_j - F_{0j}) - K_i(F_i - F_{0i}) \tag{5-3-4}$$

3)说明

(1)当静力水准仪观测计算值 ΔH_i 为负值时,表示观测点地基沉降。

(2)当静力水准仪观测计算值 ΔH_i 为正值时,表示观测点地基抬高。

(3)在正常工作范围内温度的变化对系统本身的影响很小,温度修正系数远远小于最小读数,可忽略温度对系统的影响。

3.1.2 三、四等水准测量数据换算方法

3.1.2.1 高差闭合差计算

(1)三、四等水准测量高差闭合差限差、测段高差往返测不符值见表 5-3-2。

表 5-3-2　三、四等水准测量限差表

等级	测段、线路往返测高差不符值	测段、线路的左、右线路高差不符值	附合线路或环线闭合差		检测已测测段高差的差
			平原	山区	
三等	$\pm 12\sqrt{K}$	$\pm 8\sqrt{K}$	$\pm 12\sqrt{L}$	$\pm 15\sqrt{L}$	$\pm 20\sqrt{R}$
四等	$\pm 20\sqrt{K}$	$\pm 14\sqrt{K}$	$\pm 20\sqrt{L}$	$\pm 25\sqrt{L}$	$\pm 30\sqrt{R}$

注：K——线路或测段的长度，km；

L——附合线路（环线）长度，km；

R——检测线段长度，km；

山区是指高程超过 1 000 m 或线路中最大高差超过 400 m 的地区。

（2）高差闭合差计算方法。终端水准点的已知高程，和经水准路线观测、推算的高程的差值称为高差闭合差。

附合水准路线高差闭合差 f_h 为：

$$f_h = \sum h_{测} - (H_{终} - H_{始}) \tag{5-3-5}$$

闭合水准线路高差闭合差 f_h 为：

$$f_h = \sum_{i=1}^{n} h_i \tag{5-3-6}$$

式中　h_i——各段往返测高差中数，取往测符号。

为了检查高差闭合差是否符合要求，还应计算高差闭合差的容许值（其限差）。一般水准测量的容许值执行表 5-3-2 的规定。

3.1.2.2　高差闭合差改正

若高差闭合差小于容许值，说明观测成果符合要求，但应进行调整。方法是将高差闭合差反符号，按与测段的长度（平地）或测站数（山地）成正比，即依式（5-3-7）计算各测段的高差改正数，加入到测段的高差观测值中。

$$v_i = -\frac{f_h}{\sum l} l_i \tag{5-3-7}$$

式中　v_i——测段高差改正数，mm；

$\sum l$——测段总长度，km；

f_h——高差闭合差，mm；

l_i——i 测段长度，km。

3.1.2.3　算例

1. 附合水准路线

以附合水准路线为例（见图 5-3-6）。已知水准点 BM_1、BM_2 和待定点 1、2、3，将整个路线分为四个测段。

（1）将点名、各测段测站数、各测段的观测高差 h_i、已知高程数填入表 5-3-3 的（2）、（3）、（4）、（7）相应栏目（如系平地测量，则将“测站数”栏改为“千米数”栏，填入各测段千米数；表内加粗字为已知数据）。

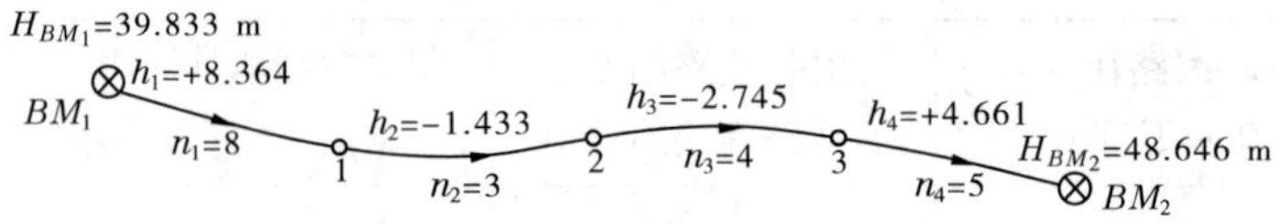

图 5-3-6　附合水准路线测量成果示意图

表 5-3-3　附合水准路线计算表

测段号	点名	测站数	观测高差（m）	改正数（m）	改正后高差（m）	高程（m）	备注
(1)	(2)	(3)	(4)	(5)	(6)	(7)	(8)
	BM_1					39. 833	
1		8	+8. 364	−0. 014	+8. 350		
	1					48. 183	
2		3	−1. 433	−0. 005	−1. 438		
	2					46. 745	
3		4	−2. 745	−0. 007	−2. 752		
	3					43. 993	
4		5	+4. 661	−0. 008	+4. 653		
	BM_2					48. 646	
Σ		20	+8. 847	−0. 034	+8. 813		
辅助计算	f_h = +0. 034 m $f_{h容} = \pm 12\sqrt{20} = \pm 54$(mm)						

(2)进行高差闭合差计算：

$$f_h = \sum h_{测} - (H_{终} - H_{始}) = 8.847 - (48.646 - 39.833) = +0.034(\mathrm{m})$$

由于图中标注了测段的测站数，说明是山地观测，因此依据总测站数 n 计算高差闭合差的容许值为：

$$f_{h容} = \pm 12\sqrt{n} = \pm 12\sqrt{20} = \pm 54(\mathrm{mm})$$

计算的高差闭合差及其容许值填于表 5-3-3 下方的辅助计算栏。

(3)高差闭合差的调整。

$f_h \leqslant f_{h容}$，故其精度符合要求。

本例中，将高差闭合差反符号，按下式依次计算各测段的高差改正数：

$$\Delta h_i = -\frac{f_h}{\sum n} \cdot n_i \qquad (\textstyle\sum n \text{ 为测站总数}, n_i \text{ 为第 } i \text{ 测段测站数})$$

第一测段的高差改正数为：

$$\Delta h_1 = -\frac{\Delta h}{\sum n} \cdot n_1 = -\frac{34}{20} \times 8 = -14(\mathrm{mm})$$

同算法得其余各测段的高差改正数分别为−5 mm、−7 mm、−8 mm，依次列入表 5-3-3 中第(5)栏。

注意：①所算得的高差改正数总和应与高差闭合差的数值相等，符号相反，以此对计算进行校核。如因取整误差造成二者出现小的较差，可对个别测段高差改正数的尾数适当取舍 1 mm，以满足改正数总和与闭合差数值相等的要求。②若为平地，高差改正数按各测段长度比例分配：用公式 $\Delta h_i=-\frac{f_h}{\sum L}\cdot L_i$ 计算，式中，$\sum L$ 为路线总长；L_i 为第 i 测段长度，km，$i=1,2,3,\cdots$。

(4)计算待定点的高程。

将高差观测值加上改正数即得各测段改正后高差：

$$h_{i改}=h_i+\Delta h_i \quad (i=1,2,3,4)$$

据此，即可依次推算各待定点的高程［将计算结果列入表 5-3-3 中第(6)、(7)栏］。

$$H_1=H_A+h_{1改}$$
$$H_2=H_1+h_{2改}$$
$$\vdots$$
$$H_{B(算)}=H_{B(已知)}$$

注意：改正后的高差代数和，应等于高差的理论值(H_B-H_A)，即 $\sum h_{改}=H_B-H_A$。如不相等，说明计算中有错误存在。最后推出的终点高程应与已知的高程相等。

2. 闭合水准路线计算

闭合水准路线计算方法除高差闭合差的计算有所区别外，其余与附合路线的计算完全相同(见表 5-3-4)。

表 5-3-4　四等水准测量计算表

点号	测段编号	距离(km)	往测高差(m)	返测高差(m)	往返高差不符值(mm)	高差中数(m)	改正数 v(mm)	改正后高差(m)	高程(m)
LD_{01}									50.00
	L_1	1.601 3	25.858 6	-25.858 0	0.600 0	25.858 3	0.752 0	25.859 1	
BM_1									75.86
	L_2	1.490 9	28.142 9	-28.143 3	-0.400 0	28.143 1	0.700 2	28.143 8	
BM_2									104.00
	L_3	1.113 7	-72.671 3	72.671 9	0.600 0	-72.671 6	0.523 0	-72.671 1	
BM_3									31.33
	L_4	0.970 6	1.475 4	-1.474 8	0.600 0	1.475 1	0.455 9	1.475 6	
BM_4									32.81
	L_5	0.987 7	17.191 8	-17.192 6	-0.810 0	17.192 2	0.463 9	17.192 7	
LD_{01}									50.00
Σ		6.164 2	-0.002 6	0.003 2		-0.002 9	2.895 0	0.000 0	
辅助计算	高差闭合差：$f=-2.90$ mm(以平原为例) 高差闭合差限差：$\pm 20\sqrt{L}=\pm 49.655\ 8$ mm								

3.1.3　垂直位移自动化监测设备操作方法

大坝安全自动监测系统由大坝安全监测数据自动采集系统和大坝安全监测信息管理系统两部分组成。大坝安全监测数据自动采集系统由分布在大坝现场的监测仪器、测量控制装置、中央控制装置(监控主机)、信息管理主机以及电源线路、通信媒体等部分组成。监控主机是分布式大坝安全监测自动化系统的中央节点,数据采集软件安装在监控主机上,对现场所有设备进行统一控制和管理;测量控制装置是分布式大坝安全监测自动化系统的关键设备,它能对接入系统的监测仪器进行自动测量、数据存储、数据传输等功能。

3.1.3.1　大坝安全监测数据采集系统

大坝安全监测数据采集系统一般由分布在大坝现场的各类传感器(测点)、测量控制装置(MCU)、中央控制装置(CCU)和配套软件、电缆及通信设施等组成。测控装置放置在监测仪器附近,通过电缆实现对监测仪器的自动采集。测控装置内各仪器测量模块自带 CPU,独立并行工作。对所接入的仪器按照中央控制装置的命令或预先设定的时间进行自动控制、测量,并就地转换为数字量暂存在测量模块内,向监控主机自报或根据监控主机的命令向主机传送所测数据。

1. 测控装置(MCU)

测控装置是大坝安全监测自动化系统的关键设备,是分布式数据采集网络的节点装置。用于系统中各种类型监测仪器(传感器)的数据测量、存储和传输,安装在监测仪器附近。

测控装置由智能数据采集模块、电源模块、人工比测模块、防雷模块、进口密封机箱等部件组成,各数据采集智能模块均有 CPU、时钟电路、数据存储电路、数据通信电路、接口转换电路、测量电路等,可对水工建筑物及岩土工程的变形等项目进行自动监测。

2. 智能数据采集模块

智能数据采集模块的种类、可接入的仪器类型和数量见表 5-3-5。

表 5-3-5　智能数据采集模块统计表

序号	名称	型号	通道数	备注
1	差阻式仪器采集模块	R16M	16	4/5 芯差阻式仪器或温度计
2	振弦式仪器采集模块	V16M	16	各类振弦式仪器
3	步进式仪器采集模块	S1/4M	1/4	步进电机式垂线坐标仪或引张线仪
4	标准信号仪器采集模块	E16M	16	各类电压、电流量输出仪器

数据采集模块分为系统主电路和测量电路两部分,主电路包含电源电路、中央微处理器 CPU、数据存储电路 RAM、时钟电路、键盘显示接口电路、通信电路、看门狗电路等;测量电路包含与传感器的接口选通电路、控制电路和测量电路。

模块采用单板结构设计,隔离技术,CMOS 集成芯片,具有智能化程度高、功耗低、抗干扰能力强、测量精度高、可靠性好的特点,对于不同类型的传感器均有相对应的测量电路。测量模块电路的原理图见图 5-3-7。

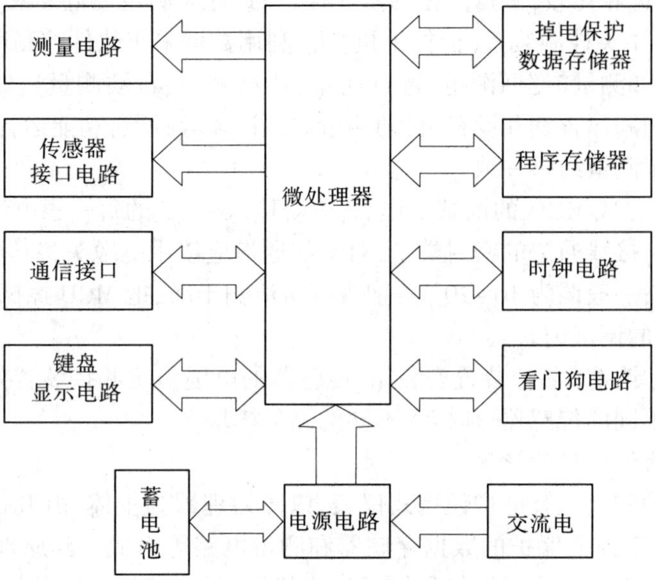

图 5-3-7　测量模块电路原理图

3. 测控装置安装

(1)按设计要求确定安装位置,安装位置要求考虑仪器接入并节约仪器电缆。

(2)为了测控装置维护方便,安装高度不超过 1.6 m,但也不能太低。根据监测站的结构安装测控装置采用悬挂安装的测控装置,也可固定在基座上。测控装置安装要求水平。

(3)将电源线、通信线和接地线接入测控装置内相应的接线柱上。将引入监测房的仪器电缆按技术设计要求,顺序接入测控装置的接线端子上,并记录仪器接入前后人工和自动化的测值,同时记录仪器编号。要求进线整齐、标记明确。

4. 测控装置调试

测控装置完成所有的接线后就可以开始调试,其步骤如下:

(1)设置。首先用小键盘完成测控装置的地址、测点类型、测点数量的设置,具体设置详见小键盘的使用。一般根据测控装置的位置从左到右、从近到远按顺序设置数据采集模块的地址,便于查找。其次根据接入传感器的排列顺序,确定每支仪器在数据采集模块内的编号。

(2)通信检查。MCU 的通信线接完后,在数据采集计算机上可用数据采集软件或超级终端进行通信调试,确保每一个模块通信正常。

(3)自检。在自检命令中所有模块均对其 RAM、ROM、时钟等电路的自检;测量 MCU 内的蓄电池的电压、充电电压和模块上的温度,检测各测量模块的类型、接入监测仪器的数量以及该模块的工作情况;测量差动电阻式模块(R16M、H3M 等)中的两个串联的 50 Ω 高精度电阻的电阻值、电阻比和芯线电阻,以检验模块的测量电路是否正常。

(4)测量。在 MCU 处先用小键盘对每一支仪器进行测量,确定仪器测量正常,记录测量数据;同时通过人工比测接口,利用便携式测量仪表对接入 MCU 的仪器进行测量,并与 MCU 测量的数据相比较,测量数据的重复性、一致性应满足规范要求。

(5)联调。在中央控制装置(监控主机)上,利用数据采集软件控制所有测控装置,进行所有功能检查,如测量(巡回测量、选点测量、选箱测量、自动测量)、时间查询和设置、定时自动测量时间间隔查询和设置、自动测量数据读取等,所有功能运行正常、可靠,自动化测量结果与人工测量结果一致。

(6)整理。在完成 MCU 的调试工作后,应对接入 MCU 的每一根电缆做好标记,顺序整理好;拧紧 MCU 接线通道的密封端子,对空的通道应该用电缆头将其堵死;调好加热电阻,使其正常工作,一般调为 10~20 ℃;把观测房清扫干净,把 MCU 擦拭干净并用专用钥匙锁好;做好相关的调试记录。

(7)仪器测值定义。测控装置安装完,传感器的电缆引至测控装置处,即可开始传感器的接线。对于不同的传感器,须接入不同的测量模块。

5. 振弦式仪器检测仪的使用

振弦式仪器检测仪是智能型便携式仪表,以微处理器为主体,由 RS232 接口、液晶显示器及其驱动器、带掉电保护的数据存储器和测量电路等组成。其原理框图见图 5-3-8。该检测仪先用激振电路产生激振信号给振弦式仪器激振,然后再对仪器产生的频率信号进行滤波、放大、采样,测量仪器的周期换算成仪器的读数($F^2/1\ 000$)。对有测温的仪器测量仪器的温度电阻,换算成温度。

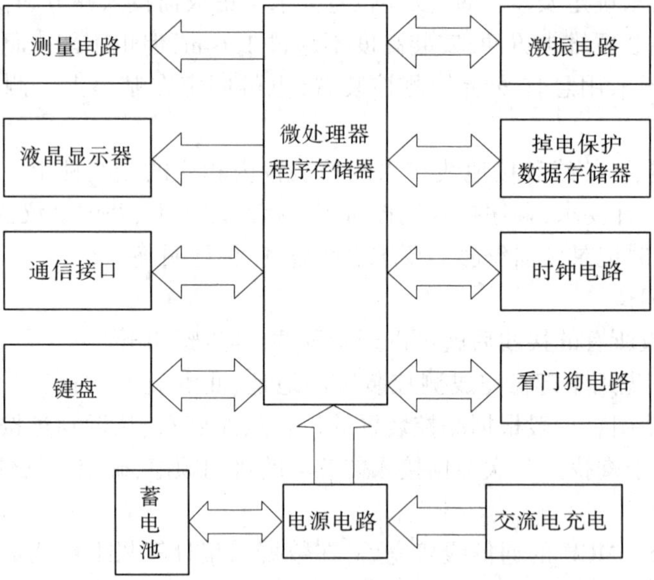

图 5-3-8　振弦式仪器检测仪原理框图

(1)与仪器连接。振弦式仪器检测仪有四个接线柱,标记为黑、红、绿、白,黑红与传感器的线圈导线相连,绿白与传感器的温度电阻导线相连。

(2)与计算机通信。振弦式仪器检测仪随机配有专用通信线和采集软件,通信线一端与计算机串口相连,一端与检测仪相连,运行专用采集软件,按照菜单提示操作即可将检测仪内存储的数据传输到计算机中,可进行数据浏览、存储、打印等。

(3)充电。振弦式仪器检测仪随机配有专用充电线,把电源插头插入电源插座,另一插头插入检测仪电源插孔,充电时间约 15 h。

6. 差阻式仪器检测仪的使用

差阻式仪器检测仪用于测量四芯或五芯差动电阻式仪器的电阻、电阻比、芯线电阻及埋入式铜电阻温度计的温度电阻。以微处理器为主体,由 RS232 接口、液晶显示器及其驱动器、带掉电保护的数据存储器和测量电路等组成。其原理框图见图 5-3-9。仪表采用高稳定的稳压电源给传感器供电,将非电量转换成电量,然后由高输入阻抗的 V/F 转换器将电量转换成数字量的方式工作,有效地消除了传感器的长导线电阻及芯线变差的影响。

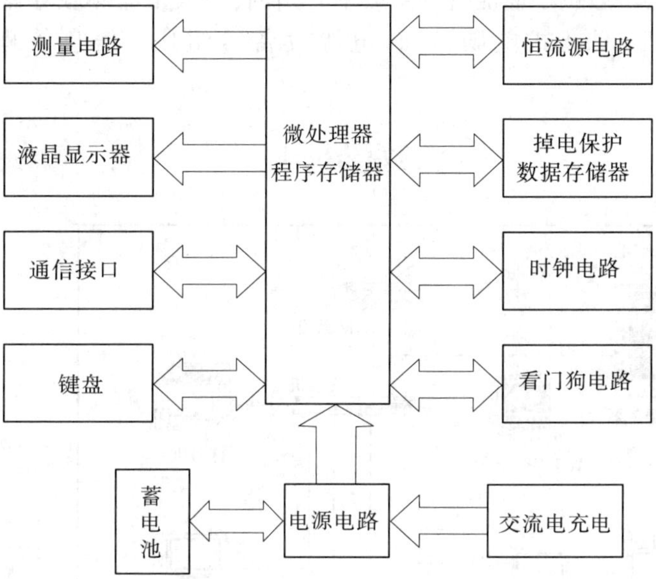

图 5-3-9　差阻式仪器原理框图

(1)与仪器连接。仪器接线:差阻式仪器检测仪有五个接线柱,标记为蓝、黑、红、绿、白,根据仪器芯线的颜色,接到相对应的接线柱上。其中 R_1、R_2、R_t 为传感器钢丝电阻,$r_{蓝}$ ~ $r_{白}$ 分别为长电缆芯线电阻。

切换装置连接:用随机带的通信控制线(一端为 9 针插头,一端为 10 芯插头)与 RUS 型自动切换装置连接,9 针一端与本仪表 9 针插座相连,10 芯一端与 RUS 型自动切换装置的插座连接,将该装置的信号线按芯线颜色与本仪表的接线柱相连接即可。

(2)与计算机通信。检测仪随机配有专用通信线和采集软件,通信线一端与计算机串口相连,一端与检测仪相连,运行专用采集软件,按照菜单提示操作即可将检测仪内存储的数据传输到计算机中,可进行数据浏览、存储、打印等。

(3)充电。检测仪随机配有专用充电线,把电源插头插入电源插座,另一插头插入检测仪电源插孔,充电时间约 15 h。

3.1.3.2 大坝安全监测信息管理系统

大坝安全监测信息管理系统由监控主机、管理主机(工作站)、服务器等构成安全管理监测局域网,对外可以与其他局域网和广域网互联。管理主机用于安装大坝安全信息管理软件和资料分析软件,同时作为监控主机的备用;异地的上级有关管理部门可在任何时间透明地监控远端的自动化监测系统,完成操作者所希望进行的各种操作。其监控管理系统为多任务网络运行方式,Windows XP/NT 图形操作环境,人机接口以图形界面方式实现。操作者只需按图形窗口所提示的菜单或按钮进行操作即可实现操作控制和功能调用,操作极为方便、简捷。

安全监测自动化系统采用分层分布式的网络结构,即包括测站层的现场网络和信息管理中心的计算机网络。

1. 信息管理中心组网方式

信息管理中心一般位于监测管理室或中心站内,一般由监测服务器、监测工作站、网络交换机、打印机、便携式电脑、UPS 电源设备等组成。信息管理中心网络结构如图 5-3-10 所示。

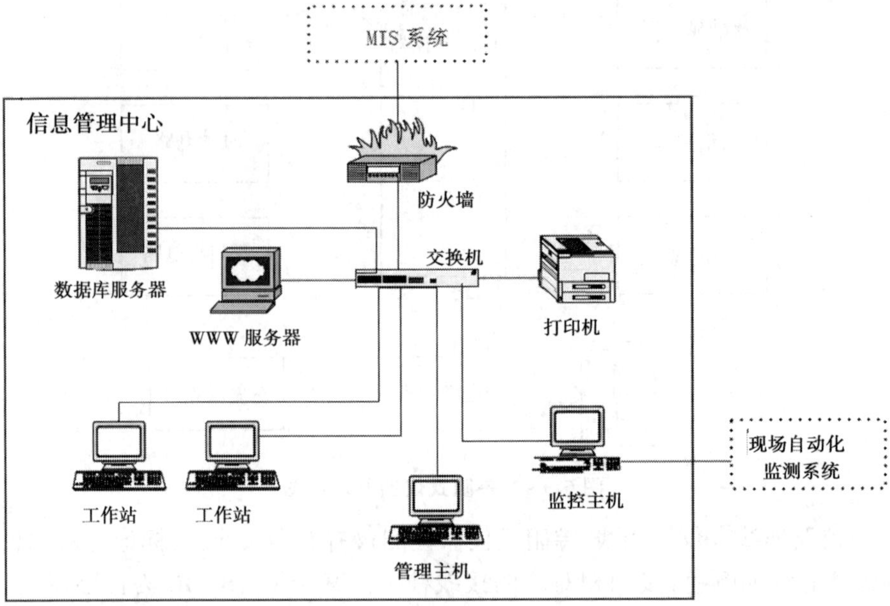

图 5-3-10 信息管理中心网络结构图

监测数据、系统参数和其他信息资料存放在数据库中,数据库运行在监测服务器上以实现资源共享;监测工作站作为前端用户访问和处理数据库中的数据。除系统管理员可以直接在监测服务器上对系统进行参数设置、数据库管理等操作外,其他操作人员通过权限设置在监测工作站对监测自动化系统进行数据的查询、监视等操作。

2. 现场测站组网方式

现场测站层由各测点传感器和测量控制装置(MCU)组成。大型工程测站层可能包括若干个现场网络,各现场网络具有相对的独立性,可以单独运行,分别进行管理,又可由信息管理中心统一管理,以满足各建筑物施工期及运行期的安全监测要求。现场网络与监测中心的通信通过水电站或水库的通信干线(串行网关)和网络交换机实现。现场网络内通信介质可采用光缆或屏蔽双绞线(或二者混用);距离较远的数据测控装置(MCU)也可通过无线通信装置或其他通信方式接入现场网络。

3.1.3.3 系统运行要求

(1)MCU运行的要求如下:①MCU的内配蓄电池应接通,使之处于浮充状态;②MCU的系统工作电源(220 V AC 50 Hz)和系统加热电源(220 V AC 50 Hz)应正常工作;③MCU应接入RS422通信总线;④MCU电源和通信应接入防雷器;⑤MCU箱门应关紧;⑥MCU的接地应正确、可靠。

(2)CCU运行的要求如下:①UPS应正常工作,正确接入CCU;②CCU向各MCU不间断提供稳定可靠的系统工作电源(220 V AC 50 Hz)和系统加热电源(220 V AC 50 Hz);③CCU的工作环境:温度10~30 ℃,湿度<75%;④CCU中的工控机要求专机专用;⑤CCU的接地应正确、可靠。

3.1.3.4 系统运行操作

1. CCU控制运行操作

(1)每周二次自动化监测系统巡测,可采取中央控制方式,也可采用自动控制方式运行。每周施测时间如无特殊情况应固定不变。

(2)在汛期高水位,低温高水位,以及某些部位出现异常等情况下,可根据有关要求加密测次并采取自动控制方式运行。

(3)正常情况下,CCU处于工作状态,显示器可以关掉运行。

2. 中心站主机远程控制CCU运行操作

(1)MCU的RS422通信总线接入CCU的RS485通信卡的1口。

(2)CCU的RS422通信总线一端接入CCU的RS485通信卡的2口,另一端接入主机的RS485通信卡的1口。

(3)CCU向各MCU提供正常的系统工作电源(220 V AC 50 Hz)和系统加热电源(220 V AC 50 Hz)。

(4)CCU运行大坝安全监测数据采集系统软件。

(5)主机运行大坝安全信息管理系统,在主机上即可进行远控自动化数据采集。

(6)测量完毕后,逐级退出系统,再关机。

3. 主机直接远程控制各MCU测量的操作

(1)CCU的RS422通信总线一端通过总线驱动器接入MCU的RS422通信总线的另一端,另一端接入主机的RS485通信卡的1口。

(2)CCU向各MCU提供正常的系统工作电源(220 V AC 50 Hz)和系统加热电源(220 V AC 50 Hz)。

(3)主机运行“大坝安全监测数据采集系统软件”。

(4)进行远控自动化数据采集,具体操作详见相应的《大坝安全监测数据采集系统软件操作手册》。

(5)测量完毕后,逐级退出系统,再关机。

3.1.3.5 大坝安全监测自动化系统维护

1. 巡视维护频次

每3个月对主要自动化监测设施进行一次巡视检查,汛前应进行一次全面检查,每一个月校正一次系统时钟。每半年对自动化系统的部分或全部测点进行1次人工比测。

2. 定期维护步骤

对系统内的监测仪器、监测仪器配套装置、连接电缆、MCU、防雷器、总线电缆、电源、CCU、主机、消防设备逐一检查。对以上各个环节的不正常或损坏进行记录。

3.1.4 垂直位移监测设施检查与维护

3.1.4.1 垂直位移基点、测点

水工建筑物及其基础在自重、上下游水压力、温度等因素的影响下,会产生垂直方向的位移变形,在枢纽上下游一定范围的地壳,也受其影响产生形变。监测点是垂直位移监测点的简称,布设在被监测建(构)筑物上。布设时,要使其位于建(构)筑物的特征点上,能充分反映建(构)筑物的沉降变形情况,点位应当避开障碍物,便于观测和长期保护,标志应稳固,不影响建(构)筑物的美观和使用,还要考虑建(构)筑物基础地质、建筑结构、应力分布等,对重要和薄弱部位应该适当增加监测点的数目。

(1)垂直位移测点应建有可靠的保护设施。冰冻区应深入冰冻线以下,并应采取措施防止雨水冲刷、护坡块体挤压和人为碰撞。

(2)应巡查变形监测控制网和表面变形测点、基准点状况。巡查内容包括:观测道路是否通畅,基点周围是否有开挖、动土、爆破现象,保持基点的稳定性。网点、基准点或测点及其保护装置是否缺损,测量视线是否通视,发现问题及时处置。每年检查频次不低于一次。

(3)垂直位移测点应与坝体牢固结合,应经常或定期进行检查、维护。如有破损、松动现象,应及时修复。

(4)检查双金属标装置管体变形、测点装置变形及其与金属管连接、金属管锈蚀等情况,发现问题应及时处理。检查处理双金属标仪底座与端点混凝土基座的固定情况,发现松动应及时加固。定期校验双金属标仪或进行比测。双金属标应每年检查一次。

(5)设置在现场的所有监测设备、设施,均应在其适当位置,明显标出其编号。

(6)所有基点和监测点,均应有考证表和总体布置图。

(7)水准基点应定期校测。变形监测控制网复测后,应对各网点进行稳定性分析,并综合评价网的整体稳定性。对于稳定性差的网点,应根据实际情况,采取加固、重建等措施;对整体稳定性差的网,应重新设计。

3.1.4.2 水准尺、尺垫

水准尺应定期检查和测定,具体如下:

(1)标尺的检视。一般检视标尺有无凹陷、裂缝、损伤、划痕、脱漆等现象,标尺刻划线是否清晰,有无异常伤痕。

(2)水准尺上圆水准器的检校。可在50 m远处安置水准标尺,使标尺中线与望远镜

竖丝重合,若水准尺圆气泡偏离中心,用改针将水准尺气泡调整至中央。然后将水准标尺旋转180°,使标尺中线与望远镜竖丝重合,若气泡居中,表明标尺面已垂直,否则应对水准仪十字丝进行检校。如此,旋转水准标尺90°,重复上述方法,以检查标尺侧面是否垂直。

(3)水准标尺弯曲差的测定。在标尺两端引张一细直线,在标尺尺面的两端及中央分别量取分划面至此细直线的距离。中间测值与两端均值的差值不得大于8 mm,否则应对标尺长度进行改正。

(4)一对水准标尺零点不等差及基辅分划读数差的测定。在距离水准仪20~30 m的等距离处打下三个尺桩,桩顶间高差约20 cm。分别在三个尺桩上依次安置一对标尺,每次分别读取基辅分划三次,共测三个测回。分别计算每根标尺基辅分划所有读数的中数。两标尺基本分划读数中数的差作为一对标尺零点不等差;每一根标尺基本分划的中数与辅助分划读数的中数的差,即为每一标尺基辅分划读数差。

(5)此外,还应进行一对标尺名义米长的测定和标尺分米分划误差的测定。

水准尺与标杆在施测时均应由测量工认真扶好,使其竖直,切不可将尺自立或靠立。水准尺与标杆一般均为木制或铝制,使用及存放时均应注意防水、防潮和防变形,尺面刻划与漆皮应精心保护,以保持其鲜明、清晰。

检查尺垫时,应注意其外观是否完整,特别是顶部半圆形标芯是否受到过撞击、有无破损、形态是否完好,用螺丝连接的标芯应连接牢固、无松动。检查尺垫有无裂纹、破损,三只尖脚应完整无缺。

3.1.4.3　水准仪

1.测量仪表检查保养的要求

(1)检查测量仪表电源的工作状态,并按照使用说明书保养仪表电池。在充电和使用电池之前,一定要先阅读电池安全和环境信息。严格按照说明书对电池进行充电和维护。

(2)检查测量仪表防尘、防水、防摔措施,保持测量仪表机壳和面板清洁。如果仪器在潮湿的天气中使用过,将仪器放入室内,应从仪器箱中取出仪器使之自然晾干。清洁仪器时一定要非常小心,尤其是在清洁仪器镜头和反射器的时候,不要用粗糙不干净的布和较硬的纸去清洁,可使用抗静电镜头纸、棉花块或者镜头刷来清洁仪器。出现影响观测的灰尘时,可用软毛刷轻轻拂去,也可用专用擦镜布或丝绒软巾揩擦,切勿用手指接触镜片。施测完毕后,应将各部分揩擦干净,特别是水气应妥善擦干,装入仪器箱内的仪器和脚架均应收藏在干燥通风、无酸性和腐蚀性挥发物的房间内。水准仪在被雨水淋湿后,切勿开机使用,应用干净软布擦拭干后放在通风处存放一段时间。

(3)测量仪表发生故障时,宜由专业人员维修。仪器设施故障原因比较复杂,一般工程运行管理单位人员难以全面掌握,可汇报并通知仪器安装埋设单位或仪器厂商予以解决,避免由于仪器、仪表或传感器损坏导致的监测中断。

2.水准仪维护要求

测量仪表维护内容包括定期进行准确性测试和自检以及仪器检定、校准。其中,准确性测试和自检频次不低于每季一次,可由工程运行管理单位实施;仪器检定、校准应送法定计量检定单位进行,并在检定和校准的有效期内使用,频次不低于每年一次。水准仪的日常维护主要包括以下项目。

1)水准仪的检视

仪器使用前后,应检查其外观是否清洁,有无碰伤、划痕、污点、脱胶、镀膜脱落等现象;检查望远镜视场呈像是否明亮、清晰、均匀、调焦性能是否正常,若距离 100~150 m 的标尺分划呈像模糊,则此望远镜不能使用;检查仪器密封性能是否良好,通过目镜观察望远镜内部是否有雾化、结露、霉斑等现象;检查仪器的制动机构能否有效发挥作用,转动微动机构运转是否平稳、灵活,各部件有无松动、失调、明显晃动,螺纹是否完整、磨损等。转动部分发生阻滞不灵的情况,应立即检查原因,在原因未弄清之前切勿过重用力扭转,以防损坏仪器结构或构件;检查自平水准仪的补偿器是否正常,有无粘摆现象;检查仪器的部件和附件以及备用零件是否齐全。电子水准仪还应检查功能键是否有效、操作是否舒适灵敏,接线柱是否牢固、显示是否清晰完整等。

2)水准仪上概略水准器的检校

用脚螺旋将概略水准气泡调整至中央,然后旋转仪器 180°,此时若气泡偏离中央,则用水准器改正螺丝改正其偏差的一半,用脚螺旋改正另一半,以使气泡回到中央。如此反复校验,直到仪器无论转在任何方向,气泡中心始终位于中央时为止。水准仪每次使用前均应进行概略水准气泡的检校。

3)气泡式水准仪交叉误差的检校

水准仪的水准管轴与视准轴是空间的两直线,投影在水平面上的夹角称为交叉误差。

选择平坦场地,在距标尺约 50 m 处安置仪器,并使水准仪一个脚螺旋位于望远镜至标尺的视准面内。将仪器整平后,照准标尺读数,然后将望远镜至标尺视准面侧方一脚螺旋转动两周,将仪器向侧方倾斜,同时将另一侧方向脚螺旋反方向转动,使原有标尺读数保持不变,观察气泡两端是否仍符合或互相偏离若干距离。然后反向转动两侧的脚螺旋,使其在原有读数保持不变的情况下,气泡两端恢复至符合的位置。同样,按这种办法操作,使仪器向另一方倾斜,并观察原有读数保持不变的情况下,气泡两端是否仍符合或互相离开若干距离。在上述仪器向两侧倾斜的情况下,若气泡两端保持符合或同向离开相同距离,则表示无交叉误差;若两端异向离开,则表示不能满足,异向离开大于 2 cm 时,应进行校正。校正时,将水准器侧方的一改正螺丝放松,另一侧方改正螺丝拧紧,使水准器向左、右移动至气泡两端恢复符合为止。

4)i 角的检校

水准仪的水准管轴与视准轴是空间的两直线,投影在铅垂面上所形成的夹角称为 i 角误差,i 角误差直接影响水准观测值的准确性。

(1)准备。在一平坦场地上用钢卷尺依次量取一直线 I_1ABI_2 或 AI_1I_2B 或 AI_1BI_2,其中 I_1、I_2 为安置仪器处,A、B 为立标尺处。在线段 I_1ABI_2 上使 $I_1A=BI_2$;在线段 AI_1I_2B 上,使 $AI_1=I_2B$;在线段 AI_1BI_2 上,使 $AI_1=I_1B$。设 $D_1=BI_2$,$D_2=AI_2$,使近标尺距离 D_1 为 5~7 m,远标尺距离 D_2 为 40~50 m。分别在 A、B 处各打一尺桩,如图 5-3-11。

(2)观测方法。在 I_1、I_2 处先后安置仪器,仔细整平仪器后,分别在 A、B 标尺上各照准读基本分划四次。

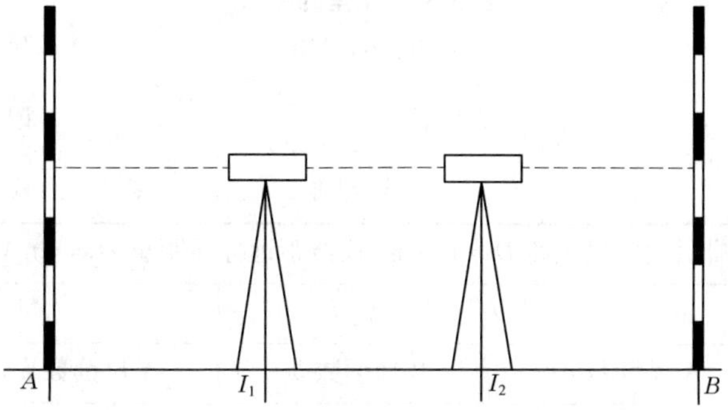

图 5-3-11　水准仪 i 角检验

(3)计算方法。i 角按式(5-3-8)计算：

$$i=\Delta\rho/(D_2-D_1)-1.61\times10^{-5}\times(D_1+D_2) \tag{5-3-8}$$

且：

$$\Delta=\begin{cases}[(a_2-b_2)-(a_1-b_1)]/2 & (\text{按 } I_1ABI_2 \text{ 或 } AI_1I_2B \text{ 设站时})\\(a_2-b_2)-(a_1-b_1) & (\text{按 } AI_1BI_2 \text{ 设站时})\end{cases}$$

式中　i——i 角值,(″)；

ρ——206 265,(″)；

a_2——在 I_2 处观测 A 标尺的读数平均值,mm；

b_2——在 I_2 处观测 B 标尺的读数平均值,mm；

a_1——在 I_1 处观测 A 标尺的读数平均值,mm；

b_1——在 I_1 处观测 B 标尺的读数平均值,mm；

D_1——仪器距近标尺距离,mm；

D_2——仪器距远标尺距离,mm。

3. 校正

对于 i 角大于 20″的仪器应进行校正。对于自动安平水准仪,应送有关修理部门进行校正。对于气泡式水准仪,按下述方法校正。

在 I_2 处,用倾斜螺旋将望远镜视线对准 A 标尺上应有的正确读数 a_2',a_2'按式(5-3-9)计算：

$$a_2'=a_2-\frac{\Delta\cdot D_2}{D_2-D_1} \tag{5-3-9}$$

然后校正水准器改正螺丝使气泡居中。校正后将仪器望远镜对准 B 标尺读数 b_2',b_2'应按式(5-3-10)计算：

$$b_2'=b_2-\frac{\Delta\cdot D_1}{D_2-D_1} \tag{5-3-10}$$

校正需反复进行,使 i 角合乎要求为止。

此项检验范例见表 5-3-6。

表 5-3-6　i 角的检校

仪器:DS3 80607	方法:I_1ABI_2	观测者:
日期:1989-08-05	标尺:A:0235 B:0236	记录者:
时间:9:25	呈像:清晰	检查者:

仪器距近标尺距离 $D_1=6.8$ m,仪器距远标尺距离 $D_2=40.3$ m				
仪器站	I_1		I_2	
观测次序	A 尺读数 a_1	B 尺读数 b_1	A 尺读数 a_2	B 尺读数 b_2
1	1 484	1 489	1 510	1 517
2	1 485	1 487	1 511	1 516
3	1 484	1 488	1 510	1 517
4	1 484	1 487	1 512	1 517
中数	1 484.2	1 487.8	1 510.8	1 516.8
高差 $a-b$(mm)	−3.6		−6.0	

方法:I_1ABI_2 / AI_1I_2B　　$\Delta=[(a_2-b_2)-(a_1-b_1)]/2=(-0.6+3.6)/2=-1.2(\text{mm})$

方法:AI_1BI_2　　$\Delta=(a_2-b_2)-(a_1-b_1)=-2.4(\text{mm})$

$$i=\Delta\cdot\frac{\rho}{D_2-D_1}-1.61\times10^{-5}\times(D_1+D_2)=-7.39-0.76=-8.15''$$

$$a_2'=a_2-\frac{\Delta\cdot D_2}{D_2-D_1}=\qquad b_2'=b_2-\frac{\Delta\cdot D_1}{D_2-D_1}=$$

4. 记录

测量仪表维护、检定或更换,应做详细记录,记录格式参照表 5-3-7。

表 5-3-7　测量仪表检查维护记录表

<table>
<tr><td>仪表名称</td><td></td><td>仪表编号</td><td></td><td>仪表类型</td><td></td></tr>
<tr><td>检查维护时间</td><td colspan="2">检查维护内容</td><td colspan="2">检查维护结论及处理意见</td><td>检查维护人员</td></tr>
<tr><td></td><td colspan="2"></td><td colspan="2"></td><td></td></tr>
<tr><td></td><td colspan="2"></td><td colspan="2"></td><td></td></tr>
<tr><td></td><td colspan="2"></td><td colspan="2"></td><td></td></tr>
</table>

3.2　水平位移观测与监测设施维护

3.2.1　全站仪使用方法

经纬仪视准线法一般只适用于在坝轴线为直线的大坝中测定垂直于坝轴线方向的位移量，但分析坝体的变形，有时还应测定平行于坝轴线方向的位移量。其次，在坝体上增设非固定工作基点或对个别特殊部位的观测，当采用视准线法进行观测有困难时，可采用前方交会法、导线法进行观测。随着电子仪器的推广运用，前方交会法、导线法广泛使用全站仪进行观测。

3.2.1.1　全站仪

全站仪即全站型电子速测仪（Electronic Total Station），是一种集光、机、电为一体的高技术测量仪器，集水平角、竖直角、距离（斜距、平距）、高差测量功能于一体，因其一次安置仪器就可完成该测站上全部测量工作，所以称为全站仪。全站仪包含有四大光电系统，即水平角测量系统、竖直角测量系统、水平补偿系统和测距系统，各系统通过 I/O 总线与微处理器联系起来。微处理器的主要功能是根据键盘指令进行仪器测量工作，执行测量过程中的检核和数据传输、处理、显示、存储等工作，保证整个光电测量工作有条不紊地进行。其输入输出设备是与外部设备连接的装置，以实现数据的通信和传输。全站仪广泛用于地上大型建筑和地下隧道施工等精密工程测量或变形监测领域。全站仪及配套棱镜结构如图 5-3-12、图 5-3-13 所示。

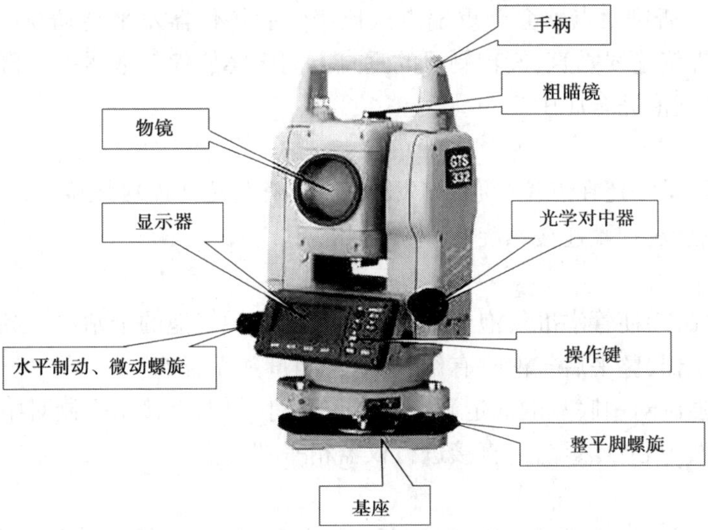

图 5-3-12　全站仪基本结构

3.2.1.2　全站仪的使用方法

1. 安置全站仪

将全站仪安置于测站,反射棱镜安置于目标点,全站仪对中及整平方法与光学经纬仪相同,共有五大步骤:对中、粗平、精平、再对中、再精平。

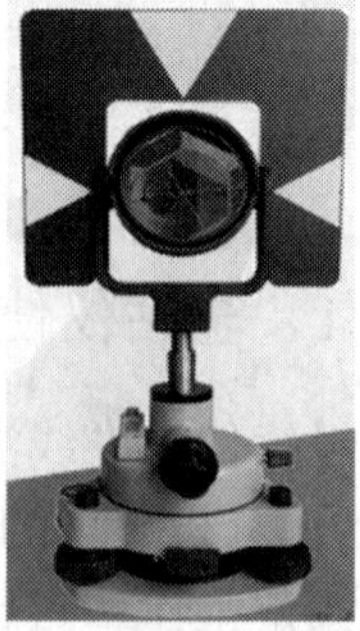

图 5-3-13　棱镜基本结构

1)对中

(1)打开脚架安置仪器。松开三脚架固定螺旋打开脚架,并将脚架提起至与肩同高,拧紧脚架固定螺旋,将脚架置于点位上方,双手握住两条脚架腿调整,使三条脚架腿呈等边三角形,点位处于三角形正中,并使架头大致水平。取出全站仪置于架头上,用连接螺栓固定。

(2)对中。对于使用光学对点器的全站仪,调整对点器对光螺旋以看清点位,双手握住脚架慢慢移动,使对点器中心基本对准点位中心;使用激光对点器的全站仪,通过操作面板打开激光对点器,双手移动脚架,使激光对点器的光斑基本对准地面点位中心。通过调整脚螺旋或者平移仪器使对点器中心与地面点中心精确重合。

2)粗平

根据圆气泡所在位置确定应该升高或降低哪个架腿。大拇指压在活动架腿顶端,其余四指抓紧固定大腿,松开架腿固定螺旋,升降调整架腿高度,使圆气泡居中,拧紧架腿固定螺旋。调整时,只需调节近身体一侧的两个脚架即可。

3)精平

水平转动仪器,将管水准器与任意两个脚螺旋连线平行,调整气泡居中,注意脚螺旋转动不超过 90°,否则对点器会严重偏离点位。然后将仪器水平转动 90°,使管水准器与刚才的两个脚螺旋连线垂直,旋转剩下的垂直方向脚螺旋使气泡居中。再返回 90 °,重复检查调整,直至气泡完全居中。

4)再对中

检查对点器是否还在点位中心,如发生偏移,稍微松开连接螺旋,轻轻移动仪器使对点器精确对准点位,拧紧连接螺旋。

5)再精平

重复精平操作,使管水准气泡严格居中。使用电子气泡的全站仪,方法与之相近。仪器具有双轴补偿器,整平后气泡略有偏差,但对测量并无影响。

在安装有强制对中底盘的固定测墩安置仪器时,仪器直接与强制对中底盘连接固定,仪器中心与测站中心自然重合,直接进行仪器精平即可。

2. 开机

打开电源开关(按下 POWER 键),显示器显示当前的棱镜常数和气象改正数及电源电压。如电量不足,应及时更换电池。

3. 仪器自检

转动照准部和望远镜各一周,对仪器水平度盘和竖直度盘进行初始化(有的仪器无须初始化)。

4. 设置参数

通过仪器键盘可以输入操作指令、数据和设置参数。棱镜常数的检查与设置：检查仪器设置的常数是否与仪器出厂时给定的常数或检定后的常数一致，不一致时应予以改正。气象改正参数设置：可直接输入气象参数（环境气温 t 与气压 p），或从随机所带的气象改正表中查取改正参数，还可利用公式计算，然后再输入气象改正参数。

5. 进行角度、距离、坐标测量

在标准测量状态下，角度测量模式、斜距测量模式、平距测量模式和坐标测量模式之间可互相切换。全站仪精确照准目标后，通过不同测量模式之间的切换，可得到所需的观测值。

6. 照准、测量

方向测量时应照准标杆或觇牌中心，距离测量时应瞄准反射棱镜中心，按测量键显示水平角、竖直角和斜距，或显示水平角、水平距离和高差。

7. 结束

测量完成，关机。

3.2.1.3　角度测量

与光学经纬仪比较，全站仪可将光学度盘换为光电扫描度盘，将人工光学测微读数代之以自动记录和显示读数，使测角操作简单化，且可避免读数误差的产生。水平角和竖直角测量按以下步骤进行：

(1) 按角度测量键，使全站仪处于角度测量模式，全站仪显示相应所需的水平角、竖直角界面，照准第一个目标 A（见图 5-3-14）。

(2) 水平角测量时，设置 A 方向的水平度盘读数为 00° 00′ 00″。

(3) 顺时针旋转照准部，瞄准右侧目标 B，此时显示的水平度盘读数即为两方向间的水平夹角。

(4) 同样方法进行盘右观测。

(5) 如果测竖直角，可在读取水平度盘的同时读取竖盘的显示读数。

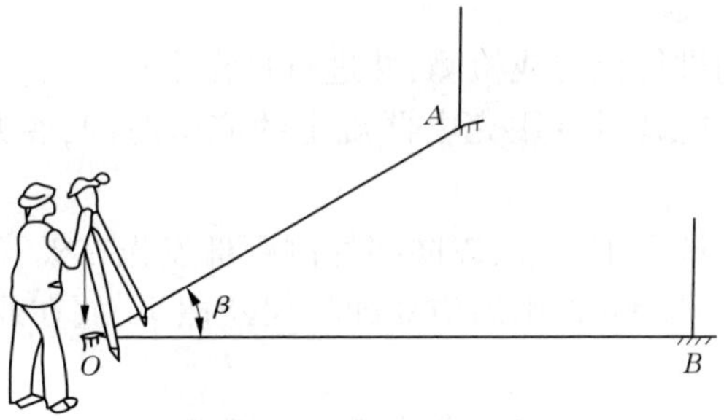

图 5-3-14　水平角观测

3.2.1.4　距离测量

(1) 设置棱镜常数。测距前须将棱镜常数输入仪器中，仪器会自动对所测距离进行改正。

(2) 设置大气改正值或气温、气压值。光在大气中的传播速度会随大气的温度和气压而变化,15 ℃和 760 mmHg 是仪器设置的一个标准值,此时的大气改正为 0 ppm(1 ppm = 1×10^{-6})。实测时,可输入温度和气压值,全站仪会自动计算大气改正值(也可直接输入大气改正值),并对测距结果进行改正。

(3)量仪器高、棱镜高并输入全站仪。由于全站仪直接测量的值是仪器横轴中心至棱镜中心的距离,而需显示的成果是测站标点顶面中心至测点顶面中心之间的距离(斜距、平距),因此需输入仪器高和棱镜高进行距离改正。

(4)距离测量。照准目标棱镜中心,按测距键,距离测量开始,测距完成时显示斜距、平距、高差。

3.2.1.5 坐标测量

进行坐标测量时,仪器设置涵盖了距离测量的操作设置,同时增加坐标测量所需的设置。

(1)设定测站点的坐标。如需同时测定测点的高程,则可增加测站高程设置。

(2)设定后视点的坐标或设定后视方向的水平度盘读数为其方位角。当设定后视点的坐标时,全站仪会自动计算后视方向的方位角,并设定后视方向的水平度盘读数为其方位角。

(3)设置棱镜常数。

(4)设置大气改正值或气温、气压值。

(5)量仪器高、棱镜高并输入全站仪。

(6)照准目标棱镜,按坐标测量键,全站仪开始测距并计算显示测点的坐标。

3.2.1.6 注意事项

(1)使用前应先阅读说明书,对仪器进行全面的了解,然后着重学习一些基本操作,如测角、测距、测坐标、数据存储和系统设置。

(2)全站仪安置在三脚架之前,应检查三脚架的三个伸缩螺旋是否旋紧。利用连接螺旋仪器将其固定在三脚架上之后才能放开仪器。

(3)切勿在开机状态下插拔电缆,电缆和插头应保持清洁、干燥,插头如有污物应进行清理。

(4)电子手簿应定期进行检定或检测,并进行日常维护。

(5)电池充电时间不能超过专用充电器规定的充电时间,否则可能会将电池烧坏或缩短电池的使用寿命。

(6)望远镜不能直接被太阳照准,以防损坏测距部发光二极管。

(7)仪器应保持清洁、干燥,遇雨后应立即将仪器擦干,放在通风处,待仪器完全晾干后方可装箱。

(8)凡迁站均应先关闭电源并将仪器取下装箱搬运。

3.2.2 全球定位系统使用方法

3.2.2.1 作业模式分类

全球定位系统测量的作业模式是指利用 GNSS 定位技术,确定观测站之间相对位置所采用的作业方式,它主要由 GNSS 接收设备的软件和硬件来决定。作业可采用经典静态定位、快速静态定位、准动态定位、往返式重复设站、动态定位等模式。不同的作业模式,其作业方法和观测时间亦有所不同,因此也有不同的应用范围。安全监测常用经典静态定位模式。

3.2.2.2　经典静态定位

这种作业模式采用两套(或两套以上)接收设备,分别安置在一条(或数条)基线的端点,同步观测4颗卫星1 h左右,或同步观测5颗卫星20 min左右。基线的相对定位精度可达5 mm±1 ppm×D(D为基线长度,km),其基线长度由20 km至几百千米。这种作业模式所观测过的基线边,应构成某种闭合图形(见图5-3-15),以便于观测成果的检核,提高成果的可靠性和GPS网平差后的精度。适用于建立全球性或国家级大地控制网、建立地壳运动或工程变形监测网、建立长距离检校基线等。

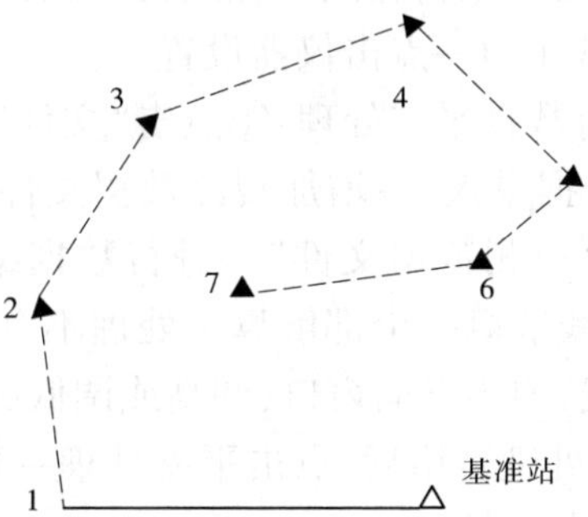

图5-3-15　准动态定位作业方法示意图

1. 外业操作

以某个单测站的操作为例:

(1)安装仪器。先把基座对中、整平,然后安装上接收天线。

安置仪器的步骤如下:在选好的观测站点上安放三脚架。注意观测站周围的环境必须符合净空条件好、远离反射源、避开电磁场干扰等观测条件。因此,安放时应尽量避免将接收机放在树荫、建筑物下,也不要在靠近接收机的地方使用对讲机、手提电话等无线电设备。

小心打开仪器箱,取出基座及对中器,将其安放在脚架上,在测点上对中、整平基座。

从仪器箱中取出接收机,将其安放在对中器上,并将其锁紧,再分别取出采集器及其托盘,将它们安装在脚架上。

测量天线高,一般要求在三个方向分别量取三次,取平均值作为测前天线高,三次读数的互差有规定,多数规范要求不超过3 mm。

用电缆连接主机与天线(如果是主机天线一体化的接收机,此步骤免除)。

(2)开机。

(3)填写外业观测手簿。包括点名、点号、观测者、日期、开机时间、天线高、时段号、同一时段的其他控制点等内容。

如果周围环境特别,比如有较多的天空障碍物,需要绘制环视图。

(4)观察接收状态。在接收机工作期间,要不定时察看,看接收机状态是否正常,特别是开机后几分钟,看数据记录指示灯是否正常。在这过程中,要防止无关人员及牲畜在仪器附近走动。观测过程中的任何异常情况都要记录在手簿中。

(5)关机。观测时间到或者收到小组长的结束观测指示后,先关闭接收机电源,然后再次量取天线高。

把关机时间及测后天线高填入手簿。

(6)收仪器。导出数据:仪器厂家都会提供数据下载软件,按照说明书操作即可。在下载数据前,应在电脑中建立专门文件夹,以便储存数据。

2. 内业处理

下面以南方测绘公司软件为例,说明内业数据处理过程。

(1)传输数据—灵锐助手传输—USB 口连电脑,打开助手工具,点击“导入采集文件”—选择存放的目标目录(注意修改传输路径,点名,时段,天线高)。

(2)修改采集间隔和高度截止角—点击仪器设置。

(3)打开数据处理软件进行数据平差处理:①点击“文件”—新建—新建项目,输入项目名称,坐标系统。②点击 “数据录入”—增加观测数据文件—坐标数据录入(增加已知点坐标)。③点击坐标菜单栏“观测数据文件”—进行数据编辑—选中数据点击鼠标右键—剔除断断续续数据。④基线解算—全部解算—处理不合格的基线为灰色,合格的红色,在网图上双击不合格的基线,弹出下面窗口,调高或调低高度截止角和历元间隔,再解算,直到方差比大于 3。⑤基线处理合格后,点击平差处理—平差参数设置—将二位平差选择下方方框的钩去掉—依次点击按钮—A—3D—2D—H(分别为自动处理、三维平差、二维平差、高程拟合)。⑥成果输出。平差报告(文本文档):可选择输出需要的内容。网平差成果:输出 Word 文档。

注意:平差过程中应实时保存。

3.2.3 垂线、引张线位移换算方法

3.2.3.1 垂线及成果计算

1. 正倒垂线系统的原理

垂线法的基准线是一条一端固定、铅直张紧、直径为 1.5~2 mm 的不锈钢丝(垂线)。它一般安装在竖井、竖管、空腔、钻孔或预留孔中,通过测出沿垂线不同高程的测点相对于垂线固定点的水平投影距离,来求算出各测点的水平位移值(见图 5-3-16)。由于沿高程的水平位移反映了观测对象挠曲情况,故也称挠度观测。

上端固定于观测对象上部或顶部、下端用重锤张紧钢丝的,称为正垂线,一般由专业竖井、垂线、悬线固定装置、重锤、垂线坐标仪和观测墩等部分组成,如图 5-3-17(a)所示;下端固定于水工混凝土建筑物底部或基岩深处(视为相对不动点)、上端用浮体装置将钢丝张紧的,称为倒垂线,一般由专业竖井、垂线、倒垂锚块、浮筒(浮体装置)、垂线坐标仪和观测墩等部分组成,如图 5-3-17(b)所示。

垂线的观测方法有两种:一点支承多点观测法和多点支承一点观测法。一点支承多点观测法是指设置一条垂线,在垂线不同高程设置多个观测点进行观测,该方法正垂线和倒垂线均适用,在工程中应用广泛;多点支承一点观测法是指在同一垂直剖面的不同高程

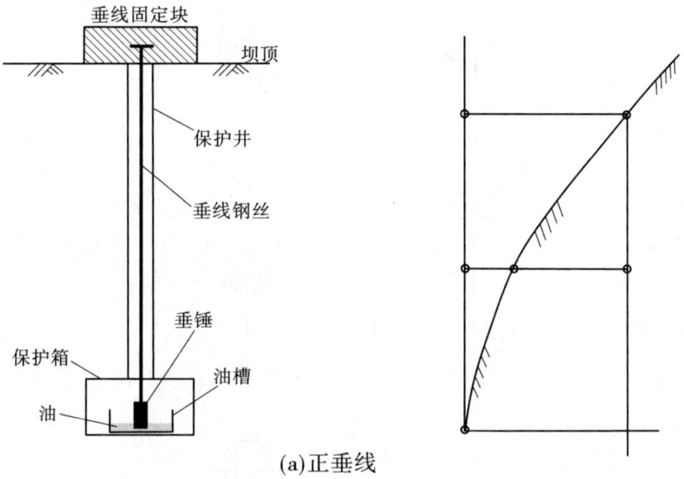

(a)正垂线

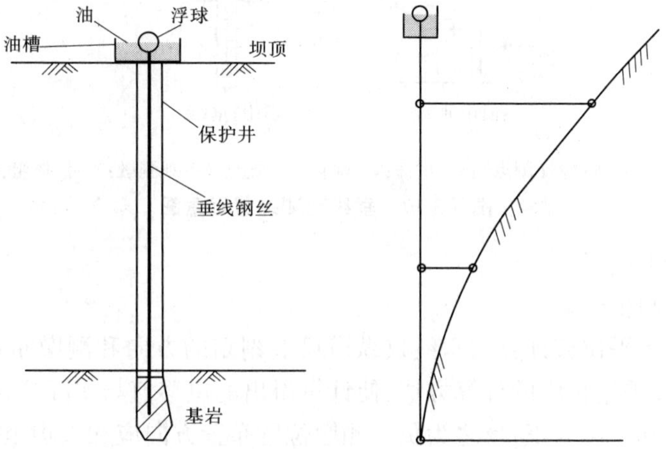

(b)倒垂线

图 5-3-16　垂线法观测原理示意图

设置悬挂点,布置多条正垂线,在同一高程对每条正垂线进行观测,该方法只适用于正垂线,目前在工程中应用较少。

在垂线观测中,由于正垂线是悬挂在本身产生位移的坝体上,只能观测与最低测点之间的相对位移,倒垂线所测得的是绝对位移。为了观测坝体的绝对位移,工程中一般正垂线和倒垂线联合使用,将倒垂线的顶部观测点与正垂线的底部观测点置于同一高程(可称为正倒垂线"关联测点"),通过倒垂线来获得正垂线最低点的绝对位移,然后将正垂线上的各观测点的相对位移转化为绝对位移。

受机械磨损和外界因素影响,光学机械式仪器零点会发生变化,若不进行改正,会给位移值计算带来偏差,因此需采取措施予以消除。零点差消除办法:首次观测前,在固定检测台上,测定仪器纵、横尺读数作为仪器首次零位。以后每次周期观测前后,也必须检测仪器零位,并计算它与首次零位之差,取前后两次零位差的平均值作为本次观测值的改正数。为保证仪器零位测定基准的一致性,首次零位测定与周期观测前后的零位检测均

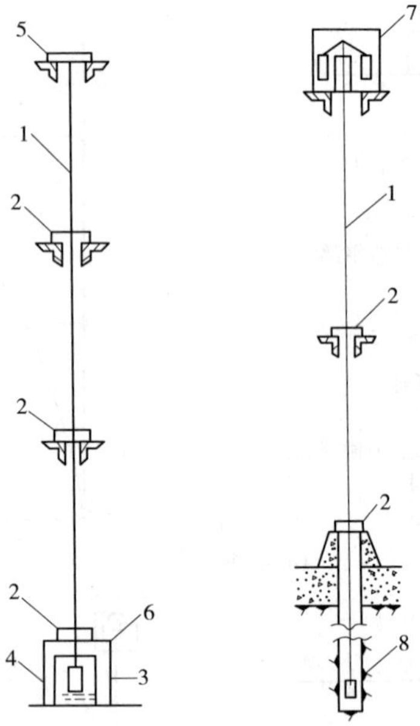

(a)正垂线　(b)倒垂线

1—垂线;2—观测仪器(测点);3—重锤;4—油箱;5—支点;6—观测墩;7—浮体组;8—锚固点

图 5-3-17　垂线观测装置示意图

应在同一检测台上进行。

2. 正倒垂线测值计算

坝体测点的水平位移计算与垂线仪纵横尺上刻划的方向和测墩布置方向有关,在计算前予以明确,并采用相应的计算方法,使计算得出的位移值与实际位移方向一致。一般规定位移向下游和左岸为正,反之为负。测墩位置布置方向应和大坝坐标系一致,也即测墩的边缘线与坝轴线平行或垂直,以便于观测值的换算。

(1)倒垂线测点位移量的计算。倒垂线测点位移量指垂线观测墩(所在部位)相对于倒垂锚固点的位移量,计算式如下:

$$\left.\begin{aligned} D_x &= K_x(X_0 - X_i) \\ D_y &= K_y(Y_0 - Y_i) \end{aligned}\right\} \tag{5-3-11}$$

式中　X_0、Y_0——倒垂线首次值,mm;

X_i、Y_i——倒垂线本次观测值,mm;

D_x、D_y——倒垂线测点位移量,mm;

K_x、K_y——位置关系系数(其值为-1 或+1),与倒垂观测墩布置位置(方向)和垂线坐标仪的标尺方向有关。

(2)正垂线测点相对位移量的计算。正垂线测点相对位移值指正垂线悬挂点相对于正垂观测墩的位移值,计算式如下:

$$\left.\begin{aligned} \delta_x &= K_x(X_i - X_0) \\ \delta_y &= K_y(Y_i - Y_0) \end{aligned}\right\} \tag{5-3-12}$$

式中　δ_x、δ_y——正垂线测点相对位移值,mm;

X_0、Y_0——正垂线首次观测值,mm;

X_i、Y_i——正垂线本次观测值,mm;

K_x、K_y——位置关系系数(其值为-1 或+1),与正垂观测墩布置位置(方向)和垂线坐标仪的标尺方向有关。

(3)正垂线悬挂点绝对位移量的计算。正垂线悬挂点绝对位移量指正垂线测点相对位移值与该测点所在测站的绝对位移值之和,计算式如下:

$$\left.\begin{aligned} D_x &= \delta_x + D_{x0} \\ D_y &= \delta_y + D_{y0} \end{aligned}\right\} \tag{5-3-13}$$

式中　D_x、D_y——正垂线悬挂点绝对位移值,mm;

δ_x、δ_y——正垂线测点相对位移值,mm;

D_{x0}、D_{y0}——测点所在测站的绝对位移量,mm。

(4)一条正垂线含多个测点,悬挂点以外测点的绝对位移量计算式如下:

$$\left.\begin{aligned} D_x &= D_{x0} - \delta_x \\ D_y &= D_{y0} - \delta_y \end{aligned}\right\} \tag{5-3-14}$$

式中　D_x、D_y———测点绝对位移量,mm;

D_{x0}、D_{y0}———悬挂点绝对位移量,mm;

δ_x、δ_y—— 测点相对位移量,mm。

3. 正倒垂线计算实例

某工程布设一倒垂线,测点编号 IP01YLY5。紧邻该倒垂线设置一条正垂线,共三个测点,编号为 PL02YLY51~PL02YLY53。观测采用的是 ZBY-3B 光学垂线坐标仪,观测员面向坐标仪时,纵尺向观测员方向读数增大,横尺向右手方向读数增大。仪器首次零位纵尺:49.46 mm;横尺:59.60 mm。本次零位纵尺(前后平均值):58.28 mm;横尺:57.29 mm。观测数据及测点布置情况见表 5-3-8。该垂线测点观测数据换算为位移值计算过程如下。

表 5-3-8　垂线测点位移计算表

测点编号	首次观测值(mm)		本次观测值(mm)		改正后测值(mm)		绝对位移(mm)		备注	观测方向
	纵尺 X	横尺 Y	纵尺 X	横尺 Y	纵尺 X	横尺 Y	D_x	D_y		
IP01YLY5	55.08	58.86	64.20	57.26	55.38	59.57	-0.30	-0.71	▽ 126.0 m	面向上游
PL02YLY52	54.99	56.58	62.93	54.23	54.11	56.54	1.22	-0.99	▽ 130.0 m	面向下游
PL02YLY51	52.80	56.66	61.05	54.54	52.23	56.85	1.53	-0.76	▽ 150.0 m	面向下游
PL02YLY53	47.10	57.54	56.16	57.63	47.34	59.94	2.10	-0.95	悬挂点▽ 162.0 m	面向左岸

(1)计算零点差改正值。零点差改正值 A=本次测前测后平均值-仪器首次零位值。即

纵尺零位改正数=58.28-49.46=8.82(mm)

横尺零位改正数=57.29-59.60=-2.31(mm)

(2)计算改正后仪器观测值。

倒垂线测点 IP01YLY5:

纵尺改正后的测值为 $Y_i = 64.20 - 8.82 = 55.38$(mm)

横尺改正后的测值为 $X_i = 57.26 - (-2.31) = 59.57$(mm)

(3)计算倒垂测墩位移值。计算倒垂线位移量时,线体不动,位移量符号反映的是测墩相对于线体位移的方向。因为该点面向上游,坐标仪纵尺向下游方向读数增大,依据式(5-3-11)计算该倒垂测点的绝对位移值。

$$D_x = 55.08 - 55.38 = -0.3\text{(mm)}$$

$$D_y = 58.86 - 59.57 = -0.71\text{(mm)}$$

(4)计算正垂线悬挂点相对位移值。计算正垂线悬挂点及测点相对位移量时,位移量符号反映的是线体相对于测墩位移的方向。本例中悬挂点位于 162 m 高程,面向左岸观测,坐标仪横尺方向与上下游位移方向平行,应以坐标仪横尺测值来计算悬挂点上、下游方向水平位移量,纵尺计算左、右岸方向位移量:

$$\delta_x = 59.94 - 57.54 = 2.4\text{(mm)}$$

$$\delta_y = 47.10 - 47.34 = -0.24\text{(mm)}$$

同理计算正垂线相对于其他测点相对位移量。以 PL02YLY52 测点为例,该点面向下游观测,应以坐标仪纵尺计算垂线相对于测墩上、下游方向水平位移量,横尺计算左、右岸方向位移:

$$\delta_x = 54.99 - 54.11 = 0.88\text{(mm)}$$

$$\delta_y = 56.58 - 56.54 = 0.04\text{(mm)}$$

(5)计算正垂线悬挂点绝对位移值。由于正垂线最低测墩与倒垂装置紧邻设置,可以认为正垂最低测墩的绝对位移量与倒垂测墩相同,这样就可以把相对于基准锚固点的绝对位移变化量传递到正垂观测墩上,再根据垂线坐标仪测读数据的变化,通过叠加手段,确定正垂悬挂点对于基准锚固点的位移变化。

$$D_x = \delta_x + D_{x0} = 2.4 + (-0.30) = 2.1\text{(mm)}$$

$$D_y = \delta_y + D_{y0} = -0.24 + (-0.71) = -0.95\text{(mm)}$$

(6)计算正垂线测点绝对位移量。依据公式可以求得点 PL02YLY52 的绝对位移量:

$$D_x = 2.1 - 0.88 = 1.22\text{(mm)}$$

$$D_y = -0.95 - 0.04 = -0.99\text{(mm)}$$

3.2.3.2 引张线测点位移换算

1.引张线计算原理

引张线法是利用两固定基准点之间拉紧的不锈钢丝作为基准线(悬链线的水平投影),测量建筑物在外界荷载作用下各测点垂直偏离于基准线的距离即得水平位移的方法。引张线由端点、测点、钢丝及测线保护管组成,一般设置在混凝土坝或砌体坝不同高程的廊道内,土石坝则设置在坡面,其端点位置通常装设在建筑物以外固定不变的地基上,也可紧靠坝体或直接设置在坝体上。

引张线装置一般设在水工大坝的观测廊道内,由端点、观测点、测线(不锈钢丝)和测线保护管组成。为解决引张线垂曲过大的问题,在其间常设置若干浮托装置。测点上的偏离值可采用读数显微镜读取标尺上的分划或通过位移传感器自动测定。假设端点是固定不动的,而各观测点上的标尺或传感器是与坝体相连的,则偏离值的变化就代表该点所代表坝段的位移值。

引张线各点位移量的计算原理如图 5-3-18 所示,计算公式见式(5-3-15)。

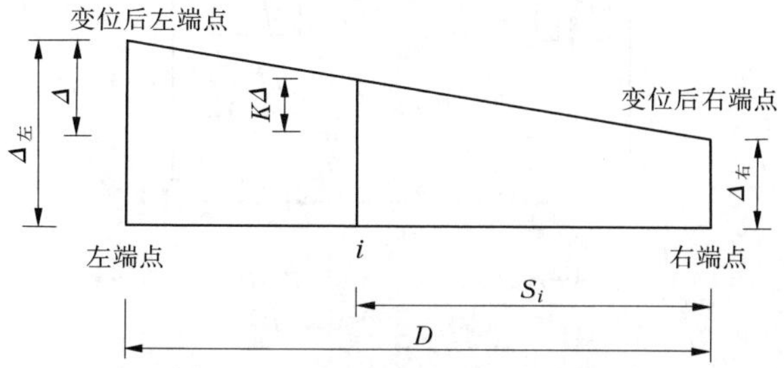

图 5-3-18　引张线测点位移计算原理

$$d_i = L + K\Delta + \Delta_{右} - L_0 \tag{5-3-15}$$

其中

$$K = S_i / D$$
$$\Delta = \Delta_{左} - \Delta_{右}$$

式中　d_i——i 点位移量,mm;

K——归化系数;

S_i——测点至右端点的距离,m;

D——准直线两工作基点间的距离,m;

Δ—— 左、右端点变化量之差,$\Delta=\Delta_{左}-\Delta_{右}$,mm;

L_0——i 点首次监测值,mm;

L——i 点本次监测值,mm。

注意:式(5-3-15)适用于标尺零点位于下游方向,若标尺零点位于上游方向,则计算公式为式(5-3-16)。

$$d_i = L_0 + K\Delta + \Delta_{右} - L \tag{5-3-16}$$

2. 端点变位测定

引张线的端点一般设在坝体上,会随坝体变形而位移。对设于坝顶的引张线,其端点变位可用视准线法或精密丈量等方法量测。设在廊道内的引张线,其端点变位一般用倒垂线观测(原理见本节)。倒垂线设置在引张线端点附近,在引张线端点基座上增设位移标心 A,在倒垂线观测墩上设置位移标心 E,如图 5-3-19 所示。

设 A、E 标心之间的距离为 s,倒垂线钢丝中心 R 至 E 的距离为 a。R 的空间位置是固定不变的。当坝体位移后,A 点和 E 点移至 A'和 E'。观测时用铟钢尺量出 A'、E'之间的距离 s',由垂线仪测出 R、E' 的距离 a',即可计算出引张线端点的位移值 Δ。由图 5-3-19 知:

$$\Delta = (s + a) - (s' + a') = (s - s') + (a - a') = \Delta s + \Delta a \tag{5-3-17}$$

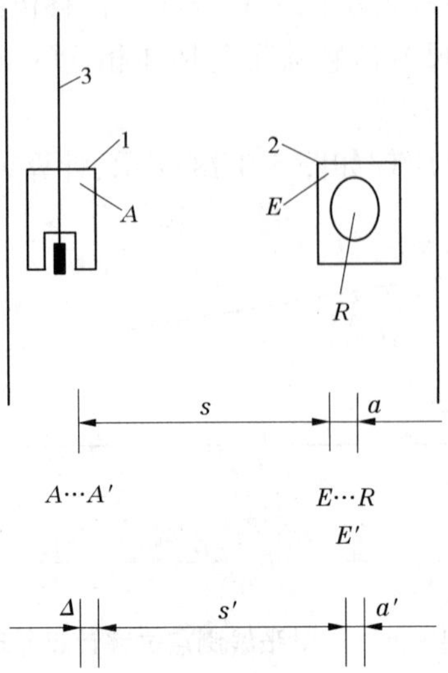

1—引张线端点基座；2—倒垂线观测墩；3—引张线；A—引张线端点位移标心；
E—倒垂线观测墩标心；R—倒垂线钢丝中心

图 5-3-19　引张线端点变位测定示意图

式中，Δs 和 Δa 的正负与 A、E、R 三点之间的相对位置有关，应根据实际情况分析确定。此外，由式(5-3-17)可知，若引张线端点与倒垂线很近，两观测墩合为一体，观测中则无 s 而只有 a，此时：

$$\Delta = a - a' = \Delta a$$

3. 引张线计算实例

某工程，引张线两工作基点的间距 $D=197$ m，引张线左端点为 B，右端点为 A，各测点距右端点间距见表 5-3-9，测点标尺零点位于下游方向，观测采用的是读数显微镜，现以测点 1 为例说明计算过程。

表 5-3-9　引张线测点位移值计算表

测点编号	测点累距(m)	首次观测值(mm)	本次观测值(mm)	累积位移(mm)	观测方向
A	0	0.00	−0.02	−0.02	
1	9	61.00	61.10	0.03	标尺零位位于下游
2	31	63.20	63.30	−0.08	标尺零位位于下游
3	55	62.50	62.70	−0.10	标尺零位位于下游
⋮					
B	197	0.00	−1.04	−1.04	

(1)计算归化系数 $K=S_i/D=9/197$。

(2)计算左、右端点变化量之差。

左端点 B 的变化量 ΔB 为 $-1.04-0=-1.04$(mm)

右端点 A 的变化量 ΔA 为 $-0.02-0=-0.02$(mm)。

$$\Delta=\Delta_{左}-\Delta_{右}=\Delta B-\Delta A=-1.04-(-0.02)=-1.02(\mathrm{mm})$$

(3) $d_i=61.10-61.00+(-1.02)\times9/197-0.02=0.03$(mm)

计算时应注意,测点距端点间距 S_i、端点变化量 Δ 的参照点应一致,一般均选取右端点为基准。

3.2.4 导线测量

3.2.4.1 全站仪观测导线和记录

(1)全站仪观测导线时,角度与边长观测可同时进行,方便快捷,精度高,提高了观测效率。以附合导线为例(见图 5-3-20),G_1、G_2、G_3、G_4 为控制点,从 G_1 点向 G_4 点方向测量,采用全站仪观测,目标为两个相同型号的棱镜。导线观测方法如下:

在控制点 G_2 上架设全站仪,按实际情况设置气温、气压等参数,精确对中、整平,并设置测量面板,包括水平角和平距测量模式 。同时将两个棱镜分别立在测站点前、后的相邻点 G_1、D_1 上。本案例的测站顺序是 G_2—D_1—D_2—D_3—G_3(见图 5-3-20),观测导线前进方向左侧的水平角(称为左角)。

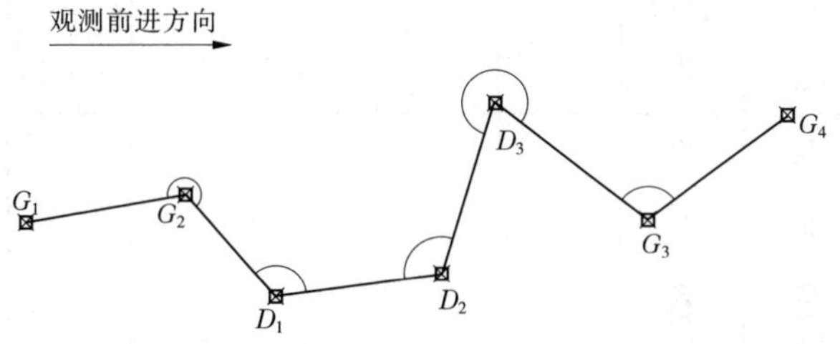

图 5-3-20　附合导线平面图

(2)全站仪盘左位照准后视点 G_1,手动将全站仪水平角置零,然后顺时针转动全站仪照准前方点 D_1,测读水平角和 G_2—D_1 边的平距,完成上半测回测量。测量时在表格相应位置做好观测数据记录。

(3)以全站仪盘右位照准前视点 D_1,测读水平角和 G_2—D_1 边的平距,然后逆时针旋转全站仪照准后视点 G_1,测读水平角,完成下半测回。测量时在表格相应位置做好记录,至此一个测回结束。依此观测方法观测第二测回(根据观测等级需要确定)。

(4)当每个测站都按要求的测回数观测完成后,就进入下一个测站,进行同样的操作。

(5)记录员应及时计算 2C 值、半测回角值、一测回角值、距离等数据。计算方法:2C 值=(盘左读数±180°)-盘右读数;上、下半测回角值=前方点读数 -后方点读数;一测回角值=上、下两个半测回的平均值。平均角值=各个测回的平均值,即水平角。距离的计算方法与水平角相同。第一测站观测完成后记录的内容如表 5-3-10 所示。

表 5-3-10　全站仪导线观测记录表

测站	测回数	照准仪	读数		2C值	半测回角值		测回角值	平均角值	距离		平均距离(m)	测点号	总平均距离(m)
			盘左(° ′ ″)	盘右(° ′ ″)		盘左(° ′ ″)	盘右(° ′ ″)	(° ′ ″)	(° ′ ″)	盘左(m)	盘右(m)			
G_2	1	G_1	0 00 00	180 00 02	−2	239 29 35	239 29 37	239 29 36.0	239 29 34.7	205.257	205.255	205.256	G_1—G_2	205.256 0
		D_1	239 29 35	59 29 39	−4					174.421	174.419	174.420		
	2	G_1	90 00 00	270 00 01	−1	239 29 34	239 29 33	239 29 33.5		205.256	205.254	205.255	G_2—D_1	
		D_1	329 29 34	149 29 34	0					174.422	174.421	174.422		
D_1	1	G_1												
		D_2												
	2	G_1												
		D_2												
D_2	1	D_1												
		D_3												
	2	D_1												
		D_3												
D_3	1	D_2												
		G_3												
	2	D_2												
		G_3												

3.2.4.2　全站仪观测导线内业计算

1. 方位角定义及计算

坐标方位角简称“方位角”亦称“方向角”，在 A 点从 x 轴正向顺时针转至 B 点的角度。正反坐标方位角的关系（见图 5-3-21）：

$$\alpha_{BA} = \alpha_{AB} \square 180^\circ \tag{5-3-18}$$

在平面直角坐标系中的运算，均采用坐标方位角。

2. 方位角与象限角的关系

（1）象限角 R 为直线在四个象限内与 x 轴的夹角，$R = 0^\circ \sim 90^\circ$

按各个象限内的坐标增量计算象限角：

$$R = \tan^{-1}\left(\frac{\Delta y}{\Delta x}\right) \tag{5-3-19}$$

（2）方位角 α 与象限角 R 的关系：

第Ⅰ象限　$\alpha = R$　（5-3-20）

第Ⅱ象限　$\alpha = 180^\circ - |R| = 180^\circ + R$　（5-3-21）

第Ⅲ象限　$\alpha = 180^\circ + R$　（5-3-22）

第Ⅳ象限　$\alpha = 360^\circ - |R| = 360^\circ + R$　（5-3-23）

3. 直角坐标与极坐标的换算

直角坐标与极坐标的换算如图 5-3-22 所示。

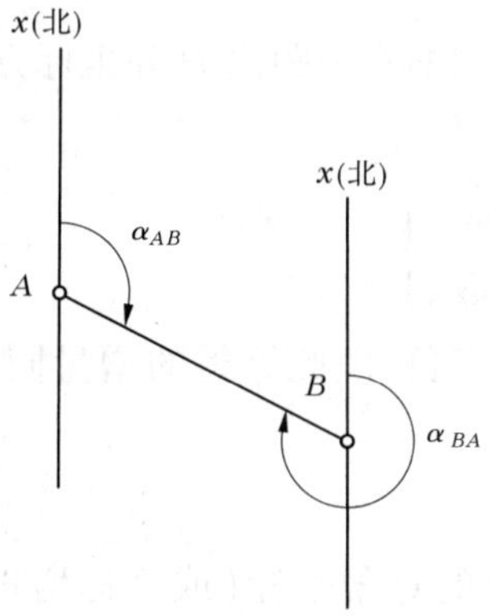

图 5-3-21　正、反坐标方位角

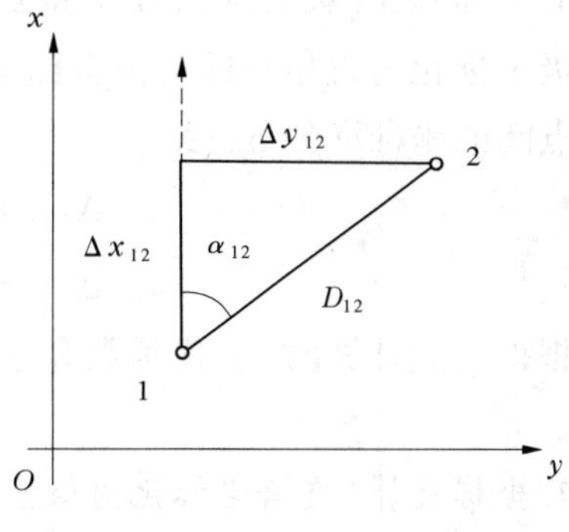

图 5-3-22　直角坐标与极坐标的关系

在坐标系中表示两个点的关系：

极坐标表示：D_{12}，α_{12}；

直角坐标表示：Δx_{12}，Δy_{12}。

直角坐标化为极坐标：

$$\left.\begin{aligned} D_{12} &= \sqrt{\Delta x_{12}^2 + \Delta y_{12}^2} \\ \alpha_{12} &= \tan^{-1}\left(\frac{\Delta y_{12}}{\Delta x_{12}}\right) \end{aligned}\right\}$$

极坐标化为直角坐标：

$$\left.\begin{aligned}\Delta x_{12} &= D_{12}\cos\alpha_{12}\\ \Delta y_{12} &= D_{12}\sin\alpha_{12}\end{aligned}\right\}$$

4. 导线计算

推算各边方向角：

(1) 如果按导线左角计算：

$$\alpha_{前} = \alpha_{后} - 180° + \beta_{左} \tag{5-3-24}$$

(2) 如果按导线右角计算：

$$\alpha_{前} = \alpha_{后} + 180° - \beta_{右} \tag{5-3-25}$$

计算中，若 $\alpha_{前} > 360°$，$\alpha_{前}$ 应减 360°；若 $\alpha_{前} < 0°$，$\alpha_{前}$ 应加 360°。

5. 计算各边坐标增量

$$\left.\begin{aligned}\Delta x &= D\cos\alpha\\ \Delta y &= D\sin\alpha\end{aligned}\right\} \tag{5-3-26}$$

推算各点坐标：

$$\left.\begin{aligned}x_{前} &= x_{后} + \Delta x\\ y_{前} &= y_{后} + \Delta y\end{aligned}\right\} \tag{5-3-27}$$

6. 坐标正算（极坐标化为直角坐标）

极坐标化为直角坐标又称坐标正算，即已知两点间的水平距离 D 和坐标方位角 α，计算两点间的坐标增量 Δx、Δy：

$$\left.\begin{aligned}\Delta x_{12} &= x_2 - x_1 = D_{12}\cos\alpha_{12}\\ \Delta y_{12} &= y_2 - y_1 = D_{12}\sin\alpha_{12}\end{aligned}\right\}$$

根据上式计算时，正弦函数和余弦函数值有正、有负，因此算得的增量同样是有正、负号。

7. 坐标反算（直角坐标化为极坐标）

直角坐标化为极坐标又称坐标反算，即已知两点的直角坐标（或坐标增量 Δx、Δy），计算两点间的水平距离 D 和坐标方位角 α。

$$\left.\begin{aligned}D_{12} &= \sqrt{\Delta x_{12}^2 + \Delta y_{12}^2}\\ \alpha_{12} &= \tan^{-1}\frac{\Delta y_{12}}{\Delta x_{12}}\end{aligned}\right\}$$

8. 导线坐标增量闭合差计算

闭合导线各角度经闭合差调整后，推算各边方位角，按方位角和边长计算各边坐标增量。闭合导线的坐标增量闭合差为各边坐标增量之和（见图 5-3-23），其理论值：

$$\sum \Delta x_{理} = 0,\ \sum \Delta y_{理} = 0 \tag{5-3-28}$$

式（5-3-28）不为零，则产生坐标增量闭合差：

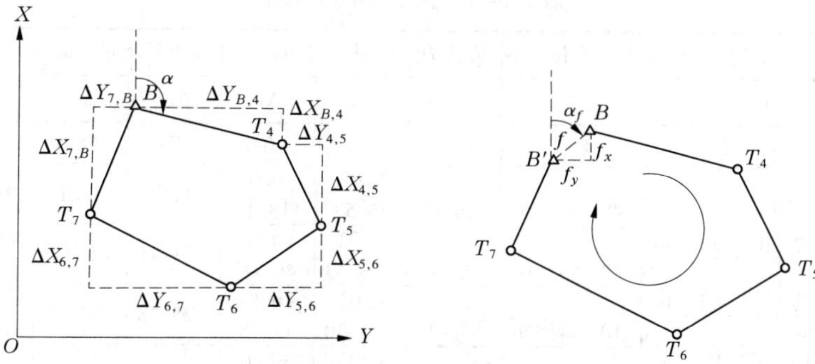

图 5-3-23　闭合导线坐标增量闭合差

$$f_x = \sum \Delta x_{测}, f_y = \sum \Delta y_{测} \tag{5-3-29}$$

导线全长闭合差：

$$f = \sqrt{f_x^2 + f_y^2} \tag{5-3-30}$$

9. 导线计算举例

导线测量内业计算主要是计算导线点的坐标。在计算之前，应全面检查外业记录有无遗漏或记错，是否符合测量限差要求。然后绘制导线略图，在图上相应位置注明高级点及导线点点号、已知点坐标、已知边坐标方位角及导线边长和角度观测值。计算在规定的表格中进行，角度值取至秒，长度和坐标值取至毫米。图 5-3-24 为某闭合导线略图，图中已知 A 点的坐标，$A1$ 边的坐标方位角，观测值为 β_A、β_1、β_2、β_3、β_4 及 D_{A1}、D_{12}、D_{23}、D_{34}、D_{4A}。按以下方法步骤在表 5-3-11 中计算导线点 1、2、3、4 的坐标。

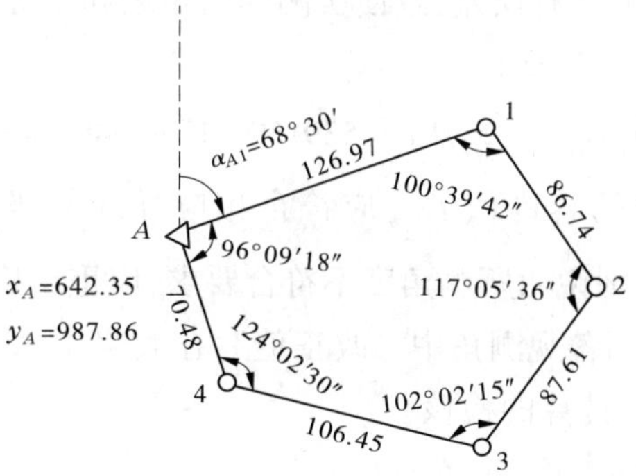

图 5-3-24　闭合导线略图

表 5-3-11　闭合导线计算表

点号	转折角(右)	改正后转折角	坐标方位角 α	边长 D	增量计算值(m)		改正后增量 (m)		坐标(m)		点号
	(°　′　″)	(°　′　″)	(°　′　″)	(m)	Δx	Δy	$\Delta x'$	$\Delta y'$	x	y	
	(1)	(2)	(3)	(4)	(5)	(6)	(7)	(8)	(9)	(10)	
A									642.35	987.86	A
			68　30　00	126.97	0.03 46.53	−0.02 118.14	46.56	118.12			
1	8 100　39　42	100　39　50							688.91	1 105.98	1
			147　50　10	86.74	0.02 −73.43	−0.01 46.18	−73.41	46.17			
2	8 117　05　36	117　05　44							515.50	1 152.15	2
			210　44　26	87.61	0.02 −75.30	−0.01 44.78	−75.28	−44.79			
3	8 102　02　15	102　02　23							540.22	1 107.36	3
			288　42　03	106.45	0.02 34.13	−0.01 −100.83	34.15	−100.84			
4	8 124　02　30	124　02　38							574.37	1 006.52	4
			344　39　25	70.48	0.01 67.97	−0.01 −18.65	67.98	−18.66			
A	7 96　09　18	96　09　25							642.35	987.86	A
			68　30　00								
1											1
			Σ	478.25	−0.1	0.06	0	0			

$\sum\beta_{测}=539°59'21''$

$\sum\beta_{理}=540°00'00''$　　$\sum D=478.25$　　$f_x=-0.1$　　$f_y=0.06$

$f=\sqrt{f_x^2+f_y^2}=0.12$　　$T=\dfrac{f}{\sum D}=\dfrac{1}{4\ 100}$

$f_\beta=\sum\beta_{测}-\sum\beta_{理}=-39''$

$f_{\beta_{允}}=\pm 60''\sqrt{n}=\pm 134''$

1)角度闭合差的计算和调整

$$\sum\beta_{理}=(n-2)\times 180°=(5-2)\times 180°=540°$$

由于观测角不可避免地含有误差,致使实测的内角之和不等于理论值,而产生角度闭合差,也叫方位角闭合差,以 f_β 表示:

$$f_\beta=\sum\beta_{测}-\sum\beta_{理}=539°59'21''-540°=-39''$$

各级导线角度闭合差的容许值 $f_{\beta_{允}}$,应符合相应导线等级精度规定,本例取 $f_{\beta_{允}}=\pm 60''\sqrt{n}$。如果 f_β 超过 $f_{\beta_{允}}$,则说明所测角度不符合要求,应重新检测角。若 f_β 不超过 $f_{\beta_{允}}$,可将闭合差反号平均分配到各观测角中。改正值写在表格中角度观测值的上方,改正后角度值和应等于 $\sum\beta_{理}$,作为计算的检核。

2)坐标方位角的推算

为了计算各导线点的坐标,需要先算出两相邻导线点之间的坐标增量,这就要用到边长和坐标方位角。边长属观测值,而坐标方位角必须根据起始边的坐标方位角及观测的导线转折角推算而得。本例中导线以 α_{A1} 为起始边坐标方位角,各转折角为右角,按照公式(5-3-25)逐边推算坐标方位角,直至起始边坐标方位角 α_{A1},作为计算正确性的检核,即 $\alpha_{A1}=\alpha_{4A}+\beta_A-180°$。若推算值与原来已知坐标方位角值不相等,应重新检查计算。在推算过程中必须注意:如算出的 $\alpha_{前}>360°$,则应该减去 360°,如 $\alpha_{前}<0°$,则应该加 360°。

3）坐标增量的计算及其闭合差的调整

（1）坐标增量的计算。按式（5-3-26）、式（5-3-27）计算，注意余弦函数、正弦函数计算是有正负号的，坐标增量符号应与其一致，填入表 5-3-11 中（5）、（6）两栏中。

（2）坐标增量闭合差的计算和调整。

由于边长观测值的误差和角度闭合差调整后的残余误差，往往使由边长、方位角推算得的坐标增量也有误差，这种纵、横坐标增量代数和的推算值与理论值的不符值，称为纵、横坐标增量闭合差，分别以 f_x、f_y 表示，即

$$\left.\begin{aligned} f_x &= \sum \Delta x_{测} - \sum \Delta x_{理} \\ f_y &= \sum \Delta y_{测} - \sum \Delta y_{理} \end{aligned}\right\}$$

对闭合导线而言，纵、横坐标增量代数和的理论值应等于零，即 $\left\{\begin{aligned} \sum \Delta x_{理} &= 0 \\ \sum \Delta y_{理} &= 0 \end{aligned}\right.$，坐标增量闭合差 $f_x = \sum \Delta x_{测}$，$f_y = \sum \Delta y_{测}$。由于坐标增量闭合差的存在，使导线在平面图形上不能闭合，即起始点的实际点位与推算点位不重合，它们之间的距离称为导线全长闭合差，以 f 表示，$f = \sqrt{f_x^2 + f_y^2}$。导线越长，边数越多，导线测角量距过程中误差的积累越多，因此 f 的大小与导线全长 $\sum D$ 有关。在衡量导线测量的精度时，将 f 与 $\sum D$ 相比，并用分子为 1 的分式表示，称为导线全长相对闭合差，以 T 表示，即

$$T = \frac{f}{\sum D} = \frac{1}{\dfrac{\sum D}{f}}$$

本例取 $T_{容} = 1/2\ 000$。

当导线全长相对闭合差在允许范围以内时，可将坐标增量闭合差 f_x、f_y 按与边长成正比的原则反号分配给各边的坐标增量。增量改正值按下式计算：

$$\left.\begin{aligned} \delta_{\Delta x_i} &= -\frac{f_x}{\sum D} D_i \\ \delta_{\Delta y_i} &= -\frac{f_y}{\sum D} D_i \end{aligned}\right\}$$

增量闭合差、全长闭合差及全长相对闭合差在表 5-3-11 中的第（5）、（6）栏及表的下方进行计算。各边增量改正值按照公式计算好以后，写在增量计算值上方，然后在第（7）、（8）栏中写上改正之后的增量。闭合导线改正之后的纵、横坐标增量的代数和均应等于零，以资检核。

4）计算各待定点坐标

根据改正后的坐标增量，从已知点 A 依次推算 1、2、3、4 各点坐标，最后推算至已知 A 点，作为计算正确性的检核。

附合导线的内业计算基本上和闭合导线相同，只是由于导线的形状、起始点和起始边方位角位置分布的不同，使得计算角度闭合差和坐标增量闭合差的公式略有不同。

3.2.5　水平位移自动化监测设备操作方法

3.2.5.1　遥测垂线仪

以基康 BGK-6850A 型垂线坐标仪为例讲解。该仪器采用高分辨率线阵 CCD 传感器作为核心传感器。利用平行光使垂线产生的阴影投射到 CCD 传感器上,再通过分析处理 CCD 灰度扫描图对垂线阴影位置进行识别,通过计算分析达到垂线的位置坐标,并通过数据通信或 D/A 转换输出观测结果。成像原理图如图 5-3-25 所示。

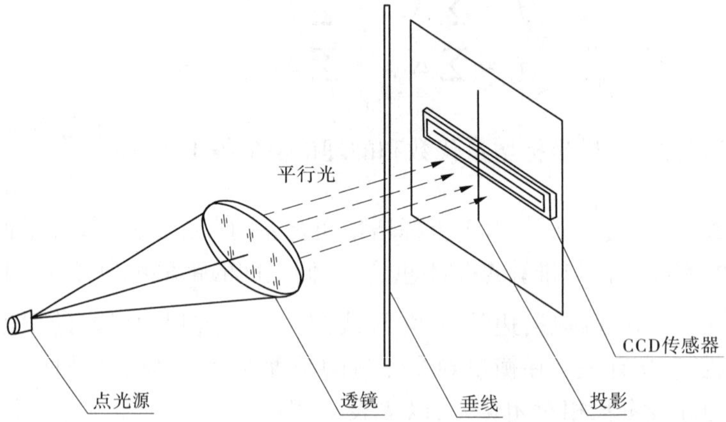

图 5-3-25　CCD 传感器成像原理图

垂线坐标仪测量方法:BGK-6850A 型垂线坐标仪(见图 5-3-26)第一种测量方法是提供现场实时显示当前的测值,第二种观测方法是提供 RS485A 数字接口及 4~20 mA 模拟量信号输出,可方便地实现远程遥测。BGK-6850A 型垂线坐标仪标准配件中 RS485 数据通信线,现场安装、调试结束后可根据需要进行连接加长。RS485 数据通信线接入采集计算机时,通常需要将 RS485 信号转换成 RS232 信号。

图 5-3-26　BGK-6850A 垂线坐标仪主体照片

3.2.5.2　遥测引张线仪

以基康 BGK-6860 型 CCD 引张线仪(见图 5-3-27)为例讲解:该引张线仪为智能式位移传感器,工作原理类似 BGK-6850A 型垂线坐标仪,利用投影原理及精密的 CCD 器件为核心,真正地非接触测量,区别是只观测一个方向。引张线仪具有 RS485 数字通信接口,同时还备有标准的 4~20 mA 电流信号输出,便于与大多数主流的数据采集设备连接并测量。

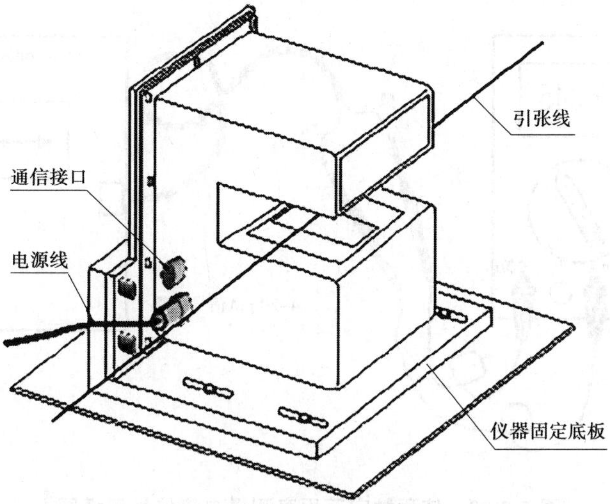

图 5-3-27　BGK-6860 型 CCD 引张线仪结构示意图

BGK-6860 型引张线仪的读数可使用选配的 CCD 仪器测试仪、高精度数字万用表读数或使用计算机配合专用的测量软件进行读数。

(1)使用专用的 CCD 仪器测试仪读数。使用专用的 CCD 仪器测试仪,直接将随机所附的电缆与仪器信号输出接口连接即可显示仪器的地址、当前读数及电流值读数。使用 CCD 仪器测试仪读数时,每次只能连接一台仪器,测试仪本身不支持组网方式的测量。

(2)使用高精度数字万用表读取电流值。通过标准的 4~20 mA 信号接口获取读数,且使用的数字万用表必须是校验合格的 4.5 位数字万用表,将数字万用表置于直流(DC)"20 mA"挡,分别将红、黑表笔插头端插入数字万用表的 mA 与 COM 插孔,然后将黑、红表笔分别与 4~20 mA 电缆的黑红导线连接,此时数字万用表显示的读数即为当前电流读数。钢丝超过 50 mm 刻度位置时,电流读数可能会超量程显示"1",这时将数字表置于"200 mA"接口,但此时读数的分辨率会下降。使用数字万用表测量电流信号示意图,见图 5-3-28。

3.2.6　水平位移基点、测点、觇标、棱镜等检查与维护方法

3.2.6.1　水平位移基点、测点检查维护

表面变形监测设施维护应符合下列要求:

(1)应巡查变形监测控制网和表面变形测点、基准点状况。巡查内容包括:观测道路是否通畅,网点、基准点或测点及其保护装置是否缺损,测量视线是否通视。发现问题及时处置。

(2)变形监测控制网复测后,应对各网点进行稳定性分析,并综合评价网的整体稳定性。对于稳定性差的网点,应根据实际情况,采取加固、重建等措施;对整体稳定性差的网,应重新设计。

(3)应检查 GNSS 测点通视情况、安装是否稳固、供电系统与保护装置是否正常、卫星信号接收是否稳定,发现天线 15°高度角以上障碍物或其他异常时应及时维护。

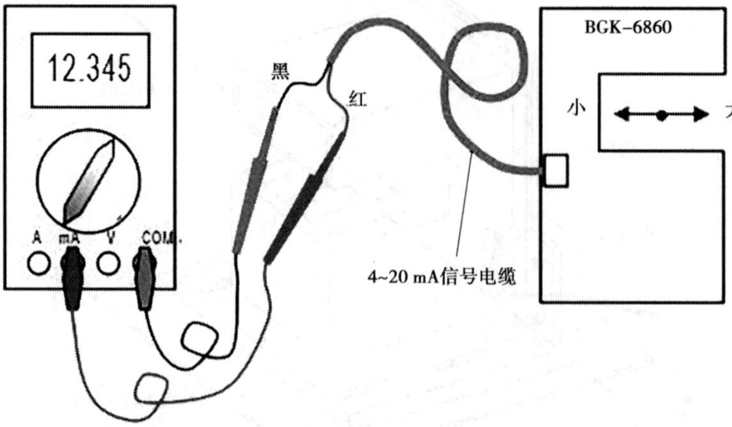

图 5-3-28　使用数字万用表测量电流信号示意图

(4)水平位移基点检查后,应做好检查维护记录(见表 5-3-12)。

表 5-3-12　监测设施检查维护记录表

监测设施名称:			
监测设施编号		安装部位	
检查维护时间		环境条件	
检查维护人员/部门:			
检查维护内容			
检查维护结果			
存在问题			
建议			

3.2.6.2　**觇牌与棱镜检查维护**

觇牌与棱镜是精密设备,必须注意保护,以免影响量测精度。

(1)活动觇牌手轮旋转如不灵活或传动过紧,应检查原因。如传动轴间隙过大或过紧,可将手轮止动螺丝松开,调试合适后再固定。

(2)丝杆部位应注意防潮、防尘。若在作业时被水淋湿,应用干净的软布擦干,并在通风处放置一段时间,然后在丝杆上涂抹机油防锈。

(3)较长时间不用时,存放在通风阴凉处,并放置防潮剂。

(4)觇牌使用完毕后,应将各部分擦拭干净,罩上塑料套,装入箱中。

(5)觇牌、棱镜尽量远离腐蚀性化学物质。

(6)定期对活动觇牌进行检查,如发现有不合格项,应及时进行校正,并做好校正记录。

(7)光学玻璃的清洗。棱镜在制造和使用中容易沾上油污、水湿性污物、指纹等,影响成像及透光率。清洗棱镜时,可用20%左右的酒精和80%左右的乙醚配制清洗剂进行清洗。清洗时应用软毛刷或棉球沾有少量清洗剂。光学玻璃表面发霉是一种常见现象。清洗霉菌可用0.1%~0.5%的乙基含氢二氯硅烷与无水酒精配制的清洗剂清洗,湿潮天气还要掺入少量的乙醚,或用环氧丙烷、稀氨水等清洗。

(8)检查棱镜时,注意棱镜粘合面有无脱胶、起泡现象,棱镜框的棱镜紧固旋钮能否正常使用,棱镜能否紧密结合与拆卸,棱镜基座与棱镜架各部件是否完好、功能是否正常。

测量仪表检查维护记录见表5-3-13,如需进行维修,则按表5-3-14样式做好记录。

表 5-3-13　测量仪表检查维护记录表

仪表名称		仪表编号		仪表类型	
检查维护时间	检查维护内容		检查维护结论及处理意见		检查维护人员

表 5-3-14　监测设施故障维修记录表

监测设施名称:			
监测设施编号		安装部位	
故障发生时间:　　年　　月　　日　　时　　分			
故障排除时间:　　年　　月　　日　　时　　分			
维修人员/单位:			
故障现象			
故障判定	□操作不当　□维护不当　□自然劣化　□设备老化故障 其他说明:		
维修措施			
测值连续性	测值变动说明(监测数据核实,监测数据衔接,前后一致)		
预防措施			

3.3 接缝与表面裂缝观测与监测设施维护

土石坝裂缝宜采用土位移计观测，面板堆石坝的混凝土面板的接缝及周边缝宜采用土位移计（单向或根据需要组装成两向或三向）观测，或采用专门的三向测缝计观测。混凝土坝的裂缝和接缝宜采用专门的小量程测缝计观测。

3.3.1 接缝与表面裂缝自动化监测设备操作方法

3.3.1.1 测缝计原理

钢弦式仪器有一条高强度钢弦固定在仪器两端，中部有一电磁圈，当脉冲电流通过电磁线圈时，电磁铁不断吸放钢弦，使之产生振动，振动频率又通过电磁线圈将此信号输出给接收仪。当仪器受外力而伸长或缩短时，钢弦的频率即发生变化，接收仪测出频率的变化值则可换算出仪器的伸缩量。下面就 GK-4400 型振弦式埋入型测缝计的操作使用来说明操作运用、维护裂缝与接缝监测自动化设备。

GK-4400 型振弦式埋入型测缝计主要用于测量混凝土块之间的升降或断面的接缝开度或边界位移，以及在完全灌浆的钻孔中跨越破碎带。

GK-4400 型振弦式埋入型测缝计由一个经过系列热处理的振弦感应元件构成，一端连接弦的应力释放弹簧，而另一端是连接杆，如图 5-3-29 所示。由于传递杆从传感器筒体拉出，弹簧拉伸导致应力增加，并由振弦元件感应。弹簧的应力与弦张力成正比，因而裂缝的开度用弦式读数仪通过测量应变的变化很精确地确定。该单元是完全密封的并且可以在 250 psi（1.75 MPa）压力下正常工作。

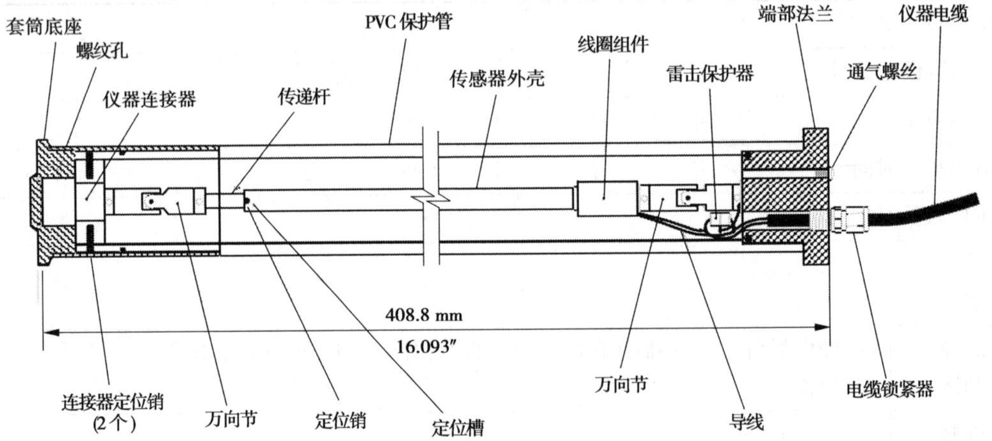

图 5-3-29 GK-4400 型振弦埋入式测缝计结构示意图

使用时，应将套筒底座固定在先浇筑起来的混凝土中，并且当模板拆除后，从套筒底座中将套筒底塞拉出。然后把传感器拧进套筒底座的丝扣（注意必须在连接器定位销落入保护管的定位槽中才可拧入），慢慢拉伸然后将其浇筑到下一块浇筑的混凝土中。接缝的任何开度均由牢固锚固在两个浇筑的混凝土块内传感器测得。由于仪器本身比保护管体小,在仪器上通过采用万向节点连接而允许有一定量的剪切移位。

同时,在振弦传感器内装有热敏电阻,用以测量测缝计安装部位的温度。另外,在传感器筒内有一个三极等离子体浪涌脉冲放电器,用以保护瞬间由直接或间接雷电冲击电荷对传感器的破坏。

3.3.1.2　数据处理

1. 变形计算

基康振弦式测缝计测量和换算所采用的基本单位是“Digit(字)”。由 GK-401 和 GK-403 在“B”挡的显示单位为“数字值”。数字值的转换基于下列公式:

$$Digit = [1/周期]^2 \times 10^{-3} \quad 或 \quad 字 = Hz^2 \times 10^{-3} \tag{5-3-31}$$

把数字值换算为位移采用下列公式:

位移=(当前读数-初始读数)×率定系数×换算系数

或

$$D = (R_1 - R_0) \times C \times F \tag{5-3-32}$$

式中　R_1——当前读数;

R_0——在安装时获得的初始读数;

C——率定系数,通常采用 mm/字;

F——工程单位换算系数(可选择的)。

例如,12 mm 量程的测缝计在安装时的初始读数(R_0)是 3 150 数字值。当前读数(R_1)是 6 000 数字值,率定系数是 0.003 56 mm/数字值,则变形变化是:

$$D=(6\ 000-3\ 150)\times0.003\ 56=+10.146(mm)$$

注意:增加的读数(数字值)表示拉伸或位移增加。

2. 温度修正

4400 型弦式测缝计有很小的温度膨胀系数,在大多数场合没有必要进行修正。然而,如果期望最大的精度或者温度变化过大(>10 ℃),有必要修正。埋入测缝计的混凝土块体温度系数也应考虑计算进来。传感器对温度变化的修正,对混凝土块体的变形来讲是比较显著的。缝开度计算式如下:

$$D_{修正} = [(R_1 - R_0) \times C] + [(T_1 - T_0) \times K] + L_C \tag{5-3-33}$$

式中　R_1——当前读数;

R_0——初始读数;

T_1——当前温度;

T_0——初始温度;

K——温度系数;

L_C——仪器长度的修正值。

温度系数 K 通过率定确定,K 值随传感器传动杆的位置变化。因而,温度修正过程中的第一步是基于下列公式决定相应的温度系数:

温度系数=[(数字值读数×系数)+常数]×率定系数

或

$$K=[(R_1\times M)+B]\times C \tag{5-3-34}$$

式中,系数和常数值见表 5-3-15,系数 M 和常数 B 值随传感器的量程而改变。

表 5-3-15　温度系数计算常数

型 号	4400—12 mm	4400—25 mm	4400—50 mm
系数 M	0.002 95	0.000 301	0.000 330
常数 B	1.724	0.911	0.415
传感器长度 L(mm)	338	333	274

从表 5-3-15 中可以看出,L 与率定参数单位相对应。

仪器长度的修正(L_C)采用下式计算:

$$L_C = 17.3 \times 10^{-6} \times L \times (T_1 - T_0) \quad (5\text{-}3\text{-}35)$$

3. 环境因素

既然安装测缝计的目的是监测位置状况,就应当经常观测和记录可能影响这些状况条件的因素,看起来微小的影响可能对监测结构的性态产生实际影响,可以给出一种潜在问题的早期征兆。这些因素包括(不止这些):气流、降雨、潮汐、填挖高程与层次、交通、温度和大气压变化、人员变动、附近施工行为、季节变化等。

3.3.2　接缝与表面裂缝监测设施检查与维护要求

3.3.2.1　表面测缝标点维护

表面测缝标点维护应符合下列要求:①检查标点与基础连接情况以及防水、排水措施。②定期进行防锈处理。应特别注意检查游标卡尺卡着点是否生锈。③检查标点外观是否受损。表面测缝标点检查维护时,立面弯板式装置应检查观测棱柱条是否受损,各方向的对应棱柱条是否保持平行。

3.3.2.2　游标卡尺检查与维护

游标卡尺的检查与维护除要遵守测量器具维护保养的一般事项外,还要注意以下几点:

(1)游标卡尺是比较精密的测量工具,要轻拿轻放,不得碰撞或跌落地下。使用时不要用来测量粗糙的物体,以免损坏量爪,避免与刃具放在一起,以免刃具划伤游标卡尺的表面,不使用时应置于干燥中性的地方,远离酸碱性物质,防止锈蚀。

(2)不允许把卡尺的两个测量爪当作螺钉扳手用,或把测量爪的尖端用作画线工具、规等。

(3)不准把卡尺代替卡钳、卡板等,在被测件上来回推拉。

(4)移动卡尺的尺框和微动装置时,不要忘记松开紧固螺钉;但也不要松得过量,以免螺钉脱落丢失。

(5)测量结束要把卡尺平放,尤其是大尺寸的卡尺更应注意,否则尺身会弯曲变形。

(6)带深度尺的游标卡尺,用完后,要把测量爪合拢,否则较细的深度尺露在外边易变形甚至折断。

(7)游标卡尺使用完毕,用棉纱擦拭干净。长期不用时应将它擦上黄油或机油,两量爪合拢并拧紧紧固螺钉,放入卡尺盒内盖好。

第4章　渗流监测

4.1　渗流压力观测与监测设施维护

监测自动化系统由监测仪器、数据采集装置、通信装置、计算机及外部设备、数据采集和管理软件、通信和电源线路等部分组成。

渗流压力自动化监测仪器为渗压计。

数据自动采集装置是能对传感器自动进行信号测量、转换、处理、存储,并能实现双向数据通信的装置。

智能安全监测数据采集系统软件由安全监测数据采集和安全监测信息管理系统两部分组成。

渗流压力观测与监测设施维护包括MCU(自动测量控制装置)及渗流压力数据自动采集和渗流压力资料整编。

4.1.1　渗流压力自动化监测设备操作方法

智能分布式安全监测数据采集系统由分布在现场的监测仪器、自动测量控制装置(MCU)、中央控制装置(监控主机)、信管主机以及电源线路、通信和电源线路等部分组成。

监控主机是智能分布式安全监测数据采集系统的中央节点,数据采集软件安装在监控主机上,对现场所有设备进行统一控制和管理。

自动测量控制装置是分布式安全监测自动化系统的关键设备,它具有对接入系统的监测仪器进行自动测量、数据存储、数据传输等功能。

安全监测信息管理系统由监控主机、管理主机(工作站)、服务器等构成安全管理监测局域网,对外可以与其他局域网和广域网互联。管理主机用于安装大坝安全信息管理软件和资料分析软件,同时作为监控主机的备用;异地的上级有关管理部门可在任何时间透明地监控远端的自动化监测系统,完成操作者所希望进行的各种操作。其监控管理系统为多任务网络运行方式,Windows XP/NT图形操作环境,人机接口以图形界面方式实现。操作者只需按图形窗口所提示的菜单或按钮进行操作即可实现操作控制和功能调用,操作极为方便、简捷。

渗流压力自动化监测设备操作运用、维护包括如下内容:

定期对所有自动化设备和现场仪器进行检查维护,并记入台账,发现问题及时处理,并报告上级部门,如不能及时处理或处理不好的应逐级向上汇报,并及时电告厂家来人处理。

机房电源应保持良好接地,机房外供给现场的各路电源应确保正常,并应经常检查。

自动监测系统在运行初期测次为每天一次，时间为上午 8:00，并加强监视和分析测量数据的变化规律，在运行一年后测量周期可适当延长。

每月对渗流、渗压设备进行清理，如有异物应及时清除。每月定时须将自动化测量成果打印上报，并对设备运行情况进行分析。每月应对测量数据进行整理分析，剔除异常值，并与人工测值进行对比，对差异大的应及时分析原因，提出处理意见和措施进行处理。

每年年终应将所有自动化测量成果进行整理、整编，按整编要求编制成果表，编写整编说明，刊印成册，并对自动化整编成果进行备份存档。每年应对整个监测自动化系统进行一次系统检查，做好详细记录，存档备查。

4.1.1.1 数据采集装置(MCU)安装及渗流压力数据自动采集

数据采集装置(MCU)是智能安全监测自动化系统的关键设备，是分布式数据采集网络的节点装置。用于系统中各种类型监测仪器(传感器)的数据测量、存储和传输，安装在监测仪器附近。

数据采集装置(MCU)由智能数据采集模块、电源模块、人工比测模块、防雷模块、密封机箱等部件组成，各数据采集智能模块均有 CPU、时钟电路、数据存储电路、数据通信电路、接口转换电路、测量电路等，可对水工建筑物及岩土工程的变形、渗流、渗压、温度、应力应变、水位、气象等项目进行自动监测。

数据采集模块分为系统主电路和测量电路两部分，主电路包含电源电路、中央微处理器 CPU、数据存储电路 RAM、时钟电路、键盘显示接口电路、通信电路、看门狗电路等；测量电路包含与传感器的接口选通电路、控制电路和测量电路。

模块采用单板结构设计，隔离技术，CMOS 集成芯片，具有智能化程度高，功耗低，抗干扰能力强，测量精度高，可靠性好的特点，对于不同类型的传感器均有相对应的测量电路。

渗流压力自动采集模块是测量渗压计的自动数据采集装置，目前常用的渗压计主要是振弦式和差动电阻式，所以渗流压力自动采集模块主要采用振弦式仪器采集模块或差动电阻式仪器采集模块。

1. 振弦式仪器测控装置安装调试

1) 安装

按设计要求确定安装位置，安装位置要求考虑仪器接入并节约仪器电缆。

为了测控装置维护方便，安装高度不超过 1.6 m，但也不能太低。监测站的结构安装测控装置采用悬挂安装的测控装置，也可固定在基座上。测控装置安装要求水平。

将电源线、通信线和接地线接入测控装置内相应的接线柱上。

2) 接入渗压计电缆

将引入监测房的仪器电缆按技术设计要求，顺序接入测控装置的接线端子上，并记录仪器接入前后人工和自动化的测值，同时记录仪器编号。要求进线整齐、标记明确。振弦式模块有四个接线柱，标记为红、黑、绿、白，红黑与传感器的线圈导线相连，绿白与传感器的温度电阻导线相连。

用小键盘完成测控装置的地址、测点类型、测点数量的设置，具体设置见小键盘的使用。一般根据测控装置的位置从左到右、从近到远按顺序设置数据采集模块的地址，便于查找。

根据接入传感器的排列顺序，确定每支仪器在数据采集模块内的编号。

3）手动测量

开机后，在MCU处先用小键盘对每一支仪器进行测量，确定仪器测量正常，记录测量数据；同时通过人工比测接口，利用便携式测量仪表对接入MCU的仪器进行测量并记录测量数据，并与MCU测量的数据相比较，测量数据的重复性、一致性应满足规范要求。

4）通信检查

MCU的通信线接完后，按照通信协议，设置MCU通信地址、波特率，在数据采集计算机上可用数据采集软件或超级终端进行通信调试，确保每一个模块通信正常。

5）自检

在中央控制装置（监控主机）上，安装数据采集软件，控制所有测控装置，在自检命令中所有模块均对其RAM、ROM、时钟等电路自检；测量MCU内蓄电池的电压、充电电压和模块上的温度，检测各测量模块的类型、接入监测仪器的数量以及该模块的工作情况。测量差动电阻式模块中的两个串联的50 Ω高精度电阻的电阻值、电阻比和芯线电阻，以检验模块的测量电路是否正常。

6）测量

在MCU处先用小键盘对每一支仪器进行测量，确定仪器测量正常，记录测量数据；同时通过人工比测接口，利用便携式测量仪表对接入MCU的仪器进行测量，并与MCU测量的数据相比较，测量数据的重复性、一致性应满足规范要求。

7）联调

在中央控制装置（监控主机）上，利用数据采集软件控制所有测控装置，进行所有功能检查，如测量（巡回测量、选点测量、选箱测量、自动测量）、时间查询和设置、定时自动测量时间间隔查询和设置、自动测量数据读取、数据存储等，所有功能运行正常、可靠，自动化测量结果与人工测量结果一致。

8）整理

在完成MCU的调试工作后，应对接入MCU的每一根电缆做好标记，顺序整理好；拧紧MCU接线通道的密封端子，对空的通道应该用电缆头将其堵死；调好加热电阻，使其正常工作，一般调为10~20 ℃；把观测房清扫干净，把MCU擦拭干净并用专用钥匙锁好；做好相关的调试记录。

2. 差动电阻式测控装置安装调试

差动电阻式数据采集模块，有五个接线柱，标记为蓝、黑、红、绿、白，接入差动电阻式渗压计电缆，根据仪器芯线的颜色，接到相对应的接线柱上。其他同振弦式仪器数据采集模块。

4.1.1.2　渗流压力数据采集软件

大坝安全监测信息管理系统中对渗流压力数据自动采集并可对渗流压力资料进行整编。

数据采集软件通过监控计算机与数据采集装置通信，实现在线监测。当采用有线通信或超短波通信时，需要使用监控计算机串行口；当采用GPRS通信时，需要使用监控计算机网口。

目前,不同数据采集装置的通信协议各不相同,数据采集软件一般针对特定数据采集装置。

数据采集软件主要功能包括自检、参数设置、选点测量、巡回测量和定时测量。

在主机运行"大坝安全监测数据采集系统软件",对渗流压力传感器进行自动采集数据。

4.1.1.3　渗流压力自动化监测设施维护

(1)对自动化测点宜每半年进行1次人工比测,人工和自动化测值之差超过限差时,应对传感器及数据采集装置进行检查,相关的限差要求按DL/T 5211、DL/T 5272的规定执行,自动化系统每年进行1次绝缘度检查。

(2)对自动化系统采集的数据进行检查,发现数据缺失率高、异常数据增多时,应及时查明原因。

(3)自动化系统的主设备、易损件、保护性器件应配备必需的备品、备件。

(4)具有访问功能的自动化系统,在进行远程诊断和维护时,应按规定的程序,由经过授权的管理人员进行操作,操作完成后应及时关闭该功能。

(5)应建立专门的自动化系统维护日志,做好记录并存档。

4.1.2　渗压计检查方法、读数仪检查与维护要求

4.1.2.1　渗压计检查与维护

渗压计检查与维护包括渗压计外观检查、检测、安装及维护。

1.渗压计外观检查

渗压计外观检查包括标识清晰、外观无损伤、电缆连接完好、透水石未堵塞。渗压计量程与测点实际承受的压力相适应。

2.渗压计检测

1)绝缘电阻测试及兆欧表使用方法

对于每支渗压计,先用100 V兆欧表及万用表,分别检查常温绝缘电阻及线圈电阻值,绝缘电阻大于50 MΩ。使用绝缘电阻测试仪对渗压计进行绝缘电阻测试,其操作见第2篇5.2节"5.2.2兆欧表的使用方法",绝缘性检验测试前,传感器在正常试验大气条件下预先置放8 h。绝缘性检验测试时,应将传感器芯线可靠并联后施测,差动电阻式渗压计在温度为0 ℃和+40 ℃水中施测,其他形式的渗压计在额定压力水中施测。绝缘性能测量时测量仪器引出电缆芯线和仪器外壳之间的绝缘性能。

仪器埋设后鉴定时绝缘性能不小于0.1 MΩ为合格。绝缘性能测试时测量仪器引出电缆芯线和大地之间的绝缘性能。

2)渗压计静态参数

渗压计检测是检测其静态特性参数[渗压计分辨率、非线性度(符合度)、不重复度、滞后、综合误差]应不低于表5-4-1的规定。

表 5-4-1　渗压计静态特性参数表

指标名称	仪器型式		
	振弦式	差阻式	压阻式
分辨率(%FS)	0.05	0.30	0.05
非线性度(符合度)(%FS)	1.00	2.00	1.00
不重复度	0.50	1.00	0.50
滞后(%FS)	1.00	1.00	1.00
综合误差(%FS)	1.50	—	1.50

3)渗压计测试

振弦式渗压计:采用振弦式读数仪对振弦式渗压计的频率和电阻值进行 3 次连续测量和记录,每次测量时间间隔不低于 10 s,并计算频率及温度值极差。当频率测值不大于 1 000 Hz 时,频率极差不大于 2 Hz 为合格;否则为不合格。当频率测值大于 1 000 Hz 时,频率极差不大于 3 Hz,评价为合格;否则为不合格。温度极差不大于 0.5 ℃,评价为合格;否则为不合格。渗压计测读计算水位与实际人工测读水位差值的绝对值小于渗压计量程 0.5%FS 为合格。

差动电阻式渗压计:采用差动电阻式读数仪进行测量并记录,连续测量 3 次,每次测量时间间隔不低于 10 s,计算电阻比、电阻值极差。电阻比极差不大于 3×10^{-4},电阻测值极差不大于 0.05 Ω,评价为合格;否则评价为不合格。渗压计测读计算水位与实际人工测读水位差值的绝对值小于渗压计量程 0.5%FS 为合格。

3.渗压计维护

1)渗压计准确性

无压测压管内渗压计准确性检测方法及标准应符合下列要求:渗压计测读计算水位与测压管内电测水位计人工测读水位差值的绝对值小于渗压计 0.5%FS,评价为合格。

2)差动电阻式渗压计

用差动电阻式仪器读数仪测读差动电阻式渗压计,其电阻值应为厂家卡片上实测 0 ℃电阻值与由于温度变化引起的电阻值变化之和,电阻比范围应为 9 400~10 400。

差动电阻式渗压计的电阻比,连续测量 3 次,每次测量时间间隔不低于 10 s,计算电阻比极差,电阻比测值极差不大于 3×10^{-4},电阻比评价为合格。

差动电阻式渗压计的电阻值,连续测量 3 次,每次测量时间间隔不低于 10 s,计算电阻值测值极差;电阻值测值极差不大于 0.05 Ω,电阻评价为合格。

用绝缘电阻测试仪对差动电阻式渗压计绝缘性检查测试时,所有芯线可靠并联后仪器外壳间绝缘电阻值应大于 50 MΩ。用 100 V 兆欧表检查铜电阻温度计绝缘电阻大于 50 MΩ 为合格。仪器率定时绝缘性能大于 50 MΩ,防水检验时 0.5 MPa 下绝缘性能大于 50 MΩ。绝缘性能测试时测量仪器引出电缆芯线和仪器外壳之间的绝缘性能。

仪器埋设后鉴定时绝缘性能不小于 0.1 MΩ 为合格。绝缘性能测量时测试仪器引出电缆芯线和大地之间的绝缘性能。

3)振弦式渗压计

用振弦式读数仪对振弦式渗压计的频率和电阻值进行 3 次连续测量和记录,每次测量时间间隔不低于 10 s,并计算频率极差,当频率测值不大于 1 000 Hz 时,频率极差不大于 2 Hz 为合格;当频率测值大于 1 000 Hz 时,频率极差不大于 3 Hz 为合格。

用振弦式读数仪对振弦式渗压计温度电阻值进行 3 次连续测量和记录,每次测量时间间隔不低于 10 s,并计算温度极差,温度极差不大于 0.5 ℃为合格。

当振弦式渗压计测量出现故障时,可用万用表检查渗压计芯线间的电阻值,其正常状况红黑芯线电阻值通常为 200~450 Ω;绿白芯线电阻值在室温 25 ℃时应为 3 kΩ 左右(加上电缆的导线电阻大约 4.6 Ω/100 m);如果电阻测值非常大或无穷大,电缆可能断路。如果电阻测值非常小,电缆可能是短路或电缆进水。

用绝缘电阻测试仪对振弦式渗压计绝缘性检查测试时,红黑线对绿白线或对屏蔽线(裸线)间绝缘电阻值应大于 50 MΩ。用 100 V 兆欧表检查铜电阻温度计绝缘电阻大于 50 MΩ 为合格。仪器率定高温低温时绝缘性能大于 50 MΩ,防水检验时 0.5 MPa 下绝缘性能不小于 50 MΩ。绝缘性能测试时测量仪器引出电缆芯线和仪器外壳之间的绝缘性能。

仪器埋设后鉴定时绝缘性能不小于 0.1 MΩ 为合格。绝缘性能测试时测量仪器引出电缆芯线和大地之间的绝缘性能。

振弦式渗压计读数不稳定或无读数,振弦式渗压计可能已经过载或内部进水损坏或线路故障。

4.1.2.2 读数仪检查与维护

1.渗压计读数仪平时使用时的注意事项

(1)仪器应保管好,不能放置在潮湿、环境温度不符合要求的场所。

(2)仪器在工作或放置时,尽量避免灰尘和阳光直射,严禁雨水浸湿任何部分。

(3)仪器不可受击、受压及摔打。

(4)检查测量仪表电源工作状态,仪器长期不使用时,每半年充电一次。

2.常见故障处理及维护

(1)打开仪器电源开关,仪器不显示任何字符,可能是仪器没有充电或仪器主机故障,这时将仪器充电或修理仪器主机。

(2)打开仪器主机开关,显示不正常,可能是仪器没有复位或主机故障,按复位键或修理主机。

(3)测量不正常,可能是传感器电缆线未接好或电缆线断线,或传感器故障或主机故障,应根据相关情况排查及处理。

(4)自检时,确认测量仪表出现下列情况的,应进行检验、维修:①振弦式测量仪表采用信号发生器进行自检测试,各挡位实测频率与标定值之差超过 0.2 Hz。②差动电阻式测量仪表采用标准电阻箱自检测试,各挡位实测电阻比与标定值之差超过 2×10^{-4},各挡位实测电阻值与标定值之差超过 0.04 Ω。

3. 振弦式读数仪使用及维护

1) 振弦式读数仪使用

振弦式数据采集模块以微处理器为主体,由 RS232 接口、液晶显示器及其驱动器、掉电保护的数据存储器和测量电路等组成。该检测仪先用激振电路产生激振信号给振弦式仪器激振,然后再对仪器产生的频率信号进行滤波、放大、采样,测量振弦式传感器的频率的周期,换算成仪器的读数($f^2/1\ 000$)。对有测温的渗压计测量其温度电阻,换算成温度。

(1)与仪器连接。振弦式仪器检测仪有四个接线柱,标记为红、黑、绿、白,红黑与传感器的线圈导线相连,绿白与传感器的温度电阻导线相连。

(2)与计算机通信。振弦式仪器检测仪随机配有专用通信线和采集软件,通信线一端与计算机串口相连,另一端与检测仪相连,运行专用采集软件,按照菜单提示操作即可将检测仪内存储的数据传输到计算机中,可进行数据浏览、存储、打印等。

(3)充电。振弦式仪器检测仪随机配有专用充电线,把电源插头插入电源插座,另一插头插入检测仪电源插孔,充电时间约 15 h。

2) 振弦式读数仪维护

(1)读数仪不能显示被测仪器的测量结果,检查鳄鱼夹与被测仪器导线连接是否可靠,用万用表欧姆挡检查被测仪器的阻值,若电阻是 180(±5%),加上电缆的电阻(导线电阻大约 4.6 Ω/100 m),基本连接正常,依次更换激励类型逐个测试。在某个激励类型下能测到稳定的数据即可。

(2)若在所有激励类型下均不能获得正确的测值,应另外选择一支振弦式渗压计,按照上述方法测试,若能获取稳定的测值,则说明第一支被测仪器已经损坏,若仍不能获得正确的测值,则可能是读数仪出现故障,请及时返厂维修。

(3)振弦式渗压计读数不稳,可用蓝色接线柱将屏蔽线接到读数仪上;检查附近是否有干扰源,如电机、发电机、天线或电缆,可能的话,移开振弦式渗压计的电缆,有关滤波和屏蔽设备问题与生产厂家联系,振弦式渗压计可能已经过载或漏水损坏,也可能信号线短路,用万用表检查一下屏蔽线与振弦式渗压计之间的电阻。

(4)温度读数不正常,热敏电阻的阻值太高,一般是连接端子和插头等有开路的地方,检查一下相应的地方;热敏电阻的阻值太低,电阻信号线短路或振弦式渗压计的内部可能进水,由渗压计密封不严漏水故障无法恢复。

4. 差动电阻式读数仪维护

1) 差动电阻式读数仪使用

差动电阻式读数仪用于测量四芯或五芯差动电阻式仪器的电阻、电阻比、芯线电阻及埋入式铜电阻温度计的温度电阻。以微处理器为主体,由 RS-232 接口、液晶显示器及其驱动器、带掉电保护的数据存储器和测量电路等组成。仪表采用高稳定的稳压电源给传感器供电,将非电量转换成电量,然后由高输入阻抗的 V/F 转换器将电量转换成数字量的方式工作,有效地消除了传感器的长导线电阻及芯线变差的影响。

(1)与仪器连接。仪器接线:差动电阻式读数仪检测仪有五个接线柱,标记为黑、蓝、红、绿、白,根据仪器芯线的颜色,接到相对应的接线柱上。其中 R_1、R_2、R_t 为传感器钢丝电阻,$r_{蓝}$~$r_{白}$ 分别为长电缆芯线电阻。

切换装置连接:用随机带的通信控制线(一端为 9 针插头,一端为 10 芯插头)与 RUS 型自动切换装置连接,9 针一端与本仪表 9 针插座相连,10 芯一端与 RUS 型自动切换装置的插座连接,将该装置的信号线按芯线颜色与本仪表的接线柱相连接即可。

(2)与计算机通信。检测仪随机配有专用通信线和采集软件,通信线一端与计算机串口相连,一端与检测仪相连,运行专用采集软件,按照菜单提示操作即可将检测仪内存储的数据传输到计算机中,可进行数据浏览、存储、打印等。

(3)充电。检测仪随机配有专用充电线,把电源插头插入电源插座,另一插头插入检测仪电源插孔,充电时间约 15 h。

2)差动电阻式读数仪维护

(1)使用差动电阻式读数仪时,首先打开电源开关,用完及时关闭;此测量接收仪表有自动关机功能,自动关机后需重新使用可先关后开。如显示屏出现带长方框的+/-符号,表示电力不足,请立即更换电池。

(2)仪器精度检查,首先将随仪表提供的五芯测量线插入仪表插孔,将五芯测量的鳄鱼夹按黑、蓝、红、绿、白五色夹住仪表箱内提供的 SQL 型电桥率定器相对应的五接线柱,用 SQL 型电桥率定器的各挡标准输出检查仪表工作是否正常,测值是否准确。如测值误差超出仪表技术指标,可送厂家维修。

(3)差动电阻式读数仪表不能用兆欧表测绝缘电阻,也不能用于测量其他非差动电阻式仪器特别是有源器件。仪器长期不用,请将电池取出。

4.1.3　测压管管口高程校核方法

测压管由透水管和导管组成。透水管面积开孔率宜 10%~20%(梅花状分布,排列均匀和内壁无毛刺),外部包扎无纺土工织物。管底封闭,不留沉淀管段。测压管宜采用双面热镀锌钢管或硬工程塑料管。测压管内径一般为 50 mm,壁厚不小于 3.5 mm。测压管进水管段长度根据监测目的确定。

测压管的埋设安装分为钻孔法和预埋法两种,完成测压管的埋设安装待稳定后,需进行测压管管口高程测定以及每年进行校测,以确保坝面测压管管口高程的准确性,以及以管口为基准的测压管管内水位的准确。

4.1.3.1　测压管的结构及作用

测压管由透水管和导管组成。测压管推荐采用双面热镀锌钢管或硬工程塑料管。测压管内径一般为 50 mm,壁厚不小于 3.5 mm。测压管进水管段长度根据监测目的确定。用于水平施工缝、建基面上的渗透压力监测以及土坝坝体的点式压力监测的测压管,进水管段长度一般为 0.5 m 左右;坝基测压管进水管段长宜为 1.0~3.0 m;用于绕坝渗流、地下水位监测的测压管,进水管段长宜与可能的渗水层层厚相当;而用于地质条件复杂的层状渗流监测的测压管,进水管段应准确埋入被监测层位,其长度宜与软弱带层厚相当。

进水孔沿进水管段管周均布 4~8 排,孔径 4~6 mm,沿轴向可交错排列,开孔率为 10%~20%(点式测压管宜取大值)。管壁内的钻孔孔周毛刺应去除。如管为钢质材料,进水管段及接(端)头应进行防腐防锈处理。

进水管段过滤层采用400 g/m^2 的无纺土工布或厚度2~3 mm的孔隙小于100 μm的涤纶过滤布，纵向紧密包裹不少于2层，其长度应比进水管段两端各长10 cm以上，并采用ϕ1 mm铜丝或不锈钢丝绳等沿布表缠绕捆扎；测压管底盖采用适配闷头，导管连接采用导向性好的外接头，螺纹间以聚四氟乙烯密封止水。

测压管进水管段结构示意图如图5-4-1所示。

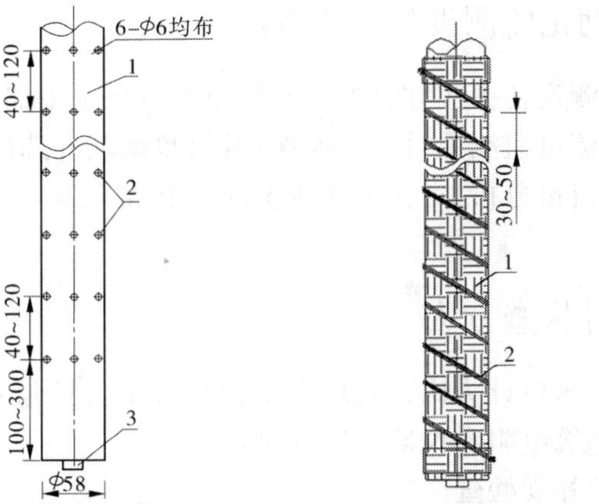

1—金属管或塑管；
2—进水孔；3—闷头
(a)进水管体结构示意图

1—土工布或涤纶过滤布；
2—不锈钢丝(铜丝)
(b)进水管过滤层示意图

图5-4-1　测压管进水管段结构示意图　(单位：mm)

封闭式测压管适用于混凝土坝扬压力监测。开敞式测压管适用于坝端绕渗、近坝地下水位或下游水位监测；当用于土石坝渗流监测时，仅适用于“渗流缓变区”(浸润线近似于水平线)的渗流压力监测，如均质坝横断面的中部，心、斜墙坝下游坝壳及河床强透水砂砾石层中。应强调指出的是：测压管不宜用于“渗流急变区”(浸润线呈陡降状)的渗流压力监测，如均质坝坝体下游楔形体内，窄心墙、斜墙的坝体部分以及抽(注)水井附近等。

4.1.3.2　测压管管口高程起始值确定方法及校核方法

根据以上介绍的测压管的结构及作用、安装埋设方法以及测压管观测要求，必须对测压管管口高程起始值进行考证及校核，以保证渗流监测的测压管的测量数据准确、真实、可靠。

(1)钻孔法埋设测压管的起始值为埋设后的管口高程，可按国家四等水准测量方法进行，但闭合允许偏差为$\pm2.8\sqrt{n}$ mm(n为测站数，下同)。

(2)预埋法埋设测压管的起始值，当埋设过程中需测读管水位时，为上接管的管口高程。当埋设过程中不需测读管水位时，为终接管的管口高程。上接管和终接管的管口高程的测量方法和准确度同钻孔法。

(3)测压管管口高程应按国家四等水准测量要求每年校测一次，闭合差允许偏差为$\pm2.8\sqrt{n}$ mm。

4.2　渗流量观测与监测设施维护

渗流量观测与监测设施维护包括渗流量自动化监测设备操作方法和堰上水位计检查方法。

4.2.1　渗流量自动化监测设备操作方法

渗流量自动化监测设备操作方法参见本篇第 4 章 4.1.1 部分。

数据采集选择渗流量监测项目进行操作;资料整编软件选择渗流量资料进行,渗流量资料分析软件为化引流量分析,对多个渗流量测点在特定水位下化引流量发展趋势进行判断。

4.2.2　堰上水位计检查方法

目前,常用的堰上水位计为振弦式堰上水位计和电容式量水堰水位计。堰上水位计检查包括仪器外观、绝缘电阻和仪器稳定性测试。

4.2.2.1　堰上水位计外观检查

堰上水位计安装铅直,堰上水位计设在堰口上游 3~5 倍堰上水头处,水位计用栅栏或滤水装置防护,对于有大气连通管的量水堰计,其连通管应干燥且与大气连通。仪器应平整、光洁、无锈斑及裂痕、无明显划痕;传感器表面应进行防腐处理;各部分连接牢固;引出电缆、护套无损伤。传感器应有铭牌标志,铭牌上应标明产品名称、型号、规格、出厂编号、制造厂名称和生产日期。

为避免由于气压变化对传感器的影响,振弦式堰上水位计电缆为专用四芯通气屏蔽电缆,通气管上的干燥管中的干燥剂需定期检查更换,更换的频率取决于气候条件,通常 3~6 个月进行一次检查,当干燥剂颜色由蓝色变为粉红色时,则表示应该更换。如果不按期检查更换干燥剂,则有可能造成传感器失灵。

振弦式堰上水位计的浮筒被假定是质量不变,浸没于量水堰的水中,应使其保证干净不得结垢、滋生藻类,以保证其测量的准确度。应定期检查,可与干燥剂检查一并进行。集水沟和堰板前后是否淤积,堰上水位计浮筒及进水口是否清洁、堵塞或有附着物。

4.2.2.2　堰上水位计检测

对每支量水堰水位计进行检测,是检测其静态特性参数[堰上水位计分辨率、非线性度(符合度)、不重复度、滞后、综合误差]应不低于表 5-4-2 的规定。

表 5-4-2　量水堰水位计静态特性参数表

指标名称	仪器形式	
	振弦式	电容式
分辨率(%FS)	0.05	0.10
非线性度(符合度)(%FS)	1.00	0.60
不重复度(%FS)	0.50	0.25
滞后(%FS)	1.00	0.25
综合误差(%FS)	1.50	0.70

4.2.2.3　**堰上水位计起(初)始值确定**

振弦式堰上水位仪起始频率模数值,应在现场将传感器挂上重力浮子,量水堰内水位平齐堰口时,测读堰上水位计零位初始读数;堰上水位仪静置约0.5 h后测记。用分辨力为0.1 kHz^2的频率模数读数仪测试,平行测定两次,其读数差不大于2 kHz^2。在量水堰堰口已经溢流过水且测读零位初始频率困难时,可根据堰上水位反算水位计的零位初始频率。

电容感应式堰上水位仪初始输出电容比,应在现场安装完成接通量水堰渗流水约0.5 h后测记,用分辨力为0.05%FS的电容比指示仪测试,应平行测定两次,其允许偏差为±0.1 mm。

4.2.2.4　**堰上水位计绝缘电阻测试及兆欧表使用方法**

对于每支堰上水位计,使用绝缘电阻测试仪对其进行绝缘电阻测试,其操作见第2篇5.2节"5.2.2兆欧表的使用方法"。

(1)常温常压下,振弦式堰上水位计应将传感器芯线可靠并联后施测。

(2)常温常压下,电容式堰上水位计需测试传感器极板间绝缘电阻和各芯线与屏蔽线间绝缘电阻。

(3)合格性判定标准:

用100 V兆欧表检查,绝缘电阻大于50 MΩ为合格。仪器率定时绝缘性能应不小于50 MΩ,防水检验时0.5 MPa下绝缘性能不小于50 MΩ。绝缘性能测试时测量仪器引出电缆芯线和仪器外壳之间的绝缘性能。仪器埋设后鉴定时绝缘性能不小于0.1 MΩ为合格。绝缘性能测试时测量仪器引出电缆芯线和大地之间的绝缘性能。

经绝缘性检验测试后,用传感器读数仪测读传感器,其输出信号应稳定。

4.2.2.5　**仪器稳定性测试**

在重复性条件下连续测量量水堰水位计两次,测值之差的绝对值不大于1 mm为合格。

第5章　应力应变及温度监测

5.1　应力应变监测设施维护与测值换算

5.1.1　应力应变监测设施检查维护要求

应力应变监测设施在安装投入运行后,应结合工程运行情况,及时进行维护。日常维护可结合日常观测和巡视检查进行,定期维护可结合年度监测和系统鉴定进行,应急维护应在工程遭遇特殊工况后立即进行。维护项目主要是传感器、测量仪表、集线箱等。

5.1.1.1　传感器

(1)日常应主要检查传感器电缆标识、敷设保护、工作环境等情况,及时对电缆线头进行维护,清除氧化层,保持接触良好。

(2)对安装在建筑物表面的传感器和传感器外露的,日常应检查其保护装置的完整性,出现松动、外壳破损、积水、电缆敷设异常等情况,需要及时进行处理。

(3)应定期对传感器的工作性态进行监测,评判其测值的可靠性。

5.1.1.2　测量仪表

(1)测量仪表应保持清洁,防止灰尘、雨水进入,检查测量仪表电源的工作性态。

(2)应按测量仪表技术要求进行日常检查和保养,每月进行自检和准确性测试。

(3)自检时,确认测量仪表出现下列情况的,应进行检验、维修:①差阻式测量仪表电阻值与标定值之差超过0.02 Ω,电阻比与标定值之差超过1×10^{-4}。②钢弦式测量仪表采用信号发生器进行自检测试,各挡位实测频率值与标定值之差超过±0.1%FSR,温度误差超过1.0%FSR。

5.1.1.3　集线箱

日常检查集线箱的工作温度,保持环境清洁、干燥,检查集线箱切换开关工作状况和指示挡位的准确性。

5.1.1.4　维护内容和频次

维护内容和频次见表5-5-1。

5.1.2　应力应变监测仪器自动化监测设备操作方法

应力应变监测仪器自动化监测设备主要包括现场的监测仪器、自动测量控制装置(MCU)、中央控制装置(监控主机)、信息管理主机以及电源线路、通信和电源线路等部分。

表 5-5-1　维护内容和频次

监测类别	监测设施或设备	维护内容	频次要求（不低于）
应力应变及温度监测	传感器	传感器外露部分和保护装置，电缆标识、保护以及电缆线头监测维护	1 次/季
		绝缘度以及传感器工作性能监测	定期监测
	集线箱	集线箱密封性、通道切换开关和挡位检查	1 次/季
		焊接点检查、箱体和测点绝缘度检查	1 次/半年
	测量仪表	仪表电池充放电、保洁维护	日常
		自检和准确性测试	1 次/月

下面以通用应力应变自动化监测设备为例介绍。

(1)自动化数据采集单元。自动化数据采集单元的测量系统主要由自动化数据采集单元(MCU)、兼容 Web 访问的软件系统组成，系统建立传感器信号分布式采集、集中式管理的工作模式，实现现地操作和远程管理无缝切换的自动化监测系统，既满足现场标定、调试等现场管理功能，又可实现恶劣环境下的数据远程存储及操作。

自动化数据采集单元安装于防潮机箱内，图 5-5-1 为一地 55 个数据采集单元的内部结构图。

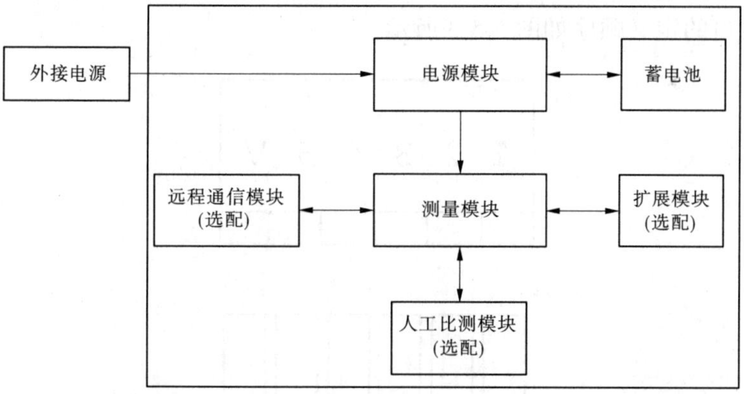

图 5-5-1　自动化数据采集单元内部结构图

(2)电源模块。自动化数据采集单元内设有防雷电源管理模块，负责模块供电及蓄电池的充放电管理，用于控制内置免维护蓄电池的充放电并为测量单元提供电源。有市电的情况下，外接的 220 V 交流电源为单元进行供电，同时对内置的蓄电池进行充电。若外接电源停电，内部供电将自动切换为蓄电池供电。电源管理模块设有蓄电池保护电路，当电池充满或电池长时间供电后产生欠压，模块将自动切断充电回路或供电回路，以保护蓄电池不会发生过充或过放电造成的损坏。

无市电的情况下,可外接太阳能板,对采集单元进行供电和充电。

(3)测量模块。测量模块一般均可测量振弦式、差动电阻式、标准电压或电流、RS485等类型的仪器。内含微处理器、时钟、非易失性存储器、高精度 A/D 转换芯片等,用于实现系统的自检、测量与控制、被测数据存储、数据通信等。

模块上设有 8 个或者 16 个测量通道,每个通道接入一支仪器。如需接入更多仪器,需要增加测量模块或扩展模块,测量模块上设有以太网接口、通道扩展接口、RS232 通信接口、人工比测接口、可控电源接口、模块电源接口、RS485 通信接口,示意图如图 5-5-2 所示。

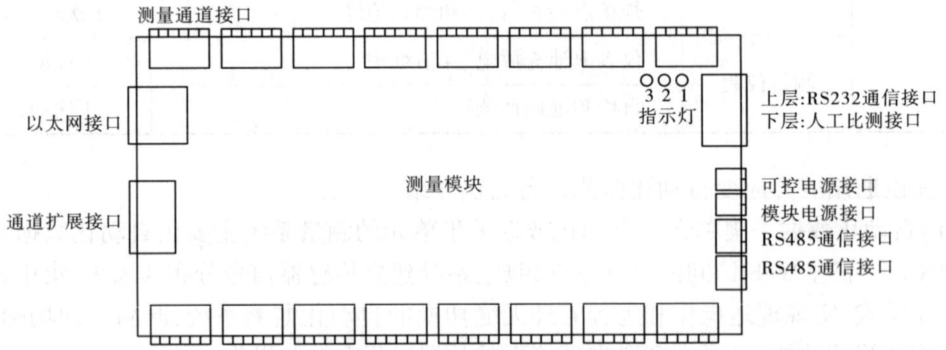

图 5-5-2　测量模块端口示意图

测量通道接口:每个测量模块上设有若干个测量通道,即接线端子,每个接线端子为6 芯端子,端子由顺序号 1、2、3、4、5 及字母 V 组成,各端子在不同设置下的功能不同,每个测量通道接口的定义顺序如图 5-5-3 所示。

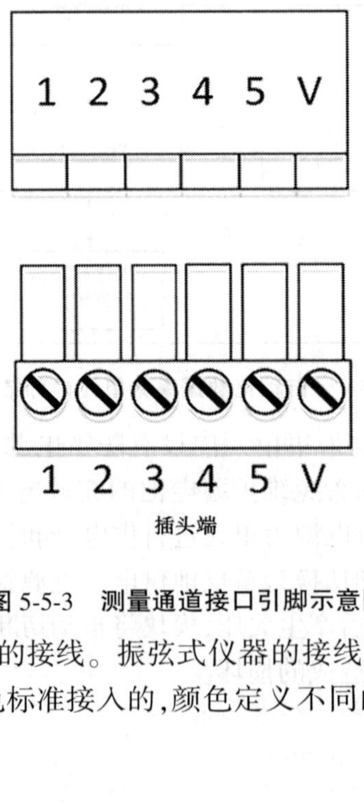

图 5-5-3　测量通道接口引脚示意图

(4)振弦式仪器或传感器的接线。振弦式仪器的接线方法见表 5-5-2,表中的芯线颜色是按照常用传感器芯线颜色标准接入的,颜色定义不同的厂家可参照端子标识的序号接入振弦式仪器。热敏电阻温度计也可参照表中的示意图接线。

表 5-5-2　振弦式仪器接线说明

端子标识	缆线颜色	传感器端缆线定义	接线示意图
1	蓝	屏蔽线	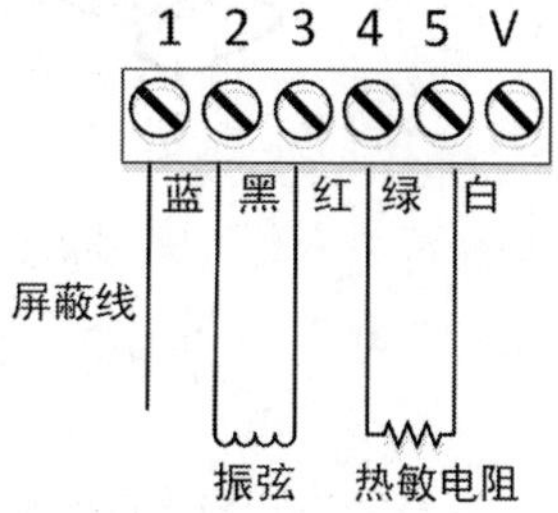
2	黑	振弦-	
3	红	振弦+	
4	绿	温度-	
5	白	温度+	
V	悬空不接	悬空不接	
测量结果		测值 1(Hz)	频率　F
		测值 2(kHz^2)	模数　f
		测值 3(℃)	温度　t

注:1. 振弦式仪器黑线与红线可以互换,绿线与白线也可以互换,而不影响测值。

2. 仅限 5 V 电压激励的振弦式传感器接入。

3. 仅接入振弦温度计时,只需连接绿、白两根缆线。

4. 屏蔽线接线方法:所有屏蔽线编织成网连接到一起,然后与机壳相连。

5. 设备在测量振弦传感器的温度值时,是通过测量绿白线缆端连接的热电阻的阻值。

(5)差动电阻式仪器或传感器的接线。差动电阻式仪器采用五线制接线方式,五线制接线说明见表 5-5-3,同样也适合 4 芯与 3 芯接法。

表 5-5-3　差阻式仪器五线制接线说明

端子标识	传感器端缆线颜色	接线示意图
1	蓝	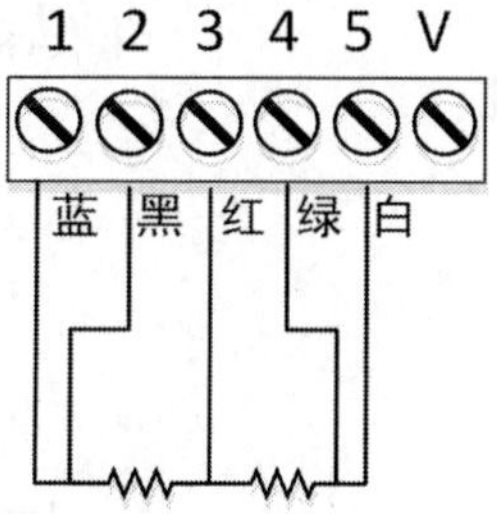
2	黑	
3	红	
4	绿	
5	白	
V	悬空不接	
测量结果	测值 1(Ω)	电阻和　R_1+R_2
	测值 2	电阻比　$R_1/R_2(\times 10^{-4})$
	测值 3(Ω)	线阻　r

注:1. 接入差动电阻式温度计时,红色线缆不必连接。

2. 只有 5 芯电缆接法的测量结果不受缆线电阻影响,三线四线均无法消除缆线电阻。

3. 接入仪器的绝缘电阻应当符合规范要求。

(6)测量设备的配置通信。

①本地配置。监控主机软件主要运用 RS232、RS485 以及以太网的通信方式,为采集

设备提供本地配置,如图 5-5-4 所示。

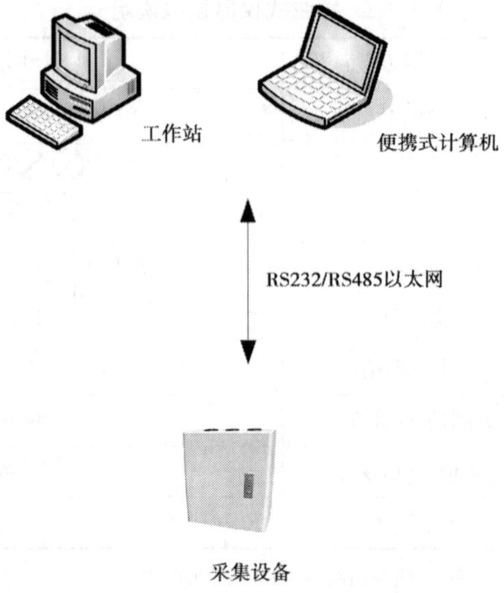

图 5-5-4　监控主机本地配置示意图

②远程配置。监控主机软件主要运用 GPRS、TCP/IP 以太网的通信方式,为采集设备提供远程控制及数据传输,真正实现自动化管理,如图 5-5-5 所示。

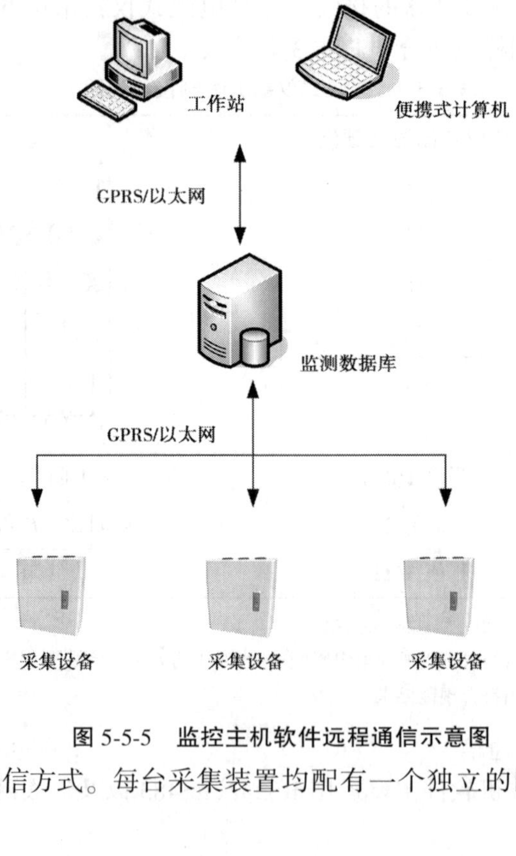

图 5-5-5　监控主机软件远程通信示意图

③产品的组网通信方式。每台采集装置均配有一个独立的网络地址,通过设备上已

有的通信端口,配置不同的通信介质,可将多个采集设备组成一个网络测量系统。

以典型的 TCP/IP 以太网组通信方式为例,其网络连接如图 5-5-6 所示,连接时可以使用带屏蔽的电缆或通信光纤,以防止电磁干扰。使用 TCP/IP 以太网通信方式连接组网时,需选择路由器等集线装置。

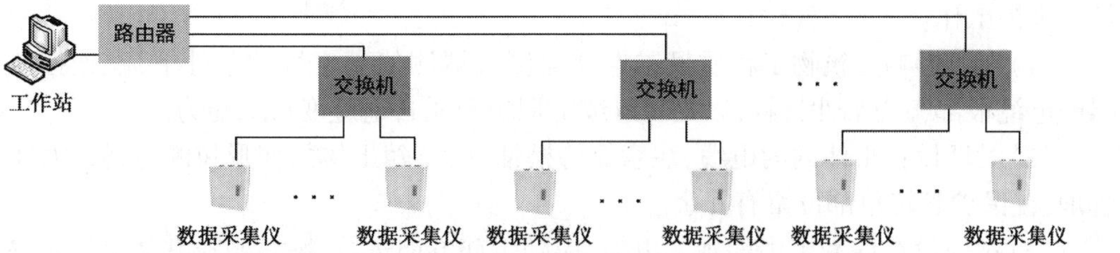

图 5-5-6　TCP/IP 以太网组网通信示意图

(7)测量软件及测量方法。测量软件设计集系统管理、自动化配置、自动化控制及数据管理于一体,采集数据可通过云端存储,便于数据监测和分析;通道配置信息、传感器检测信息通过云端保存,方便管理维护;支持工程安全监测专业分析软件的搭载,便于系统实现数据增值服务;支持分级用户管理、完备的日志记录、完善的报表功能、灵活曲线绘制、自动报警等功能。

(8)应力应变自动化监测设备测量方法。将测量仪器接入测量控制单元,做好电源、网络、控制主机等硬件的连接和配置,然后通过 MCU 内置软件进行采集装置配置和采集通道配置。采集装置配置可对单元编号、类型、通道数、通信方式、测量方式等进行配置,通道配置可对通道号、传感器参数、报警门限等进行配置。数据采集入库采用两种方式:一是控制主机运行数据采集系统软件,选择指定 MCU 指定通道的仪器进行远程自动化数据采集,然后数据入库;二是数据库服务器在定时运行监测数据采集系统软件,系统自检正常后进行自动测量,读取各 MCU 自报数据入库。

5.1.3　仪器绝缘性能检查

(1)差动电阻式仪器绝缘性能测定采用兆欧表测量。

仪器率定高温低温时绝缘性能大于 50 MΩ,防水检验时 0.5 MPa 下绝缘性能不小于 50 MΩ。绝缘性能测量时测量仪器引出电缆头和仪器外壳之间的绝缘性能。

仪器埋设后鉴定时绝缘性能大于等于 0.1 MΩ 为合格。绝缘性能测量时测量仪器引出电缆头和大地之间的绝缘性能。

(2) 振弦式仪器绝缘性能测定采用兆欧表测量。

使用兆欧表选择 100 V 电压等级挡位测读各支仪器电缆芯线的对地绝缘电阻, 对地绝缘电阻≥0.1 MΩ 为合格,<0.1 MΩ 为不合格。

5.1.4　观测电缆与测量仪表维护方法

仪器设施及电缆在安装埋设过程及埋设后的保护工作是贯穿监测工程实施的关键。监测仪器电缆在埋设引线过程中,复杂(关键)部位以 PVC 管或钢管进行保护,如遇交叉施工,派专人看护电缆,如有损毁,及时按照规范要求进行电缆连接。

5.1.4.1　仪器电缆的保护和标识

对于有些部位的监测仪器,如果仪器电缆受损,可能导致无法修复或修复难度极大,从而会引起仪器失效。因此,要提高安全监测仪器的安装埋设质量,保证安全监测仪器的完好率,必须做好电缆的保护与维护工作。一般,应采取以下应对措施加强观测电缆的保护与维护工作:

(1)在不影响建筑物工程质量或保证监测仪器测值真实性的条件下,在连接监测仪器的电缆根部缠绕柔性材料,以提高电缆随周边介质自适应变形的能力。

(2)对埋设在土体内的电缆,注意保持松铺,以免随土体的变形拉断电缆。对于电缆管埋,在保护管转角部位留有冗余。

(3)对埋设在混凝土中的观测电缆,应随钢筋方向进行牵引、敷设并尽量固定在钢筋下部,以免振捣施工损坏。

(4)注意电缆的接长和牵引的时机,一方面尽量减小对土建施工单位的影响,另一方面有利于观测电缆的保护。

(5)大型施工通过电缆上方时,电缆采用钢管保护,且宜采用暗敷方式,并应避免机械碾压造成钢管弹起导致电缆的损伤。

(6)对需要长距离牵引电缆且需要预埋的部位,事先多预埋 1~2 根电缆。

(7)仪器埋设前准确测定钻孔方位图和电缆走线图,并及时报送监理人,避免与土建单位的交叉作业导致电缆损坏。

(8)加强巡视检查和电缆检查力度,发现电缆遭到破坏,立即采取补救措施。

(9)对于暴露在外,且容易受到爆破作业飞石破坏的电缆,应采用穿钢管保护的方式,或者在电缆表面采用竹排等柔性材料进行缓冲防护。

仪器电缆的标识:

(1)仪器电缆引入临时或永久观测站后,应在电缆的末端设置电缆标识,标明仪器的设计编号。

(2)电缆标识应具有良好的防水性,在施工期和运行期内应能清晰可见,并应定期进行维护或更换。

(3)为了防止因仪器外露电缆被盗割或损坏而不能辨别仪器编号,宜在电缆出混凝土或岩体的地方增加一个电缆标识,便于后期电缆重新接长,同时应经常进行现场巡视检查,一旦发现电缆损坏,应立即核对仪器测值(与最近一次测值进行比较),采取补救措施。

(4)有些部位的电缆在施工期内可能会长期露在外面,并且是多根电缆成束绑扎在一起,容易受到损坏。此时,应每隔一定的距离在每根电缆上增设一个电缆标识,便于中间损坏部位的电缆重新连接。

5.1.4.2　测量仪表维护方法

1.测量仪表维护一般要求

监测测量仪表电源的工作状态,并按照使用说明书保养仪表电池。

(1)检查并保持测量仪表接线柱牢固可靠、数值显示清晰完整。

(2)检查测量仪表防尘、防水、防摔措施,保持测量仪表机壳和面板清洁。

(3)定期对测量仪表进行检定和校准。

(4)测量仪表发生故障时,宜由专业人员维修。

(5)测量仪表使用前后,应检查仪表外观、功能键、接线柱、电池状态和显示情况等。

测量仪表检查维护记录表见表5-5-4。

表5-5-4　测量仪表检查维护记录表

仪表名称		仪表编号		仪表类型	
检查维护时间	检查维护内容		检查维护结论及处理意见		检查维护人员

2. 振弦式仪器测量仪表

以BGK-408振弦式读数仪为例介绍振弦式仪器测量仪表的维护方法。

1)日常维护

(1)清洁:①用沾了肥皂和水的软抹布对读数仪的机壳和面板做定期的清洁;②在清洁读数仪面板的时候,请不要使用任何类型的溶剂;③请勿将任何类型的碎屑沾到面板上;④防止水等液体进入读数仪面板上各插座端子内。

(2)充电:BGK-408振弦式读数仪内置高容量锂离子电池,尽管内部设有完善的充放电保护电路,若不按照正常的操作程序使用,将会大大缩短电池的使用寿命:①新出厂时的电池是未被充满的,其电量约为电池额定容量的20%,收到读数仪后不必充电可立即投入使用,待在开机或使用过程中提示“电池欠压请充电”时再进行初次充电,以激活电池容量。②初次充电的时间应控制在48 h以上。以后每次充电的时间不少于24 h,电池的充电时间为24 h充满容量的80%,48 h完全充满。③使用过程中应在出现提示“电池欠压请充电”时再进行充电。④允许在读数仪开机状态进行充电及使用,但充电的时间应比额定时间长。⑤读数仪长期不使用时应将电池放空后储藏,尽管如此,建议每隔半年对读数仪进行一次完全充放电。

2)检验

读数仪需要定期(每年)送回生产厂家或法定计量机构进行检验。

3)故障处理

下面是一些普通的经验性问题和修复措施,未提及的故障问题应向生产厂家咨询。

(1)读数仪不能正常开机。可能是内置电池没电,应使用外接电源,如果读数仪仍不能正常开机,应送回生产厂家检修。若使用外接电源,读数仪能正常开机工作,对内置电池充电8~12 h,后撤去外接电源,若读数仪能正常工作,则故障解除,若仍不能正常工作,则需更换内置电池。

(2)充电后,电池坚持工作的时间太短。可能是内置电池到使用寿命,应向读数仪生产厂家询问或预订同类电池以便更换。

(3)读数仪不能显示被测仪器的测量结果。检查鳄鱼夹与被测仪器导线的连接是否可靠,如果正常,用欧姆表检查被测仪器的电阻值,若在 90~180 Ω,基本上说明连接正常,请更换激励类型,依照 D→E→F→A→B→C 的秩序逐个试验,若在某个激励类型下能测到稳定的数据,故障排除。若在所有激励类型下均不能获得正确的测值,应另外选择一支仪器,按照上述方法再做一次,若能获取稳定的测值,则说明第一支被测仪器已经损坏,若仍不能获得正确的测值,则可能是读数仪出现电路故障,应及时返回生产厂家检修。

(4)读数仪测值不稳定或无读数。可能选择了不正确的激励类型,应更换激励类型,依照 D→E→F→A→B→C 的秩序逐个试验,若在某个激励类型下能测到稳定的数据,就结束激励类型变更操作。

(5)RS232 通信不正常。应检查以下项目:①通信软件的通信格式设置,读数仪的通信帧格式为:8 位数据,无奇偶校验,无停止位,波特率 9 600 bps; ②RS232 的硬件部分是否正常,包括连接线、输入/输出端口是否可靠连接;③连接线长度是否超标,RS232 的连接线长度最好不要超过 10 m。

若上述检查正常而通信仍无法正常,应及时返回生产厂家检修。

3. 差动电阻式仪器测量仪表

以 SQ-5 数字式电桥为例介绍差动电阻式仪器测量仪表的维护方法。

1)仪表精度的检查

(1)首先将随仪表提供的五芯测量线插入仪表输入插座,将五芯测量线的鳄鱼夹按黑、蓝、红、绿、白五色夹住电桥率定器相对应的五接线柱。

(2)用电桥率定器的各挡标准输出检查仪表工作是否正常,测值是否准确。如测值误差超出本使用说明产品技术指标的规定,请及时送工厂修理。

2)仪表使用注意事项

(1)数字式电桥是专用精密电子仪器,不能承受强烈撞击,使用时要细心,要存放在清洁干燥室内。

(2)数字式电桥不能用兆欧表测绝缘电阻,也不能用于测量其他仪器,特别是有源器件。

(3)不要打开仪表后盖,有故障应送厂家修理。

(4)更换电池时必须关断电源,旋出仪表后面小后盖的螺钉,掀起小后盖向后推出,按电池极性更换电池。

4. 压阻式仪器测量仪表

压阻式传感器是利用单晶硅材料的压阻效应和集成电路技术制成的传感器。单晶硅材料在受到力的作用后,电阻率发生变化,通过测量电路就可得到正比与力变化的电信号输出。压阻式传感器用于压力、拉力、压力差和可以转变为力的变化的其他物理量(如液位、加速度、重量、应变、流量、真空度)的测量和控制。

以 YZY-1 型水位计读数仪为例介绍压阻式仪器测量仪表的维护方法。

1)仪表精度的检查

将 0.01 级标准电阻箱与 R1、R2 金属膜电阻按图 5-5-7 连线,仪表测量表夹按图示颜色夹好，开启电源，如仪表显示读数为 750.0±3.0，即表示仪表工作正常。如仪表显示读数与 750.0±3.0 相差较大，即表示仪表工作不正常，应检查电池电压是否太低，检查测量线是否连接正确，鳄鱼夹与测线焊接处是否可靠，排除以上原因后如测值仍不正常，应送厂家修理。

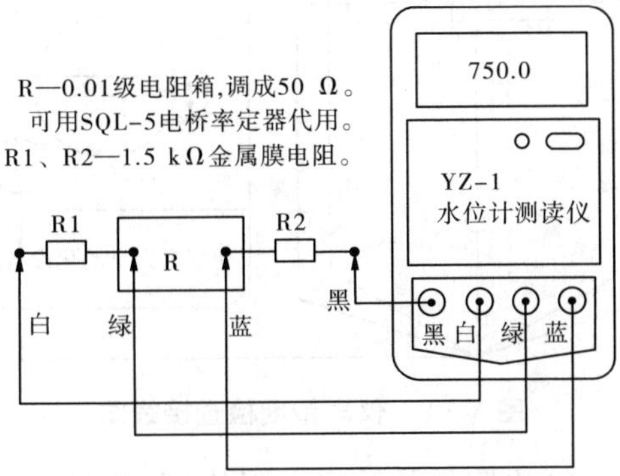

图 5-5-7　水位计测读仪示意图

2）仪表使用注意事项

（1）本仪表是专用精密电子仪器，不能承受强烈撞击，使用时要细心，要存放在清洁干燥室内。

（2）本仪表不能用兆欧表测绝缘电阻，也不能用于测量其他仪器特别是有源器件。

（3）不要打开仪表后盖，有故障应送生产厂家修理。

（4）仪表长期不用，应将电池取出。

（5）更换电池时必须关断电源，旋出仪表后面小后盖的螺钉，掀起小后盖向后推出，按电池极性更换电池。

5. 电位器式仪器测量仪表

以 DWY-5 电位器式读数仪为例介绍电位器式仪器测量仪表的维护方法。

1）仪表精度的检查

（1）将两台 0.01 级 ZX-54 电阻箱按图 5-5-8 连线。然后把五芯测量线的鳄鱼夹按黑、蓝、红、绿、白五色夹住电阻箱，打开电源。当电阻箱 1 与电阻箱 2 的阻值都是 1 000 Ω 时，仪表应显示电阻比值 5 000×0.01%（±5×0.01%）。

（2）分别调整两台 ZX-54 电阻箱的输出电阻值，调整时注意两电阻箱的电阻和应始终保持为 2 000 Ω。两电阻箱的不同阻值的配合，可以输出从 0~10 000×0.01%的不同标准电阻比组合，作为检查仪表的输入基准值，以验证仪表工作是否正常、准确。如测值误差超出产品技术要求的规定，应及时送工厂修理。

（3）分别调整两台 ZX-54 电阻箱的输出电阻值，调整时注意两电阻箱的电阻和应始终保持为 2 000 Ω。将仪表转换开关旋转到欲测的 r 项目位置，调整两电阻箱的不同阻值的配合，可以输出从 0~1 999.9 Ω 不同标准电阻值，作为检查仪表的输入基准值，以验证仪表测量 r 挡工作是否正常、准确。如测值误差超出产品技术要求的规定，请及时送工厂修理。

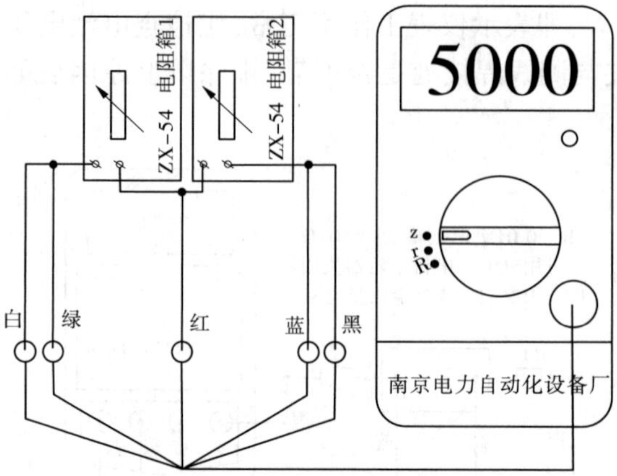

图 5-5-8　仪表精度检查接线图

(4)分别调整两台 ZX-54 电阻箱的输出电阻值,调整时注意两电阻箱的电阻和应始终保持小于 2 000 Ω。将仪表转换开关旋转到欲测的总电阻 R 项目位置,调整两电阻箱的不同阻值的配合,可以输出从 0~1 999.9 Ω 不同标准电阻值,作为检查仪表的输入基准值,以验证仪表测量总电阻 R 挡工作是否正常、准确。如测值误差超出产品技术要求的规定,请及时送工厂修理。

2)仪表使用注意事项

(1)本仪表是一部精密电子仪器,应细心使用和保管,不得强烈撞击。

(2)不可用于电位器式传感器以外的其他测量。

(3)注意清洁、防尘、防湿。

(4)不要打开仪表后盖。

(5)仪表长期不用,应将电池取出。

(6)更换电池须关断电源后再进行,旋出小后盖一只螺钉,掀起小后盖向后推出,即可方便更换电池。

5.1.5　单支应力、应变仪器换算方法

(1)差阻式仪器测值换算监测物理量应采用下列公式计算:

应变:

$$\varepsilon = f\Delta Z + b\Delta T \tag{5-5-1}$$

式中　ε——应变,$\times10^{-6}$;

f——应变计最小读数,$\times10^{-6}/0.01\%$;

ΔZ——电阻比变化量,0.01%;

b——应变计的温度补偿系数,$\times10^{-6}/℃$;

ΔT——温度变化量,℃。

钢筋应力:

$$\sigma = f\Delta Z + b\Delta T \tag{5-5-2}$$

式中　σ——钢筋应力,MPa;

f——钢筋计的最小读数,MPa/0.01%;

ΔZ——电阻比变化量,0.01%;

b——钢筋计的温度补偿系数,MPa/℃;

ΔT——温度变化量,℃。

压应力:

$$\sigma = f\Delta Z + b\Delta T \tag{5-5-3}$$

式中　σ——压应力,MPa;

f——压应力计的最小读数,MPa/0.01%;

ΔZ——电阻比变化量,0.01%;

b——压应力计的温度补偿系数,MPa/℃;

ΔT——温度变化量,℃。

(2)振弦式仪器的测值换算监测物理量应采用下列公式计算:

应变:

$$\varepsilon = K(F_i - F_0) + K_t(T_i - T_0) \tag{5-5-4}$$

式中　ε——当前时刻相对于初始位置时的应变,$\times 10^{-6}$;

K——应变计系数,$\times 10^{-6}/\mathrm{Hz}^2$ 或$\times 10^{-6}/\mathrm{kHz}^2$;

F_0——应变计初始的输出频率模数,kHz^2;

F_i——应变计当前时刻的输出频率模数,kHz^2;

K_t——应变计温度修正系数,$\times 10^{-6}$/℃;

T_i——应变计当前时刻的温度值,℃;

T_0——取初始输出频率模数时对应的温度值,℃。

钢筋应力:

$$\sigma = K(F_i - F_0) + K_t(T_i - T_0) \tag{5-5-5}$$

式中　σ——当前时刻相对于初始位置时的应力,MPa;

K——钢筋应力计系数,$\mathrm{MPa/Hz}^2$ 或 $\mathrm{MPa/kHz}^2$;

F_0——钢筋应力计初始的输出频率模数,kHz^2;

F_i——钢筋应力计当前时刻的输出频率模数,kHz^2;

K_t——钢筋应力计温度修正系数,MPa/℃;

T_i——钢筋应力计当前时刻的温度值,℃;

T_0——取初始输出频率模数时对应的温度值,℃。

频率模数和频率的换算:

$$F = f^2/1\ 000 \tag{5-5-6}$$

式中　F——频率模数,kHz^2;

f——频率, Hz。

5.2 温度监测设施维护与测值换算

5.2.1 温度计检查与维护要求

参照应力应变监测设施维护方法

5.2.2 温度自动化监测设备操作方法

下面就BGK-3700型温度计(见图5-5-9)的操作使用来说明操作运用、维护温度监测自动化设备。

图5-5-9 BGK-3700温度计外观图

5.2.2.1 简介

BGK-3700系列温度计的核心元件采用半导体热敏电阻传感器,该产品用优质不锈钢外壳封装,BGK2-187V3专用电缆,具有优越的防水性能。信号的稳定性和精度不受由于潮湿而引起的电缆电阻变化、接触电阻变化的影响。该产品可广泛用于高科技、工业生产及科研领域的温度控制系统及温度检测。采用GK-403或BGK-408等读数仪可直接显示被监测环境的摄氏温度值。

(1)BGK-3700系列温度传感器具有下列特点:①长期稳定性好;②具有适应各种恶劣环境的不锈钢结构;③防水性能佳;④使用寿命长;⑤高灵敏度;⑥适用于非强酸、非强碱或非强腐蚀性环境下的流体、固态或气体温度的测量。

(2)技术参数。温度测量范围:-30~+70 ℃。

精度:标准±0.5 ℃(可选±0.2 ℃或±0.1 ℃)。

分辨率:0.1 ℃。

常温阻值:3 kΩ(25 ℃时)。

年稳定性:≤1‰。

绝缘电阻:≥50 MΩ。

耐电压:1 500 V。

耗散系数:2~3 MW/℃。

热时间常数:6~12 s。

外型尺寸:ϕ11×110 mm。

电缆规格:BGK02-187V3,导线颜色:绿、白(温度传感器)、屏蔽(接地)。

(3)电缆的焊接加长。标准BGK-3700型温度计在出厂时配备3 m电缆,电缆型号为BGK02-187V3。电缆加长宜使用BGK02-187V3专用电缆,也可使用BGK02-250V6电缆。安装前,需根据现场情况进行连接加长。埋设在土体中的电缆应尽可能避免接头。

如无法避免电缆连接,应采用防水接头,推荐采用 ES-3 型专用热缩接头,也可使用环氧接头,如 3M Scotchcast™的 82-A1 型专用电缆接头,这些接头装置可从厂家订购。

下面详细介绍使用 ES-3 型专用热缩接头的接线方法。

焊接前用万用表测量传感器芯线间电阻数值并记录。其中,绿白芯线电阻在室温 25 ℃时应 3 kΩ 左右;对于 BGK-3700 型温度计,红黑芯线电阻与绿白芯线电阻相同。

焊接前将电缆端部剥除外皮,长度约 8 cm ,露出芯线,在剩余电缆外皮部位用砂布或砂纸打毛,长度约 3 cm。电缆外面套ϕ 12 mm 热缩套管(长度约 14 cm)。用剥线钳将芯线剥除 0.5~0.8 cm 芯线外皮,芯线上套ϕ 2 mm 热缩套管。芯线对应颜色对接并拧在一起后,用电烙铁焊锡。电缆焊接示意见图 5-5-10。焊锡过程应避免虚焊并去除毛刺。5 根芯线均需焊接,焊接时注意:①将各个芯线接头错开;②保证各芯线长度一致,以保证电缆受拉时,各芯线能均匀受力。

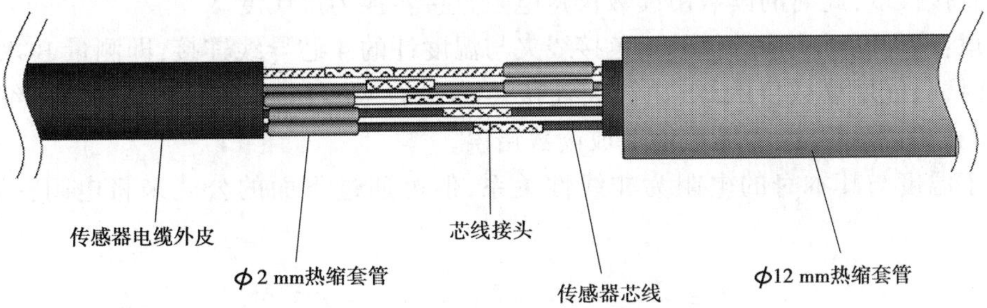

图 5-5-10　电缆焊接示意图

焊接结束后,裸露芯线长度大约为 7 cm。焊接结束后,将ϕ 2 mm 热缩套管推至芯线接头部位,用热风枪将热缩套管热缩于接头部位。最后将ϕ 12 mm 热缩套管推至电缆接头部位,用热风枪将热缩套管热缩于接头部位。ϕ 12 mm 热缩套管每端均应压在传感器电缆外皮 3 cm 左右。使用热风枪吹热缩套管时应控制温度,必须使热缩套管内部的热熔胶融化呈透明、流动状态,完全充满接头内部。温度过高会使芯线外皮融化,造成芯线短路,也会造成热缩套管碳化变脆。

注意:芯线焊接工作结束后,必须用读数仪进行读数测量检查,并使用万用表测量各芯线间电缆电阻情况。避免因焊接工作造成接头部位芯线短路、断路情况。

(4)使用环境及安装注意事项。BGK-3700 系列温度传感器适用于各种恶劣环境,在使用时应注意避免用于超过测量范围的区域(特殊要求可定制),同时还应注意避免传感器在强酸、强碱的环境下长期工作。

用于混凝土、土体或钻孔中时可直接安装埋设,但应注意对电缆实施保护,此外还应符合相关规范的要求。

(5)操作使用与数据处理方法。BGK-3700 温度计信号电缆采用的是 4 芯屏蔽电缆,电缆芯线颜色分别为黑、红、绿、白,另外一根裸线为屏蔽接地。其中,红与白并联,绿与黑并联,测量时可任意连接黑、红芯线或者连接绿、白芯线均可。也可将温度计的红、白芯线或绿、黑芯线分别拧在一起与读数仪的绿、白线夹连接测量,BGK-3700 温度计接线示意见图 5-5-11。

在测量时,可使用 GK-403 或 BGK-408 读数仪的绿、白接线夹连接传感器的对应电

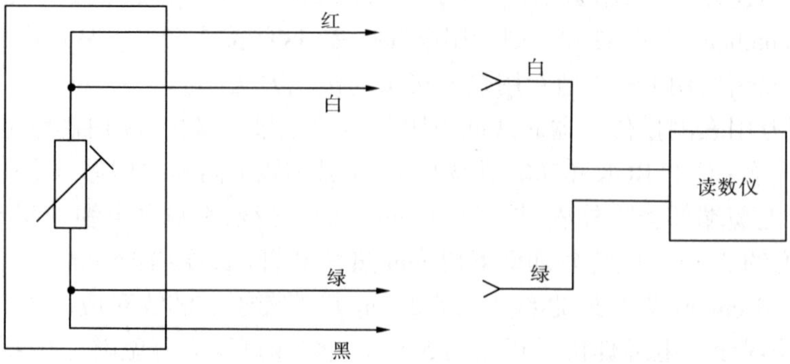

图 5-5-11　BGK-3700 温度计接线示意图

缆芯线直接读取,此时的读数由读数仪将电阻直接转换为摄氏度。

注意:请勿同时将读数仪的 4 色接线夹与温度计的 4 芯导线连接,即测量 BGK-3700 温度计时,只能用读数仪的绿、白线夹连接传感器的绿、白芯线(也可单独连接红、黑芯线)才可正确测量温度,否则可能造成读数错误。

由于温度与其本身的电阻为非线性关系,但可通过下面的公式来将电阻—温度线性化。

$$T = \frac{1}{A + B(\ln R) + C(\ln R)^3} - 273.2 \tag{5-5-7}$$

式中　T——摄氏温度,℃;

R——温度传感器电阻值,Ω;

$\ln R$——半导体温度计阻值自然对数;

$A = 1.405\ 1 \times 10^{-3}$(系数在 -50 ~ +150 ℃范围内有效);

$B = 2.369 \times 10^{-4}$;

$C = 1.019 \times 10^{-7}$。

在测量时,可使用 GK-403 或 BGK-408 读数仪直接读取,此时的读数由读数仪将电阻直接显示为摄氏度。若没有专用读数仪,也可使用数字欧姆表来读取电阻值,通过上述的公式进行计算处理。

5.2.3　温度换算方法

(1)铜电阻式温度计测量温度计算:

$$T_i = \alpha(R_i - R_0) \tag{5-5-8}$$

式中　T_i——温度,℃;

α——仪器温度系数,℃/Ω;

R_i——当前电阻值,Ω;

R_0——0 ℃电阻值,Ω。

(2)差阻式仪器温度计算:

$$T = \alpha' \Delta R \quad T \geqslant 0\ ℃ \tag{5-5-9}$$

$$T = \alpha'' \Delta R \quad T < 0\ ℃ \tag{5-5-10}$$

$$\Delta R = R - R_0'$$

式中　T——温度,℃;

ΔR——电阻变化值;

R——实测仪器电阻,Ω;

R_0'——0 ℃时仪器的计算电阻,Ω。

(3)钢弦式仪器温度。钢弦式仪器温度测量由测量仪表读取仪器电阻值后自动计算显示。

第 6 篇　操作技能——技师

第1章 巡视检查

1.1 土(石)工建筑物检查方案与报告编写

1.1.1 土(石)工建筑物巡视检查方案编写

为确保土(石)工建筑物的安全运行,应针对每座工程特点,制订土(石)工建筑物巡视检查方案,一般包含以下内容:

(1)工程概况。

(2)巡视检查方案制订的依据。一般根据行业主管部门制定的现行规范、规程,以及各地各部门制定的办法、实施细则等,如《土石坝安全监测技术规范》《×××水库大坝巡视检查办法》等。

(3)确定巡视检查组织机构。大坝巡视检查由水库管理单位负责实施,没有专管机构的小型水库由主管部门(如乡镇、街道办事处,村或业主等)组织实施。水库管理单位负责人,业主或主管部门负责人为巡查总负责人;大坝巡查必须有掌握一定专业知识或具有一定管理经验的人员参加。必要时,可报请上一级水行政主管部门及有关专家会同检查。

(4)制订相应的巡视检查内容,包括检查内容、检查方法、检查顺序、检查路线、记录表格、每次巡查的文字材料及检查人员的组成和职责等。

检查路线:巡视检查路线的制订,不但要考虑巡视检查项目的全面性,还要考虑巡视检查过程中人员安全和交通的便利性。日常巡视检查要制订合理路线,做到巡查全覆盖,不留死角,特别是重点部分和容易忽视的地方、隐患部位不出现遗漏。巡视人员应遵循的检查路线:①对坝脚排水、导水设施及坝趾区排水沟或渗水坑地巡视检查。②对下游坝坡和下游岸坡进行巡查,宜从左侧岸坡上坝,从下游坝面下坝,再从右侧岸坡上坝,如坝面较大,则需要反复几次上坝下坝,检查每处坝面。③从右侧沿坝体巡查至左侧坝体尽头。④从左侧上游坝面巡查至尽头,同时观察水面情况。⑤对其他部位进行巡查,如输水涵洞(管)、溢洪道、闸门等方面;对大坝安全有重大影响的近坝区岸坡和其他对大坝安全有直接关系的建筑物与设施。

主坝应按从左至右,从上至下,先内坡、后外坡、最后排水棱体的检查程序。具体内容包括:有无纵横裂缝、塌坑、滑坡及隆起现象;有无白蚁鼠洞,迎水坡有无风浪冲刷,背水坡有无散浸及集中渗漏;有无绕坝渗漏,坝趾有无管涌迹象,排水棱体有无沉陷崩塌。

坝坡:为了查清整个坝面的情况,通常应按要求多次步行巡视坝坡,直至确认无任何异常现象。①对坝脚排水、导水设施及坝趾区排水沟或渗水坑地巡视检查;②对下游坝坡和下游岸坡进行巡查。为了查清整个坝面的情况,通常应按要求多次步行巡视坝坡。由于坡面凹凸不平,植物滋生或其他情况的影响,站在某一指定部位仅能看清四周的部分坡面,因此要确保了解整个坝坡是否存在影响,必须反复步行巡视,直至确认无任何异常现象。常用的巡视方式见表 6-1-1。

表 6-1-1　土石坝检查路线

巡视方式	说明
“之”字形路线检查	采用“之”字形路线的方式检查能保证控制整个坝坡和坝顶。区域小或坡度平缓的坝坡通常采用该方式
平行路线检查	第二种检查方式是按平行于坝顶路线顺序沿坝坡向下检查。该方式适用于坡度很陡或者面积大的坝坡

上述两种步行巡视检查坝坡和坝顶的检查方式较常用,主要目的是详细了解整个坝坡情况。在步行巡视坝坡的过程中,应随时地停下,环视 360°进行观察。

按上述方式检查还可以从不同角度观察坝坡,有时也可观察到一些未被发现的缺陷。此外,从远处观察,也可发现诸如坝面扭曲和坝上植物生长的微小变化等异常现象。最后,在一日内太阳光照射角小的时候,从远处观察坝坡和坝趾区域时,由于太阳光反射易发现湿润地带。

坝顶:坝顶检查方式与坝坡检查相似,既可采用“之”字形路线,也可采用平行路线检查。检查时应注意:为了检查坝顶各部位,应尽量多巡查,确保不遗漏任何缺陷。保证各部位都能巡视到。从不同的角度观察坝顶,有些缺陷可就近发现,而有些缺陷只能从远处观察到。

对其他部位进行巡查,如输水涵洞(管)、溢洪道、闸门等方面;对大坝安全有重大影响的近坝区岸坡和其他对大坝安全有直接关系的建筑物与设施。

(5)检查方法的确定。通常用眼看、耳听、脚踩、手动等直观方法,并辅以锤、钎、钢卷尺等简单工具对工程表面和异常现象进行检查量测。对大坝表面(包括护坡、坝脚)要由数人列队进行拉网式检查,以防漏查。检查时应仔细、认真。

眼看:迎水面护坡块石是否移动、凹陷或突鼓;察看迎水面大坝附近水面是否有漩涡;防浪墙、坝顶是否出现裂缝或原存在的裂缝有无变化;涵洞进出口部位及洞轴线附近坝坡是否存在塌坑、渗漏和突鼓现象; 溢洪道是否畅通;坝顶是否塌坑;背水坡坝面、坝脚及护坡范围内是否出现渗漏突鼓现象,尤其对长有喜水性草类的地方要仔细检查,判断渗漏的浑浊变化;大坝附近及溢洪道两侧山体岩石是否错动或出现新裂缝;水库病险部位是否进一步发展;通信、电力线路是否畅通等。

耳听:耳听是否出现不正常水流声。

脚踩:检查坝脚和坝坡中是否出现土质松软或潮湿甚至渗水的现象。

手动:当眼看、耳听、脚踩中发现有异常情况时,必须再用手做进一步临时检查,对长有杂草的渗漏逸出区,则用手感测试水温是否异常; 动手操作或转动闸门启闭设施、放水设施能否正常运行。

(6)报告及处理。检查完成后,依据检查结果,提出报告流程及应对措施。对检查过程中发现的隐患,应及时划定警戒区域,设立告示牌,并组织应急处理。对需采取较大工程措施的,按工程维护办法流程组织实施。

土石坝巡视检查方案案例

依据监测规程中巡视检查要求及《水库蓄水工作方案》《水利枢纽大坝加高工程蓄水安全监测技术要求》开展工程巡视检查工作,技术要求如下。

1. 巡视检查总体要求

(1)巡视检查人员应固定,每次检查前,须查阅前一次巡视检查记录。

(2)现场检查人员应做到对混凝土坝坝面及廊道全面排查,对土石坝坝顶、坝坡、马道、坡脚排水沟等部位拉网式排查,防止疏漏。

(3)对巡视检查过程中发现的渗漏现象,具备条件的均应采取定量监测,便于对比分析。

(4)巡视检查需关注重点坝段、重点部位和已处置隐患有无异常情况。

(5)每次巡视检查均应做好详细的现场记录。如发现异常情况,应详细记录时间、部位、现象,并拍照或摄像记录。

2. 巡视检查频次

一般情况下,巡视检查宜每周不少于 2 次,汛期相应增加巡检频次。蓄水期间,巡视检查应每日不少于 1 次。当大坝出现异常变位、渗流、裂缝、管涌、滑坡等险情时,应增加人员加强巡查。

3. 巡视检查程序

各巡查小组按巡视检查工作责任制要求开展巡视检查工作,如实填写巡视检查现场记录表,巡查领导小组不定期抽查各巡查小组巡查责任落实情况。

巡视检查发现的异常或隐患及时向巡查领导小组汇报,由巡查领导小组研究处置。

巡视检查程序中应包括以下内容:检查项目、检查路线和顺序、记录格式、报告编制要求,以及巡视检查人员的组成和职责等。

4. 巡视检查方法

(1)眼看:察看迎水面大坝附近水面有无漩涡;迎水面护坡有无凹陷或突鼓;防浪墙、坝顶是否出现新的裂缝或原存在的裂缝有无变化;坝顶有无塌坑;背水面、坝趾有无渗漏、突鼓现象,尤其对长有喜水性草类的地方要仔细检查,判断渗漏水的浑浊变化;坝体基岩或岸坡以及与土石坝结合处有无错动、开裂、脱离、溶蚀、水土流失和渗漏情况等。

(2)耳听:有无出现不正常水流声或振动声。

(3)脚踩:检查坝坡及坝趾是否有土质松软、潮湿或渗水。

(4)手摸:当眼看、耳听、脚踩中发现有异常情况时,则用手做进一步临时性检查,对长有杂草的渗漏处逸出区,则用手感测试水温是否异常。

(5)对出现的裂缝,应以尺量并记录。

(6)必要时可采取坑探、化学检验或跟踪、水下电视、超声探测、潜水观测等方法。

5. 巡视检查内容

(1)土石坝及左坝头副坝:①坝顶有无裂缝、异常变形、积水等现象。②上游混凝土护坡面板是否损坏,有无裂缝、崩塌、剥落、滑动、隆起、塌坑、冲刷或植物滋生现象。③近坝区水面有无冒泡、水质变浑或漩涡等异常现象。④下游坝坡、马道、排水沟及坝趾有无裂缝、散浸、冒水、渗水坑、管涌、崩塌、滑动等现象。⑤与混凝土坝结合部位有无异常情况。⑥渗漏水水量及浑浊度、温度有无变化;重点关注右岸0+650坡脚排水沟及量水堰、右下挡量水堰、先锋沟量水堰、左下挡量水堰、43/44坝段贴坡混凝土处量水堰等部位状况。⑦坝体与岸坡连接处有无裂缝、错动及渗水等现象。⑧两岸坝肩及近坝区有无裂缝、滑动、溶蚀、异常渗水、管涌、流土等现象。⑨左坝头副坝有无异常情况。⑩两岸坝端区有无蚁穴、兽洞等。

(2)边坡及近坝区岸坡:①坡面有无挤压、错动、松动和鼓出。②表面有无裂缝及出现的位置、缝宽、延伸方向及变化情况。③地表排水沟是否通畅,有无渗漏现象。

(3)金属结构及机电设备。①2台5 000 kN门机:门机金属结构有无变形、裂纹、螺(锚)钉松动、焊缝开裂、锈蚀,钢丝绳有无锈蚀、磨损、断裂,设备有无润滑不良、磨损;电、油系统有无故障等。②11台2 000 kN启闭机:启闭机金属结构有无变形、裂纹、螺(锚)钉松动、焊缝开裂、锈蚀,钢丝绳有无锈蚀、磨损、断裂,设备有无润滑不良、磨损,电、油系统有无故障等。③堰顶工作及检修闸门:闸门有无变形、裂纹、螺(锚)钉松动、焊缝开裂、锈蚀;滑块有无破损,止水有无损坏、老化、漏水。④深孔弧形工作闸门及检修闸门:闸门有无变形、裂纹、螺(锚)钉松动、焊缝开裂、锈蚀;滑块有无破损,止水有无损坏、老化、漏水。⑤防汛电源:检查变电设备是否运行正常,防汛备用电源是否可靠。⑥大坝集水井深井泵、大坝供水加压泵站设备:设备及控制系统是否运行正常,集水抽排是否正常。

6. 记录和报告

(1)每个巡视检查小组均应按规定格式做好详细的现场记录。如发现异常情况,除应详细记述时间、部位、险情外,必要时应测图、摄像或录像。对于有可疑迹象部位的记录,应在现场就地对其进行校对,确定无误后才能离开现场。

(2)每个巡视检查小组的现场记录应及时整理汇总为巡视检查汇总表。应将本次巡视检查报告与上次或历次巡视检查结果进行比较分析,如有异常现象,应立即进行复查。

1.1.2 土(石)工建筑物巡视检查报告编写

日常巡视检查中发现异常现象时,应分析原因,及时采取应急措施,并上报主管部门。年度巡视检查和特别巡视检查结束后,应提出简要报告,并对发现的问题及时采取应急措施,然后根据设计、施工、运行资料进行综合分析比较,写出详细报告,并立即报告主管部门。

1.1.2.1 日常巡视检查报告的内容

报告内容应简单扼要,可用表单形式,要说明检查时间、范围、发现的问题等,必要时附上照片及略图。

1.1.2.2 年度巡视检查报告的内容

(1)检查日期。

(2)本次检查的目的和任务。

(3)检查组参加人员名单及其职务。

(4)对规定项目的检查结果(包括文字记录、略图、素描和照片等)。

(5)历次检查结果的对比、分析和判断。

(6)不属于规定检查项目的异常情况发现、分析和判断。

(7)必须加以说明的特殊问题。

(8)检查结论(包括对某些检查结论的不一致意见)。

(9)检查组的建议。

(10)检查组成员的签名。

巡视检查报告案例

1　工程概况

工程由大坝、泄洪闸、东输水涵洞、西输水涵洞及坝后水电站(2 座,现已弃用)组成,工程等别为Ⅱ等,主要建筑物级别为 2 级。坝体为均质土坝。

2　现场检查情况

2.1　大坝

(1)坝顶。坝顶为沥青混凝土路面,表面平整,未见明显凹陷、开裂、错动等现象。

(2)防浪墙。防浪墙整体完好,未见异常变形、错缝等现象。

(3)上游坝坡。上游坝坡为混凝土预制块护坡,外观基本完好,未见异常变形、凹陷、鼓包、错动等现象。

(4)下游坝坡。下游坝坡为草皮护坡,表面平整,植被良好,其中 0+200 桩号一级与二级马道之间坝坡存在散浸,面积约 50 m^2,用脚踩则成稀泥状、有明水(见图 6-1-1);1+000 桩号二级与三级马道之间坝坡存在轻微散浸,面积约 10 m^2,如图 6-1-2 所示。坝坡排水沟基本完好,未见明显坍塌、破损现象。

图 6-1-1　0+200 桩号一级与二级马道之间坝坡散浸

图 6-1-2　1+000 桩号二级与三级马道之间坝坡散浸

(5)坝体与东输水涵洞接触部位。大坝与输水涵洞结合部位未见异常。

(6)坝基。下游坝基坡脚处无冲刷、淘刷现象,未见渗水、渗透变形等现象。

2.2　泄洪闸

2.2.1　混凝土结构

(1)泄洪闸闸墩与牛腿外观完好。溢流堰有施工时留下的裂缝,裂缝共 10 条,共长 34.2 m,其中曲线段裂缝已经修补,现基本完好,下游水平段有 2 条裂缝,位于 2#、3#孔,缝宽均为0.15 mm,为A类裂缝。闸底板与下游泄槽底板分缝基本完好。交通桥板梁、桥面外观完好,上、下游检修桥外观完好。

(2)泄洪闸翼墙和陡槽边墙外观均完好,陡槽防浪墙及上坝台阶完好。陡槽底板台阶整体基本完好,相应第5#、6#段边墙的底板中间有1条顺水流向裂缝,长21.5 m,缝宽0.05~0.15 mm,该裂缝为A类裂缝。

(3)泄洪闸上游翼墙分缝、上游翼墙与闸室边墙分缝、闸室边墙与下游翼墙分缝、下游翼墙与陡槽边墙分缝以及陡槽边墙之间的分缝均无明显水平与垂直错位,分缝无明显挤靠或张开,表明各挡墙结构段无明显位移。陡槽底板与两侧边墙的分缝也基本正常。

(4)泄洪闸一级、二级消力池水上部分外观完好。尾水渠混凝土边坡基本完好。

2.2.2 金属结构

(1)弧形闸门门叶的面板、横梁、水平次梁、纵梁、边梁以及支臂、支铰等构件均未见变形,铰座、门轨、底槛预埋件等未见变形、松动。闸门橡胶止水基本完好,底止水橡胶有老化现象。闸门底、侧角有微漏、渗水现象。闸门行走基本平稳,无明显偏斜、振动等异常现象。溢洪闸未设检修闸门。

(2)弧形闸门面板迎水面水线以下有面漆剥落,面板背水面局部有少量面漆剥落。下横梁上有局部涂层剥落,节点板以及板、梁构件的角结合处有涂层失效现象,底止水压条涂层局部失效。上、下支臂与门叶连接处,涂层失效较明显,支铰及铰座上有少量涂层失效。

(3)弧形闸门各构件焊缝外观未见明显裂纹、脱焊等。工厂加工焊缝外观基本平整、饱满,现场拼接焊缝的平整、饱满度略欠。

(4)弧形闸门启闭机电机、油泵、液压缸、铰座、油箱、控制阀、液压油管路以及设备支架等涂层完好。

(5)启闭机液压缸体、电机、油泵、活塞杆、铰座、吊头、油箱、控制阀、管路以及设备支架等未见明显损伤、裂纹、变形、松动等缺陷。压力仪表、输出控制阀工作基本正常。油泵、液压缸、控制阀、油路等未见明显渗漏油。现地启闭控制屏外观完好,启闭按钮、电气动作、仪表显示正常。启闭机远程控制设备完好。供电(包括备用电源)及电气线路完好。闸门开度、电压、电流仪表等齐备,显示正常。启闭机房配电设施、电气线路完好。泵站设备、控制屏运行基本正常。启闭机备用油泵完好。启闭机运行基本正常,未见明显振动、异常噪声等现象。2#启闭机回油电子阀芯失灵,闸门关闭操作需要手动才能回油。

(6)启闭机房为砖混结构,房屋结构、门窗、室内照明完好,消防设施满足使用要求。启闭机房内未见有沉降裂缝,未有渗漏雨水现象。启闭机房防雷设施完善,接地可靠,布置合理,满足防雷保护功能要求。

2.3 东、西输水涵洞

2.3.1 混凝土结构

东、西涵洞窨井为钢筋混凝土结构,窨井未见有沉降、开裂等缺陷,外观完好。东涵洞启闭机平台为露天,检修平台在窨井内,有楼梯和门可以进入窨井内,井壁上有一敞开的通风窗口。西涵洞启闭机安装在窨井内,掀开井盖通过爬梯进入窨井,窨井上钻了几个孔作通风用。设施简陋(照片),无电源、无照明,井内空间狭小。东、西输水涵洞上、下层平台梁、板基本完好,引桥混凝土完好。

东涵洞蝶阀井混凝土基本完好,未见有漏水、沉降裂缝。井内上、下有固定爬梯。井内无照明设施。

西涵洞蝶阀井混凝土基本完好,蝶阀井内较潮湿。蝶阀启闭机房为砖混结构,房屋结构、照明设施完好。

2.3.2　金属结构

(1)东、西涵洞检修闸门结构基本完好,焊缝基本正常,未见有脱焊、裂纹等缺陷。橡胶止水基本完好。由于常年处于供水状态,检查期间东、西涵洞不能进行启闭闸门操作,故闸门启闭情况未知。检修闸门涂层基本可见,未见明显腐蚀。闸门门槽有浮锈。

(2)东涵洞启闭机为临时启闭设备手动葫芦。西涵洞启闭机为电手动两用螺杆直升式启闭机。

(3)西涵洞检修门启闭机电机、齿轮箱、机座涂层基本完好,螺杆养护正常。大、小飞轮、钢架梁座部分涂层剥落,局部有腐蚀,窨井钢梁腐蚀较明显。

西涵洞启闭机电机、齿轮箱、大飞轮、小飞轮、螺杆、吊杆等以及机座未见明显裂纹、缺损、变形、松动、脱焊等缺陷。齿轮箱无明显渗漏油。传动皮带无明显老化、破裂、断丝。控制盒外观完好,有操作标识、盒体安装牢固。有电压显示仪表,无电流、闸门开度、限位等监控仪表。启闭机使用时电源需临时外接。控制盒、电动机以及连接部分的电气线路未见老化现象。因无电源,未做设备运行检查。

(4)东涵洞出口供水钢管涂层可见,管道法兰上有浮锈。蝶阀启闭机涂层基本可见,因蝶阀井内潮湿,蝶阀外壳上有局部腐蚀。蝶阀启闭机为电手动两用,供电电缆未见明显老化。蝶阀启闭基本正常。

西涵洞出口供水钢管涂层基本可见,管道及法兰未见明显腐蚀。涵洞钢管腐蚀程度等级为未腐蚀。出口蝶阀启闭机涂层完好,因蝶阀井内潮湿,蝶阀立护筒腐蚀明显,表面有较多蚀坑。蝶阀启闭机为电手动两用,蝶阀操作柜完好,电气设备及线路完好。蝶阀启闭基本正常。

2.4　水库库区

近坝库岸未见明显渗漏,近坝库区无冒泡、漩涡等现象。

库区植被茂盛,生长情况良好。库岸边破稳定,无滑坡、坍塌现象或迹象。

2.5　安全监测

×××水库于2001~2004年建立大坝安全监测自动化系统,2011年对大坝安全监测系统进行重新改造,监测项目包括环境量监测、渗流监测与表面变形监测。环境量监测包括上游库水位和降雨量,数据来自××市水雨情自动测报系统。

(1)渗流监测。现有大坝渗流观测设施包括测压管及管内安装的渗压计,布置7个横断面,每个断面布置4~6组测压管(渗压计),共布置了34组测压管(渗压计)。其中,主坝布置2个断面(桩号1+343、1+643)、东副坝布置2个断面(桩号0+490、0+852)、西副坝布置3个断面(桩号2+393、3+259、3+782)。

监测系统采用了DG型分布式大坝安全自动监测系统。监测仪器包括SXX-35型号振弦式渗压计34支,ZDJ0.5型号翻斗式雨量计1支,7台MCU,上述仪器实现自动化测量。

(2)表面变形监测。大坝表面变形仅观测垂直位移,共设 67 个测点。其中主坝布置 9 个断面共 19 个测点;东副坝布置 12 个断面共 22 个测点;西副坝布置 22 个断面共 22 个测点;溢洪闸公路桥每个闸墩下游侧布设 1 个测点共 4 个测点。大坝设二等测量水准基点 3 个。

大坝表面变形垂直位移采用水准法测量,监测设备选用徕卡 NA728 自动安平水准仪一台。位移正负号规定为:垂直位移向下为正,向上为负。

(3)监测及资料整编。大坝渗流监测频次为 1 次/d,大坝变形监测频次为 1~2 次/年。

管理处配有大坝安全监测规程,监测人员配备齐。现有观测项目正常,观测频次基本符合现行规范要求,数据整理整编规范,分析及时。

根据监测数据的整编成果来看,部分渗压计测值不够稳定。

2.6　供电设施

10 kV 单回路线路自×××变电所接至水库管理处变电所,变电所设 S9-500/10 主变 1 台,容量为 5 000 kVA,变比 10/0.4 kV。变压器设备完好,接地可靠,无异常噪声,工作正常。

10 kV 高压配电柜(KGN)和 0.4 kV 低压配电柜(GCK)设备完善,工作正常,接地可靠,满足使用要求。

备用电源 FKS-C100 柴油发电机功率为 100 kW,额定电压为 400 V,额定电流为 180 A。设备由扬州福康斯发电机有限公司于 2012 年制造。发电机容量可以满足枢纽工程运行的供电要求。发电机设备完好,运行正常。

供、配电线路未见老化,线路布置合理,敷设规范,防雷接地措施得当。

变电所变压器房、配电柜房、备用电源房等为砖混结构,房屋结构完好,屋内照明设施完善。

2.7　防汛公路

防汛道路均为混凝土路面,路况较好,满足日常运行管理对外交通及防汛抢险需要。

3　结论与建议

3.1　结论

(1)大坝。大坝坝顶为沥青混凝土路面,表面平整,未见明显凹陷、开裂、错动等现象。防浪墙整体完好,未见异常变形、错缝等现象。上游坝坡为混凝土预制块护坡,外观基本完好,未见异常变形、凹陷、鼓包、错动等现象。下游坝坡为草皮护坡,表面平整,植被良好。坝坡排水沟基本完好,未见明显坍塌、破损现象。坝体与泄洪闸、东输水涵洞、西输水涵洞接触部位表面未见异常。

运行中坝 1+135、坝 2+343、坝 2+400 下游坝坡曾出现渗水,现已反滤处理。坝 0+200、坝 1+000、坝 2+000 三部位下游坝坡存在散浸,其中坝 0+200、坝 2+000 散浸处,用脚踩则成稀泥状。

(2)混凝土结构。泄洪闸翼墙、闸墩、闸墙、牛腿、溢流堰、陡槽以及闸室检修桥、交通桥等混凝土结构基本完好。溢流堰有横向裂缝,陡槽上有顺水流向裂缝。

东、西涵洞进水口窨井及栈桥等混凝土结构基本完好。东、西涵洞出水口蝶阀井等混凝土结构基本完好。

(3)金属结构。泄洪闸弧形闸门基本完好,闸门液压启闭机设备完好,启闭机房及设施完好,闸门局部有轻微腐蚀现象,未设检修闸门。

东、西涵洞进水口检修闸门基本完好。东涵洞闸门操作为临时启闭设备,西涵洞螺杆式启闭机基本完好。西涵洞启闭机无固定电源,使用时需临时接驳。东、西涵洞进水口窨井设施简易。

东涵洞出水口钢管涂层基本完好,蝶阀设备有腐蚀现象。西涵洞出水口钢管有腐蚀现象,蝶阀设备完好。东、西涵洞蝶阀井基本完好,由于长期处于供水状态,东、西涵洞蝶阀处于常开状态。

供、配电设施完好,备用电源完好。主要建筑物及设备的防雷、接地设施满足要求。

(4)安全监测设施。大坝设置有变形监测、渗流监测以及环境量监测等项目,并适时进行了改造,同时积累了大量观测数据。监测项目设置满足规范要求,运行管理较好。

3.2 建议

(1)部分渗压水位监测数据不稳定,部分MCU故障,建议进行检测与率定,必要时对现有监测系统进行更新改造。

(2)适当增加变形观测的频率,一般每年观测2~6次。

(3)分析东副坝、西副坝下游坝坡局部散浸的原因。

附大坝现场安全检查组成员名单。(略)

1.2 混凝土建筑物检查方案与报告编写

1.2.1 混凝土建筑物巡视检查方案编写

混凝土建筑物检查方案与土(石)工建筑物巡视检查方案编制要素及要求基本一致,下面以工程案例描述说明。

混凝土坝巡视检查方法案例

1. 工程概况

某拱坝为沮河干流上的一座以发电为主兼有防洪、航运、灌溉、养殖等综合效益的控制性枢纽工程,枢纽为二等,主要建筑物为Ⅱ级。坝址控制流域面积1 458 km^2,按100年一遇洪水标准设计,1 000年一遇洪水标准校核。

枢纽工程主要由混凝土拱坝(含坝身表、中孔)、右岸发电引水隧洞、地面厂房和开关站等组成。大坝为双曲拱坝,设计最大坝高84.8 m,厚高比0.189,坝身设3个表孔和2个中孔泄洪;发电引水隧洞布置于右岸,电站装有2台单机15 MW的混流式水轮发电机组。

工程于2002年8月开工,同年11月截流,2006年1月15日下闸蓄水,2007年7月竣工验收。

2. 巡视检查内容及重点

巡视检查路线的制订应坚持全面巡查、关注重点的原则。拱坝作为一种安全性较强的坝型，其安全程度主要取决于拱坝坝肩岩体的稳定性和坝体结构的整体性，因此在巡视检查中，除对大坝及周边进行全面巡查外，应重点关注坝肩岩体稳定性状态、坝肩灌浆排水平洞及基础灌浆廊道渗流状态、坝体横缝开合度状态及坝体裂缝状态。

(1)对于坝肩岩体稳定性，应重点检查坝肩岩体(特别是危岩)是否存在挤压、错动、松动和鼓出等现象，土体边坡是否存在冲刷、塌陷、裂缝和滑移(滑坡)现象，以及地下水露头现象等，并重点分析历次巡视检查中这些现象的变化情况。

(2)对于坝肩灌浆排水平洞和基础灌浆廊道，应重点检查平洞或廊道内顶部和壁面是否存在渗漏、侵蚀、裂缝等现象，排水孔流量大小和浑浊度情况，平洞或廊道底面排水沟流量大小和浑浊度情况，并重点分析历次巡视检查中渗流量大小和浑浊度的变化情况。

(3)对于坝体横缝开合度，应重点检查灌浆后的横缝是否存在张开、特别是持续张开的现象，缝面是否存在渗漏现象，以及渗漏的变化过程、渗漏析出物状态等。

(4)对于坝体裂缝，应重点检查裂缝的部位、走向、宽度及其变化情况，并重点分析裂缝的成因以及裂缝对大坝安全的危害程度(如是否存在贯穿性裂缝、是否破坏拱坝的整体性、是否损坏构件的稳定性、是否影响大坝功能的发挥等)。

在巡视检查中，应特别注重历次检查情况的对比分析，重点判断上述检查项目是否存在突变现象，是否存在向恶化方向持续发展的迹象。

3. 巡视检查方法

巡视检查的方法与土(石)工建筑物基本相同，主要依靠目视、耳听、手摸、鼻嗅等直观方法，可辅以锤、钎、量尺、放大镜、望远镜、照相摄像设备等工(器)具，也可利用视频监视系统辅助现场检查，还可采用钻孔取样、注水或抽水试验，水下检查或水下电视摄像等手段，超声波探测及锈蚀检测、材质化验或强度检测等方法进行检查。

4. 巡视检查路线

制订巡视检查路线时，不仅要考虑巡视检查内容的全面性，而且要考虑巡视检查过程中交通的便利性和检查人员与仪器的安全性。

工程办公楼和上坝公路位于拱坝下游右侧；拱坝下游面具有比较完善的交通桥，可近距离检查下游坝面以及泄洪中孔和表孔；左、右岸坝肩分别在 236 m 和 210 m 高程设置有灌浆排水平洞，且 10 m 高程平洞与基础灌浆廊道连通；坝上游面无交通条件，只能借助于望远镜等设备进行远视检查；发电隧洞进口位于拱坝上游右侧岸边。

根据以上布局情况，制订巡视检查总体路线如下：以拱坝右侧上坝公路为起点，对沿公路边坡和右坝肩山体进行巡视检查；从右坝肩步入拱坝右侧下游面，利用右 263. 8 m、255 m、244 m 高程交通桥，对拱坝右侧下游面进行巡视检查；进入 236 m 高程灌浆平洞，对右坝肩岩体情况进行巡视检查；返回 244 m 高程交通桥，经右中孔启闭室，至 230. 5 m 交通桥，再经左中孔启闭室至左 244 m 交通桥，重点检查泄洪建筑物及泄洪设施情况；分别进入左 236 m、左 210 m 高程灌浆排水平洞，对左坝肩岩体情况进行巡视检查；进入基础灌浆廊道，对坝基情况进行巡视检查；进入右 210 m 高程排水灌浆平洞，对右坝肩岩体情况进行巡视检查；经 210 m 交通桥、坝下游面左侧交通桥、255 m 交通桥及 263. 8 m 交通桥至左坝顶，对拱坝左侧下游面进行巡视检查；至左坝肩对左坝肩山体进行巡视检查，并在左坝肩利用望远镜对左侧上游面进行检查;自左坝肩经坝面至右坝肩,对坝顶、表孔溢流面、表孔启闭设备、观测设施等进行巡视检查;至上游面右侧电站进水口,对进水口淤积、堵塞情况以及进水塔安全状况进行巡视检查。

5.结果处理

汛后检查完成后,依据检查结果,向领导汇报,及时组织人力进行处理。

某水利枢纽巡视检查管理办法

第一章 总 则

第一条 为规范水利枢纽巡视检查作业人员的巡检行为,明确巡检内容,密切监视大坝运行工况,及时检查、发现各类隐患及险情,根据《混凝土坝安全监测技术规范》《土石坝安全监测技术规范》等有关规章制度,使相关工作常态化、制度化,确保×××水利枢纽运行安全,特制定本办法。

第二条 本办法适用于水利枢纽巡视检查管理。

第二章 组织与职责

第三条 日常巡视检查、年度详查和特殊情况检查应由熟悉本工程情况的相关人员按规定的路线、方法、频次、巡视检查要求实施。对常规手段难以检查的部位及内容,应当委托专业单位实施。

第四条 巡视检查负责人由熟悉本工程的专业技术人员担任,巡视检查人员应具备水工建筑、水工监测、机械电气等专业知识,熟悉本工程特性。应定期组织巡视检查人员进行有关专业知识的培训。

第五条 巡视检查工作具体落实到单位,责任到人。

第六条 巡视检查工作应根据工程的实际情况制订相应的工作内容,包括检查项目、检查方式、检查顺序、检查路线、记录表式、巡查的文字影像资料及检查人员的组成等内容。巡视检查资料应归入技术档案。

第七条 巡视检查成员应配备现场检查所需的工具、设备、器材和安全防护用品。

第八条 巡视检查应有专门的记录表格(或巡检仪),检查记录内容包括文字、略图、素描、照片、录像等。记录应随查随记,描述应准确、完整。

第九条 巡视检查工作结束后应及时整理、完善检查记录并编写检查报告。报告及时存档并录入电子台账。日常巡视检查报告内容应简单、扼要说明问题,可在日常巡视检查记录附上必要照片、略图及影像资料。

第三章 巡视检查分类

第十条 日常巡视检查。正常运行期,每月不宜少于1次;汛期应增加巡视检查次数。当大坝出现异常变位、渗流、裂缝、管涌、滑坡等险情时,安排专职人员实时监测。

第十一条 年度巡视检查。在每年汛前、汛后对大坝进行较为全面的巡视检查。年度巡视检查除按规定程序对大坝各种设施进行外观检查外,还应审阅大坝运行、维护记录和监测数据等资料档案,每年不少于2次。

第十二条　特殊情况下的巡视检查。当水库发生特大洪水或暴风雨;库水位骤降、骤升,在坝区(附近)发生有感地震,影响大坝安全运用的特殊情况等应立即组织巡视检查;蓄水期间依照《水利枢纽大坝加高工程蓄水安全监测技术要求》规定进行。

第四章　巡视检查频次

第十三条　日常巡检频次:大坝正常运行期 1 次/月(枯水期);汛期应增加巡视检查次数,2~4 次/月(汛期);水库水位达到设计洪水位(172. 2 m)前后,每天至少应巡视检查 1 次。

第十四条　年度巡检频次:在每年汛前、汛后或枯水期及高水位、低气温时,应按规定的检查项目,对大坝进行较全面的巡视检查。每年不得少于两次。

第十五条　特殊情况检查频次:特殊情况检查是指坝区发生有感地震、大坝遭受大洪水或库水位骤降、骤升,以及发生其他影响大坝安全运用的特殊情况时,应立即进行巡视检查。

第十六条　蓄水期巡视检查频次:

(一)库水位 157 m 以下时,每周巡查 1 次。

(二)库水位超过 157 m 高程时,每周巡查 2 次。

(三)库水位超过 162 m 高程以后,宜每天巡查 1 次。

第十七条　试验性蓄水期宜每天 1 次。当大坝出现异常变位、渗流、裂缝、管涌、滑坡等险情时,安排专职人员实时监测。

第十八条　当发现局部新出现裂缝或渗漏增大时,应同时对其周边仪器进行监测和巡视检查,并综合分析,必要时还需进行水质分析。

第十九条　当水库发生下列情况时,应加强巡视检查,实施加密监测:

(一)19~24 溢流坝段需开启运用时。

(二)遇 10 级以上大风(每秒风速达 24. 5 m 以上)。

(三)坝区周围遇大暴雨(雨量> 100 mm/h)。

(四)坝区发生有感地震。

(五)上游库水位临近并将超过 161. 5 m 高程。

(六)大坝发生严重险情或异常现象。

(七)上游库水位快速上升 1 m/d 或下降 0. 5 m/d 以上。

(八)其他工程非常运用及紧急情况。

第五章　巡视检查线路

第二十条　混凝土坝巡视检查线路规定:

河床坝段▽172. 65 m 电缆廊道—▽170 m 监测廊道—▽128 m 廊道—▽117 m(115 m)廊道—▽102 m 防渗板廊道—▽101 m 交通廊道—基础廊道—贴坡廊道;

左岸▽162 m 廊道—▽159 m 廊道—▽140 m 廊道—▽131 m 廊道—▽125 m 廊道—▽108 m 廊道—基础冷却廊道;

右岸▽162 m 廊道—▽159 m 廊道—▽150 m 启闭机廊道—▽137 m 深孔锁定廊道—

▽130 m 廊道—▽104 m 廊道；

坝顶—下游坝面—上游坝面—泄洪建筑物—近坝区岸坡。

第二十一条　土石坝(左岸土石坝、右岸土石坝、副坝)巡视检查线路:上游迎水面—坝顶—下游背水坡—坝端(近坝区岸坡)—左坝头副坝。

第六章　混凝土坝巡视检查内容

第二十二条　坝体主要检查如下内容:

(一)相邻坝段之间的错动。

(二)伸缩缝开合情况和止水的工作状况。

(三)坝顶、上下游坝面、宽缝内及廊道壁上有无裂缝,裂缝中漏水情况。对主要部位的严重裂缝,应采取监测手段,安装玻璃条或量距装置。

(四)混凝土有无破损、溶蚀、水流侵蚀或冻融现象。

(五)坝体排水孔的工作状态,渗漏水的漏水量和水质有无显著变化。

(六)坝顶防浪墙有无开裂、损坏情况。

第二十三条　坝基和坝肩主要检查如下内容:

(一)基础岩体有无挤压、错动、松动和鼓出。

(二)坝体与基岩(或岸坡)结合处有无错动、开裂、脱离及渗水等情况。

(三)两岸坝肩区有无裂缝、滑坡、溶蚀及绕渗等情况。

(四)基础排水及渗流监测设施的工作状况、渗漏水的漏水量及浑浊度有无变化。

第二十四条　边坡主要检查如下内容:坝区附近的边坡是否有不稳定迹象,如表面裂缝、岸边护坡冲刷情况及地下水活动等。

第二十五条　引水建筑物主要检查如下内容:主要检查进水口和引水渠道有无堵淤、裂缝及损伤,控制建筑物及进水口拦污设施状况、水流流态。

第二十六条　泄水建筑物主要检查如下内容:

(一)消能设施有无磨损冲蚀和淤积情况;护坦底板、边墙、挑流坎和导墙等,检查有无冲刷坑、淘刷、磨损、剥落,并注意其位置、面积、深度等现象,还应注意冲刷坑的形成、发展及可能造成的后果。

(二)下游河床及岸坡的冲刷和淤积情况。

(三)水流流态。

(四)上游拦污设施的情况。

(五)深孔泄洪后,检查是否有裂缝、气蚀、磨损、剥落、钢筋外露等现象。

第二十七条　监测设施巡视检查项目:

(一)控制网及位移测点各观测墩。

(二)引张线线体、测点装置及加力端。

(三)垂线线体、浮体及浮液。

(四)水准点。

(五)测压管。

(六)量水堰。

（七）各测点保护装置、防潮装置及接地防雷装置。

（八）埋设仪器电缆、自动化系统通信电缆及电源。

（九）其他监测设施。

第二十八条　在高水位期间应加强对下游坝面、基础廊道及坝后的地基表面和其他渗透水逸出部位的检查，如发现有渗水现象，应测定渗水点部位、面积、高程和渗漏程度。重点部位需定期进行渗水量观测。在低水位期间，应加强对上游坝面裂缝的检查，检查可坐船并配备望远镜。

第二十九条　在泄洪期间，应观察库水面漂浮物、振动、水流形态是否正常；护坦及下游两岸冲刷；基础廊道的排水孔漏水量是否突然增大及主要部位的漏水现象检查。

第三十条　在冬季，应加强横缝开裂、渗水、止水是否损坏，沥青井是否渗水的检查。

第三十一条　巡视检查重点：排水孔工作状态是否异常，渗流水量有无明显变化；检查基础廊道、▽131 m廊道、▽162 m等廊道渗水是否异常；基础防渗排水设施是否异常，渗流水量和水质是否异常，扬压力是否超限，灌浆帷幕有无损坏迹象；大坝伸缩缝止水设施有无老化、损坏和渗漏；坡面及坝脚有无渗水等；18坝段裂缝情况；泄水建筑物有无冲刷破坏。

第七章　巡视检查要求和方法

第三十二条　巡视检查人员应相对固定，每次检查前，均须对照检查工作内容要求，做好准备工作。

第三十三条　年度巡视检查和特殊情况下的巡视检查，还须做好下列准备工作：

（一）排干检查部位积水或清除堆积物。

（二）水下检查及专门检测设备、器具的准备和安排。

（三）安装或搭设临时设施，便于检查人员接近检查部位。

（四）准备交通工具和专门车辆、船只。

（五）采取安全防护措施，确保检查工作及设备、人身安全。

第三十四条　检查方法：

（一）眼看：察看迎水面大坝附近水面有无漩涡；迎水面护坡有无凹陷或突鼓；防浪墙、坝顶有无出现新的裂缝或原存在的裂缝有无变化；坝顶有无塌坑；背水面、坝趾有无出现渗漏、突鼓现象，尤其对长有喜水性草类的地方要仔细检查，判断渗漏水的浑浊变化；坝体基岩或岸坡以及与土石坝结合处有无错动、开裂、脱离、溶蚀、水土流失和渗漏情况；通信、电力线路是否畅通等。

（二）耳听：有无出现不正常水流声或振动声。

（三）脚踩：检查坝坡、坝趾是否有土质松软、潮湿或渗水。

（四）手摸：当眼看、耳听、脚踩中发现有异常情况时，则用手做进一步临时性检查，对长有杂草的渗漏处逸出区，则用手感测试水温是否异常。

（五）对出现的裂缝，应以尺量并记录。

（六）必要时可采取坑探、化学检验或跟踪、水下电视、超声探测、潜水观测等方法。

第八章　巡视检查记录及报告

第三十五条　巡视检查应做好记录,检查人员签名。每次检查均应按各类检查规定的程序做好现场填表和记录,必要时应附有略图、素描或照片等。如发现异常迹象,则应详细记录,记录内容包括时间(年、月、日、时)、部位(尽可能具体)、险情描述、库水位、气象、检查人员和记录人员,及时上报并编写专门的检查报告。

第三十六条　现场记录必须及时整理,并将本次巡视检查结果与以往巡视检查结果进行比较分析,如有问题或异常现象,应立即进行复查,以保证记录的准确性。

第三十七条　巡视检查的记录、图件和报告等均应整理归档,以备查考。

第三十八条　年度巡视检查在现场工作结束后两周内提出详细报告。年度巡视检查报告的内容包括:检查日期;本次检查的目的和任务;检查组参加人员名单及其职务;对规定项目的检查结果(包括文字记录、略图、素描和照片);历次检查结果的对比、分析和判断;不属于规定检查项目的异常情况发现、分析及判断;必须加以说明的特殊问题;检查结论(包括对某些检查结论的不一致意见);检查组的建议;检查组成员的签名。

第三十九条　特殊情况下的巡视检查,在现场工作结束后,还应立即提交简报。

第九章　附　则

第四十条　本办法由枢纽运行管理单位负责解释。

第四十一条　本办法自发布之日起实施。

1.2.2　混凝土建筑物巡视检查报告编写

混凝土建筑物巡视检查报告与土(石)工建筑物巡视检查报告基本一致,下面以工程案例描述说明:

工程是一座具有引水、发电、灌溉、养殖、旅游为一体的实现水资源优化配置的水利工程,拦河坝为整体式碾压混凝土重力坝,2019年3月,水库管理所及主管部门及相关专家开展巡视检查,当日库水位441.40 m,巡视检查主要成果如下。

巡视检查报告案例

1　大坝

1.1　坝顶

坝顶设置混凝土路面,较为平整,无裂缝,排水设施齐全。但是,在桩号右0+040附近存在轻微凹陷现象及两条表层横向裂缝。

1.2　防浪墙

2009年新建,无异常变形,无裂缝。

1.3　大坝上下游面

大坝上游混凝土防渗面板表面风化明显,露砂、局部露石。

左挡水坝段桩号左0+054、高程441.35~455.00 m的贯穿性裂缝处理痕迹明显。

大坝下游面渗水点较多,大坝左挡水坝段存在4处渗水点、溢流坝段存在3处渗水点、右挡水坝段存在 10 余处渗水点。

1.4 大坝廊道

大坝廊道渗水析钙严重，在高程 435.00 m 以下存在大面积渗水析钙现象，厚度最大处达 1 cm。局部露筋锈蚀。

1.5 大坝监测

(1)变形观测。在大坝表面布设位移测点 7 个，工作基点 2 个。1993 年以前每 10 天观测一次，之后每月观测一次，观测时间一般在上午 9:00~10:00 进行。截至 2012 年底，累计水平位移量最大值 0.5 mm、最小值 0.1 mm，累计竖向位移量 0 mm。观测资料表明，×××水库大坝表面位移量无异常现象。

(2)坝体渗漏量观测。坝体渗漏量采用容积法观测，通过坝体廊道集水井汇集各排水孔渗水方式实现。正常情况下，每 10 天观测 1 次，刚蓄水时，最大渗漏水量达 7 L/s。后来经过对坝体的防渗面板的止漏处理，坝体渗漏水量逐年减少，1998 年后坝体渗漏水量都在 0.5 L/s 以内，最小渗漏水量 0.06 L/s，大坝渗流量测值稳定。

(3)坝体扬压力观测：①由于原施工时预埋的测压管(孔)失效，故一直没能进行；②2010 年，采用原坝体廊道 4 个排水孔安装观测仪器，进行扬压力观测，但是仅采用人工方式观测，无观测记录。

1.6 坝肩

右坝肩在高程 435.00 m、445.00 m 处存在渗水点。

1.7 其他

右坝肩踏步护栏破旧老化，混凝土剥落，钢筋锈蚀。

2 表孔溢洪道

2.1 混凝土结构

溢流面、闸墩、闸墙、导流墙有风化、露石现象。溢流面有少量露筋，堰顶有数条裂缝。其余结构未见明显钢筋锈蚀、剥落现象。

2.2 金属结构与电气设备

溢洪道钢闸门涂层失效、剥落明显，闸门面板、主梁腹板、支臂等都可见较多锈蚀现象，门轨、定滑轮等也可见锈蚀。

启闭机涂层完好，支架、卷筒、开式齿轮等主要结构完好。钢丝绳可见养护油。启闭机电气设备、配电屏等基本完好。备用发电机完好。启闭机房结构完好。启闭机房无防雷设施。

2.3 消能防冲情况

下游河床没有护砌，挑流冲刷河床，并形成冲坑。

3 引水洞

3.1 水工主体部分

进水口建筑物(竖井、检修闸门启闭机房框架)混凝土基本完好，未见钢筋锈蚀。拦污栅滑道表面不平整，未见明显破损。

引水隧洞运行后分别于 1991 年与 1994 年打开进人门进去检查两次。第一次由于运行时间较短，洞内表面情况较好，较正常。集渣坑全满，清渣一次。第二次进洞检查后，主体完好,仅底部衬砌混凝土表面有局部冲刷脱落,边墙局部也有脱落,在底部和侧墙的交接处脱落较为明显。分析原因为施工时喷锚的回弹渣处理不好。该次集石坑仅填半坑,故未进行清渣。由于隧洞引水需要,无法进入,本次未进行检查。

出水口混凝土结构基本完好,压力钢管附近混凝土墙体有渗漏、析钙现象。

3.2　金属结构与电气设备

进水口闸门需更换多节吊杆方能吊至检修平台,工序复杂、劳动强度大。据工作人员反映,闸门开启运行正常,本次检查时未能实施闸门吊至检修平台。检修闸门启闭机及电气设备基本完好,运行正常。启闭机房无防雷设施。

拦污栅卡死,起吊钢丝绳锈损。充水闸阀位于水下,未进行检查。充水阀启闭机运行基本正常。引水洞出水口闸阀未见漏水,基本正常。

4　水库、防汛公路及其他

水库内植被覆盖率高,水土保持良好,无塌岸与滑坡现象。

防汛道路均为混凝土路面,路况较好,满足日常运行管理对外交通及防汛抢险需要。

枢纽通信系统由程控电话、移动电话、内部IP等组成,系统运行安全稳定可靠,确保了通信畅通。程控电话、移动电话作为日常联系工具,内部IP系统可通过两位短号码迅速取得联系,为水库大坝安全防汛抢险提供了保障。

5　结论与建议

5.1　结论

(1)大坝左挡水坝段贯穿性裂缝处理痕迹明显。大坝下游面存在多处渗水点,坝体廊道渗水析钙严重。右坝肩存在两处渗水点。

(2)溢流坝段的溢流面、闸墩、闸墙、导流墙有风化及露石现象。溢流面有少量露筋,堰顶有数条裂缝。其余结构未见明显钢筋锈胀、剥落现象。

溢洪道钢闸门涂层失效、剥落明显,闸门面板、主梁腹板、支臂等都可见较多的锈蚀现象,门轨、定滑轮等也见锈蚀。启闭机涂层完好,支架、卷筒、开式齿轮等主要结构完好。钢丝绳可见养护油。启闭机电气设备、配电屏等基本完好。备用发电机完好。启闭机房结构完好。启闭机房无防雷设施。

引水洞进水口、出水口混凝土结构基本完好,进水口拦污栅卡死,其余金属结构与电气设备运行基本正常。

(3)其他。大坝变形与渗流量观测正常。右坝肩踏步护栏破旧老化,混凝土剥落,钢筋锈蚀。坝顶路面平整,无裂缝,排水设施齐全。防浪墙无异常变形或裂缝。

5.2　建议

(1)对工程施工期间的问题(如左坝肩裂缝等)的处理情况进行说明和分析评价。

(2)分析现场检查发现的工程质量缺陷或安全隐患(如大坝下游面与廊道渗水、右坝肩渗漏、溢流面裂缝与剥蚀等现象)对工程安全的影响。

(3)对左坝段贯穿性裂缝与上游防渗面板开合情况进行检查(建议夏季与冬季各检查一次)等。

(4)对溢洪道钢闸门尽快进行防腐处理。加强对其他建筑物金属结构与电气设备的养护和管理。

第 2 章　环境量监测

2.1　水位观测数据整理、甄别

2.1.1　水位过程线绘制要求

水位过程线是点绘的水位随时间变化的连续曲线，分为逐时（瞬时）水位过程线和逐日平均水位过程线。逐时水位过程线是在每次观测水位后随即点绘的，以便作为掌握水情变化趋势，合理布设流量、泥沙测次的参考，同时也是流量资料整编时建立水位流量关系和进行合理性检查的重要参考依据。逐日平均水位过程线用以概括反映全年的水情变化趋势。水位过程线一般与流量、含沙量、降水量、岸上气温、冰厚等水文要素过程线绘制在同一张图中。人工点绘时使用专用图纸，也可使用 Excel 或专用软件（如整汇编软件）绘制。

点绘过程线时图面要求布置适当，点清线细，点线分明。图上应注明图名（×××坝××××年××月水位过程线图），坐标名称及单位—水位（××基面以上米数）（m）和时间标度（h、d 等），图例，以及点绘、校核人签名。

人工点绘通常选用水文要素过程线专用图纸，用黑铅笔绘制。纵坐标为水位，横坐标为时间。图幅大小可按月或年水位的变化幅度确定比例大小，比例一般选择 1、2、5 或其 10、1/10 的倍数，同一张图内一般不要变换比例。

在绘制逐时水位过程线时，各相邻点间一般用直线连绘。实测点间用实线连接，插补过程时用虚线连绘。月水位极值用⊥或⊤（横线 7 mm、竖线 4 mm）符号标示，月最高水位符号用红色，月最低水位符号用蓝色。当一日内水位变化较大时，可将日平均水位用横线表示在水位过程线上。有河干或连底冻时，在开始与终了时间处画一竖线，中间注“河干”或“连底冻”字样。

水位过程线上除点绘水位值外，还在实测流量相应时刻相应水位处点绘实测流量符号，并注明实测号数。

2.1.2　水位观测资料合理性判断知识

对坝区水位观测资料进行合理性分析时，首先审查水位观测资料的内容是否全面、书写是否清楚；然后结合年内发生的重大洪水过程或冰凌情况，对依据水位观测资料绘制成的当年逐日或逐时段水位过程线进行全面分析检查，通过重点检查水位变化的连续性、洪水过程的完整性、流量与水位的对应性可初步判断有无异常水位；第三是对异常水位资料再进行多方面对证分析，如本站同期的其他观测资料、上下游相邻测站的水位及其他资料、区间降雨汇流或引水分流资料、附近河道建筑物或施工影响等，以最终判定资料的合理性。

除以上造成水位异常的原因外，水准点或水尺零点高程的变动或引用不正确、观测记录或计算错误、断面迁移或换读水尺不衔接等都可导致水位资料错误。审查发现水位资料不够合理时应彻底查清原因并予以插补修正，以提高整编资料的合理性和准确性。

2.2　降水量观测数据整理、甄别

2.2.1　降水量直方图绘制要求

雨量过程线是表示降雨随时间变化的过程线，常以时段雨量为纵坐标，时段时序为横坐标，采用柱状图形表示，见图 6-2-1。至于时段的长短，可根据计算的需要选择，分小时、天、月、年等，一般只需逐日过程线即可。

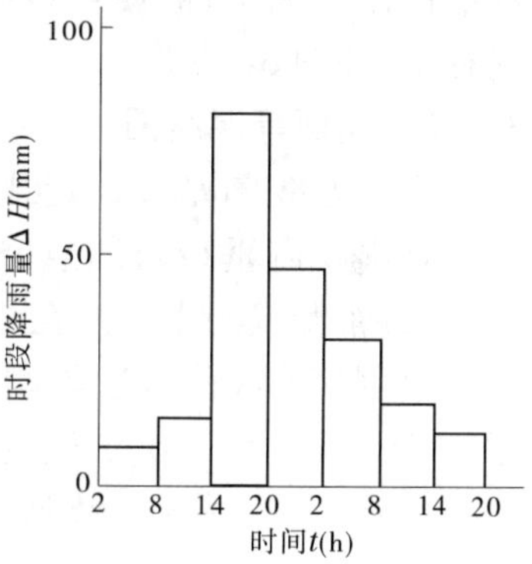

图 6-2-1　雨量过程线

2.2.2　降水量观测资料合理性复核知识

降水量记录后，应对监测资料进行整理和分析。各项整理计算分析工作，必须坚持一算两校，即委托雨量站完成原始记录资料的校正，故障处理和说明，统计日、月降水量，并于每月上旬将降水量观测记载簿或记录纸复印或抄录备份，以免丢失，同时将原件用挂号邮寄指导站，由指导站进行一校、二校及合理性检查。独立完成资料整理有困难的可委托雨量站，由指导站协助进行。

指导站应按月或按长期自记周期进行合理性检查：①对照检查指导区域内各雨量站日、月、年降水量，暴雨期的时段降水量以及不正常的记录线。②同时有蒸发观测的站应与蒸发量进行对照检查。③同时用雨量器与自记雨量计进行对比观测的雨量站，应相互校对检查。

对降水量的单站合理性检查时，一般有如下规律：各时段最大降水量应随时间加长而增大，长时段降水强度一般小于短时段的降水强度。降水量摘录表或各时段最大降水量表与逐日降水量对照时，要检查相应的日量及符号，24 h 最大降水量应大于或等于一日最大降水量，各时段最大降水量应大于或等于摘录中相应的时段降水量。

对降水量资料的综合合理性检查时，应满足下列规定：

(1)邻站逐日降水量对照：用各站的逐日降水量表对照，在发生大暴雨或发现有问题的地区，可用相邻各站某次暴雨的自记累积曲线或时段降水量进行检查。通常相邻站的降水时间、降水量、降水过程具有一定规律性。如果发现某站情况特殊，要进一步检查其原因。

(2)邻站月、年降水量及降水日数对照：用各站月、年降水量及降水日数进行检查。若发现某站降水量或降水日数与邻站相差较大，应分析原因，并在有关表中附注说明。

(3)暴雨、汛期及年降水量等值线检查:分析暴雨中心、汛期及年降水量分布的合理性。

2.3　坝前水温观测数据整理、甄别

2.3.1　水温过程线绘制要求

根据工程需求及水温测点的布置及气温的测量数据,可绘制水文与气温综合过程线、库水温断面等温线图和固定垂线年水温等值线图。

2.3.1.1　水温与气温综合过程线

以测量的时间点作为横坐标,以测量的气温和水温数据作为纵坐标,便可以绘制出气温与水温综合过程线,如图6-2-2所示。

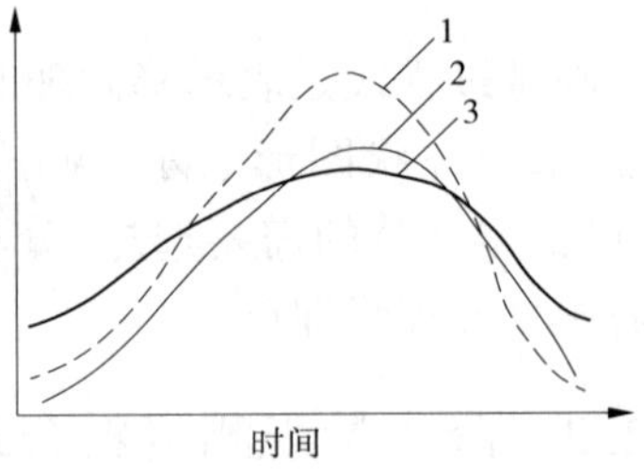

1—气温;2—表层水温;3—底层水温

图6-2-2　水温与气温综合过程线

2.3.1.2　断面等温线图

断面等温线图是按一定比例缩绘观测断面图,在图上画出观测垂线与测点,选择有代表性的观测成果,将各个测点的水温注在相应的测点上,然后按照一般绘制等值线的方法绘制等温线图,如图6-2-3所示。

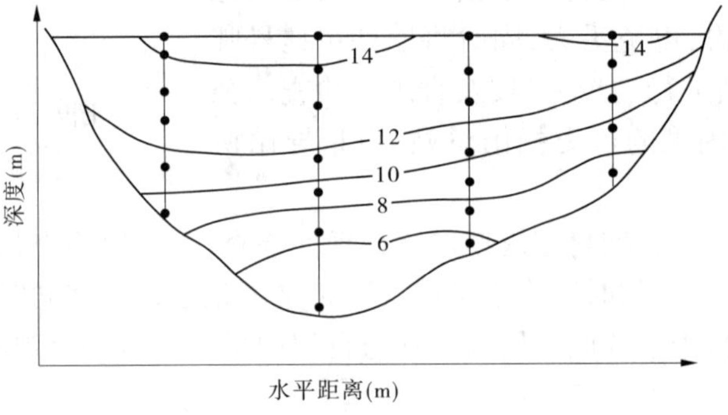

图6-2-3　观测断面等温线图

2.3.1.3　固定垂线年水温等值线图

固定垂线年水温等值线图是选择有代表性的垂线的观测成果,用年历格纸绘制。绘制时,以水深为纵坐标,将水深零点定在年历格纸上方,将每次观测的各个测点的水温按日期绘在相应的水深处,然后按照一般绘制等值线的方法,绘制等值线,如图6-2-4所示。

2.3.2　水温观测资料合理性判断知识

进行单站合理性检查时,应绘制水温过程线检查,并与岸上气温、水位过程线对照。水温变化一般是连续、渐变的,与岸上气温变化趋势大体相应,且水温的变化常落后于气温的变化。在结冰期间,一般水温趋于0 ℃,但对矿化度很高的水体,可能要在水温低于

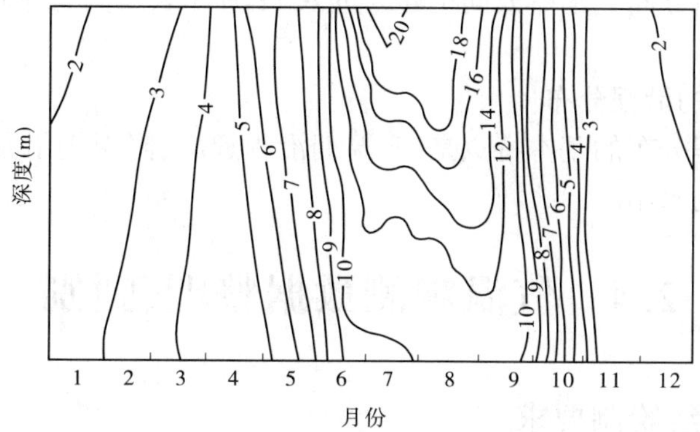

图 6-2-4　固定垂线年水温等值线图

0 ℃时才有冰出现。合理性检查时,当发生上游水库放水、冰川融冰或暴雨洪水等情况时,应注意水温会发生显著的变化。

水温资料进行综合合理性检查时,用上下游逐日水温过程线进行对照检查。上下游站的水温变化趋势应相似。但由于各河段所处的地理位置、气候条件不同,以及在人工调节或区间有较大水量加入时,可能发生异常情况,可根据水库水温分布特点进行分析。

水库水温的分布特点分为水库等高面上的水温分布、水库水温的垂向分布和水库水温的沿程分布。

2.3.2.1　水库等高面上的水温分布

美国、日本的资料表明,水库水温沿等高线上的分布基本上是均匀的,即使局部或临时出现波动,差值也是很小。我国开展全库区水温观测的为数很少。从丹江口的一次库区观测结果及几个水库坝前的水温分布和一些小型水库的资料,可得出同样的结论。

2.3.2.2　水库水温的垂向分布

水温的垂向分布,除其他因素影响外,还与冬季是否封冻有关,现就此问题,介绍如下。

1. 南方水库水温的垂向分布

混合型水库:不同水深的温度均随月份而变,而与水深的关系不大,垂直温度梯度小。

分层性水库:这类水库的垂直水温结构大致可分为3层。①上层,又称活动层。位于水面水深15 m范围内,水温随气温而变化。库表水温在10~31 ℃间变动。在升温期表面水温迅速上升,8月达最高值。之后,首先从表面向库底方向逐渐形成等温层,并随着时间的推移不断扩大等温层的厚度,到了次年1~3月,与中、下层的水温一致,构成全水深等温。②中层,又名温跃层。水温随水深剧烈变化,以7、8月最为显著,从26 ℃降到10 ℃,水深每下降1 m,则水温也下降1 ℃。③下层,也称滞温层。由于洪水的影响,与温跃层的介面在年内略有变动,上半年位于水深25 m以下,下半年在35 m以下,水温基本上常年不变,维持在10 ℃上下。

2. 北方冬季封冻水库的水温垂向分布

冬季封冻的水库,其水温垂向分布一般经历五个时期。1~3月为封冻期,水面温度接近0 ℃,库底水温在4 ℃上下,水温呈逆温分布,出现冰期温度分层。4月为融冰期,当库表水温回升到与库底同温时,库内处于等温状态。5~8月升温期及9~11月降温期内的垂向水温的变化与南方同类水库大同小异。进入 12 月库表水温与库底温度一致时，又一次出现等温。

2.3.2.3 水库水温的沿程分布

库区内水温沿程分布的基本特点是：升温期沿程递减，降温期沿程递增，水库湖泊段的水温高于峡谷段的水温。

2.4 气温观测数据整理、甄别

2.4.1 气温过程线绘制要求

在收集各项气温数据后，应根据数据绘制气温过程线图，以测量的时间点作为横坐标，以测量的气温和水温数据作为纵坐标，便可以绘制出气温过程线，如图 6-2-2 所示。在此基础上，分析气温的变化规律及其对工程安全的影响，并对影响工程安全的问题提出处理意见。

2.4.2 气温观测资料合理性判断知识

进行单站合理性检查时，应绘制气温过程线，分析气温资料的合理性。气温变化一般与地区气候相应，当发现不合理时，应查询来源和测量方法等，分析原因，查实的进行修正。

气温资料进行综合合理性检查时，用上下游逐日气温过程线进行对照检查。上下游站的气温变化趋势应相似。但由于各河段所处的地理位置、气候条件不同，以及在人工调节或区间有较大水量加入时，可能发生异常情况。

第 3 章　变形监测

监测设施在运行过程中受内外因素影响，其状态会发生变化，需通过检查、测试、分析等手段综合评判系统运行状态，以确认其是否满足运行要求。现场检查与测试包括监测设施的外观、标识、线缆及连接、数据采集设备、工作状态、运行环境和观测条件等。

3.1　垂直位移监测设施状态判断

垂直位移监测分为表面垂直位移监测和内部垂直位移监测。表面垂直位移监测方法分采用几何水准测量法和液体静力水准测量法，内部沉降观测方法可采用电磁式（干簧管式）沉降仪法、水管式沉降仪观测法。

3.1.1　表面垂直位移监测设施运行状态判断方法

3.1.1.1　变形监测设施传感器运行状态判断

（1）垂直位移自动化观测项目中，各种传感器是关键部件，常见类型有差动电阻式和振弦式传感器，表面变形应力应变传感器的现场检查应符合下列规定：①仪器安装与被监测结构结合牢固，保护装置可靠耐久，未出现测值真实性的变形、错位、锈蚀和开裂现象。②仪器电缆类型、保护、屏蔽、连接和标识应满足现场环境下仪器长期工作所需的工作、准确识别和运行维护条件。现场检查引出电缆完好、编号标记清晰、芯线无明显锈蚀。

（2）测试应符合下列规定：

差动电阻式仪器现场测试评价应包括电阻比、电阻和绝缘电阻。其中五芯差动电阻式仪器电阻比测试评价宜采用电阻比极差评价，四芯差动电阻式仪器电阻比测试评价宜采用电阻比极差和正反电阻比评价。

五芯差动电阻式仪器现场测试方法及评价标准为：采用差动电阻式测量仪表测量待检仪器的电阻比，连续测量 3 次，每次测量时间间隔不低于 10 s，计算电阻比极差，电阻比极差不大于 3×10^{-4}，电阻比评价为合格；采用差动电阻式测量仪表测量待测仪器的电阻值，连续测量 3 次，每次测量时间间隔不低于 10 s，计算电阻值极差，电阻值极差不大于 0.05 Ω，电阻比评价为合格；采用 100 V 电压等级的兆欧表测量仪器电缆芯线的绝缘电阻，绝缘电阻不小于 0.1 MΩ，绝缘电阻评价为合格。

四芯差动电阻式仪器现场测试方法及评价标准为：采用差动电阻式测量仪表测量待测仪器的正测电阻比和反测电阻比（将蓝黑和绿白芯线对调），连续测量 3 次，每次测量时间间隔不低于 10 s，计算电阻比极差和正反电阻比 $|Z_t-N|$，其中 Z_t 为正测电阻比读数 Z 与反测电阻比 Z' 之和，$N=20\ 000+M^2$，$M=(10\ 000-Z)/100$。电阻比极差不大于 3×10^{-4}，$|Z_t-N|$ 不大于 5，电阻比评价为合格；电阻比极差大于 3×10^{-4}，电阻比评价为不合格。四芯差动电阻式仪器电阻和绝缘电阻评价同五芯差阻式仪器。

振弦式振弦式仪器现场测试项目包括频率、温度和绝缘电阻评价，评价方法和标准应符合下列规定：采用振弦式仪器便携式仪表对监测仪器的频率进行 3 次连续测量和记录，每次测量时间间隔不低于 10 s，并计算频率极差，当频率测值不大于 1 000 Hz 时，频率极差不大于 2 Hz，评价为合格，否则评价为不合格；当频率测值大于 1 000 Hz 时，频率极差不大于 3 Hz，评价为合格，否则评价为不合格。采用振弦式仪器便携式仪表对监测仪器的温度进行 3 次连续测量和记录，每次测量时间间隔不低于 10 s，并计算温度极差。温度极差不大于 0.5 ℃，评价为合格，否则评价为不合格。振弦式仪器绝缘电阻测量采用 100 V 电压等级的兆欧表，绝缘电阻不小于 0.1 MΩ，绝缘电阻评价为合格，否则评价为不合格。

3.1.1.2 静力水准装置运行状态判断方法

现场检查与测试包括外观检查、测值稳定性检验。

(1)静力水准装置外观检查内容与要求如下：①测点墩与被测基础紧密结合，静力水准支架牢固可靠，为合格，否则为不合格。②管路无漏液现象，管路中无气泡，为合格，否则为不合格。③寒冷地区，当静力水准布置在室外时，对测点和管路按规范做了防冻保护的，为合格，否则为不合格。④连通管平顺为合格，否则为基本合格。⑤钵体、连通管、浮子洁净无污垢为合格，否则为基本合格。

(2)静力水准仪传感器性能的检查与评价按本节 3.1.1.1 相关规定执行。

(3) 测值稳定性检验。即在短时间内重复对观测点测读 2 次，两次测值误差不大于 1 mm 则判定测值稳定性为合格，否则为不合格。

3.1.1.3 几何水准设施运行状态判断方法

垂直位移监测控制网的基准点应埋设于大坝变形影响范围以外，一般设置在大坝下游 1~5 km 处。基准点采用基岩标或其他可靠的标石。基岩标应成组设置，每组不得少于 3 个水准标石，相邻两点间距在 30~100 m。若覆盖层较厚，可采用双金属标。

(1)垂直位移监测控制网。工作基点、测点外观检查内容与要求如下：①基准点基础稳固，测点基础牢固，水准标芯完好，评价为合格，否则为不合格。②具备观测通行条件为合格，否则为不合格。③基准点不少于 1 个。④测点有可靠的保护措施为合格，否则为基本合格。

(2)双金属标装置。双金属标装置现场检查与测试内容包括外观检查和位移传感器性能检验。

外观检查内容与要求如下：①双金属标测量标杆、连接件紧固无松动，为合格，否则为不合格。②位移传感器的量测支架或双金属标仪及其测墩牢固可靠为合格，否则为不合格。③双金属标的钢管与铝管在轴向能自由变形，评价为合格，否则为不合格。④标芯洁净未生锈为合格，否则为基本合格。

双金属标仪性能检验内容：①分辨率：$K \leqslant 0.02$ mm；②基本误差：$\delta_1 \leqslant 0.2\%$FS；③不重复度：$\delta_2 \leqslant 0.1\%$FS；④绝缘电阻：在正常试验条件下，双金属标仪的交流输入回路与外壳之间绝缘电阻应大于 50 MΩ；⑤抗电强度：在正常试验条件下，双金属标仪的交流输入回路与外壳之间介质强度应满足《继电保护和安全自动装置通用技术条件》(DL/T 478)的要求；⑥抗电磁干扰：应具备满足《电磁兼容 试验和测量技术 射频电磁场辐射抗扰度试验》(GB/T 17626.3)中试验等级1要求的抗电磁干扰能力,在发生干扰后数据应不丢失,不失真,装置正常运行;⑦稳定性:静置30 d,其漂移量$\delta_t \leq 0.4\%FS$,且绝缘性能满足相关的要求;⑧连续通电:进行不少于72 h连续通电试验,通电结束后,仪器能正常工作;⑨性能参数检查:进行通信接口试验、分辨力试验、基本误差试验、不重复度试验、电源拉偏试验。

3.1.2 内部沉降设施运行状态判断方法

内部沉降装置包括电磁式(干簧管式)沉降仪装置、水管式沉降仪装置、横梁管式沉降仪装置。

3.1.2.1 电磁式(干簧管式)沉降仪运行状态判断方法

现场检查与测试包括外观检查、测值稳定性检验。

(1)沉降管外观检查内容与要求如下:①将沉降测头从管口放置管底,检查上下移动测头时有无卡阻现象。沉降管通畅为合格,否则为不合格。②管口保护装置牢固为合格,否则为不合格。

(2)测值稳定性检验。在重复性条件下对各测点连续观测2次,两次测值差值不大于2 mm,则该测点测值稳定性合格,否则为不合格。

3.1.2.2 水管式沉降仪运行状态判断方法

包括外观检查、测值稳定性检验,其内容与要求如下:

(1)水管式沉降仪装置外观检查内容。主要检查观测房内的测量板基座与观测房底板连接是否牢固,量测管是否洁净、无破损、无异物,读数尺刻度清晰、垂直地面,压力水室、阀门等的布置是否合理,检查水箱、管路,排水管与通气管通畅,连通管不漏水、不阻塞。

(2)水管式沉降仪装置的测值稳定性检验方法:①打开脱气水箱的供水开关向压力水罐供水,水满后关紧水阀。②向压力水罐施加1~5 m的水头压力。③关闭测量管与连通管的连通开关,打开压力水罐与进水管的开关,连续不间断地进水,使溢流出的水从排水管排出,排净进水管内可能存在的空气。排水管不出水,测值产生突变,可能是排气管或排水管、连通管受堵或破裂所致,应联合生产厂家和安装单位采用压力通气泵进行通气检查和维修。④打开三通压力室、进水管、量测管,使量测管水位升到管口附近,即关闭压力室管,待量测管液面稳定(指间隔10~20 min读1次,两次读数不变),测读1次,并记录稳定时间。⑤循环上述步骤,2次读数极差不大于2 mm,稳定时间不大于30 min,则测值稳定性合格;次读数极差不大于2 mm,稳定时间大于30 min但不大于120 min,则测值稳定性基本合格;2次读数极差大于2 mm或稳定时间大于120 min则测值稳定性不合格。⑥精度控制。水管式沉降仪的测量精度,取决于测头内水杯与测量读数管中的气体是否排尽,排气的方法是:在观测房给进水管充压力水(0.5 MPa),需要经过4~6倍管路的充水。反复充水不仅可以排出气泡,而且可以消除充入水与管路内原有的温差造成的测量误差。

水管式沉降仪观测时,应先排尽测量管路内水中气泡。安装埋设完成后,从观测房端由测量管路(进水管)向测头注入蒸馏水直到完全充满管路,并在观测房内有回水后停止充水,等回水停止,管路水位稳定才能取读数。当回水远远小于进水速度时,水位在测头腔内上升,水就会进入通气管中,这样就造成通气管堵塞、整个测量系统失灵。

由于水管式沉降仪的各测点位移是相对观测房的位移,因此在取得沉降仪起始值的同时应测量观测房地面(或观测房变形标点)高程,作为观测房高程的起始值。以后每次观测时也应同时观测观测房的沉降。

3.1.3　垂直位移自动化监测人工比测方法

人工比测的目的就是通过对人工和自动测值的获取和分析来了解自动测值的精确性以及自动监测系统整体或部分的可靠性。

垂直位移测量人工测量和自动化的测量比测采用过程线比较或方差分析进行。

3.1.3.1　过程线比测

过程线比测是采用取垂直位移某测点相同时间、相同频次的自动化测值和人工测值,分别绘制静力水准自动化测值和精密水准人工测值过程线,然后对比过程线的规律性和测值变化幅度。

3.1.3.2　方差分析

方差分析是取垂直位移自动化监测和精密水准人工监测同时间、同频次的测值分别组成自动化测值序列和人工测值序列,计算标准差 σ_1、σ_2,然后再设某一时刻的自动化测值为 x_{zi},人工测值为 x_{ri},两者之间的差值按下式计算:

$$\delta_i = |x_{zi} - x_{ri}| \tag{6-3-1}$$

取 $\delta_i \leqslant 2\sigma$ 为判断自动化测值是否合格准则。其中均方差按照下式计算:

$$\sigma = \sqrt{\sigma_{zi}^2 + \sigma_{ri}^2} \tag{6-3-2}$$

式中　σ_{zi}——自动化测量精度;

　　　σ_{ri}——人工测量精度

3.2　水平位移监测设施状态判断

水平位移监测设施包括变形监测控制网、视准线装置、引张线装置、垂线装置、激光准直装置、引张线式水平位移计装置等。

3.2.1　水平位移监测控制网运行状态判断方法

现场检查与测试包括现场检查、监测精度与可靠性检查。

(1)水平位移监测控制网的三角网外观检查内容与要求如下:①基准点观测墩完整稳固、测点观测墩完整牢固。②测点墩顶部的强制对中底盘完好,与观测墩结合牢固平整。③具备正常的观测通行条件。④测点间通视条件良好,且测线周围 1 m 内无障碍物。⑤基础稳固的基准点不少于 2 个。⑥基点、测点有可靠的保护措施。

(2)水平位移监测控制网的 GNSS 网检查内容与要求为:①基准点观测墩完整稳固、测点观测墩完整牢固。②测点处 15 °高度角以上无障碍物。③测点设在多路径效应不明显,电磁波干扰小及卫星接收条件良好的部位。约 200 m 的范围内无强电磁场干扰源,网点距高压输电线和微波无线电信号传送通道等大于50 m。④测点有可靠的保护措施。

(3)水平位移监测控制网的观测精度与可靠性。宜采用实际观测数据计算,同时满足以下要求为合格,否则为不合格:①采用实际观测数据计算,与相邻基准点的点位中误差不大于2 mm。②三角网满足可靠性因子(平均多余观测分量)不小于0.2。

3.2.2　视准线装置运行状态判断方法

视准线装置现场检查与测试的内容与要求如下,对应检查项应满足下列条件,评价为合格。

(1)测点观测墩和强制对中底盘牢固完好。工作基点及测点采用钢筋混凝土观测墩,墩顶部的强制对中底盘完好,其对中误差小于0.2 mm,倾斜度不大于4′。

(2)工作基点布置在视准线两端延长线上,稳固可靠。

(3)视准线偏离障碍物1.0 m以上。

(4)视准线观测墩对中基座中心与视准线的距离偏差不超过觇标量程,评价为合格;当偏差超过觇标量程时,可采用小角法观测,其对中基座中心和工作基点连线与视准线构成的夹角不宜大于30″,评价为基本合格。

3.2.3　引张线装置运行状态判断方法

引张线装置现场检查与测试包括外观检查、线体稳定性检验、测值准确性检验。

(1)引张线装置外观检查内容与要求如下,检查内容全部合格,则评价为合格,任一项不合格,则评价为不合格,其余情形为基本合格:①各测点与被测结构建筑物连接牢固为合格,否则为不合格。②保护管和测点保护箱封闭防风为合格,否则为不合格。③线体张紧无弯(折)痕,在测量范围内活动自由为合格,否则为不合格。④定位卡的“V”形槽槽底水平,方向与测线一致为合格,否则为不合格。⑤线体高于读数尺尺面0.3~3.0 mm为合格,否则为不合格。⑥寒冷地区的水箱内采用防冻液为合格,否则为不合格。⑦有浮托装置的水箱水面有足够的调节余地,浮船未触碰水箱壁为合格,否则为不合格。⑧挂重满足要求为合格,否则为不合格。⑨同一引张线的读数尺零方向统一为合格,否则为基本合格。⑩金属线体及测量部件无锈蚀为合格,严重锈蚀为不合格,其余为基本合格。

(2)引张线装置线体稳定性检验方法及评价标准如下:①在引张线装置无扰动情况下,读取并记录各测点测值作为初始读数,然后拨动线体,待稳定后,再测量各测点的测值。②计算前后两次读数的差值,其绝对值不大于0.15 mm为合格,否则为不合格。

(3)测值准确性检验方法及评价标准如下:①在线体的中心测点将测线定位在拨线卡具上,稳定后读取并记录各测点测值作为初始读数,然后在引张线的中间部位测点通过拨线卡具轻轻将线体向上、下游侧各拉开20 mm后固定,待稳定后,再测量各测点的位移值。线体拉开固定后,各测点也相应偏离原来的位置一定距离,这个距离可根据相似三角形原理计算得出,也即各测点理论偏差值。②将前后两次的读数差与理论值比较,差值的绝对值小于0.3 mm为合格,位于0.3 mm和0.5 mm之间为基本合格,大于0.5 mm为不合格。

3.2.4　垂线装置运行状态判断方法

(1)垂线装置现场检查与测试包括外观检查、线体稳定性检验、测读仪器准确性检验。

(2)垂线装置外观检查内容与要求如下,检查内容全部合格,则评价为合格;任一项不合格,则评价为不合格:①垂线观测墩、垂线支架牢固可靠为合格,否则为不合格。②垂线保护管内无杂物、钢丝可自由活动为合格,否则为不合格。③垂线装置无严重锈蚀(不影响正常工作)、钢丝无弯(折)痕为合格,否则为不合格。④当垂线所在部位风力较大时,设置了防风管为合格,否则为不合格。⑤正垂的重锤重量满足设计要求,全部没入阻尼液中,且设有止动叶片为合格,否则为不合格。⑥正垂悬挂端有保护装置并防水为合格,否则为不合格。⑦倒垂浮体组浮力应满足设计要求,浮子处于自由状态,未触及桶壁,为合格,否则为不合格。

(3)线体稳定性检验方法及评价标准如下:①在垂线装置无扰动情况下,读取并记录垂线初始读数,然后轻轻将线体向左、右岸和上、下游侧各推移10~20 mm后松手,等待垂线线体稳定,测读稳定后的读数。②计算前后两次读数的差值,其绝对值不大于0.3 mm合格,否则为不合格。

(4)准确性检验方法及评价标准如下:①使垂线向左、右岸和上、下游侧位移10 mm,测读垂线坐标仪的测值并记录。②将测值与标定值比较,其差值的绝对值不大于0.28 mm合格,否则为不合格。

3.2.5　激光准直装置运行状态判断方法

激光准直装置分为大气激光准直装置和真空激光准直装置,评价内容包括现场检查、测值稳定性检验,对于真空激光准直装置还应进行真空管道的测量真空度检验。

(1)现场检查内容与要求如下,检查内容全部合格,则评价为合格;任一项不合格,则评价为不合格;其余情形为基本合格。①点光源的小孔光阑、激光探测仪与端点观测墩结合牢固为合格,否则为不合格。②测墩底部与被测坝体、测点箱与测墩之间结合牢固为合格,否则为不合格。③波带板起落装置运行正常,波带板中心与视准线的偏差小于10 mm,靠近光源的测点的偏差小于5 mm为合格,否则为不合格。④真空激光准直装置的真空管道内壁清洁、无杂物和灰尘为合格,否则为基本合格。

(2)测值稳定性检验方法及评价标准如下:①真空激光准直装置观测前启动真空泵,使管道内真空度降至66 Pa以下或设计要求,短时间内观测两个测回,每测回中两半测回读数之差不大于0.3 mm合格,否则为不合格。②大气激光准直装置观测时,每测次应观测两测回,两测回观测值限差不大于1.5 mm为合格,否则为不合格。

(3)真空激光准直装置真空管道的测量真空度检验方法及评价标准如下:在测量状态下,关闭真空泵,等待0.5 h,读取真空度值,小于66 Pa为合格,否则为不合格。

(4)真空激光准直装置现场检查与测试评价标准如下:①外观检查、测值稳定性、真空管道的测量真空度,全部评价为合格时,评价为可靠。②外观检查、测值稳定性、真空管道的测量真空度,任一项为不合格时,评价为不可靠。③其他情形为基本可靠。

3.2.6　引张线式水平位移计运行状态判断方法

引张线式水平位移计装置现场检查与测试包括现场检查、测值稳定性检验。

(1)引张线式水平位移计装置现场检查满足以下要求为合格,否则为不合格:①张力装置和测量装置清洁完整、稳固、无严重锈蚀。②引张线与保护管之间不接触、处于自由状态。③挂重满足设计要求,不观测时保留一定荷载,使保持线体张紧状态。

现场检查时,主要检查引张线式水平位移计的线体、砝码重量、读数尺(游标卡尺)设置是否完好、合理。固定砝码和测量加重砝码比例是否合理。

据有关单位的观测试验,当测线长度达 1 000 m 时,测线承受拉应力不宜小于 500 N/mm^2。一般可考虑拉应力达到钢丝强度的 1/3~1/2,据以计算重锤重量。每根测线待测时,在观测房内的测线末端加挂砝码重量 25 kg。每次观测时给每根测线末端加重到测读重量 50 kg。通过两个大小滑轮(直径比 3:1)的传力,相应测线钢丝上承受 150 kg 拉力。

(2)测值稳定性检验方法及评价标准为:①按设计要求加荷稳定 30 min 后,对各测点测读并记录读数。②重复上述步骤观测并记录读数,连续 2 次的读数差的绝对值不大于 2 mm,测值稳定性合格,否则为不合格。现场测试方法为:①加重测试前,对各测点测读一次,记为读数 B0;②加重稳定(指间隔 10~20 min 读一次数,两次读数不变)后,对各测点测读一次,记为读数 A1;③再卸重、加重、测读,循环两次,并测读,记为读数 A2、A3;④最后卸重到待测挂重,稳定后测读复位读数,记为读数 B。

其中 B-B0 为复位差,A2-A1、A3-A1 为读数差,复位差和读数差均应小于 2 mm。

(3)引张线式水平位移计装置评价标准为:①外观检查、测值稳定性全部评价为合格时,评价为可靠。②外观检查、测值稳定性任一项评价为不合格时,评价为不可靠。

3.2.7　工作基点、表面位移测点运行状态判断方法

(1)测点墩顶部的强制对中底盘完好,其对中误差小于 0.2mm,倾斜度不大于 4′,为合格,否则为不合格。

(2)测点设在强电磁场影响范围外为合格,否则为不合格。

(3)GNSS 测点上空开阔,在 15°高度角以上无障碍物为合格,否则为不合格。

(4)GNSS 测点周围约 200 m 的范围内无强电磁场干扰源,网点距高压输电线和微波无线电信号传送通道等大于 50 m 为合格,否则为不合格。

3.2.8　水平位移自动化监测人工比测方法

水平位移测量人工测量和自动化的测量比测采用过程线比较或方差分析进行。

3.2.8.1　过程线比测

过程线比较是采用取水平位移测点相同时间、相同频次的自动化测值和人工测值,分别绘制自动化测值和人工测值过程线,然后对比过程线的规律性和测值变化幅度。

3.2.8.2　方差分析

方差分析是取水平位移自动化监测和人工监测同时间、同频次的测值分别组成自动

化测值序列和人工测值序列，计算标准差 σ_1、σ_2；设某一时刻的自动化测值为 x_{zi}，人工测值为 x_{ri}，两者之间的差值按下式计算：

$$\delta_i = |x_{zi} - x_{ri}| \tag{6-3-3}$$

取 $\delta_i \leqslant 2\sigma$，其中均方差按照下式计算：

$$\sigma = \sqrt{\sigma_{zi}^2 + \sigma_{ri}^2} \tag{6-3-4}$$

式中　σ_z——自动化测量精度；

σ_r——人工测量精度。

3.2.8.3　引张线自动化监测与人工比测(方差分析法)

(1)每半年对自动化系统的引张线测点进行 1 次人工比测。

(2)按照引张线观测要求，在进行引张线自动监测的人工比测时，人工比测尺要和引张线仪在同一位置，并保证测量的是同一方向，否则比测无效。

(3)用计算机自动巡测 MCU 模块上的引张线测点，并存储、记录测量数据。

(4)在同时重复性条件下，观测引张线测点箱内人工比测尺，精确到 0.1 mm。

(5)分别计算计算机自动测量的引张线自动化测值和人工测值及它们之间的差值。

(6)根据厂家提供的引张线自动化设备和人工读数显微镜的测量精度计算 σ 值。若自动化测量精度为 0.1 mm，人工读数显微镜测量精度为 0.1 mm，根据 $\sigma=\sqrt{\sigma_z^2+\sigma_r^2}$ 计算可知，比测的限差为 0.28 mm，即引张线自动化测值与人工测值差值[第(5)项计算结果]超过 0.28 mm 即为不合格。

3.3　接缝与表面裂缝监测设施状态判断

3.3.1　接缝与表面裂缝监测设施故障判断及排除方法

(1)表面裂缝标点现场检查内容为：①标点基座与被测物体连接牢固；②标点的测量刀口洁净、未生锈为合格，刀口严重锈蚀为不合格。

(2)振弦式测缝计的维护与修理应该定期检查电缆接头和集线箱的维护。一旦安装后，测缝计通常是难于接近，并且要补救也受到限制，常见故障排除方法如下：

测缝计读数不稳：首先，查看读数仪的档位是否正确。如果使用数据记录仪自动记录读数，则检查扫描频率的激励设置是否正确。其次，检查测缝计的传递杆位置是否超出了仪器的特定量程。注意当传感器的传递杆连同定位销钉完全缩回定位槽时，读数很可能不稳，因为振弦欠量程，没有在额定工作范围内。最后，检查附近是否有电噪声源。噪声源的最大可能来自电动机、发电机、变压器、弧焊机和大功率无线电天线。无论采用便携读数仪还是数据记录仪，应确认屏蔽线是否已可靠接地。如果采用 GK-401 读数仪则将绿色线夹与测缝计电缆的屏蔽线相连。如果采用 GK-403 读数仪，则将蓝色线夹与屏蔽线相连。

测缝计错误读数：首先，检查电缆是否断裂或受压损坏。可以用一块万用表检查。两根传感器线之间的正常电阻(通常红和黑线)是 180 Ω±10 Ω。检查时记住加上电缆电阻

(22 AWG 标准铜线大约是 48.5 Ω/km)。如果电阻无穷大或很高(>1 MΩ),应怀疑是电缆断路。如果阻值很低(<100 Ω),可能是电缆短路。修复断路电缆和短路电缆的接线工具套件可从厂家买到。其次,检查是否是读数仪或数据记录仪发生故障。将读数仪或数据记录仪连接其他正常的仪器,看该仪表是否能正常工作,如不工作,则说明读数仪或数据记录仪可能出了故障。

3.3.2　接缝与表面裂缝自动化监测人工比测方法

接缝与表面裂缝人工测量和自动化的测量比测采用将同时间、同频次的人工和自动化测值进行对比,可分为自动化与二次仪表测值比测和自动化与游标卡尺读数比测两种方式。对于单向测缝计采用预埋标点,可利用游标卡尺进行自动化测值比测。

3.3.2.1　表面测缝计自动化与二次仪表比测

以振弦式测缝计为例:

(1)每半年对自动化系统的表面测缝测点进行 1 次人工比测。用计算机自动巡测 MCU 模块上的测缝测点并存储、记录测量数据,用读数仪接入人工测量接口,测读测缝计测点,待数据稳定记录测量数据。

(2)自动化和人工测值均测读频率,各 5 次(见表 6-3-1)。

表 6-3-1　人工(自动化)振弦式测缝计观测记录表(5 个测次)

仪器(MCU)编号:____________　　测读仪表(通道)编号:__________

观测时间	测次	仪器读数频率(Hz)	备注
	1		
	2		
	3		
	4		
	5		

(3)分别计算自动化和人工测值序列标准差。

$$\sigma_z = \sqrt{\frac{(x_1 - x)^2 + (x_2 - x)^2 + (x_3 - x)^2 + (x_4 - x)^2 + (x_5 - x)^2}{n - 1}} \qquad (6\text{-}3\text{-}5)$$

式中　$x_1 \sim x_5$——自动化 5 次测量的频率值;

x——自动化 5 次测量频率值的平均值;

n 取 5。

人工测值标准差 σ_r 可采用如下公式计算:

$$\sigma_r = \sqrt{\frac{(x_1 - x)^2 + (x_2 - x)^2 + (x_3 - x)^2 + (x_4 - x)^2 + (x_5 - x)^2}{n - 1}} \qquad (6\text{-}3\text{-}6)$$

式中　$x_1 \sim x_5$——读数仪 5 次测量的频率值;

x——读数仪 5 次测量频率值的平均值；

n 取 5。

(4)判断自动化测值是否合格。

判断方法：某一时刻的自动测值为 x_{zi}，人工测值为 x_{ri}，则两者差值 $\delta_i=|x_{zi}-x_{ri}|$。均方差 $\sigma=(\sigma_z^2+\sigma_r^2)^{1/2}$，$\sigma_z$ 为自动化测量精度，σ_r 为人工测量精度。

若 $\delta\leqslant 2\sigma$，则自动化测值合格；否则，不合格。

3.3.2.2　**表面测缝计与游标卡尺比测**

采用游标卡尺进行测缝计的人工比测时，需预埋机械测缝标点，在比测中要考虑到自动监测和人工测量方向的一致性。

(1)每半年对自动化系统的表面测缝测点进行 1 次人工比测。用计算机自动巡测 MCU 模块上的测缝测点并存储、记录测量裂缝开度数据，在机械测缝标点上用游标卡尺测读，并计算裂缝开度变化。

(2)自动化测值测读频率和温度值，并换算为开度值，人工、自动化各测 5 次。人工、自动化计算开度变化量均为本次值减首次观测值。

(3)分别计算自动化和人工测值序列标准差。

自动化测值标准差 σ_z 可采用如下公式计算：

$$\sigma_z=\sqrt{\frac{(x_1-x)^2+(x_2-x)^2+(x_3-x)^2+(x_4-x)^2+(x_5-x)^2}{n-1}} \tag{6-3-7}$$

式中　$x_1\sim x_5$——自动化 5 次测量的开度值；

x——自动化 5 次测量的平均值；

n 取 5。

人工测值标准差 σ_r 可采用如下公式计算：

$$\sigma_r=\sqrt{\frac{(x_1-x)^2+(x_2-x)^2+(x_3-x)^2+(x_4-x)^2+(x_5-x)^2}{n-1}} \tag{6-3-8}$$

式中　$x_1\sim x_5$——游标卡尺 5 次测量的开度值；

x——游标卡尺 5 次测量的平均值；

n 取 5。

(4)判断自动化测值是否合格。

判断方法：某一时刻的自动化测值为 x_{zi}，人工测值为 x_{ri}，则两者差值 $\delta_i=|x_{zi}-x_{ri}|$。均方差 $\sigma=(\sigma_z^2+\sigma_r^2)^{1/2}$，$\sigma_z$ 为自动化测量精度，σ_r 为人工测量精度。若 $\delta\leqslant 2\sigma$，则自动化测值合格；否则，不合格。

第 4 章　渗流监测

4.1　渗流压力监测设施状态判断

常用的渗流压力监测仪器设备包括测压管和渗压计。

4.1.1　测压管及压力表常见故障判断及排除方法

测压管至少每年检查 1 次淤积情况,测压管管口装置如发现漏水,应及时修理,有压测压管应经常检查水龙头是否被堵、压力表是否正常,每年须对压力表检校 1 次。测压管管口高程、压力表表座高程、水尺和测针的零点高程要每隔一定年限校测 1 次。

4.1.1.1　测压管常见故障判断及排除方法

测压管分有压和无压测压管;无压测压管管口及保护装置应牢固、无变形,管口高出坝(地)面,能防止客水流入,并有可靠的管口保护装置;有压测压管(扬压力管)管口及保护装置牢固、无变形,管口封闭、无渗漏。

1. 测压管常见故障

测压管经过多年运行导致有效测程缩短,甚至失去监测功能。导致这种情况出现的原因有两个:一是管体;二是环境。

1) 管体

因管体自体原因的变化主要有以下情况:

(1) 自然氧化锈蚀。通常表现为镀锌层消失、测压管整体氧化锈蚀,锈蚀程度较均匀。

(2) 电化学腐蚀。通常出现在管内水面界变区、坝体渗漏较严重或坝下游地势较低区域、地下水位较高的坝下下游水位测区等。从地下拔出的废管所做的折管试验看,易折弯处通常发生在这些区域。

(3) 管体穿孔。位于岸坡等处的测压管,因地质情况较复杂,在地层界变区,有的年久后在管外形成的浸润带或小溪流,对管体外部产生局部腐蚀,日久形成腐蚀穿孔。

(4) 管内杂物卡管后与管体剥落的氧化物、泥塞等形成的塞堵腐蚀体。管壁重度氧化、锈蚀剥离脱落如图 6-4-1 所示。

2) 环境

因环境引起的变化主要有:

(1) 孔管整体移位。受大坝总体变形的影响,孔管出现总体位移,其位移方向主要是沉降及移向坝下游方向,通常在测压管埋设时在管口确定了一处测点作为管体测量的标示基准,通过它能够容易地监测到这种位移。

(2) 孔内底高程升高。这种情况相对复杂,测压管建设时期不同,其建设过程中的管

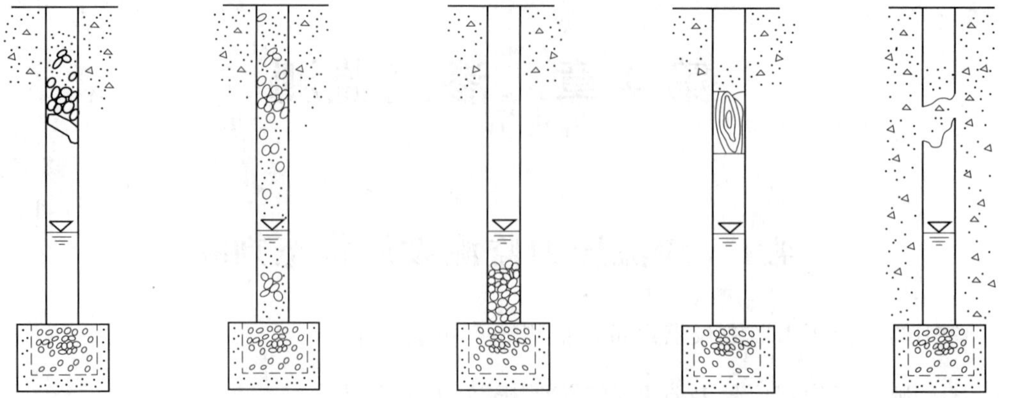

(a)大于管径的长形砾石卡塞　(b)土石料混合全堵塞　(c)粗砂、卵石半堵塞(灵敏度不佳)　(d)木塞卡塞　(e)混凝土流入管中堵塞

图 6-4-1　测压管堵塞类型剖面示意图

理状况、技术水平等都直接影响在役测压管的正常运行。除常见的杂物堵塞和管口落入砂土外,还出现由管体中部因腐蚀产生的管体孔洞向管体内泄漏泥沙等,造成孔底升高。

(3)管体倾斜。通常发生在半坝高以上区域,由不同土层间的不均匀位移产生,通过管体倾斜的变化,可以在一定程度上反映坝体内部位移的变化。

(4)管体或管段弯曲。多见由管口受外力作用产生,一般位于管口地面下 1.5 m 左右至地面部分,常出现硬弯。少部分因土体不均匀横向位移产生,多发生在管上部坝高 1/3 以上区域,弯曲变化较均匀,总弯曲量约为管径的 3/10 左右。

(5)管口冰堵。一般发生在每年的 1 月中旬至 3 月中下旬。

(6)管内落入异物堵塞。主要是人为因素所致,常见的管内异物主要有刚性体异物、弹塑体异物及散粒状异物等。

(7)管口变形。受外力作用引起管口形状的变化。

(8)水位异常抬高。管水位无任何相关性,或只与雨水相关。

(9)孔深异常。孔底比原档案记载的孔底高程高出多个数量级,或孔底回升等,用清孔设备清掏亦不能使孔底高程降低,或虽然暂时降低了,但不久又重新升高。

2. 测压管故障排除方法

对于测压管不同故障,分别采取相应办法与措施进行排除或报废,重新按规范制作安装。

(1)测压管堵塞,一般采用疏通、冲洗法进行处理,并进行测压管灵敏度试验,直至达到要求。

(2)测压管折弯,当折弯点位于管段上部时,由人工开挖至弯折点后,截除坏管段,沿管口中心法线方向顺延接至地面。

(3)测压管故障为管内漏砂及泥浆,需原点异位重新建孔,原管留存供观测测量参考。

(4)测压管孔底抬升,如发生在未封管底的塑性心墙内,同时不宜做掏孔处理,需记录管底回升情况,报上级主管部门论证,观察孔底变化做出处理。

(5)测压管整体移位,需测量位移(包括水平和竖向)状况,提交翔实资料,分析后考虑使用情况。

4.1.1.2　采用压力表的有压测压管常见故障判断及排除方法

有压孔测压管水位人工测读宜使用压力表。使用压力表测读时,测值应测读至压力表的最小分度值的 1/5,观测前轻敲压力表,以提高观测精度。当测压管中有明显气压存在时,应卸压后再进行测读。对于拆卸后重新安装的压力表或刚进行卸压操作的压力表,应待压力稳定后才能读数。帷幕前的测压管不得任意排水,以防发生管涌。应选用量程合适的压力表,使测值长期处在 1/3~2/3 量程范围内。测压管水位发生改变时,应实时更换相应量程的压力表。每年应对压力表中心线高程进行校测 1 次。每年应对压力表进行校验。

(1)采用压力表测量有压测压管(扬压力管)压力时,压力表与测压管的连接接头处不渗水,压力表量程宜为 1.2 倍最大压力,压力表精度应不低于 1.6 级。

(2)安装有压力表及放水阀的有压测压管,其检验方法及评价标准应符合下列要求:①试验应在压力稳定时进行,试验前先记录压力表读数,然后打开放水阀卸压,但是帷幕前的测压管不得任意排水。②卸压后,待压力稳定记录压力表读数,关闭放水阀,记录测压管内压力恢复过程,直至压力表读数恢复或接近卸压前压力表读数。③卸压后,关闭放水阀,压力恢复或接近卸压前压力表读数,评价为合格。④有压测压管(扬压力管)压力检测记录格式见表 6-4-1。

(3)压力表为标准计量器具,可送至技术监督计量机构检定。

表 6-4-1　有压测压管检测记录表

工程名称与等级:　　　　　　　　　　　　环境条件:(天气,气温,上、下游水位,气压等)

检验测试中使用的仪器及编号:

测压管编号				管口高程(m)		
管底高程(m)				压力表量程(MPa)		
压力表精度				测点部位 (坝基、坝体或山体)		
试验阶段	时间			压力表读数(MPa)	压力变幅Δ(MPa)	备注
	年-月-日	时:分	持续时间(min)			
卸压前						
关阀时						
关阀后						
检测结论	□ 合格				□ 不合格	

检测人员(签名):　　　　　　　校核(签名):　　　　　　　日期:

4.1.2　测压管灵敏度试验操作方法、清洗技术

4.1.2.1　测压管灵敏度试验操作方法

测压管的灵敏度检验应经常进行，以保证测压管可正常运行，资料可靠。

无压测压管灵敏度检验方法宜采用测压管水位过程线判别法或注水试验法或抽水试验法；当采用过程线判别法难以确定测压管灵敏性时，可采用注水试验法及抽水试验法。

测压管水位变化与上游水位或下游水位密切相关，可判别测压管为合格。也可进行测压管注水或抽水试验进行灵敏度试验。

1. 注水试验法

(1)适用于管中水位低于管口情况。

(2)试验应在水位稳定时进行，试验前先测定管中水位，然后向管内注入清水，若测压管进水段周围为壤土料，注水量相当于每米测压管容积的 3～5 倍；若为砂砾料，则为 5～10 倍。

(3)注水后用电测水位计测量水位下降过程并记录，直至恢复到或接近注水前的水位。

(4)对于黏壤土，管内水位在 120 h 内降至原水位为合格；对于砂壤土，24 h 内降至原水位为合格；对于砂砾土，1～2 h 降至原水位或注水后升高不到 3～5 m，评价为合格。否则评价为不合格。

(5)如管内水位长时间未恢复到接近原来水位的，可以考虑测压管可能已经堵塞，相反，如管内水位没有上升或上升很少且下降很快，就要考虑测压管是否失效或与上下游贯通等问题。

(6)当一孔埋多根测压管时，应自上而下逐根检验，并同时观测非注水管的水位变化，以检查它们之间的封孔止水是否可靠。

无压测压管灵敏度现场检测记录格式见表 6-4-2。

2. 抽水试验法

试验应在水位稳定时进行，试验前先测定管中水位，然后抽取管内的水，测得管内水面高程后，分别以 5 min、10 min、15 min、20 min、30 min、60 min 间隙测量水位一次，以后时间可适当延长，直至水位回升至原水位并稳定 2 h 为止。对不同地基水位恢复时间的判别标准同注水试验法。

4.1.2.2　测压管清洗技术

测压管堵塞一般采用压力冲洗法进行处理，其设备如图 6-4-2，常用的处理过程如下。

(1)先用抓物器抓捞孔中悬堵区上部或孔底可抓出的松弛异物，距孔口较近的直接采取手抓掏捞或配合手工工具取出异物。

(2)钻切清孔。钻刀钻切首先清除孔管内的弹塑体塞堵异物，为后道工序的施工创造条件。

(3)立杆冲击。取出弹塑体异物后，对前述方法难以奏效的硬堵点，利用加力杆作铅垂往复式旋冲，分解堵塞物形成的应力集中区，逐次降低堵塞点高程，直至堵塞物落至最低点(孔底或终堵点)位置，交由后道工序处理。

表 6-4-2　无压测压管灵敏度现场检测记录表

工程名称与等级：　　　　　　　　　　　环境条件：（天气，气温，上、下游水位，气压等）

检验测试中使用的仪器及编号：

测压管编号				管口高程（m）			
测量管深（m）				管底高程（m）			
管口直径（mm）				花管长度（m）			
注水（L）				测点部位（坝基、坝体或山体）			
试验阶段	时间			管内水面距管口距离（m）	管内水位（m）	水位变幅 Δ（m）	备注
	年-月-日	时:分	持续时间（min）				
注水前							
注水后							
检测结论	□ 合格				□ 不合格		

检测人员（签名）：　　　　　　　　校核（签名）：　　　　　　　　日期：

（4）钻磨疏通。经立杆冲击至最低点或已位于孔底或形成死堵点的堵塞物，再区分堵塞物的性状，下钻磨器钻除、粉碾与稀搅。对刚性堵塞物实施钻磨疏通，使其成为粉体、浆体、碎屑或其混合物，待后道工序由掏捞法提出，再配合其他方法继续处理。

（5）风力冲洗。送风胶管应尽力缩短，而直径 14 mm 冷轧无缝钢管的长度应略长于测压管的深度，长木杆以 6~8 m 为宜，各管接头一定要绑扎牢固。有风罐观察压力方便、无风罐可用人字形可控接头。冲洗前必须查阅测压管设计、施工资料，校测管口高程、量测堵塞物深度、判断堵塞物类型。在判断堵塞物类型时，可用 8# 铁丝进行探测，能通过堵塞物到达管底的，则为砂石料堵塞，无法到达管底的，则为木塞或卵石卡塞。

处理前后均要做注水试验。初次处理应先从 0.3 MPa 压力起逐渐加大压力。直径 14 mm 钢管上应标明警戒深度（进水箱或进水管段减 0.5 m），再向下要减缓下冲速度、边冲边测，如图 6-4-2 所示。

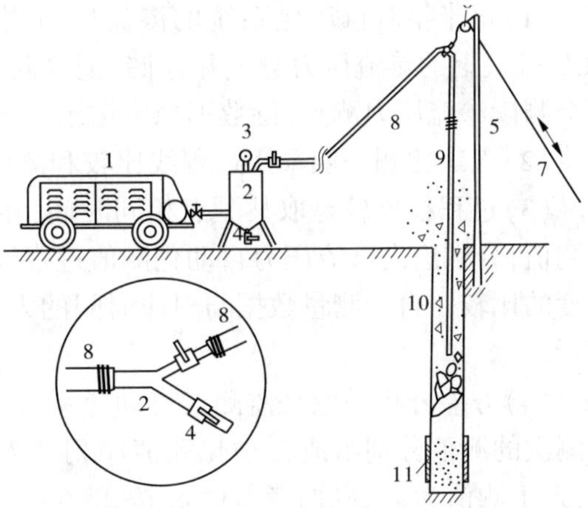

1—空压机；2—风罐或人字形可控接头；
3—压力表；4—减压阀；5—木杆；6—滑轮；7—绳；
8—送风胶管；9 —14 mm 铁管；
10—测压管剖面示意图；11—进水管段

图 6-4-2　风力冲洗法设备布置图

作业时要使钢管快速上下移动(幅度 1 m 左右),使进风口与堵塞物保持 0.2~1.2 m 的距离,万一卡管,可用 2~3 把管钳边转动钢管边上提,即可排除。

遇有湿黏土堵塞物风管被吸住时,应停风提管。遇有混凝土堵塞,应换用尖型、斧刃型螺纹钢钢钎冲捣,交替冲洗,直到把混凝土打穿。

(6)扫孔。自管口至管底扫孔,重点扫除水面媒质变化区及附近区域的氧化剥蚀物。

(7)提浆。由前述工序处理后落至孔底及经过再处理后的孔底浆状物由掏捞提浆装置提出孔外。

(8)清洗。缓加适量清水,建立压力平衡区,清除管壁附着物。

(9)提升。孔深 10 m 左右的浅管,配合泵升装置,直接洗管并清除管底剩余杂物;深管需严格控制水头,防止因洗管造成进水段滤体破坏,通常用进水段水头压力不大于 0.1 MPa,配合提浆清孔。

(10)测量。施工处理过程中不断测量管内底高程,检测管内状况,重复前述过程。

(11)特殊管处理。①折弯管:当弯折点位于管段上部时,由人工开挖至弯折点后,截除坏管段,沿管口中心法线方向顺延接至地而。②漏砂孔管:需原点异位重新建孔,原管留存供观测测量参考。③孔底抬升管:通常发生在未封管底的塑性心墙内,同时不宜做掏孔处理,需记录管底回升情况,报上级主管部门论证,观察孔底变化做出处理。④孔管整体移位:需测量位移(包括水平和竖向)状况,提交资料分析使用。

4.1.3 渗流压力自动化监测人工比测方法

渗流压力自动化监测人工比测方法是对渗压计测量数据进行比测和校核,可分为埋入式渗压计比测和无压测压管内渗压计比测。

4.1.3.1 埋入式渗压计比测

(1)每半年对自动化系统的渗流压力测点进行 1 次人工比测。用计算机自动巡测 MCU 模块上的渗流压力测点并存储、记录测量数据,用读数仪接入 MCU 人工测量接口,逐个测读渗流压力测点,待数据稳定记录测量数据。

(2)人工比测一般采用过程线比较和测值方差分析进行对比。

(3)过程线比较是取某测点相同时间、相同测次的渗流压力自动化测值和读数仪人工测值,分别绘出渗流压力自动化测值过程线和人工测值过程线,进行规律性和测值变化幅度的比较。自动测量数据与对应时间的人工实测数据比较,应变化规律基本一致,变幅相近。

(4)方差分析是取某监测点自动化系统监测和读数仪人工比测相同或相近时间、相同测次的测值分别组成自动化测值序列和人工测值序列。设某一时刻的自动化测值为 x_{zi},人工测值为 x_{ri},则两者差值 δ_i 按式(6-4-1)计算:

$$\delta_i = | x_{zi} - x_{ri} | \tag{6-4-1}$$

两者差值的标准差 σ 按式(6-4-2)计算:

$$\sigma = \sqrt{\sigma_z^2 + \sigma_r^2} \tag{6-4-2}$$

式中 σ_z——自动化测值序列标准差;

σ_r——人工测值序列标准差。

自动化系统实测渗流压力数据与同时同条件读数仪人工比测数据偏差 δ 保持基本稳定,无趋势性变化,与读数仪人工比测数据对比结果 $\delta \leqslant 2\sigma$;两者差值 δ 不大于两倍均方差。

(5)考虑自动化系统运行环境比较复杂,实际操作过程中,某测点在同时重复性条件下,测量后计算的渗流压力比测差值的绝对值应不大于 2 hPa。

4.1.3.2　无压测压管内渗压计与人工比测

(1)每半年对自动化系统的渗流压力测点进行 1 次人工比测。

(2)用计算机自动巡测 MCU 模块上的测压管内渗压计测点,并存储、记录测量数据;在同时同条件下,用电测水位计测量该测压管管内水深,并记录,精确至 0.01 m。

(3)根据测压管内渗压计自动化测量数据和电测水位计人工测量水深数据,分别计算该测压管管内水位。

(4)无压测压管内渗压计准确性检测方法及标准应符合下列要求:渗压计自动化测读计算的水位与测压管电测水位计测读计算的水位差值的绝对值小于渗压计 0.5%FS,评价为合格。

例如用渗压计监测测压管内水位,可根据"无压测压管内渗压计与人工比测"要求,用电测水位计观测测压管水位进行人工比测,给出比测结果,见表 6-4-3。

表 6-4-3　振弦式渗压计与电测水位计人工比测记录、计算表

<table>
<tr><td>测压管</td><td colspan="2">管口高程 h_0(m)</td><td colspan="2">83.60</td></tr>
<tr><td rowspan="5">测量仪器
型式及参数</td><td colspan="2">BGK4500SAL-170 kPa 振弦式渗压计</td><td colspan="2">BGK101-30 m 电测水位计</td></tr>
<tr><td>量程(kPa)</td><td>170</td><td rowspan="2">量程(m)</td><td rowspan="2">30.00</td></tr>
<tr><td>传感器系数 K(kPa/kHz^2)</td><td>0.045</td></tr>
<tr><td>温度系数 b(kPa/℃)</td><td>0.04</td><td rowspan="2">分辨力(mm)</td><td rowspan="2">1.0</td></tr>
<tr><td>安装高程(m)</td><td>68.60</td></tr>
<tr><td rowspan="2">零压读数</td><td>频率模数 F_0(kHz^2)</td><td>9 680.8</td><td rowspan="2">—</td><td rowspan="2">—</td></tr>
<tr><td>温度 T_0(℃)</td><td>22.0</td></tr>
<tr><td rowspan="2">测量读数</td><td>频率模数 F_0(kHz^2)</td><td>7 503.2</td><td rowspan="2">管口至水面距离
h_i(m)</td><td rowspan="2">5.01</td></tr>
<tr><td>温度 T_0(℃)</td><td>16.5</td></tr>
<tr><td>水位计算公式
(m)</td><td colspan="2">渗压:P_i(kPa)$=K\times(F_0-F_i)+b\times(T_0-T_i)$
渗压水位:H_i(m)$= h_0+P_i/9.8$</td><td colspan="2">H_i(m)$=h_0-h_i$</td></tr>
<tr><td rowspan="2">水位(m)</td><td colspan="2">H_1(m)</td><td colspan="2">H_2(m)</td></tr>
<tr><td colspan="2">78.62</td><td colspan="2">78.59</td></tr>
<tr><td>比测结果</td><td colspan="4">渗压计测读计算水位与电测水位计测读水位差值的绝对值小于渗压计量程 0.5%FS(为 0.09 m)为合格。
$|$差值$| = |H_1-H_2| = 0.03$ (m)
☑ 合格　　　☐ 不合格</td></tr>
</table>

4.2　渗流量监测设施状态判断

4.2.1　量水堰常见故障判断及排除方法

量水堰常见故障及排除、维护要求如下：

（1）检查、清理堰板前后集（排）水沟中的淤积物、杂草，保持渠道畅通无阻，水流流态好，清除水尺和堰板处的附着物，检查、清除量水堰仪浮筒及其进水口附近的杂物，必要时可在测读装置上游设拦污栅。

（2）校测量水堰仪或水尺的起测点和堰口高程。

（3）对自动化监测的量水堰仪，其绝缘电阻应满足要求，对于有大气连通管的量水堰仪，其连通管应干燥且与大气连通，量水堰仪自动化测值与人工测值之差超过相差时，应对传感器的准确性进行校核。

（4）定期校核量水堰尺寸，防止地基沉陷变形等情况，如超过允许误差范围时，予以报废，重新制作安装。

（5）量水堰与渗流量不匹配时，应更换量水堰或采用其他监测方法。

4.2.2　渗流量自动化监测与人工比测方法

4.2.2.1　渗流量自动化监测人工比测方法

渗流量自动化监测人工比测方法参见本章第 4.1.3 节内容，即渗流压力自动化监测人工比测方法。包括自动化数据采集与采用读数仪人工测量的比测和自动化监测与水位测针比测。

考虑自动化系统运行环境比较复杂，实际操作过程中，渗流量某测点同时重复性条件下，计算机自动化数据采集与采用读数仪人工测量记录、计算后，堰上水头比测结果差值的绝对值不大于 1 mm 为合格。

4.2.2.2　渗流量自动化监测与人工测针比测

（1）每半年对自动化系统的渗流量测点进行 1 次人工比测。

（2）按照量水堰堰上水位测量要求，根据水位测针量程及量水堰水头范围，将水位测针设在堰口上游 3~5 倍堰上水头处，固定安装在量水堰侧壁合适位置处。水位测针安装时用水准尺校平，并校正测杆与测针中心线。

（3）用计算机自动巡测 MCU 模块上的堰上水位计测点，并存储、记录测量数据。

（4）在同时重复性条件下，抽动测杆使针尖接近水面，然后转动旋钮，达到针尖接触水面，分别测读水位测针游标零点水位读数和堰上水位读数，水位测针的水位读数精确至 0.1 mm。

（5）分别计算计算机自动测量的堰上水位计堰上水头和水位测针测量的堰上水头。

（6）二者堰上水头测值之差的绝对值不大于 1 mm，评价为合格。

例如用堰上水位计进行堰上水头自动监测，可根据“渗流量自动化监测人工比测方法”要求，用水位测针观测堰上水头进行人工比测，给出比测结果，见表 6-4-4。

表 6-4-4　振弦式堰上水位计与水位测针人工比测记录、计算表

<table>
<tr><td rowspan="3">仪器型式及参数</td><td colspan="2">BGK4675-300 mm 振弦式堰上水位计</td><td colspan="2">SCM40 水位测针</td></tr>
<tr><td>量程(mm)</td><td>300</td><td>量程(mm)</td><td>400</td></tr>
<tr><td>传感器系数 K(mm/kHz^2)</td><td>0.045</td><td>精度(mm)</td><td>0.1</td></tr>
<tr><td>零位读数</td><td>频率模数 F_0(kHz^2)</td><td>8 905.1</td><td>H_0(mm)</td><td>305.2</td></tr>
<tr><td>堰上水头计算公式(mm)</td><td colspan="2">$\Delta H_1 = K\times(F_0-F_i)$</td><td colspan="2">$\Delta H_2 = H_0-H_i$</td></tr>
<tr><td rowspan="2">堰上水位读数</td><td colspan="2">频率模数 F_i(kHz^2)</td><td colspan="2">水位测针 H_i(mm)</td></tr>
<tr><td colspan="2">7 405.1</td><td colspan="2">237.4</td></tr>
<tr><td rowspan="2">堰上水头</td><td colspan="2">ΔH_1(mm)</td><td colspan="2">ΔH_2(mm)</td></tr>
<tr><td colspan="2">67.5</td><td colspan="2">67.8</td></tr>
<tr><td>比测结果</td><td colspan="4">振弦式堰上水位计与水位测针二者堰上水头测值之差的绝对值不大于 1 mm 为合格
差值 = $\lvert \Delta H_1-\Delta H_2 \rvert$ = 0.3 (mm)
☑ 合格　　☐ 不合格</td></tr>
</table>

第 5 章　应力应变及温度监测

5.1　应力应变监测设施状态判断

5.1.1　应力应变监测仪器和设施运行状态判断方法

应力应变仪器一旦埋设后,除安装在表面的仪器外,大部分仪器的维修和故障排除局限于定期检查电缆接头和维修终端箱,通常接触不到仪器,修理也受限制。出现故障可根据表现的特征判断设施运行的状况。

5.1.1.1　应变计读数不稳

(1)读数仪挡位设置是否正确。如果使用数据记录仪自动记录读数,扫描频率激励设置是否正确。

(2)应变读数是否超出仪器额定范围(或压力或张拉)。

(3)附近有电噪声源吗?大多数可能的电噪声源为马达、发动机和天线。将仪器移开安装场地或安装滤波器,不管是使用便携式读数仪还是数据记录仪,都应确保屏蔽线接地。

(4)读数仪在读取另一个应变计吗?如果没有,读数仪有可能电池不足或失灵。

5.1.1.2　应变计不能读数

(1)电缆被切断或被压破了吗?这可以用万用表来检测。仪器两根接线(通常红线和黑线)之间的额定电阻为(180±10)Ω。切记检测时应加上电缆电阻(5 Ω/m,双向乘以2)。如果电阻无穷大或非常大(MΩ),应怀疑电缆断路。如果电阻非常低(<100 Ω),电缆有可能短路。

(2)读数仪或数据记录仪在读取另一应变计了吗?如果没有,读数仪有可能有故障。

5.1.1.3　振弦式测量仪表故障判断

1. 读数仪不能正常开机

可能是内置电池没电,应使用外接电源,如果读数仪仍不能正常开机,应送回生产厂家检修。若使用外接电源,读数仪能正常开机工作了,应对内置电池充电 8~12 h,后撤销外接电源。若读数仪能正常工作,则故障解除,若仍不能正常工作,则需更换内置电池。

2. 充电后,电池坚持工作的时间太短

可能是内置电池到使用寿命了,应向读数仪生产厂家询问或预订同类电池以便更换。

3. 读数仪不能显示被测仪器的测量结果

检查鳄鱼夹与被测仪器导线的连接是否可靠,如果正常,用欧姆表检查被测仪器的阻值,若在 90~180 Ω,基本上说明连接正常,请更换激励类型,依照 D→E→F→A→B→C 的顺序逐个试验,若在某个激励类型下能测到稳定的数据,故障排除。若在所有激励类型下均不能获得正确的测值,请另外选择一支仪器,按照上述方法再做一次。若能获取稳定的测值,则说明第一支被测仪器已经损坏,若仍不能获得正确的测值,则可能是读数仪出现电路故障了,应及时返回生产厂家,以便检修。

4. 读数仪测值不稳定或无读数

可能选择了不正确的激励类型,请更换激励类型,依照 D→E→F→A→B→C 的顺序逐个试验,若在某个激励类型下能测到稳定的数据,就结束激励类型变更操作。

5.1.1.4　差阻式读数仪故障处理

(1)液晶面板没有显示:检查装置电池容量是否用完,并对装置充电。

(2)液晶背光不能正常工作:检查装置键盘操作力度是否正常,并联系生产厂家。

(3)串口通信不能正常通信:检查串口通信参数是否设置正确,并检查对端设备是否在线运行。

(4)温度量测量值异常:检查温度量是否进行过校准。

(5)电阻比值测量值异常:检查传感器五线接线是否正确。

(6)上下位机通信异常:检查串口设置是否与上位机一致。

5.1.2　应力应变监测设施现场检查与测试

应力应变监测设施主要包括差动电阻式监测仪器和振弦式监测仪器,为了保证应力应变监测设施持续发挥作用,需要定期对应力应变设备进行鉴定,掌握其运行状态。在鉴定过程中,应力应变监测设施现场检查与测试评价是工作中的重要内容。

5.1.2.1　应力应变监测设施现场检查与判断

安装在表面的应力应变监测设施应进行现场检查和现场测试评价,安装在内部的应力应变监测设施应进行现场测试评价。

1. 表面应变监测设施现场检查要求

(1)仪器安装与被监测结构结合牢固,保护装置可靠耐久,未出现影响测值真实性的变形、错位、锈蚀和开裂等现象,评价为合格;否则评价为不合格。

(2)仪器电缆类型、保护、屏蔽、连接、接地和标识应满足现场环境下仪器长期稳定工作所需的工作、准确识别和运行维护条件,评价为合格;否则评价为不合格。

(3)第(1)~(2)款全部合格,评价为合格;任一项不合格评价为不合格;其他情形评价为基本合格。

2. 差动电阻式仪器现场测试方法及标准

差动电阻式仪器现场测试评价项目应包括电阻比和温度测值。其中,五芯差动电阻式仪器电阻比测试评价宜采用电阻比极差评价,四芯差动电阻式仪器电阻比测试评价宜采用电阻比极差和正反电阻比评价。

1) 五芯差动电阻式仪器现场测试评价方法及标准

(1)采用差动电阻式测量仪表测量待检仪器的电阻比,连续测量 3 次,每次测量时间间隔不低于 10 s,计算电阻比极差,电阻比测值极差不大于 3×10^{-4},电阻比评价为合格;否则评价为不合格。

(2)采用差动电阻式测量仪表测量待检仪器的电阻值,连续测量 3 次,每次测量时间间隔不低于 10 s,计算电阻值测值极差;电阻值测值极差不大于 0.05 Ω,电阻评价为合格;否则评价为不合格。

(3)采用 100 V 电压等级的兆欧表测量仪器电缆芯线的绝缘电阻,绝缘电阻不小于 0.1 MΩ,绝缘电阻评价为合格;否则评价为不合格。

(4)第(1)~(3)款全部合格,现场测试评价合格;第(1)~(2)款任一款不合格,现场测试评价为不合格;其他情形,评价为基本合格。

2)四芯差动电阻式仪器现场测试评价方法及标准

(1)采用差动电阻式测量仪表测量待检仪器的电阻比和反测电阻比(将蓝黑和绿白芯线对调),连续测量 3 次,每次测量时间间隔不低于 10 s,计算电阻比极差和正反电阻比 $|Z_t-N|$,其中 Z_t 为正测电阻比读数 Z 与反测电阻比读数 Z' 之和,$N=20\,000+M^2$,$M=(10\,000-Z)/100$。电阻比测值极差不大于 3×10^{-4},正反电阻比不大于 5,电阻比评价为合格;电阻比测值极差小于 3×10^{-4},则电阻比评价为不合格;其他情形,评价为基本合格。

(2)四芯差动电阻式仪器电阻和绝缘电阻评价按五芯电阻的评价标准执行。

(3)第(1)~(2)款全部合格,现场测试评价合格;第(1)~(2)款任一项不合格,现场测试评价不合格;其他情形,评价为基本合格。

3. 五芯差动电阻式仪器和四芯差动电阻式仪器评价标准

(1)现场检查及现场测试全部合格,评价为可靠。

(2)现场测试不合格,评价为不可靠。

(3)其他情形,评价为基本可靠。

四芯差动电阻式仪器和五芯差动电阻式仪器现场检查与测试记录见表 6-5-1 和表 6-5-2。

4. 振弦式仪器现场测试评价方法和标准

振弦式仪器现场测试应包括频率、温度和绝缘电阻评价。

(1)采用振弦式仪器便携式仪表对监测仪器的频率进行 3 次连续测量和记录,每次测量时间间隔不低于 10 s,并计算频率极差。当频率测值不大于 1 000 Hz 时,频率极差不大于 2 Hz 为合格,否则为不合格;当频率测值大于 1 000 Hz 时,频率极差不大于 3 Hz,评价为合格;否则为不合格。

(2)采用振弦式仪器便携式仪表对监测仪器的温度进行 3 次连续测量和记录,每次测量时间间隔不低于 10 s,并计算温度极差。温度极差不大于 0.5℃,评价为合格;否则评价为不合格。

(3)振弦式仪器的绝缘电阻评价方法和标准按差动电阻式仪器绝缘电阻评价方法和标准执行。

(4)第(1)~(3)款全部合格,现场测试评价合格;第(1)款不合格,现场测试评价不合格;其他情形,评价为基本合格。

5. 振弦式仪器评价标准

(1)现场检查及现场测试全部合格,评价为可靠。

表 6-5-1　四芯差动电阻式仪器现场检查与测试记录表

工程名称与等级：　　　　　　　　　　　　环境条件：（天气，气温，上、下游水位，气压等）

检验测试中使用的仪器及编号：　　　　　　检测依据：

<table>
<tr><td>被检设施（仪器）名称、型号及编号</td><td colspan="2"></td><td colspan="4">安装部位</td><td colspan="2"></td></tr>
<tr><td rowspan="3">现场检查</td><td colspan="2">内容与要求</td><td colspan="4">检查结果</td><td>单项评价</td><td>分项评价</td></tr>
<tr><td colspan="2">仪器安装与被监测结构结合牢固，保护装置可靠耐久，未出现影响测值真实性的变形、错位、锈蚀和开裂等现象</td><td colspan="4"></td><td>□合格
□不合格</td><td rowspan="2">□合格
□基本合格
□不合格</td></tr>
<tr><td colspan="2">仪器电缆类型、保护、屏蔽、连接、接地和标识必须满足现场环境下仪器长期稳定工作所需的工作、准确识别和运行维护条件</td><td colspan="4"></td><td>□合格
□不合格</td></tr>
<tr><td rowspan="13">现场测试</td><td colspan="2">内容与要求</td><td colspan="4">测试结果</td><td>单项评价</td><td>分项评价</td></tr>
<tr><td rowspan="7">电阻比</td><td rowspan="4">电阻比（0.01%）测值极差不大于 3×10^{-4}</td><td>1</td><td colspan="3"></td><td rowspan="4">□合格
□不合格</td><td rowspan="12">□合格
□基本合格
□不合格</td></tr>
<tr><td>2</td><td colspan="3"></td></tr>
<tr><td>3</td><td colspan="3"></td></tr>
<tr><td>极差</td><td colspan="3"></td></tr>
<tr><td rowspan="3">$\lvert Z_t-N\rvert$ 不大于 5</td><td>正测电阻比</td><td></td><td></td><td></td><td rowspan="3">□合格
□不合格</td></tr>
<tr><td>反测电阻比</td><td></td><td></td><td></td></tr>
<tr><td>计算结果</td><td></td><td></td><td></td></tr>
<tr><td rowspan="4">电阻</td><td rowspan="4">电阻值测值极差不大于 0.05 Ω</td><td>1</td><td colspan="3"></td><td rowspan="4">□合格
□不合格</td></tr>
<tr><td>2</td><td colspan="3"></td></tr>
<tr><td>3</td><td colspan="3"></td></tr>
<tr><td>极差</td><td colspan="3"></td></tr>
<tr><td>绝缘电阻</td><td>芯线对大地绝缘电阻不小于 0.1 MΩ</td><td>绝缘电阻（MΩ）</td><td colspan="3"></td><td>□合格
□不合格</td></tr>
<tr><td>评价结果</td><td colspan="8">□可靠　　□基本可靠　　□不可靠</td></tr>
<tr><td>备注</td><td colspan="8"></td></tr>
</table>

检测人员（签名）：　　　　　　　　校核（签名）：　　　　　　　　日期：

表 6-5-2　五芯差动电阻式仪器现场检查与测试记录表

工程名称与等级：　　　　　　　　环境条件：(天气，气温，上、下游水位，气压等)
检验测试中使用的仪器及编号：　　　　检测依据：

<table>
<tr><td>被检设施（仪器）名称、型号及编号</td><td></td><td colspan="3">安装部位</td><td colspan="2"></td></tr>
<tr><td rowspan="3">现场检查</td><td>内容与要求</td><td colspan="3">检查结果</td><td>单项评价</td><td>分项评价</td></tr>
<tr><td>仪器安装与被监测结构结合牢固，保护装置可靠耐久，未出现影响测值真实性的变形、错位、锈蚀和开裂等现象</td><td colspan="3"></td><td>□合格
□不合格</td><td rowspan="2">□合格
□基本合格
□不合格</td></tr>
<tr><td>仪器电缆类型、保护、屏蔽、连接、接地和标识必须满足现场环境下仪器长期稳定工作所需的工作、准确识别和运行维护条件</td><td colspan="3"></td><td>□合格
□不合格</td></tr>
<tr><td rowspan="10">现场测试</td><td>内容与要求</td><td colspan="3">测试结果</td><td>单项评价</td><td>分项评价</td></tr>
<tr><td rowspan="4">电阻比</td><td rowspan="4">电阻比测值（0.01%）极差不大于 3×10^{-4}</td><td>1</td><td></td><td rowspan="4">□合格
□不合格</td><td rowspan="9">□合格
□基本合格
□不合格</td></tr>
<tr><td>2</td><td></td></tr>
<tr><td>3</td><td></td></tr>
<tr><td>极差</td><td></td></tr>
<tr><td rowspan="4">电阻</td><td rowspan="4">电阻值测值极差不大于 0.05Ω</td><td>1</td><td></td><td rowspan="4">□合格
□不合格</td></tr>
<tr><td>2</td><td></td></tr>
<tr><td>3</td><td></td></tr>
<tr><td>极差</td><td></td></tr>
<tr><td>绝缘电阻</td><td>芯线对地绝缘电阻不小于 0.1 MΩ</td><td>绝缘电阻（MΩ）</td><td></td><td>□合格
□不合格</td></tr>
<tr><td>评价结果</td><td colspan="6">□可靠　□基本可靠　□不可靠</td></tr>
<tr><td>备注</td><td colspan="6"></td></tr>
</table>

检测人员(签名)：　　　　　　校核(签名)：　　　　　　日期：

(2)现场测试不合格,评价为不可靠。

(3)其他情形,评价为基本可靠。

振弦式仪器现场检查与测试记录见表 6-5-3。

表 6-5-3　振弦式仪器现场检查与测试记录表

工程名称与等级:　　　　环境条件:(天气,气温,上、下游水位,气压等)

检验测试中使用的仪器及编号:　　　　检测依据:

<table>
<tr><td>被检设施(仪器)名称、型号及编号</td><td colspan="2"></td><td colspan="2">安装部位</td><td colspan="2"></td></tr>
<tr><td rowspan="3">现场检查</td><td colspan="2">内容与要求</td><td colspan="2">检查结果</td><td>单项评价</td><td>分项评价</td></tr>
<tr><td colspan="2">仪器安装与被监测结构结合牢固,保护装置可靠耐久,未出现影响测值真实性的变形、错位、锈蚀和开裂等现象</td><td colspan="2"></td><td>□合格
□不合格</td><td rowspan="2">□合格
□基本合格
□不合格</td></tr>
<tr><td colspan="2">仪器电缆类型、保护、屏蔽、连接、接地和标识必须满足现场环境下仪器长期稳定工作所需的工作、准确识别和运行维护条件</td><td colspan="2"></td><td>□合格
□不合格</td></tr>
<tr><td rowspan="12">现场测试</td><td colspan="2">内容与要求</td><td colspan="2">测试结果</td><td>单项评价</td><td>分项评价</td></tr>
<tr><td rowspan="4">频率</td><td rowspan="4">频率测值不大于 1 000 Hz 时,频率极差不大于 2 Hz;
频率测值大于 1 000 Hz 时,频率极差不大于 3 Hz</td><td>1</td><td></td><td rowspan="4">□合格
□不合格</td><td rowspan="11">□合格
□基本合格
□不合格</td></tr>
<tr><td>2</td><td></td></tr>
<tr><td>3</td><td></td></tr>
<tr><td>极差</td><td></td></tr>
<tr><td rowspan="4">温度</td><td rowspan="4">温度极差不大于 0.5 ℃</td><td>1</td><td></td><td rowspan="4">□合格
□不合格</td></tr>
<tr><td>2</td><td></td></tr>
<tr><td>3</td><td></td></tr>
<tr><td>极差</td><td></td></tr>
<tr><td>绝缘电阻</td><td>芯线对地绝缘电阻不小于 0.1 MΩ</td><td>绝缘电阻(MΩ)</td><td></td><td>□合格
□不合格</td></tr>
<tr><td>评价结果</td><td colspan="6">□可靠　　□基本可靠　　□不可靠</td></tr>
<tr><td>备注</td><td colspan="6"></td></tr>
</table>

检测人员(签名):　　　　校核(签名):　　　　日期:

5.1.2.2 集线箱现场检查与判断

1. 集线箱现场检查要求

集线箱现场检查满足以下要求为合格，否则为不合格：

(1)表面无锈蚀、明显划痕及损伤。

(2)标志、标识齐全且清晰准确。

(3)各种接线端子、转换开关及按钮应齐全，操作方便，接触良好，无卡滞现象，通道切换开关工作状况和指示挡位准确。

(4)相应的防潮或防水结构或器件有效。

2. 集线箱现场测试项目、要求及记录表

集线箱现场测试项目包括接触电阻、绝缘电阻值和防水密封性，测试要求如下：

(1)接触电阻，将直流双臂电桥上测量电流表调至零点，测出各接点的电阻值，每个测点应测量3次。

(2)绝缘电阻，采用100 V兆欧表测量各芯线与外壳之间的绝缘电阻。

(3)防水密封性，有防水要求的集线箱防水密封性测试时，将集线箱浸没在水中，电缆端部引出水面，持续2 h，采用100 V兆欧表测量引出电缆芯线对机箱外壳绝缘电阻。

集线箱现场检查和测试记录见表6-5-4。

3. 集线箱现场测试标准

现场测试结果满足以下要求，评价为合格，否则，评价为不合格：

(1)手动集线箱接触电阻值不大于1 Ω，自动集线箱接触电阻值不大于150 Ω，接触电阻变差满足SL 369的要求。

表6-5-4 集线箱现场检查与测试记录表

工程名称与等级： 环境条件：(天气，气温，上、下游水位，气压等)

检验测试中使用的仪器及编号：

<table>
<tr><td>被检设施(仪器)名称、型号及编号</td><td></td><td>安装部位</td><td colspan="2"></td></tr>
<tr><td rowspan="5">现场检查</td><td>内容与要求</td><td>检查结果</td><td>单项评价</td><td>分项评价</td></tr>
<tr><td>1. 表面无锈蚀、明显划痕及损伤</td><td></td><td>□合格
□不合格</td><td rowspan="4">□合格
□基本合格
□不合格</td></tr>
<tr><td>2. 标志、标识齐全且清晰准确</td><td></td><td>□合格
□不合格</td></tr>
<tr><td>3. 各种接线端子、转换开关及按钮应齐全，操作方便，接触良好，无卡滞现象，通道切换开关工作状况和指示挡位准确</td><td></td><td>□合格
□不合格</td></tr>
<tr><td>4. 相应的防潮、防水结构或器件有效</td><td></td><td>□合格
□不合格</td></tr>
</table>

续表 6-5-4

	内容与要求		检查结果	单项评价	分项评价
现场测试	接触电阻	手动集线箱接触电阻值不大于 1 Ω,自动集线箱接触电阻值不大于 150 Ω,接触电阻变差满足 SL 369 要求; 温度极差不大于 0.5 ℃		□合格 □不合格	□合格 □基本合格 □不合格
	绝缘电阻	集线箱引出电缆芯线对外壳绝缘电阻应大于 50 MΩ		□合格 □不合格	
	密封水平	有防水要求的集线箱浸没在水中,引出电缆端部不浸入水中,持续 2 h 箱内不应渗水。恢复到正常条件下,引出电缆芯线对外壳绝缘电阻应大于 50 MΩ		□合格 □不合格	
评价结果	□可靠　□基本可靠　□不可靠				
备注					

检测人员(签名):　　校核(签名):　　日期:

(2)绝缘电阻应大于 50 MΩ。

(3)集线箱浸入 2 h 后绝缘电阻应大于 50 MΩ。

(4)现场测试评价标准见表 6-5-5～表 6-5-7。

5.1.3　测量仪表性能检验

用于应力应变监测的二次直读式仪表应定期检验(校准),并达到有关技术规范或厂家说明书规定的要求,确保仪器完好并在有效的使用期内。如需更换仪表,应先检验是否有互换性,并进行对比检测,以保持监测数据的延续性。检验合格后,仪器要放在干燥的仓库中妥善保存,严禁仪器和电缆受到日晒、雨淋和水浸泡。

5.1.3.1　数字电桥(差阻式读数仪)性能检验

1. 检验设备

数字电桥检验设备主要包括由计量部门检定合格的 100 V 直流兆欧表及电阻比电桥率定器。

2. 检验项目

(1)绝缘电阻 R_x。

表 6-5-5　防水集线箱现场测试评价标准

序号	密封性		接触电阻		绝缘电阻		仪器评价
	合格	不合格	合格	不合格	合格	不合格	
1	√		√		√		正常
2	√		√			√	基本正常
3	√			√	√		不正常
4	√			√		√	
5		√	√		√		
6		√	√			√	
7		√		√	√		
8		√		√		√	

表 6-5-6　非防水集线箱现场测试评价标准

序号	接触电阻		绝缘电阻		仪器评价
	合格	不合格	合格	不合格	
1	√		√		正常
2	√			√	基本正常
3		√	√		不正常
4		√		√	

表 6-5-7　集线箱现场检查与测试评价标准

序号	现场检查		现场测试评价			评价结论
	合格	不合格	正常	基本正常	不正常	
1	√		√			可靠
2	√			√		
3		√	√			基本可靠
4	√			√		
5	√				√	不可靠
6		√			√	

(2)电阻比、电阻的准确度。

3. 检验标准

检验各项限差须满足表 6-5-8 中的规定，表中 Z 与 R 的限差，适用于电阻比率定器法。

表 6-5-8　数字电桥检验限差表

项目	R_x(MΩ)	$Z(\times10^{-4})$(绝对值)	$R(\Omega)$(绝对值)
限差	≥200	≤1	≤0.02

4. 校验周期

数字电桥宜每月校验,电桥率定器每年送检 1 次。数字电桥超限时,电桥需送厂检修,不得使用。

5.1.3.2　振弦式读数仪

可用频率发生器进行校验,也可采用多台同型号仪器比测进行校验。比测校验方法具体如下所述。

1. 校验方法

(1)选取一支稳定可靠、便于加载或控制位移的振弦式位移传感器,固定在校正仪上。

(2)逐渐增加振弦式位移传感器的位移量,并同时使用 3 台以上同型号的频率读数仪对其频率进行测量,并做记录。

(3)计算各频率读数仪测量频率的最大误差。

2. 校验标准

各频率读数仪具有很好的一致性,频率误差控制在±0.1%FS 以内,温度误差在 1.0% FSR,说明测试的仪器均合格。

3. 校验周期

频率读数仪的校验周期为 1 年。

5.1.4　应力应变自动化监测仪器观测比对方法及实例

5.1.4.1　应力应变自动化监测仪器观测比对方法

应力应变自动化监测仪器人工测量和自动化测量比测采用将同时间、同频次的人工和自动化测值进行对比,人工测量通过二次仪表直接测量从传感器的接线上测量读数,自动化测值采用通过 MCU 读取传感器读数,然后将两者读数进行对比。

系统实用化考核期,数据的采集周期以每周 1 次(或不少于 1 次)为宜,并每月进行 1 次人工比测。应规定每周的固定时段为考核采集时间,每月的同一时段为人工比测时间。

人工比测一般采用过程线比较或方差分析进行对比。

过程线比较是取某测点相同时间、相同测次的自动化测值和人工测值,分别绘出自动化测值过程线和人工测值过程线,进行规律性和测值变化幅度的比较。

方差分析是取某测点试运行期自动化监测和人工比测相同时间、相同测次的测值分别组成自动化测值序列和人工测值序列,计算其标准差 σ_z、σ_r(σ_r 也可参考采用二次仪表合格检定证书中的标准差,σ_z 也可采用 MCU 测量装置检定后的标准差);再设某一时刻的自动测值为 x_{zi},人工测值为 x_{ri},则两者差值 $\delta_i = | x_{zi} - x_{ri} |$。取 $\delta \leqslant 2\sigma$,其中均方差 $\sigma = (\sigma_z^2 + \sigma_r^2)^{1/2}$,$\sigma_z$ 为自动化测量精度,σ_r 为人工测量精度。

5.1.4.2　应力应变自动化监测仪器观测比对实例

某大坝自动化仪器监测与人工监测比测报告

1　工程概况

(略)

2　比测内容

(1)对各建筑物安全监测内观传感器布置的合理性、通信线路敷设保护、现场测控单元以及监控中心自动化采集和分析系统的合理性、完备性进行全面检测,在此基础上对监测系统的完备性进行评价。

(2)对不稳定传感器进行鉴定,分析其原因和可靠性。在此基础上对所有传感器的精度进行计算,结合工程实际,评价所有传感器的可靠性。对不可靠传感器提出较优改进方案。

(3)对历史监测资料自身完整性、可靠性及合理性进行评价,结合设计、施工资料分析监测资料是否反映大坝或工程的实际情况。

(4)对监测系统、监测传感器完整性、稳定性、可靠性以及合理性进行正确评价,依据现行规范,结合工程实际对监测传感器设备封存、报废及监测项目停测的建议以及对安全监测系统的改进意见。

3　比测依据

(1)《大坝安全监测自动化系统实用化要求及验收规程》(DL/T 5272—2012);

(2)《土石坝安全监测技术规范》(SL 551—2012);

(3)《混凝土坝安全监测技术规范》(DL/T 5178—2016);

(4)《差动电阻式监测传感器鉴定技术规程》(DL/T 1254—2013);

(5)《振弦式监测传感器鉴定技术规程》(DL/T 1271—2013);

(6)《大坝安全监测传感器检验测试规程》(SL 530—2012)。

4　比测方法

4.1　比测要求

开展人工监测和自动化监测的比测工作,自动化测读数据与人工测读的数据进行比较。

(1)提供人工监测和自动化监测的比测偏差统计表,注明部位、测站、通道号、仪器编号等。

(2)提供自动化监测数据相对于人工监测数据的准确度,参照《大坝安全监测数据自动采集装置》中准确度的要求进行评价。

4.2　比测程序

具体比测程序如下:

(1)质量计划:作业开始前,确定观测方案、观测规程,制订工作计划,编写作业实施细则,并报监理工程师备案,使观测工作有序进行。

(2)准备:包括人员准备、观测仪器设备准备和观测条件准备。

调配本公司长期从事大型水利枢纽工程安全监测、有丰富观测经验和数据处理经验的技术人员参与此项工作,并根据本项目的特点和技术要求对参加观测人员进行有效的培训。

调配本公司质量、性能优良的观测仪器和配套设备投入本工程,并对参加作业的仪器设备按国家技术规范和标准进行严格的检查、检验、标定、校正。检验合格的仪器设备投入使用,并在作业过程中保持仪器设备的良好状态。

(3)观测数据采集:观测人员按计划进行外业数据观测。观测数据必须在现场进行各项检验、校对,保持无误。

(4)观测数据处理:每天外业观测结束后,及时进行观测数据处理。如发现观测成果有缺陷,导致成果精度达不到要求,应立即进行重测,使成果满足要求为止。观测成果达到精度要求后,还应进行观测值异常情况的检验。数据符合要求后进行平差处理,计算观测成果。

(5)观测数据归档:经观测数据处理分析后的成果及时归档、入库,并及时进入资料整编。

4.3　精度保证措施

(1)观测人员保证:①派经验丰富、技术熟练的观测人员从事观测工作。②从事观测工作的人员必须具备上岗证,具备懂得仪器原理、观测能力、数据异常与否的判断能力,数据处理的能力。③观测时必须做到2人以上一班,保证在观测中的监督以及校审,以保证观测数据的真实可靠。④应配备观测人员之外的班组校核和项目部审查人员,实行项目部内部三级校审。

(2)观测阶段的保证措施:①制订合理的观测方案、观测时间、观测程序,确保观测资料在最有利的条件下取得。②观测之前,观测班长应强调观测要点,观测过程中出现问题的应对措施。③观测之前,做好各类仪器的检定工作,确保观测设备处于正常工作状态。④按技术规范和设计要求,获取监测点的初始值。⑤读取数据后,应及时对数据进行初步判断。若出现异常情况,应及时分析,判断数据可靠后,若还表现为异常,应对监测部位及相邻部位进行一次巡视监测,尽可能找到引起数据异常的原因。⑥特别注意,在对刚恢复的仪器进行观测时,正确判断数据的连续性,若数据出现异常,检查仪器的参数是否变化、电缆连接是否合格等,并解决技术问题。

(3)数据处理阶段的保证措施:①按校审程序进行数据处理。②对数据进行数学方法的可靠性检验,发现粗差时,及时进行返测。③与环境量变化及施工条件进行对比分析,判断观测数据的合理性。④对数据精度进行分析,对观测质量进行总结,确保测量精度满足要求。

4.4　比测数据分析方法

(1)根据《大坝安全监测自动化技术规范》(DL/T 5211)的要求,人工比测一般采用过程线比较或方差分析进行对比。

(2)过程线比较是取某测点相同时间、相同测次的自动化测值和人工测值,分别绘出自动化测值过程和人工测值过程线,进行规律性和测值变化幅度的比较。

(3)方差分析是取某监测点自动化监测和人工比测相同时间、相同测次的测值分别组成自动化测值序列和人工测值序列,计算其标准差σ_z、σ_r;再设某一时刻的自动化测值为x_{zi},人工测值为x_{ri},则两者差值为:

$$\delta_i = | x_{zi} - x_{ri} |$$

取 $\delta \leqslant 2\sigma$，其中均方差计算式如下：

$$\sigma = \sqrt{\sigma_{zi}^2 + \sigma_{ri}^2}$$

即自动化系统实测数据与同时同条件人工比测数据偏差 δ 保持基本稳定，无趋势性漂移；与人工比测数据对比结果 $\delta \leqslant 2\sigma$。

如果发现有测值偏差超过以上指标，检查数据是否漏记、错记；仪器设备是否经过检校，测量步骤是否正确、符合要求，观测设备是否损坏等情况；外观全站仪观测中，是否出现遮挡、强光反射等情况。如有需要，进行复测。

5　比测仪器与设备

目前，大坝在测监测设施情况统计见表 6-5-9，比测仪器统计见表 6-5-10。

表 6-5-9　在测监测设施情况统计表

项目名称		安装部位	仪器类型	测点数量
应力应变及温度监测	测缝计	混凝土坝、土石坝	差阻式	171
	多点位移计	混凝土坝	振弦式	42
	钢筋计	混凝土坝	差阻式	146
	基岩变形计	混凝土坝、土石坝	差阻式	33
	量水堰计	混凝土坝	振弦式	43
	裂缝计	混凝土坝	差阻式	63
	渗压计	混凝土坝、土石坝	振弦式	325
	土压力计	土石坝	差阻式	40
	温度计	混凝土坝、土石坝	差阻式	524
	无应力计	混凝土坝	差阻式	57
	应变计	混凝土坝	差阻式	88
	应力计	混凝土坝	差阻式	30
	伸缩仪	混凝土坝	振弦式	27
合计		1 589		

表 6-5-10　比测仪器统计表

名称	型号	编号	单位	数量	检定时间	检定结果	有效期
差阻式读数仪	NZA101	00021801	台	1	2017 年 9 月 29 日	合格	1 年
振弦式读数仪	BGK-408	1604180380	台	1	2018 年 6 月 4 日	合格	1 年
电位器读数仪	BGK-RB100	16008	台	1	2018 年 6 月 4 日	合格	1 年

6　比测数据

比测数据见表 6-5-11、表 6-5-12。

7　比测结果

自动化测值的综合评价结论分为正常、异常两个等级。差动电阻式监测仪器评价标准见表 6-5-13，振(钢)弦式监测仪器评价标准见表 6-5-14。

表 6-5-11　差动电阻式仪器比测数据(部分)

MCU 部位	MCU 编号	通道编号	仪器编号	仪器名称	自动化（电阻值）（Ω）	电桥（电阻比）（0.01%）	人工（电阻值）（Ω）	人工（电阻比）（0.01%）	电阻值差值（Ω）	电阻值 2σ（Ω）	电阻比差值（0.01%）	电阻比 2σ（Ω）
廊道	17101903	18	J01YL19	测缝计	50. 60	9 687. 67	50. 61	9 690	0. 01	0. 02	2. 33	2. 9
		19	R01YL20	钢筋计	71. 35	10 108. 91	71. 37	10 110	0. 02	0. 02	1. 09	1. 7
		20	R01YL22	钢筋计	77. 70	9 925. 14	77. 72	9 926	0. 02	0. 02	0. 86	1. 4
		21	R01YL23	钢筋计	78. 04	10 022. 40	78. 04	10 021	0	0. 05	1. 40	1. 5
		22	R01YL24	钢筋计	71. 28	9 941. 18	71. 30	9 942	0. 02	0. 05	0. 82	1. 1
		23	J01CF25	测缝计	50. 54	9 895. 79	50. 54	9 896	0	0. 05	0. 21	1. 3
		24	R01YL19	钢筋计	70. 94	10 346. 51	70. 97	10 348	0. 03	0. 03	1. 49	1. 9
		25	J01YL24	测缝计	52. 85	10 076. 37	52. 87	10 078	0. 02	0. 02	1. 63	2. 3
		26	J01YL23	测缝计	46. 92	9 900. 06	46. 94	9 901	0. 02	0. 03	0. 94	1. 9

表 6-5-12　振弦式仪器比测数据(部分)

MCU 部位	MCU 编号	通道编号	仪器编号	仪器名称	自动化（模数）（kHz^2）	温度（℃）	人工基康 408（模数）（kHz^2）	人工基康 408（温度）（℃）	模数偏差 δ（kHz^2）	模数 2σ（kHz^2）	温度偏差 δ（℃）	温度 2σ（℃）
廊道	17092719	1	U9-1	渗压计	8 823. 8	11. 63	8 823. 1	11. 60	0. 7	1. 5	0. 03	0. 12
		2	U9-2	渗压计	6 177. 9	13. 70	6 177. 0	13. 70	0. 9	1. 6	0	0. 11
		3	U9-3	渗压计	8 071. 6	9. 86	8 071. 5	9. 90	0. 1	1. 2	0. 04	0. 11
		4	U10-1	渗压计	7 962. 2	12. 45	7 962. 0	12. 40	0. 2	0. 8	0. 05	0. 12
		5	U10-3	渗压计	6 806. 9	14. 23	6 806. 8	14. 20	0. 1	1. 6	0. 03	0. 15
		6	U10-2	渗压计	7 940. 8	13. 31	7 941. 2	13. 30	0. 4	1. 9	0. 01	0. 13
		7	U10-4	渗压计	6 590. 0	13. 14	6 589. 8	12. 70	0. 2	1. 2	0. 44	0. 46
		8	U10-5	渗压计	6 968. 5	14. 46	6 970. 0	14. 60	1. 5	1. 9	0. 14	0. 19

表 6-5-13　差动电阻式监测仪器综合评价(部分)

序号	仪器编号	仪器状态	电阻比测值评价	电阻值测值评价	综合评价	备注
1	J01HC17	正常	合格	合格	正常	
2	J02HC17	正常	合格	合格	正常	
3	J03HC17	正常	合格	合格	正常	
4	J04HC17	正常	合格	合格	正常	
5	J05HC17	正常	合格	合格	正常	
6	J06HC17	正常	合格	合格	正常	
7	J07HC17	正常	合格	合格	正常	
8	J08HC17	正常	合格	合格	正常	
9	J09HC17	正常	合格	合格	正常	

表 6-5-14　振弦式监测仪器综合评价(部分)

序号	仪器编号	仪器状态	频率测值评价	温度测值评价	综合评价	备注
1	U7-1	正常	合格	合格	正常	
2	U7-2	正常	合格	合格	正常	
3	U8-1	正常	合格	合格	正常	
4	U8-2	正常	合格	合格	正常	
5	U8-3	正常	合格	合格	正常	
6	U9-1	正常	合格	合格	正常	
7	U9-2	正常	合格	合格	正常	
8	U10-1	正常	合格	合格	正常	
9	U10-2	正常	合格	合格	正常	
10	U10-3	正常	合格	合格	正常	
11	U11-1	正常	合格	合格	正常	
12	U11-2	正常	合格	合格	正常	

8　结论与建议

(略)

5.2　温度监测设施状态判断

5.2.1　温度监测仪器运行状态判断方法

5.2.1.1　振弦式仪器温度运行状况判断

振弦式仪器温度监测产生故障时,通常用万用表中的欧姆挡来检查电阻值排查故障现象。

检查时,利用数字万用表笔连接传感器芯线,正常时的电阻值应与环境温度基本相符,25 ℃时,其电阻应为 3 000 Ω 左右。若对应的温度低于或高于被监测环境温度,通常是电缆断路或短路造成的,应重点检查电缆。

电缆破损进水或受潮将导致测值失真,具体表现是当电缆进水后测量的温度值偏高。

需要注意的是,若电缆长度过长,且是在高温环境下,在计算时应考虑电缆芯线本身的电阻,以获取更高的测量精度。低温环境下通常不必考虑电缆芯线电阻的影响。配套的电缆芯线电阻约为 50 Ω/1 000 m,双向取 2 倍芯线电阻值。

5.2.1.2　铜电阻温度计运行状况判断

铜电阻温度计监测产生故障时,通常用万用表中的欧姆挡或差动电阻式读数仪的电阻值挡来检查电阻值排查故障现象。

铜电阻温度计由于测量原理与差动电阻式仪器不同,如出现测值变化大或测值不稳的现象,注意检查是否为芯线接线错误或绝缘电阻下降、电缆芯线破损等原因导致。

5.2.2　温度监测仪器现场检查与测试

5.2.2.1　温度监测设施现场检查要求

(1)仪器电缆、保护、屏蔽、连接、接地和标识应满足现场环境下仪器长期稳定工作所需的运行、识别和维护条件。

(2)采用测量仪表或数字万用表测量仪器电阻值,测值应为仪器电阻加上温度修正值。①仪器位置应能反映被测部位的温度,未出现影响测值的锈蚀和损坏等现象,评价为合格;否则评价为不合格。②仪器电缆类型、保护、屏蔽、连接、接地和标识应满足现场环境下仪器长期稳定工作所需的工作、准确识别和运行维护条件,评价为合格;否则评价为不合格。③第①、②款全部合格,温度监测设施现场检查评价为合格;任一项不合格,评价为不合格;其他情形,评价为基本合格。

5.2.2.2　铜/铂电阻温度计现场检查与测试方法及标准

(1)采用差动电阻式测量仪表测量仪器电阻值并记录,连续测量 3 次,每次测量时间间隔不低于 10 s,计算电阻值测值极差。电阻值测值极差不大于 0.05 Ω,评价为合格;否则评价为不合格。

(2)采用 100 V 电压等级的兆欧表测量仪器电缆芯线的绝缘电阻,绝缘电阻值不小于 0.1 MΩ,评价为合格;否则评价为不合格。

(3)第(1)、(2)款全部合格,铜/铂电阻温度计现场测试评价为合格;第(1)款不合格,评价为不合格;其他情形,评价为基本合格。

5.2.2.3　热敏电阻温度计现场检查测试标准

(1)温度测值极差:温度测值极差小于其精度的 1/2,评价为合格,否则评价为不合格。

(2)绝缘电阻值:芯线对大地以及仪器其他测量芯线的绝缘电阻值大于 1 MΩ,评价为合格;否则评价为不合格。

(3)第(1)、(2)款全部合格,热敏电阻温度计现场测试评价为合格;任一项不合格,评价为不合格;其他情形,评价为基本合格。

5. 2. 2. 4 振弦式温度计现场测试评价

振弦式温度计现场测试评价参考振弦式仪器温度现场测试评价标准。

5. 2. 2. 5 温度计评价标准

（1）现场检查合格，现场测试基本合格或合格，评价为可靠。

（2）现场测试评价不合格，评价为不可靠。

（3）其他情形，评价为基本可靠。

温度监测设施现场检查与测试记录见表 6-5-15。

表 6-5-15 温度计现场检查与测试记录表

工程名称与等级： 环境条件：（天气，气温，上、下游水位，气压等）

检验测试中使用的仪器及编号： 检测依据：

<table>
<tr><td>被检设施（仪器）名称、型号及编号</td><td colspan="2"></td><td colspan="2">安装部位</td><td colspan="2"></td></tr>
<tr><td rowspan="3">现场检查</td><td colspan="2">内容与要求</td><td colspan="2">检查结果</td><td>单项评价</td><td>分项评价</td></tr>
<tr><td colspan="2">仪器位置应能反映被测部位的温度，未出现影响测值的锈蚀和损坏等现象。</td><td colspan="2"></td><td>□合格
□不合格</td><td rowspan="2">□合格
□基本合格
□不合格</td></tr>
<tr><td colspan="2">仪器电缆、保护、屏蔽、连接、接地和标识应满足现场环境下仪器长期稳定工作所需的运行、识别和维护条件</td><td colspan="2"></td><td>□合格
□不合格</td></tr>
<tr><td rowspan="6">现场测试</td><td colspan="2">内容与要求</td><td colspan="2">测试结果</td><td>单项评价</td><td>分项评价</td></tr>
<tr><td rowspan="4">电阻值测值极差</td><td rowspan="4">铜/铂温度计不大于 0. 05 Ω，热敏电阻温度计小于其精度的 1/2</td><td>1</td><td></td><td rowspan="4">□合格
□不合格</td><td rowspan="5">□合格
□基本合格
□不合格</td></tr>
<tr><td>2</td><td></td></tr>
<tr><td>3</td><td></td></tr>
<tr><td>极差</td><td></td></tr>
<tr><td>绝缘电阻</td><td>铜/铂芯线对大地绝缘电阻不小于 0. 1 MΩ，热敏电阻温度计对大地绝缘电阻不大于 1 MΩ</td><td>绝缘电阻（MΩ）</td><td></td><td>□合格
□不合格</td></tr>
<tr><td>评价结果</td><td colspan="6">□可靠 □基本可靠 □不可靠</td></tr>
<tr><td>备注</td><td colspan="6"></td></tr>
</table>

5. 2. 3 温度自动化监测仪器观测比对方法

温度自动化监测仪器对人工测量和自动化测量比测，采用将同时间、同频次的人工和自动化测值进行对比，对比方法参照应力应变自动化监测仪器比对方法。

第 6 章　技术指导与培训

6.1　技术指导

6.1.1　监测设施检查、操作、维护要求

监测设施检查、操作、维护应根据不同监测设施的特点，依据监测设施操作手册及相关规范提出不同的要求，下述列举测压管观测与维护要求。

6.1.1.1　测压管观测要求

（1）测压管水位，每次应平行测读 2 次，其读数差应不大于 1 cm。

（2）无压孔测压管水位宜使用电测水位计人工测读，有压孔测压管水位宜使用压力表人工测读。

（3）使用电测水位计测读时，将测头小心放入测压管内，在水位计指示器发出信号时，宜将探头继续往下放 10~20 cm，再缓慢提起测头确认水面后进行测读，读数精确至 0.01 m。

（4）有压测压管使用压力表测读时，测值应测读至压力表的最小估读值。当测压管中有明显气压存在时，应排气后再进行测读。

（5）有压测压管观测时应检查压力表，当测值长期超出 1/3~2/3 量程范围时，应适时更换相应量程及精度等级的压力表。

（6）当测压管内放置渗压计进行监测时，应按照已标定的仪器参数和安装高程计算测压管水位，并宜进行气压修正。

6.1.1.2　测压管检查维护要求

（1）检查维护测压管孔口装置的外露构件防护和密封情况。

（2）电测水位计的长度标记，应每隔 3~6 个月用钢尺校正，维护尺度标记清晰，测试蜂鸣器工作状态。

（3）检查测试压力表的灵敏性和归零情况。

（4）校测、修正测压管孔口高程、压力表中心高程及管内渗压计安装高程。测压管的管口高程，在施工期和初蓄期应每隔 3~6 个月校测 1 次；在运行期每两年至少校测 1 次，疑有变化时随时校测。

（5）定期进行测压管的灵敏性测试。

（6）比对测压管内渗压计计算水位与人工测量水位。

6.1.2　监测设施检查、操作、维护方案编制方法

监测设施检查、操作、维护方案应根据不同监测设施的特点编制，应明确监测设施检

查目的、检查内容、操作步骤及注意事项，故障及其排除方法。

某大坝安全监测自动化系统技术指导

某大坝安全监测自动化系统具有自检、自诊断功能，可在计算机上显示故障信息，运行维护人员可按故障提示进行故障检查、维护等工作。故障一般分系统故障、设备故障和仪器故障三部分。

1. 系统故障

系统故障最直观和常见的表现是 MCU 通信故障。其原因可能为下列几种：

(1)监控主机故障。原因包括：①采集软件中串口配置错误(MCU 端口号)；②串口失效(硬件失效，软件失效)。

(2)通信介质故障。原因包括：①通信线路故障(电缆、光缆或电话线短路、断路、交叉等)；②通信转换器故障(光电转换器、232/485/422 转换头、MODEM、电台等)。

(3)下位机故障。原因包括：系统电源缺失、设备故障。

针对上述各种原因，应逐项进行检查，以确定最终的故障原因。

2. 设备故障

设备故障最常见的表现是 MCU 没有显示、通信故障和测值误差较大。其原因可能为下列几种：

(1)无显示。原因包括：系统电源缺失、保险丝断、电源坏、防雷器损坏、模块短路、器件损坏。

(2)通信故障。原因包括：模块参数设置改变、通信器件损坏、通信防雷器损坏。

(3)测值误差。原因包括：测量电路故障、接口电路故障、仪器电缆故障、监测仪器坏。

针对上述各种原因，应逐项进行检查，以确定最终的故障原因。

3. 仪器故障

仪器故障常见的表现是无仪器测值，测值不稳或错误，在仪器故障信息中体现为 a、b、c、d、e、s 类故障。下面按仪器类型分别列举可能的故障原因。

(1)步进式仪器。

由于步进电机式仪器是机械光电复合仪器，其可能的故障列表见表 6-6-1。

表 6-6-1　步进电机式仪器故障列表

故障代号	故障现象	维护方法
a	第一套光电管故障	考虑更换
b	第二套光电管故障	考虑更换
c	两套光电管故障	立即更换
d	仪器故障/测量板故障	检查限位开关、线体和电缆
e	机械故障	检查电机和丝杆
s	数据超限	检查线体和探头

注：若标杆值正常，s 类故障将作为监控大坝安全的重要考虑因素。

(2)振弦式仪器。振弦式仪器故障列表见表 6-6-2。

表 6-6-2　振弦式仪器故障列表

故障代号	故障现象	维护方法
d	仪器故障/测量板故障	检查仪器、电缆、模块及通道板
s	数据超限	检查测压管水位和 94 设置

注:因国内外振弦式仪器生产厂家较多,针对不同厂家仪器由 94 命令可选择不同的激振频率以获得最佳的激振效果。

(3)差阻式仪器。差阻式仪器故障列表见表 6-6-3。

表 6-6-3　差阻式仪器故障列表

故障代号	故障现象	维护方法
d	仪器故障/测量板故障	检查仪器、电缆、模块及通道板
s	数据超限	检查仪器和模块自检

仪器检查方法:用万用表分别量仪器的蓝黑、蓝红、蓝绿和绿白间的电阻,以确认是传感器还是加长电缆的原因。

(4)其他仪器。其他仪器包括浮子式水位计、超声波水位计、量水堰仪、压阻式仪器、气象仪器、水管沉降仪、引张线式水平位移计等。它们的故障表现都各有不同,排查方法也各异,需要具体问题具体分析。

4. 系统维护

按规范要求,应定期到现场进行检查,了解系统的运行环境,以防系统设备被打开或损坏。

测控装置内的蓄电池为易耗品,一般 2~3 年更换 1 次。

5. 注意事项

系统设备的各种设置不得随意更改,出现问题应及时查明原因,并及时恢复,出现无法解决的问题应立即通知承建单位,以保证系统连续稳定运行。

6.2　培　训

6.2.1　技能培训教案编写要求

教案编制应包括课程名称、教授对象、传授主要知识点、技能点、教学步骤安排、授课方式、教学手段、作业布置、课后分析小结等。教师授课教案见表 6-6-4。

表 6-6-4　教师授课教案

课程名称:水利水电工程测量　　2007 年至 2008 年第 二 学期第 20 次课

授课班级:06 水工 1~5 班　　编制日期:　2008 年　3　月　　日

课题(章节):　第 7 章　变形测量
7.1　视准线测量
传授主要知识点:
视准线测量方法、步骤及要求
传授主要技能点:
1. 了解视准线测量基本方法及适用条件
2. 了解视准线测量的注意事项
教学步骤安排:
1. 复习上节课内容
2. 讲述视准线测量方法
3. 小结本次课内容
授课方式:
1. 课堂讲授
2. 多媒体演示
3. 介绍典型的施工实例
教学手段:
板书、多媒体、相关图片
作业布置情况:
利用课后习题进行练习,巩固知识,补充习题
课后分析与小结:

6.2.2　监测技能培训方法

水工监测工是使用水工建筑物监测仪器测控水工建筑物稳定与安全的人员，培训内容是人力资源和社会保障部及水利部发布的《水工监测工国家职业技能标准（2019 年版）》（人社厅发〔2019〕50 号）的基础知识、各级工种技能要求及相关知识。初级工重点培训使用简单测量设备进行观测与记录；中级工重点培训使用测量设备进行观测和数据统计；高级工重点培训能使用复杂的设备进行测量，利用自动化系统进行测量，并能检查维护仪器及设备；技师培训的重点是故障检查排除、自动化系统人工比测；高级技师重点培训环境量监测数据合理性判别、自动化设备维护、资料整编分析等。

水工监测工等级培训分理论知识和操作技能两个方面，理论知识又分基础知识和技能相关知识两部分，理论知识的培训应重点培训基础知识的概念和基本原理，相关知识应结合技能要求，根据技能的要求培训相关知识；操作技能培训宜在大、中型水利工程现场或模拟场所进行，且配备相应的设施、设备、工器具，应针对每一技能的要点、操作步骤及注意事项进行全面培训，并能使每位学员进行实践操作，根据不同项目可分组进行。

培训应依据标准及教材编写教案，包括教学内容、教学目标、教学重点、教学难点、演示文稿（PPT）、主要教学方法、教学工具、各阶段时间分配、教学过程、教师活动、学生活动、各阶段设计意图、课后评价与反思等内容。培训过程中应根据培训对象的基础及理解情况，适时调整计划，注重互动，保证培训对象学懂、理解、掌握技能。

第7篇　操作技能——高级技师

第 1 章　变形监测

1.1　垂直位移校测与监测自动化设备检查维护

1.1.1　垂直位移工作基点引测与校测方法

为方便对建筑物垂直位移进行监测，以达到快速获取监测数据的目的，在坝体合适的位置埋设垂直位移工作基点。为获得垂直位移工作基点起始高程，须以水准基点为基准进行水准测量，推算出垂直位移工作基点的高程。随着时间的推移，在外界因素影响下工作基点也会发生变动，进而影响到测点测值的准确性。为了消除这种影响，需定期对水准线路进行校测，以校核各工作基点的高程。施测时，水准基点的主点应与各工作基点组成垂直位移控制网，以保证各测点具有相同的观测精度。垂直位移控制网一般以闭合水准环线形式布设，采用二等以上水准观测精度（也称精密水准测量）观测。

1.1.1.1　测量仪器、设备

测量仪器、设备见表 7-1-1。

表 7-1-1　精密水准测量仪器设备

序号	仪器名称	最低型号		备注
		一等	二等	
1	自动安平光学水准仪、自动安平数字水准仪、气泡式水准仪	DSZ_{05} DS_{05}	DSZ_1 DS_1	用于水准测量
2	线条式因瓦标尺、条码式因瓦标尺			用于水准测量，2 m/3 m 两种规格

1. 自动安平水准仪

自动安平水准仪是指在一定的竖轴倾斜范围内，利用补偿器自动获取视线水平时水准标尺读数的水准仪。用此类水准仪观测时，当调整水准仪圆水准器气泡居中后，不需再经手工调整即可正确读取视线水平时的读数。自动安平水准仪用自动安平补偿器代替管水准器，在仪器微倾时补偿器受重力作用而相对于望远镜筒移动，使视线水平时标尺上的正确读数通过补偿器后仍旧落在水平十字丝上。它可简化操作程序，提高作业速度，以减小外界条件变化所引起的观测误差。自动安平水准仪可分为自动安平光学水准仪和自动安平数字水准仪（也称自动安平电子水准仪）。带有测微器的自动安平水准仪可用于精

密水准测量,数字水准仪通过仪器内部 CCD 传感器及微处理器组成的图像处理电子系统对条码尺图像进行处理、识别,可获得视线高度和水平距离。与光学水准仪相比,数字水准仪的主要优点是感光读数,自动识别,消除了人为读数误差,精度高。

2. 水准标尺

二等以上精密水准测量采用精密水准标尺,也称因瓦水准尺。精密水准尺为木质尺身(或铝合金)的中央装一条特殊钢材(铟钢)做成的因瓦合金带尺,用弹簧引张在尺面上。这种材料受热变形最小,满足高精度水准测量对标尺刻划间隔稳定性的要求。自动安平光学水准仪和气泡式水准仪均采用线条式因瓦标尺,线条式尺上喷制 1 cm 或 0. 5 cm 间隔的分划线;数字水准仪采用条码式因瓦标尺。

1. 1. 1. 2 测量方法

1. 观测方式

(1)一、二等水准测量采用单线路往返观测,同一区段的往返观测,应使用同一类型的仪器和转点尺承沿同一道路进行。

(2)在每一区段内,先连续进行所有测段的往测(或返测),随后再连续进行该区段的返测(或往测)。

(3)同一测段的往测(或返测)与返测(或往测)应分别在上午与下午进行。在日间气温变化不大的阴天和观测条件较好时,若干里程的往返测可同在上午或下午进行。但这种里程的总站数,一等水准测量不应超过该区段总站数的 20%,二等水准测量不应超过该区段总站数的 30%。

2. 观测的时间和气象条件

水准观测应在标尺分划线成像清晰而稳定时进行。下列情况下,不应进行观测:

(1)日出后与日落前 30 min 内;

(2)太阳中天前后各约 2 h 内(可根据地区、季节和气象情况,适当增减,最短间歇时间不少于 2 h);

(3)标尺分划线的影像跳动剧烈时;

(4)气温突变时;

(5)风力过大而使标尺与仪器不能稳定时。

3. 设置测站

(1)转点选用尺桩或尺台。一、二等水准测量,应根据路线土质选用尺桩(尺桩质量不轻于 1. 5 kg,长度不短于 0. 2 m)或尺台(尺台质量不轻于 5 kg)作转点尺承,所用尺桩数应不少于 4 个。特殊地段可采用大帽钉作为转点尺承。

(2)测站视线长度(仪器至标尺距离)、前后视距差、视线高度、数字水准仪重复测量次数按表 7-1-2 的规定执行。

4. 测站观测顺序和方法

1)光学水准仪观测顺序

(1)往测时,奇数测站照准标尺分划的顺序为:①后视标尺的基本分划;②前视标尺的基本分划;③前视标尺的辅助分划;④后视标尺的辅助分划。

表7-1-2　测站视线要求　(单位:m)

<table>
<tr><th rowspan="2">等级</th><th rowspan="2">仪器类别</th><th colspan="2">视线长度</th><th colspan="2">前后视距差</th><th colspan="2">任一测站上前后视距差累积</th><th colspan="2">视线高度</th><th rowspan="2">数字水准仪重复测量次数</th></tr>
<tr><th>光学</th><th>数字</th><th>光学</th><th>数字</th><th>光学</th><th>数字</th><th>光学(下丝读数)</th><th>数字</th></tr>
<tr><td>一等</td><td>DSZ05、DS05</td><td>≤30</td><td>≥4且≤30</td><td>≤0.5</td><td>≤1.0</td><td>≤1.5</td><td>≤3.0</td><td>≥0.5</td><td>≤2.8且≥0.65</td><td>≥3次</td></tr>
<tr><td>二等</td><td>DSZ1、DS1</td><td>≤50</td><td>≥3且≤50</td><td>≤1.0</td><td>≤1.5</td><td>≤3.0</td><td>≤6.0</td><td>≥0.3</td><td>≤2.8且≥0.55</td><td>≥2次</td></tr>
</table>

注:下丝为近地面的视距丝。几何法数字水准仪视线高度的高端限差一、二等允许到2.85 m,相位法数字水准仪重复测量次数可以为表中数值减少一次,所有数字水准仪,在地面震动较大时,应随时增加重复测量次数。

(2)往测时,偶数测站照准标尺分划的顺序为:①前视标尺的基本分划;②后视标尺的基本分划;③后视标尺的辅助分划;④前视标尺的辅助分划。

(3)返测时,奇、偶测站照准标尺的顺序分别与往测偶、奇测站相同。

2)光学水准仪一测站的操作程序(以往测奇数测站为例)

(1)首先将仪器整平(气泡式水准仪望远镜绕垂直轴旋转时,水准器气泡两端影像的分离,不得超过1 cm,自动安平水准仪的圆水准器气泡位于指标环中央)。

(2)将望远镜对准后视标尺(此时,利用标尺上圆水准器整置标尺垂直),使符合水准器两端的影像近于符合。随后用上下丝照准标尺基本分划进行视距读数,视距第四位数由测微器直接读得。然后,使符合水准器气泡准确符合,转动测微器用楔形平分丝精确照准标尺基本分划,并读定标尺基本分划与测微器读数(读至测微器的最小刻划)。

(3)旋转望远镜照准前视标尺,并使符合水准气泡两端影像准确符合,用楔形平分丝精确照准标尺基本分划,并读定标尺基本分划与测微器读数,然后用上下丝照准标尺基本分划进行视距读数。

(4)用微动螺旋转动望远镜,照准前视标尺的辅助分划,并使符合水准器气泡两端影像准确符合,用楔形平分丝精确照准并进行标尺辅助分划与测微器读数。

(5)旋转望远镜,照准后视标尺的辅助分划,并使符合水准器气泡的影像准确符合,用楔形平分丝精确照准并进行辅助分划与测微器的读数。

3)数字水准仪观测

(1)往、返测奇数站照准标尺的顺序为:①后视标尺;②前视标尺;③前视标尺;④后视标尺。

(2)往、返测偶数站照准标尺的顺序为:①前视标尺;②后视标尺;③后视标尺;④前视标尺。

(3)一测站操作程序(以奇数站为例):①首先将仪器整平(望远镜绕垂直轴旋转,圆水准器气泡始终位于指标环中央)。②将望远镜对准后视标尺(此时,标尺应按圆水准器整置于垂直位置),用垂直丝照准条码中央,精确调焦至条码影像清晰,按测量键。③显示读数后,旋转望远镜照准前视标尺条码中央,精确调焦至条码影像清晰,按测量键。

④显示读数后,重新照准前视标尺,按测量键。⑤显示读数后,旋转望远镜照准后视标尺条码中央,精确调焦至条码影像清晰,按测量键。显示测站成果。测站检核合格后迁站。

1.1.1.3 测站观测限差与设置

1. 测站观测限差

测站观测限差应不超过表7-1-3的规定。

表7-1-3 测站观测限差 （单位:mm）

等级	上下丝读数平均值与中丝读数的差		基辅分划读数的差	基辅分划所测高差的差	检测间歇点高差的差
	0.5 cm刻划标尺	1 cm刻划标尺			
一等	1.5	3.0	0.3	0.4	0.7
二等	1.5	3.0	0.4	0.6	1.0

2. 数字水准仪测段往返起始测站设置

(1)仪器设置主要有:

测量的高程单位和记录到内存的单位为米(m);

最小显示位为0.000 01 m;

设置日期格式为实时年、月、日;

设置时间格式为实时24 h制。

(2)测站限差参数设置:

视距限差的高端和低端;

视线高限差的高端和低端;

前后视距差限差;

前后视距差累积限差;

两次读数高差之差限差。

(3)作业设置:

建立作业文件;

建立测段名;

选择测量模式:“aBFFB”;

输入起始点参考高程;

输入点号(点名);

输入其他测段信息。

(4)通信设置:按仪器说明书操作。

1.1.1.4 观测中应遵守的事项

(1)观测前30 min,应将仪器置于露天阴影下,使仪器与外界气温趋于一致;设站时,应用测伞遮蔽阳光;迁站时,应罩以仪器罩。使用数字水准仪前,还应进行预热,预热不少于20次单次测量。

(2)对气泡式水准仪,观测前应测出倾斜螺旋的置平零点,并做标记,随着气温变化,应随时调整零点位置。对于自动安平水准仪的圆水准器,应严格置平。

(3)在连续各测站上安置水准仪的三脚架时，应使其中两脚与水准路线的方向平行，而第三脚轮换置于路线方向的左侧与右侧。

(4)除路线转弯处外，每一测站上仪器与前后视标尺的三处位置，应接近一条直线。

(5)不应为了增加标尺读数，而把尺桩(台)安置在壕坑中。

(6)转动仪器的倾斜螺旋和测微器时，其最后旋转方向，均应为旋进。

(7)每一测段的往测与返测，其测站数均应为偶数。由往测转向返测时，两支标尺应互换位置，并应重新整置仪器。

(8)在高差甚大的地区，应选用长度稳定、标尺名义米长偏差和分划偶然误差较小的水准标尺作业。

(9)对于数字水准仪，应避免望远镜直接对着太阳；尽量避免视线被遮挡，遮挡不要超过标尺在望远镜中截长的 20%；仪器只能在厂方规定的温度范围内工作；确信震动源造成的震动消失后，才能启动测量键。

1.1.1.5　记录、计算

(1)精密水准观测记录表格式见表 7-1-4。

表 7-1-4　精密水准观测记录表

观测时间：　年　月　日　　开始时间：　时　分　　结束时间：　时　分

测次：　　天气：　　测读仪表及编号：

测站编号	点号	后视距离(m)	前视距离(m)	后视读数 a_1(mm)	前视读数 b_1(mm)	a_1-b_1(mm)	高差 h_1(m)	高差较差 h_1-h_2(mm)	平均高差(m)
		视距差(m)	Σd(m)	后视读数 a_2(mm)	前视读数 b_2(mm)	a_2-b_2(mm)	高差 h_2(m)		

观测：　　记录：　　校核：

(2)往返测高差不符值、附合路线闭合差、环闭合差和检测已测测段高差之差的限差应不超过表 7-1-5 的规定。

表 7-1-5　成果计算观测限差　(单位：mm)

等级	测段、区段、路线往返测高差不符值	附合路线闭合差	环闭合差	检测已测测段高差之差
一等	$1.8\sqrt{k}$	—	$2\sqrt{F}$	$3\sqrt{R}$
二等	$4\sqrt{k}$	$4\sqrt{L}$	$4\sqrt{F}$	$6\sqrt{R}$

注：k—测段、区段或路线长度，km；当测段长度小于 0.1 km 时，按 0.1 km 计算。

L—附合路线长度，km。

F—环线长度，km。

R—检测测段长度，km。

精密水准测量成果计算原理同三、四等水准测量。

1.1.1.6　**深埋双管标的高程改正**

深埋双金属标可作为工作基点,如图 7-1-1 所示,选择适当地点,钻孔至新鲜岩石,在套管内安装两根长度相等的金属细管,直径均为 30 mm,一根为钢管,另一根为铝管。由于标身为金属材料,受地温的影响,会随着温度变化而产生伸缩,标志高程也会发生变化。只要测定两根管子高差的变化值,即可求得温度改正值,从而消除由于温度影响造成标志高程的误差。

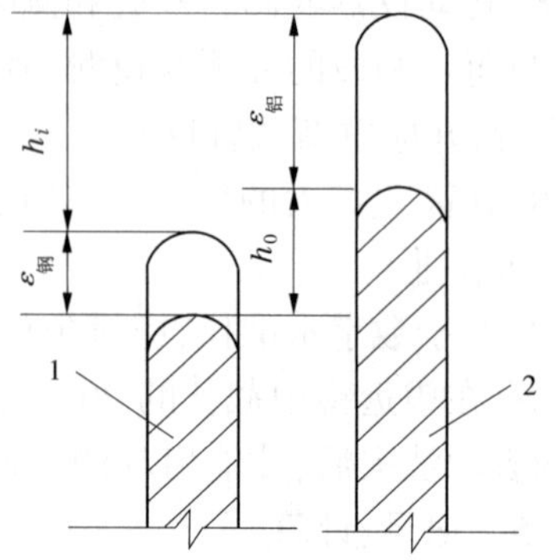

1—钢管;2—铝管

图 7-1-1　深埋双金属标温差变形示意图

如图 7-1-1 所示,设 h_0 为首次观测时两根管标的高差,h_i 为某次观测时两根管标的高差,$\varepsilon_{铝}$ 和 $\varepsilon_{钢}$ 分别为铝管和钢管的温差变形值,则有

$$h_0 + \varepsilon_{铝} = h_i + \varepsilon_{钢}$$

由于铝的线胀系数为 0.000 024,钢的线胀系数为 0.000 012,所以

$$\varepsilon_{铝} = 2\varepsilon_{钢}$$

因此,可得钢管标在某次观测时的高程温度改正数为

$$\varepsilon_{钢} = h_i - h_0 \tag{7-1-1}$$

1.1.2　垂直位移监测自动化系统检查与维护知识

自动化系统故障可按设备类别和故障现象划分。按设备划分可分为传感器故障、测控单元故障、通信系统故障和电源故障。

故障原因:①传感器故障:短线或焊接不牢固,仪器电缆绝缘能力降低、仪器电缆断线或接触不良,振弦式仪器钢丝断裂或线圈故障。②数据采集单元故障:测量电路故障、通信系统故障或 CPU 故障。③电源故障:保险丝烧断、电源线接触不良、电源模块故障或充电电池故障。

这些故障的表现形式为:①呼叫不通,即某数据采集模块或所有数据采集模块无法取得通信。②测值异常:监测数据与上次或近期数据发生很大的变化,或不符合正常规律。③测值错误:采集数据出现错误信息。

故障判断时一般可采用:①数据采集信息分析法,即通过数据采集信息窗、报警值信息和自诊断信息,适用于传感器故障和某模块故障。②排除法:分类或分段排查,适用于系统呼叫不通故障。③综合法:数据采集信息窗、报警值信息、自诊断信息与现场测试相结合,适用于传感器故障和某模块故障。

1.1.2.1　**垂直位移监测自动化系统检查与维护的主要原则**

严格遵守监测中心站及现场运管单位管理制度要求,杜绝违规作业。按运维实施方案规定内容及要求组织开展运维工作,建立健全运维台账。每日按要求分析、判断系统预警测值,并分类及时处置。第一时间组织对系统故障排查处置,有效保障系统无故障运行时间。认真落实周期性系统巡视检查工作并做好记录,发现问题及时处置。严格贯彻保密性要求，落实中心站网络安全，切实保障监测数据安全。原始测值数据不得人为进行删除或修改，确保全部入库。按要求做好系统数据备份工作，软件升级前应对旧版软件进行备份操作。确保采集软件及信息管理软件时刻处于正常开启运行状态，谨防意外情况导致系统终止运行。有效保障监测中心站及数据采集端供电安全。未经主管部门批复，不得随意中断系统供电。储备足够数量的备品备件，确保设备故障问题可及时处置。

垂直位移监测自动化系统检查与维护工作应严格遵循图 7-1-2 所示的检查与维护流程进行运行维护作业。

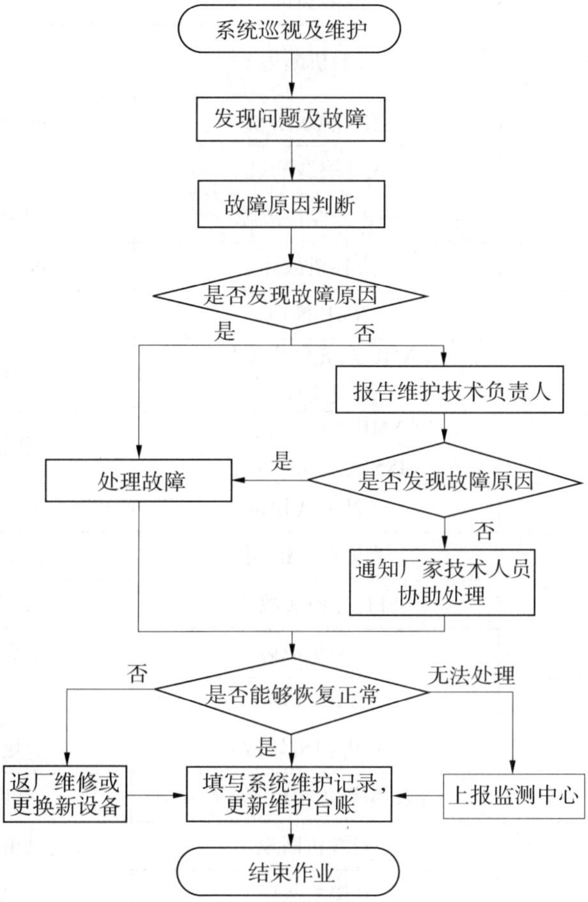

图 7-1-2　垂直位移监测自动化系统检查与维护工作流程图

1.1.2.2　垂直位移监测自动化系统故障判断及处理方法

大坝安全监测自动化系统运维人员必须熟悉系统布置、网络结构、采集设备及网络设备型号、功能、特性，掌握各仪器接线方法，能熟练使用各种工具。有能力针对系统的故障现象及情况分析判断故障类型、所在部位及设备种类，准备好维护必需的工具、材料和安全防护用品。自动化系统运行维护工作应配置备品备件、检定仪表、维修工具及器材、日常耗材等。

1. 系统网络通信故障

自动化系统数据服务器上的采集系统及中间层程序要时刻开启，不得随意关闭该程序，确保系统能够正常采集数据。一旦发现数据无法传输至监测中心站数据服务器上，应在当天使用笔记本电脑到现场采集数据，并传输到数据服务器上。

故障表现特征：在查询模块时钟时，大量编号连续的 NMU 或采集模块显示“目标 NDA 应答 NMU 超时”。按照表 7-1-6 步骤依次查看和处理故障。

表 7-1-6 系统通信故障排查处理方法

<table>
<tr><th>检查判断</th><th>故障原因</th><th>处理方法</th></tr>
<tr><td>检查中心交换机
是否断电</td><td>交换机断电</td><td>恢复供电</td></tr>
<tr><td rowspan="4">检查中心交换机
信号灯是否闪烁</td><td>光纤跳线松动</td><td>重新插入光纤跳线</td></tr>
<tr><td>光纤跳线断裂</td><td>更换光纤跳线</td></tr>
<tr><td>SFP 光模块故障</td><td>更换 SFP 光模块</td></tr>
<tr><td>交换机故障</td><td>重启或更换交换机</td></tr>
<tr><td rowspan="3">检查 NMU</td><td>NMU 断电</td><td>恢复供电</td></tr>
<tr><td>NMU 与光纤交换机
网线未插好</td><td>重新插入网线</td></tr>
<tr><td>NMU 与光端机的
485 通信线未接好</td><td>重新接好 485 通信线</td></tr>
<tr><td rowspan="4">检查 NMU 区光纤交换机</td><td>光纤跳线松动</td><td>重新插入光纤跳线</td></tr>
<tr><td>光纤跳线断裂</td><td>更换光纤跳线</td></tr>
<tr><td>SFP 光模块故障</td><td>更换 SFP 光模块</td></tr>
<tr><td>交换机故障</td><td>重启或更换交换机</td></tr>
<tr><td rowspan="3">检查 DAU</td><td>DAU 断电</td><td>恢复供电</td></tr>
<tr><td>DAU 电源模块故障</td><td>更换电源模块</td></tr>
<tr><td>采集模块 NDA 故障</td><td>重启或更换 NDA</td></tr>
<tr><td rowspan="2">检查光端机</td><td>光端机断电</td><td>恢复供电或更换电源适配器</td></tr>
<tr><td>光端机故障</td><td>更换光端机</td></tr>
<tr><td rowspan="2">使用红光笔和光功率计
检查光纤</td><td>光纤通路不通</td><td>找出断裂处，使用熔接机熔接</td></tr>
<tr><td>信号衰减过大</td><td>重新熔接尾纤</td></tr>
</table>

2. 系统采集设备故障

故障表现特征：在查询模块时钟时，少量几台编号不连续的采集模块显示“目标 NDA 应答 NMU 超时”。故障处理方法如下：

(1) 现场查看 NDA 采集模块是否断电、通信线缆接触不良、光端机故障。若光端机故障，则更换光端机。

(2)使用红光笔和光功率计检查故障区域的光纤是否断裂或异常,若发现断裂点,则使用熔接机进行熔接处理。

(3)尝试更换可能故障采集模块或采集单元设备。

(4)若以上步骤仍未解决,则联系数据采集设备厂家技术人员协调处理。

3. 传感器设备故障

1)静力水准仪故障表现特征

(1)异常测点报警信息中显示“无测值”或“测值变幅超限”。

(2)采集系统中显示测值为“0”。故障处理方法见表 7-1-7。

表 7-1-7　静力水准仪故障排查处理方法

检查判断	故障原因	处理方法
检查电源	外部电源断开	恢复外部电源供电
检查液面	液面过低	添加蒸馏水
检查遥测静力水准仪	仪器故障	返厂维修

2)竖直传高仪故障

(1)故障表现特征。异常测点报警信息中显示“无测值”或“测值变幅超限”。

(2)采集系统中显示测值为“0”。处理方法见表 7-1-8。

表 7-1-8　竖直传高仪故障排查处理方法

检查判断	故障原因	处理方法
检查电源	外部电源断开	恢复外部电源供电
检查竖直传高仪	仪器故障	返厂维修
检查钢丝	传感器松动	重新紧固传感器

4. 数据服务器故障

(1)故障表现特征:信息管理系统和采集系统均无法登录,无法访问数据库。

(2)故障处理方法见表 7-1-9。

表 7-1-9　数据服务器故障排查处理方法

检查判断	故障原因	处理方法
检查服务器机柜是否断电	外部电源断开,UPS 电量耗尽	恢复外部电源供电,重启电源稳压器
检查中心交换机	交换机断电	恢复供电
	交换机故障	重启或更换交换机
检查服务器	服务器异常关机	服务器开机
	磁盘阵列未工作	恢复供电
	磁盘阵列连接线故障	重新接好连接线
	光端机故障	更换光端机

5. 系统软件故障

1) 故障表现特征

采集系统或信息管理系统卡死、崩溃及报错等。

2) 故障处理方法

记录错误发生前的所有操作和操作时间,对报错信息进行截图或记录,并联系相关技术人员,提交上述记录材料。

相关技术人员接到软件异常记录材料后,应立即查找软件问题,并对软件进行维护更新,必要时可到现场进行错误复现再行调试。

1.2 水平位移观测、校测与监测自动化设备检查维护

1.2.1 前方交会法、极坐标法进行水平位移观测、记录、计算的方法

1.2.1.1 前方交会法观测水平位移

视准线法一般只适用于在坝轴线为直线的大坝中测定垂直于坝轴线方向的位移量,但分析坝体的变形,首先应测定平行于坝轴线方向的位移量。其次,对于观测非直线坝段水平位移,采用视准线法进行观测有困难时,都可采用前方交会法进行观测。前方交会法分为角度交会法、距离交会法和边角交会法 3 种观测方法,当监测采用角度或距离交会法时,宜按三座控制点进行监测方案设计。

1. 角度交会法

1) 观测原理

角度交会法是利用两个或三个已知坐标的固定工作基点,通过测定水平角确定位移标点的坐标变化,从而了解位移标点的位移情况。如图 7-1-3 所示,A 点和 B 点是已知坐标的工作基点,P 为待测的位移标点,第一次分别在 A、B 点安置经纬仪,测出交会角 α_1、β_1,算出 P 点的坐标值为 x_{P1}、y_{P1}。

$$\left.\begin{aligned} x_{P1} &= \frac{x_A\cot\beta_1 + x_B\cot\alpha_1 - y_A + y_B}{\cot\alpha_1 + \cot\beta_1} \\ y_{P1} &= \frac{y_A\cot\beta_1 + y_B\cot\alpha_1 + x_A - x_B}{\cot\alpha_1 + \cot\beta_1} \end{aligned}\right\} \tag{7-1-2}$$

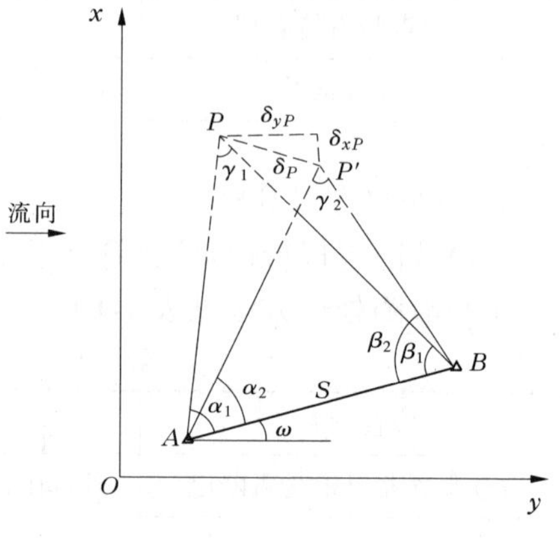

图 7-1-3 角度交会法观测位移示意图

如大坝发生变形,P 点相应地移至 P',再次分别在 A、B 点安置经纬仪,测出交会角 α_2、β_2,并算出 P'点的坐标值 x_{P2}、y_{P2},则 P 点在 x 方向和 y 方向的位移值分别为

$$\left.\begin{aligned} \delta_{xP} &= x_{P2} - x_{P1} \\ \delta_{yP} &= y_{P2} - y_{P1} \end{aligned}\right\} \tag{7-1-3}$$

而 P 点的位移值为

$$\delta_P = \sqrt{\delta_{xP}^2 + \delta_{yP}^2}$$

一般规定:水平位移值向下游为正,向上游为负;向左岸为正,向右岸为负。为了方便说明问题,可将平行于坝轴线的方向作为 x 轴(指向左岸为正),垂直于坝轴线的方向作为 y 轴(指向下游为正)。

2)测点的布设

(1)前方交会法工作基点的选择,应使交会图形最佳,两固定工作基点到交会点处所成的夹角最好接近 90°,如条件限制,其夹角也不得小于 40°或大于 100°。

(2)两固定工作基点到交会点的边长不能相差太大,最好大致相等,以减小误差。距离不宜超过 500 m。

(3)固定工作基点应浇筑在地质条件良好的基岩上,并尽可能远离大坝承压区域或受水电站水轮机震动的地方。如条件限制,必须布设在土基上,应设置较深而坚固的基础。一般应在每个基点附近埋设二个以上的校核点,以便定期校核基点是否有变动。

(4)固定工作基点到交会点的视线离开地物需在 1.5 m 以上,以免受折光影响。固定工作基点的高程应选择在与交会点高程相差不大的地点,以免视线倾角过大。

位移标点的布设与视准线法中所述相同。

3)观测仪器和设备

在一般情况下,大坝的变形是很小的,因此交会角 α、β 的变化也很小。为保证测量水平角的精度,角度交会法观测水平位移通常使用测角精度 1″的经纬仪进行。

4)观测、记录方法

观测交会角 α 和 β,常用全圆测回法观测方法。

当在测站上需观测 3 个以上方向时,可采用全圆测回法(方向观测法)。一般应采用高精度的 T3 型经纬仪。全圆测回法的要点是在一个测回中把所有要观测的方向逐一照准进行观测,并在水平度盘上读数,求出各方向的观测值。而计算中所需要的水平角均可从有关的两个方向观测值相减得出。其方法如下:

如图 7-1-4 所示,在测站点 O 上安置经纬仪,盘左照准选定的起始方向(称零方向)A,使平盘读数稍大于 00°00′,并读出起始方向的平盘读数(如 00°01′ 03″),再按顺时针方向转动照准部,依次照准 B、C、D 各方向,分别读取平盘两次读数,继续顺时针方向转动照准部,照准 A 方向读平盘读数。以上为盘左半测回或上半测回。盘右照准起始方向 A,读平盘读数,再按逆时针方向转动照准部,依次照准 D、C、B 各点,最后照准 A 点,并分别读取平盘读数。这样就完成了盘右半测回或下半测回观测。

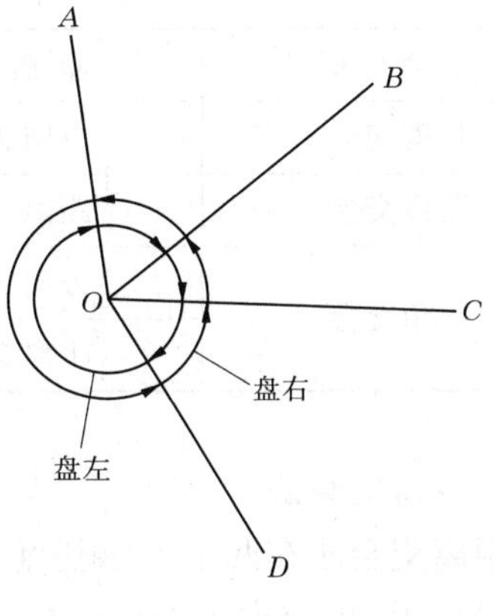

图 7-1-4　全圆测回法观测示意图

上、下半测回合起来为一测回。方向监测一般要求观测 3 个测回,各测回间起始方向水平度盘的变换数为 180/n。

全圆测回法的记录格式见表 7-1-10。

表 7-1-10　全圆测回法的观测记录表

测回	测站	目标	水平度盘读数						2C [左-(右±180°)]	$\frac{左+右\pm180°}{2}$	归零方向值
			盘左			盘右					
			° ′	g	″	° ′	g	″	″	° ′ ″	° ′ ″
1	O	A	00　01	03.42 03.55	06.97	180 01	04.19 04.26	08.45	-1.48	00　01　07.78 00　01　07.71	00　00　00.00
		B	40　07	05.37 05.41	10.78	220 07	05.78 05.65	11.43	-0.65	40　07　11.10	40　06　03.32
		C	103　59	28.95 29.06	58.01	283 59	29.36 29.49	58.85	-0.84	103　59　58.43	103　58　50.65
		D	202　31	27.70 27.79	55.49	22 31	28.07 28.18	56.25	-0.76	202　31　55.87	202　30　48.09
		A	00　01	03.58 03.47	07.05	180 01	04.36 04.27	08.63	-1.58	00　01　07.84	

当使用 T3 型仪器按全圆测回法进行观测时，一般要求：两次读数差不大于 2″，取中数计算一测回监测值；归零后各测回同一方向值之差不应大于 3″（见表 7-1-11）。

5）位移值的计算

前方交会法观测水平位移，是两次观测两交会角，利用两固定工作基点的坐标来求位移标点的坐标，从而确定位移标点的位移。利用公式计算出本次观测坐标值，与首次观测值之差即为本次观测 x、y 方向位移值。计算时特别注意坐标、角度对应图形中所示的点名和位置。

表 7-1-11　交会方法监测及限差

交会方法	监测测回数	再次读数限差	测回间互差
角度交会	方向 3 测回	2.0″	3.0″
距离交会	距离 3 测回	1.0 mm	1.5 mm
边角交会	方向 3 测回	2.0″	3.0″
	距离 3 测回	1.0 mm	1.5 mm

2. 距离交会法

距离交会法在两个工作基点观测工作基点至待测点之间的边长，计算测点坐标，交会角不得小于 40°或大于 150°。固定点至变形监测点的距离不宜超过 500 m。

1）观测、记录

距离交会观测 3 个测回，一测回照准目标一次，进行两次读数，取中数计算一测回观测值，以各测回均值作为距离监测成果，距离监测时应同时记录温度、气压，温度读数精确到0.2 ℃,气压读数精确到50 Pa,以对观测边长进行改正。

2)计算

距离交会法测点坐标计算方法如下(见图7-1-5):

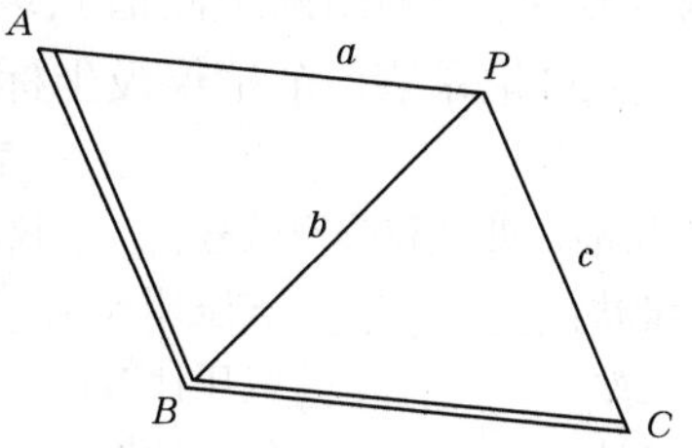

图7-1-5　距离交会观测示意图

(1)利用A、B已知坐标求方位角α和两点间距离。利用余弦定律求A角。

$$\cos A=\frac{D_{AB}^2+a^2-b^2}{2aD_{AB}}$$

$$u=a\cos A$$

$$\nu=a\sin A=\sqrt{a^2-u^2}$$

(2)待测点P点坐标计算。

$$\left.\begin{aligned}x_P&=x_A+u\cos\alpha_{AB}+\nu\sin\alpha_{AB}\\y_P&=y_A+u\sin\alpha_{AB}-\nu\cos\alpha_{AB}\end{aligned}\right\}\quad(7\text{-}1\text{-}4)$$

式(7-1-4)中P点在AB线段左侧(A、B、P逆时针构成三角形)。若待定点P在AB线段右侧(A、B、P逆时针构成三角形),则公式为:

$$\left.\begin{aligned}x_P&=x_A+u\cos\alpha_{AB}-\nu\sin\alpha_{AB}\\y_P&=y_A+u\sin\alpha_{AB}+\nu\cos\alpha_{AB}\end{aligned}\right\}\quad(7\text{-}1\text{-}5)$$

3. 边角交会

在已知点或待定点同时观测水平角和水平距离的称为边角交会法。用边角交会法观测时,每测站上角度交会法和距离交会法同时进行,方向和距离限差要求同角度交会法和距离交会法规定。边角交会监测,交会角应在30°~150°,当交会角接近限值时,其最大边长不宜超过800 m。测点坐标取测角交会法与距离交会法所测结果的均值,位移值计算方法同前。

1.2.1.2　极坐标法观测

极坐标法是通过在工作基点上测设一个角度和一段距离来确定点的平面位置的方法。这种方法要求有一条已知方向,通过在工作基点上架设全站仪,测量待测点方向与已知方向的水平夹角和工作基点至待定点的距离,即可利用极坐标公式求出位移测点坐标(见图7-1-6)。

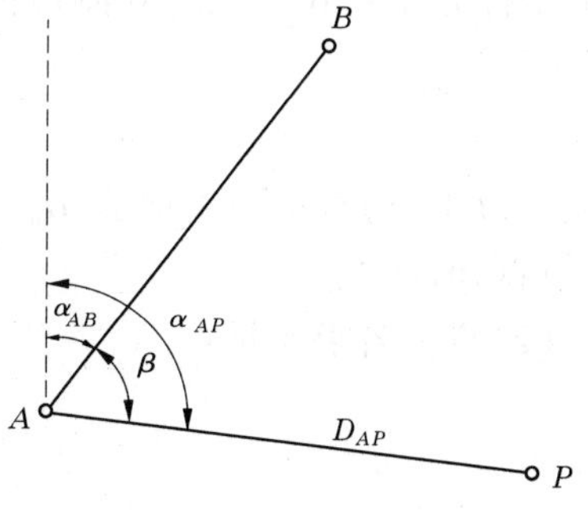

图7-1-6　极坐标法观测原理

1. 监测设置规定

(1)变形监测点与测站点之间高差不宜过大。

(2)监测距离宜控制在150 m范围以内,监测距离应加入相应改正。

(3)变形监测点上应安置配套反射棱镜。

2. 监测方法与要求

(1)全站仪标称精度应满足:测角精度1″、测距精度$(2+2\times10^{-6})$ mm。

(2)水平方向监测 4 测回,正镜、倒镜照准监测点目标 1 次,各进行两次读数,距离监测 4 测回(一测回两组测值),取各测回水平角、距离均值为监测成果。

(3)记录表。全站仪极坐标法观测记录表见表 7-1-12。

表 7-1-12　极坐标法观测记录表

测站:　测读仪表及编号:_____仪高:_____主机高:_____日期:______时间:___时___分至___时___分

镜站:____________气压计 No:____________干温度计 No:____________湿温度计 No:____________

镜站:____________气压计 No:____________干温度计 No:____________湿温度计 No:____________

镜站:____________气压计 No:____________干温度计 No:____________湿温度计 No:____________

镜站:____________气压计 No:____________干温度计 No:____________湿温度计 No:____________

测回觇点	读数						左-右(2C)	(左+右)/2	方向值	盘左			指标差	觇高	P_1	T_1	T_1	距离观测值(m)	一测回中数
	盘左			盘右						盘右					P_2	T_2	T_2		
										竖直角									
	°	′	″	°	′	″	″	″	° ′ ″	°	′	″	″	镜高	P mbar	T ℃	T ℃		中数(m)

观测:　　　　　　　　　　记录:　　　　　　　　校核:

3. 计算

(1)计算观测坐标增量。根据起始方位角和观测水平角推算测站点至待定点 AP 方向的坐标方位角 α_{AP},结合观测边长 D 计算待定点与测站点间的坐标增量。

$$\left.\begin{aligned}\Delta x &= D\cos\alpha_{AP}\\ \Delta y &= D\sin\alpha_{AP}\end{aligned}\right\} \tag{7-1-6}$$

D 为 AP 边水平距离均值,α_{AP} 为 AP 边坐标方位角,根据已知边坐标方位角和观测的水平角均值计算。

(2)推算各点坐标:

$$\left.\begin{aligned}x_P &= x_A + \Delta x\\ y_P &= y_A + \Delta y\end{aligned}\right\} \tag{7-1-7}$$

(3)计算各点位移值:

$$\left.\begin{aligned}\delta_{xP} &= x_{P_2} - x_{P_1}\\ \delta_{yP} &= y_{P_2} - y_{P_1}\end{aligned}\right\} \tag{7-1-8}$$

1.2.2　水平位移基点网校测方法

1.2.2.1　水平位移观测校测

为方便对建筑物进行水平位移监测,以达到快速获取监测数据的目的,在水工建筑物合适的位置埋设水平位移工作基点。

水平位移工作基点是水平位移变形观测的基础，必须保证坚固和稳定，因此点位应选在变形区以外，地质条件好，又能够永久保存的地方。为检核基准点的稳定，应定期对水平位移工作基点进行检校，校测方法采用控制网测量的方法。控制网采用边角网的形式。

水平角测量按照《混凝土坝安全监测技术规范》(SL 601—2013)中边角网的观测要求进行，方向用1″级的全站仪进行观测。水平角观测一般采用方向观测法观测12个测回，使用具有调平装置的觇牌作为照准目标。全部测回在两个异午的时间段内各完成约一半，在全阴天可适当变通。

1.2.2.2　观测方法

1. 方向观测

(1)度盘位置按照表7-1-13配置。

(2)水平方向观测一测回的操作程序：顺时针旋转照准部1~2周后，精确照准起始方向觇标，读出水平度盘及测微器数值(重合对径分划两次)，然后顺时针旋转照准部，精确照准第二个方向目标，按前述方法读数，顺时针依次照准其他各方向的目标观测，最后闭合到起始方向。至此上半测回结束。然后纵转望远镜，逆时针旋转照准部1~2周后，按与上半测回相反的顺序依次观测各方向，直至起始方向，完成下半测回。至此一测回结束。

表7-1-13　水平方向观测度盘及测微器配置

测回序号	度盘及测微器位置		
	(°)	(′)	格
1	0	00	02
2	15	04	07
3	30	08	12
4	45	12	17
5	60	16	22
6	75	20	27
7	90	24	32
8	105	28	37
9	120	32	42
10	135	36	47
11	150	40	52
12	165	44	57

水平角观测的各项限差按表7-1-14执行。

(3)注意事项：进行度盘及测微器读数时宜用灯光照明；观测前应先精细调平水准气泡，气泡偏离中心不超过1格。气泡位置接近限值时，应在测回之间重新整平仪器；在使用微动螺旋照准目标或用测微器对准分划时，其最后旋转方向应为“旋进”。

表 7-1-14　水平角观测限差表

序号	项目	限差
1	光学测微器两次重合读数之差(″)	1
2	半测回归零差(″)	5
3	一测回内 2C 互差(″)	9
4	测回差(″)	5
5	三角形闭合差(″)	2.5
6	按菲列罗公式计算的测角中误差(″)	0.7
7	极条件闭合差	$1.4\sqrt{[\delta\delta]}$
8	边条件闭合差	$2\sqrt{0.49[\delta\delta]+m_{\lg s_1}^{1}+m_{\lg s_2}^{2}}$

注:1. 观测方向之竖直角超过±3°时,该方向 2C 互差可在同一时间段内各测回间进行比较,但应在手簿内注明。

2. δ 为求距角正弦对数 1″表差,以对数第六位为单位;$m_{\lg s1}$、$m_{\lg s2}$ 为起始边长对数中误差。

(4)成果的重测:①超出限差的结果均应重测。②基本测回的“重测方向数测回数”超过“方向测回总数”的 1/3 时,应将整份成果重测。③测回互差超限时,除明显孤立值可重测该测回外,原则上应重测最大值和最小值所在的测回。④个别方向重测时,只需联测零方向。⑤因三角形闭合差、极条件闭合差或边条件闭合差超限而重测时应将整份成果重测。

2. 可通视的观测

可通视的边长用标称精度为±$(1+D\times10^{-6})$ mm(D 为测量距离,mm)的全站仪按《中、短程光电测距规范》(GB/T 16818—2008)要求进行观测;每条边在一个时间段内的观测始末,测定干温、湿温及气压。温度读到 0.2 ℃,气压估读到 0.1 mbar;每条测距边往返观测各 4 测回,每个测回读数 4 次,分别在两个异午的时间段完成。一测回读数较差不大于 2 mm,一个时间段内各测回的较差不得大于 3 mm,往返测较差限值$\sqrt{2}(A+B\times D\times10^{-6})$($A$ 为标称精度固定误差,mm;B 为标称精度比例误差系数,mm/km;D 为测量距离,km)。

1.2.3　水平位移监测自动化系统检查与维护知识

1.2.3.1　传感器设备故障

1. 遥测垂线坐标仪故障

1)故障表现特征

(1)异常测点报警信息中显示“无测值”或“测值变幅超限”。

(2)采集系统中显示测值为“0”。

(3)现场垂线坐标仪屏幕显示窗口显示“Err”。

2) 故障处理方法

不同错误代码或现象,按照表 7-1-15 所示的方法进行故障排除。

表 7-1-15　遥测垂线坐标仪故障排查处理方法

错误代码或故障现象	检查判断	产生原因	处理方法
Err2		外界光线过强	增加遮光措施或额外增加遮光罩
Err3		光线弱	返厂维修
Err4		无阴影(无投影),垂线移动至测量范围以外	重新调整垂线坐标仪位置
Err5		CCD 图像传感器故障	返厂维修
Err6		阴影太多,光路上或垂线上有脏物	对光路清洁维护
显示窗无显示		电源不通	检查供电是否正常
显示窗正常,通信不正常		坐标仪地址设置不正确;通信线路故障	重新设置地址;检查通信电缆是否正常
无模拟量输出		内部硬件故障	返厂维修
通信不应答	检查通信参数设置及地址编码设置	参数错误	正确设置参数
	检查电源连接	电源未接好	接好电源
	检查通信线路或设备	通信线路或设备故障	恢复通信线路或设备
		电源器件损坏	返厂维修
测值跳动较大	检查连接线	连接线接触不好	接好连线
	检查油桶	油桶内有杂物	清理杂物
	检查挡雨棚	挡雨棚脱落	重新安装固定挡雨棚
	检查现场环境	串风引起线体摆动	紧闭观测房门
	检查镜头	镜头有雾水或污物	清洁镜头

2. 伸缩仪故障

(1)故障表现特征:①异常测点报警信息中显示“无测值”或“测值变幅超限”。②采集系统中显示测值为“0”。

(2)故障处理方法见表 7-1-16 。

表 7-1-16　伸缩仪故障排查处理方法

检查判断	故障原因	处理方法
检查电源	外部电源断开	恢复外部电源供电
检查伸缩仪	仪器故障	返厂维修

3. 三维变形计故障

(1)故障表现特征:①异常测点报警信息中显示“无测值”或“测值变幅超限”。②采集系统中显示测值为“0”。

(2)故障处理方法见表 7-1-17。

表 7-1-17　三维变形计故障排查处理方法

检查判断	故障原因	处理方法
检查采集模块接入线缆	线缆松动未插好	重新插好线缆
检查线缆接长位置	线缆接长处进水,绝缘电阻下降	重新接线
检查渗压计	渗压计无法测读	更换或维修渗压计

4. GNSS+测量机器人设备故障

(1)表现特征:①测量机器人自动化监测及分析软件 GeoMoS Monitor 显示“补偿超出范围”。②数据管理软件 GNSS Spider7. 1. 1 显示为红色条状。

(2)处理方法:①对现场观测房内测量机器人全站仪 TM50 进行气泡调平。②NSS 接收器是否断电,通信线缆是否接触不良,交换机是否故障。若交换机故障,则更换交换机。③用红光笔和光功率计检查故障区域的光纤是否断裂或异常,若发现断裂点,则使用熔接机进行熔接处理。④若以上步骤仍未解决,则联系数据采集设备厂家技术人员协调处理。

1.3　接缝与表面裂缝监测自动化设备检查维护

1.3.1　接缝与表面裂缝监测自动化系统检查与维护知识

(1)对接缝与表面裂缝监测自动化系统的监测仪器、配套装置、连接电缆、远程终端采集单元、防雷器、电源、主机等逐一进行检查,不正常和损坏的进行记录并立刻进行消除。

(2)自动化监测系统维护应满足系统正常的运行,保持接缝与表面裂缝标识完整、清晰。

(3)维护包括日常检查维护、年度检查维护、定期检查维护和故障检查维护。日常检查维护可结合日常监测进行;年度检查维护可结合汛后检查进行;定期检查维护可结合大坝安全定期检查进行。

(4) 自动化测值出现异常时,应立刻进行检查,并进行人工比测。

1.3.2　接缝与表面裂缝监测简易装置安装方法

土石坝裂缝宜采用土位移计观测,面板堆石坝的混凝土面板的接缝及周边缝宜采用土位移计(单向或根据需要组装成两向或三向)观测,或采用专门的三向测缝计观测。混凝土坝的裂缝和接缝宜采用专门的小量程测缝计观测。

1.3.2.1　测缝标点埋设安装

1. 单向测缝标点的埋设安装

在实际应用中,可根据裂缝分布情况,对重要的裂缝,选择有代表性的位置,在裂缝两侧各埋设一个标点;标点采用直径为 20 mm,长约 80 mm 的金属棒,埋入混凝土内 60 mm,外露部分为标点,标点上各有一个保护盖。两标点的距离不得少于 150 mm,用游标卡尺定期测定两个标点之间距离的变化值,以此来掌握裂缝的发展情况,其测量精度一般可达到 0. 1 mm,如图 7-1-7 所示。

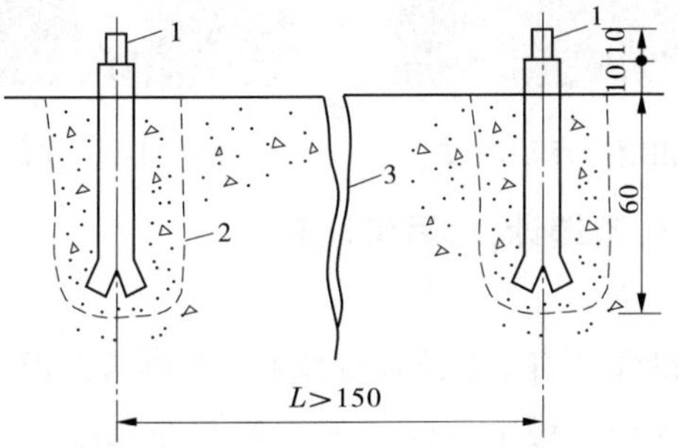

1—标点;2—钻孔线;3—裂缝

图 7-1-7　单向测缝标点安装示意图　(单位:mm)

2. 三向测缝标点的埋设安装

三向测缝标点有板式和杆式两种,见图 7-1-8、图 7-1-9,目前大多采用板式三向测缝标点。板式三向测缝标点是将两块宽为 30 mm,厚 5~7 mm 的金属板,做成相互垂直的 3 个方向的拐角,并在型板上焊三对不锈钢的三棱柱条,用以观测裂缝 3 个方向的变化,用螺栓将型板锚固在混凝土上。安装型板式三向测缝标点时,在缝的两端等距位置按照型板预留的孔位间距在混凝土上放样定位,并保证两端预留孔位水平面投影在一条直线上,并与缝面垂直。在放样点钻孔后,埋入膨胀螺栓并待其稳固,按图示方向将两块金属板分别紧固安装在缝的两侧,安装时尽量保证两端弯板基座的轴线方向一致。用外径游标卡尺测量每对三棱柱条之间的距离变化,即可得三维相对位移。

3. 填写考证表

测缝标点埋设安装考证表如表 7-1-18 所示。

图 7-1-8　平面三点式测缝标点现场图

图 7-1-9　立面弯板式测缝标点现场图

1.3.2.2　**安装埋设测缝计、裂缝计，填写考证表**

1.安装埋设技术要求

(1)埋设前应做好的准备工作：①备好锚固板、木榔头及其他辅助工具和材料。②备好土位移计、电缆及电缆接头。对土位移计和电缆做外观检查，应满足埋设要求。③用相应仪表检查土位移计及电缆，应满足埋设要求。④坑(槽)挖或井挖至拟观测的部位，并对裂缝进行描述。

(2)安装埋设操作应符合下列要求：①在垂直于裂缝的两侧将锚固板平行于裂缝打入土体的预定深度，锚固板平面应与缝面平行，锚固板的位移计固定端应位于同一个垂直于裂缝的平面内。②将位移计垂直于裂缝安装于锚固板的位移计固定端，调节位移计连杆，使其拉开，预留其闭合开度，并测记位移计的读数。③小心地回填坑槽(井)，锚固板和位移计周围应用木榔头轻轻击实，并使回填土体的含水量和密度与原土体的基本一致。回填至位移计以上 50 cm 后，可用人工夯实方法回填。④位移计电缆沿坑槽(井)壁上引至电缆沟，回填完毕后，测记位移计读数。

(3)在埋设过程中，应仔细地保护设备和电缆。

(4)当裂缝位于表面或混凝土结构与土体结合面时，可参照上述方法安装位移计，但应注意下列内容：①若仪器外露，则应设置仪器保护装置。②对于已建坝，可在混凝土结构物上设置一个位移计固定端。对于在建坝，可在混凝土结构物上预埋一个位移计固定端。

表 7-1-18　水平位移测点安装考证表(视准线法)

<table>
<tr><td colspan="4">工程或项目名称</td><td colspan="8"></td></tr>
<tr><td rowspan="2">引据工作基点情况</td><td colspan="2">编号</td><td colspan="2"></td><td colspan="2">形式</td><td colspan="2"></td><td colspan="2">位置</td><td></td></tr>
<tr><td colspan="2">高程(m)</td><td colspan="2"></td><td colspan="2">接测距离(m)</td><td colspan="2"></td><td colspan="2">基础情况</td><td></td></tr>
<tr><td rowspan="2">测点编号</td><td colspan="3">安装日期</td><td colspan="3">安装位置</td><td colspan="3">初始值测定日期</td><td rowspan="2">初始高程(m)</td><td rowspan="2">备注</td></tr>
<tr><td>年</td><td>月</td><td>日</td><td>桩号</td><td>坝轴距(m)</td><td>偏离视准线(mm)</td><td>年</td><td>月</td><td>日</td></tr>
<tr><td>1</td><td></td><td></td><td></td><td></td><td></td><td></td><td></td><td></td><td></td><td></td><td></td></tr>
<tr><td>2</td><td></td><td></td><td></td><td></td><td></td><td></td><td></td><td></td><td></td><td></td><td></td></tr>
<tr><td>3</td><td></td><td></td><td></td><td></td><td></td><td></td><td></td><td></td><td></td><td></td><td></td></tr>
<tr><td></td><td></td><td></td><td></td><td></td><td></td><td></td><td></td><td></td><td></td><td></td><td></td></tr>
<tr><td></td><td></td><td></td><td></td><td></td><td></td><td></td><td></td><td></td><td></td><td></td><td></td></tr>
<tr><td></td><td></td><td></td><td></td><td></td><td></td><td></td><td></td><td></td><td></td><td></td><td></td></tr>
<tr><td colspan="3">安装示意图及说明</td><td colspan="9"></td></tr>
<tr><td colspan="12">技术负责人：　　校核人：　　安装及填表人：　　日期：</td></tr>
<tr><td colspan="12">监理工程师：</td></tr>
<tr><td colspan="3">备注</td><td colspan="9"></td></tr>
</table>

2. 单向测缝计安装技术要求

(1)单向测缝计安装前应做好下列准备工作：①对于接缝开度观测，应按设计在接缝两侧面板上预埋好固定测缝计支座的固定螺栓。②对于周边缝开度观测，应按设计在周边缝两侧的面板和趾板上预埋好测缝计固定支座(架)的固定螺栓。支座(架)应使测缝计安装后处于平行于面板和垂直于周边缝的位置。③按设计制作仪器保护箱，并预埋固定螺栓。

(2)单向测缝计的安装操作应符合下列要求：①在面板或趾板上安装固定支座(架)。②安装好测缝计，调节接长杆(连杆)位置，拉开测缝计，使其预留可能的开合间距(或 1/3~ 1/2 量程位置)。③测记测缝计读数。

(3)在安装过程中，应仔细地保护测缝计和电缆。安装完毕后，应及时安装仪器保护罩。

(4)混凝土面板堆石坝单向测缝计安装准确度，其埋设位置(空间坐标)的允许偏差为±20 cm；测缝计与面板平行度的允许偏差为±1°；测缝计与周边缝或接缝的垂直度的允许偏差为±1°。

(5)混凝土面板堆石坝单向测缝计安装完毕应进行连续测读，取其环境量基本不变时的稳定读数作为起(初)始读数。不同类型的传感器起(初)始读数的测定方法同上。

(6)混凝土面板堆石坝单向测缝计安装过程中应做好安装考证，见表 7-1-19、表 7-1-20。

表 7-1-19　振弦式位移计安装考证表

工程或项目名称					
测点编号		仪器编号		生产厂家	
传感器系数 K (mm/Hz^2,kHz^2)		量程 (mm)		出厂零位移读数 (Hz,kHz^2)	
埋设日期		天气		气温(℃)	
气压(kPa)		上游水位(m)		下游水位(m)	
埋设方向		锚固板间距 (mm)		仪器与裂缝不垂直度(°)	
埋设高程(m)		桩号		坝轴距(m)	
埋设前频率 (Hz,kHz^2)		安装调整后频率 (Hz,kHz^2)		安装调整后相应位移(mm)	
安装埋设完成后频率 (Hz,kHz^2)			安装埋设完成后相应位移(mm)		
埋设示意图及说明					
技术负责人：	校核人：		埋设及填表人：	日期：	
监理工程师：					
备注					

3. 混凝土坝(结构物)裂缝和接缝观测的测缝计安装技术要求

(1)测缝计安装前应做好下列准备工作：①按设计准备好测缝计、套筒、加长杆、信号电缆以及辅助材料和工具。②当测缝计直接安装在混凝土表面时，还应备好地脚螺栓、固定支架和保护罩。③检查测缝计及信号电缆的外观，并用相关仪表检测其有关参数，应满足设计要求。

表 7-1-20　电位器式位移计安装考证表

<table>
<tr><td colspan="2">工程或项目名称</td><td colspan="6"></td></tr>
<tr><td>测点编号</td><td></td><td>仪器编号</td><td></td><td colspan="2">生产厂家</td><td colspan="2"></td></tr>
<tr><td>仪器系数 K</td><td></td><td>仪器常数 C
(mm)</td><td></td><td>量程
(mm)</td><td></td><td>电源电源
(V)</td><td></td></tr>
<tr><td>埋设日期</td><td></td><td>天气</td><td></td><td colspan="2">气温(℃)</td><td colspan="2"></td></tr>
<tr><td>气压(kPa)</td><td></td><td>上游水位
(m)</td><td></td><td colspan="2">下游水位
(m)</td><td colspan="2"></td></tr>
<tr><td>埋设方向</td><td></td><td>锚固板间距
(mm)</td><td></td><td colspan="2">仪器与裂缝
不垂直度(°)</td><td colspan="2"></td></tr>
<tr><td>埋设高程(m)</td><td></td><td>桩号</td><td></td><td colspan="2">坝轴距
(mm)</td><td colspan="2"></td></tr>
<tr><td>埋设前输出
电压
(V)</td><td></td><td>安装调整后
输出电压
(V)</td><td></td><td colspan="2">安装调整后
开度
(mm)</td><td colspan="2"></td></tr>
<tr><td>埋设完成后
输出电压
(V)</td><td colspan="2"></td><td>埋设完成
后开度 d_0
(mm)</td><td colspan="4"></td></tr>
<tr><td>埋设示意图
及说明</td><td colspan="7"></td></tr>
<tr><td colspan="2">技术负责人：</td><td colspan="2">校核人：</td><td colspan="2">埋设及填表人：</td><td colspan="2">日期：</td></tr>
<tr><td colspan="8">监理工程师：</td></tr>
<tr><td>备注：</td><td colspan="7"></td></tr>
</table>

(2)测缝计安装的操作应符合下列要求(见图 7-1-10)：当测缝计直接安装在混凝土表面时，首先在垂直于裂缝或接缝的两侧置入地脚螺栓，然后安装固定支架，再将测缝计安装在固定支架上。调整加长杆的长度，使测缝计处于适当的张开位置上，最后装上仪器保护罩(安装考证表见表 7-1-21)。

(3)安装(埋设)过程中，应仔细保护测缝计和电缆。

(4)混凝土坝(结构物)裂缝或接缝测缝计安装准确度应符合下列要求：①安装位置(空间坐标)的允许偏差为±20 cm。②仪器轴线与裂缝和接缝的不垂直度允许偏差为±2°。

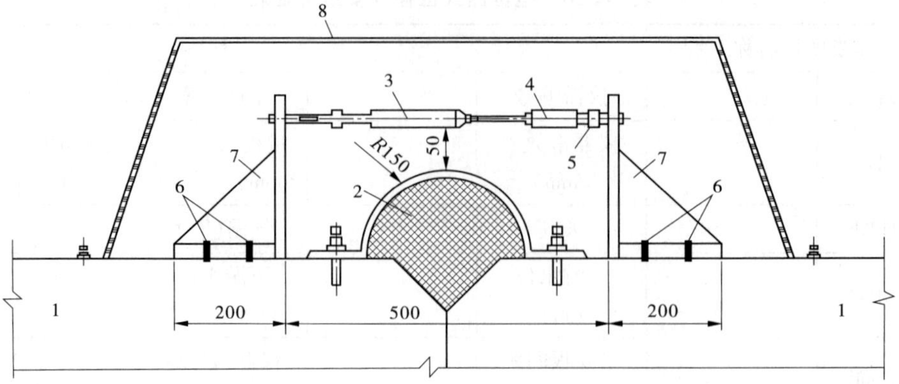

1—面板；2—接缝止水；3—测缝计；4—调整套；5—万向接头；6—固定螺栓；7—支座；8—保护罩

图 7-1-10　垂直缝杆式位移计(测缝计)安装埋设示意图　(单位:mm)

表 7-1-21　测缝计安装考证表

工程或项目名称					
测点编号		仪器编号		生产厂家	
传感器系数 K (mm/mV,Hz^2,kHz^2,电阻比)		量程 (mm)		零位移读数 (Hz,kHz^2, mV,电阻比)	
埋设部位	□混凝土表面　□过水混凝土表面　□混凝土内坝缝 □基岩与混凝土交界面				
埋设高程(m)		桩号		坝轴距(m)	
仪器轴线与裂缝式接缝(缝面)不垂直度(°)					
安装(埋设)前读数 R_1(Hz,kHz^2,mV,电阻比)					
安装(埋设)固定后读数 R_0(Hz,kHz^2,mV,电阻比)					
安装完毕混凝土回填 24 h 后读数 R(Hz,kHz^2,mV,电阻比)					
埋设日期		天气		气温(℃)	
气压(kPa)		上游水位(m)		下游水位(m)	
埋设 24 h 测读日期		天气		气温(℃)	
气压(kPa)		上游水位(m)		下游水位(m)	
上覆混凝土厚度(m)					
埋设示意图及说明					
技术负责人：	校核人：		埋设及填表人：	日期：	
监理工程师：					
备注	差动电阻式测缝计的传感器系数为其最小读数 f				

第2章　渗流监测

2.1　渗流压力监测自动化设备检查维护

渗流压力监测自动化系统检查与维护知识根据系统组成及其作用分别阐述。

渗流压力监测自动化系统由渗压计、数据采集装置、通信装置、监测计算机及外部设备、数据采集与管理软件、信号及控制线路、通信及电源线路及系统防护组成。常用的分布式大坝安全监测自动化系统结构图见图7-2-1。

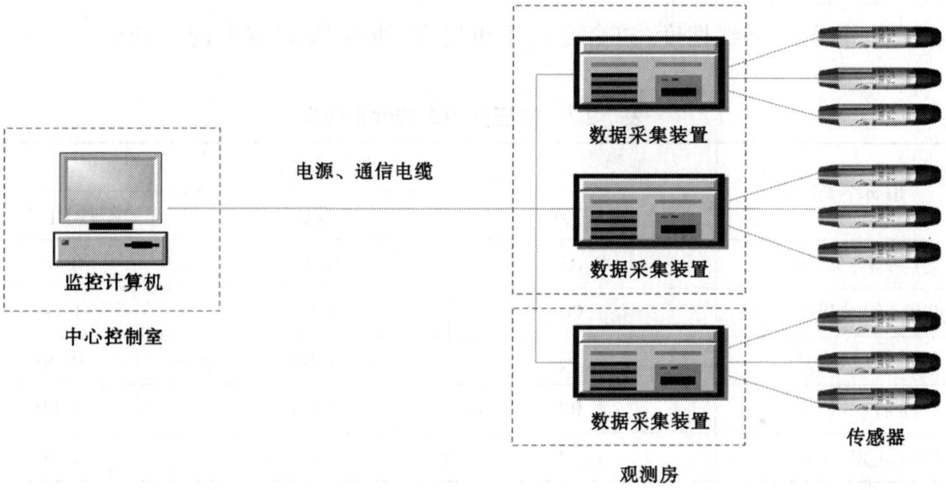

图7-2-1　分布式大坝安全监测自动化系统结构图

2.1.1　渗流压力监测自动化系统

2.1.1.1　渗压计

渗压计适用于坝体、坝基等基础渗流压力及扬压力监测。

1. 渗压计选型

根据监测目的，渗压计选型应根据仪器可靠性、稳定性、耐久性、准确性和实用性原则选择，以满足规范要求和符合大坝工程安全监测实际需要。

常用的渗压计为振弦式渗压计和差动电阻式渗压计，渗压计量程应与测点实际承受的压力相适应，且准确度不低于0.5%FS。

2. 渗压计性能测试

渗压计应先检查仪器外观、标志、检验合格证和仪器使用说明书及技术指标，并具有大坝安全监测仪器检测资质的质量检测机构提供的检测报告。

1)外观及标志

传感器外观应平整、光洁、无锈斑及裂痕、无明显划痕;传感器表面应进行防腐处理;各部分连接牢固;引出电缆、护套无损伤。仪器规格尺寸应满足产品标准规定。传感器应有铭牌标志,铭牌上应标明产品名称、型号、规格、出厂编号、制造厂名称和生产日期;附带技术文件包括产品合格证、出厂前的检验测试文件、使用说明书和产品技术条件规定的其他文件。

2)防水密封性绝缘性及过范围限差要求

传感器加压至传感器量程 1.2 倍压力,经防水密封试验后,传感器输出信号应稳定。经防水密封试验后的绝缘电阻应大于 50 MΩ。

3)渗压计的温度测量要求

渗压计测温功能的测温允许偏差为±0.5 ℃。所测量计算的渗流压力应进行温度修正。

4)渗压计静态特性检测

渗压计分辨率、非线性度(符合度)、不重复度、滞后、综合误差应不低于表 7-2-1 的规定。

表 7-2-1　渗压计静态特性参数表

指标名称	仪器形式		
	振弦式	差阻式	压阻式
分辨率(%FS)	0.05	0.30	0.05
非线性度(符合度)(%FS)	1.00	2.00	1.00
不重复度(%FS)	0.50	1.00	0.50
滞后(%FS)	1.00	1.00	1.00
综合误差(%FS)	1.50	—	1.50

5)渗压计电缆连接、敷设及保护

渗压计电缆连接、敷设及保护,详见第 5 篇第 4.1 节 4.1.2.1 部分。

2.1.1.2　渗流压力监测数据自动采集装置(MCU)

在大坝安全自动化监测系统中,对渗压计自动进行信号测量、转换、处理、存储,并能实现双向数据通信的装置为数据自动采集装置(MCU)。数据自动采集装置(MCU)采用模块化结构,一般由机箱、数据采集模块、防潮除湿部件、接线端子排部件等组成。

数据自动采集装置(MCU)的主要功能及性能如下。

1. 采集对象及技术指标要求

(1)振弦式渗压计。

测量范围:频率 400~5 000 Hz,测温-20~+80 ℃。

分辨力:频率 0.1 Hz,温度 0.1 ℃。

准确度:频率不大于 0.2 Hz,温度不大于 0.5 ℃。

(2)差动电阻式渗压计。

测量范围：电阻值0.02～120.02 Ω，电阻比0.800 0～1.200 0。

分辨力：电阻值0.01 Ω，电阻比0.000 1。

准确度：电阻值不大于0.02 Ω，电阻比不大于0.000 2。

(3)压阻式渗压计。

电流测量范围：0.000～20.000 mA。

电压测量范围：-5.000～+5.000 V，-10.000～+10.000 V，-2.500 0～+2.500 0 V。

分辨率：不大于0.01%FS。

准确度：不大于0.05%FS。

2. 采集方式

单点测量：接收命令，对单个被测渗压计进行一次或连续多次测量和数据采集。

选点测量：接收命令，对选定的渗压计依次进行测量和数据采集。

定时测量：按设定的采集时间、周期、通道自动测量和数据采集。

3. 数据存储

可保存测量采集的数据、时间信息。各通道数据存储容量不少于50测次。数据存储器存满采集数据后，按先进先出的原则自动覆盖历史数据。

4. 断电数据保护

电源中断时，已存储的采集数据、设定的参数不丢失。

5. 参数设置

可对采集时间、采集周期、装置网络地址、传感器信息及其他工作参数进行设置。

6. 自诊断

可对工作电源、数据及程序存储器、测量通道等基本工作状态进行诊断。

7. 通信

通信接口及方式：符合国际标准的通用通信电气接口（RS232、RS485/422、CANbus、以太网等，推荐使用RS485）。支持GSM、GPRS、CDMA和专用无线电台等其他通信方式。

通信协议：采用具有支持网络结构的通信协议，并提供相关的协议文档或软件接口，如控件、函数库、动态链接库等。

8. 电源管理

具有备用电源自动切换功能。

9. 实时时钟

可对MCU内部实时时钟进行设置、校对。

10. 防雷功能

具备《电磁兼容 试验和测量技术 浪涌（冲击）抗扰度试验》（GB/T 17626.5）中试验等级3的防浪涌冲击能力，在发生浪涌冲击（如雷击）后数据不丢失、不失真，数据自动采集装置（MCU）正常运行。

一般地区，接地电阻不应大于10 Ω，对于强雷击区，接地电阻应不大于4 Ω。

11. 抗电磁干扰能力

具备《电磁兼容 试验和测量技术 射频电磁场辐射抗扰度试验》（GB/T 17626.3）中试验等级1要求的防电磁干扰的能力，在发生干扰后数据不丢失、不失真，数据自动采集装置(MCU)正常运行。

12. 采集模块通道数

标准配置宜为8~32个通道(每个渗压计占一个通道),可根据用户需求扩展。

13. 人工测量接口

具有人工测量接口,以方便人工比测或在数据自动采集装置(MCU)发生故障时人工测度数据。

14. 定时采集周期

数据自动采集装置(MCU)两次采集最小时间间隔不大于10 min,可根据用户需要进行设置。

15. 采集时间

单通道最长采集时间不大于30 s/点,数据自动采集装置巡测一次不超过10 min。

16. 绝缘性能

在正常工作条件下,数据自动采集装置(MCU)接线端子对外壳接地点的绝缘电阻大于50 MΩ。

17. 工作电源

数据自动采集装置(MCU)工作电源可采用交流电源或直流电源,并要求配置蓄电池作为备用电源。

交流:电压220×(1±10%)V或36×(1±10%)V;频率50×(1±2%)Hz,交流供电电源装置应有可靠接地。

蓄电池:当蓄电池作为工作电源时(主工作电源中断),在数据采集频率为每天2次的条件下,数据自动采集装置工作时间不少于3 d。

2.1.1.3　通信装置

基本采集系统内部可采用EIA-RS232、EIA-RS485/422、CANbus以及其他国际标准构建现场通信网络;基本系统之间及基本系统与监测管理中心站之间可采用局域网连接;监测自动化系统具备与系统外局域网或广域网连接接口。

通信线路布设必须考虑预防雷电感应对系统可能的影响,应做好线缆的防护接地。

通信网络根据需要可采用双绞线、光纤、电话线、无线和光纤等通信介质。

2.1.1.4　采集计算机及渗流监测数据采集软件、监测信息管理软件

1. 计算机

具备适合工业应用环境、有较高运算速度和较大存储容量的工业PC机,配置打印机。

能进行网络通信、接收网络命令向“数据”自动采集装置(MCU)发送控制指令进行采集和控制并进行存储及处理。

具有可视化用户界面,方便修改系统设置、设备参数及运行方式,能根据数据反映的状态进行修改、选择监测的频次和监测对象。

具备数据库及具有对采集数据库进行管理的功能。

具有画面、报表编辑功能。

具有系统自检、自诊断功能,可实时打印自检、自诊断结果及运行中的异常情况。

能提供远程通信、辅助维护服务支持。

具有运行日志、故障日志功能。具有自动报警功能。

2. 数据采集软件

大坝安全监测系统软件通常包括数据采集软件和监测信息管理软件。数据在线采集需使用监控计算机通信端口：串行口或网口，故数据采集软件一般采用客户机/服务器(C/S)结构。监测信息管理不需要使用监控计算机通信端口，但需要供局域网或因特网上用户使用，故监测信息管理软件一般采用浏览器/服务器(B/S)结构。

数据采集软件通过监控计算机与数据采集装置通信，实现在线监测。当采用有线通信或超短波通信时，需要使用监控计算机串行口；当采用GPRS通信时，需要使用监控计算机网口。

目前，不同数据采集装置的通信协议各不相同，数据采集软件一般针对特定数据采集装置。

数据采集软件主要功能包括自检、参数设置、单点测量、巡回测量和定时测量，如图7-2-2所示。

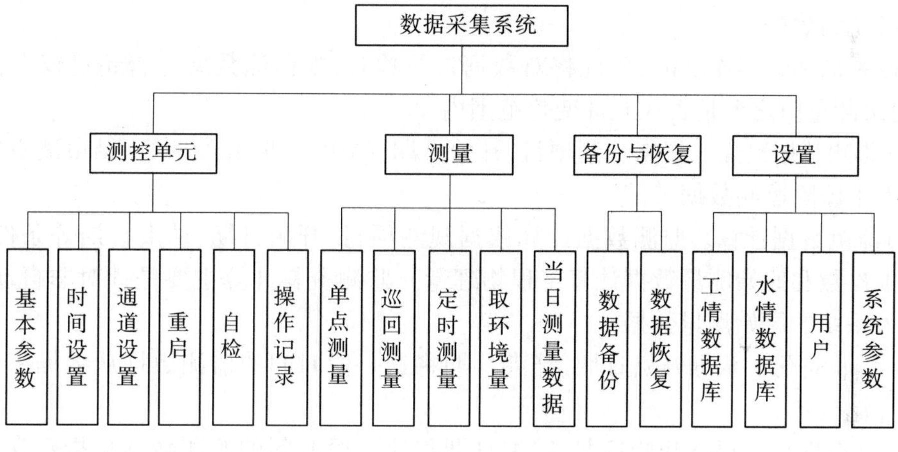

图7-2-2　数据采集软件功能

3. 监测信息管理软件

监测信息管理软件可采用B/S模式，也可采用C/S模式，但随着计算机网络的发展，采用B/S模式越来越多，工程管理人员可以通过局域网或互联网访问监测信息管理系统，完成相关信息管理工作。采用B/S模式的监测信息管理系统以网站形式部署在监控计算机或应用服务器上。

监测信息管理软件功能差异较大，有些软件包括资料维护和资料整编功能，有些软件还包括资料分析功能，如图7-2-3所示。

1)资料维护

(1)考证资料管理是对监测点部位、监测仪器参数、安装信息等考证资料进行管理。管理功能包括查询、修改、删除和添加等。

(2)监测数据查询修改。对于监测数据，用户可以查询多个监测测点某一段时间的

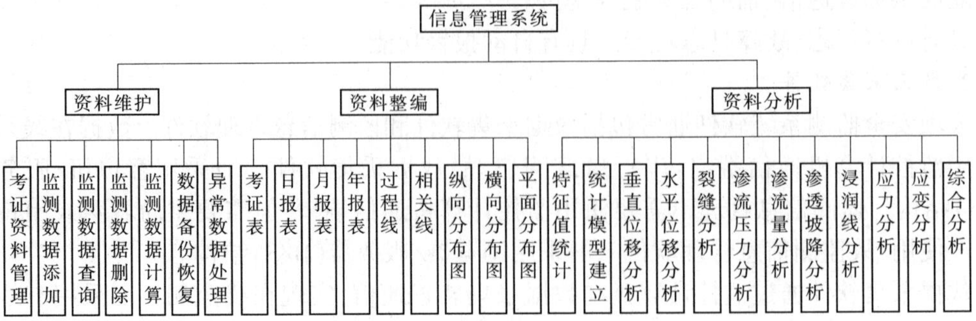

图 7-2-3　信息管理软件功能

数据。显示顺序可以按日期排序或按测点排序。用户可以对查询到的监测数据进行修改。

(3)监测数据添加。数据添加可采用两种方式:一种是添加某个测点一段时间的监测数据,主要用于输入历史资料;另外一种是添加某一天所有测点的监测数据,主要用于输入实时监测数据。

数据添加到数据库之前,系统将对数据进行检查,如监测数据是否超过仪器测量范围、与前次测量值之差是否在允许变化范围内。

(4)监测数据删除。根据观测项目、开始日期、结束日期、开始测点、结束测点等参数从数据库中删除监测数据。

(5)监测数据计算。监测数据计算依据观测项目、开始日期、结束日期等条件,根据测点基本参数和原始测量数据计算工程物理量。监测资料计算主要是针对非自动监测、人工录入系统的原始测量数据。

(6)资料备份。根据开始日期、结束日期将这一段时间的监测数据从数据库中备份到指定存储设备。

(7)资料恢复。根据开始日期、结束日期将这一段时间的监测数据从指定存储设备恢复到数据库中。如果数据库已有这一段时间数据,则覆盖。

2)资料整编

(1)考证表。考证表的形式有两种:一种是多个测点组成一张表,表中各列由数据库中对应表的主要字段组成;另外一种是一个测点组成一张考证表,表中各列由数据库中对应表的所有字段组成。

(2)日报表。日报表为由一日的观测数据组成的报表,报表中要包括电测量和工程物理量,不同的观测项目采用不同形式的表(表的列名、列数不一样)。

(3)月报表。月报表为多个测点一个月的观测数据组成的报表。月报表可以选择测量日期,如某月 5 日、10 日、15 日、20 日、25 日、30 日。

(4)年报表。年报表包括统计值,如最大值、最小值、极差。年报表也可以选择日期,如每月的 10 日、20 日、30 日。

(5)过程线。过程线是工程物理量随时间变化的序列线。每个监测项目都可以绘制过程线，不同之处在于坐标和所选的数据，如图 7-2-4 所示。横坐标为时间坐标，坐标可以在图的下方，也可以在图的上方，坐标的标注形式可根据时间长度不同而不同；纵坐标为监测项目的工程物理量，坐标大小可以调整。

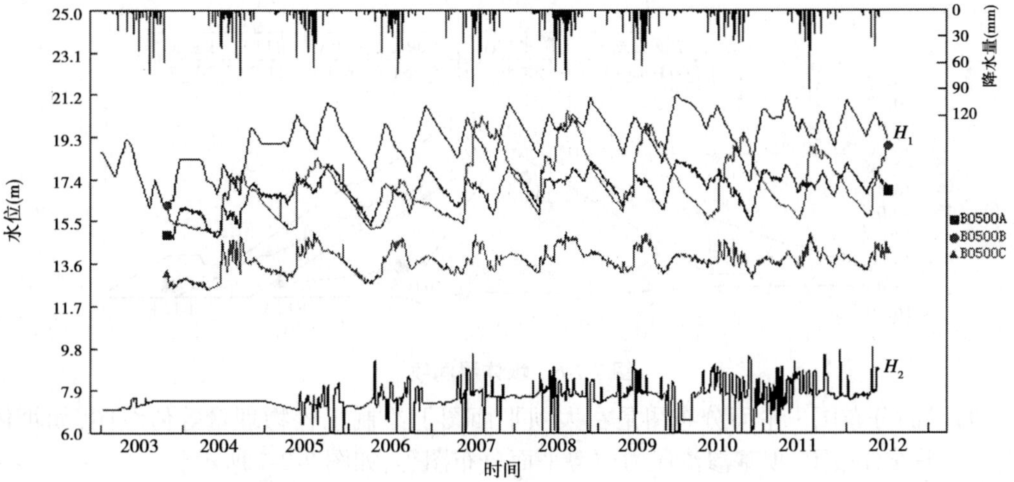

注：左侧纵坐标为水位，右侧纵坐标为降水量，横坐标为时间，H_1 为上游库水位，H_2 为下游水位。

图 7-2-4　某土石坝典型断面渗压水位过程线图

(6) 相关线。相关线是工程物理量与环境量的相关关系图。工程物理量为纵坐标，环境量为横坐标，相关线图中可显示相关系数、剩余标准差、回归模型，如图 7-2-5 所示。

(7) 纵向分布图。纵向分布图是工程物理量沿坝轴线方向的分布图。横坐标为桩号，纵坐标为工程物理量。

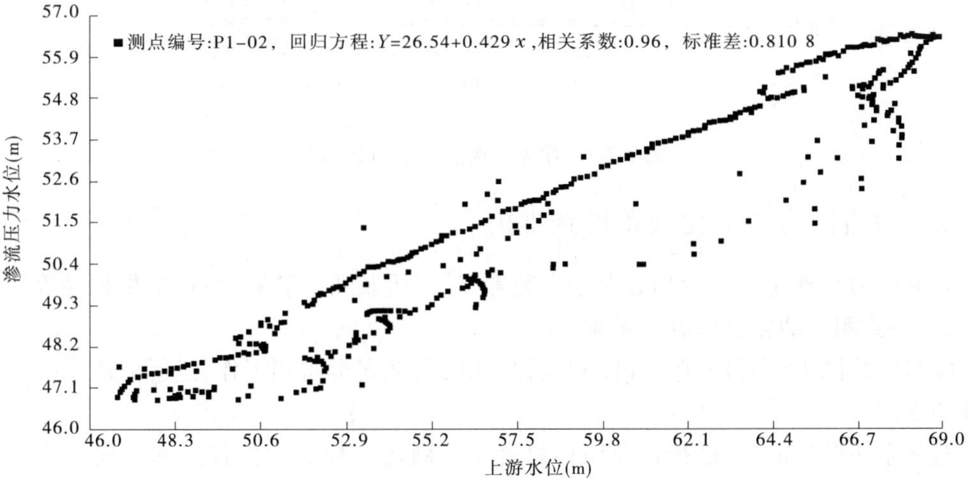

图 7-2-5　大坝渗流压力水位与上游水位相关线

(8)横向分布图。横向分布图是工程物理量沿垂直坝轴线方向的分布图。如坝体浸润线、坝基渗流压力分布图、表面垂直位移、表面水平位移横向分布图等。纵坐标为工程物理量,横坐标为坝轴距。坝体浸润线如图 7-2-6 所示。

监测日期	上游水位(m)	B09A	B10A	B11A	B12A
2008-12-31	56.50	52.51	26.58	21.78	20.72

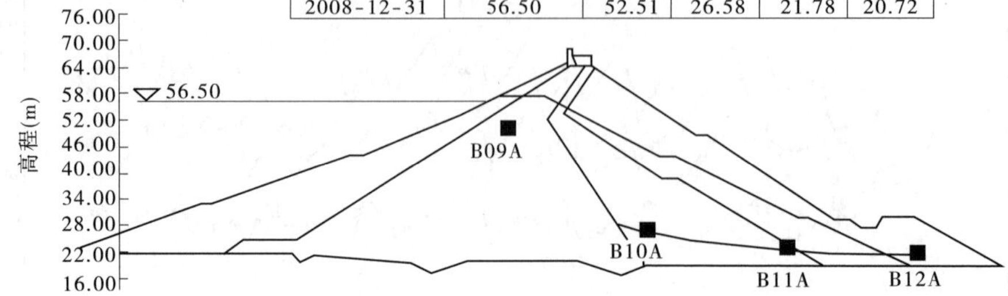

图 7-2-6　坝体浸润线

(9)平面分布图。平面分布图是在大坝平面图上绘制工程物理量等值线图,如坝体渗流压力平面分布图、坝基渗流压力位势平面分布图等,如图 7-2-7 所示。

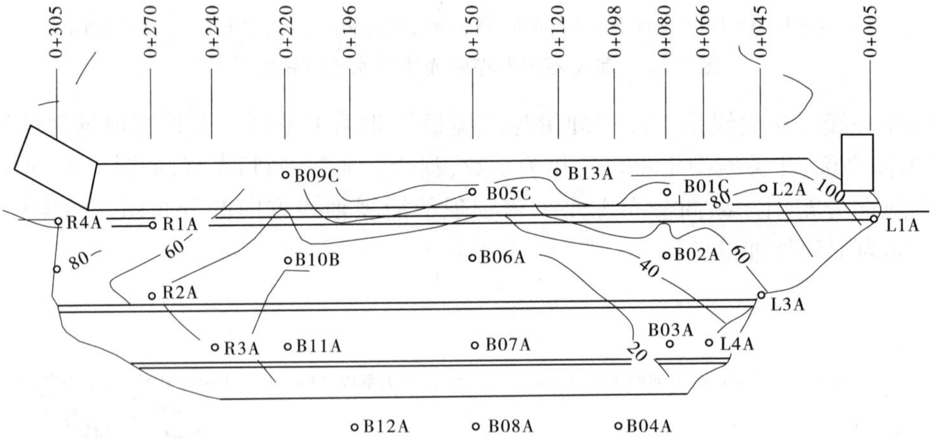

图 7-2-7　坝体平面渗流压力分布图

2.1.2　渗流压力自动化设备检查维护

渗流压力自动化设备包括数据采集装置、计算机及通信装置、数据采集软件等。

2.1.2.1　监测自动化运行维护要求

应制定监测工作管理制度和监测规程,开展大坝安全监测工作,进行监测系统的日程管理和维护。

监测系统的功能、性能指标及运行稳定性应满足大坝安全监控要求。建立监测仪器设备台账和档案等管理制度。

监测人员应具备必要的水工专业知识,了解大坝结构特点及其运行特点,熟悉监测设施的布置及监测仪器设备的基本功能,掌握监测资料整编和分析方法。

操作监测自动化系统的监测人员应进行授权管理。可按管理员和一般用户操作权限分级分别设置管理。

应明确规定监测人员操作自动化系统的授权范围,主要包括仪器参数设置、修改,采集时间、采集频次的设定,系统时钟的校正,监测资料的添加、删除等。

日常自动化监测应按照规定时间、频次、技术要求进行,并根据工程特点和实际运行情况,进行加密监测和调整。测值异常时应及时复测,并进行记录。

应按规定开展监测系统的日常检查、年度详查和定期检查,并进行维护和记录。

监测设施发生故障时应及时排除,故障排除后应重新检验、校正,并详细记录。

系统防护,应保证采用专用电源供电,电源应有稳压及过压保护措施。应有可靠的防雷电感应措施,系统可靠接地,接地电阻应满足电气设备接地要求。

电缆应加以保护,特别是室外电缆应布设在电缆沟或电缆保护管内。

定时查看自动化监测运行界面,及时查看系统越限报警信息和故障日志,故障报警及时上报并按规定的程序进行处理。

定时通过监测自动化系统的诊断功能了解监测仪器设备、数据采集装置、监测管理中心站各设备运行状态。确保监测自动化系统的保护电源、防雷接地设施、信息传输网络处于正常工作状态。现场通信线路布设时必须考虑预防雷电感应对系统可能造成的影响,应做好线缆的防护接地。自动化监测系统应接地,有条件的应接入工程的接地网,单独接地时,接地电阻不应大于 10 Ω。

系统抗瞬间浪涌能力应达到:系统防雷电感应为 500~1 500 W,瞬态电位差小于 1 000 V。

系统运行的可靠性应满足系统平均无故障时间(MTBF)大于 6 300 h。监测系统自动采集数据的缺失率(η)不大于 2%。

试运行期 1 次/d,常规监测不少于 1 次/周,非常时期可加密测次。所有原始实测数据必须全部入库(采集数据库),监测数据备份周期应不超过 30 d,相关监测数据和电子文档宜采用纸质文档或光盘进行 1 次备份。

按相关要求完成日报表、月报表等报表制作,有监测信息报送要求的,应每周确认上报。按照设备说明书进行操作,发现问题及时处理或更换备件,及时登记台账和运行记录。

每半年对自动化系统的测点进行 1 次人工比测,并根据具体情况进行校验。进行人工比测时,应切断电源;模块端口测量完毕后,及时恢复自动化系统的初始状态并恢复供电。

监测自动化系统中的计算机不应安装与该系统运行、管理无关的软件;需要与外网连接时,应设置防火墙;需要接入移动存储介质时,宜采用专用设备。监测自动化系统的计算机应及时查杀病毒,系统时钟每月校正 1 次。

至少每月对主要自动化监测设施进行 1 次巡视检查,汛前和汛后应进行 1 次全面检查和维护,并备有备品、备件。应定期对监测系统的运行性态进行鉴定评价,按规定程序进行审查、确认后,可对监测设施进行封存、报废和对监测项目、测点、频次进行调整。

监测设备不能满足大坝安全监控要求时,应对监测设备进行更新改造。

2.1.2.2 数据自动采集装置检查维护

1. 数据采集模块

通信故障，首先检查电源、通信线路、地址参数设置，然后逐个排查采集装置故障，可将待查设备从通信总线上脱开后再进行检查。

测量数据异常，依次检查传感器接线、通道参数设置、测量激励电源，可采取同类型设备同通道互换的方法进行检查。

时钟异常，重新校准时钟，当仍然异常时，则可判断为内部时钟器件故障，应予以更换。

2. 系统供电

当系统供电异常时，应检查跳闸、短路、断路或漏电等情况，并由专业技术人员检查处理。

3. 电源模块

无输出电压，系统供电正常时，应检查回路熔断丝和电源负荷。

输出电压异常，将负载断开，在输出端测试；当仍异常时，则可判断为内部故障。

外部交流供电失去后无输出，蓄电池故障或电量耗尽，应更换电池或充电，当无法充电时可判断为内部故障。

2.1.2.3 计算机、数据采集软件检查维护

1. 计算机及配套设备

计算机及配套设备发生故障时，应按照计算机及配套设备技术要求进行检查和处理，在检查、拆装、送检之前对相关数据进行备份。

2. 计算机网络

检查网络参数、IP 地址等设置。

检查网线连接、排除线缆脱落、松动、断路等情况。

对计算机、交换机及其他网络设备进行重新启动、维修或更换故障设备。

3. 数据采集软件

计算机操作系统存在异常时，应对操作系统进行修复或重新安装，重新安装前应对数据库及软件程序进行备份。

系统配置正常但软件无法正常启动或运行时，应检查程序文件的完整性，可用备份程序进行替换，或对软件进行重新安装或升级。

软件不能正常连接时应检查系统配置和计算机防火墙，确保参数设置正确。根据通信协议设置的参数进行检查测试，包括通信端口号、通信速率等。

软件工作正常但计算结果有误时，应首先检查软件系统内计算参数等信息设置情况，若有误应及时更正参数并重新计算。

2.1.2.4 通信装置

软件设置，检查软件系统和硬件系统设置情况。

通信转换装置，从计算机设备开始，对通信线路上信号转换设备逐个进行检查，对不能正常工作的装置修复或更换。

通信线路，检查线缆连接情况。采用双绞线通信时，用万用表测量通信线缆芯线；采

用光纤通信时，检查光纤与光电信号转换装置连接以及光路损耗情况。

通信干扰，当存在干扰源导致通信故障时，采取措施屏蔽干扰源恢复通信正常。

无线通信，当信号专属设备中安装有 SIM 卡时，应首先检查欠费或相应业务状态；当存在明显天气变化等外部因素时，可改变时段进行通信控制测量。

2.1.2.5　渗流压力自动化设备故障诊断处理

自动化系统包括软件、测量控制单元、通信和传感器。自动化系统是综合多学科、多技术的复杂系统，要求维护人员要准确及时地判断和处理问题，就要对系统的每一个组成部分，每一个子系统有一个清晰的了解，了解其结构、原理和相互间的联系，了解每一部分发生故障后会给整个系统带来的后果。另外，自动化系统具有连续不间断运行的工作特性，这就要求维护人员在系统一旦发生故障的情况下，须及时设法迅速排除，使之尽快恢复正常运行。自动化系统一般结构如图 7-2-8 所示（以有线通信为例）。

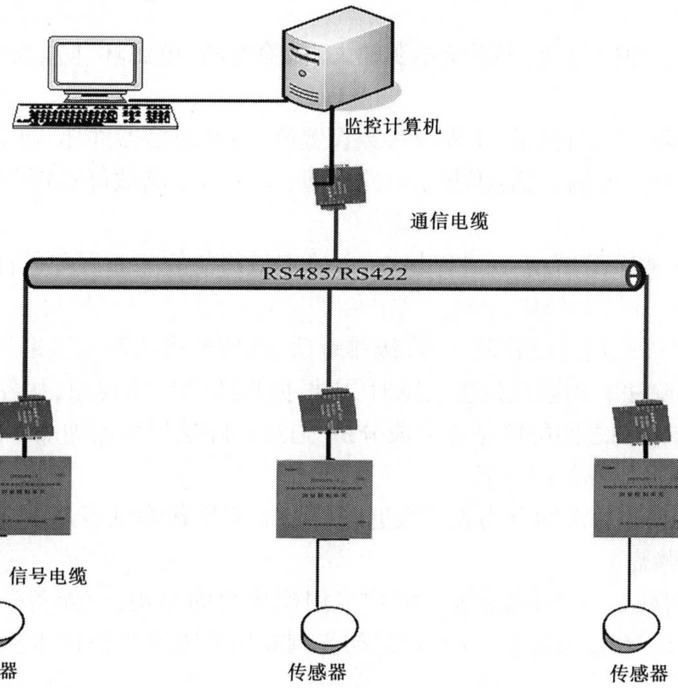

图 7-2-8　渗流压力自动化监测系统结构图

自动化系统中，计算机常采用 RS232 进行通信，如果通信距离超过 15 m，一般通过 RS232/RS485/RS422 转换器进行信号转换，转换成 RS485 或 RS422 进行通信，传输介质可以是光纤、双绞线、无线（超短波、GPS、RS）等。所以，自动化系统的故障可能出现在采集软件、电脑通信接口、通信电缆、信号转换器、MCU、传感器电缆和传感器故障。

渗流压力自动化设备包括数据采集装置、计算机及通信装置、数据采集软件等。

1. 故障诊断

渗流压力自动化设备故障诊断可分系统通信故障、设备故障。可出现在采集软件、电脑通信接口、通信电缆、信号转换器、MCU 等处。

1）系统通信故障

系统通信故障最直观和常见的表现是 MCU 通信故障。其原因可能为下列几种：

（1）监控主机故障。原因包括：①采集软件中串口配置错误（MCU 端口号）；②串口失效（硬件失效，软件失效）。

（2）通信介质故障。

原因包括：①通信线路故障（电缆、光缆或电话线短路、断路、交叉等）；②通信转换器故障（光电转换器、RS232/RS485/RS422 转换头、MODEM、电台等）。

（3）下位机故障。原因包括：①系统电源缺失；②设备故障等。

系统通信故障可针对上述各种原因，逐项进行检查，以确定最终的故障原因。

2）设备故障

设备故障最常见的表现是 MCU 没有显示、通信故障和测值误差较大。其原因可能为下列几种：

（1）无显示。原因包括：①系统电源缺失、保险丝断、电源坏、防雷器坏；②模块短路、器件坏。

（2）通信故障。原因包括：①模块参数设置改变；②通信器件坏、通信防雷器坏。

（3）测值误差。原因包括：①测量电路故障；②接口电路故障；③仪器电缆故障；④监测仪器坏。

针对上述各种原因，应逐项进行检查，以确定最终的故障原因并进行处理和排除。

2. 故障处理

这些故障可以采用分段排除法、逐级排查法、器件替换法等方法来分析、判断和处理。

（1）分段排除法。当系统发生故障时，应根据具体的故障现象，从各个部分在系统中所担负的作用和它们之间的联系点分段分析，通过排除法尽可能地缩小故障范围，快速准确地判断出故障原因和故障设备。

（2）逐级排查法。借助万用表逐级追踪信号或测量各测试点是否与正常时一致。逐级排查，寻找故障点。

（3）备品替换法。自动化系统一般均采用模块化的结构，应配备一定数量的备品备件，以应急用。在 MCU 故障检修时，可以初步判断出故障模块并整体替换，先恢复系统运行。

3. 故障处理经验

由于监测站与中心站一般都有较远的距离，且设备又安装在野外，有的站点地处偏僻，工作条件和环境较差，因此维护人员去现场检修前，应提前做好充分的准备，包括：

（1）某个监测站发生故障时，要先在监控室查询该站近期的通信情况、来报的数据情况和以往的故障记录，从中来分析和判断故障出现的可能因素，这可以起到事半功倍的效果。

（2）当出现故障外出检修前，要做好各方面的准备工作。首先，要根据故障现象的分析和判断，针对性地准备充足的备品和材料，对引起故障原因的所有细节都要考虑周到，哪怕是小概率事件。例如：某监测站通信中断，不但要考虑到电台（无线通信）、天线、MCU 内部模块、蓄电池、太阳能充电器，太阳能板等重要部件，甚至还要考虑到信号线、接插件、电源连接线、电池连接螺栓等，其中只要有一个部分出问题，就可能导致通信中断。其次，还要准备好各类仪器、仪表、检修用材料、工器具和雨具等。尽量避免因备件和工具原因无功而返。

(3)所准备的全部备品和材料应在单位经过调试和测试，以免在现场检修时走不必要的弯路。

4. 常见故障现象及维修

1)通信故障

通信故障是自动化系统中常出现的故障，主要从以下几个方面顺序查询：

数据采集软件是否正常，通信端口参数是否变动过(通信端口号、通信速率等)；

监测计算机通信口是否正常(硬件)，如果计算机有多个通信端口，更换一个端口是否可以正常运行，或者如果是RS232通信接口，可以将收、发两个端子短接，利用串口调试软件，来判断端口的好坏；

如果有信号转换器或GPRS模块，检查设备是否正常(通过收发信息查看，转换器上的指示灯闪烁是否正常)；

检查通信电缆(光缆)通断情况，是否短路、是否断开，以及收、发线是否正确等；

检查MCU通信端口是否故障。

2)MCU故障

(1)电源故障。MCU电源缺失、保险丝断、电源模块坏、电池欠压、设备故障导致系统自动断开等。

交流供电：有没有220 V交流电、保险丝是否断、交流转直流电压是否正常。

太阳能电池供电：太阳能电池板输出是否正常、蓄电池电压是否正常、充电控制器是否正常、有没有接线脱落等。

(2)测量故障。MCU开机是否正常、测量接口故障、测量模块故障、通道配置故障(如有这个功能)等。如果接多个仪器，是否全部测量故障还是单个仪器测量故障等。

3)仪器故障

仪器故障包括仪器本身故障和信号线故障。

(1)振弦式传感器。振弦式传感器内部包括线圈(红黑线)、温度电阻线(绿白)和屏蔽线。图7-2-9为振弦式传感器及接线示意图。

传感器不同线圈电阻一般在100~1 000 Ω，常用振弦式传感器线圈电阻为200 Ω左右。主要故障现象为：

测量数据错。测量数据远远超过正常范围，检查传感器电阻是否在正常范围内，如果远大于正常范围，则信号电缆开路，或者线圈开路；如果线圈电阻小于100 Ω，传感器信号电缆短路或者绝缘严重下降，如果有信号避雷器，可能信号避雷器损坏导致短路。

测量数据不稳定。数据在正常范围内，但是测量数据不稳定。出现这种情况的可能原因为传感器本身性能下降，激励范围不对，线路电缆绝缘下降。

(2)差动电阻式传感器。差动电阻式传感器内部包括两个差动电阻。图7-2-10为差动电阻式传感器及接线示意图。

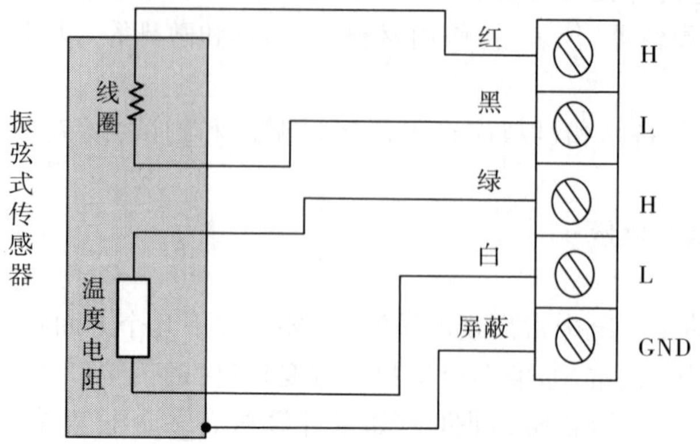

图 7-2-9　振弦式传感器及接线示意图

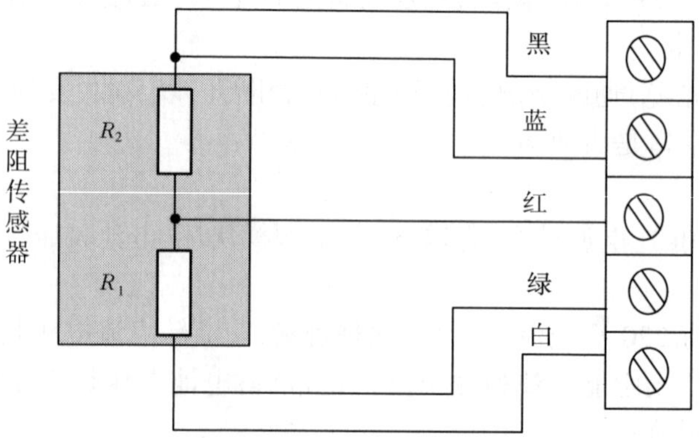

图 7-2-10　差动电阻式传感器及接线示意图

差动电阻传感器电阻一般在 50 Ω 左右。两个电阻呈现差动变化,即一个电阻阻值变大,一个电阻阻值变小。差动电阻仪器本身电阻小,电阻变化范围小,信号电缆电阻对测量结果影响大,因此采用五线制测量方法来消除导线电阻的误差。

五线制能准确测量的前提条件是五根导线性能一致,导线电阻一致,没有差异。

所以差动电阻式仪器测量故障主要原因是 5 个导线性能(电阻不一样,绝缘下降等)不一致导致测量不平衡,从而出现数据测量错误。极端情况是测量电阻损坏。

(3)温度传感器。

温度传感器内部为热敏电阻。图 7-2-11 为温度传感器及接线示意图。

温度传感器内部的热敏电阻的标称电阻值(25 ℃时的电阻值)一般为 2 kΩ、3 kΩ 和 10 kΩ 等多种。

温度传感器的故障主要表现为温度远远超出正常范围值,可能原因为短路或断路。

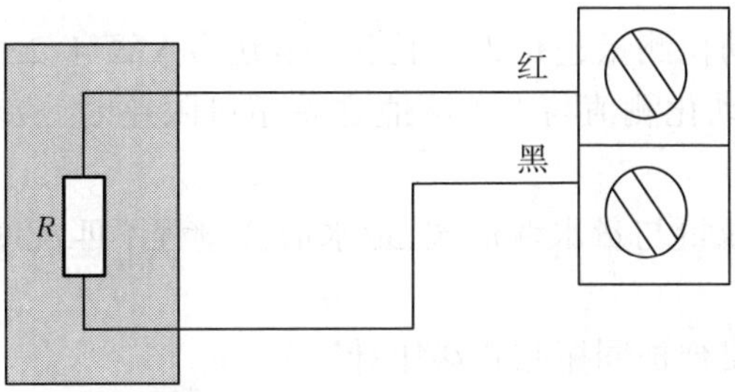

图 7-2-11　温度传感器及接线示意图

2.2　渗流量监测自动化设备检查维护

2.2.1　渗流量监测自动化系统

渗流量监测自动化系统有量水堰仪、数据采集装置、通信装置、监测计算机及外部设备、数据采集与管理软件、信号及控制线路、通信及电源线路及系统防护。系统检查维护可参阅本篇第 2 章 2.1 节相关内容及要求。

2.2.1.1　量水堰水位计选型

量水堰形式与渗流量相匹配，量水堰仪测量堰上水头精度不低于 0.1 mm。常用量水堰仪为振弦式堰上水位计和电容式量水堰水位计。

2.2.1.2　量水堰水位计性能测试

量水堰水位计分辨率、非线性度（符合度）、不重复度、滞后、综合误差应不低于表 7-2-2 的规定。

表 7-2-2　量水堰水位计静态特性参数表

指标名称	仪器形式	
	振弦式	电容式
分辨率(%FS)	0.05	0.10
非线性度(符合度)(%FS)	1.00	0.60
不重复度(%FS)	0.50	0.25
滞后(%FS)	1.00	0.25
综合误差(%FS)	1.50	0.70

2.2.1.3　渗流量监测自动化系统检查与维护要求

（1）日常维护，保持量水堰堰槽、堰板和量水堰仪的清洁。检查、清理堰板前后排水沟中的淤积物，清除量水堰仪和堰板处的附着物，检查、清除量水堰仪浮筒及其进水口连通管附近的杂物。必要时可在测读装置上游设拦污栅。

（2）校测量水堰仪的起测点和堰口高程。对于有大气连通管的量水堰仪，其连通管应干燥且与大气连通。

(3)对量水堰仪自动化测量进行人工比测,详见第 6 篇 4.2.2 部分渗流量自动化监测人工比测方法。其自动化测值与人工测值之差超过限差时,应对量水堰仪的准确性进行校测。

(4)监测部位的渗流量与量水堰形式、量水堰仪量程不匹配时,应更换量水堰或采用其他监测方法。

(5)振弦式量水堰仪维护同振弦式渗压计。

(6)电容式量水堰仪:①当测值超过量程时,可适当调整仪器安装位置,并修改相应计算参数。②检查极板和中间极,及时清理极板或中间极上的附着物。③检查传感器中间极引线,发现断线时应重新进行焊接。④电容式量水堰水位计需测试传感器极板间绝缘电阻和各芯线与屏蔽线间的绝缘电阻。当绝缘度小于 10 MΩ 时,应进行防水绝缘处理或更换电缆。

(7)数据自动采集装置检查维护。同渗流压力监测要求,见本篇 2.1.1.2 部分内容。

(8)通信装置。同渗流压力监测要求,见本篇 2.1.1.3 部分内容。

(9)采集计算机及渗流量监测数据采集软件、监测信息管理软件。同渗流压力监测要求,见本篇 2.1.1.4 部分内容。

2.2.2　渗流量自动化设备检查维护

渗流量自动化设备包括数据采集装置、计算机及通信装置、数据采集软件等。

2.2.2.1　渗流量监测自动采集装置(MCU)

电容式传感器测量模块主要技术指标如下:

(1)测量范围,电容比输出范围:0.350 0~5.000 0,同电容式量水堰仪。

(2)分辨率,不大于 0.05%FS。

(3)准确度,不大于 0.2%FS。

其他技术指标详见本篇 2.1.1.2 部分相关内容。

2.2.2.2　采集计算机及通信装置、渗流量监测数据采集软件

采集计算机及通信装置、渗流量监测数据采集软件同渗流压力监测要求,见本篇 2.1.2.3、2.1.2.4 部分相关内容。

2.2.2.3　渗流量自动化设备检查维护

渗流量自动化设备检查维护知识参见本篇 2.1.2.5 部分相关内容。

2.2.3　量水堰仪器安装方法

量水堰仪是测量量水堰流量的仪器,通过测量堰上水头来计算渗流量。常用的为振弦式堰上水位计和电容式量水堰水位计。

2.2.3.1　振弦式堰上水位计

(1)根据水位计、浮筒长度及堰槽深度,现场确定切槽管(防波管)长度,截去多余的管,在堰板上游 3~5 倍堰上水头的堰槽侧墙固定切槽管,并保持管身铅直。

(2)小心地将水位计组件放入切槽管中,直到盖子牢固地安放在切槽管顶部。

(3)量水堰内水位平齐堰口时测读堰上水位计零位初始读数;在量水堰堰口已经溢流过水且测读零位初始频率困难时,可根据堰上水位反算水位计的零位初始频率。

(4)振弦式堰上水位计安装完成后,其测量准确度应满足其计算水头与实测堰上水头之差不大于1 mm。

(5)振弦式堰上水位仪的堰口及仪器高程测量可按国家三等水准测量方法进行,但闭合允许偏差为$\pm 1.4\sqrt{n}$ mm。切槽管的倾斜度允许偏差为±10°。

(6)安装过程中应做好安装考证记录,其考证表见表7-2-3。

表7-2-3 振弦式量水堰水位仪安装考证表

<table>
<tr><td colspan="2">工程或项目名称</td><td colspan="8"></td></tr>
<tr><td>量水堰编号</td><td></td><td>桩号</td><td></td><td colspan="2">坝轴距(m)</td><td></td><td colspan="2">堰口高程(m)</td><td></td></tr>
<tr><td colspan="2">传感器编号</td><td colspan="2"></td><td colspan="2">生产厂家</td><td colspan="4"></td></tr>
<tr><td colspan="2">传感器系数(mm/ kHz^2)</td><td colspan="2"></td><td colspan="2">传感器厂家系数(mm/ kHz^2)</td><td></td><td>量程(mm)</td><td colspan="2"></td></tr>
<tr><td colspan="2">传感器零位读数(kHz^2)</td><td colspan="2"></td><td colspan="2">传感器零位温度(℃)</td><td colspan="4"></td></tr>
<tr><td colspan="2">安装后传感器读数(kHz^2)</td><td colspan="2"></td><td colspan="2">安装后传感器温度(℃)</td><td colspan="4"></td></tr>
<tr><td colspan="2">水位仪顶高程(m)</td><td colspan="2"></td><td colspan="2">水位仪组件长(m)</td><td></td><td colspan="2">水位仪底高程(m)</td><td></td></tr>
<tr><td colspan="2">安装日期</td><td></td><td>天气</td><td></td><td>气温(℃)</td><td></td><td colspan="2">水温(℃)</td><td></td></tr>
<tr><td colspan="2">上游水位(m)</td><td colspan="2"></td><td colspan="2">下游水位(m)</td><td colspan="4"></td></tr>
<tr><td>安装示意图及说明</td><td colspan="5">安装示意图:</td><td colspan="4">说明:
安装后测试计算堰上水头为 mm
实际量测堰上水头为 mm</td></tr>
<tr><td colspan="10">技术负责人: 校核者: 埋设及填表人: 日期:</td></tr>
<tr><td colspan="10">监理工程师:</td></tr>
<tr><td>备 注</td><td colspan="9"></td></tr>
</table>

2.2.3.2　电容式量水堰水位计

（1）在量水堰土建施工时，按设计在堰板上游 3~5 倍堰上水头处预埋一根引水管，引水管应与堰槽侧墙垂直，并保持水平。

（2）在引水管外侧预埋堰上水位仪安装底座，底座应保持水平。对已建量水堰，则可按上述要求钻孔埋设引水管和底座。

（3）引水管入水口应加拦污网。底座（板）的高程应使堰上水位仪的量程满足使用要求。

（4）待混凝土固化后，将堰上水位仪安装在底座上，再用水管接头将引水管与水位仪接通并密封，然后用水准尺调平水位仪。

（5）安装完成后，先进行传感器安装方向（接线线路）检验，将浮子与屏蔽管脱开，测试水位计电容比，当接线线路正确时，电容比大于 3.8；当接线线路错误时，电容比小于 0.6，应在测读装置处将 PA、PB 线调换。然后进行水位计起始读数检验，即使量水堰水位计内液面与量水堰堰口齐平时，其电容比应在 3.8 左右，否则应再次调整仪器底板高程，使之满足要求。

（6）电容式量水堰水位计安装完成后，其测量准确度应满足其计算水头与实测堰上水头之差不大于 1 mm 的要求。

（7）电容式量水堰水位计的堰口及底座（或基础）高程的测量方法和准确度同振弦式堰上水位计的。引水管的水平度及其与堰槽侧墙的垂直度允许偏差为±1′。水位仪底座的水平度允许偏差为±5′。

（8）安装过程中应做好安装考证记录，其考证表见表 7-2-4。

表 7-2-4　电容式量水堰水位计安装考证表

<table>
<tr><td colspan="2">工程或项目名称</td><td colspan="7"></td></tr>
<tr><td>量水堰编号</td><td></td><td>桩号</td><td></td><td colspan="2">坝轴距（m）</td><td></td><td>堰口高程（m）</td><td></td></tr>
<tr><td colspan="2">传感器编号</td><td colspan="2"></td><td colspan="2">生产厂家</td><td colspan="3"></td></tr>
<tr><td colspan="2">传感器系数
（mm/ kHz²）</td><td colspan="2"></td><td colspan="2">传感器厂家系数
（mm/ kHz²）</td><td></td><td>量程
（mm）</td><td></td></tr>
<tr><td colspan="2">安装前传感器零压输出
（电容比）</td><td colspan="2"></td><td colspan="2">安装后传感器初始
电容比输出值
（℃）</td><td colspan="3"></td></tr>
<tr><td colspan="2">安装日期</td><td></td><td>天气</td><td></td><td>气温
（℃）</td><td></td><td>水温
（℃）</td><td></td></tr>
<tr><td colspan="2">上游水位（m）</td><td colspan="2"></td><td colspan="2">下游水位（m）</td><td colspan="3"></td></tr>
</table>

续表 7-2-4

工程或项目名称	
安装示意图及说明	安装示意图： 说明： 安装后测试计算堰上水头为　　　　mm 实际量测堰上水头为　　　　mm
技术负责人： 校核者： 埋设及填表人： 日期：	
监理工程师：	
备　注	

第 3 章　应力应变及温度监测

3.1　应力应变监测自动化设备检查维护

3.1.1　应力应变监测自动化系统故障判断及处理方法

应力应变监测自动化系统由传感器、通信系统、数据采集单元、计算机和管理系统（软件）组成，系统出现故障可能是一个或多个组成部分出现故障导致的。目前，许多大坝安全监测自动化系统具有自检、自诊断功能，可在计算机上显示故障信息，运行维护人员可按照故障提示进行故障检查、维护等工作。

3.1.1.1　传感器设备故障

传感器设备损坏时，若仪器埋设在坝体内部，只能报废或重新安装；若仪器安装在表面，可更换一只新仪器，再接入自动化系统；若仪器的线路短路则找到断头重新接或更换接线。其他故障需要根据其表现分析后处理。

（1）故障表现特征：①异常测点报警信息中显示“无测值”或“测值变幅超限”。②采集系统中显示测值为“0”。③测值显示跳动异常。

（2）故障处理方法见表 7-3-1。

表 7-3-1　传感器故障排除表

检查判断	故障原因	处理方法
检查电源	外部电源断开	恢复外部电源供电
检查仪器人工读数	仪器与 MCU 连接部分不牢固或者连接错误	重新连接
检查仪器绝缘性能	测值跳动异常	对仪器进行鉴定并分类

3.1.1.2　采集软件不能与设备通信

采集软件不能与设备通信可能存在的原因及处理方法：

（1）通信连接是否可靠，通信线是否断开。

（2）测量单元内的电源指示灯是否点亮。

（3）若采用光纤或其他通信，应检查通信的介质与通信转换器是否有故障。

（4）直接到现场将便携式电脑与设备进行通信，看是否能正常通信。

3.1.1.3　MCU 读数不准确或不能读数

MCU 读数不准确或不能读数可能存在的原因如下：

（1）软件的通道配置是否正确，传感器类型是否设置错误。

（2）传感器导线是否正确地连接到相应的通道。

(3)传感器本身是否工作正常,必要时应使用读数仪检查核对。

(4)传感器的屏蔽线是否接地。

3.1.1.4　MCU 读数不稳定

MCU 读数不稳定可能存在的原因如下:

(1)机箱的外壳是否妥善接地。

(2)传感器本身的绝缘是否满足要求。

(3)传感器的屏蔽线是否接地。

(4)传感器本身是否出现故障或损坏。

3.1.1.5　MCU 读数无记录

MCU 读数无记录可能存在的原因:

(1)测量单元的供电是否正常,电源开关是否开启。

(2)系统软件配置的定时测量是否关闭。

(3)系统软件的配置是否更新下载到测量单元中。

(4)电池是否失效或老化。

如果上述问题都不存在,则可能是设备出现故障,需要返回厂家进行维修。

3.1.2　应力应变监测自动化系统评价。

3.1.2.1　应力应变自动化系统评价的一般内容

监测自动化系统评价内容包括数据采集装置、计算机及通信设施、信息采集与管理软件、运行条件、运行维护等。

3.1.2.2　数据采集装置

(1)数据采集装置评价内容包括功能、平均无故障时间、数据采集缺失率、测量准确度。

(2)功能评价内容及标准如下:①具备巡测、选测、定时测量、通信、数据存储、掉电保护、防雷、抗干扰、防潮等主要功能和自检、自诊断、人工测量接口、防腐蚀等次要功能,评价为合格。②具备主要功能,缺少次要功能,评价为基本合格。③缺少主要功能,评价为不合格。

(3)平均无故障时间评价根据数据采集装置维护记录和测量记录,统计数据采集装置内各模块的正常工作时间和出现故障的次数,按下式计算平均无故障时间。

$$MTBF = \sum_{i=1}^{n} t_i \Big/ \sum_{i=1}^{n} r_i \tag{7-3-1}$$

式中　t_i——运行期内,数据采集装置内第 i 模块的工作时数;

r_i——运行期内,数据采集装置内第 i 模块出现的故障次数;

n——数据采集装置内单元总数。

其评价标准如下:①平均无故障时间 $MTBF \geq 6\ 300$ h,评价为合格;②平均无故障时间 $MTBF<6\ 300$ h,评价为不合格。

(4)数据采集缺失率评价根据测量记录,统计数据采集装置各测量通道应测得的数据个数和未能测得的数据个数。数据采集缺失率是运行期未能测得的有效数据个数与应测得的数据个数之比。错误数据或超过一定误差范围的数据均属无效数据。因监测仪器故障而造成的数据采集缺失,不参与数据采集缺失率计算。按下式计算数据采集缺失率:

$$\eta = \sum_{i=1}^{n} \rho_i \Big/ \sum_{i=1}^{n} \omega_i \times 100\% \tag{7-3-2}$$

式中 η——数据采集缺失率;

ρ_i——第 i 通道未能测得的数据个数;

ω_i——第 i 通道应测得的数据个数。

其评价标准如下:①数据采集缺失率 $\eta \leqslant 2\%$,评价为合格。②数据采集缺失率 $\eta > 2\%$,评价为不合格。

(5)测量准确度评价采用读数仪比测方法,短时间内数据采集装置和读数仪分别进行5次测量,按式(7-3-3)和式(7-3-4)计算比测差值 δ 和标准差 σ。

比测差值计算:

$$\delta = |\overline{X}_m - \overline{X}_r| \tag{7-3-3}$$

式中 δ——比测差值;

$\overline{X}_m$——数据采集装置测值平均值($m=1,2,3,4,5$);

$\overline{X}_r$——读数仪测值平均值($r=1,2,3,4,5$)。

标准差计算:

$$\sigma = \sqrt{\sigma_m^2 + \sigma_r^2} \tag{7-3-4}$$

式中 σ——标准差;

σ_m^2——数据采集装置测量标准差,取数据采集装置测量精度($m=1,2,3,4,5$);

σ_r^2——读数仪测量标准差,取读数仪测量精度($r=1,2,3,4,5$)。

其评价标准如下:①比测差值 $\delta \leqslant 2\sigma$,评价为合格;②比测差值 $\delta > 2\sigma$,评价为不合格。

(6)数据采集装置评价标准:①功能、平均无故障时间、数据采集缺失率、准确度全部合格,评价为合格。②功能为基本合格,平均无故障时间、数据采集缺失率、准确度均为合格,评价为基本合格。③其他情形,评价为不合格。

数据采集装置现场检查与测试记录表见表7-3-2。

3.1.2.3 计算机及通信设施

(1)计算机及通信设施评价包括运行状态、掉电保护、平均无故障时间等内容。

(2)运行状态评价采用现场检查方法,测试计算机及通信设施能否正常运行,其评价标准如下:①设备设施能够正常运行,评价为合格。②设备设施不能正常运行,评价为不合格。

(3)掉电保护评价采用现场检查方法,测试计算机的不间断电源能否正常运行。其评价标准如下:①计算机有不间断电源且正常运行,评价为合格。②计算机没有不间断电源,或不间断电源不能正常运行,评价为不合格。

表 7-3-2　数据采集装置现场检查与测试记录表

工程名称与等级：　　　　　　　　　　　环境条件：

检验测试中使用的仪器及编号：

<table>
<tr><td>被检设施（仪器）名称、型号及编号</td><td></td><td>安装部位</td><td colspan="2"></td></tr>
<tr><td rowspan="4">现场检查</td><td>内容与要求</td><td>检查结果</td><td>单项评价</td><td>分项评价</td></tr>
<tr><td>具备巡测、选测、定时测量、通信、数据存储、掉电保护、防雷、抗干扰、防潮等主要功能和自检、自诊断、人工测量接口、防腐蚀等次要功能</td><td></td><td>□合格
□基本合格
□不 合格</td><td rowspan="3">□合格
□基本合格
□不合格</td></tr>
<tr><td>平均无故障时间 $MTBF \geq 6\ 300$ h</td><td></td><td>□合格
□不合格</td></tr>
<tr><td>数据采集缺失率 $\eta \leq 2\%$</td><td></td><td>□合格
□不合格</td></tr>
<tr><td rowspan="2">现场测试</td><td>内容与要求</td><td>测试结果</td><td>单项评价</td><td>分项评价</td></tr>
<tr><td>比测差值 $\delta \leq 2\sigma$</td><td></td><td>□合格
□不合格</td><td>□合格
□不合格</td></tr>
<tr><td>评价结果</td><td colspan="4">□合格　　　□基本合格　　　□不合格</td></tr>
<tr><td>备注</td><td colspan="4"></td></tr>
</table>

检测人员（签名）：　　　　　　　　校核人员（签名）：　　　　　　　　日期：

（4）平均无故障时间评价根据维护记录，统计计算机及通信设施的正常工作时间和出现故障次数，按式（7-3-5）计算平均无故障时间。

平均无故障时间计算式如下：

$$MTBF = \sum_{i=1}^{n} t_i \Big/ \sum_{i=1}^{n} r_i \tag{7-3-5}$$

式中　t_i——运行期内，第 i 台计算机及通信设施的工作时数；

r_i——运行期内，第 i 台计算机及通信设施出现故障的次数；

n——计算机及通信设施总数。

其评价标准如下：①平均无故障时间 $MTBF \geq 6\ 300$ h，评价为合格。②平均无故障时间 $MTBF < 6\ 300$ h，评价为不合格。

（5）计算机及通信设施评价标准：①运行状态、掉电保护、评价无故障时间全部合格，评价为合格。②其他情形评价为不合格。

计算机及通信设施现场检查与测试记录表见表 7-3-3。

表 7-3-3 计算机及通信设施现场检查与测试记录表

工程名称与等级：　　　　　　　　　　　　环境条件：

检验测试中使用的仪器及编号：

被检设施（仪器）名称、型号及编号		安装部位		
现场检查	内容与要求	检查结果	单项评价	分项评价
	设备设施能够正常运行		□合格 □不合格	□合格 □不合格
	有不间断电源且正常运行		□合格 □不合格	
	平均无故障时间 $MTBF \geq 6\ 300$ h		□合格 □不合格	
评价结果	□合格　　□不合格			
备注				

检测人员（签名）：　　　　　　　　校核人员（签名）：　　　　　　　　日期：

3.1.2.4 **信息采集与管理软件**

(1)信息采集与管理软件评价内容包括功能完备性、功能正确性、可操作性。

(2)功能完备性评价通过查阅软件说明书、用户手册等资料，并运行信息采集与管理软件，检查其是否具备相关功能。其评价标准如下：①具备在线监测、人工输入、信息查询、图表制作、离线分析和异常报警等主要功能和数据备份、系统管理等次要功能，评价为合格。②具备主要功能，缺少次要功能，评价为基本合格。③缺少主要功能，评价为不合格。

(3)功能正确性评价通过运行信息采集与管理软件，检查其输出结果是否存在错误。其评价标准如下：①所有功能正确，评价为合格。②主要功能正确，次要功能存在错误，评价为基本合格。③主要功能存在错误，评价为不合格。

(4)可操作性评价通过运行信息采集与管理软件，采用随机选择、任意输入方式，操作各项功能，检查各项功能是否能正常使用。其评价标准如下：①所有功能均能正常使用，评价为合格。②主要功能能够正常使用，次要功能不能正常使用，评价为基本合格。③主要功能不能正常使用，评价为不合格。

(5)信息采集与管理软件评价标准：①功能完备性为基本合格以上，功能正确性、可操作性全部合格，评价为合格。②功能完备性为基本合格以上，功能正确性、可操作性均为基本合格以上且不同时为合格，评价为基本合格。③其他情形，评价为不合格。

信息采集与管理软件现场检查与测试记录表见表 7-3-4。

表 7-3-4　信息采集与管理软件现场检查与测试记录表

工程名称与等级：　　　　　　　　　　　　　环境条件：

检验测试中使用的仪器及编号：

<table>
<tr><td>被检设施（仪器）名称、型号及编号</td><td></td><td>安装部位</td><td colspan="2"></td></tr>
<tr><td rowspan="4">现场检查</td><td>内容与要求</td><td>检查结果</td><td>单项评价</td><td>分项评价</td></tr>
<tr><td>具备在线监测、人工输入、信息查询、图表制作、离线分析和异常报警等主要功能和数据备份、系统管理等次要功能</td><td></td><td>□合格
□基本合格
□不合格</td><td rowspan="3">□合格
□基本合格
□不合格</td></tr>
<tr><td>主要功能和次要功能均正确</td><td></td><td>□合格
□基本合格
□不合格</td></tr>
<tr><td>主要功能和次要功能均能正常使用</td><td></td><td>□合格
□基本合格
□不合格</td></tr>
<tr><td>评价结果</td><td colspan="4">□合格　□基本合格　□不合格</td></tr>
<tr><td>备注</td><td colspan="4"></td></tr>
</table>

检测人员（签名）：　　　　　　　　校核人员（签名）：　　　　　　　　日期：

3.1.2.5　运行条件

（1）运行条件评价内容包括温度与湿度、工作电源、电源防雷、接地网。

（2）温度与湿度评价通过查阅当地气象资料，检查温度与湿度保障设备性能是否满足要求。其评价标准如下：①监测站温度−10～45 ℃，特殊地区−25～50 ℃，相对湿度小于等于 95%，监测中心站温度 15～35 ℃，相对湿度小于等于 85%，评价为合格。②其他情形，评价为不合格。

（3）工作电压评价采用现场检测工作电源及其频率方法。其评价标准如下：①电压（220±22）V 或（36±3.6）V，频率为（50±1）Hz，评价为合格。②其他情形，评价为不合格。

（4）电源防雷评价标准如下：①电源采用防雷措施且运行正常，抗瞬态浪涌能力满足：防雷电感应 500～1 500 W，瞬态电位差小于 1 000 V，评价为合格。②其他情形，评价为不合格。

（5）接地网评价采用现场测量接地电阻方法。其评价标准如下：①监测站接地电阻不大于 10 Ω，监测中心站接地电阻不大于 4 Ω，评价为合格。②其他情形，评价为不合格。

（6）运行条件评价标准：①温度与湿度、工作电源、电源防雷、接地网全部合格，评价为合格。②温度与湿度为不合格，工作电源、电源防雷、接地网全部合格，评价为基本合格。③其他情形,评价为不合格。

运行条件现场检查与测试记录见表 7-3-5。

表 7-3-5 运行条件现场检查与测试记录表

工程名称与等级: 环境条件:

检验测试中使用的仪器及编号:

被检设施(仪器)名称、型号及编号		安装部位		
现场检查	内容与要求	检查结果	单项评价	分项评价
	监测站温度-10~45 ℃,特殊地区-25~50 ℃,相对湿度小于等于95%,监测中心站温度 15~35 ℃,相对湿度小于等于 85%		□合格 □不合格	□合格 □基本合格 □不合格
现场测试	内容与要求	测试结果	单项评价	分项评价
	电压 220 V 或 36 V,偏差为±10%,频率为 50 Hz,偏差为±2%		□合格 □不合格	□合格 □基本合格 □不合格
	电源采取防雷措施,防雷电感应范围为 500~1 500 W,瞬态电位差小于 1 000 V		□合格 □不合格	
	监测站接地电阻不大于 10 Ω,监测中心站接地电阻不大于 4 Ω		□合格 □不合格	
评价结果	□合格 □基本合格 □不合格			
备注				

检测人员(签名): 校核人员(签名): 日期:

3.1.2.6 运行维护

(1)运行维护评价内容包括数据备份、时钟校正、比测、备品备件、设备保养。

(2)数据备份评价标准如下:①每个月备份数据 1 次以上,评价为合格。②其他情形,评价为不合格。

(3)时钟校正评价标准如下:①每 3 个月校正时钟 1 次以上,评价为合格。②其他情形,评价为不合格。

(4)比测评价标准如下:①每年采用读数仪比测 1 次以上,评价为合格。②其他情形,评价为不合格。

(5)备品备件评价标准如下:①主要备品备件齐全,评价为合格。②主要备品备件不齐全,评价为不合格。

(6)设备保养评价标准如下:①每 3 个月进行设备检查与维护 1 次以上评价为合格。

②其他情形，评价为不合格。

(7)运行维护评价标准：①数据备份、时钟校正、比测、备品备件、设备检查与维护全部合格，评价为合格。②数据备份、设备检查和维护全部合格，时钟校正、比测、备品备件中有不合格项，评价为基本合格。③其他情形，评价为不合格。

运行维护现场检查与测试记录表见表 7-3-6。

表 7-3-6　运行维护现场检查与测试记录表

工程名称与等级：　　　　　　　　　　　　环境条件：

检验测试中使用的仪器及编号：

被检设施(仪器)名称、型号及编号		安装部位		
现场检查	内容与要求	检查结果	单项评价	分项评价
	每个月备份数据 1 次以上		□合格 □不合格	□合格 □基本合格 □不合格
	每 3 个月校正时钟 1 次以上		□合格 □不合格	
	每年采用读数仪比测 1 次以上		□合格 □不合格	
	主要备品备件齐全		□合格 □不合格	
	每 3 个月设备检查和维护 1 次以上		□合格 □不合格	
评价结果	□合格　□基本合格　□不合格			
备注				

检测人员(签名)：　　　　　　　　校核人员(签名)：　　　　　　　　日期：

3.1.2.7　自动化系统评价

(1)自动化系统评价标准应符合下列规定：①数据采集装置、计算机与通信设施、信息采集与管理软件、运行条件全部合格，运行维护为基本合格以上，评价为合格。②数据采集装置和信息采集与管理软件全部基本正常以上，计算机与通信设施为正常，运行条件为基本合格，评价为基本合格。③其他情形，评价为不合格。

(2)监测自动化系统评价结果汇总记录表见表 7-3-7。

3.1.3　自动化系统运行维护案例

3.1.3.1　大坝安全监测自动化系统的运行要求

1. 范围

本规程适用于大坝安全监测自动化系统运行。

2. 传感器运行的要求

(1)应力应变的测量电缆根据“测点装置及测点对照表”正确接入相应的 MCU。

表 7-3-7　监测自动化系统评价结果汇总记录表

序号	设备/设施名称	评价结论	存在问题	备注

(2)每次人工观测后,不要影响到自动化监测设施工作。

3. MCU 运行的要求

(1)MCU 的内配蓄电池应接通,使之处于浮充状态。

(2)MCU 的系统工作电源(220 V AC 50 Hz)应正常工作。

(3)MCU 应接入 RJ-45 接口。

(4)MCU 电源和通信应接入防雷器。

(5)MCU 箱门应关紧。

(6)MCU 的接地应正确、可靠。

4. 数据库服务器运行的要求

(1)UPS 应正常工作。

(2)数据库的工作环境:温度:+10~+30 ℃,湿度:<75%。

(3)数据库使用中的工控机要求专机专用。

(4)机柜接地应正确、可靠。

3.1.3.2　大坝安全监测自动化系统的运行操作

1. 数据库服务器控制运行操作

(1)每天进行四次自动化监测系统巡测,可采取中央控制方式,也可采用自动控制方式运行。每天施测时间如无特殊情况应固定不变。

(2)在汛期高水位、低温高水位,以及某些部位出现异常等情况下,可根据有关领导决定加密测次并采取自动控制方式运行。

(3)正常情况下,数据库服务器处于工作状态,显示器可以关掉运行。

(4)数据库服务器控制测量步骤:①MCU 的 RJ-45 通信接口接入数据库服务器所在的局域网光纤交换机的 RJ-45 接口中。②数据库服务器在 Windows 7 环境下运行“大坝安全监测数据采集系统软件”。③首先数据库服务器进行系统自检,自检完毕后查阅自检结果。若系统正常,进行正常自动化测量。若系统不正常,根据系统维护规程进行维修,若维修不了即和厂方联系。④读取各 MCU 自报数据入库。⑤进行系统巡测。⑥对本次系统巡测的所有数据进行浏览,检查数据采集情况和数据的可靠性。全部数据已采集到位,如检验合格,全部入库。再查看各点测值过程线,检查测值有无跳变。如个别数据、个别 MCU 的部分数据未能测得或测值有跳变点,可进行第二次系统巡测。如仍有个别数据未能测得或测值有跳变点,立即对这些测点进行选测;如仍无法测得全部数据立即进行便携式检测仪补测,直到全部数据测得为止;确有测值发生跳变须查明原因。若有故障,根据系统维护规程进行维修,若维修不了,即和厂方联系。

2. 主机直接远程控制各 MCU 测量的操作

(1)主机在 Windows 7 环境下运行"大坝安全监测数据采集系统软件"。

(2)进行远控自动化数据采集,具体操作详见《大坝安全监测数据采集系统软件操作手册》。

(3)测量完毕后,逐级退出系统,再关机。

3.1.3.3　大坝安全监测自动化系统维护

1. 巡视维护周期确定

每一个月进行一次系统巡视维护。正式运行的第 3~7 年,每个季度巡视维护一次,对故障率较高的少数仪器设备可局部加密维护次数。正式运行第 8 年后根据系统的运行情况和仪器设备实际老化状态确定巡视维护周期。

根据规定,每三个月应对监测自动化系统至少进行 1 次巡回检查。汛前应进行 1 次全面检查。每次台风来临前,应对监测自动化系统进行 1 次巡视检查。

2. 定期维护步骤

(1)对系统内的监测仪器、监测仪器配套装置、连接电缆、MCU、防雷器、总线电缆、电源、数据库服务器、主机、消防设备逐一检查。对以上各个环节的不正常或损坏进行记录。

(2)及时采取相应措施消除系统中已发现的各环节的不正常或损坏问题,对消除时间和情况进行记录。

3. 维护检查重点

(1)各种电缆是否受鼠咬或盗割,有无断裂之处。

(2)MCU 是否受到渗水、灰尘或人为损害,防雷器是否已被雷电流击穿。

3.1.3.4　大坝安全监测自动化系统维修

自动化系统在运行发生故障时,根据故障信息查明故障部位和原因(参见表 7-3-8)。

表 7-3-8　系统故障信息表

故障信息	故障名称	排除方法
c(3)	逻辑故障	CPU 板故障,需更换 信息拨号不对,需更换
通信故障		CPU 板/电源板故障,需更换
V	非法字符	通信总线受干扰
S	测量超过设定的上、下限值	(1)发生异常变化 (2)仪器故障 (3)通道板故障 (4)仪器或设备受非正常外力影响
空格	无故障	

注:括号内为便携检测仪及小键盘显示故障信息。

1. MCU 维修

CPU 板、电源板或通道板故障，更换即可。更换步骤如下：

(1)关闭 MCU 内的系统工作电源(220 V AC 50 Hz)和蓄电池电源开关。

(2)拔出故障板。

(3)调整测点数目，插入相应备板。

(4)接上小键盘。

(5)打开 MCU 内的系统工作电源(220 V AC 50 Hz)。

(6)小键盘上正常显示后，再按键选测，测量正确即可。若小键盘上显示不正常或按键选测不正确，需重插备板，重复上述过程，直到成功。

(7)再打开蓄电池开关。

(8)关闭 MCU 箱门，锁紧箱门螺丝。

(9)更换下来的故障板寄到厂家维修。

2. 数据库服务器维修

(1)数据库服务器硬件故障，需和厂方联系。

(2)数据库服务器软件故障，即系统软件被破坏，用备份文件恢复。

3.2　温度监测自动化设备检查维护

3.2.1　温度监测自动化系统故障判断及处理方法

(1)故障表现特征：①异常测点报警信息中显示“无测值”或“测值变幅超限”。②采集系统中显示测值为“0”。③测值跳动异常。

(2)故障处理方法见表 7-3-9。

表 7-3-9　温度计设备故障处理方法表

检查判断	故障原因	处理方法
检查电源	外部电源断开	恢复外部电源供电
检查温度计人工读数	温度计与 MCU 连接部分不牢固或者连接错误	重新连接
检查温度计绝缘性能	测值跳动异常	对仪器进行鉴定并分类
检查温度计人工读数	MCU 测值和人工测值不一致	厂家人员对 MCU 进行维护

3.2.2　温度监测自动化系统评价

温度监测自动化系统评价参考应力应变自动化监测系统评价。

第 4 章　监测资料整理

4.1　数据处理方法

熟练使用 Excel、Word、CAD 等常用办公软件,能够使用软件处理数据及绘制图形。

4.1.1　数据处理

(1)Excel 常用公式。

求和函数:=SUM(数据区域)

平均值函数:=AVERAGE(数据区域)

最大值函数:=MAX(数据区域)

最小值函数:=MIN(数据区域)

排位函数:=RANK(数值,数据区域)

(2)数据处理方法。常用数据处理方法包括数据查找、数据筛选、数据排序、分类汇总等。

4.1.2　图形绘制

借助数据处理工具,绘制监测物理量过程线图、分布图及其与环境量的相关性图,如图 7-4-1 和图 7-4-2 所示。

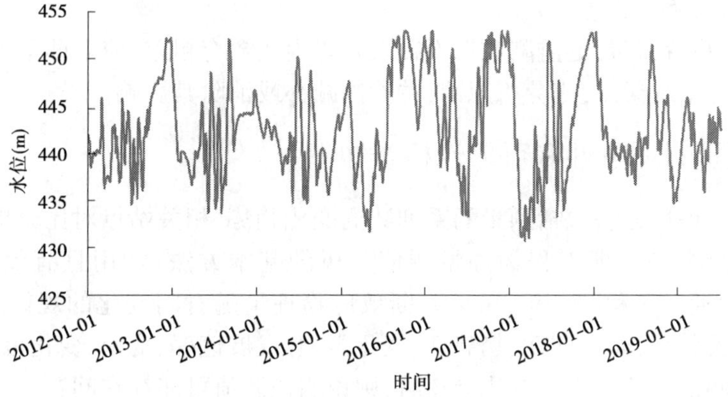

图 7-4-1　水位过程线图

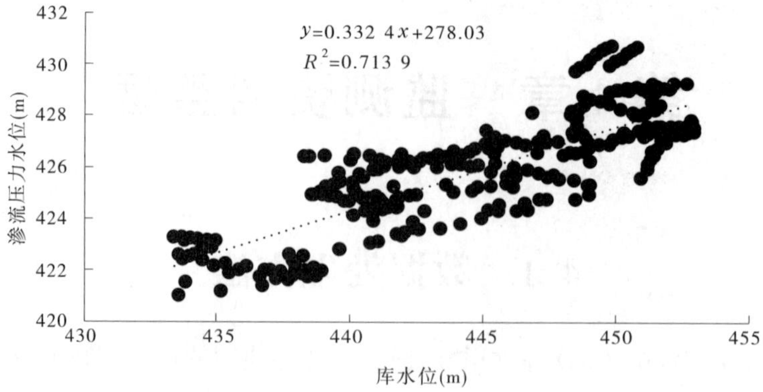

图 7-4-2　渗流压力水位与库水位相关图

4.2　监测资料复核

4.2.1　监测数据真伪与误差识别知识

每次外业监测(包括人工监测和自动化监测)完成后,应随即对原始记录的准确性、可靠性、完整性加以检查、检验,将其换算成所需的监测物理量测值,并判断测值有无异常。如有漏测、误读(记)或异常,应及时补(重)测、确认或更正,并记录有关情况。

原始监测数据的检查、检验主要工作内容有:

(1)作业方法是否符合规定。

(2)观测记录是否正确、完整、清晰。

(3)各项检验结果是否在限差以内。

(4)是否存在粗差。

(5)是否存在系统误差。

经检查、检验后,若判定监测数据不在限差以内或含有粗差,应立即重测;若判定监测数据含有较大的系统误差,应分析原因,并设法减小或消除其影响。

4.2.2　监测资料完整性和可靠性检查知识

复核资料合理性方法包括测量的系列数据变化趋势、相关站点对比分析等。

过程线图分析是大坝工程物理量测值分析的基本方法,常用且有效,如图 7-4-3～图 7-4-5 所示。通过过程线分析,可以判断效应物理量随时间变化的规律及其与相应环境量之间的相关关系,如周期性、趋势性、变化类型、发展速率、变幅、变化范围、特征值等。若工程物理量测值不符合常规变化规律时,则说明该测值可能存在问题。

相关性图主要分析工程物理量与环境量的相关关系;空间分布图主要是分析不同部位观测物理量之间的关系;特征值分析主要包括极值、均值、变幅等。

不直接测量(读)工程物理量的仪器测读值本身不能直接用于工程运行特性分析,需要通过计算公式换算成工程物理量后方可使用。但是,仪器测读值是传感器直接输出的原始物理量，它可以直观反映出仪器的可靠性。比如测读值超过仪器本身的测量范围、测值不随外界环境变化而变化、测值呈现趋势性增大或减小等，均能直观反映仪器是否可靠。

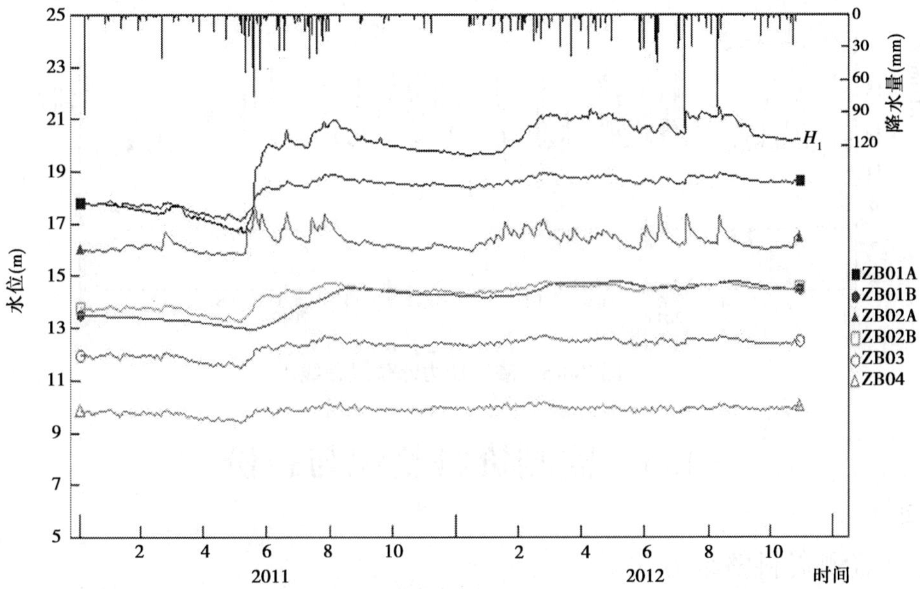

图 7-4-3　渗流压力水位过程线

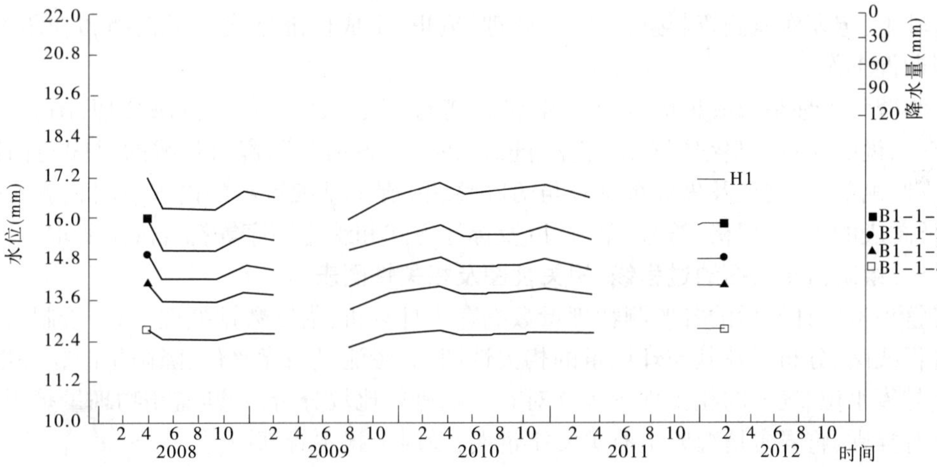

图 7-4-4　渗流压力水位过程线

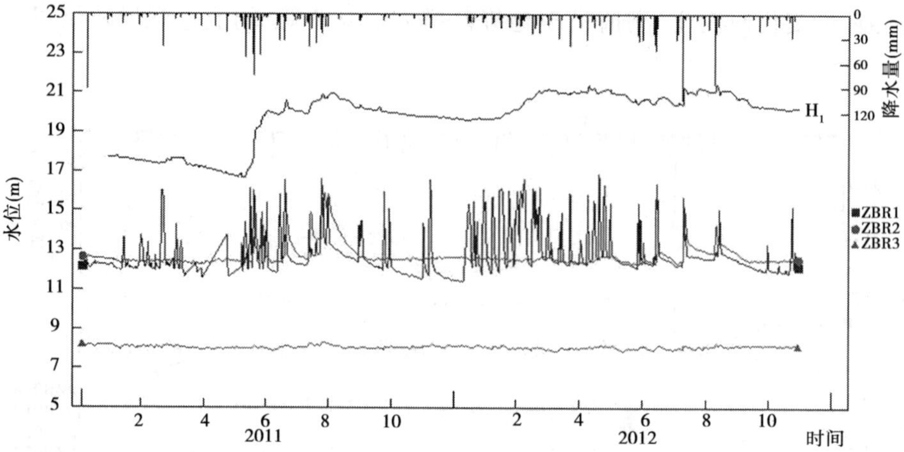

图 7-4-5　渗流压力水位过程线

4.3　监测资料整编与备份

4.3.1　监测资料整编方法

监测资料的整理，是指对日常检查和仪器监测数据的记录、检验，以及监测物理量的换算、填表、绘制过程线图、初步分析和异常值判别等。监测资料的整编，是指在监测资料整理基础上，定期对监测资料进行分析、处理、编辑、生成标准格式电子文档和刊印等，是一项周期性工作。

监测资料整理整编成果应做到项目齐全，考证清楚，数据可靠，方法合理，图表完整，规格统一，说明完备。整编资料应完整、连续、准确。各项监测资料整编的时间与前次整编衔接，监测部位、测点及坐标系统等与历次整编一致。整编资料的内容、项目、测次等齐全，各类图表的内容、规格、符号、单位，以及标注方式和编排顺序等符合规定要求。

4.3.1.1　绘制监测数据的过程线、相关性图及相关性图表

将整理检验计算后的各监测物理量数据存入计算机，借助数据处理工具，绘制监测物理量过程线图、分布图及其与环境量的相关性图，如渗流量与库水位、降雨量的相关性图，位移量与库水位、气温的相关性图等。对有关图进行比较分析，判断监测物理量是否有异常。如有异常，将异常情况附上有关文字说明，及时上报主管部门。

4.3.1.2　资料整编周期

施工期和初蓄期，整编时段视工程施工和蓄水进程而定，一般最长不超过 1 年。在运行期，每年汛前应将上一年度的监测资料整编完毕。

第一次整编时应完整收集工程基本资料、监测设施和仪器设备考证资料等，并单独刊印成册。以后每年应根据变动情况，及时加以补充或修正。

整编资料范围应包括整编时段内各项日常整理后的资料，涵盖所有监测数据、文字和图表等。

4.3.1.3　资料整编内容

(1)在收集有关资料的基础上,对整编时段内的各项监测物理量按时序进行列表统计和校对。如发现可疑数据,不宜删改,应标注记号,并加注说明。某水库部分监测项目典型统计见表 7-4-1。

表 7-4-1　某水库一自然年渗压水位统计表

测点编号:P02A　　　　(单位:m)

日	月份											
	1	2	3	4	5	6	7	8	9	10	11	12
1	13.26	13.24	13.08	12.99	12.73	12.59	12.34	12.42	13.65	13.43	13.35	13.43
2	13.29	13.21	13.08	13.03	12.75	12.63	12.29	12.35	13.35	13.47	13.36	13.37
3	13.26	13.20	13.09	13.04	12.75	12.60	12.23	12.43	13.33	13.48	13.37	13.37
4	13.25	13.17	13.10	13.05	12.74	12.58	12.28	12.43	13.32	13.44	13.33	13.40
5	13.23	13.20	13.04	13.07	12.69	12.59	12.26	12.45	13.33	13.38	13.32	13.43
6	13.25	13.15	13.02	13.02	12.63	12.59	12.20	12.47	13.32	13.36	13.34	13.43
7	13.23	13.15	13.06	13.00	12.62	12.55	12.17	12.47	13.28	13.38	13.36	13.45
8	13.24	13.09	13.03	13.03	12.65	12.53	12.19	12.46	13.28	13.39	13.36	13.73
9	13.29	13.20	13.09	13.02	12.59	12.55	12.22	12.50	13.34	13.37	13.36	13.88
10	13.28	13.22	13.09	13.00	12.62	12.55	12.25	12.54	13.36	13.38	13.32	13.89
11	13.20	13.24	13.05	12.99	12.63	12.56	12.25	12.58	13.35	13.40	13.31	13.70
12	13.22	13.28	12.98	12.97	12.66	12.57	12.24	12.62	13.33	13.37	13.30	13.69
13	13.22	13.23	12.97	12.96	12.69	12.54	12.25	12.66	13.29	13.33	13.33	13.53
14	13.23	13.25	13.00	12.94	12.70	12.59	12.21	12.70	13.24	13.32	13.36	13.61
15	13.31	13.24	13.07	12.93	12.69	12.58	12.27	12.74	13.25	13.29	13.38	13.72
16	13.32	13.17	13.05	12.91	12.70	12.58	12.25	12.78	13.28	13.23	13.37	13.71
17	13.32	13.13	13.05	12.90	12.65	12.57	12.19	12.82	13.47	13.33	13.33	13.57
18	13.29	13.16	12.99	12.88	12.58	12.54	12.24	12.86	13.49	13.38	13.24	13.54
19	13.28	13.15	12.99	12.87	12.61	12.52	12.25	12.89	13.43	13.37	13.28	13.52
20	13.27	13.14	12.95	12.86	12.64	12.49	12.28	12.89	13.39	13.34	13.38	13.49
21	13.26	13.13	12.99	12.85	12.69	12.45	12.30	12.90	13.36	13.32	13.40	13.48
22	13.26	13.11	13.07	12.83	12.71	12.38	12.32	12.91	13.35	13.32	13.35	13.52
23	13.25	13.07	13.06	12.82	12.73	12.32	12.33	12.94	13.35	13.30	13.37	13.48
24	13.30	13.03	13.02	12.80	12.73	12.35	12.34	12.96	13.27	13.34	13.39	13.48
25	13.30	13.10	13.08	12.79	12.71	12.39	12.31	12.99	13.37	13.40	13.37	13.51

续表 7-4-1

日		月份											
		1	2	3	4	5	6	7	8	9	10	11	12
26		13.35	13.07	13.06	12.78	12.70	12.31	12.34	13.00	13.37	13.38	13.37	13.54
27		13.36	13.01	13.04	12.77	12.69	12.33	12.35	13.00	13.36	13.37	13.31	13.52
28		13.35	13.05	13.03	12.76	12.69	12.34	12.39	13.07	13.34	13.37	13.31	13.48
29		13.33		13.07	12.69	12.68	12.35	12.41	13.17	13.34	13.35	13.34	13.50
30		13.33		13.04	12.65	12.63	12.35	12.38	13.70	13.40	13.35	13.39	13.49
31		13.30		13.01		12.57		12.41	13.73		13.37		13.46
月统计	最大	13.36	13.28	13.10	13.07	12.75	12.63	12.41	13.73	13.65	13.48	13.40	13.89
	日期	27	12	4	5	2	2	29	31	1	3	21	10
	最小	13.20	13.01	12.95	12.65	12.57	12.31	12.17	12.35	13.24	13.23	13.24	13.37
	日期	11	27	20	30	31	26	7	2	14	16	18	2
年统计		最大值	13.89	日期	12/10	最小值	12.17	日期	7/7	差值	1.72		

(2)校绘各监测物理量过程线图,以及绘制能表示各监测物理量在时间和空间上的分布特征图和与有关因素的相关图。在此基础上,分析各监测物理量的变化规律及其对工程安全的影响,并对影响工程安全的问题提出处理意见。①过程线。通常以时间为横坐标,测值为纵坐标,绘制测值过程线。如测压管水位过程线、测值过程线反映了测值随时间的变化过程,由此可以分析测值的变化快慢、趋势、变幅、极限值,以及有无周期性变化,并可发现反常的变化,如图 7-4-6 所示。在测值过程线上还可以同时绘制相关因素的过程线,借以分析测值与相关因素的变化是否相应,变化的幅度、趋势、周期是否相符,以及测值的滞后关系等。同一项目几个测点的测值过程线可以绘在一张图 7-4-6 上,以进行比较,可以分析各测压管水位的相应关系。测压管水位过程线上,同时绘制上游水位过程线,可以从图 7-4-6 上看出测压管水位与上游水位的相应变化、极值的相应位置和滞后关系,以及二者变幅的大小等。除测压管水位过程线外,土石坝常绘有渗流量过程线、沉陷过程线、累计水平位移过程线等。混凝土坝除上述过程线外,常绘的还有挠度过程线、垂直位移过程线、扬压力过程线、伸缩缝过程线、测点应力过程线等。②相关性图及相关性图表。通常用一个坐标表示测值,另一坐标表示相关因素,来分析测值与相关因素的相关关系。由此可以分析测值与相关因素的变化规律和比例关系,如图 7-4-7 及图 7-4-8 所示。当影响测值变化的有两个相关因素时,则可以某一相关因素为参变数,绘制综合相关图。

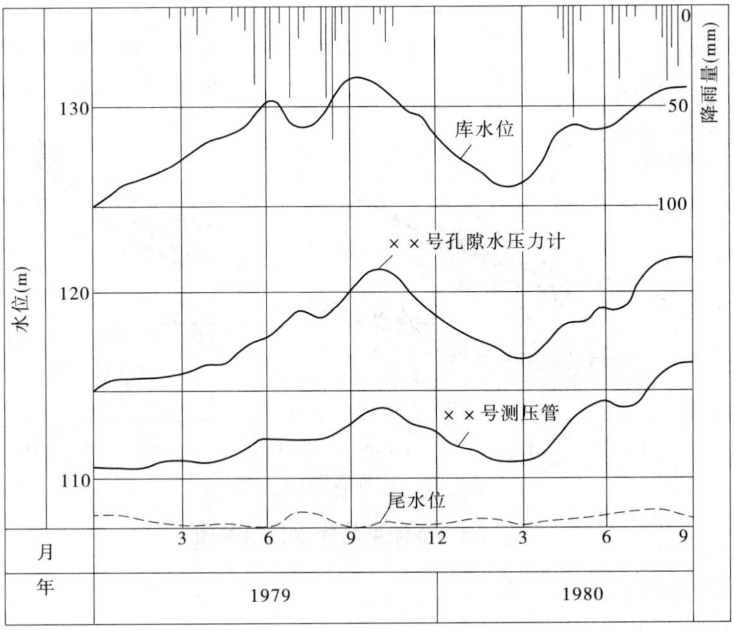

图 7-4-6　渗流压力水位过程线图

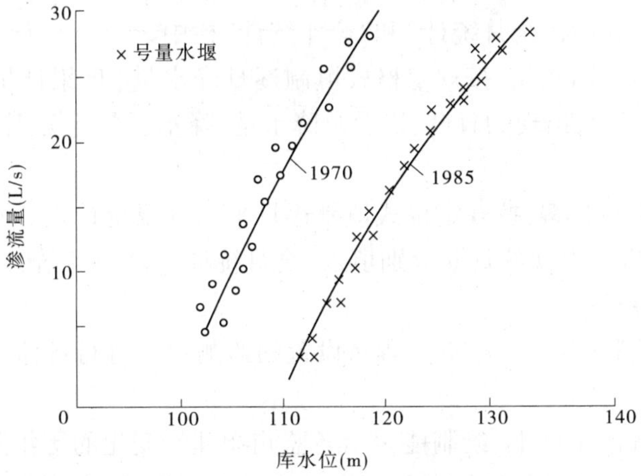

图 7-4-7　渗流量与库水位相关图

(3)整编资料的内容(包括监测项目、测次等)应齐全,各类图表的内容、规格、符号、单位以及标注方式和编排顺序应符合有关规定和要求。

(4)各项监测资料整编的时间与前次整编衔接,监测部位、测点及坐标系统等与历次整编一致。

(5)各监测物理量的计(换)算和统计正确,有关图件准确、清晰。整编说明全面,资料初步分析结论、处理意见和建议等符合实际,需要说明的其他事项无遗漏等。

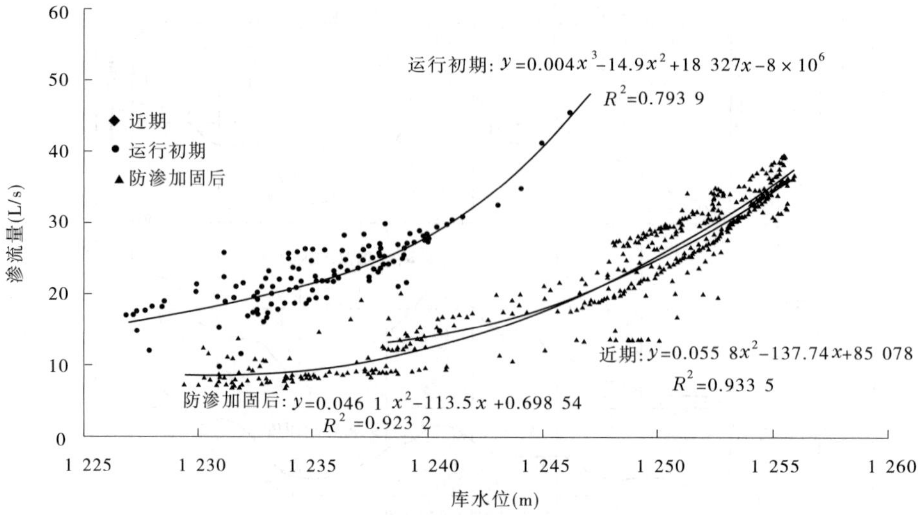

图 7-4-8　渗流量与库水位相关图

4.3.1.4　各类监测项目整编要求

1. 环境量监测资料整编

(1)水位监测资料整编,按规定格式填制上游(水库)和下游水位统计表。表中数字为逐日平均值(或逐日定时值),精确到 0.01 m。同时还应将月、年内的极值和均值以及极值出现的日期分别填入“全月统计”和“全年统计”栏中。

(2)降水量监测资料整编,按规定格式填制逐日降水量(日累计量)统计表。同时还应将月、年内的极值及其出现的日期,以及总降水量、降水天数等分别填入“全月统计”和“全年统计”栏中。

(3)气温监测资料整编,按规定格式填制逐日平均气温统计表。同时还应将月、年内的极值和均值以及极值出现的日期分别填入“全月统计”和“全年统计”栏中。

2. 变形监测资料整编

(1)变形监测资料整编,应根据工程所设置的监测项目进行各监测物理量列表统计,按规范格式填制。

(2)在列表统计的基础上,绘制能表示各监测物理量变化的历年测值过程线图,以及在时间、空间上的分布特征图和与有关因素的相关关系图(如坝体填筑过程、蓄水过程、库水位、气温等)。

3. 渗流监测资料整编

(1)渗流监测资料整编,应将各监测物理量按坝体、坝基、坝肩等不同部位分别列表统计,并同时抄录监测时相应的上、下游水位和降水量,必要时还应抄录气温等。

(2)坝体、坝基测压管水位统计表按规定格式填制,并绘制历年测值过程线图、上下游水位变化过程线图以及坝区降水量过程线图,必要时绘制分布特征图。

(3)绕坝渗流监测孔水位统计表按规定格式填制。绘制绕坝渗流监测孔水位和上、下游水位变化的过程线图,以及坝区降水量过程线图。

(4)渗流量监测统计表按规定格式填制,并绘制历年测值过程线、上下游水位变化过程线图以及坝区降水量过程线图,必要时还需简述水质直观情况。

(5)水质分析资料的整编,可根据工程实际情况编制相应的图表和必要的文字报告说明。

4. 压力(应力)及温度监测资料整编

(1)压力(应力)监测资料整编,按规定格式填制,必要时同时抄录观测时相应的上、下游水位和气温等。根据需要绘制压力(应力)与上下游水位和测点温度、气温或坝体填筑高程变化的过程线图。

(2)温度监测资料整编,按规定格式填制,必要时同时抄录观测时相应的上下游水位和气温等。根据需要绘制温度变化过程线图等。

4.3.1.5　整编报告

资料的整编应生成标准格式电子文档,刊印成册,建档保存,还应拷贝备份。

刊印成册的整编报告,其主要内容和编排顺序为:封面、目录、整编说明、工程基本资料、监测项目汇总表、监测仪器设施考证资料(第一次整编时)、巡视检查资料、监测资料、分析成果、监测资料图表和封底。

其中,监测资料图表(含巡视检查和仪器监测)的排版顺序可按变形、渗流、压力或应力、其他的监测项目的编排次序编印。每个监测项目中,整编图在前,统计表在后。

"封面"应包括工程名称、整编时段、卷册名称与编号、编制单位、刊印日期等。"整编说明"应包括整编时段内工程变化、运行概况,巡视检查与监测工作概况,资料的可靠性,监测设施的维修、检验、校验以及更新改造情况,监测中发现的问题及其分析、处理情况(含有关报告、文件的引述),对工程运行管理的建议,以及整编工作的人员与组织情况等。

4.3.2　数据库备份操作方法

数据库备份是数据库管理员维护数据库安全性和完整性的重要操作,是恢复受损最容易、把意外损失降低到最小的保障方法。没有数据库备份,所有的数据都可能会丢失。数据库备份可以防止因表和数据库遭受破坏、介质失效或用户错误造成的数据灾难。

数据库备份主要有 4 种类型,分别应用于不同的场合。

4.3.2.1　完整备份

这是常用的备份类型,它可以备份整个数据库,包含用户表、系统表、索引、视图和存储过程等所有数据库对象。但它需要花费更多的时间和空间,所以一般一周做一次完整备份。

4.3.2.2　事务日志备份

事务日志是一个单独的文件,它记录数据库的改变,备份的时候只需要复制自上次备份以来对数据库所做的改变,所以只需要很少的时间。为了使数据库具有鲁棒性,一般每小时做一次事务日志备份。

4. 3. 2. 3　差异备份

差异备份也叫增量备份。它只备份数据库的一部分，不使用事务日志，只包含自上次完全备份以来所改变的数据库，比最初的完整备份小。差异备份速度快，一般每天做一次差异备份。

4. 3. 2. 4　文件备份

数据库可以由硬盘上的许多文件构成。如果数据库非常大，并且一个晚上也不能将它备份完，可以使用文件备份每晚备份数据库的一部分。由于一般情况下数据库不会大到必须使用多个文件存储，所以这种备份不常用。

目前，常用的数据库管理系统有 SQL Server、Oracle、MySQL，不同的数据库管理系统有不同的备份方法：管理工具、SQL 语句、外部命令，不同的备份方法可以进行不同类型的数据库备份。这里给出采用 SQL Server 企业管理器备份 SQL Server 数据库方法。

SQL Server 数据库备份步骤如下：

(1)启动 SQL Server 企业管理器。

(2)展开“数据库”节点，选择需要备份的数据库。

(3)单击右键，选择“任务”→“备份”，如图 7-4-9 所示。

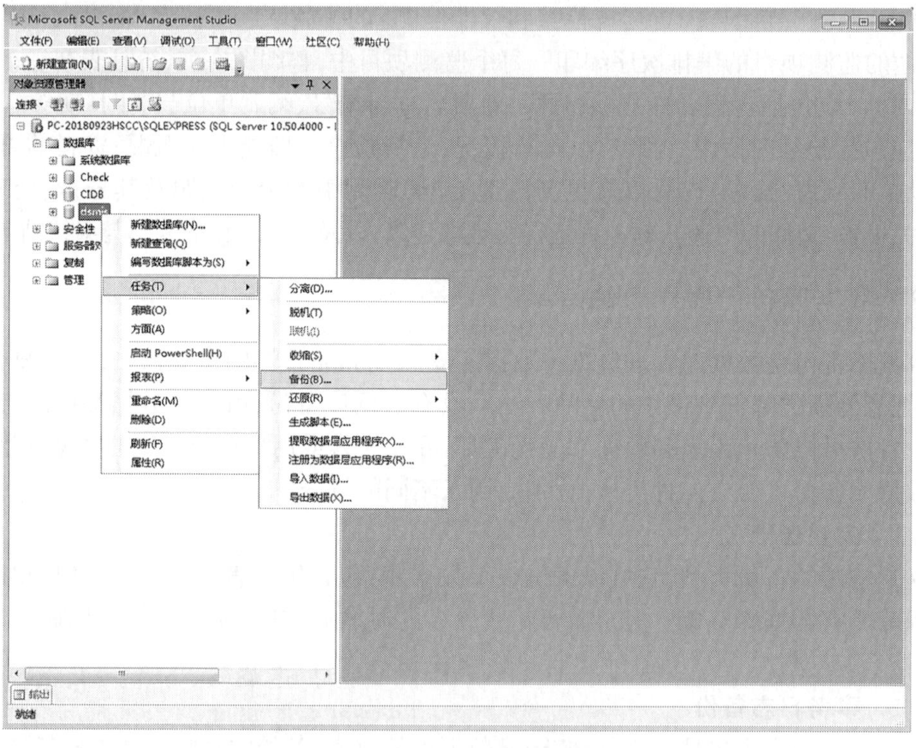

图 7-4-9　文件备份操作界面(一)

(4)在“备份类型”中选择“完整”或“差异”，在“目标”中添加备份文件名，单击“确定”，即可完成数据库备份，如图 7-4-10 所示。

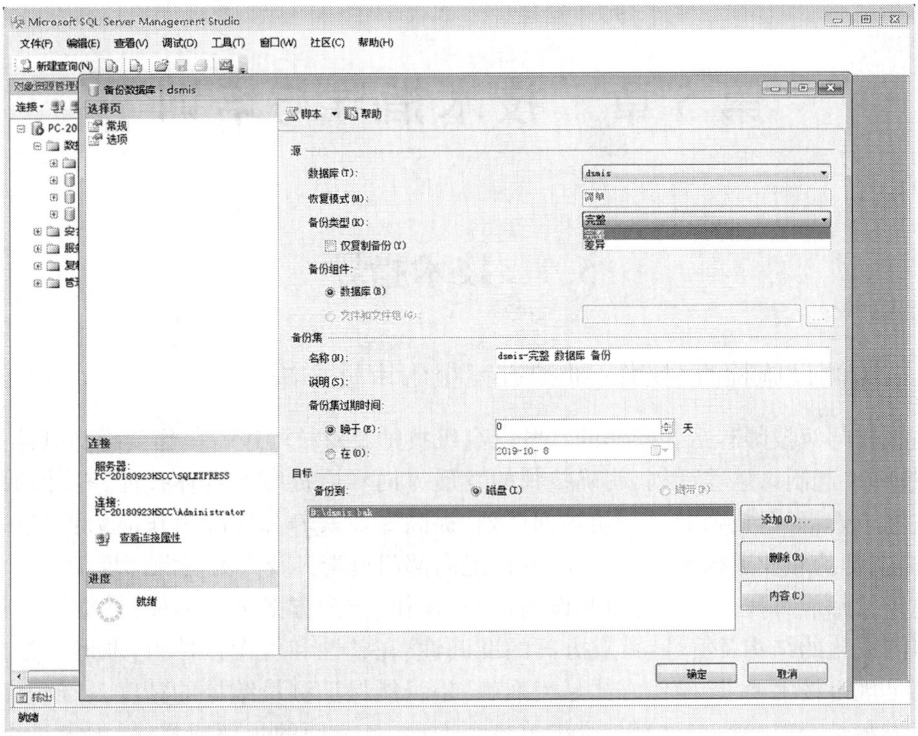

图 7-4-10　文件备份操作界面(二)

第 5 章　技术指导与培训

5.1　技术指导

5.1.1　监测设施检查、操作、维护方案报告审核方法

高级技师对技师有指导操作的义务。高级技师要对技师进行工作安排与具体工作指导;与技师一起制订培养计划,明确技师的发展方向和应提高的具体技能,有计划地安排参与监测工作;督促技师参与公司培训计划,提高专业素养和实际工作能力;通过言传身教,提高技师的职业道德水平;对技师的情况向部门负责人及人力资源部反馈。

高级技师能对技师编制的监测设施检查、操作、维护方案进行审核,依据相关规范及不同监测设施的结构及特性,审查方案的准确性、完整性和可操作性等;准确性是指方案是否满足规范技术要求,操作方法是否准确,是否能保证测量结果的精度及准确性;完整性是指方案是否包括检查、操作、维护等各个方面,各方面的步骤或程序、内容是否完整;可操作性是指方案是否简便,是否具有可操作性等。

5.1.2　安全监测系统运行总结报告编制要求

安全监测系统运行总结报告应包括工程概况、安全监测设施布设、监测仪器及方法、监测数据采集、监测数据整理分析、监测设施运行维护、结论与建议等。工程概况说明工程基本情况及主要特征参数;监测设施布设包括监测项目、测点布设、考证资料及平面、剖面布置图等;监测仪器及方法包括各类监测仪器名称、类型、型号及技术性能指标和监测方法;监测数据采集包括各类监测仪器观测的频次及资料采集起止时间等;监测数据整理分析包括对监测资料统计、图表整理、分析的结论等;监测设施运行维护报告监测设施运行、故障、维修及更换情况;结论与建议包括监测系统总体运行情况、存在哪些问题及后续运行建议等。

5.1.2.1　安全监测系统运行总结报告案例 1

1. 工程概况

该水库是以防洪为主,兼顾防凌、灌溉、发电、供水等综合利用,为大(1)型水库。大坝为混凝土重力坝,1957 年开工建设,1961 年大坝建成并投入运用。

2. 大坝安全监测项目及设备

大坝安全监测项目及设备见表 7-5-1。

3. 监测数据采集与处理

利用分布式数据采集系统,数据采集器每日 8 时定时采集一次数据,也可即时单测和巡测,数据上传至服务器存储,可使用厂家配套软件进行数据处理和分析。

表 7-5-1　大坝安全监测项目及设备

<table>
<tr><th>监测项目</th><th>仪器布置</th><th>监测仪器设备
及主要参数</th><th>监测频次
及方法</th></tr>
<tr><td>坝体及坝基
变形监测</td><td>利用 3 条正垂线、7 条倒垂线、4 条单向引张线监测上下游和坝轴线两个方向的水平位移,共安装垂线坐标仪 16 台,引张线仪 41 台。10 条垂线分别布置在安装场 2 段、3 段,电站坝 3 段、5 段、7 段,隔墩坝段,溢流坝 5 段、8 段。4 条引张线分别布置在▽350.2 廊道安装场—溢流坝段、▽315 廊道电站坝—隔墩坝、▽315 廊道隔墩坝—溢流坝段、▽290 廊道溢流坝段</td><td>垂线坐标仪量程:
±12.5 mm
引张线仪量程:
±10.0 mm</td><td rowspan="8">自动监测
1 次/日</td></tr>
<tr><td>左岸山体
变形监测</td><td>在左岸 $1^{\#}$隧洞工作闸门下游 350 m 高程穿过两洞身之间的山体斜向下埋设一套电位器式多点变位计,含 6 个测点,用于监控洞身所处山体的稳定性</td><td>多点变位计量程:
0~50 mm</td></tr>
<tr><td>坝基沉陷
监测</td><td>在溢流坝▽290 廊道安装了静力水准自动测量装置,含 6 个沉陷监测点,布置点从隔墩坝到溢流坝 8 段</td><td>静力水准仪量程:
0~20 mm</td></tr>
<tr><td>裂缝及
接缝监测</td><td>在左岸 $1^{\#}$和 $2^{\#}$隧洞工作闸门井内各安装有 4 支测缝计,在张公岛安装测缝计 2 支,用以监测裂缝开合变化。
在电站坝 $7^{\#}$、$8^{\#}$坝段接缝处三个不同高程各安装 3 支测缝计,测三个方向接缝变化</td><td>测缝计量程:
0~50 mm</td></tr>
<tr><td>坝基扬
压力监测</td><td>在大坝基础廊道测压管内共安装渗压计 44 支,分别布置在右岸非溢流坝 3 段、6 段,安装场 2 段,电站坝 3 段、5 段、7 段,隔墩坝段、溢流坝 1 段、2 段、3 段、4 段、5 段、7 段,形成 3 个纵向观测断面,9 个横向观测断面</td><td>渗压计量程:
0~35 m</td></tr>
<tr><td>左岸绕坝
渗流监测</td><td>在大坝左岸坝肩上下游共布置 3 个测孔,孔内安装渗压计。$1^{\#}$测点在右岸岗楼前,$2^{\#}$测点和 $3^{\#}$测点分别在值班室后坡上、坡下</td><td>渗压计量程:
0~35 m</td></tr>
<tr><td>坝体渗漏量
监测</td><td>在电站坝 3 段和 7 段的 272 廊道各设 1 个测点,安装三角堰板和量水堰仪,观测坝体渗漏水量</td><td>量水堰仪量程:
0~200 mm</td></tr>
<tr><td>气温监测</td><td>在大坝 290 廊道、315 廊道和 350.2 廊道的中部各设 1 个测点安装温度计,用以测量廊道气温,目前在测。在大坝右岸安装百叶箱一只,内置温度计,用以测量坝区气温</td><td>温度计量程:
−30~+70 ℃</td></tr>
<tr><td>地震监测</td><td>在大坝上游约 3 km 处建有专业地震台一个,纳入了国家地震台网</td><td></td><td>自动连续监测</td></tr>
</table>

4. 监测资料整编与分析

按照要求，每月 6 号之前上报当月的观测月报和巡检月报。对于自动监测系统采集的数据，每天都要进行复核和检查，按月进行整编，目前，观测月报内容包括坝体变形、坝基扬压力、坝基水温、廊道气温、绕坝渗流、闸门井壁裂缝和电站坝段接缝变化等，以上报当月统计特征值和过程线为主，一般不做模型分析。巡检月报内容比较简单，是当月现场巡视检查结果的描述。对于其他人工采集的数据，一般每隔半年或一年集中进行一次整编。在每年的年底，都要对本年度的资料进行整理和分析。定期的资料整编与分析工作一般与科研单位合作开展。

在监测或巡检过程中，如发现数据或现场异常，监测人员会进行有针对性的检查、分析和试验，必要时邀请专家来现场指导，咨询有关专业技术问题，最后以专题报告形式提交检查、分析和试验的成果。

监测资料分析图表略。

5. 结语

本年度除完成正常的安全监测工作外，还完成了 315 廊道引张线系统改造，新增设了坝体渗漏、张公岛裂缝和坝区气温监测三个项目，监测软件由单机版升级为网络版。

存在的主要问题：①因未安装双金属标点，静力水准实测的沉陷相对值无法换算为绝对值；②自动监测软件的数据分析功能对操作人员的技术水平要求较高，基层技术人员较少使用。

建议：有针对性地培训、提高基层监测技术人员利用编程工具开展数据分析的业务技术水平。

5.1.2.2 安全监测系统运行总结报告案例 2

1. 工程概况

水库为大(1)型水库，具有防洪、供水、发电、航运等功能。枢纽由大坝、电站厂房、升船机及引水工程等组成。大坝由河床混凝土坝和两岸土石坝所组成。

2. 监测项目及布置

大坝监测项目主要有变形监测(坝体水平与垂直位移、挠度、倾斜、接缝和裂缝等)，渗压渗流监测及水质分析，应力应变及温度监测(温度监测含坝基温度、新老混凝土温度、库水温及气温等)，环境量监测(上下游水位、水温、降雨量、坝前淤积、坝后冲刷监测等)，裂缝专项监测。具体如下。

1) 大坝工程变形监测

大坝工程变形监测设施统计见表 7-5-2。

2) 渗压渗流监测

混凝土坝基扬压力：由 1 个纵向观测断面、10 个重要横向观测断面和多个一般横向观测断面组成。在纵向观测断面上，每个坝段分别布设 1～2 根测压管。在重要横向观测断面上，从上游(帷幕前)至下游(帷幕后、排水幕)布设 4～8 根测压管；其他一般观测断面上布设 1～3 根测压管；共计布设 135 根测压管，其中新增 25 根测压管，110 根为初期工程设立。

表 7-5-2　变形监测设施统计

监测项目	仪器名称	单位	混凝土挡水坝段				土石坝		小计
			左岸	右岸	升船机	厂房	左岸	右岸	
变形监测网	水平位移监测网	点	14						14
	新建测温钢管标	座	1						1
	新建双金属标	座	1						1
	岩石基本标	座	7						7
	岩石钢管标	座	2						2
大坝变形监测	正垂	点	63				3		66
	倒垂	点	22				1		22
	引张线	点	48						48
	精密导线	点	8						8
	伸缩仪	套	3				1		4
	竖直传高	套	3						3
	交会点	个	4		4		41	35	84
	精密水准	个	168			4	82	62	316
	视准线	条						1	1
	双金属标	座	1				1	1	3
	测温钢管标	套					1	1	2
	表面测缝计	支					2	2	4
合计			344		4	4	132	102	586

混凝土坝基、坝体渗流量：坝基、坝体渗流量观测采用按部位分区设立量水堰进行量测。目前混凝土坝共设排水孔 495 个，其中 $19^{\#}$ ~ $31^{\#}$ 坝段是坝基主要渗漏区，设有排水孔 148 个，将其导入基础廊道靠下游壁的排水沟内引入量水堰。将坝体渗水导入基础廊道靠上游壁的排水沟内引入量水堰，共设置 12 个量水堰。对部分裂缝渗水仍采用目测和容积法定期进行观测，并对析出物和渗漏水水质定期取样分析。渗压渗流监测设施统计见表 7-5-3，共计 225 支(座)。

3) 应力应变及温度监测

主要选择右岸转弯坝段(右 1)、$7^{\#}$ 坝段、$10^{\#}$ 坝段、$17^{\#}$ 坝段及 $21^{\#}$ 坝段、$31^{\#}$ 坝段、$34^{\#}$ 坝段等 7 个坝段作为重点监测坝段。各重点监测坝段的仪器布置均与施工期监测相结合。侧重布设温度计、测(裂)缝计、钢筋计等仪器，用于监测新老混凝土的温度分布及变化过程、新老混凝土结合面的结合情况、结合面锚筋应力变化情况、混凝土裂缝情况等。共计埋设 1 086 支仪器，见表 7-5-4。

表 7-5-3　渗压渗流监测设施统计

监测项目	仪器名称	单位	混凝土挡水坝段		土石坝		小计
			左岸	右岸	左岸	右岸	
渗压渗流	渗压计	支	11	18	40	27	96
	测压管	根	16	9	57	29	111
	量水堰	座	10	2	3	3	18
合计			37	29	100	59	225

表 7-5-4　应力应变监测设施统计

监测项目	仪器名称	单位	混凝土挡水坝段		土石坝		小计
			左岸	右岸	左岸	右岸	
应力应变及温度	测缝计	支	82	41	3	2	128
	三向测缝计	支			9	15	24
	基岩变形计	支	5	5	1		11
	裂缝计	支	40	28			68
	钻孔变位计	支	10	9			19
	多点位移计	支		18			18
	沉降兼测斜管	套			3	4	7
	温度计	支	322	189	35		546
	光纤温度计	支		66			66
	钢筋计	支	67	39	3		109
	无应力计	支	17	10			27
	压应力计	支	2	3			5
	土压力计	支			2	24	26
	应变计	支	16	16			32
小计			561	424	56	45	1 086

4）监测仪器设备及主要参数

上述主要监测仪器设备技术指标汇总见表 7-5-5。

表 7-5-5　主要监测仪器设备技术指标汇总表

序号	仪器设备名称	主要技术指标
1	沉降仪	测量范围:0~70 mm,分辨力≤1 mm
2	测斜仪	测量范围:0°~±53°,分辨力≤1 mm
3	电测水位计	测量范围:0~50 m,分辨力≤1 mm
4	三向测缝计	测量范围:0~200 mm,分辨力≤0.1%FS
5	渗压计	测量范围:0~400 kPa,分辨力≤0.05%FS
6	土压力计	测量范围:0~1 600 kPa,分辨力<0.15%FS
7	测缝计	测量范围:-1~12 mm,分辨力<0.3%FS
8	温度计	测量范围:-30~70 ℃,分辨力≤0.05 ℃
9	钢筋计	测量范围:-100~200 MPa,分辨力≤0.3%FS
10	基岩应变计	测量范围:0~40 mm,分辨力<0.3%FS
11	弦式仪器电缆	绝缘电阻≥100 MΩ,防水、耐酸碱
12	水工电缆	各电缆芯线电阻≤3 Ω/100 m,绝缘电阻≥100 MΩ,防水耐酸碱
13	弦式读数仪	测量范围:频率 400~6 000 Hz,温度-20~70 ℃;分辨力:频率 0.1 Hz,温度 0.1 ℃
14	数字电桥	测量范围:电阻比 0.900 0~1.111 0,电阻值:0~111.10 Ω;分辨力:电阻比 0.000 1,电阻值 0.01 Ω
15	量水堰水位计	测量范围:0~500 mm,分辨力≤0.1%FS
16	压力表	测量范围:0.25~0.6 MPa,精度 0.4 级
17	卷尺水位计(进口)	测量范围:0~15 m,分辨力≤1 mm
18	应变计	测量范围:-1 000~500 με,分辨力≤0.3%FS
19	渗压计(进口,弦式)	测量范围:0~700 kPa,分辨力≤0.05%FS
20	压应力计	测量范围:0~30 MPa,分辨力<0.1%FS
21	无应力计	测量范围:-1 000~500 με,分辨力≤0.3%FS
22	光纤光栅温度计	测量范围:-10~70 ℃,分辨力 0.5 ℃
23	便携式光纤光栅读数仪	测量范围:-10~70 ℃,分辨力 0.5 ℃
24	GL-1A 型磁致式(智能)量水堰计	测量范围:0~600 mm,分辨力≤0.01%FS
25	倒垂线装置	不锈钢制品,恒定浮力
26	正垂线装置	不锈钢制品,50 kg 浮力
27	垂线坐标仪	量程 100×100 mm,精度±0.1 mm
28	引张线装置	线体 Φ1.2 mm,抗拉强度≥100 MPa

续表 7-5-5

序号	仪器设备名称	主要技术指标
29	精密水准标	不锈钢标芯,带保护盒
30	强制对中基座	不锈钢制品
31	竖直传高装置	不锈钢制品,精度±0.1 mm
32	因瓦带尺	定制产品,精度±0.1 mm
33	精密量距装置	不锈钢制品
34	测缝计	量程 50 mm,分辨力 0.025%FS,精度 0.1%FS
35	遥测垂线坐标仪	测量范围:50(X)×50(Y)mm,灵 敏 度:0.02 mm,精度:±0.1 mm
36	遥测引张线仪	测量范围:45(X)灵 敏 度:0.02 mm,精度:±0.1 mm
37	测量控制单元	原装进口,支持多类型传感器及通信方式

3. 监测频次及方法

根据设计单位《水利枢纽大坝蓄水安全监测技术要求》,按后期规模蓄水期间的安全监测项目及频次见表 7-5-6。

表 7-5-6　蓄水期间的安全监测项目及频次

序号	监测仪器	167 m 以下观测频次	167 m 以上观测频次
一	变形监测		
1	水平和垂直位移监测网	1 次/季	1 次/季
2	大坝水平位移	1 次/d~1 次/周	1 次/d~2 次/周
3	大坝垂直位移	1 次/d~1 次/周	1 次/d~2 次/周
4	基岩变形计	1 次/d~1 次/周	1 次/d~2 次/周
5	多点位移计	1 次/d~1 次/周	1 次/d~2 次/周
6	测缝计	1 次/d~1 次/周	1 次/d~2 次/周
7	裂缝计	1 次/d~1 次/周	1 次/d~2 次/周
8	测斜孔	1 次/d~1 次/周	1 次/d~2 次/周
9	沉降仪	1 次/d~1 次/周	1 次/d~2 次/周
二	渗流监测		
1	渗压计	1 次/d~1 次/周	1 次/d~2 次/周
2	量水堰	1 次/d~1 次/周	1 次/d~2 次/周
3	测压管	1 次/d~1 次/周	1 次/d~2 次/周

续表 7-5-6

序号	监测仪器	167 m 以下观测频次	167 m 以上观测频次
三	应力应变及温度监测		
1	钢筋计	1 次/d～1 次/周	1 次/d～2 次/周
2	温度计	1 次/d～1 次/周	1 次/d～2 次/周
3	应变计	1 次/d～1 次/周	1 次/d～2 次/周
4	应力计	1 次/d～1 次/周	1 次/d～2 次/周
5	无应力计	1 次/d～1 次/周	1 次/d～2 次/周
四	水质分析	1 次/月	1 次/月
五	库水温	1 次/d～1 次/旬	1 次/d～1 次/旬
六	气温	逐日观测	逐日观测

注:库水位快速上升、下降期,洪水期及特殊状态,测次取上限。

监测数据采集主要为人工观测,部分变形监测设施为自动化采集。

大坝变形监测自动化系统在大坝 44[#]坝段 171 m 高程布置监测管理站,在混凝土大坝 170 m 高程廊道内 8 个不同坝段观测房布设 8 台测量控制单元(MCU),在左岸土石坝挡土墙下游 2[#]坝段坝顶观测房布设 1 台测量控制单元(MCU),合计 9 台测量控制单元(MCU)通过独立光纤将通信信号传输到监测管理站。

通过 MCU 接入监测自动化系统的仪器(或传感器)包括遥测垂线坐标仪 72 台、遥测引张线仪 48 台、遥测竖直传高仪 3 台、表面测缝计 4 支、伸缩仪 4 支。

4. 监测数据采集与处理

数据采集方式主要有人工数据采集方式和自动化数据采集方式两大类,除部分变形监测设施采取自动化数据采集外,其余基本上采用人工按规定频次观测的方式进行数据采集。

大坝监测自动化系统主要由现场监测仪器、远程测量控制单元、监测站数据处理与分析三部分构成。监测自动化系统结合测点及监测仪器的布置,在廊道观测室里布置测量控制单元(MCU),测点仪器或传感器数据通过信号电缆接入测量控制单元(MCU),测量控制单元(MCU)通过光纤将采集的监测数据传输到大坝监测管理站。监测站设备安装数据采集信息管理系统,实现监测数据自动采集、传输、测值的转换、采集系统管理维护、监测成果初步整理、整编等功能。

5. 监测资料整编与分析

大坝监测资料整编与分析工作通过测值过程分析、相关性分析和对比分析等方法,分析监测资料反映的工程情况、存在问题和可能原因等。下述是部分监测资料的分析成果。

1) 变形监测

(1)水平位移监测。

159 m 廊道布设 1 条引张线,位于▽159 m 廊道坝轴线上游 6 m 处,27～36 坝段,长 197 m,计 9 个测点,如图 7-5-1 所示。

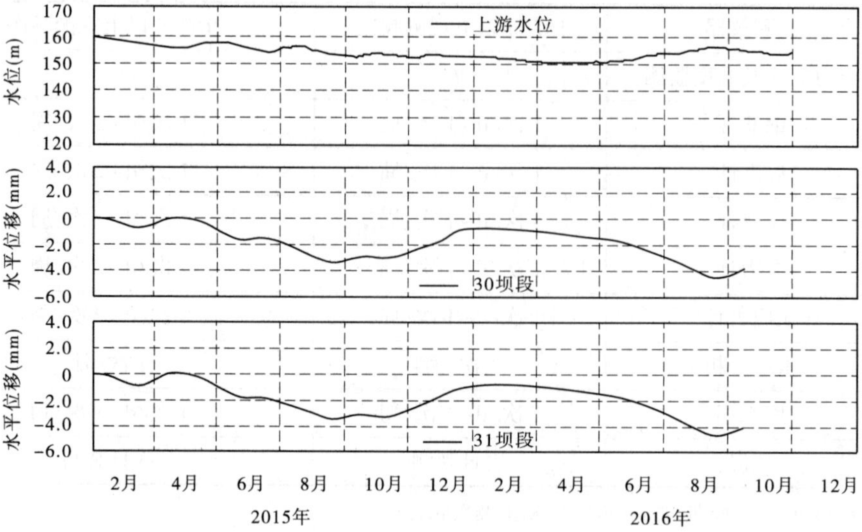

注：向下游位移为"+"，向上游位移为"-"

图 7-5-1　159 引张线 2015 年 1 月至 2016 年 9 月部分测点水平位移过程线

159 引张线位于坝体中上部，位移受温度变化影响明显，气温上升，坝体向上游位移，气温下降则坝体向下游位移，表现为以年为周期的变化规律。由于气温对坝体的影响有一个传播过程，坝体温度变化滞后于气温变化，受此影响，坝体位移变化也滞后于气温变化，一般在 1 个月左右。从过程线可以看出温度效应作用最大。

从表 7-5-7 和图 7-5-1 可以看出，由于位于坝体中上部，159 引张线各测点最大最小变幅较 101 引张线测值变幅明显增大，从 27～31 各测点变幅逐渐增大。但比较历史测值，较 159 引张线在大坝加高后的测值成果变幅不大。

表 7-5-7　2015 年 1 月至 2016 年 10 月 159 引张线各测点变形量统计表　（单位：mm）

27 坝段	28 坝段	29 坝段	30 坝段	31 坝段
3.41	3.99	4.03	4.45	4.66
32 坝段	33 坝段	34 坝段	35 坝段	
5.27	5.87	6.33	5.64	

从图 7-5-2 中可以看出，各相邻测点间不均匀变形量较小，没有明显的不均匀变形，时段位移值从 27 坝段至 35 坝段变形量变化小，相邻坝段间时段位移值小于 0.5 mm。

从图 7-5-2 可以看出：各测点时段变幅（2015 年 7 月至 2016 年 8 月）在 1.5～2.5 mm 间变化，测点间不均匀变形小。

（2）垂直位移监测。

坝基水准线路以"左 I-05"和"右 I-08"为工作基点，线路附合差为观测高差与该两点之间起测高差之差。基础垂直位移测点从右 13#～44#坝段基础廊道，共 94 个测点，采用精密水准法进行观测。

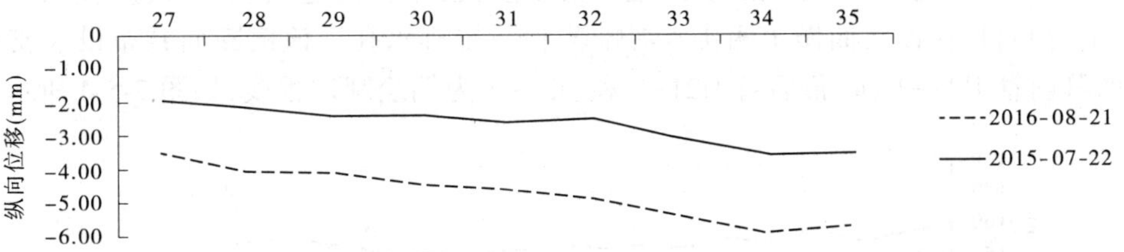

图 7-5-2　各测点纵向位移分布图

坝基垂直位移主要受温度、坝体自重和库水压力荷载的影响，从图 7-5-3 中可以看出：坝基垂直位移呈周期性变化，受库水位影响。与上游水位相关性好，库水位上升时，坝体上游荷载增大，坝基向下沉陷增大；库水位下降时，上游荷载减小，坝基沉陷量减小。在 2016 年 5~8 月间，库水位上升过程中，沉降明显。混凝土坝基础在环境温度变化不大的情况下，受到库水位升高的影响，普遍产生沉降变形，且变形趋势一致，且趋于稳定。从岸坡到河床坝段坝基垂直位移沉降均匀，为 1~2 mm。各坝段间沉降变化幅度基本一致，相邻坝段未见明显不均匀沉降，沉降监测成果可靠性高。

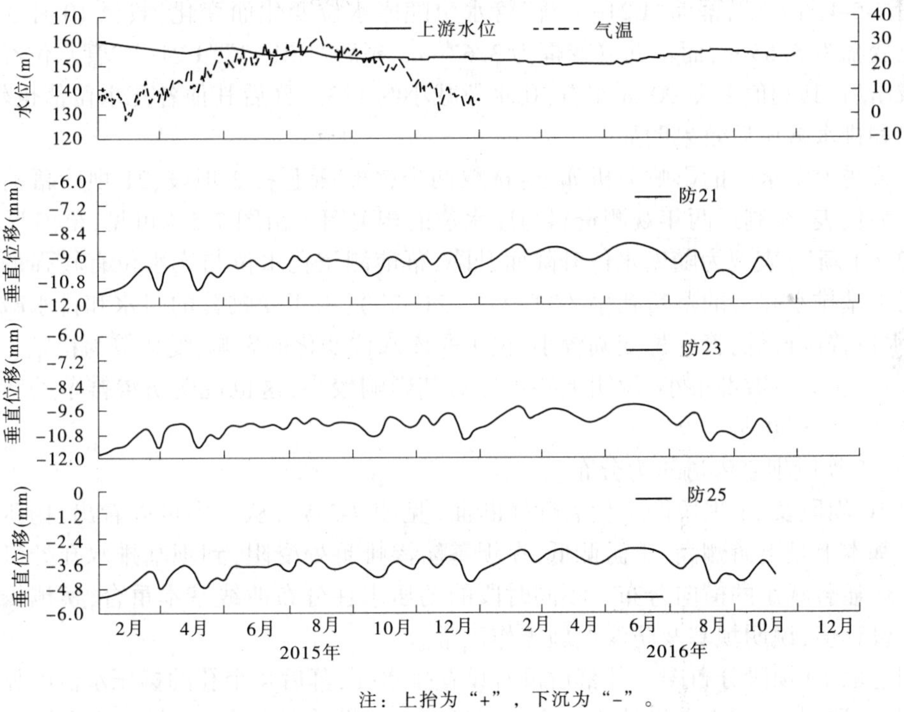

注：上抬为“+”，下沉为“-”。

图 7-5-3　基础廊道典型坝段垂直位移过程线(2015 年 1 月至 2016 年 10 月)

2) 渗流监测

(1) 坝基扬压力监测成果分析。

坝基扬压力采用测压管观测，少部分布置在帷幕前和帷幕与排水孔之间，大部分布置在排水孔后。现幕前管共计 21 支，幕后第一孔测压管共计 36 支。

测压管水位变化规律：20～21坝段地基为断裂交汇区，构造断裂发育，而且坝基原始地形向下游倾斜，在该断面做了两排水泥帷幕和一排排水孔。该横断面共布设8支测压管，选取幕前管U21-1新、幕后管U21-3和U21-7为例绘制过程线，如图7-5-4所示。

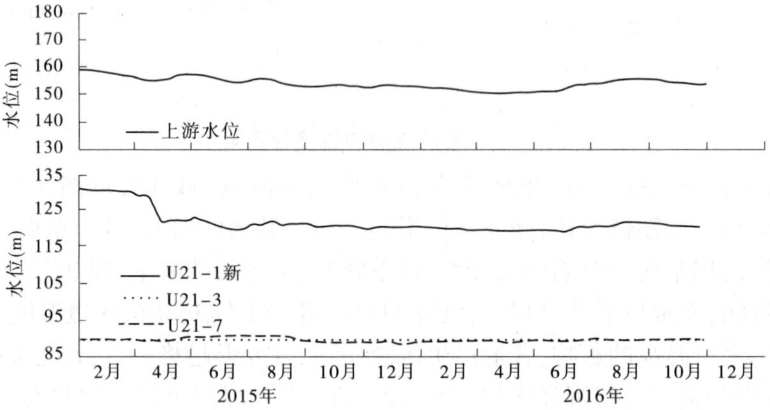

图7-5-4　21坝段测压管水位过程线图

由图7-5-4可看出，幕前"U21-1新"管水位随库水位变化而变化，截至10月31日，上游水位变幅为5.65 m，而幕前管变幅为3.67 m。幕后"U21-3""U21-7"管水位经帷幕和排水减压后，其测值多在90 m左右，孔水位减小约1/3。幕后其他各孔水位值也较小，说明防渗和排水减压后效果明显。

测压管受上游水位的影响分析如下：选取两个横断面上右2坝段、21坝段幕前管与幕后管作为代表，绘制近两年观测资料与库水位的相关图。由图7-5-4可见，幕前管（"右2-1""U21-1新"）表现为随库水位升降而升降，幕前测压孔水位与库水位有较强的正相关性。而坝基排水孔后的幕后孔（"右2-2""U21-2"），由于受帷幕的阻水和排水减压的作用，管水位普遍偏低，管水位变幅较小，很少受库水位变化的影响，变化较为稳定。从相关图上来看，相关系数都很小，说明上游水位对其影响较小，这也说明防渗帷幕的防渗效果在这些坝段运行正常。

（2）重点坝段坝基渗透压力分布。

选取10坝段及21坝段两个代表性横断面（见图7-5-5），从图中可以看出，扬压水柱分布规律基本上是上游侧高，下游侧低，在坝基防渗帷幕处受阻，到坝基排水孔处形成漏斗扬压水柱显著减小的横向分布。不同时段的扬压水柱分布曲线基本重合，实测扬压水柱均小于设计值，说明坝基及防渗设施工作正常。

特别选取10坝段分布图。其幕后没有设置排水孔，幕后4个孔的扬压水位明显小于幕前孔，并大致同高，远小于设计值。一方面说明帷幕防渗效果较好，另一方面同时结合10坝段历史监测资料，说明该断面幕后测压管之间存在水力导通。

（3）幕后第一孔渗压系数分布。

坝基在右4～41坝段幕后第一孔共设有39个测压孔（其中5坝段布设3个，21坝段布设2个），绘出幕后第一孔沿轴线渗压系数分布图（见图7-5-6）。从该图中可看出，整个渗压系数分布与2015年变化规律基本相同，无异常变化，均小于设计值。11～31坝段

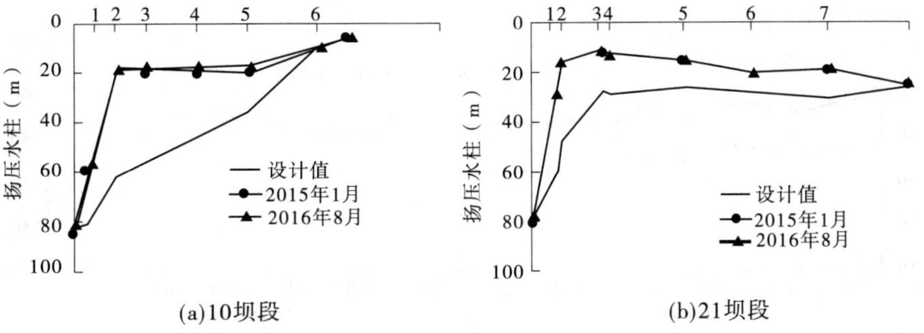

图 7-5-5　测压管渗透压力横向分布图

渗压系数 α 值均呈负值，是由于河床坝段的基础排水孔孔口高程低于下游水位减少坝基扬压力所致。

左岸岸坡各坝段系数变化差异较大。对于 34 坝段渗压系数超过设计值问题，以前大坝安全鉴定时，就已经对这个问题进行过分析，结论是与 33~35 坝段防渗排水措施上形成独立防排系统有关，不属于基础防渗问题。而且 34 坝段幕后第一孔扬压水位长期变化幅度较小，变化趋势较为稳定、平缓，与库水位变化关系不明显。

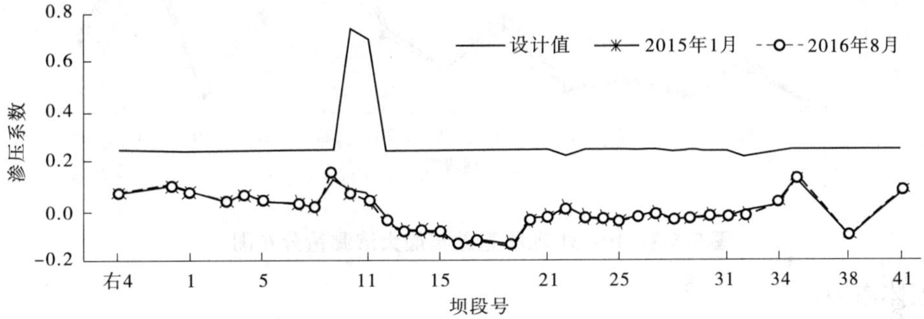

图 7-5-6　幕后第一孔沿轴线渗压系数分布图

(4)渗漏量资料分析。

混凝土坝渗漏量观测包括坝基、坝体渗漏量观测。坝基渗漏量是利用排水孔进行观测的，主要坝基渗漏量观测集中在 19~31 坝段(每个坝段 10~12 个排水孔，计 155 个孔)，采用容积法单孔观测。坝体渗漏量包括上下游面水平施工缝、坝面排水管、坝体横向接缝等漏水量观测，目前主要观测 19~24 坝段▽113 m、19~24 坝段▽117 m 水平施工缝漏水量的观测，共计 64 个测点，也采用容积法观测。

①坝基渗漏量。

坝基渗漏量变化规律：图 7-5-7 为 2015 年、2016 年 19~31 坝段基础总渗漏量过程线。从图 7-5-7 中看出，近两年总渗漏量随上游水位的缓慢降低而降低，基本保持同步，表明坝基渗漏量受库水位影响明显，且测值变幅不大，亦表明坝基渗漏量稳定。

坝基渗漏量沿轴线分布：图 7-5-8 绘出 19~31 坝段近 3 年最大渗漏量分布图，各渗漏量观测时相应库水位(当年最高库水位)分别是 160.70 m、159.10 m、155.88 m。由

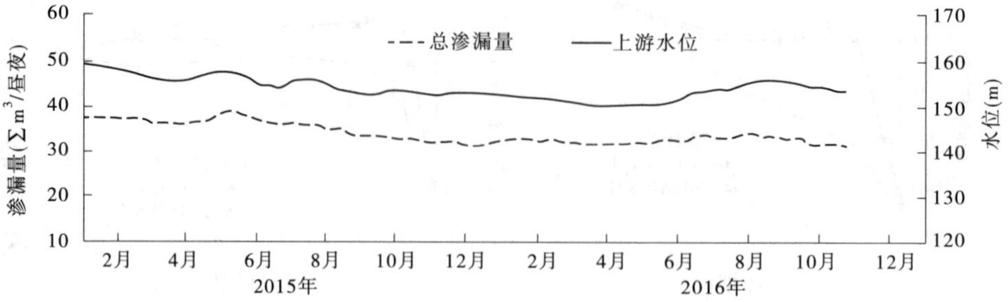

图 7-5-7　19～31 坝段基础总渗漏量过程线

图 7-5-8 可以看出,27 坝段、30 坝段的渗漏量较大,且各坝段渗漏量基本与库水位变化同步,相应库水位愈高;渗漏量也愈大,反之亦然。

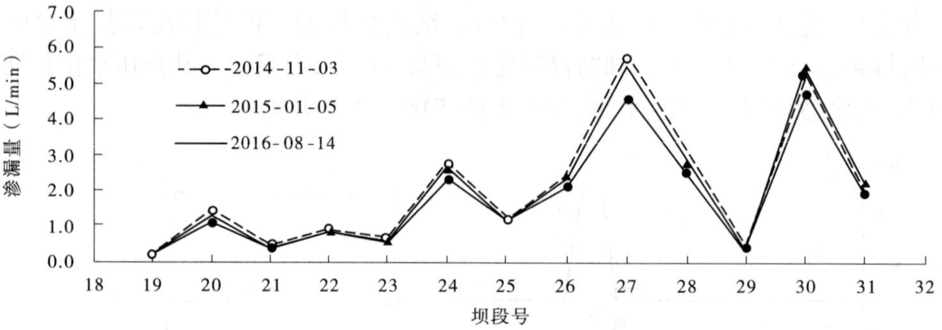

图 7-5-8　19～31 坝段基础年最大渗漏量分布图

②坝体渗漏量。

从 1975 年起对坝体渗漏量较大的部位(19 坝段竖井▽113 m 高程水平缝、防渗板▽102 m 高程廊道 19～24 坝段 12 个坝体排水管及 21～24 坝段 3 条横缝)进行观测。由于坝体渗漏测值相对基础渗漏测值较小,测值变化较小,说明坝体的防渗处理效果显著。

6. 小结

1) 水平位移

上下游方向的水平位移在大坝加高后出现明显的系统性变化:一般情况是位于大坝中上部位置的测点变幅较大,位于大坝底部的测点变幅较小,159 引张线的变幅明显可以证明。大坝加高前后测点变幅减小明显的测点大都位于原坝顶或接近原坝顶高程,其主要原因与受到的气温变幅减小和坝体结构变化有关。大坝变形随气温呈现规律性变形。

2) 坝基垂直位移

坝基垂直位移主要受库水位的变化影响明显。较加高前的沉降变化明显增大。各坝段垂直位移变化连续、均匀,相邻坝段位移相差较小。

3) 坝基扬压力

幕前测压管水位相对较高,幕后测压管水位经过帷幕的阻渗和排水孔减压后,水位明显减小。监测资料表明帷幕防渗与排水减压效果良好。

帷幕后纵向扬压力水位分布受地下水位的影响，两岸坝段的扬压水位比河床坝段的扬压水位高，右岸扬压水位又高于左岸。部分幕后测压管渗压系数较为稳定，变幅值较小，加高工程施工前后渗压系数无明显变化。

4）坝基渗流

渗漏量与水位呈明显的正相关关系，渗漏量并无明显异常。与库水位相关性好，符合历史规律。

5）坝体渗流

102 m 廊道坝体渗漏量主要集中在 23# 坝段处，与温度相关，即 1～2 月渗漏量较大，之后迅速降低。117 m 廊道 2006 年以后渗漏量极小而无法测出。总体 113 水平裂缝处理后坝体渗流量逐年减小，表明该裂缝处理效果较好，说明裂缝处理后未出现明显反复。

7. 结语

1）大坝安全监测情况基本评价

2016 年度，大坝监测设施设备工作运行正常，监测工作规范，大坝监测系统功能基本能满足大坝加高施工、蓄水运行及相关科研等的需要，其运行状态正常。所获取的监测资料可靠、准确，其监测成果可作为分析大坝安全性态及采取相应工程处理措施的依据。

2）有关建议

（1）按照大坝安全监测有关规范要求对监测仪器及设施进行定期的鉴定工作，尤其应尽快开展对初期工程留存下来的监测仪器及设施进行鉴定工作。

（2）开展新老监测系统的整合、调试工作，实现监测自动化，以利及时、完整获取大坝监测信息。

5.2　培　训

培训讲义的编写应明确培训对象的等级、培训内容、培训目标和培训要求。培训讲义以实用性和可操作性为原则，突出理论对操作的指导作用和专业知识为生产服务的指导思想，内容深入浅出、循序渐进、图文并茂，操作部分步骤细致、明确、通俗；反映最新的成熟技术、工艺和方法，过时的或已摈弃的技术、工艺不再写入讲义中。突出技能培训特点，教材应与考核相结合，对实际工作和操作技能有切实的指导作用，避免过多的理论知识。

培训讲义应按中华人民共和国人力资源和社会保障部制定的《水工监测工国家职业技能标准（2019 年版）》的要求编制。按该标准体系，本教材以基础知识（J）和初级工（A）、中级工（B）、高级工（C）、技师（D）、高级技师（E）各等级为篇级，以职业功能为章级，以工作内容为节级，具体内容由技能要求和相关知识结合确定。这种分级格局模块化建构的体系能较好地配合水工监测工分级培训教学和分级技能鉴定设计方式的实施。

培训内容根据各级工种的工作内容、技能要求和相关知识，初级工重点培训使用简单测量设备进行观测与记录；中级工重点培训使用测量设备进行观测和数据统计；高级工重点培训能使用复杂的设备进行测量，利用自动化系统进行测量，并能检查维护仪器及设备；技师培训的重点是故障检查排除、自动化系统人工比测；高级技师重点培训环境量监测数据合理性判别，自动化设备维护，资料整编分析等。

水工监测工等级培训分理论知识和操作技能两个方面，理论知识又分基础知识和技能相关知识两部分，理论知识的培训应重点培训基础知识的概念和基本原理，相关知识应结合到技能要求，根据技能的要求培训相关知识；操作技能培训宜在大、中型水利工程现场或模拟场所进行，且配备相应的设施、设备、工器具，应针对每一技能的要点、操作步骤及注意事项进行全面培训，并能使每位学员进行实践操作，根据不同项目可分组进行。

参 考 文 献

[1] 中华人民共和国人力资源和社会保障部,中华人民共和国水利部. 水工监测工国家职业技能标准(2019 年版)[S]. 2019.

[2] 钟汉华. 水工监测工[M]. 郑州:黄河水利出版社,2015.

[3] 牛占. 水文勘测工[M]. 郑州:黄河水利出版社,2011.

[4] 张秀丽,杨泽艳. 水工安全监测[M]//水工设计手册. 2 版. 北京:中国水利水电出版社,2013.

[5] 中华人民共和国水利部. 土石坝安全监测技术规范:SL 551—2012[S]. 北京:中国水利水电出版社,2012.

[6] 中华人民共和国水利部. 混凝土坝安全监测技术规范:SL 601—2013[S]. 北京:中国水利水电出版社,2013.

[7] 中华人民共和国水利部. 水利水电工程安全监测系统运行管理规范:SL/T 782—2019[S]. 北京:中国水利水电出版社,2019.

[8] 中华人民共和国水利部. 水工隧洞安全监测技术规范:SL 764—2018[S]. 北京:中国水利水电出版社,2018.

[9] 中华人民共和国水利部. 水闸安全监测技术规范:SL 768—2018[S]. 北京:中国水利水电出版社,2018.

[10] 中华人民共和国水利部. 水闸技术管理规范:SL 75—2014[S]. 北京:中国水利水电出版社,2014.

[11] 中华人民共和国水利部. 堤防工程养护修理规范:SL 595—2013[S]. 北京:中国水利水电出版社,2013.

附录1 水工监测工国家职业技能鉴定理论知识模拟试卷(高级工)

注意事项

1. 考试时间:120分钟。(注:各职业考核时间不同,应按国家职业标准要求确定)
2. 请首先按要求在试卷的标封处填写您的姓名、准考证号和所在单位的名称。
3. 请仔细阅读各种题目的回答要求,在规定的位置填写您的答案。
4. 不要在试卷上乱写乱画,不要在标封区填写无关的内容。

一、单项选择题(第1~40题。请选择一个正确答案,将相应字母填入括号内。每题1分,共40分)

1. 新时代水利精神是:"忠诚、干净、担当,科学、求实、(　　)"。

A. 献身　　B. 创新　　C. 奉献　　D. 诚信

2. 水利职业道德的基础和核心是:(　　)。

A. 注重质量　　B. 崇尚科学　　C. 爱岗敬业　　D. 实事求是

3. (　　)是社会主义职业道德的最高要求,是为人民服务和集体主义精神的最好体现。

A. 钻研业务　　B. 爱岗敬业　　C. 团结协作　　D. 奉献社会

4. 水利工作者最基本、最主要的道德规范是:(　　)。

A. 勤奋学习、钻研业务　　B. 爱国、敬业

C. 诚信、友善　　D. 爱岗敬业、忠于职守

5. 环境保护是我国的一项(　　)。

A. 政策　　B. 工作　　C. 目标　　D. 基本国策

6. 重力坝垂直于坝轴线,将坝体分成若干个坝段的缝为(　　)。

A. 冷缝　　B. 垂直缝　　C. 纵缝　　D. 横缝

7. 我国规定气温由地面气象观测地面(　　)m上的空气温度反映。

A. 1.2　　B. 1.5　　C. 1.8　　D. 2.0

8. 闭合电路的一部分导体在磁场中做(　　)运动时,导体内可产生感应电动势,这种现象就叫电磁感应。

A. 切割导线　　B. 切割磁力线　　C. 加速　　D. 变速

9.《中华人民共和国劳动合同法》中规定用人单位应当依法建立和完善(　　),保障劳动者享有劳动权利、履行劳动义务。

A. 工作标准　　B. 劳动规章制度

C. 劳动安全卫生法律　　D. 工作规程

10. 相关技术规范中规定仪器埋设前应进行检验、(　　)和电缆接头防水处理。

A. 观察　B. 观测　C. 测量　D. 率定

11. 常见的导渗减压设施有导渗沟、(　)等。

A. 铺盖　B. 减压井　C. 灌浆帷幕　D. 截渗墙

12. 当坝基表面有较薄的弱透水层或不透水层，且底下的透水层较浅时，一般采用(　)导渗。

A. 导渗沟　B. 排水棱体　C. 减压井　D. 褥垫

13. 土石坝日常巡视检查工作中重点检查导渗沟(　)。

A. 裂缝　B. 沉降　C. 淤堵　D. 塌陷

14. 发现减压井淤塞时采取冲水清理的方法，原因是(　)。

A. 方便　B. 彻底清除淤塞物　C. 保护井壁反滤层　D. 环保

15. 土石坝常见的动物危害是(　)。

A. 蛇　B. 鼠　C. 白蚁　D. 兔子

16. 通过渗流水水质和库水水质对比分析，可以确定是否发生(　)。

A. 管涌　B. 流土　C. 溶蚀　D. 渗漏

17. 监视大坝安全运行的耳目是(　)。

A. 大坝监测设施　B. 大坝探测设施　C. 大坝管理人员　D. 大坝巡视人员

18. 在观察大坝渗漏时，做好观察记录，要记录渗漏的水量的大小、高程和(　)。

A. 颜色　B. 温度　C. 气味　D. 酸碱度

19. 浮子水位计的工作原理是用(　)感应水位，其漂浮在水位井内，随水位升降而升降。

A. 浮子　B. 平衡锤　C. 悬索　D. 编码器

20. 浮子式水位计安装牢固，安装区域水面平稳，且不受(　)或抽水影响。

A. 泄水　B. 水温　C. 气温　D. 气压

21. 在静力水准仪的系统中，所有各测点的(　)均是相对于其中的一点变化。

A. 垂直位移　B. 水平位移　C. 应变　D. 压力

22. 多个静力水准仪的容器用(　)连接，每一个容器的液位由磁致伸缩式传感器测出。

A. 电缆　B. 通液管　C. 铜线　D. 棉线

23. 当静力水准仪观测计算值 ΔH_i 为负值时表示观测点地基(　)。

A. 抬高　B. 沉降　C. 无变化　D. 无法确定

24. 全站仪键盘是仪器结构的组成部分，通过全站仪键盘可以(　)。

A. 改动单次测量成果　B. 整平仪器

C. 输入操作指令　D. 自动对中

25. 采用光学垂线坐标仪观测前后，必须检测仪器零位，并计算它与首次零位之差，取(　)之平均值作为本次观测值的改正数。

A. 观测前零位差　B. 观测后零位差　C. 两次零位　D. 两次零位差

26. 引张线人工观测时，测点中标尺的零点在上游方向，若不考虑端点变位，则测点位移值为(　)。

A. 本次观测值加首次观测值　　B. 本次观测值减首次观测值

C. 首次观测值减本次观测值　　D. 本次观测值与首次观测值均值

27. 以全站仪观测导线水平角时,前视点正镜观测完毕后,下一步应(　　)。

A. 顺时针照准后视方向　　B. 逆时针照准后视方向

C. 倒转望远镜照准前视方向　　D. 倒转望远镜照准后视方向

28. 水管式沉降仪装置维护应检测进水管、(　　)、排水管的连通性,发现有堵塞现象应及时清洗管路。

A. 排污管　　B. 通气管　　C. 测量管　　D. 观测管

29. 棱镜在制造和使用中容易沾上油污、水湿性污物、指纹等,清洗棱镜时,可用 20% 左右的(　　)和 80% 左右的乙醚配制清洗剂进行清洗。

A. 酒精　　B. 汽油　　C. 乙醛　　D. 甲醇

30. 垂线观测时,计算某测点在左右岸方向的位移值若为正值,则说明(　　)。

A. 测点向左岸方向位移　　B. 测点向右岸方向位移

C. 垂线向左岸方向位移　　D. 垂线向右岸方向位移

31. 渗流监测自动监测系统在运行初期测次为每天一次,时间为(　　)时,并加强监视和分析测量数据的变化规律,在运行一年后测量周期可适当延长。

A. 0　　B. 8　　C. 12　　D. 20

32. 每月应对自动监测系统测量数据进行整理分析,剔除(　　)值,并与人工测值进行对比,对差异大的应及时分析原因,提出处理意见和措施进行处理。

A. 正常　　B. 异常　　C. 最大　　D. 最小

33. 渗压计绝缘性检验测试时,应将传感器芯线(　　)施测。

A. 可靠串联　　B. 可靠并联　　C. 分别　　D. 单独

34. 渗压计外观检查包括(　　)、电缆连接完好、透水石未堵塞。渗压计量程与测点实际承受的压力相适应。

A. 标识清晰、外观无损伤　　B. 结构完整

C. 整洁漂亮　　D. 抗震防水

35. 测压管内水位人工比测,渗压计测读计算水位与人工电测水位计测读水位的差值的绝对值应小于渗压计量程(　　)%FS。

A. 0. 1　　B. 0. 2　　C. 0. 5　　D. 1

36. 电位器是一种将机械位移转换为(　　)的变换原件。

A. 温度变化　　B. 电容变化　　C. 电感变化　　D. 电阻值变化

37. 对于箱内每台差阻式仪器,用(　　)兆欧表及万用表,分别检查常温绝缘电阻及总电阻值。

A. 50 V　　B. 100 V　　C. 180 V　　D. 220 V

38. 单个差动式应变计的计算公式中 $\varepsilon_m = f(Z_i - Z_0) + b(T_i - T_0)$,式中 b 为(　　)。

A. 温度补偿系数　　B. 电阻比基准值　　C. 修正灵敏系数　　D. 温度基准值

39. 对半导体电阻式水温计检查时,电缆破损进水或受潮将导致测值失真,具体表现是当电缆进水后测量的温度值(　　)。

A. 偏低　　B. 偏高　　C. 不变　　D. 恒温

40. 单个差动式应变计的计算公式中 $\varepsilon_m = f(Z_i - Z_0) + b(T_i - T_0)$，式中 f 为(　　)。

A. 温度补偿系数　　B. 电阻比基准值　　C. 修正灵敏系数　　D. 温度基准值

二、多项选择题(第 41～60 题。请选择一个以上正确答案，将相应字母填入括号内。每题全部选择正确得分；错选或多选、少选均不得分，也不倒扣分。每题 2 分，共 40 分)

41. 水准仪基座用来支撑仪器的上部并与三脚架连接，主要由(　　)组成。

A. 轴座　　B. 脚螺旋　　C. 底板　　D. 三角压板　　E. 尺垫

42. 构件的强度、刚度和稳定性，与其本身的(　　)以及工作环境等都有着非常密切的关系。

A. 几何形状　　B. 尺寸大小　　C. 所用材料　　D. 荷载情况　　E. 温度

43. 触电者的生命能否获救，在绝大多数情况下取决于能否迅速脱离电源和正确地施行(　　)。

A. 人工呼吸　　B. 心脏按摩　　C. 喝水　　D. 输氧　　E. 降温

44. 减压井检查部位包括(　　)。

A. 井体　　B. 测流堰板　　C. 井盖　　D. 排水沟　　E. 导渗沟

45. 土石建筑物监测设施检查主要包括(　　)等。

A. 环境量、渗流、变形监测设施检查　　B. 引张线、垂线装置

C. 自动化设备　　D. 监测仪器电缆　　E. 应急物资

46. 由于白蚁巢穴的破坏，常导致土石坝(　　)风险产生。

A. 漏水　　B. 散浸　　C. 管涌　　D. 滑坡　　E. 泥石流

47. 浮子式水位测井及自记台按结构形式和在断面上的位置可分为(　　)。

A. 岛式　　B. 岸式　　C. 岛岸结合式　　D. 岛岸分离式　　E. 坑式

48. 下面有关三等水准线路测量高差往返不符值的叙述，正确的有(　　)。

A. 往返高差不符值为往测高差与返测高差的代数和

B. 往返高差不符值为往测高差与返测高差的平均值

C. 高差闭合差改正计算前需考虑往返高差不符值是否超限

D. 往返高差不符值不参与高差闭合差的计算

E. 可不计算往返高差不符值

49. JL-1 型静力水准仪所使用的磁致伸缩液位传感器主要由(　　)组成。

A. 测杆　　B. 非接触磁浮球　　C. 电子仓　　D. 观测电缆　　E. 钢丝绳

50. 水平位移自动化监测设备包括(　　)。

A. 光学垂线坐标仪　　B. 遥测引张线仪

C. 位移传感器　　D. 数据采集单元

E. 引张线保护管

51. 引张线人工观测时，测点中标尺的零点在上游方向，首次观测值为 10.4 mm，本次观测值为 6.2 mm，若不考虑端点变位，下列说法正确的有(　　)。

A. 测点位移值为 4.2 mm　　B. 测点向上游方向位移

C. 测点位移值为 -4.2 mm　　D. 测点向下游方向位移

E. 测点位移值为8.3 mm

52. 闭合导线和附合导线内业计算的不同点是(　　)。

A. 方位角推算方法　B. 坐标增量计算

C. 坐标增量闭合差计算　D. 导线全长闭合差的计算

E. 角度闭合差计算

53. 渗压计外观检查包括(　　)。渗压计量程与测点实际承受的压力相适应。

A. 标识清晰　B. 外观无损伤

C. 电缆连接完好　D. 透水石未堵塞

E. 读数稳定

54. 检测渗压计的静态特性参数,包括(　　)和综合误差。

A. 分辨率　B. 非线性度　C. 不重复度

D. 滞后　E. 人工误差

55. 差动电阻式读数仪有五个接线柱,分五种颜色,分别标记为黑、(　　)色。

A. 红　B. 绿　C. 白　D. 黄　E. 蓝

56. 测压管的埋设包括(　　)。

A. 钻孔法　B. 锚固法　C. 预埋法　D. 支架安装　E. 表面安装

57. 差动电阻式传感器的读数仪是(　　)。

A. 数字电桥　B. 万用表　C. 水工比例电桥

D. 示波器　E. 兆欧表

58. 电缆芯线电阻大小是由(　　)决定的。

A. 芯线长度　B. 芯线截面面积　C. 电阻率　D. 电压　E. 电流

59. 差动式应变计的实测应变计算公式 $\varepsilon_m=f(Z_i-Z_0)+b(T_i-T)$ 中(　　)。

A. f——修正灵敏系数,单位是 $10^{-6}/0.01\%$

B. f——修正灵敏系数,单位是 10^{-6}

C. ε_m——应变计实测应变,单位是 $10^{-6}/0.01\%$

D. ε_m——应变计实测应变,单位是 10^{-6}

E. Z_0——电阻比基准值,单位是0.01%

60. 铜电阻式温度计计算公式中 R_0 为(　　)。

A. 固定值　B. 变化值　C. 45.5 Ω　D. 46.6 Ω　E. 不可知

三、判断题(第61~80题。请将判断结果填入括号中,正确的填"√",错误的填"×"。每题1分,共20分)

(　　)61. 拱坝把上游水压力通过一系列凸向上游的水平拱圈的作用传给两岸岩体。

(　　)62. 水位是水体自由水面的高度。

(　　)63. 通电导体在磁场的作用下,会受到力的作用而产生运动,运动的方向,可用左手定则来判断。

(　　)64. WPS在表格属性中,可以对文档中表格中文字进行相关设置,如行高、列宽、表格对齐方式等进行设置。

(　　)65. 减压井主要用于降低大坝、堤防、水工建筑物等透水地基中的地下水压。

(　　)66. 当坝基表面有较薄的弱透水层或不透水层，且底下的透水层较浅时，一般采用减压井导渗。

(　　)67. 减压井系统对于渗流控制、防止砂沸或管涌具有显著的效果。

(　　)68. 日常巡视检查工作中重点检查导渗沟的开裂情况。

(　　)69. 白蚁巢穴越深，对土坝的安全威胁越大。

(　　)70. 加高培厚土坝可以杀死土坝内部的白蚁。

(　　)71. 浮子式自记水位计由水位感应、水位传动、水位记录三部分组成，加上外壳或安装基座构成完整的仪器。

(　　)72. 静力水准仪是一种高精密液位测量系统，该系统适用于测量多点的相对沉降。

(　　)73. 闭合水准线路闭合差改正数与各测站实测高差之和数值相同，符号相反。

(　　)74. 使用全站仪进行角度测量时，无须进行气象改正。

(　　)75. 垂线观测前后，必须检测仪器零位，取前后两次零位之平均值作为本次观测值的改正数。

(　　)76. 计算引张线测点位移时，测点的归化系数与两端端点变化量的大小有关。

(　　)77. 渗压计选用时，须考虑其量程应与测点实际承受的压力相适应。

(　　)78. 振弦式渗压计测试时，通常绿、白芯线电阻值在室温 25 ℃时应为 3 kΩ 左右。

(　　)79. 数字式电桥可以用兆欧表测绝缘电阻。

(　　)80. 单个差动式应变计的计算公式中 ε_m 为实测应变。

水工监测工国家职业技能鉴定理论知识模拟试卷答案(高级工)

一、单项选择题

评分标准：每题答对给1分，答错或不答不给分，也不倒扣分；每题1分，共40分。

1	2	3	4	5	6	7	8	9	10
B	C	D	D	D	D	B	B	B	D
11	12	13	14	15	16	17	18	19	20
B	A	C	B	C	C	A	A	A	A
21	22	23	24	25	26	27	28	29	30
A	B	B	C	D	C	C	B	A	A
31	32	33	34	35	36	37	38	39	40
B	B	B	A	C	D	B	A	B	C

二、多项选择题

评分标准：每题全部答对给分，错选或多选、少选均不给分，也不倒扣分；每题2分，共40分。

41	42	43	44	45	46	47	48	49	50
ABCD	ABCD	AB	ABC	ACD	ABC	ABC	ACD	ABCD	BCD
51	52	53	54	55	56	57	58	59	60
AD	CE	ABCD	ABCD	ABCE	AC	AC	ABC	ADE	AD

三、判断题

评分标准：每题答对给1分，答错或不答不给分，也不倒扣分；每题1分，共20分。

61	62	63	64	65	66	67	68	69	70
√	×	√	√	√	×	√	×	√	×
71	72	73	74	75	76	77	78	79	80
√	√	√	√	×	×	√	√	×	√

附录 2　水工监测工国家职业技能鉴定理论知识模拟试卷(技师)

注 意 事 项

1. 考试时间:120 分钟。(注:各职业考核时间不同,应按国家职业标准要求确定)
2. 请首先按要求在试卷的标封处填写您的姓名、准考证号和所在单位的名称。
3. 请仔细阅读各种题目的回答要求,在规定的位置填写您的答案。
4. 不要在试卷上乱写乱画,不要在标封区填写无关的内容。

一、单项选择题(第 1~20 题。请选择一个正确答案,将相应字母填入括号内。每题 1 分,共 20 分)

1. 水利工作者要坚持(　　)理念,牢固树立"红线"意识。

A. 安全生产　B. 安全作业　C. 预防为主　D. 安全发展

2. (　　)是水利人的道德底线。

A. 清白　B. 廉洁　C. 干净　D. 正直

3. (　　)是水利事业发展的动力源泉。

A. 创新　B. 改革　C. 人才　D. 科技

4. 水利职业道德是水利工作者在自己特定的职业活动中应当自觉遵守的行为规范的总和,是(　　)在水利职业活动中的体现。

A. 社会主义核心价值　B. 社会主义精神文明
C. 社会主义道德　D. 新时代水利精神

5. (　　)是水利工作者处理各种工作关系的行为准则和基本要求,是确保水利工作者做好各项工作、始终保持昂扬向上的精神状态和创造一流工作业绩的重要前提。

A. 谦虚谨慎,团结协作　B. 顾全大局,团结协作
C. 谦虚谨慎,求真务实　D. 顾全大局,无私奉献

6. 根据荷载本身的性质及荷载作用的位置不同,变形可以分为轴向拉伸(压缩)、剪切、扭转、(　　)四种基本变形。

A. 弯折　B. 拉动　C. 弯曲　D. 尺寸

7. 用万用表测量电压或电流时,最好使指针在量程的(　　)的范围内,读数较为准确。

A. 1/4~1/3　B. 1/3~2/3　C. 1/2~2/3　D. 1/4~2/3

8. 水闸管理单位应根据水闸规划设计要求、所承担的任务和所在流域或区域防汛抗旱调度方案,按年度或分阶段制定(　　),报上级主管部门批准后组织实施。

A. 运行计划　B. 灌溉计划　C. 节水计划　D. 控制运用计划

9. 巡视检查总负责人是(　　)。

A. 水库管理单位行政负责人,业主或主管部门行政负责人

B. 巡视组组长

C. 水行政主管部门负责人

D. 当地政府部门负责人

10. 发生比较严重的破坏现象或出现其他危险迹象时,应组织专门人员对可能出现险情的部位进行(　　)。

A. 定期监视观测　　B. 轮流监视观测

C. 连续监视观测　　D. 循环监测观测

11. 关于日常巡视检查报告说法错误的是(　　)。

A. 报告内容要简明扼要

B. 可用表单形式

C. 要说明检查时间、范围、发现的问题

D. 进行历次检查结果的对比、分析和判断

12. 内部沉降观测方法可采用电磁式(干簧管式)沉降仪法、(　　)。

A. 液体静力水准测量法　　B. 几何水准法

C. 水管式沉降仪观测法　　D. GPS 法

13. 垂直位移测量人工测量和自动化的测量比测采用(　　)比较或方差分析进行对比。

A. 直接　　B. 过程线图　　C. 相关性　　D. 分布图

14. 用测缝计测量接缝或表面裂缝时,测缝计测量时显示错误读数,为判断是否电缆故障应首选(　　)检查。

A. 电度表　　B. 万用表　　C. 读数仪　　D. 数字电桥

15. 用测缝计测量接缝或表面裂缝时,无论采用便携读数仪还是数据记录仪,屏蔽线应(　　)。

A. 剥离绞除　　B. 断路　　C. 可不接地　　D. 可靠接地

16. 测压管经过多年运行后导致有效测程(　　),甚至失去监测功能。

A. 缩短　　B. 增加　　C. 不变　　D. 不确定

17. 使用压力表测读有压孔测压管水位时,测值应测读至压力表的最小分度值的(　　),观测前轻敲压力表,以提高观测精度。

A. 1/5　　B. 1/3　　C. 2/3　　D. 2/5

18. 使用压力表测读有压孔测压管水位时,应选用量程合适的压力表,使测值长期处在(　　)量程范围内。

A. 1/5~2/5　　B. 1/3~2/3　　C. 2/3~1　　D. 4/5~1

19. 过程线比较是取某测点相同时间、相同测次的自动化测值和人工测值,分别绘出自动化测值过程线和人工测值过程线,进行规律性和(　　)的比较。

A. 符合性　　B. 测值变化幅度　　C. 重复性　　D. 基准性

20. 编制监测设施检查、操作、维护方案不包括(　　)。

A. 检查目的　　B. 检查内容

C. 检查组织结构　　D. 操作步骤及注意事项

二、多项选择题(第 21~30 题。请选择一个以上正确答案,将相应字母填入括号内。每题全部选择正确得分;错选或多选、少选均不得分,也不倒扣分。每题 2 分,共 20 分)

21. 巡视检查的依据有(　　)。

A. 行业主管部门指定的现行规范、规程

B. 各地各部门制定的办法、实施细则

C. 国家制定的相关法律法规

D. 设计、施工等技术资料

E. 运行维护资料

22. 用测缝计测量接缝或表面裂缝时,测量读数时如果出现不稳现象,有(　　)常见故障原因。

A. 读数仪的挡位不正确

B. 若使用数据记录仪自动记录读数,扫描频率的激励设置不正确

C. 测缝计的传递杆位置超出了仪器的特定量程

D. 附近有电噪声源

E. 电缆线断路

23. 用测缝计测量接缝或表面裂缝时,应尽量避免附近有电噪声源,以下(　　)属于电噪声源。

A. 电动机　　B. 12 V 直流电源　　C. 大功率无线电天线

D. 弧焊机　　E. 收音机

24. 水管式沉降仪现场检查与测试内容包括(　　)。

A. 标芯洁净未生锈

B. 将沉降测头从管口放至管底,检查上下移动测头时有无卡阻现象

C. 排水管与通气管通畅

D. 读数尺刻度清晰

E. 连通管不漏水、不阻塞

25. 量水堰与渗流量不匹配时,可(　　)。

A. 更换量水堰　　B. 采用其他监测方法

C. 更换堰上水位计　　D. 沿用原量水堰

E. 用水位测针

26. 混凝土坝内部温度观测常采用(　　)进行观测。

A. 电感温度计　　B. 热敏温度计　　C. 电阻温度计　　D. 电容温度计

E. 光纤温度计

27. 测压管检查维护内容包括(　　)。

A. 检查维护测压管孔口装置的外露构件防护和密封情况

B. 检查测试压力表的灵敏性和归零情况

C. 定期进行测压管的灵敏性测试

D. 比对测压管内渗压计计算水位与人工测量水位

E. 校测、修正测压管孔口高程、压力表中心高程及管内渗压计安装高程

28. 测压管观测不符合要求的是(　　)。

A. 测压管水位,每次应平行测读2次,其读数差应不大于1 mm

B. 当测压管内放置渗压计进行监测时,应按照已标定的仪器参数和安装高程计算测压管水位,并宜进行气压修正

C. 使用电测水位计测读时,在水位计指示器发出信号时立即读数,读数至0.001 m

D. 有压测压管使用压力表测读时,测值应测读至压力表的最小估读值

E. 无压孔测压管水位宜使用电测水位计人工测读

29. 编制培训方案需考虑的因素包括(　　)。

A. 职业等级标准　　B. 培训要求　　C. 学员情况　　D. 减少内容

E. 应付考试

30. 培训方案的内容包括(　　)。

A. 课程设置　　B. 使用教材　　C. 各门课程课时　　D. 授课时间安排

E. 试题

三、判断题(第31~40题。请将判断结果填入括号中,正确的填"√",错误的填"×"。每题1分,共10分)

(　　)31. 挡水建筑物包括重力坝、拱坝、土石坝(堤)等。

(　　)32. 重力坝是主要依靠坝体自重所产生的压力来满足稳定要求的挡水建筑物。

(　　)33. 水位是水体的自由水面相对于基面的高程。

(　　)34. 相对高程是以假定高程基准为零点起算的地面点高程。

(　　)35. 凡在坠落高度基准面3 m以上可能坠落的高处进行作业,都称为高处作业。

(　　)36. 从事特种作业的劳动者必须经过专门培训并取得特种作业资格。

(　　)37. 按国家及行业有关规定,安装埋设前,监测仪器设备应由具备资质的机构进行检测、检定或校准。

(　　)38. 五芯差动电阻式仪器现场测试中电阻比测值极差不大于3×10^{-4},电阻比评价为合格。

(　　)39. 振弦式应变计读数不稳时,应检查读数仪激励挡位设置是否正确。

(　　)40. 培训教材是教师编写培训教案的依据。

四、简答、计算、绘图题(第41~44题,每题5分。第45~46题,每题15分。共50分。)

41. 简述土(石)工建筑物日常及年度巡视检查报告编写内容。

42. 某水库每日 4 个时段降水量观测记录见下表，请在绘图区绘制出该月的日降水量 ΔH 过程线，并进行月降水量特征值统计。(本题满分 5 分)

日期	时段降水量(mm)				日降雨量 ΔH (mm)	日期	时段降水量(mm)				日降雨量 ΔH (mm)
	14 时	20 时	2 时	8 时			14 时	20 时	2 时	8 时	
1						16					
2						17					
3			0.9			18					
4	15.3		8.4	1.9		19		1.8			
5						20		0.4			
6						21			2.9	11.2	
7						22				4.5	
8						23	2.2				
9	4.9	14.1	1.4	8.4		24					
10	3.9	1.0		0.9		25					
11	4.9	4.9		21.2		26		3.5	4.0		
12	3.5	4.2		2.4		27					
13	5.4					28					
14						29					
15						30					

月降水量特征值统计			
月降水量(mm)	月降水日数	日最大降水量(mm)	发生日期

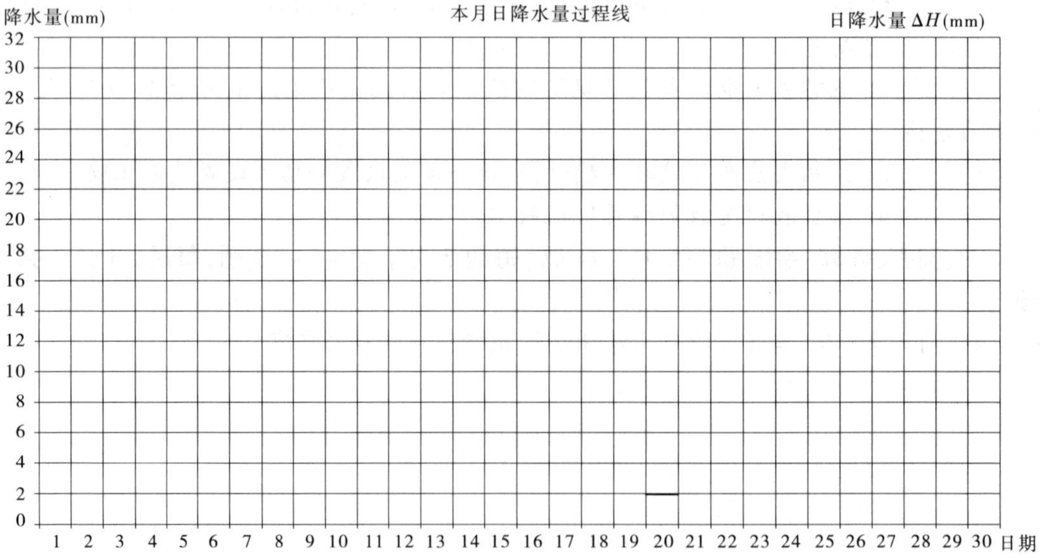

43. 振弦式埋入型测缝计测量时读数错误,如何用万用表判断传感器线缆是否故障?

44. 简述引张线测值准确性检验方法。

45. 简述容积法观测渗流量的适用范围、观测步骤、要求及计算公式、观测结果要求。

46. 简述钢弦式仪器测量仪表的故障维护方法。

水工监测工国家职业技能鉴定理论知识模拟试卷答案(技师)

一、单项选择题

评分标准:每题答对给 1 分,答错或不答不给分,也不倒扣分;每题 1 分,共 20 分。

1	2	3	4	5	6	7	8	9	10
D	C	A	C	A	C	C	D	A	C
11	12	13	14	15	16	17	18	19	20
D	C	B	B	D	A	A	B	B	C

二、多项选择题

评分标准:每题全部答对给分,错选或多选、少选均不给分,也不倒扣分;每题 2 分,共 20 分。

21	22	23	24	25	26	27	28	29	30
AB	ABCD	ACD	CDE	AB	BCE	ABCDE	AC	ABC	ABCD

三、判断题

评分标准:每题答对给 1 分,答错或不答不给分,也不倒扣分;每题 1 分,共 10 分。

31	32	33	34	35	36	37	38	39	40
√	×	√	√	×	√	√	√	√	√

四、简答、计算、绘图题

评分标准:第 41~44 题,每题 5 分。第 45、46 题,每题 15 分。共 50 分。

41. 简述土(石)工建筑物日常及年度巡视检查报告编写内容。(本题满分 5 分)

答题要点:

(1)日常巡视检查报告的内容。报告内容应简单扼要,可用表单形式,要说明检查时间、范围、发现的问题等,必要时附上照片及略图。

(2)年度巡视检查报告的内容:①检查日期。②本次检查的目的和任务。③检查组参加人员名单及其职务。④对规定项目的检查结果(包括文字记录、略图、素描和照片等)。⑤历次检查结果的对比、分析和判断。⑥不属于规定检查项目的异常情况发现、分析和判断。⑦必须加以说明的特殊问题。⑧检查结论(包括对某些检查结论的不一致意见)。⑨检查组的建议。⑩检查组成员的签名。

42. 某水库每日 4 个时段降水量观测记录见下表,请在绘图区绘制出该月的日降水量 ΔH 过程线,并进行月降水量特征值统计。(本题满分 5 分)

答题要点:

将本日 8 时至次日 8 时 4 个时段的降雨量累加(每日降水量以北京时间 8 时为日分界),就得到本日的日降雨量 ΔH(mm),据此绘制出月降水量过程线图,见下图。

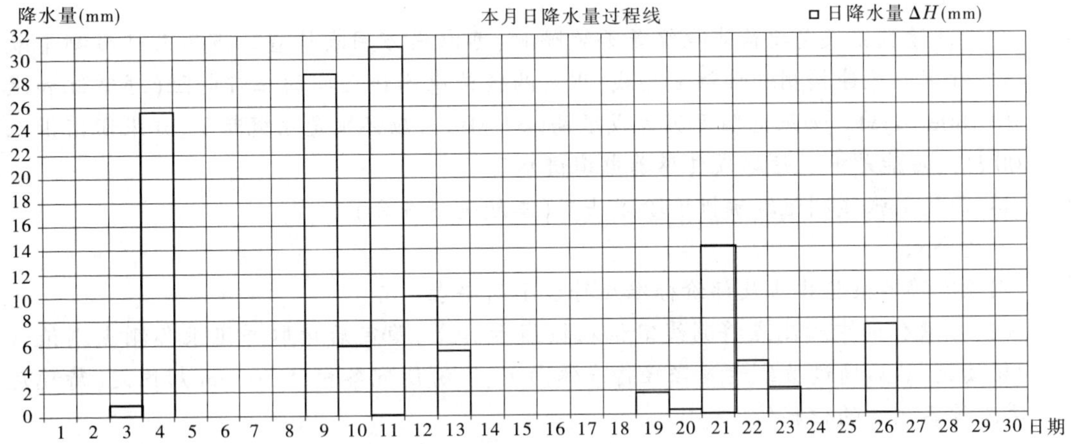

水库本月日降水量过程线图

再进行月降水量特征值统计,包括统计该月的降水量、月降水日数、日最大降水量及发生日期。本月各日的日降水量之总和为本月月降水量 138.1 mm,月降水日数 13 日,日最大降水量为 31.0 mm,发生在本月 11 日。

日期	时段降水量(mm)				日降雨量 ΔH(mm)	日期	时段降水量(mm)				日降雨量 ΔH(mm)
	14 时	20 时	2 时	8 时			14 时	20 时	2 时	8 时	
1					0.0	16					0.0
2					0.0	17					0.0
3			0.9		0.9	18					0.0
4	15.3		8.4	1.9	25.6	19		1.8			1.8
5					0.0	20		0.4			0.4
6					0.0	21			2.9	11.2	14.1
7					0.0	22				4.5	4.5
8					0.0	23	2.2				2.2
9	4.9	14.1	1.4	8.4	28.8	24					0.0
10	3.9	1.0		0.9	5.8	25					0.0
11	4.9	4.9		21.2	31.0	26		3.5	4.0		7.5
12	3.5	4.2		2.4	10.1	27					0.0
13	5.4				5.4	28					0.0
14					0.0	29					0.0
15					0.0	30					0.0

月降水量特征值统计			
月降水量(mm)	月降水日数	日最大降水量(mm)	发生日期
138.1	13	31.0	11 日

43. 振弦式埋入型测缝计测量时读数错误,如何用万用表判断传感器线缆是否故障?(本题满分 5 分)

答题要点:

测缝计读数错误需要检查电缆是否故障时,可以用万用表检查。万用表选择测量欧姆挡位,红黑表笔连接测缝计红黑芯线,测量两根传感器线之间的正常电阻(通常红和黑线)是(180±10)Ω。如果电阻无穷大或很高(>1 MΩ),应怀疑是电缆断了,如果阻值很低(<100 Ω),可能是电缆短路或传感器电缆进水了。

44. 简述引张线测值准确性检验方法。(本题满分 5 分)

答题要点:

测值准确性检验方法及评价标准应符合下列要求:

(1)在线体的中心测点将测线定位在拨线卡具上,稳定后读取并记录各测点测值作为初始读数,然后通过拨线卡具轻轻将线体向上、下游侧宜各拉开 20 mm 后固定,待稳定后,再测量各测点的位移值。

(2)将前后两次的读数差与理论值比较,差值的绝对值小于 0.3 mm 为合格,位于 0.3 mm 和 0.5 mm 之间为基本合格,大于 0.5 mm 为不合格。

45. 简述容积法观测渗流量的适用范围,观测步骤、要求及计算公式、观测结果要求。(本题满分 15 分)

答题要点:

(1)容积法适用于渗流量小于 1 L/s 的情况。

(2)采用容积法测渗流量时,应用量杯和秒表进行观测,当量杯开始充水时,即按动秒表,当停止充水时,即按停秒表。观测时需进行计时,当计时开始时,将渗流水全部引入容器内,计时结束时停止。量出容器内充水容积量,计取充水时间,即可计算渗流量。

(3)采用容积法测渗流量时,平行观测 2 次,t 不得小于 10 s,如小于 10 s,改用更大的容器测量。

(4)渗透流量计算公式:

$$Q = V/t \quad (\mathrm{L/s})$$

式中:V 为充水容积,L;t 为充水时间,s。

(5)用容积法监测渗流量时,2 次观测值之差不得大于 2 次测得渗流量平均值的 5%。

46. 简述钢弦式仪器测量仪表的故障维护方法。(本题满分 15 分)

答题要点:

(1)读数仪不能正常开机。

可能是内置电池没电了,应使用外接电源,如果读数仪仍不能正常开机,应送回生产厂家检修。若使用外接电源,读数仪能正常开机工作,应对内置电池充电 8~12 h,后撤销外接电源,若读数仪能正常工作,则故障解除,若仍不能正常工作,则需更换内置电池。

(2)充电后,电池坚持工作的时间太短。

可能是内置电池到使用寿命了,请向读数仪生产厂家询问或预订同类电池以便更换。

(3)读数仪不能显示被测仪器的测量结果。

检查鳄鱼夹与被测仪器导线的连接是否可靠,如果正常,用欧姆表检查被测仪器的的阻值,若在 90 ~180 Ω,基本上说明连接正常,应更换激励类型,依照 D→E→F→A→B→C 的顺序逐个试验,若在某个激励类型下能测到稳定的数据,故障排除。若在所有激励类型下均不能获得正确的测值,请另外选择一支仪器,按照上述方法再做一次,若能获取稳定的测值,则说明第一支被测仪器已经损坏,若仍不能获得正确的测值,则可能是读数仪出现电路故障了,应及时返回生产厂家以便检修。

(4)读数仪测值不稳定或无读数。

可能选择了不正确的激励类型,请更换激励类型,依照 D→E→F→A→B→C 的秩序逐个试验,若在某个激励类型下能测到稳定的数据,就结束激励类型变更操作。

